U0339152

计算机科学丛书

数据集成原理

（美）**AnHai Doan   Alon Halevy   Zachary Ives** 著

孟小峰 马如霞 马友忠 等译

Principles of Data Integration

机械工业出版社
China Machine Press

图书在版编目（CIP）数据

数据集成原理 /（美）多恩（Doan, A.），（美）哈勒维（Halevy, A.），（美）艾夫斯（Ives, Z.）著；孟小峰，马如霞，马友忠等译 . —北京：机械工业出版社，2014.7
（计算机科学丛书）
书名原文：Principles of Data Integration

ISBN 978-7-111-47166-0

I. 数… II. ①多… ②哈… ③艾… ④孟… ⑤马… ⑥马… III. 数据处理 IV. TP274

中国版本图书馆 CIP 数据核字（2014）第 138846 号

本书版权登记号：图字：01-2012-7904

本书主要讨论数据集成技术，共分为三部分。第一部分主要关注数据集成领域的基本知识，如查询表达式、数据源描述、异构数据与模式的匹配、模式操作、查询应答、Web 数据抽取以及集成数据的存储。第二部分主要关注扩展的数据表示，扩展的数据表示可以获得标准关系数据模型无法表示的一些特性，如层次型（XML）、基于知识表示的本体构建、不确定性以及数据溯源。第三部分介绍解决特定集成问题的创新架构，主要包括多样的 Web 数据源集成、基于关键字搜索的结构化数据集成、对等数据集成和支持协同的集成等。最后介绍了数据集成技术的主要研究方向。

本书可作为高等院校计算机及相关专业高年级本科生或者研究生课程的教材，还可作为数据库和数据集成领域研究人员和从业者的参考资料。

出版发行：机械工业出版社（北京市西城区百万庄大街 22 号　邮政编码：100037）
责任编辑：盛思源　　　　　　　　　　　　责任校对：董纪丽
印　　刷：中国电影出版社印刷厂　　　　　版　　次：2014 年 9 月第 1 版第 1 次印刷
开　　本：185mm×260mm　1/16　　　　　印　　张：24.25
书　　号：ISBN 978-7-111-47166-0　　　　定　　价：85.00 元

文艺复兴以降，源远流长的科学精神和逐步形成的学术规范，使西方国家在自然科学的各个领域取得了垄断性的优势；也正是这样的传统，使美国在信息技术发展的六十多年间名家辈出、独领风骚。在商业化的进程中，美国的产业界与教育界越来越紧密地结合，计算机学科中的许多泰山北斗同时身处科研和教学的最前线，由此而产生的经典科学著作，不仅擘划了研究的范畴，还揭示了学术的源变，既遵循学术规范，又自有学者个性，其价值并不会因年月的流逝而减退。

近年，在全球信息化大潮的推动下，我国的计算机产业发展迅猛，对专业人才的需求日益迫切。这对计算机教育界和出版界都既是机遇，也是挑战；而专业教材的建设在教育战略上显得举足轻重。在我国信息技术发展时间较短的现状下，美国等发达国家在其计算机科学发展的几十年间积淀和发展的经典教材仍有许多值得借鉴之处。因此，引进一批国外优秀计算机教材将对我国计算机教育事业的发展起到积极的推动作用，也是与世界接轨、建设真正的世界一流大学的必由之路。

机械工业出版社华章公司较早意识到"出版要为教育服务"。自1998年开始，我们就将工作重点放在了遴选、移译国外优秀教材上。经过多年的不懈努力，我们与Pearson，McGraw-Hill，Elsevier，MIT，John Wiley & Sons，Cengage等世界著名出版公司建立了良好的合作关系，从他们现有的数百种教材中甄选出Andrew S. Tanenbaum，Bjarne Stroustrup，Brain W. Kernighan，Dennis Ritchie，Jim Gray，Afred V. Aho，John E. Hopcroft，Jeffrey D. Ullman，Abraham Silberschatz，William Stallings，Donald E. Knuth，John L. Hennessy，Larry L. Peterson等大师名家的一批经典作品，以"计算机科学丛书"为总称出版，供读者学习、研究及珍藏。大理石纹理的封面，也正体现了这套丛书的品位和格调。

"计算机科学丛书"的出版工作得到了国内外学者的鼎力襄助，国内的专家不仅提供了中肯的选题指导，还不辞劳苦地担任了翻译和审校的工作；而原书的作者也相当关注其作品在中国的传播，有的还专程为其书的中译本作序。迄今，"计算机科学丛书"已经出版了近两百个品种，这些书籍在读者中树立了良好的口碑，并被许多高校采用为正式教材和参考书籍。其影印版"经典原版书库"作为姊妹篇也被越来越多实施双语教学的学校所采用。

权威的作者、经典的教材、一流的译者、严格的审校、精细的编辑，这些因素使我们的图书有了质量的保证。随着计算机科学与技术专业学科建设的不断完善和教材改革的逐渐深化，教育界对国外计算机教材的需求和应用都将步入一个新的阶段，我们的目标是尽善尽美，而反馈的意见正是我们达到这一终极目标的重要帮助。华章公司欢迎老师和读者对我们的工作提出建议或给予指正，我们的联系方法如下：

华章网站：www. hzbook. com

电子邮件：hzjsj@ hzbook. com

联系电话：（010）88379604

联系地址：北京市西城区百万庄南街1号

邮政编码：100037

华章教育

华章科技图书出版中心

得知孟小峰教授把《Principles of Data Integration》翻译成了中文版，我们非常高兴，因为这必将为信息技术中的这一重要主题带来很多新的读者。同时，我们也希望中国的读者能从本书中受益。

数据集成是数据管理一直以来所面临的挑战之一，并且，在大数据时代，数据集成将变得更为重要。很多公司或企业都面临数据集成的挑战，主要原因在于，数据集一直在独立地产生、获取，或者用来解决数据产生者无法预知的问题。与数据管理的其他挑战不同，数据集成并不是纯粹的技术问题。要解决数据集成问题往往需要在企业内部处理很多社会问题，并且需要多个不同团队以新的方式进行合作。此外，数据集成的设置通常彼此有所不同，因此，同样的技术很难被多次应用。

尽管存在上述诸多困难，但仍然存在一些适用于许多数据集成场景的、共同的原则，也存在一些适用于许多特定应用场景的解决方案。本书明确了这些共同的原则，并且在一个统一框架下对已有的解决方案进行了描述，该框架可以对数据集成的各个方面进行统一的组织。

AnHai Doan

Alon Halevy

Zachary Ives

2014 年 5 月

Preface to the Chinese Edition of Principles of Data Integration

We are extremely pleased that Professor Xiaofeng Meng translated our book to Chinese, opening up a new audience for a very important topic in information technology. We sincerely hope that the Chinese audience will enjoy and benefit from this book.

Data integration is one of the long- standing challenges of database management, and is becoming even more critical in the age of Big Data. It is rare to see a company or enterprise that do not face data integration challenges, as data sets are constantly being created independently, being acquired, or being used to solve problems not anticipated by their creators. Unlike many other data management challenges, data integration is not a purely technical issue. Addressing a data integration problem often requires tackling difficult social problems within the enterprise and getting different teams to collaborate in new ways. Furthermore, data integration settings are typically somewhat different from one another, making it hard to apply the same techniques over and over again.

Despite the aforementioned difficulties, there are principles that are common to many data integration scenarios, and there are solutions that can be applied to or adapted to a broad array of individual scenarios. This book identifies these principles and describes the known solutions within a framework that attempts to organize the diverse world of data integration.

AnHai Doan
Alon Halevy
Zachary Ives
May 2014

近 20 年来，数据产生的方式不断得到扩展，带来数据管理需求和任务的不断变化，促使数据管理技术不断推陈出新。数据库管理系统、数据仓库与数据挖掘、数据集成被视为三足鼎立的现代数据管理技术，它们在构建信息系统中的作用相当、互为依存、缺一不可。但在人们的认知度上，数据集成技术远不及前两者，其主要原因或许在于缺乏像数据库系统、数据挖掘广为人知的专业教材，使得该技术虽"叫好（广为应用）"，但"不叫座（缺乏教学传播）"。大学也鲜有开设此类课程的，其知识的积累多散见于论文、系统。本书可以说一举改变了数据集成没有专业教材的困局。尤其在当今的大数据背景下，本书的作用尤为突出。

本书是有关数据集成技术的集大成之作。数据集成简单地说是指为多个数据源提供统一访问的技术。数据集成技术已有 20 多年的研究历史，大致可分为两个阶段：首先，在数据库应用发展到一定阶段时，积累了大量封闭、完备的异构数据库，形成了企业异构数据库范畴下的数据集成；其次，随着 Web 的出现，积累了大量开放、多源异构的数据源（一部分是 DBMS 支持的数据源，大量的是缺乏结构、不确定的数据源），遂形成了 Web 多源异构数据源范畴下的数据集成。两者的侧重点有所不同，技术和方法也有所差异。前者是基于封闭世界的假设，后者则是基于开放世界的假设，难度也大大增加。AnHai Doan 等几位作者的研究背景涉及这两个阶段，因此本书试图将这两个阶段研究成果的共性技术同时呈现在读者面前。本书以教科书的逻辑整理有关内容，强调知识的基础性和理论性。本书共有三个部分：第一部分介绍数据集成的基本知识，主要是数据库集成的内容，如查询的表示、数据源的描述、模式匹配、查询处理、集成方法等；穿插补充了 Web 数据集成的内容，如包装器、数据匹配（实体识别）等。第二部分介绍扩展数据集成的知识，包括 XML、语义 Web、不确定性、数据溯源等。第三部分介绍各种新的集成技术，包括 Web 数据集成、基于关键字搜索的按需集成、对等集成、协同集成等。

值此翻译本书之际，译者也在撰写一部同类但侧重点不同的书籍，即《Web 数据管理：概念与技术》。该书直接以 Web 数据为研究对象，系统地介绍 Web 数据管理的关键技术，即以第二阶段的数据集成为主线。比较而言，本书的主线是数据集成的基本原理，其知识体系的厚度和广度令人叹服，但有些内容不够系统，略显遗憾。

本书堪称鸿篇巨著，翻译、统稿和审校由孟小峰组织完成，具体翻译分工如下：第 1、2 章由赵可君翻译；第 3 章由王淼翻译；第 4 章由王璐翻译；第 5、7 章由马友忠翻译；第 6、9、10 章由马如霞翻译；第 8 章由王江涛翻译；第 11 章由王春凯翻译；第 12、13 章由李勇翻译；第 14 章由韩旭翻译；第 15 章由张榆翻译；第 16、17 章由干艳桃翻译；第 18、19 章由慈祥翻译。本书于 2013 年秋译出初稿，之后由孟小峰逐章进行修改或重译，并在实验室组织了为期两个月的每周课程讨论班，这期间三易其稿，最后由孟小峰、马如霞、马友忠负责统一定稿。

本书涉及面广，内容丰富，术语量大，翻译难度可想而知。本书译词主要遵从教科书中的习惯用法，并参考《计算机科学技术名词》等书籍。在翻译中我们深感力不从心，译文中不当之处在所难免，诚恳读者批评指正并不吝赐教。如果你有任何建议或意见，欢迎发邮件给 xfmeng@ ruc. edu. cn。

译者

2014 年 3 月于北京

在过去 20 年中，数据库的角色，尤其是数据库技术的角色已经发生了翻天覆地的变化。在传统数据库应用中，企业或者组织为了保存全部的数据记录，往往拥有一个集中的、相对封闭的数据库。而如今，我们已经进入了以 Web 为主导的新时代，在新的应用环境下，不同的数据库和结构化信息源之间往往需要进行交互和相互操作，这需要为用户提供一个完整的集成视图。

本书主要讨论以下问题：如何对数据库思想进行扩充和深化，从而使其能够容纳外部信息源，处理 Web 的分布式特性和信息共享带来的问题，特别是异构性和不确定性。这些内容可以作为大学本科数据库课程的扩展。因此，本书主要作为高年级本科生或者研究生课程的教材，该课程可以作为本科生数据库课程的后续课程。此外，本书还可以作为数据库和数据集成领域研究人员与从业者的参考资料和教程。

本书主要包括 3 个部分。第一部分以数据库课程涵盖的研究主题为基础，主要关注数据集成领域的基本技术：查询表达式、数据源描述、异构数据与模式的匹配、模式操作、查询应答、Web 数据抽取以及集成数据的存储。第二部分主要关注扩展的数据表示，扩展的数据表示可以获得标准关系数据模型无法表示的一些特性，如层次型（XML）、基于知识表示的本体构建、不确定性以及数据溯源。第三部分介绍解决特定集成问题的创新架构，主要包括多样的 Web 数据源集成、基于关键字搜索的结构化数据集成、对等数据集成和支持协同的集成等。最后介绍了数据集成技术的主要研究方向。

本书提供了大量网络补充资料，包括：习题集、部分习题的答案以及教案。

致谢

很多人对本书初稿提供了宝贵的反馈意见。我们由衷地感谢 Jan Chomicki 和 Helena Galhardas，他们最早在课程中使用了本书，并提出了很多宝贵建议。其他人也提供了很多反馈信息，包括：Mike Cafarella、Debby Wallach、Neil Conway、Phil Zeyliger、Joe Hellerstein、Marie-Christine Rousset、Natasha Noy、Jayant Madhavan、Karan Mangla、Phil Bernstein、Anish Das Sarma、Luna Dong、Rajeev Alur、Chris Olston、Val Tannen、Grigoris Karvounarakis、William Cohen、Prasenjit Mitra、Lise Getoor 和 Fei Wu。选修威斯康星大学高级数据管理 CS 784 课程以及宾夕法尼亚大学数据库和信息系统 CIS 550 课程的几个学期的学生阅读了本书的各章内容，并提供了很好的评论。我们尤其感谢 Kent Chen、Fei Du、Adel Ardalan 和 KwangHyun Park 的帮助。

本书部分内容来自于作者和同事、学生的合作研究成果，在此对他们的贡献表示感谢。

最后，感谢我们的家人，正是由于他们的宽容和付出，本书才得以顺利完成。

AnHai Doan

Alon Halevy

Zachary Ives

绪　　论

互联网的发明和万维网的出现彻底改变了人们获取存储在电子设备数据的方式。现在我们能够很容易通过浏览器或者智能手机进行查询，对数百万文档集合、商业数据库进行搜索，获取推荐信息、优惠券等。同样，也可以很方便地订购一台我们想要的计算机，并且在几天内收到该计算机，即使计算机配件分布在世界各地。为了提供这种服务，系统必须能够高效、准确地处理互联网上的大量数据。但是，不同于传统的数据管理应用，如公司的工资管理系统这种新服务需要在多个应用程序和组织之间共享数据，并能将数据以灵活、高效的方式集成起来。本书涵盖了数据集成的基本原理，以及一些数据共享和数据集成技术。

1.1　什么是数据集成

我们通过两个实际的例子来说明数据集成的必要性。一个是企业应用，另一个是 Web 应用。

例 1.1　FullServe 是一家提供家庭互联网接入的公司，同时也卖一些支持家庭计算的基础设施产品，如调制解调器、无线路由器、IP 语音电话和咖啡机。FullServe 是一家以美国为主的公司，最近决定把市场扩大到欧洲。为了扩大市场，FullServe 收购了一家欧洲公司 EuroCard，它是一个信用卡供应商，最近已开始利用其客户基础，进军互联网市场[⊖]。

```
Employee 数据库                          Resume 数据库
FullTimeEmps(ssn, empID, firstName,      Interviews(interviewDate, pID, recruiter,
  middleName, lastName)                    hireDecision, hireDate)
Hire(empID, hireDate, recruiter)         CVs(ID, resume)
TempEmployees(ssn, hireStart,
  hireEnd, name, hourlyRate)

Training 数据库                          Services 数据库
Courses(courseID, name, instructor)      Services(packName, textDescription)
Enrollments(courseID, empID, date)       Customers(name, ID, zipCode, streetAdr,
                                           phone)
                                         Contracts(custID, packName, startDate)

Sales 数据库                             HelpLine 数据库
Products(prodName, prodID)               Calls(date, agent, custID, text, action)
Sales(prodID, customerID,
  custName, address)
```

图 1-1　FullServe 公司示例数据库。对每一个数据库，列举了一些表及其属性。例如，员工（Employee）数据库有一个表 FullTimeEmps，该表的属性包括：ssn、empID、lastName、middleName 和 firstName

像 FullServe 这样的公司常常有上百个分散在不同地方的数据库，图 1-1 展示了 FullServe 数据库集合的一个简单版本。人力资源部有一个存储员工信息的数据库，全职员工和临时工分开，还有另外一个单独存放申请者简历的数据库，包括现有员工的简历。培训和发展部有一个单独的数据库用来保存每个员工接受的培训课程，包括内部和外部的培训课程。

销售部门有一个保存服务和当前订购者的数据库，另一个数据库保存产品和客户信息。最后，客户服务部门维护着一个数据库，用于保存他们的客户服务热线收到的用户来电和电话内容详细信息。

  FullServe 收购 EuroCard 公司后，也继承了他们的数据库，如图 1-2 所示。EuroCard 有一些和 FullServe 类似的数据库，但由于各自不同的地理位置和业务重点，也有一些明显的差异。

```
Employee 数据库                        Resume 数据库
Emp(ID, firstNameMiddleInitial,        Interviews(ID, date, location,
    lastName, salary)                      recruiter)
Hire(ID, hireDate, recruiter)          CVs(candID, resume)


Credit Card 数据库                     HelpLine 数据库
Cards(CustID, cardNum,                 Calls(date, agent, custID,
    expiration, currentBalance)            description, followup)
Customers(CustID, name,
    address)
```

图 1-2 EuroCard 的一些数据库。可以看出，EuroCard 组织数据的方式和 FullServe 有很大不同。例如，EuroCard 没有把全职员工和临时工分开存储。FullServe 的员工雇用数据一部分保存在简历（Resume）数据库中，另一部分保存在员工数据库中，而 EuroCard 仅在员工数据库中保存雇用日期

  有很多原因导致一个公司的数据分散在多个不同的数据库，而不是集中存储在一个精心设计的数据库中。在 FullServe 和 EuroCard 的案例中，多个数据库是通过收购兼并得到的。公司进行内部重组时，应及时调整相应的数据库。例如，当 FullServe 服务部门和产品部门被合并时，可能并没有合并其数据库，因此公司有两个单独的数据库。其次，大多数数据库的产生都是因为公司中的某个组织在某段时间需要一些特定的信息。当创建数据库时，创建人并不能预见公司未来的所有信息需求以及他们今天存储的数据将来可能会有其他的用途。例如，FullServe 现有的培训（Training）数据库在最开始的时候可能是由少数员工发起的一个小项目，用来记录谁参加了某些培训课程。但是，随着公司的发展以及培训和发展部门的创建，这个数据库就需要进行相应的扩展。总之，由于这样或那样的因素，大型企业通常有几十个甚至数百个不同的数据库。

  我们考虑 FullServe 的员工或经理可能会用到的几个查询，所有这些查询都需要跨多个数据库。

- 现在 FullServe 是一家大公司，人力资源部需要能够查询所有员工，无论是在美国还是在欧洲。收购后，员工的数据存储在多个数据库中：美国的两个数据库（全职员工和临时工）和欧洲的一个数据库。
- FullServe 有一个客户服务热线，客户可以打电话咨询他们从公司获得的任何服务或产品。至关重要的是，当客户代表与客户通电话时，他需要看到该客户从 FullServe 获得的整套服务，无论是互联网服务、信用卡或者购买的产品。特别是，当客户打电话来的时候，如果客户代表能够知道他是一个经常使用信用卡的大客户，会非常有用，即使这个客户只是打电话来抱怨他的互联网服务问题。即使是这样一个简单的场景，获得一个完整的客户视图，也至少需要从 3 个数据库中获得数据。
- FullServe 要建立一个网站，作为其电话客服专线的补充。在网站上，现有的和潜在的客户应该能够看到 FullServe 提供的所有产品和服务，并可以选择捆绑式服务。

因此，客户必须能够看到他现有的服务，以及任何其他服务的可用性和定价。这同样需要从公司的多个数据库中获取数据。

- 更进一步，假设 FullServe 想与其他厂商一起提供一套品牌服务。比如，可以得到你最喜欢的运动队发行的信用卡，但实际上还是由 FullServe 提供服务。在这种情况下，FullServe 需要为其他网站（如那些运动队的网站）提供一个 Web 服务，为访问这些网站的客户提供一个单点登录。该 Web 服务也需要访问 FullServe 的多个相应的数据库。

- 政府的法律法规经常改变，这些法律法规影响着公司如何开展业务。为了避免可能的违规行为，FullServe 需要主动采取一些措施。第一步，FullServe 需要知道他们的员工在加入公司之前是否在其竞争对手或合作伙伴的公司里工作过。要应答这样的查询就会涉及将员工数据库和简历数据库结合起来。而简历往往是非结构化的文本，并没有很好地组织数据，这又给连接带来了困难。

- 结合来自多个数据源的数据可以给公司带来机会，获得竞争优势，并找到需要改进的问题。比如前面提到的一个例子，把客户服务热线（HelpLine）数据库和销售（Sales）数据库中的数据结合起来，将帮助 FullServe 在早期发现他们的产品和服务中的问题。发现不同产品的使用趋势可以使 FullServe 积极主动地设定和维持库存水平。更进一步，FullServe 可能会发现某一地区接到的有关他们服务故障的呼叫超乎寻常得多。再仔细看看这个数据就会发现，安装服务的代理商并没有参加应有的培训课程。要发现这样一个模式，需要从培训数据库、客户服务热线数据库和服务（Services）数据库中获取数据，这都涉及将分布在公司不同地方的数据进行合并的问题。 <<<

例 1.2 考虑需要数据集成的另一个不同的例子。假设你正在找工作，想利用网络上的资源。网络上有成千上万的网站和数据库保存着工作信息（参见图 1-3 的两个例子）。在这些网站中，通常会看到的一种形式是，让你填写一些个人信息（例如，职位、工作所在地、期望的工资水平），然后会给你列举一些相关的职位。不幸的是，每个网站要填的信息略有不同。例如图 1-3 的左侧，Monster 网站要求填写与工作相关的关键字、工作地点、公司、行业和工作类别，而右侧 CareerBuilder 网站则允许你从一些选项菜单中选择几个工作地点和工作类别，并可以让你进一步指定薪水范围。

因此，访问很多这样的网站是非常讨厌的，特别是每天都得这样做来跟上新发布的职位。理想情况下，只需要访问一个网站，在上面发布一个查询，让这个网站帮助你整合所有相关网站中的数据。

更一般地，网络中包含数百万的数据库，其中一些数据库嵌入在网页中，其他一些可通过 Web 表单来访问。它们包含很多领域的数据，从普通的分类广告和产品数据，到艺术、政治和公共记录数据。要支持这个超大的数据集有几个重大的挑战。首先，我们面临的挑战是超大规模数据库集合的模式异构性：数百万的表由不同的人用上百种语言来创建。其次，提取数据相当困难。当通过表单来访问数据时（通常简称为深层网络（Deep Web）或隐式网络（Invisible Web）），我们要么使用智能爬虫从表单中爬取数据，要么在运行时构建良好的查询来获取数据。对于嵌入在网页中的数据，如何从周围的文字中提取表，并确定表结构是非常有挑战性的。当然，Web 上的数据往往是错的、过时的，甚至是矛盾的。因此，从这些数据源获得答案，需要不同的方法来对数据进行组合和排序。

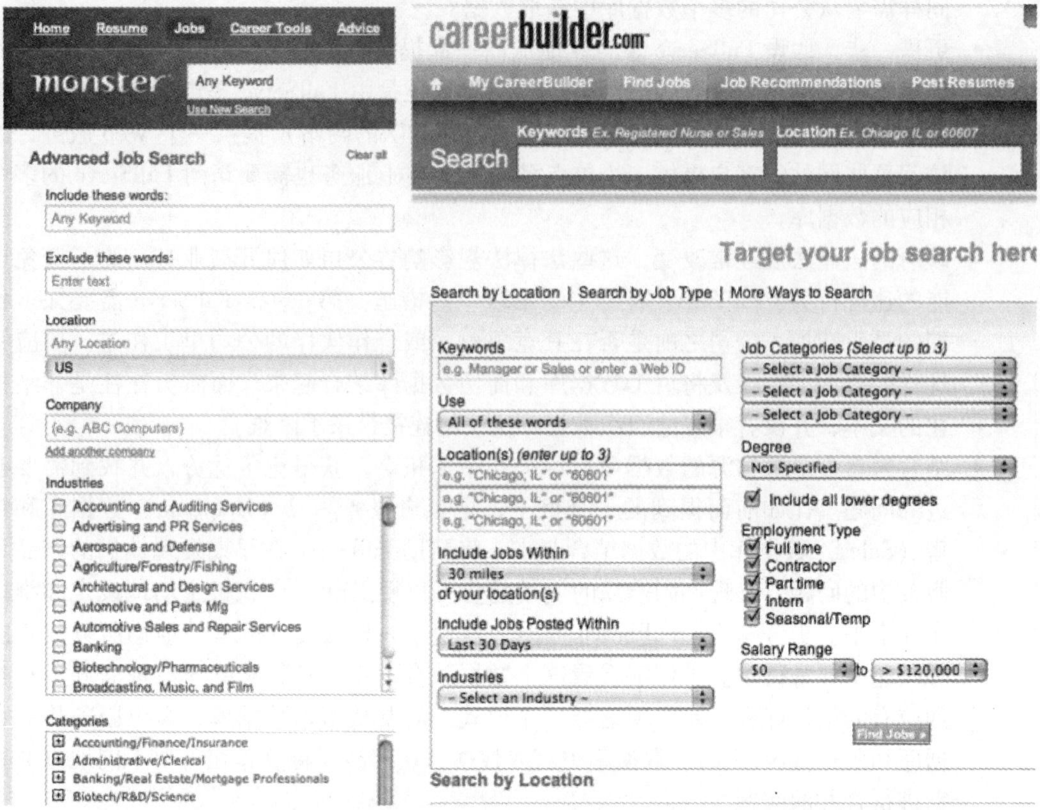

图 1-3　网络上查找工作的不同表格的例子。可以看出，不同的
表格在要求填写的字段和使用的格式方面有所不同　　　　<<<

　　上述两个例子说明了常见数据集成的情况，重在强调数据集成问题的普遍性。数据集成在诸如生物学、生态系统和水资源管理这样的科学领域中是一个关键的挑战。在这些领域中，科学家团队常常独立地收集数据，并试图与另一个团队合作，数据集成能够极大地促进这些学科的进步。数据集成对于政府管理也是一个极大的挑战，它能够使政府的不同机构更好地协调工作。最后，聚合（mash-up）是现在流行的一种 Web 上的信息可视化的范例，而每一个聚合应用就是建立在对多个不同来源的数据集成之上的。

　　总而言之，数据集成系统的目标就是为一组自治和异构的数据源提供一个统一的访问入口。具体来说，就是：

- **查询处理**：大多数数据集成系统的重点是提供对不同数据源的查询。不过，对不同的数据源进行更新同样是需要关注的问题。

- **数据源数量**：对少数几个（少于 10 个，甚至常常只是 2 个）数据源的集成已经是一个挑战了，当数据源的数量增加时，这个挑战的难度将急剧增加。最极端的情况就是网络规模的数据集成。

- **异构性**：一个典型的数据集成方案涉及的数据源在开发的时候往往都是相互独立的。因此，这些数据源运行在不同的系统上：有些是数据库，但其他的可能是内容管理系统，甚至只是保存在一个目录下的一些文件。这些不同的数据源有不同的模式，还会引用各种对象，即使它们都是描述同一个领域。一些数据源可能是完全结构化的（例如，关系数据库），而另一些则可能是非结构化或半结构化的（例如，XML、文本）。

- **自治性**：数据源未必属于一个组织机构，即便属于，它们也可能是在不同的子组织中运转。因此，我们可能并不能随心所欲地访问数据源，并且，适当的时候我们还需要考虑数据隐私的保护。此外，数据源可以在任何时候改变自己的数据格式和访问模式，而无需通知任何中央管理机构。

1.2 数据集成面临的挑战

为了有效地解决数据集成问题，首先需要探究其困难的原因所在。本节首先概括地描述这些原因，本书后面还会对其进行详细阐述。这些原因大致可以分为以下三类：系统原因、逻辑原因、社会和管理原因。下面分别介绍这三类挑战。

1.2.1 系统原因

数据集成中面临的系统方面的挑战是显而易见的，并且在早期，当我们试图建立一个集成应用程序时，这个挑战就出现了。从根本上说，这些挑战是如何使不同的系统之间能够无缝交流。即使假设所有系统都运行在同一个硬件平台上，并且全部使用支持 SQL 标准和 ODBC/JDBC 的关系数据库系统，这个问题也已经很不容易了。比如说，虽然 SQL 是一种用于关系数据库的标准查询语言，但不同供应商的实现方式也有差异，在集成过程中，这些差异就需要进行协调。

如何有效地执行跨系统的查询，更是一大挑战。分布式数据库（数据库中的数据被划分到多个节点）中的查询处理已经是一个困难的问题。我们只能希望数据在分布式数据库中是按照某种先验分布规则来分散存储到不同的节点，并且是以一种已知且有组织的形式存放。在数据集成中，面临的是已经存在的数据源，而数据的结构往往非常复杂，并且不一定是已知的。此外，每个数据源提供的查询处理能力也大不相同。例如，一个数据源可能是一个完整的 SQL 数据库，因此可以接受非常复杂的查询，而另一个数据源可能是一个 Web 表单，因此只能提供简单的查询。

1.2.2 逻辑原因

第二类挑战来源于数据的逻辑结构。在大多数情况下，结构化的数据源是根据模式来组织数据的。对关系数据库来说，一般情况下，模式指定了一些表，每个表都具有一组属性及相应的数据类型。在其他的数据模型下，模式可以由特定的标签、类和属性来体现。

人天生有这样的特点，即当两个人面对完全相同的数据库应用需求时，他们会设计出非常不同的数据库模式[⊖]。因此，当数据来自多个数据源时，其差别是不可避免的。

对比 FullServe 和 EuroCard 的数据库模式，可以发现很多不同：

- EuroCard 把临时工和全职员工都保存在同一个数据库表中，而 FullServe 用两个表来分别存储这两类数据。这可能是因为 FullServe 把其临时工承包给一个外部机构

⊖ 人的这种本性对于数据库专家来说并不陌生，而且还常被用来检测数据库作假。

来管理。

- 即使只是对员工的建模，FullServe 和 EuroCard 使用的属性也并不相同。例如，EuroCard 使用 ID 即居民身份证号来确定员工。而 FullServe 不但记录社会保障号码，同时也分配一个雇员 ID（因为在某些情况下，出于隐私保护的原因，社会安全号不能作为主键）。FullServe 把 hireDecision（招聘意见）和 hireDate（招聘日期）属性记录在简历数据库中，而 EuroCard 并没有专门设置这些属性，他们简单地假设这些信息可以用适当的 SQL 语句通过查询员工数据库来获得。另一方面，EuroCard 对每一次面试地点也进行存储，而 FullServe 没有。

- 即使是对完全相同的属性进行建模，FullServe 和 EuroCard 也可能会使用不同的属性名称。例如，FullServe 的客户服务热线数据库使用 text 和 action 属性，而在 EuroCard 的数据库中相应的属性名为 description 和 followup。

最后，数据的表示也可能有显著不同。例如，在 FullServe 公司的员工数据库里，每一个员工的名字被分成姓（lastName）、中间名（middleName）和名（firstName）3 个字段来保存。而在培训数据库中，只用一个字段来保存员工的全名。因此，名字经常以不同的格式出现，如（名，姓）或（姓，名的首字母）。因此，匹配这两个数据库中的记录可能非常困难。同样的问题也发生在销售数据库和服务数据库之间。销售数据库用两个字段来记录一个客户：姓名和地址，而服务数据库更细地记录了每个用户的信息。当然，度量单位也不同：FullServe 采用美国美元的价格，而 EuroCard 使用欧元。由于汇率不断变化，要提前设定值之间的一个对应关系是不可能的。

要把多个数据源集成起来，唯有解决它们之间的语义异构问题。事实上，如何解决语义的异构，是数据集成的一个主要瓶颈。

1.2.3 社会和管理原因

我们要说的最后一类原因并不像前两类一样属于技术范畴，但往往和前两类一样困难，并很容易导致数据集成项目的失败。我们的首要任务，也是第一个挑战，可能是寻找需要的数据。例如，EuroCard 可能根本就没有保存员工的电子简历，我们还需要花费额外的努力去找出所有文件并把它们扫描进计算机里。

即使已经知道了所有的数据保存在哪里，数据的所有者也可能不愿意配合数据的整合。当数据的所有者来自不同公司或大学时，他们往往会有一些显而易见的不愿分享数据的原因，即使在同一企业中，数据的所有者往往也不情愿共享信息。在某些情况下，可能是因为他们的数据关系到企业的一些关键业务，允许来自数据集成系统的额外查询可能会给他们的系统带来难以承受的高负荷。在其他情况下，可能是因为一些数据只能被企业内部特定的人员看到，数据的所有者有理由担心数据集成系统无法强制执行这些限制。最后，在某些情况下，人们划定数据领地——在这里，对数据的访问意味着在组织内拥有更多的权力。例如，销售部门的领导可能不想共享销售代表的工作数据，因为它可能会透露一些内部问题。

值得注意的是，在少数情况下（例如那些涉及医疗记录或执法的数据），出于法律上的原因，数据所有者也不可以共享数据。正因为这种情况的存在，匿名数据的发布一直是计算机领域研究的一个热门话题。

虽然我们不能期望仅仅使用技术手段来解决管理问题，但是技术可以帮助数据拥有者通过数据集成来获得最大的好处，从而鼓励他们参与。例如，数据集成带来的一大好处就是，数据可以被更多的人看到，从而产生更广泛的影响（例如，如果数据出现在网络搜索引擎的相关搜索结果中）。另一个例子是，一个设计良好的数据集成系统可以使数据的归属始终是明确的（即使搜索结果是从多个数据源集中起来的），从而可以给予数据所有者适当的可信度评级。

1.2.4 设定预期

数据集成是一个很难的问题，有些人说，它永远不会被彻底解决（也许从而保证了这本书可以永享读者）。在我们从不同方面讨论数据集成的解决方案之前，重要的是要设置适当的预期。

在理想情况下，我们想通过一个数据集成系统来提供对一组数据源的访问，系统自动进行配置，以便它可以正确而高效地回答跨多个数据源的查询。由于这个理想的目标是不可能达到的，所以我们专注于两个较为实际的目标。第一个目标是构建工具来减少整合一组数据源所需要付出的努力。例如，这些工具应该易于添加新的数据源、将模式关联到其他数据源、自动调整数据集成系统以获得更好的性能。

第二个目标是提高系统在不确定环境下回答用户查询的能力。显然，如果数据集成系统必须始终返回正确且完整的答案，那么不确定性是不可容忍的。但在一些应用中（比如网络搜索），数据集成系统应该能够回答不确定性条件下的查询。例如，当我们在网络上找工作时，假如符合搜索条件的工作是 30 个，那么返回的结果中能包含其中的 29 个就已经可以了，或者返回的结果和用户提出的要求并不完全吻合也没关系。

从某种意义上说，在建立一个数据集成应用时，减少用户的负担和提高准确性是不可两全的。花的时间越多，系统就越准确。因此，在我们愿意牺牲准确率从而减少花费的时间和精力的情况下，其目标可以表述为：用户以较小的代价从数据集成系统中获得更好的结果。

1.3 数据集成架构

作为本书后面讨论内容的基础，我们简要介绍数据集成系统的架构。数据集成有很多种可能的架构，但大致来说，大多数系统都介于数据仓库和虚拟集成系统之间。数据仓库就是把来自各个独立数据源的数据加载并存储到一个物理数据库（称为数据仓库）中，然后就可以在这些数据上进行查询等操作。在虚拟集成系统中，数据还是保存在原来的数据源中，只在需要查询时才被访问。尽管在方法上有差异，但这些架构面临的许多困难和挑战是相同的。

1.3.1 数据集成系统的组成部分

图 1-4 显示了前面提到的两种数据集成系统的逻辑组件。我们现在先以虚拟集成系统为例来描述这些组件，然后再对比地看数据仓库的情况。

在图 1-4 的最下方是数据源。数据源可以在许多方面有所不同，如采用的数据模型和支持的查询。结构化的数据源通常包括支持 SQL 的数据库系统，带有 XQuery 接口的 XML

数据库，以及仅支持一组有限查询（与输入域的有效组合数有关）的 Web 表单。在某些情况下，数据源可以是一个由数据库驱动的实际应用程序，例如会计系统。在这种情况下，查询实际上还可能会涉及对数据进行处理的应用程序。

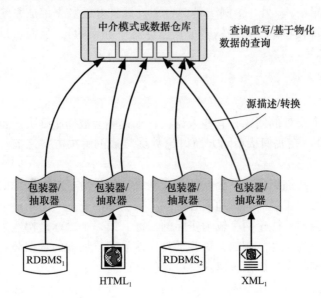

图 1-4　一个通用数据集成系统的基本架构。数据源可以是关系数据库、XML 或任何包含结构化数据的存储实体。包装器或加载器请求并解析数据源。中介模式或中央数据仓库把来自各个源的数据整合起来，用户就可以在其上发布查询。在数据源和中介模式之间，需要有数据源的描述和相关的模式映射，用于将数据从各个源转换成全局的数据

在数据源之上，是负责与数据源进行通信的程序。在虚拟数据集成系统中，这些程序被称为包装器，它们的作用是将查询发送到数据源，接收返回的结果，并可能对结果进行一些基本变换。例如，一个针对 Web 表单数据源的包装器负责接收查询，并把它转换成相应的附带查询参数的 URL，然后把这个 HTTP 请求发送出去。当数据源以 HTML 文件的形式将结果返回到客户端时，包装器又负责从 HTML 文件中提取出数据元组。

用户通过一个单一的模式与数据集成系统进行交互，该模式称为中介模式。中介模式是专为数据集成应用建立的，它只包含与该应用有关的域。因此，它并不一定包含我们在数据源中看到的所有属性，而只是其中的一个子集。在虚拟集成系统中，中介模式并不意味着它真正存储任何数据，而只是一个纯粹的逻辑架构，供用户（应用）向数据集成系统发布查询。

构建数据集成应用的关键是数据源描述，它是连接中介模式和数据源模式的纽带。这些描述指定了系统可以通过哪些属性来使用数据源中的数据。数据源描述的主要成分是语义映射，它把数据源模式和中介模式关联起来。语义映射指定数据源中的属性如何对应于中介模式中的属性（如果这样的对应关系存在），并解决如何把属性分配到不同的表中。此外，不同数据源对数据的值有不同的规定，语义映射明确了怎样解决这些不同。需要强调的是，虚拟数据集成架构只需要指定数据源和中介模式之间的映射，而不指定每对数据源之间的映射关系。因此，我们指定的映射个数与数据源的个数是相等的，而不是数据源个数的平方。此外，语义映射是声明式的，这使得数据集成系统可以推测出数据源的内容及其与所给查询之间的关联，并优化查询执行。

在数据仓库的方式中，用户面对的是数据仓库模式，而不是虚拟的中介模式。数据仓库模式不仅仅包含了数据源的必要属性，而且它还是一个物理模式，背后由一个数据库实例来支撑着。与虚拟集成不同，数据仓库不使用包装器，而是用 ETL 或其他的工具来定期地抽取－转换－加载来自各个数据源的数据。不同于包装器，ETL 工具通常还对数据进行更复杂的处理，可能涉及数据清洗、聚集和值转换。这些处理相当于虚拟数据集成架构中的模式映射，但往往更加程序化。

数据仓库的一些特性源于这些系统在开发之初并不是以数据集成为目的的。相反，它们是为进行更深入的分析而开发的工具，比如把交易系统（记录商店的每一笔销售的数据库）的数据上传到一个数据库里，再对数据进行汇总和清理，从而可以为决策支持提供查询（例如，查询特定产品在各地区的销售额）。从交易系统将数据转换到数据仓库可能涉及相当复杂的转换和聚集。我们将在第 10 章中详细讨论数据仓库和它的一些变种，但本书中的绝大多数讨论都是围绕数据集成的虚拟集成方法，因为它最能说明数据集成的主要概念。

11

1.3.2 数据集成实例

如图 1-5 所示，下面的例子说明了一个完整的数据集成方案。

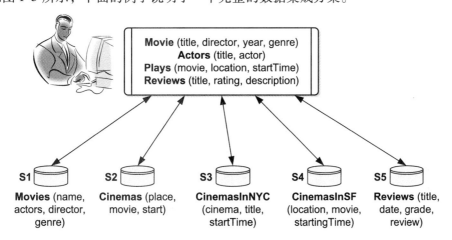

图 1-5　数据集成方案的一个例子。查询结果来自于电影
详细信息、影院排片表和影评资料等数据源

数据源和中介模式

在这个例子中，我们有 5 个数据源。第一个是最左边的 S1，它存储电影数据，包括电影的名字、演员、导演和类型。接下来的 3 个数据源 S2 ~ S4 存储有关场次的数据。数据源 S2 包括了整个国家的影院，而 S3 和 S4 仅代表性地存储了纽约和旧金山的影院数据。需要注意的是，虽然这 3 个数据源都存储同一类型的数据，但它们使用的属性名是不同的。最右边的数据源 S5 则存储影评数据。

中介模式包括 4 个关系：Movie（电影）、Actors（演员）、Plays（场次）和 Reviews（评论）。注意在中介模式中 Review（影评）并不包含 date（日期）属性，但数据源 S5 中保存着相关信息。

数据源描述中的语义映射描述了数据源和中介模式之间的关系。例如，数据源 S1 到中介模式的映射将描述它包含表 Movies，并且表 Movies 中的属性 name 与中介模式中表 Movie 的属性 title 相对应。它还将指定中介模式中的表 Actors 是数据源 S1 表 Movies 中 name 和 actors 两列的投影。

同样，语义映射将指定中介模式的 Plays 关系中的元组可以从数据源 S2、S3、S4 得到，并且 S3 中元组的属性 location 都为纽约（类似地，S4 中元组的属性 location 都为旧金山）。

除了语义映射之外，数据源描述还指明了数据源其他方面的一些信息。首先，它们指明数据源是否是完整的。例如，数据源 S2 可能不包含整个国家所有的电影放映时间，而数据源 S3 包含所有在纽约的电影放映时间。其次，数据源描述可以指定对数据源访问方式的限制。例如，S1 的描述指定，要想得到查询结果，输入的查询语句中至少要给出一个属性值作为限制条件。同样，要对其他提供电影播放场次的数据源进行查询，必须输入影片名称。

查询处理

我们使用中介模式中的数据来向数据集成系统发起查询。下面的这个查询语句想要查找 Woody Allen（伍迪·艾伦）导演的电影在纽约的放映时间。

```
SELECT title, startTime
FROM Movie, Plays
WHERE Movie.title = Plays.movie AND location="New York"
  AND director="Woody Allen"
```

如图 1-6 所示，查询的过程按照如下步骤进行。

查询重写　如前所述，用户查询是用中介模式中的术语构成的。因此，系统要做的第一步是把查询语句重写成与数据源模式对应的形式。要做到这一点，数据集成系统就要使用数据源描述。重写的结果是一组与数据源模式相对应的查询语句，把它们的执行结果组合起来就可以得到原始查询的结果。我们把这个重写的结果称为逻辑查询计划。

重写过程如下：

- Movie（电影）的元组可以从数据源 S1 直接获得，但需要将属性 title 转换为 S1 中的 name。
- Plays（场次）元组可以从数据源 S2 或 S3 得到。由于已知 S3 包含了纽约市的完整数据，所以我们选择 S3 而不选择 S2。
- 由于数据源 S3 需要输入电影的名称进行查询，所以查询计划必须首先访问数据源 S1，然后把从 S1 中得到的电影名称作为 S3 的查询输入。

因此，查询重写引擎所产生的第一个逻辑查询计划就是访问 S1 和 S3 以便得到查询结果。然而，第二个逻辑查询计划也是正确的，即先访问 S1，再访问 S2，虽然得到的结果可能不完整。

查询优化　和传统的数据库系统一样，查询处理的下一个步骤是查询优化。查询优化把一个逻辑查询计划转化为一个物理查询计划，物理查询计划指定访问各个数据源的确切顺序，在组合查询结果时，要用哪些算法来对数据进行操作（例如，数据源之间的连接），以及给每个操作分配多少资源。如前所述，该系统还必须处理数据的分布性所带来的挑战。

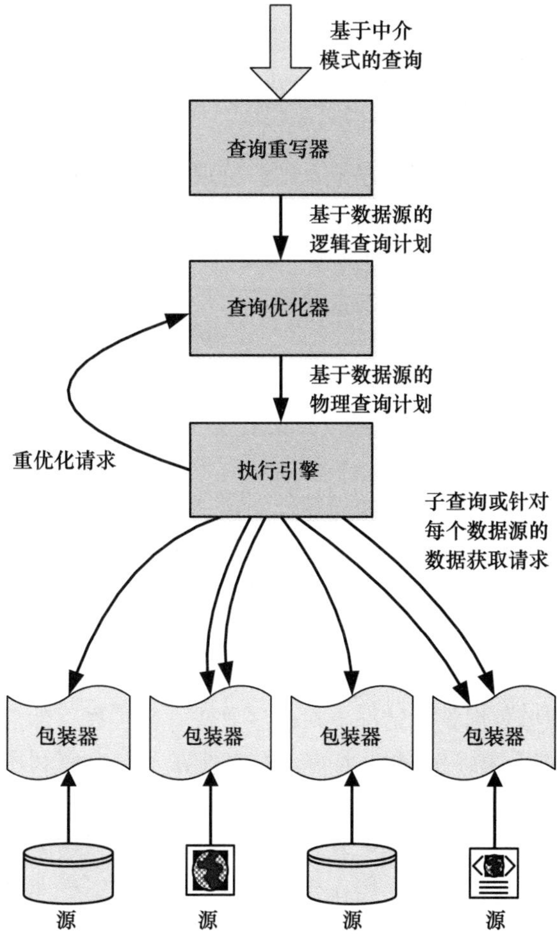

图 1-6 数据集成系统的查询处理与传统数据库中的查询处理主要有两点不同。第一，查询需要从中介模式重写成对应于数据源模式的形式。第二，查询执行可能是自适应的，因为查询计划可能随着查询的执行而改变

在我们的例子中，优化器将决定使用哪种算法来连接 S1 和 S3。例如，连接算法可能以流水线的形式把电影名称从 S1 输入到 S3，或者可能把结果先缓存起来，然后再整批发送到 S3。

查询执行 最后，执行引擎负责物理查询计划的实际执行。执行引擎通过包装器调度各个数据源，然后将返回的结果按照查询计划指定的形式组合起来。

数据集成系统与传统数据库系统的另一个显著区别在于，传统数据库系统的执行引擎只是执行由查询优化器发给它的查询计划，而数据集成系统的执行引擎可能会根据其监测的查询计划的执行进展，要求优化器重新考虑查询计划。在我们的例子中，执行引擎可能会发现数据源 S3 异常缓慢，因此可能会询问优化器能否使用其他数据源来代替 S3。

当然，另一种可选办法是在优化器中为原始计划设定好一些突发事件。但是，如果意外执行的事件很多，原计划就可能变得很庞大。因此，在设计查询处理引擎时，一个有趣的技术挑战就是如何平衡计划的复杂性以及应对意想不到的执行事件的能力。

1.4 全书概览

本书的其余部分将详细阐述上述每个组成部分和过程。下面列出每章所涵盖的主要问题。

第 2 章主要是为之后的讨论奠定理论基础。特别是，本章还介绍有关查询表达式的操作和推理算法。这些算法使我们能够确定一个查询是否和另一个查询是等价的（即使它们是完全不同的写法），并决定这个查询是否可以由数据库上已有的视图来得到。这些算法对查询语句的重写和优化是必不可少的，并且不仅是在数据集成中，而且在其他的数据管理情况下也是有用的。

第 3 章介绍数据源描述的一般形式，特别是语义映射。我们描述了两种使用查询表达式的语言来指定语义映射（全局视图（Global as View, GAV）和局部视图（Local as View, LAV）），以及两者的结合体 GLAV 语言。对于每一种语言，描述了相应的查询重写算法。我们还描述如何处理关于数据源完整性和关于数据源中的数据访问限制的信息。

在第 4 章中，我们开始讨论创建语义映射的相关技术。事实证明，创建映射是建立数据集成应用中的主要瓶颈之一。因此，我们的重点是如何用相关技术来减少创建映射所需的时间。第 4 章还讨论了两个字符串是否代表同一实体这一根本问题。字符串匹配在匹配来自多个数据源的数据和模式中起着关键作用。我们介绍了字符串匹配的几种启发式方法，并讨论怎样在大规模数据集的情况下对这些方法进行扩展。然后，我们讨论在模式级（第 5 章）上创建映射的问题。这些技术的有趣之处在于，它们利用机器学习方法，使系统在完成更多模式和对象的正确匹配后，能够随着时间不断改进。

除了在模式之间建立映射的问题之外，在元数据上还有很多其他的操作。第 6 章讨论通用的模式操作或模型管理操作，它们在比较和构建模式映射中非常有用。

下一步，我们从数据级考虑映射识别和实体匹配技术（第 7 章）。与模式映射一样，机器学习技术在这里也非常有用。

第 8 章讨论数据集成系统中的查询处理。本章介绍数据集成系统中的查询优化和查询操作符。本章所涉及的重要新概念是自适应查询处理，它是指查询处理器在执行过程中改变其计划的能力。

第 9 章讨论如何构建 Web 信息提取器或包装器，以获取需要集成的信息。包装器的构建是一个极具挑战性的问题，尤其是考虑到现实世界中 HTML 的特性，需要结合启发式模式匹配、机器学习和用户交互等相关技术。

第 10 章回顾了数据仓库及其变种。数据仓库的主要优点是，它可以更有效地支持复杂的查询。我们还讨论了数据交换，即一种将源数据库中的数据转换到具有不同模式的目标数据库中的架构，并回答目标数据库中的查询。

本书第二部分着重介绍各种数据表示方法，包括层次、类关系以及注释。第 11 章讨论数据集成中 XML 的作用。XML 在数据集成中发挥了重要作用，因为它提供了一个共享数据的语法。一旦解决语法问题，就能够促进人们以带语义的方式共享数据。本章从 XML 数据模型和查询语言（XQuery）开始，然后讨论在 XML 上支持查询处理和模式映射需要开发的技术。

第 12 章讨论数据集成系统中知识表示（KR）的作用。知识表示是人工智能的一个分支，它构建了一套表示数据的语言。这些语言能够表示比数据库系统更复杂的约束。这种更强的表达能力，使 KR 系统可以对数据进行复杂的推理。知识表示语言是构建语义 Web 的主要力量，这些技术的目标是使网络上的数据具有丰富的语义，并且能最终支持更复杂的查询和推理。我们将讲解语义 Web 的基本形式和面临的一些挑战。

第 13 章讨论如何在数据集成系统中引入不确定性。当集成多个自治的数据源时，数据源并不可能都是正确的或及时更新的。此外，模式映射和查询也可能是粗略近似的。因此，数据集成系统可以包含这些不确定性是很重要的。第 14 章介绍数据溯源，它解释了每一个元组是如何取得的。我们介绍溯源和概率值之间的密切关系。

最后，第三部分讨论一些新的数据集成应用以及需要解决的挑战。第 15 章讨论了 Web 上的结构化数据，以及在此之上的数据集成。Web 上大规模的数据源以及数据的多样性带来了独特的挑战。

第 16 章考虑怎样结合关键字搜索和机器学习的方法来"按需"提供一个更轻量级的集成：即使没有预先存在的映射和中介模式，系统也可以找到连接数据源的方法来寻找满足查询条件的数据，用以应答即席查询。该系统甚至可能使用机器学习技术来完善其结果。这是一种即付即用（pay- as- you- go）数据集成，在只有少量输入信息的领域中很有用。

第 17 章介绍数据共享和集成的对等（P2P）架构。在 P2P 架构中，没有一个单一的中介模式，而是一个各协同单位的松散集合。为了加入 P2P 数据集成系统，数据源提供到一些已经存在于系统中的对等单位的语义映射。P2P 架构的主要优点在于它不再要求各单位为了协同而在中介模式上达成一致。

第 18 章描述了如何对 Web 数据集成以及 P2P 数据共享中的一些想法进行扩展，来支持协作的数据交换。协作系统的关键性能包括进行注释和更新以便共享数据视图的能力。

最后，我们讨论数据集成领域一些开放性的具有较高影响力的发展方向，来作为本书的总结。

参考文献注释

自 20 世纪 80 年代初多库系统（Multi- Base System）[366]出现以来，数据集成就成为一大研究热点。从那时起，这一领域已经有了相当多的研究成果和商业应用。而关于中介器（mediator）[571]的文章进一步推动了这个领域的研究热潮，并最终使该领域的研究获得了更多的政府资助。万维网的出现和互联网上大量可用的数据库，引发了对大规模数据集成[229]的考虑。Özsu 和 Valduriez 对分布式数据库进行了大量阐述[471]。

20 世纪 90 年代后期以来，数据集成在企业市场上变成了一个炙手可热的领域，通常称为企业信息集成（Enterprise Information Integration，EII）[285]。网络上的数据集成还有一个重要的市场。许多公司创建面向领域的接口来集成来自多种数据源的信息，如就业、旅游和分类广告领域。这些网站将来自几百到上千个数据源的数据整合起来。Chaudhuri 等人[123]对商务智能和数据集成的研究现状和面临的挑战提供了很好的概述。

本章只对关系数据模型和查询语言进行了非常粗略的介绍，读者可以参考有关数据库教材[245，489]进一步阅读。对于查询语言和完整性约束的理论研究，请参阅[7]。有关 datalog 的内容，请参阅[554]。

数据集成技术基础

查询表达式及运算

数据集成系统查询处理的第一步，就是选择与该查询最相关的数据源。而做出抉择依赖于查询处理和查询间关系推理的一组方法。本章将详细介绍这些推理技术。这些技术不仅在数据集成中非常有用，而且单独来看它们也很有价值，它们也已经用于其他场景，如查询优化和物理数据库设计。

2.1节首先回顾本书使用的数据库的概念。2.2节介绍查询展开（query unfolding）技术，它用于查询重写。将那些建立在其他查询或视图之上的查询重写成仅对数据库关系进行的查询。对于查询优化来说，查询展开可以让查询优化找到更有效的查询处理计划，因为可以有更多的自由来决定以何种顺序执行连接操作。在数据集成背景下，查询展开能够将建立在中介模式上的查询，重写成对数据源的查询（参见3.2.2节）。

2.3节介绍了查询包含（query containment）和查询等价（query equivalence）算法。查询包含是一对查询之间的一种基本的顺序关系。如果查询 Q1 包含查询 Q2，那么无论数据库的状态如何，Q1 的答案将永远是 Q2 答案的一个超集。如果两个查询是等价的，即使从语法上来看不同，那么它们的答案总是相同的。我们将使用查询包含和等价的关系，来判断两个数据源之间是否冗余，以及一个数据源是否可以用来回答查询。在查询优化的背景下，我们使用查询等价来验证转换后的查询是否含义不变。

2.4节介绍使用视图进行查询应答的技术。直观地说，使用视图来回答一个查询，需要考虑以下问题。假设你已将几个查询的结果存储到数据库的一组视图中。现在，当收到一个新的查询时，你想知道仅使用视图是否可以回答该查询，而不用访问原始数据库。在查询优化的背景下，找到一种使用视图来回答查询的方法可以大大减少查询应答所需的计算量。正如我们在3.2.3节中描述的，在数据集成背景下，我们经常将一组数据源描述为中介模式上的一组视图。用户查询是按照中介模式中的术语来构造的。因此，解决使用视图的查询是必要的，以便将用户查询转换为对数据源的查询。

2.1 数据库概念回顾

我们首先回顾数据库文献中有关数据建模和查询的一些基本概念和术语。

2.1.1 数据模型

数据集成系统需要处理的数据往往来自于很多不同的数据模型，可以是关系型的、XML 或非结构化数据。这里我们首先复习关系数据模型的基础知识，在本书的后面将引入其他数据模型。特别地，第11章讨论 XML 及其底层的数据模型，因为它在许多数据集成技术中起到了关键作用。

关系数据库是一组关系，也称为表（见图2-1）。数据库模式包括每个表的关系模式和一组完整性约束，我们稍后会简单描述它们。

关系模式指定表中的一组属性以及每个属性的数据类型。关系的度（arity）是它具有的属性数量。例如，在图 2-1 中，关系 Interview 的度为 5，其模式是：

candidate: string　　　date: date
recruiter: string　　　hireDecision: boolean
grade: float

Interview

candidate	date	recruiter	hireDecision	grade
Alan Jones	5/4/2006	Annette Young	No	2.8
Amanda Lucky	8/8/2008	Bob Young	Yes	3.7

EmployeePerformance

empID	name	reviewQuarter	grade	reviewer
2335	Amanda Lucky	1/2007	3.5	Eric Brown
5443	Theodore Lanky	2/2007	3.2	Bob Jones

Employee

empID	name	hireDate	manager
2335	Amanda Lucky	9/13/2005	Karina Lillberg
5443	Theodore Lanky	11/26/2004	Kasper Lillholm

图 2-1　Interview（面试）表中存储了面试者的信息以及他们的面试结果。
EmployeePerformance 表描述了每个员工的季度评分

从某种意义上说，模式体现了数据库的设计者想要如何组织数据，包括选择对数据的哪些方面进行建模以及记录之间是怎样相互区别的。例如，Interview（面试）表中不包括面试地点属性，以及候选人申请的岗位属性。EmployeePerformance 表只提供了一个简单的分数，而事实上，这个分数可能是由一组更加具体的评价指标共同组成的，这些指标就没有体现在该表中。在数据集成中，我们面临的挑战之一是，不同的数据源往往用不同的方式来组织它们的数据，而这些差异就需要我们来协调解决。

一张关系表包括有限的行数，称为元组（或记录）。一个元组为表中的每个属性分配一个值。如果讨论的关系在上下文中是明确的，那么我们可以用一组括号中的值表示它的一个元组，例如，

(Alan Jones, 5/4/2006, Annette Young, No, 2.8)

否则，可以将它表示为一个闭原子（ground atom）：

Interview(AlanJones, 5/4/2006, AnnetteYoung, No, 2.8)

在某些情况下，可以用一组属性名到值的映射来表示一个元组，例如：

{candidate→ Alan Jones, date → 5/4/2006, recruiter→ Annette Young,
hireDecision→ No, grade → 2.8}

这里要特别注意数据库中的 NULL(空）值。直观地说，NULL 意味着该值可能未知或不存在。例如，age(年龄）属性的值在未知的情况下可以是 NULL，而 spouse(配偶）属性的值可能未知或不存在。对于 NULL 很重要的一点是，要记住，如果一个等值判断语句中包含 NULL，则其返回值是 NULL。事实上，即使 NULL = NULL，返回值也是 NULL。这其实也符合直觉，因为如果两个值是未知的，我们当然不知道它们是否相等。我们可以用"is NULL"来判断一个值是否为 NULL。

数据库的一个状态，或者数据库实例，是数据库内容的一个特定快照。数据库有集合语义和包语义之分。在集合语义中，数据库状态为每个关系分配一个元组集。也就是说，

在一个关系里，一个元组只能出现一次。在包语义中，元组可以在一个关系中出现任意多次，也就是说一个数据库实例可以给每个关系分配多个元组集。除非我们额外强调，否则假定数据库是集合语义的。目前的商用关系型数据库都支持两种语义。

在本书中，我们使用以下这些符号。

- 用 D 表示数据库实例（可能带有下标）。
- 按字母表顺序从头开始，用大写字母表示属性，例如，A、B、C。用带上画线的大写字母表示属性集或属性列表，如 $\bar{A}$。
- 用字母 R、S、T 来表示关系，然后用带上画线的 $\bar{R}$、$\bar{S}$、$\bar{T}$ 表示关系集或关系列表，例如，$\bar{R}$。
- 用小写字母表示元组，例如，s、t。
- 如果 $\bar{A}$ 是一组属性，t 是一个关系中包含这些属性的一个元组，那么 $t^{\bar{A}}$ 表示元组 t 作用于 $\bar{A}$ 中属性的取值。

2.1.2 完整性约束

完整性约束是一种机制，用于限制数据库的可能状态。例如，在雇员数据库中，我们不想对同一个雇员记录两行数据。完整性约束指定 employee 表中的雇员 ID 必须是唯一的。指定完整性约束的语句因情况而异。这里，我们着重描述以下最常见的完整性约束类型：

- **主键约束**：$\bar{A}$ 是关系 R 上的一组属性，如果不存在元组 t_1，$t_2 \in R$，使得 $t_1^{\bar{A}} = t_2^{\bar{A}}$ 并且 $t_1 \neq t_2$，那么称 $\bar{A}$ 是 R 的键。例如，属性 candidate 可以是 Interview 表的一个键。
- **函数依赖**：$\bar{A}$ 和 $\bar{B}$ 是关系 R 的属性组，如果对于任意两条元组 t_1，$t_2 \in R$，若 $t_1^{\bar{A}} = t_2^{\bar{A}}$，则 $t_1^{\bar{B}} = t_2^{\bar{B}}$，则属性组 $\bar{A}$ 函数决定属性组 $\bar{B}$。

  例如，在 EmployeePerformance 表中，EmpID 和 reviewQuarter 函数决定 grade。注意，主键约束就是一种函数依赖，因为主键属性函数决定关系中所有的其他属性。
- **外键约束**：A 是关系 S 上的一个属性，T 是另一个关系，其主键是属性 B。如果对于 S 中的任意一元组，其属性 A 的值是 v，则必然在 T 中存在一个元组，其属性 B 的值是 v，那么 A 就称为表 T 中属性 B 的外键。例如，EmployeePerformance 表的 empID 属性就是 Employee 表的一个外键。

一般约束表达式

元组生成依赖（Tuple-Generating Dependency，TGD）和等值生成依赖（Equality-Generating Dependency，EGD）为很多种类的完整性约束提供了一般的形式。正如我们在后面的章节中将会看到的，TGD 也用于指定模式映射。

元组生成依赖的形式如以下公式所示：

$$(\forall \bar{X}) s_1(\bar{X}_1), \cdots, s_m(\bar{X}_m) \rightarrow (\exists \bar{Y}) t_1(\bar{Y}_1), \cdots, t_l(\bar{Y}_l)$$

其中 s_1，$\cdots$，s_m 和 t_1，$\cdots$，t_l 是关系名。变量 $\bar{X}$ 是 $\bar{X}_1 \cdots \cup \cdots \bar{X}_m$ 的一个子集，变量 $\bar{Y}$ 是 $\bar{Y}_1 \cdots \cup \cdots \bar{Y}_l$ 的一个子集。变量 $\bar{Y}$ 不会出现在 $\bar{X}_1 \cdots \cup \cdots \bar{X}_m$ 中。根据上下文，在上述依赖左侧和右侧的关系名可能指的是同一个模式中的关系，也可以指的是不同的数据库。

等值生成依赖是相似的，除了右侧只包含等值符号外：

$$(\forall \overline{Y}) t_1(\overline{Y_1}), \cdots, t_l(\overline{Y_l}) \rightarrow (Y_i^1 = Y_j^1), \cdots, (Y_i^k = Y_j^K)$$

这里右边出现的所有变量在左边也出现。我们注意到，在实践中，量词（$\forall \overline{X}$ 和 $\exists \overline{Y}$）常常被省略。在这些情况下，所有出现在左边的变量都被假设为全称量词化（$\forall$），而只出现在右边的变量则假定为存在量词化（$\exists$）。

下面我们说明，怎样使用这些形式来表示上面提到的 3 类约束。

属性 Candidate 是 Interview 表的主键：（下面这个公式指定了一个主键约束，假定该表是集合语义的）

$(\forall C_1,\ D_1,\ R_1,\ H_1,\ G_1,\ D_2,\ R_2,\ H_2,\ G_2)$
Interview(C_1, D_1, R_1, H_1, G_1), Interview(C_1, D_2, R_2, H_2, G_2) $\rightarrow$
$D_1 = D_2, R_1 = R_2, H_1 = H_2, G_1 = G_2$

在 EmployeePerformance 表中，属性 empID 和 reviewQuarter 函数决定 grade：

$(\forall I,\ N_1,\ R,\ G_1,\ Re_1,\ N_2,\ G_2,\ Re_2)$
EmployeePerformance(I, N_1, R, G_1, Re_1), EmployeePerformance(I, N_2, R, G_2, Re_2)
$\rightarrow G_1 = G_2$

Interview 表中的属性 recruiter 是 EmployeePerformance 表的一个外键：

$(\forall I, N, R, Gr, Re)$ EmployeePerformance(I, N, R, Gr, Re) $\rightarrow (\exists Na, Hd, Mg)$ Employee(I, Na, Hd, Mg)

2.1.3　查询和应答

在数据集成系统中，查询有多种用途。就像在数据库系统中一样，查询是根据用户的信息需求形成的。在某些情况下，可能要在其他查询中重用某个查询表达式，在这种情况下，就可以在数据库中，用这个查询定义一个视图。如果想要数据库系统帮助我们计算这些查询的答案，并在数据库修改的同时维护这些答案，那么我们就把这样的视图称为物化视图。

在数据集成系统中，也可以使用查询来指定数据源模式之间的关系。事实上，正如第 3 章讨论的，查询是指定语义映射的核心。

这里区分一下结构化查询和非结构化查询。结构化查询是数据库系统所支持的，比如关系数据库中的 SQL 查询或 XML 数据库中的 XQuery 查询。非结构化查询就是我们熟悉的 Web 上的形式，最常见的一种就是一个查询关键字列表。

本书中，我们使用两种不同的方法在关系数据库中表示查询。首先是 SQL，这是商业关系型数据库系统中查询关系数据所使用的语言。不幸的是，SQL 在形式上不够完美，因此不便于比较正式的论述。因此，在进行一些较为正式的讨论时，我们使用一种基于数理逻辑（一个非常简单的形式）的表示方法——合取查询。

SQL 是一种非常复杂的语言。对于我们的讨论，一般只使用其最基本的特征：从表中选择指定的行、从表中选择指定的列、使用连接运算符合并多个表中的数据、两表合并、基本聚集。例如，下面的查询就是书中看到的典型查询。

例 2.1

```
SELECT recruiter, candidate
FROM Interview, EmployeePerformance
WHERE recruiter = name AND EmployeePerformance.grade < 2.5
```

<<<

例 2.2

```
SELECT reviewer, AVG(grade)
FROM EmployeePerformance
WHERE reviewQuarter = "1/2007"
```

<<<

例 2.1 中查询的意思是,查找那些在绩效评估中得分低于 2.5 的招聘人员以及他们所面试的应聘者。得到这个查询结果后,我们可能会对这些应聘者重新进行面试。例 2.2 中的查询想要得到 2007 年第一季度招聘人员的绩效考核的平均分。

给定一个查询 Q 和一个数据库 D,我们用 $Q(D)$ 表示在数据库 D 上执行查询 Q 得到的结果。事实上,$Q(D)$ 也是一个关系,其模式由查询表达式隐式定义。

2.1.4 合取查询

下面简单回顾合取查询的格式。一个合取查询通常具有如下的格式:

$$Q(\overline{X}) :- R_1(\overline{X_1}), \cdots, R_n(\overline{X_n}), c_1, \cdots, c_m$$

在该查询表达式中,$R_1(\overline{X_1})$, $\cdots$, $R_n(\overline{X_n})$ 表示子查询(或合取项),它们的合取构成查询的主体。每一个 R_i 都是数据库的一个关系,$\overline{X}$ 是由变元和常数构成的元组。数据库中的同一个关系可以出现在多个子查询表达式中,除非我们特意重新命名,否则都称这个查询为 Q。

$\overline{X}$ 中的变元称为独立变元,或头部变元,其他变元称为存在变元。谓词 Q 表示该查询结果所代表的关系。它的度为 $\overline{X}$ 中元素的个数,我们用 Vars(Q) 表示在 Q 的头部或主体中出现的所有变元集。

c_j 是比较原子,格式形如 $X\theta Y$,其中 X 和 Y 是变元或常数,并且至少有一个是变元。运算符 θ 是比较谓词,如 =、≤、<、!= 、>或≥。除非特别说明,一般指在稠密域[⊖]上计算。

数据库实例 D 上的连接查询 Q 的语义为:考虑任意一个把 Q 中的变元对应到 D 上常数的映射 ψ。我们把 ψ 在 $R_i(\overline{X_i})$ 上的映射结果称为 $\psi(R_i)$,把 ψ 在 c_i 上的映射结果称为 $\psi(c_i)$,把 ψ 在 $Q(\overline{X})$ 上的映射结果称为 $\psi(Q)$,得到闭原子。当且仅当

- 每个 $\psi(R_1)$,$\cdots$,$\psi(R_n)$ 都在 D 中,并且,
- 对于每个 $1 \leq j \leq m$,$\psi(c_j)$ 都能够满足,

那么 $\psi(Q)$ 就是 Q 在 D 上的一个解。

为了阐明 SQL 与合取查询的一致性,我们用下面这个合取查询来表示上面例 2.1 中的查询:

$Q_1(Y, X) :-$ Interview(X, D, Y, H, F), EmployeePerformance(E, Y, T, W, Z), $W \leq 2.5$

注意,合取查询中的连接(join)是用出现在两个不同的子查询表达式中的相同字母 Y 来表示。grade 上的谓词是用一个比较原子来表示。

合取查询必须是安全的,也就是说,任意一个出现在头部的变元,都必须出现在主体的非比较谓词部分。否则,查询的结果将会有无穷多种(即,在头部出现但主体部分没有出现的变元,可以取任意值)。

我们还可以用析取查询来表示。为了表示析取查询,给出两个或更多拥有相同头部谓词的合取查询。

⊖ 另一种是在离散域上进行计算,例如整数域。这种情况下,我们需要考虑一些隐含的推理,例如 $X > 3$ 与 $X < 5$ 的合取指 $X = 4$。

例 2.3　下面两个查询想要得到表现最差以及最好的招聘人员。

$Q_1(E, Y)$:- Interview(X, D, Y, H, F), EmployeePerformance(E, Y, T, W, Z), $W \leq 2.5$

$Q_1(E, Y)$:- Interview(X, D, Y, H, F), EmployeePerformance(E, Y, T, W, Z), $W \geq 3.9$　　<<<

我们还考虑带有否定子查询表达式的合取查询，格式如下：

$$Q(\overline{X}) :- R_1(\overline{X_1}), \cdots, R_n(\overline{X_n}), \neg S_1(\overline{Y_1}), \cdots, \neg S_m(\overline{Y_m})$$

对于带有否定子查询的查询，我们把安全性的概念扩展为：出现在头部的任何变元，必须同时出现在主体部分的肯定子查询中。为了得到查询的一个解，从 Q 中的变元到数据库中常量的映射必须满足：

$$\psi(S_1(\overline{Y_1})), \cdots, \psi(S_m(\overline{Y_m})) \notin D$$

在我们的讨论中，合取查询这个术语指的是没有比较谓词或否定子查询的合取查询。如果查询中允许出现比较或否定原子，我们会特别说明。

2.1.5　datalog 查询

一个 datalog 查询是一套规则，其中任意一个规则都是一个合取查询。一个 datalog 查询计算的是一套内涵的关系（称为 IDB 关系），而不是一个简单的查询结果，其中一个被指定为查询谓词。在 datalog 中，我们把数据库中的关系称为外延关系（EDB 关系）。直观地，外延关系由一系列元组给出（也称为基本事实），而内涵关系是由一系列规则定义的。因此，EDB 关系只能在规则的主体部分出现，而 IDB 关系既可以在头部出现，也可以在主体部分出现。

例 2.4　考虑一个只包含两个关系的简单数据库，这两个关系表示了图中的边：如果有一条边从 X 到 Y，那么就存在一个 edge（X，Y）。下面这个 datalog 查询计算图上的路径。edge 就是一个 EDB 关系，path 就是一个 IDB 关系。

r_1　path(X, Y) :- edge(X, Y)

r_2　path(X, Y) :- edge(X, Z), path(Z, Y)

第一条规则表明所有单条构成的路径，第二条规则计算由较短路径组成的路径。这个例子中的查询谓词就是 path。注意，用下面这条规则来替换上面的第二条规则，得到的结果是相同的。

r_3　path(X, Y) :- path(X, Z), path(Z, Y)　　<<<

datalog 查询的语义建立在合取查询的基础上。对于 IDB 谓词，我们从空表达式开始扩展。选择程序中的一个规则，然后把它用在 EDB 和 IDB 关系当前的扩展上，把由此计算得到的规则头部的元组加入到这个扩展的关系集上。继续把这些程序中的规则都计算出来，直到 IDB 关系中已经没有新的元组产生。查询的答案是查询谓词的扩展。当这些规则不包含否定子查询时，这个过程最终会得到一个确定的答案，与计算这些规则的顺序无关。

例 2.5　在例 2.4 中，假设我们从这样一个数据库开始，它包含 3 条元组 edge（1，2）、edge（2，3）和 edge（3，4）。当运用 r_1 时，将得到 path（1，2）、path（2，3）和 path（3，4）。第一次运用 r_2 时，将得到 path（1，3）和 path（2，4）。第二次运用 r_2 时将得到 path（1，4）。因为没有新元组再产生，所以 datalog 查询就终止了。　　<<<

在数据集成中，我们对 datalog 查询感兴趣主要是因为有时需要用它来回答对一组数据源的查询（见 3.3 节和 3.4 节）。熟悉 Prolog 编程语言的读者会发现 datalog 其实是 Prolog 的一个子集。读者还应注意到，并不是所有的 SQL 查询都可以用 datalog 来表达。特别地，在 datalog 中就没有对分组、聚集和外连接的支持。SQL 仅支持有限的递归，而不支持任意的递归类型。

2.2 查询展开

声明式查询语言的一个很重要优点在于可组合性：可以在它们的主体部分写出包含视图（即，其他指定的查询）的查询。比如，在 SQL 中，可以在 FROM 从句中包含其他视图。可组合性很大程度上简化了描述一个复杂查询的任务，因为可以由简短的查询片段适当地拼凑起来。查询展开就是查询组合的展开过程：给定一个建立在其他视图上的查询，查询展开就是对它进行重写，从而使该查询仅建立在数据库的表上。

查询展开的概念很简单。我们逐个对查询中的视图进行展开，直到查询中不再有视图。下面描述一个展开步骤。与本章中的其他算法一样，我们用合取查询来表示它们（见 2.1 节）。这里通常把讨论限制在对合取查询操作的算法上，并在某些情况下描述一些重要的扩展。参考文献注释提到了一些处理更为复杂查询的算法。

展开一个子查询

设 Q 为一个合取查询，其格式如下：

$Q(\bar{X})$:- $p_1(\bar{X}_1), \ldots, p_n(\bar{X}_n)$

其中，p_1 本身是由如下的查询定义的一个关系

$p_1(\bar{Y})$:- $s_1(\bar{Y}_1), \ldots, s_m(\overline{Y}_m)$

不失一般性，假设 $\bar{Y}$ 是一个由变元组成的元组，并且每个变元在元组中至多出现一次。Q 中的其他子查询也可以由其他查询或者数据库中的关系定义。

单个展开步骤如下。令 Ψ 是一个将 $\bar{Y}$ 映射到 $\bar{X}_1$ 的变元映射，并将 p_1 中的存在变元映射到未在其他任何地方出现过的新变元。为了展开 $p_1(\bar{X}_1)$，从 Q 中删除 $p_1(\bar{X}_1)$，并向 Q 的主体部分添加子查询 $s_1(\psi(\bar{Y}_1))$, $\cdots$, $s_m(\psi(\bar{Y}_m))$。

重复上述过程直至 Q 中所有子查询都指向数据库中的关系。

例 2.6 考虑如下的例子，Q_3 定义在 Q_1 和 Q_2 之上。关系 Flight 存储了具有直达航班的城市对，关系 Hub 存储了所有航线中转城市的集合。查询 Q_1 查找所有可以通过一个中转城市到达的城市对。查询 Q_2 查找从同一个中转城市出发的同一条航线上的城市对。

$Q_1(X, Y)$:- Flight(X, Z), Hub(Z), Flight(Z, Y)

$Q_2(X, Y)$:- Hub(Z), Flight(Z, X), Flight(X, Y)

$Q_3(X, Z)$:- $Q_1(X, Y), Q_2(Y, Z)$

Q_3 的展开是

$Q_3'(X, Z)$:- Flight(X, U), Hub(U), Flight(U, Y), Hub(W), Flight(W, Y), Flight(Y, Z) <<<

关于查询展开有几点需要注意。首先，展开的结果可能会包含看上去很冗余的子查询。下一节将介绍一系列通过使用查询包含技术来消除冗余的算法。其次，查询和视图可

能都包含独立可满足的比较谓词，但展开之后的查询可能并不能够被满足，因此可以直接返回为空的结果。当然，这只是查询展开能够显著优化查询计算的一个极端例子。

还有一个有趣的地方值得注意，那就是通过展开步骤的重复应用，子查询的数量将会呈指数级增长。很容易产生这样的例子：n 个子查询定义一个查询 Q，以至于展开 Q 会产生出 2^n 个子查询。

最后，我们强调查询展开并非一定能提供一个更高效的查询处理方式。事实上，在 2.4 节恰恰与之相反——为了加快查询处理，尝试重写查询从而引用视图来加速查询处理。展开仅仅使得查询处理器能够通过考虑更多的连接操作顺序以及比较谓词所表达的约束条件的全集，从而探索更多的查询计划。当然，当查询是组合形式时（这也是声明式查询所带来的主要好处），查询展开的能力非常重要。

2.3 查询包含与等价

我们重新考虑例 2.6 中的查询 Q_3 的展开式：

$Q_3'(X,Z)$:- Flight(X,U), Hub(U), Flight(U,Y), Hub(W), Flight(W,Y), Flight(Y,Z)

直观地，该查询好像包含了一些不必要的子查询。例如，子查询 Hub(W) 和 Flight(W,Y) 似乎是冗余的，因为无论什么时候，满足子查询 Hub(Z) 和 Flight(Z, Y) 的元组，也一定会满足 Hub(W) 和 Flight(W，Y)。因此，我们可以推断，下面的查询将产生与查询 Q_3' 相同的结果。

$Q_4(X,Z)$:- Flight(X,U), Hub(U), Flight(U,Y), Flight(Y,Z)

而且，如果我们考虑下面的查询，它查询途经两个枢纽的航班：

$Q_5(X,Z)$:- Flight(X,U), Hub(U), Flight(U,Y), Hub(Y), Flight(Y,Z)

那么，可以推断出查询 Q_4 的结果集总是查询 Q_5 结果的超集。

查询包含和等价提供了一种形式化的框架，用来得出我们上面所说的结论。用这种推理方式，可以删除查询中的子查询，从而减少查询的计算量。下一章将会看到，查询包含和等价提供了一种用于比较数据集成系统中不同查询重构结果的形式化框架。

2.3.1 形式化定义

我们从形式化定义开始。$Q(D)$ 表示在数据库 D 上查询 Q 的结果。一个查询的度表示其头部的参数数目。

定义 2.1（包含和等价） 假设 Q_1 和 Q_2 是两个具有相同度的查询。如果对于任意的数据库 D，都有 $Q_1(D) \subseteq Q_2(D)$，那么 Q_1 包含于 Q_2 中，用 $Q_1 \sqsubseteq Q_2$ 表示。若 $Q_1 \sqsubseteq Q_2$ 且 $Q_2 \sqsubseteq Q_1$，那么 Q_1 和 Q_2 是等价的，用 $Q_1 \equiv Q_2$ 表示。

上述定义重要一点是：包含和等价是查询的特性，而不是数据库的当前状态。对于任意的数据库状态，这种关系都要成立。事实上，查询的包含和等价可以看做专门针对查询表达式的逻辑推导问题。

在讨论中，我们不考虑数据关系中单个列的数据类型。然而，在实际中，只需要考虑可兼容的查询对之间的包含，即，它们的头部谓词的每一列是彼此相容的。在下文中，讨论了对于常见的查询类别的包含（以及等价）算法。参考文献注释提到了一些已研究的其他查询类别，并且给出我们所介绍算法的出处，那里可以找到相关算法更详细的描述。

2.3.2 合取查询的包含

我们从最简单的查询包含情况开始讨论：没有比较谓词或否定的合取查询。在讨论中，经常会提到变元映射。从查询 Q_1 到 Q_2 的变元映射 ψ 是将 Q_1 中的变元映射到 Q_2 中的变元或常量。我们也将变元映射应用到变元元组和项中。因此，$\psi(X_1, \cdots, X_n)$ 表示 $\psi(X_1), \cdots, \psi(X_n)$，$\psi(p(X_1, \cdots, X_n))$ 表示 $p(\psi(X_1), \cdots, \psi(X_n))$。

在没有比较谓词和否定的合取查询情况中，检测包含的数量以便找到一个包含映射，定义如下。

定义 2.2（包含映射） 令 Q_1 和 Q_2 是合取查询，ψ 是从 Q_1 到 Q_2 的变元映射，我们称 ψ 是从 Q_1 到 Q_2 的一个包含映射，如果

- $\psi(\overline{X}) = \overline{Y}$，其中 $\overline{X}$、$\overline{Y}$ 分别是 Q_1 和 Q_2 的头部变元（head vairable），并且
- 对于 Q_1 查询主体中的每一个子查询 $g(\overline{X_i})$，都有 $\psi(g(\overline{X_i}))$ 是 Q_2 中的一个子查询。

下面的定理说明，包含映射的存在是包含的充要条件。

定理 2.1 Q_1 和 Q_2 是两个合取查询。那么，$Q_1 \sqsupseteq Q_2$ 当且仅当存在一个从 Q_1 到 Q_2 的包含映射。

证明： 假设 Q_1 和 Q_2 具有以下的形式：

$$Q_1(\overline{X}) :- g_1(\overline{X_1}), \cdots, g_n(\overline{X_n})$$
$$Q_2(\overline{Y}) :- h_1(\overline{Y_1}), \cdots, h_m(\overline{Y_m})$$

对于充分性证明，假设存在一个从 Q_1 到 Q_2 的包含映射 ψ，且 D 是一个任意的数据库实例。我们需要证明如果 $\bar{t} \in Q_2(D)$，则 $\bar{t} \in Q_1(D)$。

假设 $\bar{t} \in Q_2(D)$。那么存在一个从 Q_2 中的变元到 D 中的常量的映射 ϕ，使得

- $\phi(\overline{Y}) = \bar{t}$，且，
- 对于任意的 $1 \leq i \leq m$，有 $h_i(\phi(\overline{Y_i})) \in D$。

现在考虑合成映射 $\phi \circ \psi$，将 Q_1 中的变元映射到 D 中的常量（也就是，映射先应用 ψ，再在结果上应用 ϕ）。既然 ψ 是一个包含映射，那么下面的条件，可以证明 $\bar{t} \in Q_1(D)$ 成立：

- $\phi \circ \psi(\overline{X}) = \bar{t}$，因为 $\psi(\overline{X}) = \overline{Y}$ 且 $\phi(\overline{Y}) = \bar{t}$。
- 对于任意的 $1 \leq i \leq n$，$g_i(\psi(\overline{X_i}))$ 是 Q_2 的一个子查询，因此 $g_i(\phi \circ \psi(\overline{X_i})) \in D$。

因此 $\bar{t} \in Q_1(D)$。

32

对于必要性证明，假设 $Q_1 \sqsupseteq Q_2$，那么我们需要证明有一个从 Q_1 到 Q_2 的包含映射。

考虑一个特殊的数据库 D_C，我们称其为 Q_2 的规范化数据库（canonical database），并且它是用下面的方式构造的。D_C 中的常量是出现在 Q_2 主体中的变元或常量。D_C 中的元组对应于 Q_2 的子查询结果。也就是说，对于任意的 $1 \leq i \leq m$，元组 $\overline{Y_i}$ 在表 h_i 中。

显然，$\overline{Y} \in Q_2(D_C)$ 只需通过 Q_2 定义。既然 $Q_1 \sqsupseteq Q_2$，$\overline{Y}$ 也必定存在于 $Q_1(D_C)$ 中，因此存在一个从 Q_1 中的变元到 Q_2 中的常量的映射 ψ，使得

- $\psi(\overline{X}) = \overline{Y}$，且
- 对于任意的 $1 \leq i \leq n$，$g_i(\psi(\overline{X_i})) \in D_C$。

可以很容易看出 ψ 是一个从 Q_1 到 Q_2 的包含映射。 ∎

上面证明的重要一点是规范化数据库的概念。我们可以证明，如果 $Q_1(D_c) \supseteq Q_1(D_c)$，那么包含在任何数据库中都成立。因此，可以用算法 1 来检测包含。

算法 1　CQContainment：合取查询的查询包含

输入：合取查询 Q_1；合取查询 Q_2。

输出：如果 $Q_1 \sqsupseteq Q_2$ 则返回 **true**。

令 Q_1 为 $Q_1(\overline{X}) :- g_1(\overline{X_1}), \cdots, g_n(\overline{X_n})$

令 Q_2 为 $Q_2(\overline{Y}) :- h_1(\overline{Y_1}), \cdots, h_m(\overline{Y_m})$

// Q_2 不变：

创建一个数据库 D_c，其常量为 Q_2 中的变元和常量

for 每个 $1 \leq i \leq m$ **do**

　　添加一个元组 $\overline{Y_i}$ 到关系 h_i 中

end for

在 D_c 上计算 Q_1

return true 当且仅当 $\overline{X} \in Q_1(D_c)$

例 2.7　我们之前考虑过的查询：

$Q_3'(X, Z) :-$　Flight(X, U), Hub(U), Flight(U, Y), Hub(W), Flight(W, Y), Flight(Y, Z)

$Q_4(X_1, Z_1) :-$ Flight(X_1, U_1), Hub(U_1), Flight(U_1, Y_1), Flight(Y_1, Z_1)

下面的包含映射证明 $Q_3' \sqsupseteq Q_4$

$$\{X \to X_1, Z \to Z_1, W \to U_1, Y \to Y_1\}$$

<<< 　33

我们很快将会看到，当考虑带有比较谓词和否定的查询时，单个的规范化数据库是不够的，但是可以通过考虑多个规范化数据库来补救这种情况。

计算复杂度

判断 $Q_1 \sqsupseteq Q_2$ 是否成立是这两个查询大小的一个 NP 完全问题。然而，在实际中，有许多原因导致这不是一个需要关心的问题。首先，我们是根据查询的大小而不是数据的大小来度量复杂度的，并且查询往往相对较小（尽管不是总是如此）。事实上，上面的算法是在一个极小的数据库上评估查询。其次，在许多现实的例子中，对于包含存在一些多项式时间的算法。例如，如果没有一个数据库关系在其中一个查询的主体中出现超过两次，则可以证明包含关系的判断可以在查询大小的多项式时间内完成。

2.3.3　合取查询的并集

接下来，我们考虑合取查询并集（union）的包含和等价。我们已经知道，并集可以表示为多个在头部具有相同关系的规则。

例 2.8　下面的查询要查找满足如下条件的城市对：1）有直达航班；或 2）都有到达相同枢纽城市的航班。

$Q_1(X, Y) :-$ Flight(X, Z), Flight(Z, Y)

$Q_1(X, Y) :-$ Flight(X, Z), Flight(Y, Z), Hub(Z)

假设我们想要确定下面的查询是否包含在 Q_1 中：

$Q_2(X, Y) :- Flight(X, Z), Flight(Z, Y), Hub(Z)$　　　　　　　　　　　　　**<<<**

下面的定理证明了一个非常重要的特性：如果 Q_2 包含在 Q_1 中，那么 Q_1 中一定存在一个单独的合取查询独立地包含 Q_2。换句话说，Q_1 中的两个合取查询不能在 Q_2 上"联合起来"。

定理 2.2　$Q_1 = Q_1^1 \cup \cdots \cup Q_1^n$ 表示合取查询的并，Q_2 是一个合取查询。那么 $Q_1 \sqsupseteq Q_2$ 当且仅当存在一个 $1 \leqslant i \leqslant n$ 使得 $Q_1^i \sqsupseteq Q_2$。

证明：充分性是明显的。如果 Q_1 中的一个合取查询包含 Q_2，那么很明显 $Q_1 \sqsupseteq Q_2$。

至于必要性，我们再次考虑由 Q_2 构建的规范化数据库 D_c。假设 Q_2 的头是 $\overline{Y}$。既然 $Q_1 \sqsupseteq Q_2$，那么 $\overline{Y}$ 应该在 $Q_1(D_c)$ 中，所以存在 $1 \leqslant i \leqslant n$ 使得 $\overline{Y} \in Q_1^i(D_c)$。很容易得到 $Q_1^i \sqsupseteq Q_2$。　　　　　　　　　　■

在例 2.8 中，包含成立是因为 Q_2 包含在定义 Q_1 的第一个规则中。

定理 2.2 的一个重要推论是，具有并操作查询的包含检测算法与之前的算法有轻微的差异。特别是，根据 Q_2 的主体构造的一个规范化数据库。如果 $\overline{X}$ 在 Q_1 对规范化数据库的查询结果中，那么 $Q_1 \sqsupseteq Q_2$。在 Q_2 是合取操作的并的情况下，$Q_1 \sqsupseteq Q_2$ 当且仅当 Q_1 包含 Q_2 中的每个合取查询。因此，合取查询的复杂性转移到了具有并操作的查询。

2.3.4　带有比较谓词的合取查询

现在考虑带有比较谓词的合取查询，表示形式为：

$Q(\overline{X}) :- R_1(\overline{X}_1), \ldots, R_n(\overline{X}_n), c_1, \ldots, c_m$

其中，c_j 是比较原子（通常称为比较运算），形如 $X\theta Y$，其中 X 和 Y 是变元或常量（但是它们中至少有一个是变元）。运算符 θ 是比较谓词，如 $=$、$\neq$、$\leqslant$、$<$、$>$ 或 $\geqslant$。我们假定比较谓词都是明显的含义，除非有特殊说明，否则在一个稠密域上计算。

合取查询允许比较原子的合取运算。在一些推论中，也将使用包含析取的布尔公式。我们使用逻辑推导的标准表示法。特别是，如果 C 是比较原子上的一个布尔表达式，c 是一个比较原子，那么 $C \models c$ 表示任意满足 C 的变元代换也满足 c。例如，$\{X \leqslant 5, Y \leqslant 5\} \models X \leqslant 5$，但是 $\{X \leqslant 5, Y \leqslant 5\} \not\models Y \leqslant 4$，判断 $C \models c$ 是否成立可以在 C 和 c 大小的平方时间内完成。

下面的定义将包含映射的概念扩展到了带有比较谓词的查询上。

定义 2.3（带有比较谓词的包含映射）　Q_1 和 Q_2 是有比较谓词的合取查询。C_1（相应地 C_2）是 Q_1（相应地 Q_2）中比较谓词的合取式。ψ 是从 Q_1 到 Q_2 的变元映射。我们说 ψ 是一个从 Q_1 到 Q_2 的包含映射，如果

- $\psi(\overline{X}) = \overline{Y}$，其中 $\overline{X}$ 和 $\overline{Y}$ 分别是 Q_1 和 Q_2 的头部变元。
- 对于 Q_1 主体中任意不具有比较谓词的子查询 $g_i(\overline{X}_i)$，$g_i(\psi(\overline{X}_i))$ 是 Q_2 中的子查询，并且
- $C_2 \models \psi(C_1)$。

将定理 2.1 扩展到带有比较谓词的查询，其充分性很容易证明。即，如果存在一个从 Q_1 到 Q_2 的包含映射，那么 $Q_1 \sqsupseteq Q_2$。然后，如下面的例子所示，反之则不一定成立。

例 2.9

$Q_1(X, Y) \coloneqq R(X, Y), S(U, V), U \leq V$

$Q_2(X, Y) \coloneqq R(X, Y), S(U, V), S(V, U)$

显然 $Q_1 \sqsupseteq Q_2$ 成立，因为在 $U \leq V$ 和 $U > V$ 两种选择中，Q_1 中的子查询 S 将被满足。然而，不存在从 Q_1 到 Q_2 的带有比较谓词的包含映射。　　　◁◁◁

事实上，在例 2.9 中，证明 $Q_1 \sqsupseteq Q_2$ 的推导是为带有比较谓词合取查询设计一个包含算法的关键。在此例中，假设将 Q_2 重写为下面的并集的形式。

$Q_2(X, Y) \coloneqq R(X, Y), S(U, V), S(V, U), U \leq V$
$Q_2(X, Y) \coloneqq R(X, Y), S(U, V), S(V, U), U > V$

现在，通过包含映射可以很容易地证明，Q_1 包含 Q_2 中两个合取查询的每一个。下面的讨论将使得这个推论更加精确。

首先介绍全排序，它是对一组比较原子的合取的优化。尤其是，比较谓词的合取 C，可能仍然只指定 C 中变元排序的部分信息。例如，$\{X \geq 5, Y \leq 8\}$ 不涉及 $X \leq Y$，$X \geq Y$ 或 $X = Y$。C 产生的全排序是与 C 一致的比较集合，并且完整地表示了变元对之间的顺序关系。当然，可以有多个全排序与给定的合取 C 一致。

定义 2.4（全排序和查询优化）　令 Q 是一个合取查询，包含变元 $\overline{X} = X_1, \cdots, X_n$ 和常量 $\overline{A} = a_1, \cdots, a_m$。$C$ 是 Q 中比较原子的合取。变元 $\overline{X}$ 的全排序 C_T 是可满足的比较谓词的合取，使得 $C_T \models C$，并且对于任意一对 d_1、d_2，其中 d_1、$d_2 \in \overline{X} \cup \overline{A}$，都有下述条件之一成立：

- $C_T \models d_1 < d_2$。
- $C_T \models d_1 > d_2$。
- $C_T \models d_1 = d_2$。

给定一个合取查询

$Q(\overline{X}) \coloneqq R_1(\overline{X}_1), \ldots, R_n(\overline{X}_n), C$

令 $c^1, \cdots, c^l$ 是 Q 中变元和常量的全排序，那么

$Q^1(\overline{X}) \coloneqq R_1(\overline{X}_1), \ldots, R_n(\overline{X}_n), c^1$
$$\vdots$$
$Q^l(\overline{X}) \coloneqq R_1(\overline{X}_1), \ldots, R_n(\overline{X}_n), c^l$

是 Q 的全查询优化。其中 $Q \equiv Q^1 \cup \cdots \cup Q^l$。

为了确定 Q_1 是否包含 Q_2，我们需要为 Q_1 到 Q_2 的每个全查询优化找到一个包含映射。下面的定理形式化地陈述了该思想。

定理 2.3　令 Q_1 和 Q_2 是两个包含比较谓词的合取查询。$Q^1, \cdots, Q^l$ 是 Q_2 的全查询优化。$Q_1 \sqsupseteq Q_2$ 成立，当且仅当对于任意的 $1 \leq i \leq l$，存在一个从 Q_1 到 Q_2^i 的包含映射。

证明：充分性非常明显，因为 $Q \equiv Q^1 \cup \cdots \cup Q^l$ 并且包含映射是包含的一个充分条件，即使带有比较谓词。

至于必要性，考虑 l 个规范化的数据库 $C_D^1, \cdots, C_D^l$，其每一个的构造方法如前所述，除了 C_D^i 中的常量是满足 Q_2^i 中比较谓词的有理数外。令 t_i 是 Q_2^i 从 C_D^i 中产生的结果。因为 $Q_1 \sqsupseteq Q_2$，所以 $t_i \in Q_1(C_D^i)$。与定理 2.1 的证明相似的论点证明存在一个从 Q_1 到 Q_2^i 的包含映射。　　　■

由定理 2.3 可以看出该算法存在一个实际问题，Q_2 的全查询优化数量会非常大。事

实上，优化的数量会随着 Q_2 的大小呈指数级增长。还记得，优化的数量对应于查询中出现的变元和常量的所有不同序列。因此，判断带有比较谓词的合取查询之间的包含关系是一个 $\sum_2^p$ 完全问题，是一类可以用形如 $\forall \overline{X} \exists \overline{Y} P(X, Y)$ 公式描述的问题，其中 P 是一个可以在多项式时间内判定的条件。这里，X 包含优化的集合，Y 包含变元映射的集合，而 P 证明变元映射是一个包含映射。

幸运的是，在实践中，我们不需要考虑 Q_2 所有可能的优化。算法 2，CQIPContainment，描述的是一个针对带有比较谓词查询包含的更加有效的算法。

将 CQIPContainment 算法运用到我们的例子中，可以在包含元组 $\mathbf{R}(X, Y)$，$\mathbf{S}(U, V)$，$\mathbf{S}(V, U)$ 的数据库 D_C 上计算查询 Q_1。$Q_1(D_C)$ 可能包含下面的一组元组对：$((X, Y)$，$U \leqslant V)$，$((X, Y)$，$U \geqslant V)$。因此 $C = U \leqslant V \vee U \geqslant V = \text{True}$。因为 $C_2 = \text{True}$，所以可以得到 $C_2 \models C$，因此 $Q_1 \sqsupseteq Q_2$。

2.3.5　带有否定的合取查询

接下来，讨论具有如下形式带有否定的查询

$Q(\bar{X}) :- R_1(\bar{X}_1), \ldots, R_n(\bar{X}_n), \neg S_1(\bar{Y}_1), \ldots, \neg S_m(\bar{Y}_m)$

37

算法 2　CQIPContainment：带有比较谓词的合取查询之间查询包含关系的判断

输入：合取查询 Q_1，合取查询 Q_2。

输出：如果 $Q_1 \sqsupseteq Q_2$ 则返回 **true**。

令 Q_1 形如：$Q_1(\overline{X}) :- g_1(\overline{X}_1), \cdots, g_n(\overline{X}_n)$

令 Q_2 形如：$Q_2(\overline{Y}) :- h_1(\overline{Y}_1), \cdots, h_m(\overline{Y}_m)$

// Q_2 不变：

创建一个数据库 D_C，其中常量为 Q_2 中的变元和常量

for 每个 $1 \leqslant i \leqslant m$ **do**

　　将元组 $\overline{Y}_i$ 添加到关系 h_i 中

end for

在 D_C 上计算 $Q'(\overline{X}) :- g_1(\overline{X}_1), \cdots, g_n(\overline{X}_n)$

$Q'(D_C)$ 中的所有元组都可以表示为 $(t, \varphi(C_1))$ 对，其中 φ 是从 Q_1' 到 D_C 满足 Q_1 所有子查询的变量映射

令 $C = c_1 \vee \cdots \vee c_k$，这里 $(\overline{Y}, c_1), \cdots, (\overline{Y}, c_k)$ 是以 $\overline{Y}$ 作为第一字段 $Q_1'(D_C)$ 中的所有元组

return $Q_1 \sqsupseteq Q_2$ 当且仅当 1) 有至少一个形如 $(\overline{Y}, c) \in Q_1'(D_c)$ 的元组并且 2) $C_2 \models C$

我们要求查询是安全的，即在查询头部出现的任意变元也要出现在肯定子查询中。为了简化描述，这里仅考虑不带比较谓词的查询。

对带有否定查询的包含映射自然扩展，确保肯定查询映射到肯定子查询，否定子查询映射到否定子查询。下面的定理证明了包含映射是包含的充分条件。这里将证明留给读者，因为它是定理 2.1 证明的一个扩展。

定理 2.4　令 Q_1 和 Q_2 是带有否定子查询的安全合取查询。若存在一个从 Q_1 到 Q_2 的包含映射 ψ，使得 ψ 将 Q_1 的肯定子查询映射到 Q_2 的肯定子查询，并将 Q_1 的否定子查询映射到 Q_2 的否定子查询，那么 $Q_1 \sqsupseteq Q_2$。

这里，包含映射仍然不是包含的必要条件。实际上很难找到一个例子，使得包含成立但不存在包含映射，但下面的例子说明了这种情况。

例2.10 考虑查询 Q_1 和 Q_2。注意，它们没有头部变元，因此它们是布尔查询——返回结果为 **true** 或 **false**。

$Q_1() :- a(A,B), a(C,D), \neg a(B,C)$
$Q_2() :- a(X,Y), a(Y,Z), \neg a(X,Z)$

很容易证明 $Q_1 \sqsupseteq Q_2$；然而，不存在从 Q_1 到 Q_2 的包含映射。 <<<

在前面的例子中，证明包含的关键是构建一个非常特殊的规范化数据库（或数据库的集合）。如果对于所有规范化数据库，包含都成立，则可以推出包含对于所有数据库都成立。在带有否定子查询的查询情况下，证明包含关系的关键只需考虑一定大小的数据库。

定理2.5 令 Q_1 和 Q_2 是两个带有安全否定子查询的合取查询，并且假设它们的变元集互不相交。令 B 是 Q_2 中所有变元和常量的数量。则 $Q_1 \sqsupseteq Q_2$ 成立，当且仅当对于所有的至多包含 B 个变元的数据库 D，都有 $Q_1(D) \supseteq Q_2(D)$ 成立。

证明： 令 Q_1 和 Q_2 具有如下的形式（我们省略了子查询中的变元）：

$Q_1(\bar{X}) :- p_1,\ldots,p_n, \neg r_1,\ldots,\neg r_l$
$Q_2(\bar{Y}) :- q_1,\ldots,p_m, \neg s_1,\ldots,\neg s_k$

必要性很明显，所以我们只考虑充分性。假设 $Q_1 \sqsupseteq Q_2$。仅需要证明存在一个最多包含 B 个常量的数据库反例。

因为 $Q_1 \sqsupseteq Q_2$，所以必然存在一个数据库 D、一个元组 $\bar{t}$ 以及从 Q_2 的变元到 D 中常量的一个映射 ϕ，使得1）$\phi(\bar{Y}) = \bar{t}$；2）$\phi(q_i) \in D$，$1 \leq i \leq m$；3）$\phi(s_1)$，$\cdots$，$\phi(s_k) \notin D$，$1 \leq i \leq k$；4）$\bar{t} \notin Q_1(D)$。

考虑数据库 D'，它是由数据库 D 中只包含 ϕ 的范围内的常量或 Q_2 中的常量的元组组成。

首先，证明 $\bar{t} \in Q_2(D')$。这可以从 D' 的构造中推导出来。ϕ 的范围不受影响，因为 D' 是 D 的一个子集，所以生成 $\bar{t}$ 的肯定原子在 D' 中，并且否定原子肯定成立。因此，上面的2）和3）依然成立。事实上，相同的方法可以证明对于任意数据库 D''，$\bar{t} \in Q_2(D'')$ 成立，使得 $D' \subseteq D'' \subseteq D$。

接下来，证明可以构造一个数据库 D''，其中 $D' \subseteq D'' \subseteq D$，并且 D'' 是一个反例。而且在 D'' 中的常量数目至多为 B。注意 D' 中的常量数目也至多为 B。

我们来考虑两种情况。在第一种情况中，不存在从 Q_1 的变元到 D 的映射 ψ，使得 $\psi(P_i) \in D'$，$1 \leq i \leq n$。在该情况下，显然不存在这样的从 Q_1 到 D' 的映射，并且因为 $\bar{t} \notin Q_1(D')$ 所以 D' 是一个反例。

第二种情况，可能存在从 Q_1 的变元到 D' 的映射，满足它的肯定子查询。首先将 D'' 初始化为 D，然后采用如下方法构造 D''。

令 ψ 是从 Q_1 的变元到 D' 的映射，满足 $\psi(p_i) \in D'$，$1 \leq j \leq n$。则一定存在一个 j，$1 \leq j \leq n$，使得 $\psi(r_j) \in D$。否则，$\bar{t}$ 应该在 $Q_1(D)$ 的结果中。我们将 $\psi(r_j)$ 添加到 D'' 中，因此 ψ 不再是一个可以使 $\bar{t}$ 存在于 $Q_1(D'')$ 的变元映射。注意，将 $\psi(r_j)$ 添加到 D' 中不会改变 D'' 中常量的数量，因为所有出现在 r_j 的变元一定会出现在某个子查询 p_i 中。

因为通过这种方式添加到 D'' 中的元组数量是有限的，所以最终将不能再添加任元组。数据库 D'' 最多含 B 个常量，并且 $\bar{t} \notin Q_1(D'')$。因此，D'' 是一个反例，从而证明了该定理。■

定理 2.5 说明，它只需要判断在所有至多包含 B 个常量的数据库中（在同构意义下）包含成立即可。因为这样的数据库数量有限，所以查询包含是可判断的。接下来我们将介绍一个策略，它比简单枚举出所有可能满足条件的数据库更有效。

C 表示在 Q_2 中出现的变元。我们构造了一个常量为 C 的规范化数据库集合。直观地说，每个规范化数据库对应于一组应用于 C 中常量的等值约束（与 2.3.4 节中的优化思想相同，但是只考虑"="谓词）。

形式化地在每个规范化数据库中，应用 C 中元素的一个划分。C 的一个划分将 C 中的常量映射到一组等价类，并且该映射是一个同态映射，其中 C 的每个常量都唯一对应一个等价类。k 表示 C 的所有可能划分的数量，ϕ_k 是与第 k 个划分相关的同态。构造数据库 D_1，$\cdots$，D_k，其中数据库 D_i 包含元组 $\phi_k(q_1)$，$\cdots$，$\phi_k(q_m)$。对每个 D_i 构建一个如下的数据库集合 $\mathcal{D}_i$。

- 如果 D_i 不满足 Q_2 的主体，则将 $\mathcal{D}_i$ 设为空集。注意，可能因为 D_i 不满足 Q_2 的否定子查询，而不满足 Q_2 的主体。
- 如果 D_i 满足 Q_2 的主体，那么可以通过如下方法由 D_i 构造一个规范化数据库集合 $\mathcal{D}_i$：
  ○ 将所有仅包含 D_i 中常量的元组子集添加到 D_i 中，但不添加 $\phi_i(s_1)$，$\cdots$，$\phi_i(s_k)$。

包含 $Q_1 \sqsupseteq Q_2$ 成立，当且仅当对任意 $i(1 \leqslant i \leqslant k)$ 和任意 $D \in \mathcal{D}_i$，都有 $\phi_i(\bar{X}) \in Q_1(D)$。

例 2.11　使用例 2.10 中查询来说明该包含算法。Q_2 包含 4 个常量 A、B、C、D。

首先考虑第一个划分，其中 Q_2 的所有变元都是等价的，生成数据库 $D_1 = \{a(A, A)\}$。D_1 满足 Q_2 的主体，因为它不满足否定子查询。因此，$\mathcal{D}_1$ 是一个空集，并且包含显然成立。

现在考虑另一种极端情况，在这个划分中每个变元都独自形成一个等价类，因此生成数据库 $D_2 = \{a(A, B), a(C, D)\}$。因为 D_2 满足 Q_2，所以 $\mathcal{D}_2$ 包含任意通过如下方式构造的数据库：向 D_2 中添加包含常量 A、B、C、D 但不满足 $a(B, C)$ 的元组。通过逐个分析的方法可以证明 $\mathcal{D}_2$ 中所有的数据库都满足 Q_1。

用同样的方式，读者可以证明，当 Q_2 中变元使用其他划分时包含仍旧成立。　　<<<

计算复杂度

带有否定子查询的合取查询其包含检测的时间复杂度为 $\sum_2^p$ 完全，这类问题可以用 $\forall X \exists Y P(X, Y)$ 形式的公式表示，其中 P 是一个可以在多项式时间内判断的条件。这里 X 的取值范围是规范化数据库集合 $\mathcal{D}_1$，$\cdots$，$\mathcal{D}_k$，Y 取值范围是变元映射集合，且 P 是用于判断变元映射否为包含映射的函数。

2.3.6　包语义、分组和聚集

SQL 查询默认对元组的包（多重集合）进行操作而不是元组的集合。在默认情况下，除非使用了关键词 DISTINCT，否则 SQL 查询的结果也是包。包语义的主要不同是元组可以在关系（输入或者查询结果）中重复出现。我们把重复出现的次数称为元组的重数。例如，对图 2-2 中的表执行如下查询：

$Q_1(X, Y)$:- Flight(X, Z, W), Flight(Z, Y, W_1)

在集合语义下，Q_1 的结果将包含单个元组（San Francisco，Anchorage）。在包语义下，元组（San Francisco，Anchorage）在结果中的重数为 2，因为有两对航班连接 San Francisco 和 Anchorage。

Flight		
Origin	Destination	DepartureTime
San Francisco	Seattle	8AM
San Francisco	Seattle	10AM
Seattle	Anchorage	1PM

图 2-2 一个简单的航班表，用于说明集合语义和包语义的区别

对带有包语义查询，其查询包含和等价方面的研究工作已有很多。带有分组和聚集查询的包含和等价很大程度上依赖于我们对包包含的理解。本节给出这个问题的概述以及这方面的一些已有成果。

为了讨论带有聚集查询的包含，首先需要稍微调整一下包含的定义，从而可以解释不同的语义。特别是，如果对于任意数据库 D 以及任意元组 $\bar{t}$，$\bar{t}$ 在 $Q_1(D)$ 中的重数大于等于 $\bar{t}$ 在 $Q_2(D)$ 中的重数，则称在包语义下 $Q_1 \sqsupseteq Q_2$。如前所述，如果 $Q_1 \sqsupseteq Q_2$ 且 $Q_2 \sqsubseteq Q_1$，则 $Q_1 \equiv Q_2$。 41

例 2.12 下面通过一个简单的例子说明，在集合语义下等价并不意味着在包语义下等价，考虑以下两个查询：

$Q_1(X)$:- P(X)
$Q_2(X)$:- P(X), P(X)

假设 P 的一个实例包含 n 个常数 d。那么 Q_2 的查询结果包含 n^2 个 d，而 Q_1 仅包含 n 个 d。因此虽然 Q_1 和 Q_2 在集合语义下等价，但是它们在包语义下不等价。 ◀◀◀

对于没有比较谓词和否定的合取查询，查询包含实际上已经知道是不可判断的。此外，当允许比较谓词或者并操作时，查询包含也是不可判断的。对于查询等价更是如此。事实上，下面的定理描述了，对于两个合取查询要想满足包等价，则需要它们互为同构。参考文献注释中提及了本节中相关定理的证明。

定理 2.6 令 Q_1 和 Q_2 是合取查询。那么，Q_1 和 Q_2 是包等价的，当且仅当存在一个从 Q_1 到 Q_2 为双射（一对一）的包含映射（即同构）。

带有分组和聚集的查询

对带有分组和聚集的查询，其等价条件高度依赖于查询中的特定聚集函数。一些聚集函数对重数敏感（如，Average（平均）和 Count（计数）），而有些则不是（如，Max（最大）和 Min（最小））。下面是两个已知精确条件的查询等价的例子。

计数查询

这类查询有如下形式：

$Q(\bar{X}, \text{count}(\bar{Y}))$:- $R_1(\bar{X}_1), \ldots, R_n(\bar{X}_n)$

该查询计算查询主体中子查询（body subgoals）指定的表，根据 $\bar{X}$ 中的变元对结果进行分组，并对每个分组输出 $\bar{Y}$ 的不同值的数量。

下面的定理说明计数聚集查询是重数敏感的。使用前面介绍的全排序概念，该定理可以扩展到带有比较谓词的查询。

定理 2.7 令 Q_1 和 Q_2 是两个计数查询。等价式 $Q_1 \equiv Q_2$ 成立，当且仅当存在一个从 42

Q_1 中的变元到 Q_2 中变元的映射 ψ，它是 Q_1 和 Q_2 主体之间的同构，以及 Q_1 和 Q_2 头部之间的同构。

最大聚集查询

可以证明，最大聚集查询是非重数敏感的。最大聚集查询的形式如下：

$$Q(\bar{X}, \max(Y)) :\text{-} R_1(\bar{X}_1), \ldots, R_n(\bar{X}_n)$$

该查询计算查询主体中子查询指定的表，根据 $\overline{X}$ 中的变元对结果进行分组，并且输出每个分组中变元 Y 的最大值。这里定义最大聚集查询的核（core）为具有头部中变元 Y 却没有聚集函数的查询，即

$$Q(\bar{X}, Y) :\text{-} R_1(\bar{X}_1), \ldots, R_n(\bar{X}_n)$$

下面的定理描述了最大聚集查询的属性。

定理 2.8 令 Q_1 和 Q_2 是两个没有比较谓词的最大聚集查询。等价式 $Q_1 \equiv Q_2$ 成立当且仅当 Q_1 的核与 Q_2 的核等价。

例 2.13 下面的例子说明定理 2.8 不适用于包含比较谓词的最大聚集查询。

$$Q_1(\max(Y)) :\text{-} p(Y), P(Z_1), p(Z_2), Z_1 < Z_2$$
$$Q_2(\max(Y)) :\text{-} p(Y), P(Z), Z < Y$$

如果 P 包含至少两个不同的常量，则这两个查询会返回结果。然而，当 Q_1 考虑 P 中所有的元组，而 Q_2 考虑除 Y 变元为最小值的元组以外所有的元组。因此，最大值总是相同的（所以 $Q_1 \equiv Q_2$），但核不等价。幸运的是，存在一个更精确的条件来检测带有比较谓词的最大聚集查询的包含（参考文献注释中包含更多细节）。　　　**<<<**

2.4　基于视图计算查询

在前面的章节中，我们讨论了查询包含，它是查询对间的基本关系。查询包含的重要用途之一就是，当我们检测到查询 Q_1 包含于查询 Q_2 中时，通常可以从 Q_2 的结果中计算 Q_1 的结果。本节研究更加一般的问题，即可以从一组视图中获得查询 Q 的结果。下面的例子解释了这一做法。

例 2.14 以我们熟悉的具有以下关系的电影数据库为例。在这些关系中，第一个参数是数据库中电影的一个数值型标识符 ID。

```
Movie(ID, title, year, genre)
Director(ID, director)
Actor(ID, actor)
```

假设一个用户提交了如下查询，要查找 1950 年后制作的导演兼演员的喜剧电影。

$$Q(T, Y, D) :\text{-} \text{Movie}(I, T, Y, G), Y \geq 1950, G = \text{``comedy''}, \text{Director}(I, D), \text{Actor}(I, D)$$

另外，假设已对数据库访问如下视图：

$$V_1(T, Y, D) :\text{-} \text{Movie}(I, T, Y, G), Y \geq 1940, G = \text{``comedy''}, \text{Director}(I, D), \text{Actor}(I, D)$$

因为 V_1 中对制作年份的挑选限制比 Q 中少，所以我们可以推断 $V_1 \sqsupseteq Q$。因为年份属性 year 在 V_1 的头部，所以通过添加另一个选择可以很容易地用 V_1 来回答查询 Q：

$$Q'(T, Y, D) :\text{-} V_1(T, Y, D), Y \geq 1950$$

用 V_1 来应答 Q 可能比直接从数据库中回答 Q 更加有效，因为不需要执行 Q 中的连接

操作。然而，假设没有 V_1，而仅有以下视图：

$V_2(\mathsf{I},\mathsf{T},\mathsf{Y})$:- Movie($\mathsf{I},\mathsf{T},\mathsf{Y},\mathsf{G}$), $\mathsf{Y} \geq 1950$, G="comedy"

$V_3(\mathsf{I},\mathsf{D})$　:- Director(I,D), Actor(I,D)

V_2 和 V_3 都不包含 Q，因此上面的推理不可用。然而，仍然可以像下面这样用 V_2 和 V_3 应答 Q，在很多情况下可以生成一个更有效的评估计划：

$Q''(\mathsf{T},\mathsf{Y},\mathsf{D})$:- $V_2(\mathsf{I},\mathsf{T},\mathsf{Y})$, $V_3(\mathsf{I},\mathsf{D})$　　　　　　　　　　　<<<

上面的例子说明了确定是否可以通过一些预处理的视图来回答查询，是比查询包含更一般化的问题。因为需要考虑视图的组合。在数据集成中，这样的组合非常重要，因为我们将要考虑通过组合数据源来回答用户的查询，每一个数据源都对应一个视图。本节将介绍用视图回答查询的算法，并对视图什么时候可用，什么时候不可用提供了一个更深刻的理解。

2.4.1　问题定义

这里先给出基于视图计算查询问题的形式化定义。本节假设给定一个视图集，用 V_1，$\cdots$，V_m 表示。除非特殊说明，假设指定查询和视图的语言是合取查询。

给定一个查询 Q 和视图定义集合 V_1，$\cdots$，V_m，基于视图的查询重写是一个仅涉及视图 V_1，$\cdots$，V_m 的查询表达式 Q'。在 SQL 中，基于视图的查询是指在 FROM 子句中给出的所有关系都是视图。在合取查询的表示中，基于视图的查询是指所有的子查询均是视图，但比较原子除外。在实际应用中，可能也会对基于数据库关系的重写感兴趣，其实本节中给出的所有算法可以很容易地扩展到这种情况。

这里涉及的最自然的问题是，是否存在一个基于视图的等价查询重写。

定义 2.5（等价查询重写）　令 Q 是一个查询，$\mathcal{V} = \{V_1, \cdots, V_m\}$ 是一个视图定义集合。Q' 是用 $\mathcal{V}$ 对 Q 的一个等价重写，如果

- Q' 仅涉及 $\mathcal{V}$ 中的视图，而且
- Q' 和 Q 是等价的。

例如，例 2.14 中的查询 Q'' 是用 V_2 和 V_3 对 Q 的等价重写。注意，当考虑查询 Q 和重写 Q' 的等价性时，我们实际上要考虑 Q' 关于视图的展开式。

利用视图集合的等价查询重写并不一定存在，而且我们想要知道的是利用视图集最好可以做到什么。例如，假设例 2.14 中，没有 V_2 而只有如下包含 1960 年之后喜剧的视图。

$V_4(\mathsf{I},\mathsf{T},\mathsf{Y})$:- Movie($\mathsf{I},\mathsf{T},\mathsf{Y},\mathsf{G}$), $\mathsf{Y} \geq 1960$, G="comedy"

虽然我们不能用 V_4 来完整地回答 Q_1，但下面的重写是可以做到的最好情况，并且如果不能获取其他任何数据，则这可能是唯一的选择：

$Q'''(\mathsf{T},\mathsf{Y},\mathsf{D})$:- $V_4(\mathsf{I},\mathsf{T},\mathsf{Y})$, $V_3(\mathsf{I},\mathsf{D})$

Q''' 称为利用 V_3 和 V_4 对 Q 的最大包含重写。直觉上，Q''' 是利用视图计算查询的最好的合取查询。如果还有下面的视图：

$V_5(\mathsf{I},\mathsf{T},\mathsf{Y})$:- Movie($\mathsf{PI},\mathsf{T},\mathsf{Y},\mathsf{G}$), $\mathsf{Y} \geq 1950$, $\mathsf{Y} \leq 1955$, G="comedy"

那么可以构造一个合取查询的并，这是可以找到的最好的重写。

下面的定义使得这些直觉更精确。要定义最大包含重写，首先要指定重写的准确语言（如，是否允许并、比较谓词）。如果限制或者改变重写的语言，则最大包含重写可能会改变。在下述定义中，查询语言表示为 $\mathcal{L}$。

定义 2.6 （**最大包含重写**） 令 Q 是一个查询，$\mathcal{V} = \{V_1, \cdots, V_m\}$ 是视图集，$\mathcal{L}$ 是查询语言。查询 Q' 是关于 $\mathcal{L}$ 基于视图集 $\mathcal{V}$ 查询 Q 的最大包含重写，如果

- Q' 是 $\mathcal{L}$ 中仅涉及 $\mathcal{V}$ 中视图的一个查询。
- Q' 包含于 Q 中，并且
- 不存在重写 $Q_1 \in \mathcal{L}$，使得 $Q' \sqsubseteq Q_1 \sqsubseteq Q$ 且 Q_1 不等价于 Q'。

当一个重写 Q' 包含于 Q 中，但不是最大包含重写时，称为包含重写。

例 2.15 如果考虑重写的语言是合取查询的并时，以下是 Q 的最大包含重写：

$Q^{(4)}(T, Y, D) :\text{-} V_4(I, T, Y), V_3(I, D)$
$Q^{(4)}(T, Y, D) :\text{-} V_5(I, T, Y), V_3(I, D)$

如果限制 $\mathcal{L}$ 为合取查询时，则 $Q^{(4)}$ 定义的两个规则都将是最大包含重写。该例子说明，最大包含重写不一定是唯一的。 <<<

查找等价重写的算法与查找最大包含重写的算法有所不同。正如在第 3 章中说明的，在数据集成环境中，视图描述数据源的内容。然而，数据源可能是不完整的，且没有包含符合它们描述的所有数据。此外，所有数据源合起来也可能不会覆盖整个关注域。在本章其余部分，除非另有说明，我们的目标是找到合取查询的一个并集，也就是用一组合取视图（conjunctive views）对一个合取查询进行最大包含重写。

2.4.2 视图与查询计算的相关性

通俗地说，一个视图对计算一个查询有用，需要满足以下几个条件。首先，该视图提到的关系集应该与查询的关系集重叠。其次，如果查询对属性使用了谓词，视图中也对其使用了谓词，那么视图必须使用同等或逻辑较弱的谓词，以便成为等价重写的一部分。如果视图施加更强的逻辑谓词，那么它可能是一个包含重写的一部分。

下面的例子说明，使用视图计算查询的一些微妙之处。具体来说，它说明视图上的一些小改动即可导致给定查询计算的失效。

例 2.16 考虑下面的视图：

$V_6(T, Y)\ \ :\text{-} Movie(I, T, Y, G), Y \geq 1950, G = \text{``comedy''}$
$V_7(I, T, Y) :\text{-} Movie(I, T, Y, G), Y \geq 1950, G = \text{``comedy''}, Award(I, W)$
$V_8(I, T)\ \ :\text{-} Movie(I, T, Y, G), Y \geq 1940, G = \text{``comedy''}$

V_6 与 V_1 类似，但它的头部不包括表 Movie 中的 ID 属性，因此无法执行与 V_2 的连接操作。视图 V_7 只考虑了 1950 年后制作的且至少赢得了一个奖项的喜剧。因此，该视图使用了查询中不存在的且不能用于等价重写的附加条件。但是，请注意，如果有一个完整性约束说明每部电影都获奖（不幸的是，这不太可能），那么 V_7 将可以使用。最后，视图 V_8 对年份属性使用了比在查询中较弱的谓词，但在头部没有包含年份。因此，重写不能在年份属性上应用适当的谓词。 <<<

接下来的几节将给出基于视图查询计算的适用条件和有效算法。

2.4.3 查询重写的可能长度

在讨论具体基于视图的查询重写算法时，可能会问的第一个问题是：我们需要考虑的可能重写的空间是什么？下面要给出的一个基本结论是，对有 n 个子查询的合取查询，无

须考虑有超过 n 个子查询的查询重写。这一结论保证我们可以只考虑至多有 n 个子查询的重写集，并且找到搜索这一集合的高效方法。

定理 2.9　令 Q 和 $\mathcal{V} = \{V_1, \cdots, V_m\}$ 是没有比较谓词或否定的合取查询，n 是 Q 中子查询的数目。

- 如果存在一个 Q 的使用 $\mathcal{V}$ 构成的等价合取重写，则存在一个至多包含 n 个子查询的查询。
- 如果 Q' 是 Q 的使用 $\mathcal{V}$ 构成的包含合取重写，并且包含多于 n 个子查询，则存在一个合取重写 Q''，使得 $Q \sqsupseteq Q'' \sqsupseteq Q'$，且 Q'' 包含至多 n 个子查询。

证明：该查询的形式如下：

$$Q(\bar{\mathsf{A}}) :\text{-} \ e_1(\bar{\mathsf{A}}_1), ..., e_n(\bar{\mathsf{A}}_n)$$

且假设

$$Q'(\bar{\mathsf{X}}) :\text{-} \ v_1(\bar{\mathsf{X}}_1), ..., v_m(\bar{\mathsf{X}}_m)$$

是使用 $\mathcal{V}$ 构成的 Q 的等价重写，其中 v_i 是表示视图关系的子查询，且 $m > n$。Q' 关于视图定义的展开式为：

$$
\begin{aligned}
Q'_u(\bar{\mathsf{X}}) :\text{-} \ & e_1^1(\bar{\mathsf{X}}_1^1), ..., e_1^{j_1}(\bar{\mathsf{X}}_1^{j_1}), \\
& e_2^1(\bar{\mathsf{X}}_2^1), ..., e_2^{j_2}(\bar{\mathsf{X}}_2^{j_2}), \\
& \quad\vdots \\
& e_m^1(\bar{\mathsf{X}}_m^1), ..., e_m^{j_m}(\bar{\mathsf{X}}_m^{j_m})
\end{aligned}
$$

注意，Q'_u 等价于 Q'。因为 $Q \sqsupseteq Q'$，所以一定有一个从 Q 到 Q'_u 的包含映射。令从 Q 到 Q'_u 的包含映射为 ψ。由于 Q 只有 n 个子查询，所以 ψ 只能出现在 Q'_u 定义的至多 n 行中。不失一般性，假设它们是前 k 行，其中 $k \leqslant n$。现在考虑只包含 Q' 前 k 个子查询的重写 Q''。包含映射 ψ 仍然能确定 $Q \sqsupseteq Q''$，因为 Q'' 包含 Q' 的子查询的子集，所以显然 $Q'' \sqsupseteq Q'$ 成立，因此 $Q'' \sqsupseteq Q$。所以，$Q \equiv Q''$，且 Q'' 至多包含 n 个子查询。同理可证定理的第二部分。■

定理 2.9 给出了第一个给定视图集找到一个查询重写的简单算法。具体来说，对最多具有 n 个子查询的视图集 $\mathcal{V}$，其可能的查询重写数是有限的，因为每个视图可考虑的变元组合数量是有限的。因此，要找到一个等价重写，该算法可以进行如下操作：

- 假设 Q 的一个重写 Q' 包含至多 n 个子查询。
- 检测是否 $Q' \equiv Q$。

同样，所有长度至多为 n 个子查询的重写 Q'（使得 $Q' \sqsubseteq Q$）的并集，是 Q 的一个最大包含重写。

该算法表明，要使用一组合取视图找到一个合取查询的等价重写是一个 NP 问题。事实上，该问题也是 NP-hard 的，因此是 NP 完全问题。采用这种算法是不切实际的，因为这意味着要列举所有可能的长度至多为 n 个子查询的重写，并检查这些重写是否与查询等价。下一节介绍的寻找最大包含重写算法是在实际中有效的。

2.4.4　桶算法和 MiniCon 算法

本节介绍两种算法——桶（Bucket）算法和 MiniCon 算法，利用它们可以大大减少给定一组视图需要为查询考虑的重写数量。大致讲，这些算法首先确定一组与每个子查询相关的视图原子（view atom），然后仅考虑这些原子组合。MiniCon 算法更进一步，它还考虑了一些视图子查询之间的交集情况，因此可以进一步降低需要考虑的组合数量。

46 ~ 47

桶算法

桶算法的主要思想是，如果先单独地考查查询中的每个子查询，并确定哪些视图可能与该子查询相关，则需要考虑的查询重写的数量可以大大减少。正如后面要讨论的，桶算法不能保证找到所有的最大包含重写。然而，由于当查询和视图包含比较谓词时可以有效减少重写数量，所以我们在算法描述和例子中使用了该算法。

该算法的第一步如算法3所示。该算法为查询中每个子查询 g 构造一个相关视图原子的桶。如果视图原子的一个子查询可以在重写中发挥 g 的作用，则该视图原子是相关的。要做到这一点，必须满足以下几个条件：1）视图子查询应该作用在与 g 相同的关系上；2）在经过适当的替代后，视图和查询的比较谓词是相互满足的；3）如果 g 包含查询的头部变元，则在 V 中的相应变元也必须是视图中的一个头部变元。

算法3　CreateBuckets：创建桶

输入：合取查询 Q，形如 $Q(\overline{X}) :- R_1(\overline{X}_1), \cdots, R_n(\overline{X}_n), c_1, \cdots, c_l$；合取视图集合 $\mathcal{V}$。

输出：桶列表。

for $1 \leq i \leq n$ **do**
　将 Bucket$_i$ 初始化为 $\varnothing$
end for
for $i = 1, \cdots, n$ **do**
　for 每个 $V \in \mathcal{V}$ **do**
　　令 V 为：$V(\overline{Y}) :- S_1(\overline{Y}_1), \cdots, S_m(\overline{Y}_m), d_1, \cdots, d_k$
　　for $j = 1, \cdots, m$ **do**
　　　if $R_i = S_j$ **then**
　　　　// 令 ψ 为定义在 V 的变量上的如下映射：
　　　　令 y 为 $\overline{Y}_j$ 中第 b 个变量，且 x 为 $\overline{X}_i$ 中第 b 个变量
　　　　if $x \in \overline{X}$ 和 $y \notin \overline{Y}$ **then**
　　　　　ψ 未定义并且执行下一个 j
　　　　else if $y \in \overline{Y}$ **then**
　　　　　$\psi(y) = x$
　　　　else
　　　　　$\psi(y)$ 是未出现在 Q 或 V 中的一个新变量
　　　　end if
　　　　// 令 Q' 为如下查询：
　　　　$Q' :- R_1(\overline{X}_1), \cdots, R_n(\overline{X}_n), c_1, \cdots, c_l, S_1(\psi(\overline{Y}_1)), \cdots, S_m(\psi(\overline{Y}_m)), \psi(d_1), \cdots, \psi(d_k)$
　　　　if Q' 是可满足的 **then**
　　　　　将 $\psi(V)$ 添加到桶 Bucket$_i$
　　　　end if
　　　end if
　　end for
　end for
end for
return Bucket$_1$, $\cdots$, Bucket$_n$

桶算法的第二步考虑所有可能的重写组合。每一种组合，都包含每个桶（如果需要，

可以消除重复原子）的一个视图原子。这一阶段的算法会因以下情况不同而有所不同，即
我们是要寻找一个基于视图的等价查询重写，还是最大包含重写：

- 对于等价重写，我们考虑每个候选重写 Q'，并检查是否 $Q' \equiv Q$ 或者是否存在可以
  添加到 Q' 中的比较原子 C，使得 $Q \wedge C \equiv Q'$。
- 对于最大包含重写，通过考虑每个合取重写 Q'，构造合取查询的一个并集：
  - 如果 $Q' \sqsubseteq Q$，则 Q' 包含于并集中。
  - 如果存在可以添加到 Q' 中的比较原子 C，使得 $Q' \wedge C \sqsubseteq Q$，则 $Q' \wedge C$ 包含于并集中。
  - 如果 $Q' \not\sqsubseteq Q$ 但在 Q' 的头部变元上存在一个同构 ψ，使得 $\psi(Q') \sqsubseteq Q$，则将 $\psi(Q')$ 包含在并集中。

例 2.17 继续用电影数据库的例子，假设我们也有关系 Revenues(ID, Amount)，
它表示随着时间的推移每部电影获得的收入，假设电影标识符 ID 是整数。考虑一个查询，
查找票房显著的电影导演：

$$Q(\text{ID}, \text{Dir}) :\text{-} \text{Movie}(\text{ID}, \text{Title}, \text{Year}, \text{Genre}), \text{Revenues}(\text{ID}, \text{Amount}), \text{Director}(\text{ID}, \text{Dir}),$$
$$\text{Amount} \geq \$100\text{M}$$

假设我们拥有下面的视图：

$$V_1(\text{I}, \text{Y}) \quad :\text{-} \text{Movie}(\text{I}, \text{T}, \text{Y}, \text{G}), \text{Revenues}(\text{I}, \text{A}), \text{I} \geq 5000, \text{A} \geq \$200\text{M}$$
$$V_2(\text{I}, \text{A}) \quad :\text{-} \text{Movie}(\text{I}, \text{T}, \text{Y}, \text{G}), \text{Revenues}(\text{I}, \text{A})$$
$$V_3(\text{I}, \text{A}) \quad :\text{-} \text{Revenues}(\text{I}, \text{A}), \text{A} \leq \$50\text{M}$$
$$V_4(\text{I}, \text{D}, \text{Y}) :\text{-} \text{Movie}(\text{I}, \text{T}, \text{Y}, \text{G}), \text{Director}(\text{I}, \text{D}), \text{I} \leq 3000$$

在第一步中，算法依次为查询的每个子查询的关系创建一个桶。表 2-1 给出了桶的最终内
容。Movie(ID, Title, Year, Genre) 的桶包含视图 V_1、V_2 和 V_4。注意，桶中每个视图的头
部只包括映射域的变元。新的变元用于该视图的其他头部变元（如 $V_2(\text{ID}, \text{A}')$ 中的 A'）。

表 2-1 桶的内容

Movie(ID, Title, Year, Genre)	Revenues(ID, Amount)	Director(ID, Dir)
$V_1(\text{ID}, \text{Year})$	$V_1(\text{ID}, \text{Y}')$	$V_4(\text{ID}, \text{Dir}, \text{Y}')$
$V_2(\text{ID}, \text{A}')$	$V_2(\text{ID}, \text{Amount})$	
$V_4(\text{ID}, \text{D}', \text{Year})$		

注：带有撇符号的变量是那些没有出现在统一映射域中的变量。

子查询 Revenues(ID, Amount) 的桶包含视图 V_1 和 V_2，Director(ID, Dir) 的桶
包括 V_4 的一个原子。没有 V_3 的原子在 Revenues(I, A) 的桶中，因为 V_3 中考虑的收入
约束与查询中的谓词是不能相互满足的。

该算法的第二步，合并桶中的元素。首先合并每个桶中的第一个元素，得出如下的重写：

$$q'_1(\text{ID}, \text{Dir}) :\text{-} V_1(\text{ID}, \text{Year}), V_1(\text{ID}, \text{Y}'), V_4(\text{ID}, \text{Dir}, \text{Y}'')$$

然而，V_1 和 V_4 对于查询是相互独立的，因为它们包含了电影标识符不相交的集合，
因此它们的组合一定是空的。

考虑左边两个桶的第二个元素，得出如下重写：

$$q'_2(\text{ID}, \text{Dir}) :\text{-} V_2(\text{ID}, \text{A}'), V_2(\text{ID}, \text{Amount}), V_4(\text{ID}, \text{Dir}, \text{Y}')$$

显然，这个重写并不包含在查询中，但可以通过增加谓词 Amount $\geq \$100\text{M}$，并删除一
个冗余子查询 $V_2(\text{ID}, \text{A}')$ 的方法，获得如下包含重写：

$$q'_3(\text{ID}, \text{Dir}) :\text{-} V_2(\text{ID}, \text{Amount}), V_4(\text{ID}, \text{Dir}, \text{Y}'), \text{Amount} \geq \$100\text{M}$$

最后，组合每个桶中最后一个元素得到：

50

$q_4'(ID, Dir) :- V_4(ID, D', Year), V_2(ID, Amount), V_4(ID, Dir, Y')$

然而，在删除第一个冗余的子查询并添加谓词 Amount ≥ \$100M 后，我们将再次得到 q_3'，它是算法找到的唯一的包含重写。　　　　　　　　　　　　　　　　　**<<<**

MiniCon 算法

MiniCon 算法也分两步进行。开始时它与桶算法类似，考虑哪些视图包含与查询中子查询 g 相关的子查询。然而，一旦算法找到一个从查询中的子查询 g 到视图 V 子查询 g_1 的局部映射，它就尝试确定该视图中哪些其他子查询也必须用来与 g_1 合取。假设 g 将被映射到 g_1，该算法考虑查询中的连接谓词（由相同变元的多次出现所确定），并且找到需要被映射到 V 中子查询的最小附加子查询集。这组子查询和映射信息称为 MiniCon 描述（MCD），可以看成是桶的泛化（generalization）。下面的例子说明 MiniCon 算法背后的直观认识以及与桶算法的不同。

例 2.18　在相同的电影模式下，考虑下面的例子：

$Q_1(Title, Year, Dir) :- Movie(ID, Title, Year, Genre), Director(ID, Dir), Actor(ID, Dir)$
$V_5(D, A) \qquad\qquad :- Director(I, D), Actor(I, A)$
$V_6(T, Y, D, A) \qquad\quad :- Director(I, D), Actor(I, A), Movie(I, T, Y, G)$

在第一步中，桶算法把原子 $V_5(Dir, A')$ 和 $V_5(D', Dir)$ 分别放到桶 Director(ID, Dir) 和 Actor(ID, Dir) 中。但是，仔细分析发现，这两个桶项对重写没有用。具体来说，假设变元 Dir 被映射到 V_5 的变元 D（见下图）。变元 ID 需要映射到 V_5 中的变元 I，但 I 不是 V_5 的头部变元，因此将无法将 V_5 中的 Director 子查询与查询中的其他子查询进行连接。

$Q_1(Title, Year, Amount) :- Director(ID, \ Dir), Actor(ID, Dir), Movie(ID, Title, Year, Genre)$
　　　　　　　　　　　　　　　　　$\downarrow$　　　　　　$\downarrow$
$V_5(D, A) \qquad\qquad\qquad :- Director(I, D) \qquad Actor(I, A)$

MiniCon 算法发现，V_5 不能用来应答查询，因此忽略它。接下来描述该算法的细节。　**<<<**

步骤 1：创建 MCD

MCD 是一个从查询中的变元子集到某个视图的变元的映射。直观地说，一个 MCD 表示从查询到查询重写的一个包含映射的一个片段。我们构建 MCD 的方法确保这些片段可以无缝地组合起来。

在算法描述中，使用以下条件。首先，给定一个从 Vars(Q) 到 Vars(V) 的映射 τ，如果 $\tau(g) = g_1$，我们称视图子查询 g_1 覆盖查询的子查询 g。其次，常常需要考虑视图的特殊化（specialization），通过引用视图中的一些头部变元形成（例如，在我们的例子中用 $V_6(T, Y, D, D)$ 代替 $V_6(T, Y, D, A)$）。我们用头部同态描述这些特殊化。一个视图 V 上的头部同态 h 是从 Vars(V) 到 Vars(V) 的映射 h，它在已有变元上的值都是相同的，但是也可以等于可辨识的（distinguished）变元，即对每个可辨识的变元 x，$h(x)$ 是也是可区分的，且 $h(x) = h(h(x))$。现在我们可以形式化定义 MCD。

定义 2.7（MiniCon 描述）　视图 V 上查询 Q 的 MCD C 是形如 $(h_C, V(\overline{Y})_C, \varphi_C, G_C)$ 的一个元组，其中：

- h_C 是 V 上的一个头部同态。
- $V(\overline{Y})_C$ 是对 V 使用 h_C 的结果，即 $\overline{Y} = h_C(\overline{A})$，其中 $\overline{A}$ 是 V 的头部变元。
- φ_C 是从 Vars(Q) 到 h_C(Vars(V)) 的一个部分映射，且
- G_C 是 Q 中子查询的子集，被 $h_C(V)$ 中的一些子查询使用映射 φ_C 覆盖。

表面上，φ_C 是从 Q 到通过头部同态 h_C 得到的特殊化视图 V 的一个映射。该算法的主要思想是要仔细选择通过映射 φ_C 所覆盖的 Q 的子查询子集 G_c。该算法将只使用满足以下属性的 MCD：

属性 2.1　令 C 是 V 上 Q 的一个 MCD。MiniCon 算法考虑 C，仅当它满足以下条件。

C1　对于 Q 的每个在 φ_C 域中的头部变元 X，$\varphi_C(X)$ 是 $h_C(V)$ 中的一个头部变元。

C2　如果 $\varphi_C(X)$ 是 $h_C(V)$ 中的一个已有变元，则对于每个包括 X 的 Q 的子查询 g，有：1）g 中所有变元在 φ_C 的域中；并且 2）$\varphi_C(g) \in h_C(V)$。

桶算法也要求满足条件 C1。条件 C2 表述了在我们例子中说明的直观认识。如果一个变元 X 是不被视图强制的连接谓词的一部分，则 X 必须在视图头部，从而该连接谓词可以被重写的其他子查询所使用。在我们的例子中，条件 C2 将为查询 Q_1 排除使用 V_5。

算法 4 用于构建 MCD。注意，该算不考虑所有可能的 MCD，为了统一视图子查询与查询的子查询，仅考虑那些其中 h_C 是限制最少的头部同态的那些 MCD。

算法 4　FormMCDs：MiniCon 算法的第一步。注意：条件（b）给定 h_C 和 φ_C 求满足条件的最小 G_c，因此条件（c）并不冗余

输入：合取查询 Q；合取查询的集合 $\mathcal{V}$。

输出：MCD 的集合 $\mathcal{C}$。

初始化 $\mathcal{C} := \varnothing$

for 每个子查询 $g \in Q$ **do**

　for 视图 $V \in \mathcal{V}$ 并且每个子查询 $v \in V$ **do**

　　令 h 为视图 V 上最小限制的头部同态，则存在一个映射 φ，使得 $\varphi(g) = h(v)$

　　if h 和 φ 存在 **then**

　　　将可以生成的任何新的 MCD 添加到 C 中，其中：

　　　（a）φ_C（resp. h_C）是 φ 的一个扩展（resp. h）

　　　（b）G_c 是 Q 的子查询的最小子集，使得 G_c、φ_C 以及 h_C 满足属性 2.1，并且

　　　（c）不能将 φ 和 h 扩展为 φ_C' 和 h_C'，使得满足条件（b），并且正如（b）中所定义的 G_c' 是 G_c 的一个子集

　　end if

　end for

end for

return $\mathcal{C}$

例 2.19　在我们的例子中，在发现 V_5 不能用于任何 MCD 后，算法将为 V_6 创建一个 MCD：

(A → D, V₆(T, Y, D, D), Title → T, Year → Y, Dir → D,{1,2,3})

注意，在 MCD 中头同态将 V_6 中的变元 A 映射为 D，且该 MCD 包括来自查询的所有子查询。　　　　　　　　　　　　　　　　　　　　　　　　　　　　　　　◀◀◀

步骤 2：组合 MCD

在第二阶段，MiniCon 算法通过组合 MCD 来创建合取重写，并输出合取查询的并集。由于 MCD 的构造方式，所以该算法的第二阶段实际上比桶算法相应阶段更简单有效。具

体来说，无论何时，一个 MCD 集合覆盖查询中子查询的互不相交的子集，但合起来又覆盖所有子查询，由此确保生成的重写是包含重写。因此，在此阶段不需要执行任何包含检查。算法 5 用于组合 MCD。

算法 5　CombineMCDs：MiniCon 算法的第二阶段——合并 MCD

输入：MCD $\mathcal{C}$，形如（h_C，$V(\bar{Y})$，φ_C，G_C，EC_C）。

输出：重写的查询。

// 给定一组 MCD，C_1，…，C_n，Vars(Q) 的函数 EC 定义如下：

if for $i \neq j$，$\text{EC}_{\varphi_i}(x) \neq \text{EC}_{\varphi_j}(x)$ **then**

　　将 $\text{EC}_C(x)$ 定为这两种形式的任意一种，但是对所有的 y 都要满足 $\text{EC}_{\varphi_i}(y) = \text{EC}_{\varphi_i}(x)$

end if

初始化 Answer $= \varnothing$

for $\mathcal{C}$ 的每个满足如下条件的子集 C_1，…，C_n，有：1）$G_{C_1} \cup G_{C_2} \cup \cdots \cup G_{C_n} = \text{subgoals}(Q)$；2）**for** 每个 $i \neq j$，$G_{C_i} \cap G_{C_j} = \varnothing$ **do**

　　定义 $\bar{Y}'_i$ 上的一个映射 $\varPsi_i$ 如下：

　　if 存在一个变量 $x \in Q$，使得 $\varphi_i(x) = y$ **then**

　　　　令 $\varPsi_i(y) = x$

　　else

　　　　令 $\varPsi_i$ 为 y 的一个新的副本

　　　　创建一个合取重写 $Q'(\text{EC}(\bar{X})) :\text{-} V_{C_1}(\text{EC}(\varPsi_1(\bar{Y}_{C_1}))), \cdots, V_{C_n}(\text{EC}(\varPsi_n(\bar{Y}_{C_n})))$

　　　　将 Q' 添加到 Answer 中

　　end if

end for

return Answer

最小化重写

该算法的第二阶段产生的重写可能是冗余的。通常可以使用合取查询最小化技术将其最小化。然而，有一种冗余子查询可以通过下面的方法更为简单地识别。假设重写 Q' 包含同一视图 V 的两个原子 A_1 和 A_2，其 MCD 分别是 C_1 和 C_2，并满足下列条件：1）当 A_1（或 A_2）在位置 i 有 Q 的一个变元，则 A_2（或 A_1）在该位置出也具有同一个变元或一个 Q 中没有的变元；2）φ_{C_1} 和 φ_{C_2} 的域在 V 的已有变元上互不重叠。在这种情况下，可以通过对 Q' 使用同态 τ 去除其中的一个原子，该同态是：1）与 Q 的变元相同；2）A_1 和 A_2 的最广通代。

查询和视图中的常量

当查询或视图包含常量时，我们对算法做如下修改。首先，MCD 中 φ_C 的定义域和值域可能也包含常量。其次，MCD 还记录了一个从 Vars(Q) 中的变元到常量的映射集合 $\varPsi_C$（可能为空）。

当查询包含常量时，我们为属性 2.1 添加下面的条件。

C3 如果 a 是 Q 中的一个常量，那么它一定是下述两种情况之一：1）$\varphi_C(a)$ 是 $h_C(V)$ 中一个可辨识的变元；或者 2）$\varphi_C(a)$ 是常量 a。

当视图中包含常量时，对属性 2.1 做如下调整：

- 放松条件 C1：出现在查询头部的变元 x 必须映射到视图的头部变元（如前所述）或者映射到一个常数 a。后者，将映射 $x \rightarrow a$ 添加到 $\varPsi_C$ 中。
- 如果 $\varphi_C(x)$ 是一个常量 a，那么我们添加映射 $x \rightarrow a$ 到 $\varPsi_C$ 中。（注意，条件 C2 仅用于已存在的变元，因此如果 $\varphi_C(x)$ 是一个出现在 V 查询主体而不是头部的常数，则仍可以创建一个 MCD）。

其次，需要额外做一些事情来组合 MCD。两个 MCD，C_1 和 C_2，两者的域中都包含 x，可以将它们进行组合，仅当：1）都将 x 映射到一个常量；或者 2）其中一个 MCD（例如，C_1）将 x 映射到一个常量，并且另一个 MCD（如 C_2）则将 x 映射到视图中的一个可辨识变元。注意，如果 C_2 将 x 映射到视图中的一个存在变元，则 MiniCon 算法不会考虑首先将 C_1 和 C_2 组合，因为它们会使 G_C 集合重叠。

最后，修改 EC 的定义，使得尽可能地选择一个常量而不是一个变元。

计算复杂度

桶和 MiniCon 算法在最坏情况下的计算复杂度是相同的。在这两种情况下，运行时间都是 $O(nmM)^n$，其中 n 是查询中子查询的数量，m 是视图中子查询的最大数目，M 是视图数。

54
~
55

2.4.5 逻辑方法：逆规则算法

本节我们介绍了一个使用视图的查询重写算法，它对该问题采用了一个纯粹的逻辑方法。下面的例子说明了该算法背后的基本思想。

例 2.20 考虑之前例子中的视图：
$V_7(I, T, Y, G)$:- Movie(I, T, Y, G), Director(I, D), Actor(I, D)

假设已知元组（79522，Manhattan，1979，Comedy）在 V_7 的扩展中。显然，可以推出 Movie（79522，Manhattan，1979，Comedy）成立。事实上，下面的规则是逻辑上合理的：

IN$_1$: Movie(I, T, Y, G) :- V_7(I, T, Y, G)

还可以从 V_7（79522，Manhattan，1979，Comedy）中推出，一些元组在 Director 和 Actor 中，但这有点儿复杂。尤其是，我们不知道在数据库中哪个 D 值产生了 V_7（79522，Manhattan，1979，Comedy）。我们所知道的是，存在一些常数 c，使得 Director（79522，c）、Actor（79522，c）成立。可以使用如下规则表达该推理：

IN$_2$: Director(I, f_1(I, T, Y, G)) :- V_7(I, T, Y, G)
IN$_3$: Actor(I, f_1(I, T, Y, G))　　:- V_7(I, T, Y, G)

f_1(I，T，Y，G) 项称为 SKolem 项，表示某个取决于值 I、T、Y、G 和函数 f_1 的常量。给定两个不一致的 SKolem 项，我们不知道它们是否表示数据库中的同一个常量，只知道它们都存在。

逆规则算法所产生的查询重写包含了所有的为每个视图定义所得出的逆规则以及定义

查询的规则。在我们的例子中，逆规则为 IN_1、IN_2、IN_3。为了说明问题，假设查询要找所有电影的标题、类型和年份：

$Q_2(Title, Year, Genre)$:- $Movie(ID, Title, Year, Genre)$

在扩展 V_7（79522，Manhattan，1979，Comedy）上计算逆规则，得出如下的元组：

Movie(79522, Manhattan, 1979, Comedy),
Director(79522, f_1((79522, Manhattan, 1979, Comedy))
Actor(79522, f_1((79522, Manhattan, 1979, Comedy)).

在该元组集上计算 Q_2 会得出 Movie（Manhattan，1979，Comedy）的结果。　　　　<<<

算法 6　CreateInverseRules：逆规则重写算法。注意，结果包含原始的查询以及逆规则 $\mathcal{R}$

输入：取查询 Q；合取视图定义集合 $\mathcal{V}$。

输出：应答 Q 的 datalog 程序。

令 $\overline{R} = \varnothing$

for 每个 $V \in \mathcal{V}$ **do**

　令 V 形如：$v(\overline{X})$:- $p_1(\overline{X_1}), \cdots, p_n(\overline{X_n})$，并假设 V 中的存在变量为 $Y_1, \cdots, Y_m$

　for $j = 1, \cdots, n$ **do**

　　令 $\overline{X_j'}$ 是从 $\overline{X_j}$ 创建的变量的元组

　　if $X = Y_k$ **then**

　　　用 $(\overline{X})\overline{X_j'}$ 中的 $f_{v,k}$ 替换 X

　　else

　　　$\overline{X_j'}$ 中的 X 不变

　　end if

　　向 $\mathcal{R}$ 中添加逆规则：$p_j(\overline{X_j'})$:- $v(\overline{X})$

　end for

end for

return $Q \cup \overline{R}$

算法 6 生成了逆规则重写。

2.4.6　算法比较

桶算法的优点是，它利用查询中的比较原子有效地修剪需要考虑的候选合取重写的数量。当涉及的谓词是算术比较时，检查视图是否属于一个桶可以在查询和视图定义的大小的多项式时间内完成。因此，如果视图可以通过包含的不同比较谓词来区分，则产生的桶将会相对较小。当我们将基于视图的查询重写用于集成万维网上的数据时，这是一种常见的情况，万维网上的数据源（用视图建模）通过它们的地理区域或其他比较谓词来区分。

然而，桶算法不考虑在查询和视图中不同子查询之间的相互作用，因此，桶可能包含不相关的子查询。MiniCon 算法克服了这一问题。此外，由于 MCD 构建的方式，MiniCon 算法的第二阶段不需要包含检查，所以更为有效。在实验中，MiniCon 算法的速度都比桶算法快。逆规则算法与桶算法和 MiniCon 算法相比的主要优点是它的概念简单，它基于一个纯粹的逻辑方法来反推视图的定义。由于它的简单性，所以算法也可以应用于 Q 是递归查询并且已知函数依赖的情况，这将在第 3 章中讨论。此外，逆规则可以在视图定义的大小的多项式时间里创建。请注意，该算法并没有告诉我们，最大包含重写是否等价于原来的查询（因而避免了成为 NP 困难（NP-hardness）问题）。

另一方面，逆规则算法所产生的重写往往会导致一个查询对视图扩展的计算更为费时。其原因是，桶和 MiniCon 算法创建桶和 MCD 时会参考查询 Q 的语境，而逆规则只是基于视图定义的计算。实验表明，MiniCon 算法通常比逆规则算法快。

2.4.7 基于视图的查询应答

到目前为止，已经介绍了给定一个视图集为一个查询查找最大包含重写的算法。然而，对于我们考虑要重写的查询语言来说，这些重写是最大的。在讨论中，已经考虑了重写可以表述为合取查询的并。

在本节中，我们考虑一个更一般的问题：给定一个查询 Q，一组视图定义 $\mathcal{V} = V_1, \cdots, V_n$，以及每个视图的扩展，$\bar{v} = v_1, \cdots, v_n$，那么可以从 $\mathcal{V}$ 和 $\bar{v}$ 推导出来的 Q 的所有答案是什么？从引入确定答案（certain answer）的概念开始，可以形式化地描述上述问题，然后介绍一些关于寻找确定答案的基本方法。

给定数据库 D 和查询 Q，我们确定知道 Q 的所有答案。然而，如果只给定 $\mathcal{V}$ 和 $\bar{v}$，则不能精确知道 D 的内容。相反，我们只有数据库 D 真实状态的部分信息。该信息是部分的，这里是我们所知道的数据库 D 上某些查询的答案。

例 2.21　假设我们拥有如下的视图，分别是计算演员和导演的集合：

$V_8(\text{Dir})$:- Director(ID, Dir)
$V_9(\text{Actor})$:- Actor(ID, Actor)

假设我们有下面的视图扩展：

v_8: {Allen, Coppola}
v_9: {Keaton, Pacino}

存在多个数据库可以产生这些视图扩展。例如，在一个数据库中，导演和演员对是（(**Allen, Keaton**)，（**Coppola, Pacino**)），而在另一个数据库中，可能是（(**Allen, Pacino**)，(**Coppola, Keaton**)）。事实上，包含所有可能对的数据库，也会生成这个相同的视图扩展。

◀◀◀ ⟨58⟩

有了这些部分信息，我们所知道的是 D 在可能数据库（possible database）的某个集合 $\mathcal{D}$ 中。然而，对于每个数据库 $D \in \mathcal{D}$，Q 的答案可能是不同的。下面将要定义的确定答案，是指那些满足 $\mathcal{D}$ 中每个数据库上查询 Q 的答案。

在形式化定义确定答案之前，需要明确关于视图完备性的假设。这里首先要区分封闭世界假设和开放世界假设。在封闭世界假设下，假设扩展 $\bar{v}$ 包含其相应视图中的所有元组，而在开放世界假设下，它们可能只包含视图中元组的一个子集。封闭世界假设通常在利用试图进行查询优化时使用，开放世界假设通常用于数据集成中。

现在，可以形式化定义确定答案的概念。

定义 2.8（确定答案）　令 Q 是一个查询，$\mathcal{V} = \{V_1, \cdots, V_m\}$ 是定义在数据库模式 $R_1, \cdots, R_n$ 上的视图集合。令元组集 $\bar{v} = v_1, \cdots, v_m$ 分别是视图 $V_1, \cdots, V_m$ 的扩展。

在封闭世界假设下，给定 $v_1, \cdots, v_m$，如果对于所有数据库实例 D 有 $\bar{t} \in Q(D)$ 使得

对任意 i, $1 \leqslant i \leqslant m$, 有元组 $V_i(D) = v_i$, 则元组 $\bar{t}$ 是查询 Q 的一个确定答案。

在开放世界假设下, 给定 $v_1, \cdots, v_m$, 如果对于所有数据库实例 D 有 $\bar{t} \in Q(D)$, 使得对任意 i, $1 \leqslant i \leqslant m$, 有 $V_i(D) \supseteq v_i$, 则元组 $\bar{t}$ 是查询 Q 的一个确定答案。

例 2.22 考虑视图

$V_8(\text{Dir})$:- Director(ID, Dir)
$V_9(\text{Actor})$:- Actor(ID, Actor)

在封闭世界假设下, 只存在一个单一数据库与视图扩展一致。因此, 给定查询

$Q_4(\text{Dir}, \text{Actor})$:- Director(ID, Dir), Actor(ID, Actor)

元组（**Allen**, **Keaton**）是一个确定答案。然而在开放世界假设下, 该元组不再是一个确定答案, 因为视图扩展可能丢失了其他的演员和导演信息。　　　　　　　　　　　◀◀◀

开放世界假设下的确定答案

在开放世界假设下, 当查询不包含比较谓词时, 由 MiniCon 和逆规则算法所生成的合取查询的并集确保: 给定一个合取视图集合, 计算出合取查询的所有确定答案。下面的定理表明, 逆规则算法产生了所有的确定答案。

定理 2.10 令 Q 是合取查询, $\mathcal{V} = V_1, \cdots, V_m$ 是合取查询集, 其中 Q 和 $\mathcal{V}$ 都不包含比较原子和否定。令 Q' 是逆规则算法对 Q 和 V 的操作结果。给定 $\mathcal{V}$ 中视图的扩展 $\bar{v} = v_1, \cdots, v_m$, 在 $\bar{v}$ 上求解 Q' 将会产生 Q 的关于 $\mathcal{V}$ 和 $\bar{v}$ 的所有确定答案。

证明: $\mathcal{D}$ 表示与扩展 $\bar{v}$ 一致的数据库集合。为了证明定理, 需要说明, 如果对任意的 $D \in \mathcal{D}$, $\bar{t} \in Q(D)$, 则 $\bar{t}$ 可以通过计算 Q' 对于 $\bar{v}$ 的值产生。

计算 Q' 在 $\bar{v}$ 上的值可分为两个步骤。首先, 对 $\bar{v}$ 计算所有的逆规则, 生成一个规范数据库 D'。然后, 在 D' 上计算 Q 的值。该证明基于, 如果 $\bar{t}$ 是一个没有函数项的常数元组, 且 $\bar{t} \in Q(D')$, 则对于任意的 $D \in \mathcal{D}$ 有 $\bar{t} \in Q(D)$。

假设 $\bar{a} \in v_i$, 其中 V_i 形如:

$v(\bar{X})$:- $p_1(\bar{X}_1), \ldots, p_m(\bar{X}_m)$

且 V 中的存在变元是 $Y_1, \cdots, Y_k$。如果 $D \in \mathcal{D}$, 那么一定存在常量 $b_1, \cdots, b_k$, 以及将 $\bar{X}$ 映射到 $\bar{a}$ 和将 $Y_1, \cdots, Y_k$ 映射到 $b_1, \cdots, b_k$ 的映射 Ψ, 使得 $p_i(\Psi(\bar{X}_i)) \in D$, $1 \leqslant i \leqslant n$。

除了用 $f_{v_i,1}(\bar{a}), \cdots, f_{v_i,k}(\bar{a})$ 代替 $b_1, \cdots, b_k$ 外, 在 $\bar{v}$ 上计算逆规则准确地生成这些元组。事实上, 对于某些 $\bar{a} \in v_i$, D' 中的所有元组都是通过这种方式生成的, 所以在 D' 中不存在额外的不被某些 $v_i(\bar{a})$ 获得的元组。

因此, 可以用如下方法描述 $\mathcal{D}$ 中的数据库。每个 $D \in \mathcal{D}$ 可以从 D' 中创建, 通过将 D' 中的函数项映射到常数（可能使两个不同的函数项相等）并增加更多元组。换句话说, 每个数据库 $D \in \mathcal{D}$, 存在一个同态 ϕ, 使得 $\phi(D) \supseteq D'$。

因此不难看出, 如果 $\bar{t} \in Q(D')$, 因为在 D' 中相等的常数对在 D 中也一定相等, 所以对于任意的 $D \in \mathcal{D}$, $\bar{t} \in Q(D)$。　　　　　　　　　　　■

定理 2.10 可以用来说明, 在相同条件下, MiniCon 算法产生了所有的确定答案。我们留给读者来证明, 任何逆规则算法所产生的答案也可以由 MiniCon 算法产生, 因此它也可以产生所有的确定答案。

推论 2.1 令 Q 是一个合取查询, $\mathcal{V} = V_1, \cdots, V_m$ 是一组合取查询。逆规则和 MiniCon 算法产生了用 $\mathcal{V}$ 构成的 Q 的合取查询重写的最大包含并集。

封闭世界假设下的确定答案

在封闭世界假设下，找到所有确定答案被证明是计算上更难的。以下定理表明，发现所有的确定答案是关于数据大小的 co-NP-hard 问题。因此，我们所考虑的用于重写的查询语言都不会产生所有的确定答案。

定理 2.11　令 Q 是查询，V 是视图定义集合。给定一个视图实例，在封闭世界假设下判断一个元组是否为确定答案是一个 co-NP-hard 问题。

证明要点　该定理可以归约为 3 着色问题来证明。令 $G = (V, E)$ 是一张任意的图。考虑视图定义

$v_1(X)$　　:- color(X,Y)
$v_2(Y)$　　:- color(X,Y)
$v_3(X,Y)$:- edge(X,Y)

并考虑 $I(v_1) = V$，$I(v_2) = \{\text{red}, \text{green}, \text{blue}\}$、$I(v_3) = E$ 的一个实例 I。可以看到，在封闭世界假设下，查询

$q()$:- edge(X,Y), color(X,Z), color(Y,Z)

有确定答案当且仅当图 G 不能 3 着色。由于判断一个图是否是 3 着色的是一个 NP 完全问题，从而定理得证。请注意，q 的查询重数为 0，因此它具有确定答案当且仅当对于任何数据库至少存在一个满足该主体的代换。　　■

有比较谓词查询的确定答案

当查询和视图包含比较谓词时，查找确定答案或最大包含重写的结果会难以为继。事实上，有关重写（定理 2.9）大小限制的基本结论不再成立。

难点在于查询中包含比较谓词。以下定理表明，只要查询包含谓词 $\neq$，则找到所有确定答案是 co-NP 完全问题。

定理 2.12　令 Q 是查询，V 是视图定义集，所有都是合取查询，但 Q 可能包含谓词 $\neq$。给定一个视图实例，在开放世界假设下，确定一个元组是否为确定答案是 co-NP-hard 问题。

证明要点　该问题可以归约为 CNF 公式可满足性测试问题加以证明。令 Ψ 是一个带有变元 $x_1, \cdots, x_n$ 和连接词 $c_1, \cdots, c_m$ 的 CNF 公式。考虑以下合取视图定义及其相应的视图实例：

$v_1(X,Y,Z)$:- p(X,Y,Z)
$v_2(X)$　　　:- r(X,Y)
$v_3(Y)$　　　:- p(X,Y,Z), r(X,Z)
$I(v_1) = \{(i,j,1) \mid x_i$ 出现在 c_j 中$\} \cup \{(i,j,0) \mid x_i$ 不出现在 c_j 中$\}$
$I(v_2) = \{(1), \cdots, (n)\}$
$I(v_1) = \{(1), \cdots, (m)\}$

最后，考虑下面的查询：

$q()$:- r(X,Y), r(X,Y'), Y $\neq$ Y'

在开放世界假设下，q 具有一个确定答案，当且仅当公式 Ψ 是不可满足的。既然测试可满足性问题是 NP 完全的，从而定理得证。　　■

幸运的是，在以下两种情况下，我们介绍的算法仍然能够产生最大包含重写和所有的

确定答案：
- 如果查询不包含比较谓词（但视图可以包含），并且
- 如果查询中所有的比较谓词是半区间（semi-interval）比较。

有关证明留给读者作为练习。

参考文献注释

多年来，查询包含一直是一个活跃的研究领域，从 Chandra 和 Merlin[114]开始，他们证明了查询包含和等价对于合取查询是 NP 完全的。Sagiv 和 Yannakakis 最先考虑带有并和否定的查询[502]。Rarajaman 和 Chekuri[130]说明了在一些情况下，查询包含检测可以在关于查询大小的多项式时间内完成。Saraiya 说明，当谓词在合取查询中出现不超过两次时，可以在多项式时间内检测查询包含[505]。

Klug[347]（确定了上限）和 van der Meyden[557]（确定了下限）首先考虑了带有比较谓词的合取查询的包含。Afrati 等人[16]为检测带有比较谓词的包含提出了更高效的算法。在文献[12]中，作者对查询包含以及利用带有算术比较的视图应答查询，给出了一个彻底的解决方案。在 2.3.4 节中讲述的算法，以及 2.3.5 节中带有否定子目标的查询包含算法来自于 Levy 和 Sagiv 的工作[382]。Benedikt 和 Gottlob 的工作[64]表明，非递归的数据记录的查询包含对于 co-NEXPTIME 是完全的。包语义的查询包含，由 Chaudhuri 和 Vardi[127]首先提出，然后[320, 332]也考虑了该问题。Cohen[142]综述了带有分组和聚集的查询包含算法。Green[267]研究了对于标注关系（annotated relations）上的查询，同时也涵盖包语义上查询的包含结果。

基于视图的查询应答已经在数据集成、查询优化（例如，[13, 63, 125, 259, 588]）、物理数据独立性（例如，[551, 586]）维护等领域中进行研究。Halevy[284]介绍了利用视图回答查询的主要技术。在 2.4.3 节中提到的重写长度的结论源于 Levy 等人[398]，桶算法是对[381]中算法的改进。MiniCon 算法[482]和 SVB 算法[439]也是完整且更高效的算法。在[12]中，作者在面对查询和视图中带有比较谓词的问题之前，讨论了利用视图回答查询的微妙之处，并且说明了桶算法在存在比较谓词时结果可能不完整的原因。[349]的作者描述了相比于 MiniCon 算法的一个显著的加速。逆规则的算法来自 Duschka Genesereth[198]。文献[480]介绍了一个基于 Chase 算法的利用视图回答查询的方法。有多项工作（例如，[108]）考虑根据描述逻辑来处理视图查询。Abiteboul 和 Duschka[6]提出了确定答案，以及我们所描述的基本复杂度的结论。Libkin[389]给出了一个定义数据库中不完整信息的总体框架，从中得出了几个关于关系数据和 XML 数据的确定答案的结果。

数据源描述

数据集成系统在一些数据集上处理一个查询时，系统必须知道哪些数据源是可用的、每个数据源中存放的是什么数据以及每个数据源如何访问等。在数据集成系统中，数据源描述用于对有关信息进行编码。在这一章中，我们将学习数据源描述的不同组成部分，并分析在设计数据源描述的形式时引入的一些权衡策略。

在讨论本章内容之前，我们首先考虑数据集成系统的体系结构（如图 3-1 所示）。当一个用户（或者一个应用程序）使用中介模式中的关系和属性向数据集成系统提交一个查询后，系统把这个查询重构成一个数据源上的查询，重构的结果称为逻辑查询计划。之后该逻辑查询计划会被优化以便高效地运行。本章将介绍数据源描述是如何表达的，以及系统如何使用它们将用户查询重构成逻辑查询计划。

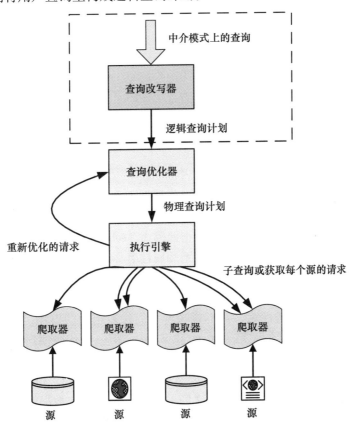

图 3-1　数据集成系统中的查询处理。本章主要关注重写步骤，在虚线框中高亮显示部分

3.1　概述和必要条件

在开始讨论数据源描述之前，需要强调这些描述信息试图达到的目标，以及概括一个数据源描述形式的基本必要条件。

为了理解数据源描述的要求，我们使用一个包含中介模式和数据源的应用场景（如图 3-2 所示）。注意，第一个数据源包含 4 张表，其余的每个数据源包含单独一张表。在数据源中我们用数据源名加上关系名来引用一个关系（例如，S1. Movie）。

```
中介模式:
    Movie(title, director, year, genre)
    Actors(title, name)
    Plays(movie, location, startTime)
    Reviews(title, rating, description)
数据源:
S1:
        Movie(MID, title)
        Actor(AID, firstName, lastName, nationality, yearOfBirth)
        ActorPlays(AID, MID)
        MovieDetail(MID, director, genre, year)
S2:
        Cinemas(place, movie, start)
S3:
        NYCCinemas(name, title, startTime)
S4:
        Reviews(title, date, grade, review)
S5:
        MovieGenres(title, genre)
S6:
        MovieDirectors(title, dir)
S7:
        MovieYears(title, year)
```

图 3-2 中介模式和数据源的例子

一个数据源描述需要包含几部分信息。首先是模式映射，模式映射是数据源描述的主要组成部分，它描述了数据源中存放有哪些数据，以及源模式中使用的信息与中介模式中使用的信息如何关联。模式映射需要能够处理数据源模式（schemata）和中介模式之间的分歧。

- **关系和属性名称**：中介模式中的关系和属性名称与数据源中的名称往往是不同的，即使它们代表相同的概念。例如，在中介模式中属性 description 表示评论的文本描述，它与数据源 S4 的属性 review 是一样的。同样，如果在中介模式和源中使用了相同的关系或属性名，并不意味着它们代表相同的事物。例如，属性 name 同时出现在中介模式的关系 Actors 和 S3 中，但一个代表演员名字，而另一个代表电影院的名字。

- **表格组织**：中介模式和数据源的数据表格组织可能不同。例如，在中介模式中，关系 Actor 存储演员名和电影名之间的关系。相反，在数据源 S1 中，演员用 ID 标识，他们的数据存在关系 Actor 中，而演员和电影的关系存储在关系 Actor-Plays 中。因此，模式映射需要能够指明在数据源中两个表的连接与中介模式中的某个关系相对应，反之亦然。

- **粒度级别**：两个模式的覆盖面和粒度级别可能会有所不同。例如，数据源 S1 在对演员进行建模时就比中介模式要更详细。数据源中除了保存演员的名字外，还保存他们的出生年份和国籍。

粒度级别有所不同的一个主要原因是模式是为不同的目的而设计的。例如，中介模式可能是为一个在线商店的后台服务单独设计的，而 S1 的模式是为了了解电影的详细细节而设计的。

- **数据级别的差异：** 为了描述数据，模式可能会指定一些不同的约定。举一个简单的例子，数值的刻度可能有所不同，（例如，GPA 可能会用字母表示，也可能用数字表示）。其他情况下，人名或者公司名可能会有不同的写法。例如，在 S1 中，演员名被分成两列，而在中介模式中全名放在一列中。

总之，中介模式和源模式（或者任意两个模式）之间的差别统称为语义异构。如何解决语义异构是数据集成中的关键挑战之一。我们将在 3.2 节中讨论模式映射。

除了模式映射外，数据源描述还说明了数据集成系统如何进行优化查询以及如何避免非法访问。特别是以下常见的两点。

访问模式限制

数据源可能会支持不同的访问模式。在最好的情况下，一个数据源是一个全面的数据库系统，我们可以发送任何 SQL 查询。然而，很多数据源都是有限制的。比如，一个接口是 Web 表格的数据源就限制了可能的访问模式。为了从源中得到元组，数据集成系统需要提供一些合法的输入参数集合。我们将在 3.3 节中讨论访问模式的限制，在第 8 章中介绍如何利用数据源的处理能力。

数据源的完备性

从所包含的内容方面来了解一个数据源是否完备是非常重要的。如果已知一个数据源是完备的，那么数据集成系统就可以节省访问其他有重叠数据的数据源时间。例如，如果已知 S2. Cinema 包含了在这个国家中所有电影的放映时间，那么我们就可以忽略对 S3 和 S4 的很多查询。在有些情况下，数据源在其内容的一个子集上是完备的。例如，我们也许知道 S2 在 New York 和 San Francisco 的电影信息上是完备的。给定一个部分完备的源，我们想知道查询的结果能否保证完备性。之后我们会看到，数据源的完备性其实是 2.4 节提到的封闭世界假设。我们在 3.5 节中讨论数据集成如何处理完备性。

3.2 模式映射语言

形式上，模式映射是描述模式之间关系的表达式集合。这里的模式映射描述了中介模式和源模式之间的关系。当一个查询是针对中介模式进行时，我们会使用这些映射把它重写成对数据源的查询。重写的结果是一个逻辑查询计划。

模式映射也用在其他场景中。在数据交换和数据仓库（在第 10 章中讨论）中，模式映射表示一个源数据库与一个目标数据库之间的关系（通常是一个数据仓库）。模式映射也可能用来描述两个存储数据的数据库之间的关系，而且这样的模式映射的目标一般是把两个数据库合并成一个。我们将在第 6 章讨论这种情况。

3.2.1 模式映射语言规则

本章中我们使用查询表达式作为模式映射的主要表达方式，同时利用第 2 章描述的算法来进行查询重写。在描述中，用 G 表示中介模式，用 S_1，…，S_n 表示源模式。

模式映射语义

模式映射的语义是这样来指定的，通过定义中介模式的哪个实例与数据源的给定实例是一致的。具体来讲，一个语义映射 M 定义了一个关系 M_R：

$$I(G) \times I(S_1) \times \cdots \times I(S_n)$$

其中，$I(G)$ 表示中介模式的可能实例，$I(S_1)$，…，$I(S_n)$ 表示相应源关系 S_1，…，S_n 的可能实例。如果 $(g, s_1, \cdots, s_n) \in M_R$，那么当源关系实例是 s_1，…，s_n 时，g 就是中介模式的一个可能实例。中介模式上查询的语义就是基于关系 M_R 的。

定义 3.1（确定结果） M 是中介模式 G 和源模式 S_1，…，S_n 之间的一个模式映射，M 定义了在 $I(G) \times I(S_1) \times \cdots \times I(S_n)$ 上的关系 M_R。

令 Q 是 G 上的一个查询，s_1，…，s_n 是源关系的实例。如果对于 G 的每一个实例 g，都有 $t \in Q(g)$ 且 $(g, s_1, \cdots, s_n) \in M_R$，那么 t 就是 Q 关于 M 和 s_1，…，s_n 的一个确定结果。

逻辑查询计划

为了获得确定结果，数据集成系统会生成一个逻辑查询计划作为重写结果。逻辑查询计划是一个涉及源关系的查询表达式。之后我们会发现，并不总能生成一个查询计划获得所有的确定结果。因此，我们将主要讨论两个不同的问题：寻找最优的逻辑查询计划和寻找所有的确定结果。

当我们讨论不同的模式映射语言时，我们要明确该语言应该具备以下重要特性：

- 灵活性：在已知不同模式之间重要区别的情况下，模式映射语言应该非常灵活。也就是说，该语言应该能够表达模式之间的各种关系。
- 高效重写：由于我们的目标是利用模式映射来重写查询，所以我们应该设计出易于理解并且高效的重写算法，该要求与表达能力的要求不同，因为表达力越强的语言越难以理解。
- 对新数据源的可扩展性：对于一个实际可用的形式来说，需要能够非常容易地增加和删除数据源。如果增加一个新的数据源需要检查其他所有的数据源，那么当数据源规模非常大时，该系统就会很难管理。

我们讨论 3 类模式映射：全局视图（Global-as-View）（3.2.2 节）、局部视图（Local-as-View）（3.2.3 节）、全局 – 局部视图（Global-and-Local-as-View）（3.2.4 节），全局 – 局部视图结合了前两种的特征。最后讨论元组生成依赖（tuple-generating dependencies）（3.2.5 节），它使用一种不同的形式，但与全局 – 局部视图具有相等的表达力。由于历史原因，该形式化名字留有一定的余地进行进一步解释。第 5 章将主要介绍如何构建模式映射。

3.2.2   全局视图

我们首先考虑全局视图（Global-as-View，GAV），GAV 使用了一种非常直观的方式来指定模式映射：GAV 把中介模式定义为数据源上的视图集合。这里中介模式通常作为一个全局模式。

语法和语义

GAV 源描述的语法定义如下。

定义 3. 2（GAV 模式映射）　假定 G 是一个中介模式，$\bar{S}=\{S_1，\cdots，S_n\}$ 是 n 个数据源模式。一个全局视图模式映射 M 是一个满足 $G_i(\bar{X})\supseteq Q(\bar{S})$ 或 $G_i(\bar{X})=Q(\bar{S})$ 的表达式集合，其中：

- G_i 是 G 中的一个关系，并且最多出现在 M 的一个表达式中，并且
- $Q(\bar{S})$ 是 $\bar{S}$ 中关系上的一个查询。

带有 $\supseteq$ 的表达式做了开放世界假设。即，假定数据源和为中介模式中的关系计算得到的实例都是不完备的。带有 $=$ 的表达式做了封闭世界假设，即为中介模式中的关系计算得到的实例是完备的。在 3. 5 节中我们介绍如何给出数据源完备性的更好定义。

例 3. 1　下面是我们的例子中部分数据源的一个 GAV 模式映射。为了方便阅读，在说明 GAV 模式映射时，暂时不显示这些数据源上的查询头部 $Q(\bar{S})$，因为它和关系 G_i 是一样的。由于这一点，我们用多表达式来表示并集查询（比如，下面的前两个声明）。

```
Movie(title, director, year, genre) ⊇ S1.Movie(MID, title),
                                       S1.MovieDetail(MID, director, genre, year)
Movie(title, director, year, genre) ⊇ S5.MovieGenres(title, genre),
                                       S6.MovieDirectors(title, director),
                                       S7.MovieYears(title, year)
Plays(movie, location, startTime) ⊇ S2.Cinemas(location, movie, startTime)
Plays(movie, location, startTime) ⊇ S3.NYCCinemas(location, movie, startTime)
```

第一个表达式表明如何通过连接 S1 中的关系获得关系 Movie 的元组。第二个表达式通过连接 S5、S6 和 S7 中的数据获得关系 Movie 的元组。因此，为关系 Movie 计算的元组就是前两个表达式的并集。同时需要说明的是，第二个表达式要求知道一部电影的导演、类型和年份。如果缺少了其中一个属性，我们就得不到关系 Movie 中的关于电影的元组。第三个和第四个表达式通过 S2 和 S3 的并集获得关系 Plays 的元组。

下面的定义描述了由一个 GAV 模式映射 M 得来的关系 M_R，从而定义了它的语义。

定义 3. 3（GAV 语义）　假设 $\bar{M}=M_1，\cdots，M_l$ 是 G 和 $S=\{S_1，\cdots，S_n\}$ 之间的模式映射，其中 M_i 的形式为 $G_i(\bar{X})\supseteq Q_i(\bar{S})$ 或者 $G_i(\bar{X})=Q_i(\bar{S})$。

令 g 是中介模式 G 的一个实例，g_i 是 g 中的关系 G_i 的一个元组集合。令 $\bar{s}=s_1，\cdots，s_n$ 是 $S_1，\cdots，S_n$ 的实例。如果对于每个 $1\leqslant i\leqslant l$，下面的两点成立，则实例的元组（g，$s_1，\cdots，s_n$）在 M_R 中：

- 如果 M_i 是一个 $=$ 表达式，那么 g_i 等于在 $\bar{s}$ 上计算 Q_i 的结果。
- 如果 M_i 是一个 $\supseteq$ 表达式，那么 g_i 是在 $\bar{s}$ 上计算 Q_i 的结果的超集。

GAV 中的重写

GAV 的主要优势是它的概念简单。中介模式只是数据源上的一个视图。为了重写中介模式上的一个查询，我们只需要使用视图的定义（2. 2 节）展开这个查询。此外，由展开获得的重写能够保证找到所有的确定结果。因此，下面的定理总结了在 GAV 中重写和查询求解的复杂性。

定理 3.1　假定 $\overline{M} = M_1, \cdots, M_l$ 是一个 G 和 $S = \{S_1, \cdots, S_n\}$ 之间的模式映射，其中 M_i 的形式为 $G_i(\overline{X}) \supseteq Q_i(\overline{S})$ 或者 $G_i(\overline{X}) = Q_i(\overline{S})$，$Q$ 是 G 上的一个查询。

如果 Q 和 M 中的 Q_i 是合取查询或者合取查询的并集，那么即使有比较和否定原子操作，找到 Q 的全部确定结果也是数据源大小的多项式时间（PTIME）问题，同时重写的复杂度是查询和源描述大小的多项式时间问题。

例 3.2　假设有如下针对中介模式的查询，查询晚上八点后开始的喜剧：

```
Q(title, location, st) :- Movie(title, director, year, "comedy"),
                          Plays(title, location, st), st ≥ 8pm
```

用例 3.1 中的数据源描述改写 Q 将会产生如下 4 个逻辑查询计划：

```
Q'(title, location, st) :- S1.Movie(MID, title),
                           S1.MovieDetail(MID, director, "comedy" year),
                           S2.Cinemas(location, movie, st), st ≥ 8pm
Q'(title, location, st) :- S1.Movie(MID, title),
                           S1.MovieDetail(MID, director, "comedy" year),
                           S3.NYCCinemas(location, title, st), st ≥ 8pm
Q'(title, location, st) :- S5.MovieGenres(title, genre), S6.MovieDirectors(title, director),
                           S7.MovieYears(title, year), S2.Cinemas(location, movie, st),
                           st ≥ 8pm
Q'(title, location, st) :- S5.MovieGenres(title, genre), S6.MovieDirectors(title, director),
                           S7.MovieYears(title, year), S3.NYCCinemas(location, title, st),
                           st ≥ 8pm
```

对于上面的重写我们需要注意两点。首先，该重写可能不是处理该查询的最高效方式。例如，该例子中，一个更好的方式可能是使用公共子表达式（即，Movie 和 Plays）来减少处理该查询所涉及的连接次数。我们将在第 8 章中讨论数据集成中的查询优化。

其次，注意在最后两个重写中，S6. MovieDirectors 和 S7. MovieYears 的子任务似乎是冗余的，因为我们真正从关系 Movies 中想要得到的是电影的类型。然而，这些子任务是必须的，因为中介模式强制每个电影都要有一个已知的导演和年份。　　　<<<

讨论

从模型的角度出发，GAV 源描述直接指定了怎么从源的元组计算中介模式的元组。在例 3.2 中，当我们不能给电影指定未知的导演和年份时，就已经看到 GAV 的一个局限性了。下面是体现从数据源到中介模式转换局限性的一个更加极端的例子。

例 3.3　假设有一个数据源 S8，它存储了电影中合作的（演员，导演）对。在 GAV 中对这个源进行建模的唯一方式是不受限制地使用 Null 的如下两个描述。

```
Actors(NULL, actor) ⊇ S8(actor, director)
Movie(NULL, director, NULL, NULL) ⊇ S8(actor, director)
```

注意，这些描述主要用来构建中介模式的元组，并且除了一列之外，元组的其他所有列均包含 NULL。例如，如果源 S8 包含元组 {Keaton，Allen} 和 {Pacino，Coppola}，那么中介模式的元组是：

```
Actors(NULL, Keaton), Actors(NULL, Pacino)
Movie(NULL, Allen, NULL, NULL), Movie(NULL, Coppola, NULL, NULL)
```

现在假设有如下重建 S8 的查询：

```
Q(actor, director) :- Actors(title, actor), Movie(title, director, genre, year)
```

我们可能无法从 S8 中恢复元组，因为源描述丢失了演员和导演之间的关系。　　<<<

GAV 的一个重要局限性在于添加或删除数据源需要很大的代价，并且还需要有数据源的相关知识。例如，假设我们发现一个只包含电影导演的数据源（类似于 S6），为了更新这个源描述，需要明确指定为了产生 Movie 的元组，它需要和哪些源进行连接。因此，需要知道所有提供电影年份和电影类型的数据源（可能有很多）。大体上，如果添加一个新的数据源需要了解系统里的其他所有数据源，那么这个系统不太可能扩展到大量的数据源。

3.2.3　局部视图

局部视图（Local-as-View，LAV）采取了和 GAV 完全相反的方式。LAV 关注于尽可能准确地描述每个数据源并且与其他任何数据源相互独立，而不是指定怎么样去计算中介模式中的元组。

73

语法和语义

如名称所示，LAV 表达式把数据源描述成中介模式上的视图。

定义 3.4（LAV 模式映射）　假设 G 是中介模式，$\overline{S} = \{S_1, \cdots, S_n\}$ 是 n 个数据源模式。一个局部视图模式映射 M 是形式为 $S_i(\overline{X}) \subseteq Q_i(G)$ 或者 $S_i(\overline{X}) = Q_i(G)$ 的一个表达式集合，其中：

- Q_i 是一个中介模式 G 上的查询，并且
- S_i 是一个源关系并且它最多出现在 M 的一个表达式中。

和 GAV 一样，带有 $\subseteq$ 的 LAV 表达式是在开放世界假设前提下，带有 $=$ 的表达式是在封闭世界假设前提下。然而，LAV 描述认为在数据源上是完备的，而在中介模式上不是完备的。

例 3.4　在 LAV 中，源 S5 ~ S7 将会简单地表示为中介模式中关系 Movie 上的投影查询。同样，为了方便描述，这里也省略了 Q_i 查询的头部。

S5.MovieGenres(title, genre) ⊆ Movie(title, director, year, genre)
S6.MovieDirectors(title, dir) ⊆ Movie(title, director, year, genre)
S7.MovieYears(title, year) ⊆ Movie(title, director, year, genre)

使用 LAV 也可以将源 S8 表示为中介模式上的一个连接：

S8(actor, dir) ⊆ Movie(title, director, year, genre), Actors(title, actor)

此外，也可以表示数据源内容上的约束。例如，可以描述包含 1970 年之后出品的全部喜剧电影的数据源，如下所示：

S9(title, year, "comedy") ⊆ Movie(title, director, year, "comedy"), year ≥ 1970　　<<<

和 GAV 一样，LAV 模式映射的语义可以通过指定由 M 定义的关系 M_R 来定义。

定义 3.5（LAV 语义）　假设 $M = M_1, \cdots, M_l$ 是 G 和 $\overline{S} = \{S_1, \cdots, S_n\}$ 之间的一个 LAV 模式映射，其中 M_i 的形式是 $S_i(\overline{X}) \subseteq Q_i(G)$ 或者 $S_i(\overline{X}) = Q_i(G)$。

74

假设 g 是中介模式 G 的一个实例，$\overline{s} = s_1, \cdots, s_n$ 是 $S_1, \cdots, S_n$ 相应的实例。那么对于每一个 $1 \leqslant i \leqslant l$，如果下面的条件成立，则实例的元组 $(g, s_1, \cdots, s_n)$ 在 M_R 中：

- 如果 M_i 是一个 = 表达式，那么在 g 上计算 Q_i 的结果等于 s_i。
- 如果 M_i 是一个 $\subseteq$ 表达式，那么在 g 上计算 Q_i 的结果是 s_i 的一个超集。

LAV 重写

LAV 的主要优势是数据源都被单独描述，并且系统负责找到组合来自不同数据源数据的方法。因此，设计者可以更简便地添加和删除数据源。

例 3.5   考虑查询在 1960 年或之后出品的喜剧，如下所示：

Q(title) :- Movie(title, director, year, "comedy"), year ≥ 1960

使用源 S5 ~ S7，我们将从 LAV 源描述中生成如下的重写：

Q'(title) :- S5.MovieGenres(title, "comedy"), S7.MovieYears(title, year), year ≥ 1960

注意，与 GAV 不同，这里的重写不需要与 S6 中的关系 **MovieDirectors** 进行连接。使用源 S9，我们也可以生成如下的重写：

Q'(title) :- S9(title, year, "comedy")

注意，这里的重写不需要在年份上采用谓词，因为 S9 只包含 1970 年以后出品的电影。   <<<

当然，为了满足灵活性，需要开发更多复杂的查询重写算法。幸运的是，基于视图的查询应答（2.4 节）为我们提供了一个在 LAV 中进行查询重写的框架。

下面的内容可以帮助我们理解为什么基于视图的查询应答技术适用于这种情况。中介模式代表了元组未知的一个数据库。LAV 中的数据源是用中介模式的视图表达式来描述的。例如，S8 被描述成一个中介模式上的连接。因此，为了回答中介模式上的查询，需要把它重写成一个在已知视图（例如，数据源）上的查询。不同于传统的基于视图的查询应答技术设置，这里的原始数据库（例如，中介模式）不存储任何元组。然而，这对查询重写算法没有任何影响。

针对上述问题产生了很多关于 LAV 的重写算法和复杂结果，正如以下定理中总结的。这个定理的证明是第 2 章中的一个推论。

定理 3.2   假设 $M = M_1, \cdots, M_l$ 是 G 和 $\overline{S} = \{S_1, \cdots, S_n\}$ 之间的 LAV 模式映射，其中 M_i 的形式是 $S_i(\overline{X}) \subseteq Q_i(G)$ 或者 $S_i(\overline{X}) = Q_i(G)$。$Q$ 是 G 上的合取查询。

- 如果 M 中的 Q_i 都是没有比较谓词或者否定词的合取查询，并且所有的 M_i 都是 $\subseteq$ 表达式，那么所有确定结果都可以在数据和 M 的大小的多项式时间内找到。
- 如果 M 中的 Q_i 都是没有比较谓词或者否定词的合取查询，并且 M 的一些表达式是 = 表达式，那么找到 Q 的所有确定结果是数据大小的 co-NP-hard 问题。
- 如果某些 Q_i 包含比较谓词，那么找到 Q 的所有确定结果是数据大小的 co-NP-hard 问题。

我们发现如果 Q_i 包含并集或者否定谓词，那么找到所有的确定结果也是数据大小的 co-NP-hard 问题。

我们使用第 2 章介绍的用视图集合找到一个查询的最大包含重写的任一算法为 LAV 模式映射生成逻辑查询计划。找到最大包含重写算法的计算复杂度是视图数目和查询大小的多项式复杂度。检查这个最大包含重写是否与原查询等价是 NP 完全问题。实际上，算法创建的逻辑查询计划通常会找到所有确定结果，即使是在有些情况下不能确保做到这一点。

讨论

LAV 灵活性的增加也导致了查询应答计算复杂度的增加。根本原因是 LAV 能够表达不完整的信息。给定一个数据源集合，GAV 映射定义与这些数据源一致的中介模式的单一实例，因此查询计算可以简单地在这个实例上完成。由于这个原因，查询计算的复杂度和在一个数据库上计算查询很相似。与此相反，给定一个 LAV 源描述的集合，存在一个中介模式的实例集合与数据源一致，因此，LAV 的查询计算意味着查询不完整信息，而这些计算代价更高。

最后，我们指出 LAV 的一个缺陷。考虑关系 S1. Movie（MID，title）和 S1. MovieDetail（MID，director，genre，year）。这两个关系之间的连接需要关键字 MID，它在 S1 内部而没有放进中介模式中。因此，尽管它能够对包含导演、类型和年份的 MovieDetail 电影详细信息进行建模，但是 LAV 描述将会丢失这些属性与电影题目的关联信息。而唯一规避的方式就是在中介模式中引入一个电影的标识符。然而，在多个数据源上的通用标识符通常是无意义的，因此我们仍然要在需要的地方为每个数据源引入一个专门的标识符。

3.2.4　全局 - 局部视图

幸运的是，上面两种形式可以结合成一种形式，同时具有两者的表达力（其唯一成本是创造出另一个缩写）。

语义和语法

在全局 - 局部视图（Global- and- Local- as- View，GLAV）中，模式映射的表达式其左侧包含数据源上的一个查询，其右侧包含中介模式上的一个查询。形式上，GLAV 的定义如下所示。

定义 3.6（GLAV 模式映射）　假设 G 是一个中介模式，$\overline{S} = \{S_1，\cdots，S_n\}$ 是 n 个数据源模式。一个 GLAV 模式映射 M 是一个形如 $Q^S(\overline{X}) \subseteq Q^G(\overline{X})$ 或者 $Q^S(\overline{X}) = Q^G(\overline{X})$ 表达式的集合，其中

- Q^G 是中介模式 G 上的一个查询，G 的头部变量是 $\overline{X}$，并且
- Q^S 是数据源上的一个查询，数据源的头部变量也是 $\overline{X}$。

例 3.6　假设已知数据源 S1 只包含 1970 年以后出品的喜剧，我们可以用如下的 GLAV 表达式描述它。注意，这里我们暂用去掉 Q^G 和 Q^S 的头部符号：

S1.Movie(MID, title), S1.MovieDetail(MID, director, genre, year) $\subseteq$
　　　　Movie(title, director, "comedy", year), year ≥ 1970　　　　<<<

GLAV 的语义通过指定 M 定义的关系 M_R 来定义。

定义 3.7（GLAV 语义）　假设 $M = M_1，\cdots，M_l$ 是 G 和 $\overline{S} = \{S_1，\cdots，S_n\}$ 之间的一个 GLAV 模式映射，其中 M_i 的形式是 $Q^S(\overline{X}) \subseteq Q^G(\overline{X})$ 或者 $Q^S(\overline{X}) = Q^G(\overline{X})$。

假设 g 是中介模式 G 的一个实例，$\overline{s} = s_1，\cdots，s_n$ 是 $S_1，\cdots，S_n$ 相应的实例。那么对于每一个 $1 \leq i \leq l$，如下的条件成立，则实例的元组（$g，s_1，\cdots，s_n$）在 M_R 中：

- 如果 M_i 是一个 = 表达式，那么 $S_i(\bar{s}) = Q_i(g)$。
- 如果 M_i 是一个 $\subseteq$ 表达式，那么 $S_i(\bar{s}) \subseteq Q_i(g)$。

77

GLAV 重写

GLAV 的重写等于将 LAV 技术和 GAV 技术组合起来。给定一个查询 Q，它可以通过如下两个步骤进行重写：

- 使用视图 Q_1^G，$\cdots$，Q_i^G 找到查询 Q 的一个重写 Q'。
- 通过在 Q' 中将每个 Q_i^G 替换成 Q_i^S 生成 Q''，并展开结果使它只涉及源关系。

将 Q'' 应用到源关系将会在以下定理指定的情况下产生所有确定结果。所以，在 GLAV 中找到确定结果的复杂度以及找到一个逻辑查询计划的复杂度与 LAV 是一样的。

定理 3.3 假设 $\bar{M} = M_1$，$\cdots$，M_i 是中介模式 G 和源模式 $\bar{S} = \{S_1, \cdots, S_n\}$ 之间的 GLAV 模式映射，其中 M_i 的形式是 $Q^S(\bar{X}) \subseteq Q^G(\bar{X})$ 或者 $Q^S(\bar{X}) = Q^G(\bar{X})$，并且假设在中介模式或者源中的每个关系至多出现在一个 M_i 中。令 Q 是 G 上的一个合取查询。

假设 Q_i^S 是合取查询或者合取查询的并集，它们可以带有比较谓词和否定谓词。

- 如果 M 中所有的 Q_i^G 都是没有比较谓词和否定的合取查询，并且所有的 M_i 都是 $\subseteq$ 表达式，那么所有的确定结果都能在数据大小和 M 大小的多项式时间内找到，并且重写的复杂度是数据源个数的多项式复杂度。
- 如果 M 中所有的 Q_i^G 都是没有比较谓词和否定的合取查询，并且某些 M_i 是 = 表达式，那么找到 Q 的所有确定结果是数据大小的 co-NP-hard 问题。
- 如果某些 Q_i^G 包含比较谓词，那么找到 Q 的所有确定结果是数据大小的 co-NP-hard 问题。

当某些关系出现在不止一个 M_i 里，根据上述描述产生的重写只能生成部分确定结果。我们注意到，GLAV 的真正强大之处是既能使用 GAV 描述，也能使用 LAV 描述，即使没有一个源描述使用了它们两者。

3.2.5 元组生成依赖

前面 3 种模式映射语言都是基于集合包含（或等值）约束概念：查询重写算法描述了，给定源实例和约束，什么样的查询结果是确定的。

还有一种语言是从数据依赖约束衍生而来，即元组生成依赖（tuple- generatingdependency, tgd），它是一种为了规范和分析数据库中的完整性约束而提出的形式。元组生成依赖在表达能力上和 GLAV 映射是等价的。

78

语法和语义

我们已经在 2.1.2 节中简单介绍过元组生成依赖，并且讨论了完整性约束，这里我们重复定义：

定义 3.8（元组生成依赖） 一个元组生成依赖（tgd）是一个源数据实例（这里，指一个数据库）和一个目标数据实例（这里，指中央数据库或者中介模式）之间关系的一个判定。一个 tgd 的形式为：

$$\forall \bar{X}, \bar{Y}(\varphi(\bar{X}, \bar{Y}) \rightarrow \exists \bar{Z}\psi(\bar{X}, \bar{Z})) \tag{3-1}$$

其中 φ 和 ψ 分别是源和目标实例上原子的合取。如果在 tgd 的左侧（lhs）条件 φ 满足，那么在其右侧（rhs）条件 ψ 必须满足。

注意上述 tgd 和 GLAV 包含约束等价：

$$Q^s(\overline{X},\overline{Y}) \subseteq Q^T(\overline{Y},\overline{Z})$$

其中

$$Q^s(\overline{X},\overline{Y}) :\text{-} \varphi(\overline{X},\overline{Y})$$
$$Q^T(\overline{Y},\overline{Z}) :\text{-} \psi(\overline{Y},\overline{Z})$$

例 3.7　3.6 节中的 GLAV 描述可以用如下的 tgd 指定：

S1.Movie(MID, title) $\wedge$ S1.MovieDetail(MID, director, genre, year) $\Rightarrow$
　　　Movie(title, director, "comedy", year) $\wedge$ year $\geq$ 1970　　　　　**<<<**

通常我们会略去 tgd 描述中的全称量词，因为它们能够从约束中使用的变元推导出来。这样我们就可以把之前的 tgd 重写为：

$$\varphi(\overline{X},\overline{Y}) \rightarrow \exists \overline{Z}\psi(\overline{X},\overline{Z})$$

用 tgd 重写

由于 tgd 和 GLAV 映射在表达能力上等价，所以我们可以将之前的重写算法应用到 tgd 上。为了使用 2.4.5 节中的逆规则算法来重写 tgd，有一种更为直接的转换。给定一个如下格式的 tgd ｜79｜

$$\varphi(\overline{X},\overline{Y}) \rightarrow \exists \overline{Z}\psi(\overline{X},\overline{Z})$$

生成一个如下的逆规则程序 P：

- 用 lhs 和 rhs 之间共享变元的 Skolem 函数 $f_z(\overline{X})$ 替换 rhs 中的每一个存在变元 $z \in \overline{Z}$。其生成的 rhs 为 $\psi(\overline{X},\overline{Z}')$，其中 Z' 中的每个变元现在都是一个 Skolem 函数。
- 对于 $\psi(\overline{X},\overline{Z}')$ 中的每个关系 $R_i(\overline{X}_{R_i})$，定义一个新的逆规则：

$$R_i(\overline{X}_{R_i}) :\text{-} \varphi(\overline{X},\overline{Y})$$

现在就可以像 2.4.5 节中描述的一样，在程序 P 上验证查询。

例 3.8　例 3.7 中的 tgd 会得到如下的逆规则：

Movie(title, director, "comedy", year) :- S1.Movie(MID, title),
　　　　　　　　　　　　S1.MovieDetail(MID, director, genre, year)　　　　　**<<<**

在 10.2 节中我们会看到一个更为复杂的叫做 chase 的重写过程。它通常用于 tgd 和另外一种叫做等值生成依赖（egd）的约束。我们将在 10.2 节中讨论元组生成依赖和等值生成依赖的 chase 算法。我们注意到前面描述的逆规则重写与 chase 的执行有确切的对应关系，虽然其只针对没有 egd 的情况。

3.3　访问模式限制

到目前为止，我们生成的逻辑计划都假设可以以任意方式访问数据源中的关系。这就意味着，数据集成系统可以选择它认为最高效的顺序来访问数据源并且可以向数据源提交任何查询。实际上，数据源被允许的访问模式有很多限制。一个显而易见的例子是，对于表单形式的 Web 数据源，其数据的获取必须通过 Web 服务定义的特定访问接口。通常，这样的接口由多个输入项组成，用户必须填写给定的输入项来获得结果，并且几乎不可能从这样的数据源获得所有元组。有些情况下，访问模式限制是为了对数据源上的查询进行限制，从而控制数据源上的负载。

本节首先介绍如何对针对数据源的访问模式限制进行建模，然后描述如何将一个逻辑查询计划优化为一个符合这些限制的可执行计划。我们会发现访问模式限制可能对查询计划产生微妙的影响。

3.3.1　构建访问模式限制

我们通过向数据源的关系中添加描述符（adornment）来构建访问模式限制。特别是，如果一个源关系有 n 个属性，那么一个描述符包含了一个长度为 n，由字母 b 和 f 组成的字符串。字母 b 表示该数据源在这个位置的属性必须有一个给定的输入值，f 表示数据源在这个位置不需要一个值。如果有多个允许的输入集合，我们就向这个源附加多个描述符。

例 3.9　为了对本节中的概念进行说明，我们使用一个出版物和引文领域的例子。考虑一个包含如下关系的中介模式：**Cites** 存储出版物数据对 (X, Y)，代表出版物 X 引用了出版物 Y。**AwardPaper** 存储获奖论文的标识符，**DBPapers** 存储数据库领域的论文标识符。

如下的 LAV 表达式显示了源的访问模式限制：

S1: CitationDB^{bf}(X,Y) $\subseteq$ Cites(X,Y)
S2: CitingPapers^f(X) $\subseteq$ Cites(X,Y)
S3: DBSource^f(X) $\subseteq$ DBpapers(X)
S4: AwardDB^b(X) $\subseteq$ AwardPaper(X)

第一个源存储了引文的数据对，表示第一篇文章引用了第二篇，但是需要引用文章作为输入（因此描述符是 bf）。第二个源存储了引用某篇论文的全部文章，并且可以查询所有这些文章。第三个源存储数据库领域中的文章，但是没有任何访问约束。第四个源存储了所有获奖论文，但是需要文章的标识符作为输入。也就是说，你可以查询某篇文章是否获奖，但是不能查询所有获奖文章。　　　　　　　　　　　　　　　　　　　　　　　**<<<**

3.3.2　生成可执行计划

给定一个访问模式限制的集合，我们需要生成可执行的逻辑计划。直观地说，一个可执行计划（executable query plan）可以随时在数据源需要时向其提供数据。因此，可执行计划的一个关键点就是它的子查询顺序。可执行查询计划定义如下。

定义 3.9（可执行计划）　假设 $q_1(\overline{X}_1)$，$\cdots$，$q_n(\overline{X}_n)$ 是一组数据源上的合取查询计划，BF_i 是描述源 q_i 访问模式限制的描述符集合。

如果有一个描述符选择 bf_1，$\cdots$，bf_n，使得如下条件成立，我们称 $q_1(\overline{X}_1)$，$\cdots$，$q_n(\overline{X}_n)$ 是一个可执行计划：

- $bf_i \in \mathrm{BF}_i$，并且
- 如果变量 X 出现在 $q_i(\overline{X}_i)$ 的第 k 个位置，并且 bf_i 的第 k 个字母是 b，那么 X 出现在子查询 $q_j(\overline{X}_j)$ 中，其中 $j < i$。

算法 7　FindExecutablePlan：生成逻辑查询计划可执行顺序的算法

输入：形式为 $g_1(\overline{X}_1)$，…，$g_n(\overline{X}_n)$ 的逻辑查询计划；绑定模式 $BF = BF_1$，…，BF_n，其中 BF_i 是 g_i 的一个描述符集合。

输出：EP 是生成的计划。

EP = 空链表

for $i = 1$，…，n **do**

　初始化 $AD_i = BF_i$

　{由于我们向这个计划中添加子查询，所以使用 AD_i 记录新的访问模式}

end for

repeat

　选择一个子查询 $q_i(\overline{X}_i) \in Q$，使得 AD_i 有一个所有字母均为 f 的描述符，并且 $q_i(\overline{X}_i) \notin EP$

　将 $q_i(\overline{X}_i)$ 添加到 EP 的尾部

　for 每个变量 $X \in \overline{X}_i$ **do**

　　if X 出现在 $g_l(\overline{X}_l)$ 的第 k 个位置，并且描述符 $ad \in AD_i$ 的第 k 个位置是 b **then** 把位置 k 变为 f

　　end if

　end for

until 不再有新的子查询可以加入 EP

if Q 中的所有子查询都在 EP 中 **then**

　return 可执行计划 EP

else

　return 没有可执行的顺序

end if

注意，逻辑计划中子查询的顺序变化并不影响结果。算法 7 表明，对于一个给定的逻辑查询计划，如何使用简单的贪心算法来找到一个可执行顺序。直观地说，算法为计划中的子查询进行排序，首先是那些拥有一个完全自由描述符（例如，所有都是 f）的子查询，然后迭代地添加那些其要求被计划中已有子目标满足的子目标。

当不能为一个查询计划里的子查询找到一个可执行的顺序时，我们就需要考虑能否添加子查询使计划可执行，以及新的计划能否保证找到所有的确定结果。

例 3.10　考虑如下中介模式上的查询，查询所有引用文章 #001 的论文：

$Q(X) :\!- Cites(X, 001)$

忽略访问模式限制，如下的计划可以达到目的：

$Q'(X) :\!- CitationDB(X, 001)$

然而，上面这个计划不可执行，因为 CitationDB 需要第一个域作为输入。幸运的是，下面的这个长一些的计划是可执行的：

$q(X) :\!- CitingPapers(X), CitationDB(X, 001)$　　　　　**<<<**

上面的例子表明，向计划中添加子查询来获得一个可执行的计划是可行的。下面的例子表明这样的计划可以没有任何长度限制！

例 3.11　考虑如下查询，查询获奖的所有论文，在这个例子中忽略 S2。

Q(X) :- AwardPaper(X)

由于数据源 AwardDB 的输入是有所限制的，所以不能没有限制就进行查询。不过，我们可以先找到候选获奖论文。一种寻找候选论文的方法是查询数据源 DBSource，获得所有数据库论文，然后把这些论文作为 AwardDB 上查询的输入。另外一种获得候选集的方式是，通过计算被数据库论文引用的论文得到，即计算数据源 DBSource 和数据源 CitationDB的连接。

事实上，可以对这个模式进行一般化处理。对于任意一个整数 n，可以先找到 n 个通过以数据库论文开始的长度为 n 的引用链到达的候选论文。把这些候选论文作为查询范围给数据源 AwardDB 来检查它们是否是获奖论文。如下的查询计划解释了这个模式。然而问题在于，除非有一些领域知识，否则我们不能确定需要创建的查询计划的数值 n。

Q'(X) :- DBSource(X), AwardDB(X)
Q'(X) :- DBSource(X), CitationDB(V, X$_1$), ..., CitationDB(X$_n$, X), AwardDB(X)   <<<

幸运的是，在无法确定查询计划长度时，可以考虑简洁的可执行递归查询计划来获得所有的可能结果。一个递归查询计划是一个 datalog 程序，其谓词为数据源，它可以在查询关系之外，依据中间结果关系不断加以计算。让我们先来看看如何构造一个递归计划。

例 3.12 构造递归计划的关键在于定义一个新的中间关系 papers，它是所有能够从数据库论文开始的引用链中搜索到的论文集合。关系 papers 通过下面规则中的前两个规则来定义，而第三个规则将 papers 和 AwardDB 连接。注意计划中的每个规则都是可执行的。

papers(X) :- DBSource(X)
papers(X) :- papers(Y), CitationDB(Y, X)
Q'(X) :- papers(X), AwardDB(X).   <<<

现在介绍在一般情况下如何构建这样一个递归计划。我们讨论的每个数据源都用一个带有单一描述符的关系来表示，这样泛化多个描述符的情况也非常容易。给定一个数据源集合 S_1, ..., S_n 上的逻辑查询计划 Q，我们用以下两个步骤创建一个可执行查询计划。

步骤 1：定义一个中间关系 Dom，它包含从数据源获得的域中的所有常数。令 $S_i(X_1, ..., X_k)$ 是一个数据源，并不失一般性地假设 S_i 的描述符要求 X_1, ..., X_l(for $l \leq k$) 是受限制的，其余的是自由的。对于 $l+1 \leq j \leq k$，我们添加如下规则

Dom(X$_j$) :- Dom(X$_1$), ..., Dom(X$_l$), S$_i$(X$_1$, ..., X$_k$)

注意，至少有一个源其描述符的字母全是 f；否则，我们不能回答任何查询。这些源会为 Dom 提供基本规则。

步骤 2：通过插入关系 Dom 中必要的原子来修改原来的查询计划。特别是，对于计划中的每个变量 X，假设 k 是它出现的第一个子查询。如果 $q_k(\overline{X}_k)$ 的描述符在 X 在 $q_k(\overline{X}_k)$ 中的任意一个位置上都是 b，则在 $q_k(\overline{X}_k)$ 的前面插入原子 Dom(X)。

很明显，在很多情况下上述算法的效率非常低。实际上，关系 Dom 只需要包含在某些源中需要限制的列值。此外，我们可以使用多个关系来改进关系 Dom，每个关系中都包含一个与某个特定列相关的常数（例如，可以为电影名创建一个关系，再为城市名创建一个关系）。在很多应用领域中，例如地理（国家、城市）和电影，已经有了一个常数列表。在这种情况下，可以使用这些列表代替 Dom。

3.4 中介模式上的完整性约束

当设计一个中介模式时，通常对于一个领域有一些附加知识。我们用完整性约束来表达这样的知识，比如函数依赖或者包含约束。本节主要介绍中介模式上的完整性约束如何影响查询计划以便生成所有确定结果。完整性约束对 LAV 和 GAV 源描述均有影响。

3.4.1 带有完整性约束的 LAV

下面的例子说明当 LAV 中有完整性约束时将会带来的复杂问题。

例 3.13 考虑一个只包含一个关系的中介模式，这个关系包含航班安排信息：每次航班的飞行员和飞机。

schedule(airline, flightNum, date, pilot, aircraft)

假设在关系 Schedule 中有如下的函数依赖：

Pilot→Airline 和 Aircraft→Airline

第一个函数依赖是飞行员只能为一条航线工作，第二个函数依赖是在不同的航线上没有共享的飞机。假设我们在源 S 上有如下的 LAV 模式映射：

S(date, pilot, aircraft) ⊆ schedule(airline, flightNum, date, pilot, aircraft)

源 S 记录了飞行员驾驶不同飞机的日期。现在假设一个用户查询与 Mike 在同一条航线工作的飞行员：

q(p) :- schedule(airline, flightNum, date, "mike", aircraft), schedule(airline, f, d, p, a)

源 S 没有记录飞行员工作的航线，因此如果没有任何其他信息，我们就不能计算查询 q 的任何结果。尽管如此，使用关系 schedule 的函数依赖可以得到和 Mike 在同一航线的飞行员。考虑图 3-3 中的数据库，如果已知 Mike 和 Ann 都驾驶过#111 飞机，那么通过函数依赖 Aircraft→Airline 可知 Ann 和 Mike 在同一条航线上工作。此外，由于完整性约束 Pilot→Airline，我们得出 Join 和 Mike 在同一条航线上工作。一般来说，我们可以考虑任何如下形式的逻辑查询计划 q'_n：

$q'_n(p)$:- S(D_1,"mike",C_1), S(D_2, p_2, C_1), S(D_3, p_2, C_2), S(D_4, p_3, C_2), ...,
　　　　S(D_{2n-2}, p_n, C_{n-1}), S(D_{2n-1}, p_n, C_n), S(D_{2n}, p, C_n)

85

对于任何 n，q'_n 可以得出更短的计划不能得出的查询结果，因此逻辑查询计划没有长度限制。幸运的是，在访问模式限制的情况下，我们可以使用递归查询计划。下面将描述递归查询计划的构建过程，递归查询计划能够确保即使存在函数依赖的情况下，也能产生所有确定结果。 **<<<**

构造过程的输入是通过逆规则算法（2.4.5 节）生成的逻辑查询计划 q'。源 S 的逆规则如下所示。f_1 和 f_2 是 Skolem 函数，它们用来表示拥有不完整信息的对象。

schedule(f_1(d,p,a), f_2(d,p,a), d, p, a) :- S(d, p, a)

逆规则自己不会考虑函数依赖的存在性。例如，在图 3-3 中的表上应用逆规则将会产生如下元组：

日期	飞行员	飞机
1/1	Mike	#111
5/2	Ann	#111
1/3	Ann	#222
4/3	John	#222

图 3-3　一个飞行员调度的数据库

schedule(f_1(1/1, Mike, #111), f_2(1/1, Mike, #111), 1/1, Mike, #111)
schedule(f_1(5/2, Ann, #111), f_2(5/2, Ann, #111), 5/2, Ann, #111)
schedule(f_1(1/3, Ann, #222), f_2(1/3, Ann, #222), 1/3, Ann, #222)
schedule(f_1(4/3, John, #222), f_2(4/3, John, #222), 4/3, John, #222)

由于关系 schedule 上的函数依赖，我们可能得到 f_1（1/1，Mike，#111）等于 f_1（5/2，Ann，#111），并且它们两个都等于 f_1（1/3，Ann，#222）和 f_1（4/3，John，#222）。

通过引入一个新的二元关系 e 使递归查询计划能够得出这样的推论。e 的含义是 $e(c_1，c_2)$ 成立当且仅当在给定的函数依赖下 c_1 和 c_2 是相等的常量。因此，e 的扩展包含了 = 的扩展（例如，对于每个 X，有 e(X，X)），和可以通过如下的 chase 规则推导出来的元组（$e(\bar{A}，\bar{A'})$ 是 $e(A_1，A'_1)$，…，$e(A_n，A'_n)$ 的缩写）。

定义 3.10（Chase 规则） 假设 $\bar{A} \rightarrow B$ 是中介模式中关系 p 满足的一个函数依赖，令 $\bar{C}$ 是不在 $\bar{A}$，B 中的 p 的属性。对应于 $\bar{A} \rightarrow B$ 的 chase 规则如下：

$e(B,B') :- p(\bar{A},B,\bar{C}), p(\bar{A'},B',\bar{C'}), e(\bar{A},\bar{A'}).$

给定一个中介模式上的函数依赖集合 Σ，我们使用 chase(Σ) 表示对应于 Σ 中的函数依赖的 chase 规则集合。在我们的例子中，chase 规则是：

e(X,Y) :- schedule(X, F, P, D, A), schedule(Y, F', P', D', A), e(A, A')
e(X,Y) :- schedule(X, F, P, D, A), schedule(Y, F', P', D', A), e(P, P')

chase 规则允许我们在关系 e 中推导出如下事实：

e(f_1(1/1, Mike, #111), f_1(5/2, Ann, #111))
e(f_1(5/2, Ann, #111), f_1(1/3, Ann, #222))
e(f_1(1/3, Ann, #222), f_1(4/3, John, #222))

e 的扩展是自反的，由于 chase 规则的对称性，所以它也是对称的。为了保证 e 是一个等价关系，我们添加了如下规则来保证 e 的传递性：

T: e(X,Y) :- e(X,Z), e(Z,Y).

构造的最后一步是重写查询 q'，让它可以使用关系 e 推导出来的等价性。我们初始化 q″ 为 q' 并应用如下转换：

1）如果 c 是 q″ 的子目标中的一个常量，则把它替换为一个新的变量 Z，并添加子查询 e(Z，c)。

2）如果 X 是 q″ 头部的一个变量，把 q″ 主体中的 X 替换成一个新的变量 X'，并添加子查询 e(X'，X)。

3）如果一个不在 q″ 头部的变量 Y 出现在 q″ 的两个子查询中，将其中一个替换成 Y'，并添加子查询 e(Y'，Y)。

应用上述步骤直到不再向 q″ 中添加子查询。在我们的例子中，q' 将会重写为：

q″(P) :- schedule(A, F, D, M, C), schedule(A', F', D', P', C'), e(M, "mike"),
        e(P', P), e(A, A')

得到的结果查询计划包含了 q″、chase 规则和传递规则 T。从上面的构造过程中可以看出，它能够保证在有函数依赖的情况下产生查询的所有确定结果。参考文献注释中包含了这个结论的完整证明。

3.4.2 带有完整性约束的 GAV

与 LAV 映射不同，GAV 模式映射的一个重要特点是它不会对不完整信息建模。给定一个数据源集合和一个 GAV 模式映射，存在一个与源对应的中介模式的单一实例，从而简化了查询处理。在有完整性约束的情况下，正如下面的例子中显示的，该特性不再满足。

例 3.14　假定除了关系 schedule 外，我们还有一个关系 flight（flightNum，origin，destination）存储了每个航班的开始和结束时间。此外，我们有如下的完整性约束：每个出现在关系 schdule 中的航班号必须出现在关系 flight 中：

schedule(flightNum) $\subseteq$ flight(flightNum).

假定我们有两个源，每一个为中介模式中的一个关系提供元组（因此模式映射是非常琐碎的）。考虑一个查询所有航班号的查询：

q(fN) :- schedule(airline, fN, date, pilot, aircraft), flight(fN, origin, destination)

在 GAV 中，可通过查询展开以及对表 3-1 中的两个表进行连接来回答该查询，但是只考虑了数据源中的元组。因此，出现在关系 schedule 中但没有出现在 flight 中的#111 号航班将不会出现在结果中。

表 3-1　飞行员和航班安排

航班

航班号	出发地	目的地
222	Seattle	SFO
333	SFO	Saigon

调度

航线	航班号	日期	飞行员	飞机
联合航空公司	#111	1/1	Mike	波音 777-15
新加坡航空公司	#222	1/3	Ann	波音 777-17

88

<<<

完整性约束表明，有些元组可能没有显式地出现在数据源中。特别是，当我们不知道#111 号航班的具体信息时，只知道它存在并且应该包含在 q 的结果中。注意，在开放世界假设的前提下这种情况就会发生。如果是在封闭世界假设下，那么在这个例子里的数据源将会与模式映射不一致。

使用和 LAV 中相似的技术，存在一种扩展逻辑查询计划的方法来保证我们获得所有确定结果。读者可以在参考文献注释中了解更多细节。

3.5　结果完备性

我们已经知道模式映射可以表达数据源的完备性（completeness），也已经看到数据源的完备性如何影响寻找确定结果的复杂度。知道数据源是否完备对于生成更加高效的查询计划来说非常有用。特别是，如果存在一些包含相似数据的数据源时，除非知道其中之一是完备的，否则需要查询所有数据来获得全部可能的结果。本节考虑了一种改进的完备性定义，叫做局部完备性（local completeness）。

3.5.1　局部完备性

实际上，数据源通常都是局部完备的。例如，一个电影数据库可能在近期的电影信息上是完备的，但是在以前的电影信息上是不完备的。下面的例子显示了我们如何用局部完备信息来扩展 LAV 表达式。相似地，我们也可以描述 GAV 中的局部完备性。

例 3.15　回忆 S5 ~ S7 中的 LAV 源描述：

S5.MovieGenres(title, genre) ⊆ Movie(title, director, year, genre)
S6.MovieDirectors(title, dir) ⊆ Movie(title, director, year, genre)
S7.MovieYears(title, year) ⊆ Movie(title, director, year, genre)

我们可以添加如下的局部完备性（LC）描述：

LC(S5.MovieGenres(title, genre), genre="comedy")
LC(S6.MovieDirectors(title, dir), American(director))
LC(S7.MovieYears(title, year), year ≥ 1980)

上面的判定表达了 S5 在喜剧上是完备的，S6 在美国导演（其中在中介模式中 American是一个关系）上是完备的，S7 在 1980 年或以后出品的电影上是完备的。   <<<

从形式上，我们通过指定数据源元组上的一个约束来定义局部完备性。

定义 3.11（局部完备性约束） 假设 M 是一个形如 $S(\overline{X}) \subseteq Q(\overline{X})$ 的 LAV 表达式，其中 S 是一个数据源，$Q(\overline{X})$ 是一个中介模式上的合取查询。M 的一个局部完备性约束 C 是中介模式中关系原子的合取，或者是不包含 Q 中提及的关系名的比较谓词原子的合取。这些原子可能包含 $\overline{X}$ 中的变量或者一些新的原子。我们用 ¬C 表示 C 的补集。

局部完备性表达式 LC（S，C）的语义除了原有的表达式外，在模式映射中我们还有如下的表达式。注意，我们向 Q 中添加了 C 的合取。

$$S(\overline{X}) = Q(\overline{X}), C$$

当模式映射可以包含局部完备性语句时，一个自然而然的问题就是：给定一个中介模式上的查询，能否保证查询结果的完备性？

例 3.16 考虑例 3.15 中源上的如下两个查询：

q_1(title) :- Movie(title, director, genre, "comedy"), year ≥ 1990, American(director)
q_2(title) :- Movie(title, director, genre, "comedy"), year ≥ 1970, American(director)

q_1 的结果能够保证是完备的，因为它只用到了完备数据源的部分数据：即 1990 年之后出品的美国导演的喜剧。另一方面，q_2 的结果可能是不完备的，因为数据源 S7 没有 1970 年到 1980 年出品的电影信息。   <<<

下面给出结果完备性的形式化定义。这个定义表明，如果数据源的两个实例与局部完备数据源中的元组是一致的，则它们具有相同的确定结果。

定义 3.12（结果完备性） 假设 M 是源 S_1，$\cdots$，S_n 上的一个 LAV 模式映射，源中包含形如 $S_i(\overline{X}_i) \subseteq Q_i(\overline{X}_i)$ 的表达式集合和一个形如 $LC(S_i, C_i)$ 的局部完备性判定集合。Q 是中介模式上的一个合取查询。

如果对于任意数据源的实例对 d_1、d_2，使得对于任意 i，如果 d_1 和 d_2 有相同的满足 C_i 的 S_i 元组，则 Q 在 d_1 上的确定结果和在 d_2 上的相同，那么查询 Q 对于 M 来说是结果完备的。

3.5.2 结果完备性检测

下面介绍一个算法来判定一个查询什么时候是结果完备的。为了突出算法的关键部分，这里只考虑一个简化的设置。假设数据源直接对应中介模式里的关系，参数是一个比较原子的合取。我们假定 LAV 表达式的形式是：

$$S_i(\overline{X}) \subseteq R_i(\overline{X}), C'$$

其中，R_i 是一个中介模式中的关系，C' 是比较谓词的合取。

算法 8 显示了如何通过把问题转化为一个查询包含问题来确定结果完备性。算法的思想如下：由于数据源 S_i 对于满足 C_i 的元组是完备的，所以在 S_i 中唯一可能缺失的元组就是那些满足 $\neg C_i$ 的元组。我们定义视图 V_i 来表示包含 S_i 中满足 C_i 的元组和那些可能会从 S_i 中丢失的元组。视图 V_i 包含 S_i 中满足 C_i 的元组，以及来自我们不知道其元组信息的新关系 E_i 且满足 $\neg C_i$ 的元组。注意，对 E_i 做适当的扩展，可能生成一个等价于 S_i 任何可能实例的实例 V_i。

算法接着对 Q 和 Q' 进行比较，其中，把 S_i 出现的地方都替换成了 V_i。如果这两个查询是等价的，那么对于 S_i 和 E_i 的任何实例都能获得相同的结果。由于 Q 不依赖于 E_i，所以这意味着 Q 完全由满足 C_i 的 S_i 元组来决定。

算法 8　Decide-Completeness：检测查询结果完备性的算法

输入：在源 $Q = S_1$，$\cdots$，S_n 上的合取查询；M 包含 LAV 表达式 $S_i(\overline{X}_i) \subseteq R(\overline{X}_i)$，$C_i'$ 和局部完备性判定 $LC(S_i, C_i)$。

输出：返回 yes 当且仅当 Q 相对于 M 是结果完备的。

设 E_1，$\cdots$，E_n 为新的关系符

按如下规则定义视图 V_1，$\cdots$，V_n：

$V_i(\overline{X}_i) : - E_i(\overline{X}_i)$，$\neg C_i$

$V_i(\overline{X}_i) : - S_i(\overline{X}_i)$，$C_i$

设 Q_1 是将 Q 中所有 S_i 替换成 V_i 的查询

return yes 当且仅当 Q 等价于 Q_1

下面的定理证明了算法 Decide-Completeness 的正确性。

定理 3.4　令 M 是源 S_1，$\cdots$，S_n 的一个 LAV 模式映射，源中包含表达式 $S_i(\overline{X}_i) \subseteq R(\overline{X}_i)$、$C_i'$ 和一个本地完备性判定集合 $LC(S_i, C_i)$。Q 是中介模式上的一个合取查询。

算法 Decide-Completeness 返回 **yes** 当且仅当 Q 相对于 M 是结果完备的。

证明：首先，假设 Q_1 不等价于 Q，证明 Q 相对于 M 不是结果完备的。

由于 $Q_1 \neq Q$，所以存在一个让 Q 和 Q_1 返回不同结果的数据库实例 d。令 d_1 为数据源 S_i 对应 d 的扩展实例。令 d_2 为数据源 S_i 上的视图 V_i 对应 d 的扩展实例。对于 $1 \leqslant i \leqslant n$，实例 d_1 和 d_2 在满足 C_i 的 S_i 元组上是一致的，但是在 Q 的确定结果上不一致，因此 Q 相对于 M 不是结果完备的。 $\boxed{91}$

另一方面，假设 $Q_1 \equiv Q$。设 d_1 和 d_2 是数据源的两个实例，它们在满足 C_i 的 S_i 元组上是一致的。设 d_3 是 d_1（同样，d_2）的限制，其只包含满足 C_i 的 S_i 元组。因为 $Q_1 \equiv Q$，可以得到 $Q(d_1) = Q(d_3)$，同理，有 $Q(d_2) = Q(d_3)$。因此 $Q(d_1) = Q(d_2)$。 ∎

3.6　数据级的异构性

到目前为止，对我们所描述的模式映射做了这样的假设：当映射用的表达式需要对不同源中的元组进行连接时，连接的列必须有可比较的值。例如，在电影领域中，我们假设当一个电影出现在一个源中时，它的名字和它出现在其他源中的名字是相同的。

实际上，通常情况下数据源之间不仅模式结构有可能不同，而且它们的取值也可能有很大的不同。我们把这类差异称为数据级异构性（data-level heterogeneity）。数据级异构性

可以大致分为以下两类。

3.6.1   标度差异性

第一种数据级的异构性体现在不同数据源的值之间存在一些数值转换。例如，一个源使用华氏度来表示温度，而另一个源使用摄氏度来表示温度；或者一个源使用数字来表示课程得分的等级，而另一个源使用字母来表示课程得分的等级。在某些情况下，这些数值转换可能还需要其他列上的值。例如，一个源使用两列来分别表示一人的姓和名，而另一个源只使用一个列存储姓名。在第二个例子中看到的这些转换有时并不是简单地可逆的。因此，从将姓和名合并存储的源中准确得到这个人的名字是不可能的。在其他情况中，转换可能需要更深层次的语义信息。例如，在一个数据库中，价格可能包含了地方税费，但是在另一个数据库中并没有包含税费。一些转换还是时间依赖的，例如货币间的汇率是实时变化的。

这种数据级的异构可以通过在模式映射的表达式中加入转换函数来解决。例如，下面的第一个表达式把数据从华氏度转换为摄氏度，第二个表达式把源中的价格调整为包含地方税费的价格。

S(city, temp - 32 * 5/9, month) ⊆ Weather(city, temp, humidity, month)
CDStore(cd, price) ⊆ CDPrices(cd, state, price * (1+rate)), LocalTaxes(state, rate)

3.6.2   相同实体的多重表示

当现实世界的同一对象出现多种引用方式时会导致第二种数据级差异。常见的例子包括同一家公司的不同称呼（例如 IBM 与 International Business Machines、Google 与 Google Inc.）以及同一个人名字的不同表示方式（例如 Jack M. Smith 与 J. M. Smith）。当引用的是复杂对象时，相同实体的多重引用问题就会十分复杂。例如，有关出版物的信息包括作者、书名、发行时间和发行地点等。而且数据本身可能也存在问题，使得问题变得更复杂。在某些情况下，我们甚至不知道确切的事实。例如，生物学家有多种表达基因或者物种的方式，但是他们也不知道怎么解决这些表达方式的不一致性。

为了解决这种差异性问题，我们可以构建类似的语汇索引表，它将同种物体的不同表示罗列成一行。需要强调的是，第一列列出从第一个数据源获得的引用，第二列列出从第二个数据源获得的表示方式。对索引表做连接，可以结合两个来源，以获得正确的结果。例如，图 3-4 展现了两个数据源的一个索引表，这两个数据源分别描述了国家的不同属性。

Country GDPs	Country Water Access
Congo, Republic of the	Congo (Dem. Rep.)
Korea, South	South Korea
Isle of Man	Man, Isle of
Burma	Myanmar
Virgin Islands	Virgin Islands of the U.S.

图 3-4   不同数据库经常用不同的名字来表示相同的实体，索引表提供了不同名字之间的对应关系

显然，主要问题在于当数据量很大时如何在应用中构建这样的索引表。我们将在第 7 章讨论引用自动消解的问题。

参考文献注释

全局视图方式从早期的数据集成系统（例如，Multi-Base[366]）以及后来的一些系统（[128，230，281，533]）中就有使用。局部视图由 Information Manifold System[381] 提出，并被[199，361]使用。GLAV 由[235]提出，并作为数据交换系统（参见第 10 章）的主要形式。实际上，GLAV 本质上是元组生成依赖[7]的形式化描述，因此一些完整性约束理论可以应用到数据集成和交换中。多模式映射语言的发展促使形式化之间的比较[373，379，555]。Alexe[24]举例描述了构建 GLAV 模式映射的系统。

访问模式限制在 Rajaraman[488]中首次被提及，他们考虑当视图覆盖访问模式的约束时，使用视图计算查询。使用视图寻找查询的等价改写时，[398]提出的改写长度的限制（即查询中子目标的个数）将不复存在。相反，他们提出了一个新的限制，即子查询的个数与查询中变量个数之和。Kwok 和 Weld[361]提出，如果我们在访问模式限制下寻找一个查询的最大包含改写，那么改写的长度就没有限制。Duschka 等人[197，200]提出递归查询计划生成所有确定结果，Friedman 和 Weld[234]以及 Lambrecht 等人[365]描述了如何优化递归查询计划。Manolescu[228]展现了传统的 System-R 类型查询优化使用模式限制的效果。Levy[381]提出一个更加复杂的访问模式限制模型，除了规范输入以外，还需要规范输出。如果数据源包含一个以上能力记录（capability record），他们发现找到一个可执行的计划是一个 NP 完全问题。

中介模式中的完整性约束及其在寻找确定结果时的作用由 Duschka[197，199]首先在 LAV 中讨论。研究表明，即使中介模式上存在函数依赖和全依赖，也可能找到查询的所有确定结果。我们的例子全部取自[197]。Cali[104]考虑了 GAV 的完整性约束，他们认为在有键约束和包含依赖的前提下，可能找到查询的所有确定结果。

Motro[446]研究了数据库的结果完备性问题。Etzioni 等人[213]介绍了一种信息收集代理场景的本地完备性概念及其一些基本特性。我们描述的完备性算法基于[378]，描述了完备性判定问题可以以更新查询的独立性判定问题形式表示[89，202，203，382]，这个问题可以被规约成一个包含检查问题。Razniewski 和 Nutt[495]扩展局部完备性框架，除了能表达部分关系以外，还能表达局部完备性。Fan[223]讨论了在主数据（完备而且正确的数据）存在环境下查询完备性问题。Floresecu[227]描述了通过一个元组在一个数据源中的可能性表达完备性程度的规范。概率模式映射现在再次受到关注，我们将在第 13 章中进行更深入的讨论。Naumann[454]提出了数据源和查询结果完备性的量化技术。

第4章
Principles of Data Integration

字符串匹配

字符串匹配用来寻找表示真实世界中同一实体的字符串。比如，一个数据库中的字符串 David Smith 与另一数据库中的字符串 David R. Smith 表示同一个人。类似地，字符串 1210 W. Dayton St，Madison WI 以及串 1210 West Dayton，Madison WI 53706 表示同一物理地址。

字符串匹配在许多数据集成任务中扮演重要的角色，比如模式匹配、数据匹配和信息抽取等任务。因此，这一章我们深入讨论这个问题。4.1 节定义了字符串匹配问题。4.2 节描述了一些常用的相似度度量方法，这些相似度度量方法可以用于计算任意两个给定字符串的相似度得分。最后，4.3 节讨论了如何将这些度量方法高效地应用于大规模字符串匹配。

4.1 问题描述

本节要解决的问题如下所示。给定两个字符串的集合 X 和 Y，希望寻找所有的字符串对 (x, y)，其中 $x \in X$，$y \in Y$，并且 x 和 y 表示真实世界中的同一实体。我们称这样的字符串对为匹配。图 4-1a、b 是两个包含人名的样例数据库。图 4-1c 是它们的匹配结果。比如，第一个匹配 (x_1, y_1) 说明字符串 Dave Smith 和 David D. Smith 表示真实世界中的同一个人。

Set X	Set Y	Matches
x_1=Dave Smith	y_1=David D. Smith	(x_1, y_1)
x_2=Joe Wilson	y_2=Daniel W. Smith	(x_3, y_2)
x_3=Dan Smith		
a）数据库的匹配	b）数据库的匹配	c）表示

图 4-1　人物姓名示例

解决匹配问题面临两个主要的挑战：准确性和可扩展性。实现字符串匹配的准确性之所以困难是因为表示现实世界同一实体的字符串通常是不同的。造成这个情况的原因包括打错字和 OCR 错误（比如，David Smith 被错拼成或被计算机错误识别为 Davod Smith）、格式不同（比如，10/8/2009 和 Oct 8，2009）、自定义的缩写、字符串的简写或省略（比如，Daniel Walker Herbert Smith 和 Dan W. Smith）、不同的名称或别名（比如，William Smith 和 Bill Smith）以及字符串中部分子串的顺序不同（比如，Dept. of Computer Science，UW-Madison 和 Computer Science Dept.，UW-Madison）。此外，在某些情况下，数据源没有足够的信息表明两个字符串是否表示真实世界中的同一实体（比如，试图判断在两个不同出版物中提到的两个作者是否为同一个人）。

为了解决准确性挑战，一般的解决方法是定义两个字符串 x 和 y 的相似度度量 s，返回一个在范围 [0，1] 的得分。得分越高，x 和 y 匹配的可能性越高。如果 $s(x, y) \geq t$，我们说 x 与 y 匹配，其中 t 是预先设定的阈值。目前已经提出了许多相似度度量方法，我
95 们将在 4.2 节讨论一些主要的相似度度量方法。

第二个挑战是如何将相似度度量用于大规模字符串计算。因为字符串的相似度度量方法是直接应用于两个字符串对的，为集合 X 和集合 Y 中的任何一对字符串 (x, y) 求相似

度 $s(x, y)$ 的时间复杂度是平方级的，这在实践中是不可行的。为了解决这个挑战，一些方法只对最有可能匹配的对计算相似度度量 $s(x, y)$。我们在 4.3 节讨论这些方法的主要思想。

4.2 相似度度量

目前已提出许多度量方法用于匹配字符串。相似度度量将一对字符串 (x, y) 映射为 $[0, 1]$ 区间内的一个数值，这个数值越高，意味着 x 和 y 的相似度越高。术语距离（distance）和代价度量（cost measures）也用来表述相同的概念，不同的是，它们用较小的值表示较高的相似度。

广义上讲，当前的相似度度量方法主要分为 4 类：基于序列的相似度度量、基于集合的相似度度量、混合的相似度度量以及语音度量。现在我们依次描述这 4 类度量方法。

4.2.1 基于序列的相似度度量

在第一类相似度度量方法中，将字符串看做是字符的序列，然后计算将一个字符串转换为另一个字符串的代价。我们从一种称为编辑距离的基本度量方法开始，然后考虑更精细的方法。

编辑距离

编辑距离又称为 Levenshtein 距离（Levenshtein Distance），$d(x, y)$，计算字符串 x 转换为字符串 y 的最小代价。字符串转换通过以下操作实现：删除一个字符、插入一个字符和替换一个字符。例如，将字符串 $x =$ **David Smiths** 转换为字符串 $y =$ **Davidd Simth** 的代价是 4，需要执行的操作依次是：插入一个字符 **d**（在 **David** 后），用字符 **i** 替换字符 **m**，用字符 **m** 替换字符 **i**，删除 x 的最后一个字符 **s**。

不难看出，将 x 转换为 y 的最小代价和将 y 转换为 x 的最小代价是相同的。因此，$d(x, y)$ 相对于 x 和 y 是定义良好的，且是对称的。

直观上，编辑距离反映的是人们可能会犯的各种编辑错误，比如插入了一个额外的字符（如 **David** 多写了 **d**，变成了 **Davidd**），或者两个字符互换（如 **Smith** 错写成了 **Simth**）等。因此，编辑距离越小，两个字符串越相似。

编辑距离函数 $d(x, y)$ 可以通过以下方式转换成相似度函数 $s(x, y)$：

$$s(x, y) = 1 - \frac{d(x, y)}{\max(\text{length}(x), \text{length}(y))}$$

例如，**David Smiths** 和 **Davidd Smith** 的相似度得分为：

$$s(\textbf{David Smiths}, \textbf{Davidd Smith}) = 1 - \frac{4}{\max(12, 12)} = 0.67$$

$d(x, y)$ 的值可以用动态规划来计算。令 $x = x_1 x_2 \cdots x_n$，$y = y_1 y_2 \cdots y_m$，其中，x_i 和 y_j 是组成字符串 x 与 y 的单个字符。令 $d(i, j)$ 表示字符串 $x_1 x_2 \cdots x_i$ 和字符串 $y_1 y_2 \cdots y_j$（分别表示字符串 x 和 y 的前 i 个字符和前 j 个字符组成的子串）的编辑距离。

设计动态规划算法的关键是要建立递归公式，使得可以从之前的 d 值计算 $d(i, j)$ 的值。图 4-2a 是为上面的例子计算 d 值的递归公式。为了理解这个公式，我们可以用以下 4

种方式将字符串 $x_1x_2\cdots x_i$ 转换为字符串 $y_1y_2\cdots y_j$：1）如果 $x_i = y_j$，那么 $x_1x_2\cdots x_{i-1}$ 转换为 $y_1y_2\cdots y_{j-1}$ 后将 x_i 复制到 y_j；2）如果 $x_i \neq y_j$，将 $x_1x_2\cdots x_{i-1}$ 转换为 $y_1y_2\cdots y_{j-1}$，然后将 x_i 替换为 y_j；3）删除 x_i，然后将 $x_1x_2\cdots x_{i-1}$ 转换为 $y_1y_2\cdots y_j$；4）将 $x_1x_2\cdots x_i$ 转换为 $y_1y_2\cdots y_{j-1}$，然后插入 y_j。$d(i, j)$ 是以上转换中的最小代价值。图 4-2b 合并了 4-2a 的前两行，简化了公式。

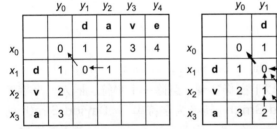

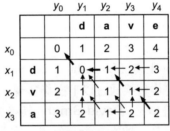

a）用动态规划计算字符串 x 和 y 编辑距离的递归公式　　　　　b）公式的简化形式

97

图　4-2

图 4-3 给出了一个用简化的公式计算编辑距离的例子。图中以字符串 $x = $ **dva** 和 $y = $ **dave** 为例说明两字符串编辑距离的计算。先从图 4-3a 的矩阵开始，x_i 在左侧，y_j 在上方。注意，我们在 x 和 y 的开头增加了两个空字符 x_0 和 y_0，以便简化计算过程。具体地，通过设置 $d(i, 0) = i$ 和 $d(0, j) = j$ 快速地填满第一行和第一列。

a）填充了几个单元格　　　　　　　b）填充完整的矩阵　　　　　c）通过 b）部分明显的箭头找到将
　　后的动态规划矩阵　　　　　　　　　　　　　　　　　　　　　 dva 转换为 dave 的编辑操作序列

图 4-3　用图 4-2b 中的动态规划公式计算 dva 和 dave 的编辑距离

现在可以用图 4-2b 中的公式来填充矩阵中剩下的位置。例如，根据公式，$d(1, 1) = \min\{0+0, 1+1, 1+1\} = 0$。因为这个值是通过 $d(0, 0) +0$ 获得的，所以我们从单元格 (1, 1) 到单元格 (0, 0) 画一个箭头。同样，$d(1, 2) = 1$（见图 4-3a）。图 4-3b 显示了完整填充后的矩阵。x 和 y 的编辑距离可以看到是右下角单元格 (3, 4) 中的数值 2。

除了计算编辑距离外，算法还可以按照箭头显示出编辑操作的序列。在这个例子中，因为箭头从 (3, 4) 到 (2, 3) 沿对角线走，所以我们知道 x_3（字符 **a**）已被复制或被 y_4（字符 **e**）替换。箭头继续沿对角线走，从 (2, 3) 到 (1, 2)。因此可以知道，x_2（字符 **v**）已被复制或被 y_3（字符 **v**）替换。接下来，箭头水平走，从 (1, 2) 到 (1, 1)。这意味着有一个空位插入到 x 中并且与字符串 y 中的字符 **a** 对齐（这意味着一个插入操作）。当到达单元格 (0, 0) 时，这个过程终止。图 4-3c 是对整个转换过程的描述。

编辑距离的计算代价是 $O(|x\|y|)$。实际上，x 和 y 的长度往往大致相同，因此我们通常认为计算代价为平方级。

Needleman-Wunch 度量

Needleman-Wunch 度量是对上面介绍的 Levenshtein 距离的一般化。具体地，它通过给两个输入字符串的每对对齐的字符设置一个对齐得分，从中选择得分最高的对齐方式作为结果。两个字符串 x 和 y 的对齐指 x 中的字符和 y 中的字符在允许空格的情况下字符对之间互相对应的集合。例如，图 4-4a 是字符串 $x = $ dva 和 $y = $ deeve 的一个对齐方式，其中 d 和 d 对应，v 和 v 对应，a 和 e 对应。注意在进行对应时，字符串 x 被插入了长度为 2 的空位，因此 y 中的两个字符 ee 没有 x 中的字符进行对应。

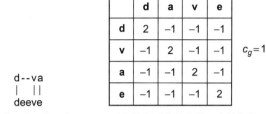

d--va
| ||
deeve

a）字符串 x=dva 和 y=deeve 的比对，x 中有空位

b）给每对字符分配一个得分的评分矩阵以及空位惩罚 c_g

图 4-4 Needlemn-Wunch 函数示例

两个字符串之间对应的得分通过得分矩阵和空格惩罚来计算。矩阵为每一对字符的对应在得分矩阵中设置一个得分，并且允许有扣分。图 4-4b 是一个得分矩阵的例子，在这个例子中，两个相同的字符对齐得分为 2，不同的字符对齐得分为 -1。长度为 1 的空格会有一个值为 c_g 的扣分惩罚（在图 4-4 中，c_g 设置为 1）。如果连续有 k 个空格，则扣 kc_g 分。

字符串之间一个对齐得分是每个对齐的字符对的得分之和再减去空格产生的扣分。例如，图 4-4a 中的得分为 2（d 与 d 对齐）+2（v 与 v 对齐）-1（a 与 e 对齐）-2（长度为 2 的空格惩罚）$=1$。这是字符串 x 与 y 的最佳对齐方式（也就是说，这是最高的得分）。这就是两个字符串 x 和 y 的 Needleman-Wunch 得分。

如前所述，Needleman-Wunch 度量方法从 3 个方面对 Levenshtein 距离进行一般化。第一，它计算了相似度得分而不是距离值。第二，它使用得分矩阵对编辑代价进行一般化，允许更细粒度的得分模型。例如，字母 o 和数字 0 在实际中通常会被混淆（比如，OCR（光学字符识别）系统）。因此当 0 和 o 在两个字符串的匹配中被对齐时，这个字符间的对齐得分应该比字母 a 与数字 0 之间对齐得分高。还有，当匹配生物信息学中的序列时，不同的氨基酸对有不同的语义距离。第三，Needleman-Wunch 度量将插入和删除操作用空格进行一般化，并将每个这样的操作的代价从 1 一般化为任意值 c_g。

Needleman-Wunch 度量的得分函数 $s(x, y)$ 使用图 4-5a 所示的递推公式利用动态规划算法计算。

注意，这里有 3 点不同于图 4-2b 中对编辑距离的计算。第一，计算的是最大而不是最小。第二，在递推公式中利用得分矩阵 $c(x_i, y_j)$ 而非编辑操作的单位代价。第三，利用空格惩罚 c_g 而非空格的单位代价。当初始化这个矩阵时，必须设置 $s(i, 0) = -ic_g$，$s(0, j) = -jc_g$（不同于编辑距离中的 i 和 j）。

图 4-5b 显示了针对 $x = $ dva 和 $y = $ deeve 利用图 4-4b 中的得分矩阵和空格惩罚完全填充好的矩阵。图 4-5c 显示了通过图 4-5b 矩阵中的箭头找到的最佳对齐方式。

Affine Gap 度量

Affine Gap 度量是对前面介绍的 Needleman-Wunch 度量的一般化，它能更好地处理有较长空格的情况。比如，让我们考虑匹配 $x = $ David Smith 和 $y = $ David R. Smith 的情况。Needleman-Wunch 度量匹配的效果很好，只要在 David 右边增加一个长度为 2 的空格，用 R. 填充即可。然而，如果匹配 $x = $ David Smith 和 $y = $ David Richardson Smith，如图 4-6a 所示，需要增加长度为 10 的空格，因为空格的惩罚较高，使得 Needleman-Wunch

度量无法达到好的效果。比如，假设相同字符对齐得 2 分，c_g 是 1 分，则 Needleman-Wunch 度量的得分是 $6 \times 2 - 10 = 2$ $^\ominus$。

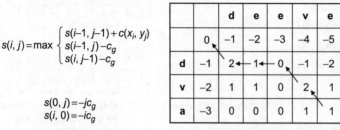

a）用动态规划计算相似度
得分的递归公式

b）利用a）得到dva和deeve
的动态规划矩阵

c）根据b）中显示的箭头找到两个
字符串的最优比对方式

图 4-5　Needleman-Wunch 函数示例

实际上，空格的长度通常大于 1。因此，对空格中的每个位置都使用相同的惩罚在某种程度上对具有较长空格的情况不公平。Affine Gap 度量通过区分开始的那个空位和接下来的连续空位的代价来解决这个问题。从形式上，该度量方法对每个长度为 k 的空格分配的代价为 $c_o + (k-1)c_r$，其中，c_o 是第一个空格的代价，c_r 是连续空格的代价（其余 $k-1$ 个空格的代价）。c_r 的代价小于 c_o，从而减少了对较长空格的惩罚。继续以图 4-6a 为例，如果 $c_o = 1$ 并且 $c_r = 0.5$，则最后的总得分为 $6 \times 2 - 1 - 9 \times 0.5 = 6.5$ $^\ominus$。这个得分要远高于使用 Needleman-Wunch 度量得到的 2 分。

图 4-6b 是 Affine Gap 度量的计算公式。导出这些公式非常麻烦。既然我们现在对一个起始空格的惩罚和连续空格的惩罚不同，那么在每个阶段，对于动态规划矩阵中的字符串 x 与字符串 y 的两个子串的 Affine Gap 度量 (i, j)，我们维护 3 个值：

- $M(i, j)$：当 x_i 与 y_j 对齐时字符串 $x_1 \cdots x_i$ 和 $y_1 \cdots y_j$ 最高得分。
- $I_x(i, j)$：x_i 与空格对齐时的最高分。
- $I_y(i, j)$：y_j 与空格对齐时的最高分。

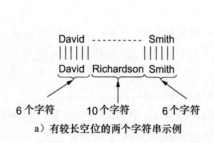

$$s(i,j) = \max\{M(i,j), I_x(i,j), I_y(i,j)\}$$

$$M(i,j) = \max \begin{cases} M(i-1, j-1) + c(x_i, y_j) \\ I_x(i-1, j-1) + c(x_i, y_j) \\ I_y(i-1, j-1) + c(x_i, y_j) \end{cases}$$

$$I_x(i,j) = \max \begin{cases} M(i-1, j) - c_o \\ I_x(i-1, j) - c_r \end{cases}$$

$$I_y(i,j) = \max \begin{cases} M(i, j-1) - c_o \\ I_y(i, j-1) - c_r \end{cases}$$

a）有较长空位的两个字符串示例

b）Affine Gap度量的递归公式

图　4-6

对字符串 i 和 j 的 Affine Gap 度量 $s(i, j)$ 是这 3 个得分中的最大值。

为了得到上述递归公式，我们对代价函数做了以下的假设。假设在一个最优的对齐方案

$\ominus$　Needleman-Wunch 度量的得分应是 $12 \times 2 - 10 = 14$。——译者注

$\ominus$　总得分应为 $12 \times 2 - 1 - 9 \times 0.5 = 18.5$。——译者注

中，不会在一个删除操作后紧跟着执行一个插入操作，也不会在一个插入操作后紧跟着一个删除操作。这意味着不会出现图 4-7a、b 描述的情况。为了确保这个性质，可以设置代价 $-(c_o + c_r)$ 低于得分矩阵中两个不同字符对齐的最低分。在这种情况下，图 4-7c 将会比图 4-7a、b 得到较高的得分。

$$
\begin{array}{ccc}
x_1 \cdots x_{i-1-} \ x_i & x_1 \cdots x_{i-1} \ x_i & x_1 \cdots x_{i-1} \ x_i \\
| \quad | & | \quad | & | \\
y_1 \cdots \ y_{i-} & y_1 \cdots y_{i-1-} \ y_i & y_1 \cdots y_{i-1} \ y_i \\
a) & b) & c)
\end{array}
$$

图 4-7 设置适当的空格惩罚和得分矩阵，c) 的得分通常会高于 a) 和 b)

现在解释下如何推导图 4-6b 中 $M(i, j)$、$I_x(i, j)$ 和 $I_y(i, j)$ 的公式。图 4-8 解释如何推导 $M(i, j)$。公式考虑 x_i 与 y_j 对齐的情况（见图 4-8a）。即 $x_1 \cdots x_{i-1}$ 与 $y_1 \cdots y_{j-1}$ 对齐。这种情况发生只可能有 3 种方式，如图 4-8b、d 所示，x_{i-1} 和 y_{j-1} 对齐，x_{i-1} 和空格对齐以及 y_{j-1} 和空格对齐。这 3 种方式造成了图 4-6b 中公式 $M(i, j)$ 的 3 种情况。

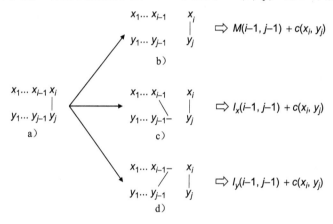

图 4-8 图 4-6b 中 $M(i, j)$ 的公式的推导

图 4-9 显示图 4-6b 中的公式 $I_x(i, j)$ 的推导过程。这个公式考虑 x_i 与空格对齐的情况（见图 4-9a）。这种情况发生只可能有 3 种方式，如图 4-9b、c、d 所示，x_{i-1} 和 y_j 对齐，x_{i-1} 和空格对齐以及 y_j 和空格对齐。前两种方式造成了图 4-6b 中的两种情况。第三种情况不会发生，因为它意味着一个删除操作之后紧跟着插入操作。这与先前提到的假设是矛盾的。图 4-6b 中 $I_y(i, j)$ 公式的推导也是类似的方式。Affine Gap 度量的计算复杂度依然是 $O(|x \| y|)$。

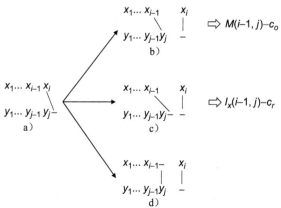

图 4-9 图 4-6b 中 $I_x(i, j)$ 的公式的推导

Smith-Waterman度量

前面的度量方式考虑两个字符串之间的全局比对，即试图将 x 中所有字符与 y 中所有字符进行匹配。

全局比对在有些情况下并不适用。比如，考虑两个字符串 Prof. John R. Smith，Univ of Wisconsin 和 John R. Smith，Professor。这时基于全局比对的相似度得分是相对较低的。在这种情况下，我们真正想要的是 x 和 y 中最相似的两个子字符串，并将该子字符串的得分作为 x 和 y 的得分返回。例如，我们打算将 John R. Smith 作为两个字符串中最相似的子串，这意味着在忽略某些前缀（如 Prof.）和后缀（如 x 中的 Univ of Wisconsin 和 y 中的 Professor）后对字符串进行比对。我们称这种方式为局部比对。

Smith-Waterman 度量通过对 Needleman-Wunch 度量引入两点关键的变化来找到匹配子串。首先，Smith-Waterman 度量方法允许从字符串的任意位置重新开始进行匹配（不再限制为从第一个字符的位置开始）。重新开始匹配由图 4-10a 递推公式的第一行体现。直觉上，如果全局匹配得分降至 0 以下，那么第一行起到忽略前缀然后重新进行匹配的作用。类似地，可以看到在动态规划矩阵的第一行和第一列都是 0，而不是 Needleman-Wunch 度量的动态规划矩阵中的 $-ic_g$ 和 $-jc_g$。利用这个递推公式对字符串 avd 和字符串 dave 进行相似度度量可以得出如图 4-10b 所示的矩阵。

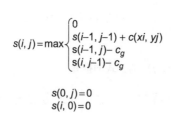

$$s(i,j)=\max\begin{cases}0\\s(i-1,j-1)+c(x_i,y_j)\\s(i-1,j)-c_g\\s(i,j-1)-c_g\end{cases}$$

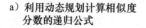

$$s(0,j)=0$$
$$s(i,0)=0$$

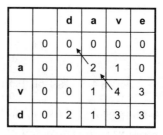

	d	a	v	e
	0	0	0	0	0
a	0	0	2	1	0
v	0	0	1	4	3
d	0	2	1	3	3

a）利用动态规划计算相似度分数的递归公式　　b）利用a）中的公式求解avd和dave相似度分数的动态规划矩阵

图 4-10　Smith-Waterman 度量示例

第二个关键的变化是在利用递推公式计算出矩阵之后，算法从矩阵中最大值的单元（在上面的例子中是 4）开始根据箭头回溯，而不是从矩阵的右下角单元开始（在上面的例子中矩阵右下角是 3）。这个变化有效地忽略了一些后缀，这些后缀使得使用它们进行匹配之后两个字符串不是最优的匹配。当遇到单元中的值为 0（此处代表着比对的开始）时，回溯结束。在上面的例子中，我们可以找到在字符串 avd 和字符串 dave 的最佳局部匹配是 av。

Jaro 度量

Jaro 度量主要用来比对短字符串，比如，人的姓名。给定两个字符串 x 和 y，通过如下方法计算它们的 Jaro 得分：

- 寻找字符串 x 和字符串 y 的公共字符 x_i 和 y_j，使得 x_i 和 y_j 满足 $x_i = y_j$ 并且 $|i-j| \leq \min\{|x|,|y|\}/2$。直觉上，公共字符是字符相同且在两个字符串中位置相近的。不难看出，x 具有的公共字符与 y 具有的公共字符的数目相同，记为 c。
- 比较 x 的第 i 个公共字符和 y 的第 i 个公共字符，如果它们不相同，我们将进行一次换位，令换位次数为 t。

- 如下计算 Jaro 得分：

$$jaro(x,y) = 1/3[c/|x| + c/|y| + (c - t/2)/c]$$

下面使用几个例子说明 Jaro 得分的计算及其含义。让我们考虑字符串 $x = $ jon，$y = $ john 的情况。显然，$c = 3$。字符串 x 的公共字符序列是 jon，字符串 y 的公共字符序列是 jon。因此，不需要换位，$t = 0$。因此，$jaro(x, y) = 1/3(3/3 + 3/4 + 3/3) = 0.917$。相反，基于编辑距离的相似度得分是 0.75。

现在假设字符串 $x = $ jon，字符串 $y = $ ojhn。这里，字符串 x 的公共字符序列是 jon，y 的公共字符序列是 ojn。因此，$t = 2$，相应的 $Jaro(x、y) = 1/3(3/3 + 3/4 + (3 - 2/2)/3) = 0.81$。

计算 Jaro 距离的代价是 $O(|x||y|)$，主要是寻找公共字符的代价。

Jaro- Winkler 度量

Jaro-Winkler 度量处理两个具有相同前缀、很有可能匹配的字符串在 Jaro 度量下得分较低的情况。特别地，这种度量需要两个参数：两个字符串间最长公共前缀的长度 PL 和这个前缀的权重 PW。Jaro-Winkler 度量使用以下公式计算：

$$Jaro\text{-}winkler(x,y) = (1 - PL * PW) * jaro(x,y) + PL * PW$$

4.2.2 基于集合的相似度度量

前面的度量方法将字符串看做字符的序列。现在，我们将字符串看做词项（token）的集合或包，并使用集合有关的性质计算相似度得分。

根据输入字符串产生词项的方法有很多。较为常见的方法是考虑字符串由空格分开的单词和词根组成。通常的保留词（如 the、and 和 of）被排除在外。比如，给定字符串 david smith，我们根据它产生词项的集合 {david，smith}。

另一种常见的词项类型是 q-grams。q-grams 是字符串长度为 q 的子串。比如，字符串 david smith 的全部 3-grams 集合是 {##d，#da，dav，avi，…，ith，h##，th#}。注意，我们在开始和末尾的位置添加#来产生这些位置的 3-grams。

本节将讨论若干基于集合的相似度度量方法。参考文献注释中包含文献中提到的其他一些方法。下面的讨论针对词项的集合，但这些度量对包也适用。

重叠度量

令 B_x 和 B_y 是构成字符串 x 和 y 的词项的集合。重叠度量（overlap measure）计算 B_x 和 B_y 中相同词项的个数 $O(x, y) = |B_x \cap B_y|$。

假设字符串 $x = $ dave，字符串 $y = $ dav，那么 x 的所有 2-grams 的集合 $B_x = $ {#d，da，av，ve，e#}。y 的所有 2-grams 的集合 $B_y = $ {#d，da，av，v#}，因此 $O(x, y) = 3$。

Jaccard 度量

继续使用上面的符号，字符串 x 和 y 之间 Jaccard 相似度得分是 $J(x, y) = |B_x \cap B_y| / |B_x \cup B_y|$。

再次考虑 $x = $ dave，$B_x = $ {#d，da，av，ve，e#} 以及 $y = $ dav，$B_y = $ {#d，da，av，v#} 的情况。那么，$J(x, y) = 3/6$。

TF/IDF 度量

这种度量方法使用信息检索中用于寻找与关键字查询相关的文档的 TF/IDF 得分。这种度量背后的直觉是如果两个字符串有相同的可区分项，则它们是相似的。比如，考虑 3 个字符串 x = Apple Corporation,CA，y = IBM Corporation,CA，以及 z = Apple Corp。如果使用编辑距离或者 Jaccard 度量，我们将匹配字符串 x 和 y，因为在这两种度量方式下字符串之间的相似度得分 $s(x, y)$ 要高于 $s(x, z)$。然而，TF/IDF 度量可以区分出 Apple 是字符串中可区分的词，而 Corporation 和 CA 是更常见的词，因此将准确地匹配字符串 x 和 z。

当讨论 TF/IDF 度量时，假设待匹配的字符串组成一个字符串集合。图 4-11a 是 3 个字符串 x = aab、y = ac 和 z = a 的集合。这个集合中的每个元素都被转换成一个词袋（词的集合）。在信息检索的术语中，这些词袋称为文档。比如，将字符串 x = aab 转换成文档 $B_x = \{a, a, b\}$。

现在，用下面的方法计算词频（Term Frequency，TF）得分和逆向文档频率（Inverse Document Frequency，IDF）得分。

- 对于每个单词 t 和文档 d，在文档 d 中单词 t 的词频 $\text{tf}(t, d)$ 是单词 t 在文档 d 中出现的次数。比如，a 在字符串 x 中出现了 2 次，$\text{tf}(a, x) = 2$。
- 对于每个单词 t，它的逆向文档频率 $\text{idf}(t)$ 是集合中的文档总数与包含单词 t 的文档数的比值。这个定义的一些变种也经常使用。比如，a 在图 4-11a 中的每个文档中都出现了，因此 $\text{idf}(a) = 3/3 = 1$。IDF 的值越高说明一个词越是可区分的。

图 4-11b 是图 4-11a 的例子中各个单词与文档的 tf 和 idf 的得分。

	a	b	c
v_x	2	3	0
v_y	3	0	3
v_z	3	0	0

x = aab $\Rightarrow$ $B_x = \{a, a, b\}$ $\text{tf}(a, x) = 2$ $\text{idf}(a) = 3/3 = 1$
y = ac $\Rightarrow$ $B_y = \{a, c\}$ $\text{tf}(b, x) = 1$ $\text{idf}(b) = 3/1 = 3$
z = a $\Rightarrow$ $B_z = \{a\}$ ... $\text{idf}(c) = 3/1 = 3$
     $\text{tf}(c, z) = 0$

a）字符串转换为词袋   b）计算词袋的TF和IDF得分   c）得分用来计算特征向量

图 4-11 TF/IDF 度量方法

接下来，我们将每个文档 d 转换成一个特征向量 v_d。这里的直觉是，两个具有类似特征向量的文档是相似的。d 的特征向量对于每个单词 t 都有一个特征值 $v_d(t)$，$v_d(t)$ 是 TF 和 IDF 得分的函数。因此，特征向量 v_d 中包含的特征数与集合中的单词数一样多。

图 4-11c 是 3 个文档 B_x、B_y 和 B_z 和它们相应的特征向量 v_x、v_y 和 v_z。在这个图中，我们使用相对简单的方法计算特征值：$v_d(t) = \text{tf}(t, d) \cdot \text{idf}(t)$。因此特征向量 v_x 中 a 这个单词的特征值 $v_x(a) = 2 \cdot 1 = 2$。

现在准备计算任意两个字符串 p 和 q 之间的 TF/IDF 相似度得分。令 T 是所有单词的集合。特征向量 v_p 和 v_q 可以视为 $|T|$ 维空间中的向量。TF/IDF 得分可以通过计算这两个向量间夹角的余弦得出：

$$s(p,q) = \frac{\sum_{t \in T} v_p(t) \cdot v_q(t)}{\sqrt{\sum_{t \in T} v_p(t)^2} \cdot \sqrt{\sum_{t \in T} v_q(t)^2}} \tag{4-1}$$

例如，使用图 4-11c 中的特征向量 v_x 和 v_y，图 4-11a 中的字符串 x 和 y 的 TF/IDF 得

分是 $\dfrac{2\times 3}{\sqrt{2^2+3^2}\times\sqrt{3^2+3^2}} = 0.39$。

从式（4-1）中不难看出，如果两个字符串都具有一些不常在其他字符串中出现的单词，那么它们的 TF/IDF 得分会很高。利用 IDF 值，使得 TF/IDF 相似度得分可以有效地降低高频词的作用。

在上面的例子中，我们假设 $v_d(t) = \mathrm{tf}(t,d)\cdot\mathrm{idf}(t)$。这意味着如果将文档 d 中单词 t 出现的次数加倍，那么 $v_d(t)$ 的值也将加倍。但在实际中，我们希望加倍单词出现的次数只增加少量的 $v_d(t)$。一种方法是对 TF 和 IDF 值都取对数，即

$$v_d(t) = \log(\mathrm{tf}(t,d)+1)\cdot\log(\mathrm{idf}(t))$$

（事实上，$\log(\mathrm{idf}(t))$ 本身也常称为逆向文档频率。）此外，$v_d(t)$ 可以进行最大值为 1 的标准化处理，即

$$v_d(t) = v_d(t)\Big/\sqrt{\sum_{t\in T} v_d(t)^2}$$

这样，式（4-1）中的计算 TF/IDF 相似度得分 $s(p,q)$ 转化为计算两个经过规范化的特征向量（v_p 和 v_q）的点积。

4.2.3 混合相似度度量

下面介绍几个结合了基于序列和基于集合的相似度度量方法优点的混合方法。

泛 Jaccard 度量

Jaccard 度量方法计算两个字符串 x 和 y 之间相同的词项数，但是这些词项必须完全一样，以便 Jaccard 度量考虑重叠集的计算，这在一些情况下也是有缺陷的。

比如，考虑对公司各部门的名称进行匹配。像"Energy and Tranportation 和 Transportation, Energy, and Gas"这样的字符串，Jaccard 度量是很好的度量方法，因为如果两个名字具有很多相同的单词（比如 energy 和 transportation），那么它们很有可能是相似的。但是，在现实中这些单词可能会被拼错，比如 energy 会被拼成 eneryg。泛 Jaccard 度量方法可以应对这种情况的匹配。

在 Jaccard 度量中，我们首先将字符串 x 转换成词项的集合 $B_x = \{x_1,\cdots,x_n\}$，将字符串 y 转换成词项的集合 $B_y = \{y_1,\cdots,y_m\}$。图 4-12a 是这样两个字符串进行转换的图例，其中 $B_x = \{a,b,c\}$，$B_y = \{p,q\}$。

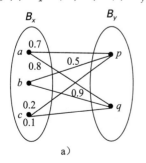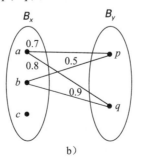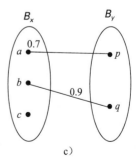

图 4-12 泛 Jaccard 度量示例

接下来的 3 个步骤将决定哪些词项对将用于泛 Jaccard 度量。首先，s 是一个返回值在 $[0, 1]$ 区间的相似度度量函数。我们使用 s 计算 B_x 和 B_y 中每一对词项的相似度得分。图 4-12a 中的边展示了这 6 个得分。

其次，只保留那些超过某个阈值 α 的相似度。图 4-12b 是 $\alpha = 0.5$ 时的剩余得分。集合 B_x 与 B_y 加上那些表示剩余得分的边组成了一个二部图 G。在第三步中，我们将寻找图 G 中的一个权重最大的匹配 M。图 4-12c 显示了这个匹配。这个匹配的总权重是 $0.7 + 0.9 = 1.6$。

最后，返回该匹配 M 经过规范化的总权重作为字符串 x 与 y 的泛 Jaccard 得分。为了规范化，我们将权重除以 M 的边数与 B_x 和 B_y 中没有匹配的元素数之和。这个和是 $|M| + (|B_x| - |M|) + (|B_y| - |M|) = |B_x| + |B_y| - |M|$。形式化地，字符串 x 和 y 之间的泛 Jaccard 度量得分为

$$\mathrm{GJ}(x, y) = \frac{\sum\limits_{(x_i, y_j) \in M} s(x_i, y_j)}{|B_x| + |B_y| - |M|}$$

在图 4-12 的例子中，泛 Jaccard 得分是 $(0.7 + 0.9)/(3 + 2 - 2) = 0.53$。

泛 Jaccard 得分 $\mathrm{GJ}(x, y)$ 的值一定是在 0 ～ 1 之间。这是对 Jaccard 度量 $J(x, y)$ 的一个自然的泛化：如果要求 B_x 和 B_y 中的元素必须一样才能匹配，则 $\mathrm{GJ}(x, y)$ 就退化为 $J(x, y)$。我们在 4.3 节中会介绍如何高效地计算 $\mathrm{GJ}(x, y)$。

泛 TF/IDF 相似度度量

这种度量方法和泛 Jaccard 度量方法类似，但它使用 TF/IDF 度量而不是 Jaccard 度量作为"上层"相似度度量方法。

考虑 3 个字符串 x = Apple Coorpation, CA, y = IBM Corporation, CA, 和 z = Aple Corp。为了匹配这些字符串，使用 TF/IDF 度量使得我们可以不考虑常见的单词，如 Corporation 和 CA，带来的影响。不幸的是，在这个例子中，TF/IDF 度量不能帮助我们匹配字符串 x 和 z。因为 x 中的 Apple 不能和 z 中的 Aple 匹配。因此 x 和 z 不共享任何单词。与泛 Jaccard 度量类似，可以弱化匹配 Apple 和 Aple 的要求，只要求它们彼此相似即可将它们匹配。

我们如下计算 TF/IDF 度量。给定字符串 x 和 y，创建两个文档 B_x 和 B_y。图 4-13b 是根据图 4-13a 中的字符串建立的文档。

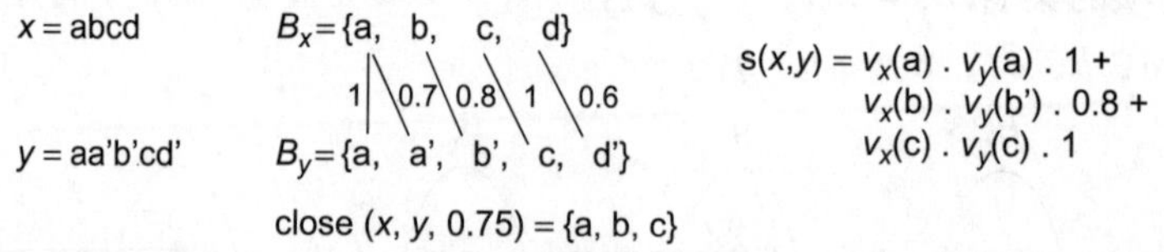

图 4-13　计算字符串 x 和 y 的泛 TF/IDF 相似度得分示例

接下来，计算集合 close(x, y, k)。close(x, y, k) 是 B_x 中与 B_y 中至少一个单词相似的单词的集合。即，close(x, y, k) 包含所有 B_x 中的单词 $t \in B_x$，并且满足存在单词 $u \in B_y$ 使得 $s'(t, u) \geq k$，其中 s' 是一个基本的相似度度量方法（比如，Jaro-Winkler），k 是一个预先指定的阈值。图 4-13b 中显示了一些单词的基本度量值，比如，$s'(a, a) = 1$，$s'(a, a') = 0.7$ 等。这样，close(x, y, 0.75) = $\{a, b, c\}$。注意这里没有包含 d，因为

在 B_y 中，和 d 最相似的就是 d'，但 $s(d, d') = 0.6 < 0.75$。

最后，根据传统的 TF/IDF 得分的计算方法计算 $s(x, y)$，但对 TF/IDF 公式中的每项都给了一个权重，这个权重就是前面计算的相似度度量得分。比如，v_x 和 v_y 是字符串 x 和 y 的特征向量，v_x 和 v_y 都经过最大值为 1 的规范化，所以传统的 TF/IDF 得分是这两个向量的点积。这样，有

$$s(x,y) = \sum_{t \in \text{close}(x,y,k)} v_x(t) \cdot v_y(u_*) \cdot s'(t, u_*)$$

其中 $u_* \in B_y$ 是使得 $s'(t, u)$ 最大的单词。图 4-13c 展示了如何根据图 4-13a、b 中的例子来计算 $s(x, y)$。

Monge-Elkan 相似度度量

Monge-Elkan 相似度度量对那些需要对相似度度量有更多控制的领域更有效。为了将这种度量应用到两个字符串 x 和 y 中，首先将 x 和 y 分成多个子字符串，比如，$x = A_1 \cdots A_n$，$y = B_1 \cdots B_m$，其中 A_i 和 B_j 都是子字符串。然后，计算

$$s(x,y) = \frac{1}{n} \sum_{i=1}^{n} \max_{j=1}^{m} s'(A_i, B_j)$$

其中 s' 是辅助相似度度量方法，如 Jaro-Winkler。为了说明上面的公式，假设 $x = A_1 A_2$，$y = B_1 B_2 B_3$。那么

$$s(x,y) = \frac{1}{2} \big[\max\{ s'(A_1, B_1), s'(A_1, B_2), s'(A_1, B_3) \} $$
$$+ \max\{ s'(A_2, B_1), s'(A_2, B_2), s'(A_2, B_3) \} \big]$$

注意，我们忽略了子字符串匹配间的顺序，只考虑子字符串之间的最佳匹配。而且，可以为特殊的应用定制辅助相似度度量方法 s'。

比如，考虑匹配字符串 x = Comput. Sci. and Eng. Dept.，University of California，San Diego 和 y = Department of Computer Science，Univ. Calif.，San Diego。为了应用 Monge-Elkan 度量，首先将 x 和 y 分成 Comput.，Sci. 和 Computer 等子字符串。接下来，为这样的字符串设计辅助相似度度量方法 s'。特别地，这种度量方法 s' 可以处理对缩写的匹配。比如，s' 可以判定如果 A_i 是 B_j 的前缀（如 Comput. 和 Computer）则两者匹配，这样它们的相似度得分是 1。

4.2.4　语音相似度度量

目前讨论的相似度度量方法都是基于字符串的字符形式来考虑的。相反，语音度量方法根据字符串的发音对字符串进行匹配。这在对名字的匹配时十分有效，因为不同拼写的名字通常具有相同的发音。比如，Meyer、Meier 和 Mire 的发音都相同，Smith、Smithe 和 Smythe 的发音也是如此。我们描述最常使用字符串语音表示的度量方法。我们在参考文献注释中提到了一些基本语音度量的扩展方法。

语音度量主要用来处理姓氏匹配。它将一个姓氏 x 映射成一个由 4 个字符组成的编码来表示这个单词的发音。如果它们具有相同的发音编码则认为这两个姓氏是相似的。将 x 映射成这样一个编码的过程如下所示。我们使用 x = Ashcraft 作为例子说明这个过程。

1）让 x 的第一个字母作为编码的第一个字符。Ashcraft 的第一个字母是 A，因此 x 的编码的第一个字母也是 A。接下来的步骤在 x 的剩下的子字符串上进行。

2）删除所有出现的 W 和 H。然后根据以下规则用数字代替剩余的字母：将 B、F、O、V 用 1 代替；C、G、J、K、Q、S、X、Z 用 2 代替；D、T 用 3 代替；L 用 4 代替；M、N 用 5 代替；R 用 6 代替。注意，我们不替换元音 A、E、O、U 和 Y。在我们的例子中，Ashcraft 转换成 A226a13。

3）将连续相同的数字用第一个代替，因此 A226a13 转换成 A26a13。

4）将所有非数字的字母去掉（除了第一个字母）。然后返回剩余部分中的前 4 个字符作为语音编码。这样，A26a13 首先转换成 A2613，然后返回相应的语音编码 A261。

这样，字符串的语音表示总是一个字母后面跟着 3 个数字，如果没有足够的数字，可以用 0 来填充。比如，Sue 的语音表示就是 S000。

根据以上描述，字符串的语音表示编码方式是一种哈希方法，它将发音类似的字母映射成相同的数字，这样将类似发音的名字映射成相同字符串的语音表示代码。比如，它将 Robert 和 Rupert 都映射成 R163。

字符串的语音表示并非完美。比如，它不能将具有相似发音的姓氏 Gough 和 Goff 以及 Jawornicki 和 Yavornitzky 编码成相同的代码（前面的是美式发音）。尽管如此，它依然是人口普查信息、船上乘客列表、基因数据库等应用中姓名匹配的常用方法。尽管字符串的语音表示在设计时针对高加索人的姓氏，但它在其他种族人的姓氏上表现得也很好。然而，它对东亚种族的名字不能很好地处理，因为这些名字的发音中元音起了很大作用，但元音在字符串的语音表示中被忽略了。

4.3 可扩展的字符串匹配

一旦选定了要使用的相似度度量方法 $s(x, y)$，下一个具有挑战性的问题就是如何有效地对字符串进行匹配。假设 X 和 Y 是两个要匹配的字符串集合，t 是相似度的阈值，一种朴素的匹配方法是：

for 每个字符串 $x \in X$ **do**
  for 每个字符串 $y \in Y$ **do**
      if $s(x, y) \geq t$ **then** 返回匹配字符串对 (x, y)
  end for
end for

这种方法的时间复杂度是 $O(|X||Y|)$，这对大规模数据集是不适用的。一个更常见的方法是基于一个找到给定字符串的候选匹配字符串的方法 FindCands。假定有这样一个方法，我们可以使用下面的算法：

for 每个字符串 $x \in X$ **do**
  利用 FindCands 找到候选集 $Z \subseteq Y$
  for 每个字符串 $y \in Z$ **do**
      if $s(x, y) \geq t$ **then** 返回匹配字符串对 (x, y)
  end for
end for

这种方法经常称为块方法（blocking solution），其时间复杂度是 $O(|X||Z|)$，这比之前的时间复杂度 $O(|X||Y|)$ 要快得多，因为 FindCands 的设计保证了寻找 Z 的代价较低且 $|Z|$ 要远小于 $|Y|$。集合 Z 称为集合 x 的候选集。它包括 Y 中所有可能与 x 匹配

的字符串以及尽可能少的一些包含在 Y 中但不与 x 匹配的字符串。

显然，FindCands 方法是上述方法的核心，目前已经提出了很多 FindCands 方法的技术。这些技术一般基于索引或启发式过滤。现在讨论一些常见技术的基本思路。接下来，介绍使用 Jaccard 和重叠度量的技术。之后，将讨论如何将这些技术扩展到其他相似度度量中。

4.3.1 字符串上的倒排索引

该技术首先将集合 Y 中的每个字符串 y 转化成一个文档，然后在这些文档上建立倒排索引。给定一个单词 t，我们可以使用索引快速地找到由 Y 创建的包含 t 的文档，即 Y 中包含 t 的字符串。

图 4-14a 是一个匹配两个集合 X 和 Y 的例子。我们可以扫描集合 Y 构建如图 4-14b 所示的倒排索引。比如，这个索引中单词 **area** 在文档 5 中出现，单词 **lake** 在文档 4 和 6 中出现。

集合 *X*	
1: {lake, mendota}	
2: {lake, monona, area}	
3: {lake, mendota, monona, dane}	

集合 *Y*	
4: {lake, monona, university}	
5: {monona, research, area}	
6: {lake, mendota, monona, area}	

Y 中的单词	ID列表
area	5
lake	4, 6
mendota	6
monona	4, 5, 6
research	5
university	4

a)   b)

图 4-14 使用倒排索加速字符串匹配

给定集合 X 中的一个字符串 x，FindCands 方法使用倒排索引快速地找到至少包含 x 中一个单词的 Y 中字符串的集合。在上面的例子中，$x = \{lake，mendota\}$，我们使用 图 4-14b 中的索引找到 lake 和 mendota 的 ID 列表，并对这两个列表做合并操作，最终得到候选集 $Z = \{4，6\}$。 |111|

这个方法显然比简单地将 x 与 Y 中的所有字符串进行匹配要好。尽管如此，它仍受到很多限制。首先，单词的倒排表可能会很长，因此倒排索引的构造和维护代价会很高。其次，该方法将 x 与 Y 中至少包含 x 中一个单词的字符串进行匹配，这些字符串的数量在实际中可能会很大。下面描述的技术解决了这些问题。

4.3.2 大小过滤

该技术只检索 Y 中那些在字符串长度上有可能作为候选的字符串。给定 X 中的一个字符串 x，我们可以推算出 Y 中字符串可以与 x 匹配的最小字符串长度。使用 B 树索引获取那些满足长度限制的字符串。

为了计算 Y 中字符串的长度限制，让我们回顾 Jaccard 度量的定义（$|x|$ 表示 x 中单词的个数）：

$$J(x, y) = |x \cap y| / |x \cup y|$$

首先，有

$$1/J(x,y) \geq |y|/|x| \geq J(x,y) \tag{4-2}$$

让我们来看看为什么。考虑 $|y| \geq |x|$ 的情况。在这种情况下，显然 $|y|/|x| \geq 1 \geq J(x, y)$。因此只需证明 $1/J(x, y) \geq |y|/|x|$，或者等价地 $|x \cup y|/|x \cap y| \geq |y|/|x|$。这个不等式是成立的，因为 $|x \cup y| \geq \max\{|x|, |y|\} = |y|$，并且 $|x \cap y| \leq \min\{|x|, |y|\} = |x|$。$|y| < |x|$ 的情况也可以用类似的方法证明。

假设 t 是预先指定的相似度阈值，即 $J(x, y) \geq t$。结合式（4-2），这意味着 $1/t \geq |y|/|x| \geq t$，或者，等价地，

$$|x|/t \geq |y| \geq |x| \cdot t \tag{4-3}$$

因此，给定集合 X 中的一个字符串 x，我们知道集合 Y 中的字符串只有满足式（4-3）才能和 x 匹配。

继续考虑图 4-14a 中的例子来说明这个等式的含义。假设 $t = 0.8$。使用式（4-3），如果 Y 中的字符串 y 和 x 匹配，则 $2/0.8 = 2.5 \geq |y| \geq 2 \times 0.8 = 1.6$。我们可以立刻看出图 4-14a中没有字符串满足这个约束。

使用上述思想，FindCands 方法为集合 Y 中的每个字符串的长度建立一棵 B 树，但给定集合 X 中的一个字符串 x 时，FindCands 使用索引找到满足式（4-3）的字符串，并把这个字符串的集合当做候选集 Z。该方法在 X 和 Y 中的字符串的单词数差异很大时十分有效。

[112]

4.3.3 前缀过滤

该技术背后的思想是，如果两个集合拥有许多相同的单词，那么它们较大的子集也一定具有这些相同的单词。使用这个原理，可以减少可能与字符串 x 相匹配的候选字符串的数目。

首先使用重叠相似度度量解释这种技术，然后使用 Jaccard 度量解释这种技术。假设 x 和 y 是具有 k 个相同单词的字符串集合 $|x \cap y| \geq k$。那么 x 的任何长度大于 $|x| - (k-1)$ 的子集都与 y 重叠。比如，在图 4-15a 中，集合 x 是 {lake, monona, area}，y 是 {lake, mendota, monona, area}。$|x \cap y| = 3 > 2$。因此，图 4-15b 中 x 的子集 $x' = $ {lake, monona} 与 y 重叠（x 的其他长度大于 2 的子字符串也一样）。

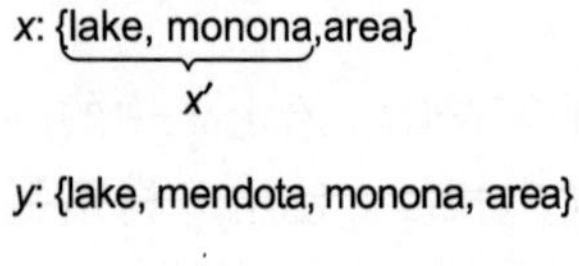

集合 X

1: {lake, mendota}
2: {lake, monona, area}
3: {lake, mendota, monona, dane}

x: {lake, monona, area}
　　$\overline{x'}$

y: {lake, mendota, monona, area}

集合 Y

4: {lake, monona, university}
5: {monona, research, area}
6: {lake, mendota, monona, area}
7: {dane, area, mendota}

Y中的单词	ID列表
area	5, 6, 7
lake	4, 6
mendota	6, 7
monona	4, 5, 6
research	5
university	4
dane	7

a)　　　　　　　　　b)　　　　　　　　　c)

图 4-15 使用前缀过滤来加速字符串匹配

可以在 FindCands 中使用如下的思想。假设我们希望找到所有重叠 $O(x, y) \geqslant k(O(x, y)$ 是重叠相似度度量) 的 (x, y) 对。我们构造 x 的长度大于 $|x| - (k-1)$ 的子集 x'，然后使用倒排索引寻找所有在集合 y 中与 x' 重叠的字符串的集合。图 4-15b、c 展示了这个过程。假设我们希望对图 4-15b 中集合 X 和集合 Y 中的字符串按照 $O(x, y) \geqslant 2$ 进行匹配。首先，如图 4-15c 所示对集合 Y 建立倒排索引。接下来，对于 X 的一个子集 $x_1 = \{lake, mendota\}$，使用长度为 $|x_1| - 1$ 的前缀 $\{lake\}$，并令 $\{lake\}$ 为 x'。使用倒排索引在 Y 中寻找所有至少包含 x' 中一个单词的字符串，最后找到了 $\{y_4, y_6\}$。注意，如果我们寻找至少包含 x 中的一个单词的字符串，那么将找到 $\{y_4, y_6, y_7\}$。因此，限定使用索引寻找 x 的一个子字符串能够有效地减少候选结果集的大小。

智能地选择子集

到现在为止，我们都是任意地选择 x 的子字符串，然后检查它与集合 Y 中的字符串是否重叠。我们可以通过选择 x 的特殊字符串 x'，检查与 y 中特殊字符串 y' 的重叠度，使效果更好些。特别地，假设对所有的单词施加一个顺序 $\mathcal{O}$。比如，可以像图 4-15b 中计算 X 和 Y 的并集那样将单词按照出现的频率升序排序。图 4-16a 是 $X \cup Y$ 中所有单词的一个排序结果。 113

将每个 X 和 Y 中的字符串按照顺序 $\mathcal{O}$ 重新排列单词的顺序。图 4-16b 是经过重排后的集合 X 和集合 Y。对于重排后的字符串 x，x' 是包含 x 的前 n 个单词的子字符串。比如，x_3 的前两个单词的子字符串是 $\{dane, mendota\}$。我们可以建立以下性质：

命题 4.1 令 x 和 y 是两个集合，它们满足 $|x \cap y| \geqslant k$。令 x' 是 x 的长度为 $|x| - (k-1)$ 的前缀，令 y' 是 y 的长度为 $|y| - (k-1)$ 的前缀。则 x' 和 y' 重叠。

证明： 令 x'' 是 x 长度为 $(k-1)$ 的后缀 (见图 4-16c)，显然 $x' \cup x'' = x$。类似地，令 y'' 是 y 的长度为 $k-1$ 的后缀。现在假设 $x' \cap y' = \varnothing$。那么 $x' \cap y'' \neq \varnothing$ (否则 $|x \cap y| = k$ 不能成立)。因此一定存在元素 u 使得 $u \in x'$ 且 $u \in y''$。类似地，也存在元素 v 使得 $v \in y'$ 且 $v \in x''$。因为 $u \in x'$ 而 $v \in x''$，在顺序 $\mathcal{O}$ 下，$u < v$。但因为 v 属于 y' 而 u 属于 y''，所以在顺序 $\mathcal{O}$ 下，$v < u$。这产生了矛盾，因此 x' 和 y' 是重叠的。∎

重新排序集合 X

1: {mendota, lake}
2: {area, monona, lake}
3: {dane, mendota, monona, lake}

university < research
< dane < area
< mendota < monona < lake

重新排序集合 Y

4: {university, monona, lake}
5: {research, area, monona}
6: {area, mendota, monona, lake}
7: {dane, area, mendota}

a)   b)   c)

图 4-16 对 Y 中字符串的前缀构建倒排索引，利用倒排索引进行字符串匹配

有了这个性质，可以如下重新设计 FindCands。假设依然要求至少有 k 个重叠 (即 $O(x, y) \geqslant k$)。

- 按照出现的频率对每个字符串 $x \in X$ 和 $y \in Y$ 中的单词进行升序排序 (如图 4-16b

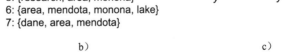

所示)。

- 对于集合 Y 中的每个字符串 y，创建长度为 $|y|-(k-1)$ 的子串 y'。
- 为所有的前缀 y' 构造倒排索引。图 4-17a 是当要求 $O(x, y) \geq 2$ 时的倒排索引的例子。
- 对于集合 X 中的每个字符串 x，我们建立其长度为 $|x|-(k-1)$ 的前缀 x'，然后使用上面的倒排索引寻找集合 Y 中所有前缀 y' 与 x' 重叠的字符串 y。

考虑例子，$x=\{$mendota, lake$\}$，因此 $x'=\{$mendota$\}$。使用 mendota 寻找图 4-17a 中倒排索引，得到字符串 y_6。因此，FindCands 是唯一可能与 x 匹配的字符串。注意，如果检查 x' 与全部字符串 y 的重叠，y_7 也会被返回。因此，检查前缀的重叠可以减少结果集的大小。在实际中，这种方法可以大量减少结果集的大小。

Y中的单词	ID列表
area	5, 6, 7
mendota	6
monona	4, 6
research	5
university	4
dane	7

a)

Y中的单词	ID列表
area	5, 6, 7
lake	4, 6
mendota	6, 7
monona	4, 5, 6
research	5
university	4
dane	7

b)

另外不得不说的是，倒排索引的大小变得小多了。出于比较的目的，图 4-17b 是整个集合 Y 的倒排索引。而 4-17a 中建立的倒排索引不仅少了 lake 项，而且 mendota 项的索引列表也减小了。

图 4-17 a) 对于 $y \in Y$ 大小为 $|y|-(k-1)$ 的前缀倒排索引，b) 对于所有 $y \in Y$ 的前缀倒排索引。在实际中前者通常要远小于后者

将前缀过滤应用到Jaccard 度量上

下面的等式让我们可以将前缀过滤方法应用到 Jaccard 度量中。

$$J(x,y) \geq t \Leftrightarrow O(x,y) \geq \alpha = \frac{t}{1+t} \cdot (|x|+|y|) \tag{4-4}$$

这个等式展示了如何将 Jaccard 度量转化成重叠度量，但还有一个细节问题。阈值 α 并不是一个常数，而是依赖于 $|x|$ 和 $|y|$。因此，无法使用 α 来构建集合 Y 中字符串 y 的前缀的倒排索引。为了解决这个问题，可以索引最长前缀。特别地，仅需索引字符串 $y \in Y$ 的长度为 $|y|-\lceil t|y|\rceil+1$ 的前缀字符串即可保证我们不会漏掉任何可能的匹配对。

4.3.4 位置过滤

位置过滤进一步限制了候选匹配集合的大小。这种技术对每一对字符串都推导出了一个重叠大小的上限。比如，考虑两个字符串 $x=\{$dane, area, mendota, monona, lake$\}$ 和 $y=\{$research, dane, mendota, monona, lake$\}$。假设我们希望 $J(s, y) \geq 0.8$。在前缀过滤中，使用长度为 $|y|-\lceil t|y|\rceil+1$ 的前缀字符串。在这个例子中，由于 $5-\lceil 0.8 \times 5\rceil+1=2$，所以得到的前缀字符串 $y'=\{$research, dane$\}$。类似地，x 的前缀字符串 $x'=\{$dane, area$\}$。因为 x' 与 y' 重叠，所以返回 (x, y) 作为一个候选对。

然而，我们可以做得更好。假设 x'' 是 x 除去 x' 以外的剩余部分，y'' 是 y 除去 y' 的剩余部分，那么很容易看出

$$O(x,y) \leqslant |x' \cap y'| + \min\{|x''|, |y''|\} \qquad (4\text{-}5)$$

将这个不等式应用到前面的例子中，得 $O(x, y) \leqslant 1 + \min\{3, 3\} = 4$。然而，使用式 (4-4)，得到 $O(x, y) \geqslant \dfrac{t}{1+t} \cdot (|x| + |y|) = \dfrac{0.8}{1+0.8} \cdot (5+5) = 4.44$。因此，可以直接将这个字符串对 (x, y) 排除。更一般地，位置过滤结合了式 (4-4) 和式 (4-5) 进一步减少候选匹配集的大小。

4.3.5 边界过滤

边界过滤是计算泛 Jaccard 相似度度量的优化方法。回忆 4.2.3 节，泛 Jaccard 度量在连接字符串 x 和 y 的二部图中计算最大权重匹配 M 的规范化权重：

$$\mathrm{GJ}(x,y) = \frac{\displaystyle\sum_{(x_i,y_j) \in M} s(x_i, y_j)}{|B_x| + |B_y| - |M|}$$

在这个等式中，s 是辅助相似度度量，$B_x = \{x_1, \cdots, x_n\}$ 是 x 中单词的集合，$B_y = \{y_1, \cdots, y_m\}$ 是 y 中单词的集合。

计算 $\mathrm{GJ}(x, y)$ 的直接方法需要计算二分图的最大权重匹配，这个代价很高。为了解决这个问题，给定一个字符串对 (x, y)，我们计算 $\mathrm{GJ}(x, y)$ 的上界 $\mathrm{UB}(x, y)$ 和下界 $\mathrm{LB}(x, y)$。**FindCands** 如下所示利用这些界限：如果 $\mathrm{UB}(x, y) \leqslant t$，忽略 (x, y)，它不可能匹配成功；如果 $\mathrm{LB}(x, y) \geqslant t$，返回 (x, y)，它一定匹配成功。否则，我们计算 $\mathrm{GJ}(x, y)$。

上界和下界可以计算如下。首先，对于 B_x 中的每个元素 x_i，寻找 Y 中与它最匹配的元素 y_j，即 $s(x_i, y_j) \geqslant \alpha$（回想对 $\mathrm{GJ}(x, y)$ 的描述，只有满足 $s(x_i, y_j) \geqslant \alpha$，我们才认为它们是匹配的）。令 S_1 是所有这样的单词对的集合。

例如，图 4-18a 包含两个字符串 x 和 y 以及它们单词之间的相似度得分（从图 4-12a 中重新生成）。图 4-18b 是根据图 4-18a 计算出的集合 $S_1 = \{(a, q), (b, q)\}$。注意，对于 B_x 中的元素 c，在 B_y 中没有与其相似度大于等于 α 的元素。此例中我们使用 $\alpha = 0.5$。 $\boxed{116}$

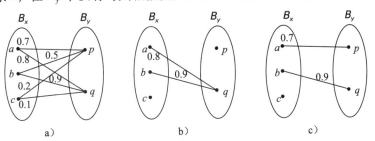

图 4-18 泛 Jaccard 度量方法中的上下界计算示例

类似地，对于 B_y 中的每个元素 y_j，在 X 中寻找一个与它最匹配且相似度大于 α 的字符串 x_i。令 S_2 是所有这样的单词对的集合。图 4-18c 是上例中计算得出的 $S_2 = \{(a, p), (b, p)\}$。

$\mathrm{GJ}(x, y)$ 的上限由下面的公式给出：

$$\mathrm{UB}(x,y) = \frac{\displaystyle\sum_{(x_i,y_j) \in S_1 \cup S_2} s(x_i, y_j)}{|B_x| + |B_y| - |S_1 \cup S_2|}$$

注意，$\mathrm{UB}(x, y)$ 的分子大于等于 $\mathrm{GJ}(x, y)$ 的分子相同，而 $\mathrm{UB}(x, y)$ 的分母小于等于

$GJ(x, y)$ 的分母。下限由下面的公式给出：

$$LB(x,y) = \frac{\sum_{(x_i,y_j) \in S_1 \cup S_2} s(x_i,y_j)}{|B_x| + |B_y| - |S_1 \cap S_2|}$$

在我们的例子中，$UB(x, y) = (0.8 + 0.9 + 0.7 + 0.9)/(3 + 2 - 3) = 1.65$，$LB(x, y) = 0.9/(3 + 2 - 1) = 0.225$。

4.3.6 其他相似度度量方法的可扩展技术

到目前为止，我们讨论了可扩展技术在 Jaccard 度量方法和重叠度量方法上的应用。现在，我们介绍如何将这些技术应用到多种其他度量方法上。首先，正如前面所提到的，可以通过将 $J(x, y)$ 中的 $|x \cup y|$ 由 $|x| + |y| - |x \cap y|$ 代替来轻易地证明：

$$J(x,y) \geq t \Leftrightarrow O(x,y) \geq \alpha = \frac{t}{1+t} \cdot (|x| + |y|)$$

因此，如果一种技术可以应用到重叠度量上，我们就很有可能将它也应用到 Jaccard 度量中，反之亦然。比如，之前介绍过如何将原本用于重叠度量的前缀过滤技术应用到 Jaccard 度量上。

一般来说，一种将技术 T 应用到相似度度量方法 $s(x, y)$ 的有效方式是将 $s(x, y)$ 转换成 T 已经可以工作的另一种相似度度量方法上的约束。比如，考虑编辑距离度量方法。令 $d(x, y)$ 是字符串 x 和 y 的编辑距离，B_x 和 B_y 是 x 和 y 相应的 q-gram 集合。我们可以证明：

$$d(x,y) \leq \varepsilon \Rightarrow O(x,y) \geq \alpha = (\max\{|B_x|, |B_y|\} + q - 1) - q\varepsilon$$

有了上面的约束，可以通过索引长度为 $q_\varepsilon + 1$ 的前缀将前缀过滤技术应用到编辑距离中。

作为另一个例子，考虑 TF/IDF 的余弦相似度度量 $C(x, y)$。我们可以证明：

$$C(x,y) \geq t \Leftrightarrow O(x,y) \geq \lceil t \cdot \sqrt{|x||y|} \rceil$$

有了上面的公式，可以通过索引长度为 $|x| - \lceil t^2 |x| \rceil + 1$ 的前缀将前缀过滤技术应用到 $C(x, y)$ 度量方法中（可以进一步优化为仅索引长度为 $|x| - \lceil t|x| \rceil + 1$ 的前缀）。最后，上面的约束也可以帮助我们将位置过滤技术应用到编辑距离和余弦相似度度量中。

参考文献注释

Durbin 等人[196]对编辑距离不同算法给出了详尽的描述，以及对这些算法的基于 HMM 的概率解释。此外，字符串相似度度量和字符串匹配的深入讨论可以在[146，204，280，370，455]中找到。有关字符串匹配的辅导资料在[355，563]中。网站[118]提供了很多字符串相似度度量以及它们的开源实现。

编辑距离在[376]中首次提出。计算编辑距离的基本动态规划算法在[455]中描述。编辑距离的变种包括 Needleman- Wunsch[456]、Affine Gap[566]、Jaro[331]和 Jaro-Winkler[575]。对编辑距离参数的学习和相关相似度度量方法的讨论在[84，86，497]中。

Jaccard 度量在[329]中首次提出。术语 TF/IDF 最早起源于信息检索社区[414]，基于 TF/IDF 的字符串相似度度量在[31，120，145，264，352]中讨论。泛 TF/IDF 方法在[86，148]中介绍。泛 Jaccard 算法在[469]中首次提出。Monge- Elkan 混合相似度度量方法在

[442]中首次提出。Cohen 等人[86, 148]在大量匹配任务的实验中比较了字符串匹配算法的效果。

字符串的语音表示方法在[500, 501]中首次提出。其他基于发音的相似度度量方法包括纽约州身份智能系统[537]、牛津名字压缩算法[250]、语音发生散列[477]和双语音发生散列[478]。

4.3 节可扩展的字符串比较部分是从[370]中改编而来。创建倒排索引进行可扩展的字符串比较在[508]中讨论。大小过滤的技术在[34]中讨论。前缀索引在[124]中介绍。Bayardo 等人[59]讨论了如何将这些索引与倒排索引结合进一步提高字符串匹配的扩展性。[469]讨论了边界过滤，Xiao 等人[582]讨论了位置索引。

Gravano 等人[265]讨论了关系数据库管理系统中基于 q-gram 的字符串匹配。Koudas 等人[354]讨论了准确性与性能间的权衡，Vernica[559]等人讨论了 map reduce 框架下的字符串匹配。进一步的字符串匹配可扩展技术在[388, 423, 548]中讨论。

118
?
119

模式匹配与模式映射

在第 3 章中我们介绍了数据源描述的形式化方法，以及一些使用描述信息进行查询重写的算法。为了创建数据源描述，一般首先创建语义匹配。该匹配指定了源模式元素和中介模式元素如何在语义上相互对应。例如，存在后面两个匹配："一个数据源中的属性 name 对应于另一个数据源中的属性 title"，"属性 location 由属性 city、state 和 zipcode 组合而成"。接下来主要介绍如何从匹配得到语义映射，语义映射是典型的结构化查询，这些查询可以用类似 SQL 的语言来描述。语义映射指定了数据如何在源模式和中介模式之间进行转换。上述两个步骤分别称为模式匹配和模式映射，是本章重点讨论的内容。

在构建数据集成系统的实际应用中，匹配和映射的创建需要耗费很大精力。这些任务之所以比较困难，主要是因为需要对源模式和中介模式的语义有比较深入的理解。而这些语义信息可能需要从很多人那里才能得到，甚至包括已经离职的人。此外，了解数据语义的人不一定是数据库专家，他们往往需要熟悉数据库的人来辅助。

本章主要介绍一些创建语义匹配和映射的技术。与前面章节介绍的算法不同，本章我们所面临的任务是一种启发式任务。任何一种算法都无法确保对于两个任意的数据库模式产生完全正确的匹配和映射。我们的主要目标是构建一些能够大大降低创建匹配和映射时间开销的工具。这些工具可以帮助设计者完成一些重复性的、烦琐的工作，并可以对关键任务提供一些有用的建议和指导。

5.1　问题定义

我们首先定义模式元素、语义匹配和语义映射。假设 S 和 T 是两个关系模式，S 中的属性和表称为 S 的元素，T 中的属性和表称为 T 的元素。

例 5.1　以图 5-1 中的两个模式为例，模式 DVD-VENDOR 属于 DVD 的供应商，并包含 3 张表。第一张表，Movies，描述电影的基本信息，剩下的两张表，Products 和 Locations，则分别描述 DVD 的制作信息和销售地点。模式 AGGREGATOR 属于一个购物整合网站。与单个供应商不同，整合模式并不对产品的详细信息感兴趣，而是只关注面向客户的那些属性，如表 items 中列出的属性。

```
DVD-VENDOR
Movies(id, title, year)
Products(mid, releaseDate, releaseCompany, basePrice, rating, saleLocID)
Locations(lid, name, taxRate)

AGGREGATOR
Items(name, releaseInfo, classification, price)
```

图 5-1　两个数据库模式：其中，模式 DVD-VENDOR 属于 DVD 供应商，
模式 AGGREGATOR 属于一个购物整合网站

模式 DVD-VENDOR 有 14 个元素：11 个属性（如 id、title 和 year）和 3 张表（如 <<<
Movies）。模式 AGGREGATOR 包含 5 个元素：4 个属性和 1 张表。

5.1.1 语义映射

根据第 3 章的描述，语义映射就是一个关联模式 S 和模式 T 的查询表达式。根据数据
源描述的形式化方法，语义映射的方向可以有所不同。

例 5.2 下面的语义映射表达的含义是：模式 DVD-VENDOR 中关系 Movies 的属性
title 就是模式 AGGREGATOR 中表 Items 的属性 name。

```
SELECT name as title
FROM Items
```

下面这个语义映射的方向则刚好相反。该映射表明要想得到模式 AGGREGATOR 中
表 Items 的属性 price，必须对模式 DVD-VENDOR 中的表 Products 和表 Locations 进行连
接操作。

```
SELECT (basePrice * (1 + taxRate)) AS price
FROM Products, Locations
WHERE Products.saleLocID = Locations.lid
```

前面的两个映射都是用来获得一个关系的单个属性。下面的语义映射则描述了如何从
模式 DVD-VENDOR 中的数据得到模式 AGGREGATOR 中表 Items 的整个元组。

```
SELECT title AS name, releaseDate AS releaseInfo, rating AS
    classification, basePrice * (1 + taxRate) AS price
FROM Movies, Products, Locations
WHERE Movies.id = Products.mid AND Products.saleLocID = Locations.lid
```
<<<

给定两个模式 S 和 T，我们的目标就是创建一个 S 和 T 之间的语义映射。

例 5.3 假设我们想构建一个系统，用来集成两个数据源：DVD 供应商和书籍供应
商，源模式分别为 DVD-VENDOR 和 BOOK-VENDOR。我们使用图 5-1 中的模式
AGGREGATOR 作为中介模式。

如果使用全局视图（GAV）的方法来关联这些模式，就需要把模式 AGGREGATOR
的关系 Items 描述为一个针对源模式的查询。我们创建一个表达式 m_1 来指定如何从模式
DVD-VENDOR 的元组得到表 Items 的元组（例 5.2 中的最后一个表达式），用表达式 m_2
来表明如何从模式 BOOK-VENDOR 中的关系来获得表 Items 的元组。最后，用 SQL 查询
（m_1 UNION m_2）作为表 Items 的 GAV 描述。

如果使用局部视图（LAV）方法，我们需要为源模式中的每一个关系创建一个表达
式，用来确定如何从关系 Items 中来获得相应的元组。 <<<

5.1.2 语义匹配

语义匹配的主要任务是将模式 S 中的元素集合与模式 T 中的元素集合相关联，但并没
有在 SQL 查询的级别上详细说明关系的确切性质。最简单的语义匹配是一对一匹配（one-
to-one），如：

> **Movies**.title ≈ **Items**.name
>
> **Movies**.year ≈ **Items**.year
>
> **Products**.rating ≈ **Items**.classification.

比较复杂一点的匹配是：

> **Items**.price ≈ **Products**.basePrice ∗ (1 + **Locations**.taxRate)

我们称这种匹配为一对多匹配（one-to-many），因为它将模式 S 中的一个元素与模式 T 中的多个元素相关联。相反，如果一个匹配将模式 S 中的多个元素与模式 T 中的一个元素相关联，则称为多对一匹配（many-to-one）。多对多匹配（many-to-many）则将模式 S 中的多个元素与模式 T 中的多个元素相关联。

5.1.3 模式匹配与模式映射

为了创建数据源描述，我们一般先创建语义匹配，然后再根据这些匹配进一步生成映射。这两个任务分别称为模式匹配和模式映射。

之所以首先创建语义匹配，主要是因为语义匹配可以很容易地从设计者那里得到。例如，设计者根据他们的领域知识可以很容易地知道 AGGREGATOR 中的属性 price 是 DVD-VENDOR 中的属性 basePrice 和属性 taxRate 的函数。因此设计者就可以得到这样一个匹配：price ≈ basePrice ∗ (1 + taxRate)。

上述关于 price 的语义匹配确定了 basePrice 和 taxRate 之间的函数关系。但是并没有指明 basePrice 的哪一个数据值应该与 taxRate 的哪一个数据值合并。因此该匹配并不能用来获取 price 的值。接下来，模式映射系统就以匹配作为输入，然后通过补充一些缺失的详细信息得到语义映射。

```
SELECT (basePrice * (1 + taxRate)) AS price
FROM Product, Location
WHERE Product.saleLocID = Location.lid
```

上述语义匹配的功能是：对于来自表 Products 和表 Locations 的元组 p 和 q，如果 p. saleLocID = q. lid，那么就可以将元组 p 中属性 basePrice 的值 x 与元组 q 中属性 taxRate 的值 y 相结合，从而得到 price 的值。

因此，从某种意义上来说，设计者可以通过提供语义匹配来得到语义映射的 SELECT 和 FROM 子句。接下来的模式匹配系统只需要创建 WHERE 子句，这比从头开始要容易得多。

实际应用中，寻找语义匹配非常困难。因此，设计者经常采用模式匹配系统来发现匹配，对匹配进行验证和修改，然后采用模式映射系统将匹配变成映射。在这种情况下，将整个过程划分成匹配和映射两个阶段非常有益，因为它允许设计者对匹配进行验证和修改，从而降低整个过程的复杂性。

5.2 模式匹配和模式映射的挑战

如上所述，一个模式匹配和映射系统需要协调不同模式之间的异构性。异构性有多种形式。首先，模式中的表名和属性名可能不同，即使它们代表相同的概念。例如：属性 rating 和属性 classification 都代表由美国电影协会为电影打的评分。其次，在有些情况下，一个模式中的多个属性对应于另一个模式中的一个属性。如模式 vendor 中的属性

basePrice 和属性 taxRate 被用来计算模式 AGGREGATOR 中 price 的值。再次，模式中表的组织方式可能不同。整合供应商只需要一张表，而 DVD 供应商则需要 3 张表。最后，两个模式的覆盖范围和详细程度是不一样的。DVD 供应商对一些细节信息，如 release-Data 和 releaseCompay 进行了建模，而整合商则没有。

存在语义异构性的潜在原因是，模式是由不同风格的人创建的。我们在比较不同程序员编写的计算机程序时也发现了这种现象。即使两个程序员写的程序功能完全一样，但是程序的结构也可能不同，变量的命名方式也可能不一样。另一个异构性的本质原因是不同数据库的创建目的很少完全一致。在我们给出的例子中，即使两个模式都是对 movies 进行建模的，但 DVD 供应商主要管理库存，而整合商则只关心面向客户的一些属性。

解决模式之间的语义异构性是比较困难的，主要原因如下所示。

- **语义并不是全部从模式中得到**　为了在模式之间进行正确的映射，模式映射系统就需要理解每个模式的可能语义。然而，模式本身并不能够完整描述其全部语义。一个模式就是一些符号的集合，这些符号代表设计者心中的一些模型，但是并不能够反映模型的全部信息。例如，模式 DVD-VENDOR 中属性 rating 的名字并不能够反映该 rating 是由美国电影协会给出的，而不是由顾客给出的。有时候，模式的元素可能关联一些文本描述。然而，这些描述充其量只是一些局部信息，甚至是一些自然语言，这样程序就很难理解。

- **有些模式信息可能是不可靠的**　既然从模式中不能够得到全部语义，那么模式映射系统就需要收集足够的模式语义信息，这些信息可以有两种来源：一是正式规范的，如名字、结构、类型和数据值；二是与模式关联的其他线索，如文本描述以及模式的使用方法。然而，这些正式规范和其他线索信息可能是不可靠的。两个模式可能有相同的名字，但是却代表两个完全不同的概念。例如：模式 DVD-VENDOR 中的属性 name 表示销售地点的名字，而模式 AGGREGATOR 中的属性 name 则表示电影的名字。相反，具有不同名字的两个属性也可能代表相同的概念，如 rating 和 classification。 [125]

- **预期的语义可能是主观的**　有时候很难确定两个属性是否匹配。例如，一个设计者可能认为属性 plot-summary（情节摘要）与属性 plot-synopsis（情节梗概）匹配，而另外一个设计者可能认为不匹配。在有些模式映射应用中（如军事领域），经常会有专家委员会对这些事情进行投票表决。

- **正确地合并数据比较困难**　不仅发现语义匹配比较困难，而且把匹配变成映射也比较困难。从匹配到映射的过程中，设计者必须找到一个正确的方法来合并不同属性的数据值，经常使用具有各种过滤条件的连接操作。以下面的语义匹配为例，

$$\textbf{Items.price} \approx \textbf{Products.basePrice} * (1 + \textbf{Locations.taxRate})$$

从上述匹配为 price 创建映射时，设计者必须确定如何对表 Products 和表 Locations 进行连接，以及连接结果中是否需要过滤条件。事实上，任意两个表之间可能存在多种连接路径，即便设计者选定了一个连接路径，仍然存在很多种不同的执行方法（如全外连接、左外连接、右外连接、内连接等）。为了确定哪个合并是正确的，设计者必须检查大量的数据，这个过程比较容易出错，并且比较费时费力。

关于标准的注意事项

很多人会认为异构性问题最直观的解决方案是为每一个可能的领域创建一个标准，并鼓励数据库设计者都遵循这些标准。不幸的是，这种方法在实际应用中由于种种原因而无法奏效。由于一些组织或单位已经有一些固定的模式，没有足够的动力去进行标准化，所以就很难在标准上达成一致意见。更为重要的是，如果使用数据的目的一致，创建统一的标准还是有可能的。但是，如前面的例子所描述的那样，数据的用途很不相同，相应的模式也不相同。

标准化的第二个挑战是精确地描述域的难度。域从哪儿开始，到哪儿结束？例如，假设想为人这个域创建一个标准。当然，标准中应该包括一些属性：姓名、地址、电话号码和可能的老板。然而，除了这些属性以外，其他属性就存在质疑。人们可能会扮演很多角色，如员工、学生（或毕业生）、银行账户持有人、观众和顾客。每一种角色都可以为标准增加多个属性，但是全部包含进来显然是不切实际的。另一个例子是，考虑对科学信息进行建模，从基因和蛋白质开始。除此之外，我们还需要对其他信息进行建模，包括与基因和蛋白质关联的疾病、与疾病相关的药物、与疾病相关的科学文献报告的调查结果等。我们不知道该域到底应该在何处结束。

实际上，标准的应用范围非常有限，只有当属性数目比较少并且大家急需达成一致的情况下才会有用（数据交换对业务流程比较重要的情况）。具体实例还包括银行之间或者电子商务中需要交换的数据、有关病人生命体征的医疗数据。即使在这些情况下，这些数据可能会在一个标准的模式中共享，但是每一个数据源内部仍然采用不同的模式进行建模。

在继续往下讨论之前，我们需要强调的是异构性不仅出现在模式级别，而且在数据级别上也存在异构性。例如，两个数据库都包含一个属性列 companyName，但是却使用了不同的字符串来代表同一个公司（如，IBM 与 International Business Machines 或者 HP 与 Hewlett Packard）。我们把数据级别的异构性推迟到第 7 章进行讨论。

5.3   匹配和映射系统概述

我们首先列出匹配和映射系统的不同模块。接下来，在不产生混淆的情况下，我们将"匹配"和"对应"两个术语互换使用。

5.3.1   模式匹配系统

模式匹配系统的主要目的就是在两个给定的模式 S 和 T 之间产生一个匹配（即，对应）的集合。其中一种解决方案就是可以为设计者提供一个方便的图形用户界面，然后手动地指定对应关系，但是本章主要关注于如何自动地构建这些对应关系，然后再由设计者进行验证。

我们首先从一对一匹配的匹配系统开始，如 title ≈ name，rating ≈ classification。从 DVD 的例子中可以看出，没有一个单一的启发式可以确保产生正确的匹配。启发式集合一般都是基于模式元素的名字之间的相似度。根据这些启发式，可以推断出模式 AG-GREGATOR 中的属性 releaseInfo 可能与模式 DVD- VENDOR 中的属性 releaseDate 匹配，也可能与属性 releaseCompany 匹配，但是我们不确定到底是哪一个。

当数据可用时，另一个启发式集合可以检测数据之间的相似度。例如，假设 relea-seInfo 和 releaseData 都代表 DVD 的发行年份。通过检查数据值，可以推断出 releaseInfo可能与表 Products 中的属性 releaseDate 匹配，或者与表 Movies 中的属性 year 匹配，但是同样不知道具体和哪一个匹配。另外，我们还可以参考的线索包括属性之间的近似程度或者属性在查询中是如何使用的。但是，任何一个线索本身都无法对所有的属性产生较好的匹配。

另一方面，可以合并多种线索来提高匹配的准确度。例如，通过检查属性名字和属性值，我们可以推断出属性 releaseInfo 与属性 releaseDate 匹配的可能性比 releaseCom-pany 和 year 大。

由于可用的线索和启发式比较多，并且还需要对匹配的准确度进行最大化，所以这些要求就促使我们必须构建一个模式匹配系统架构，如图 5-2 所示，一个典型的模式匹配系统包括以下几个模块。

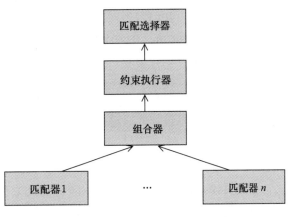

图 5-2　一个典型的模式匹配系统的模块图

- 匹配器（模式→相似度矩阵）：匹配器以两个模式 S 和 T 作为输入，然后输出一个相似度矩阵，该矩阵为 S 和 T 的每一个元素对赋一个 0 ~ 1 之间的数值。数值越高，匹配器认为匹配 $s \approx t$ 正确的把握就越大。每一个匹配器都建立在一个特定的启发式集合上，并且考虑了特定类型的线索。例如，一个匹配器可能比较了模式元素名字之间的相似度，而另一个匹配器则对数据值进行了比较。匹配系统一般采用多个这样的匹配器，我们将在 5.4 节介绍几种常见的匹配器。
- 组合器（矩阵×⋯×矩阵→矩阵）：组合器将多个匹配器输出的多个相似度矩阵合并成一个。组合器可以取平均值、最小值、最大值，或相似度得分的加权和。更复杂类型的组合器可以使用机器学习技术或者采用手工脚本。我们将在 5.5 节介绍几种类型的组合器。
- 约束执行器（矩阵×约束→矩阵）：除了线索和启发式之外，领域知识在过滤候选匹配中也起着重要的作用。例如，如果我们知道很多电影名字包含 4 个或者更多的单词，而地点名字则不是，这样就有助于我们猜测属性 Items. name 和 Mov-ies. title 匹配的可能性要大于和 Locations. name 匹配的可能性。因此，模式匹配系统的第三个模块就是约束执行器，它可以把这些约束施加到候选匹配上。约束执行器可以把组合器产生的相似度矩阵转换为另一个矩阵，使其能够更好地反映真实的相似度。我们将在 5.6 节介绍如何施加约束。
- 匹配选择器（矩阵→匹配）：匹配系统的最后一个模块是从约束执行器输出的相似度矩阵产生匹配。最简单的选择策略是阈值法：相似度分数大于给定阈值的所有模式的元素对都可以作为匹配返回。比较复杂的策略包括可以把选择问题形式化为加权二分图上的优化问题。我们将在 5.7 节介绍常见的选择器。

模式匹配的任务往往是不断重复的，如把一个中介模式与数十个或数百个数据源模式进行匹配。5.8 节介绍了一些基于机器学习技术的方法，这些方法可以使匹配系统能够重用前面的匹配，即可以从以前的匹配中进行学习从而匹配新的模式。5.9 节将介绍如何发现比较复杂的语义匹配，与发现一对一匹配的系统架构相比，需要更为复杂的匹配架构。

5.3.2 模式映射系统

一旦得到匹配后，接下来的任务就是创建实际的映射。最主要的挑战在于如何将一个数据源的元组转换为其他数据源的元组。例如，当我们计算表 Items 中的属性 price 时，映射需要明确指出我们需要对表 Products 和表 Locations 进行连接操作，连接的条件是 saleLocation = name，并且还要添加适当的地方税。该部分面临的主要挑战是可能存在多种不同的连接方法。例如，我们可以把 Products 和 Movies 进行连接，从而获得导演的出身，并根据导演出生国家的税率计算 price 的值。

在 5.10 节中，我们将介绍映射系统如何探索可能的连接路径和数据合并的方法，同时也将介绍映射系统如何通过提供最可能的操作和创建实际的转换来帮助设计者。

5.4 匹配器

匹配器的输入是一对模式 S 和 T。除此之外，匹配器还可以考虑任何其他可用的信息，如数据实例、文本描述等。匹配器输出一个相似度矩阵，该矩阵为 S 和 T 中的每一个元素对 (s, t) 赋一个 $0 \sim 1$ 之间的数值，用来预测 s 是否与 t 匹配。

129

还有很多技术可以用来猜测模式元素之间的匹配，每一种技术基于不同的启发式和线索集合。在本节中，我们将介绍几种常见的基本匹配器。主要包括两类匹配器：一类主要比较模式元素的名字，另一类主要比较数据实例。有一点需要牢记在心的是，对于某些特定的领域，常常需要设计更专业、有效的匹配器。

5.4.1 名字匹配器

一个直观的匹配启发式来源是基于元素名字的比较，并希望这些名字能够表达元素的真实语义。然而，由于名字的命名方式很难完全一致，所以就需要找到一个有效的相似度度量来反映元素含义的相似度。原则上，第 4 章中介绍的所有用于字符串匹配的技术都可以用于名字匹配，如编辑距离、Jaccard 度量，或声音表示（Soundex）算法。

元素的名字经常由首字母缩写词或者短语组成，因此，在应用相似度度量之前，对元素名字进行规范化十分有用。接下来，我们会介绍几种常见的规范化过程，需要指出的是有些方法需要特定领域的词典。

- 根据一些特定的分隔符对名字进行分割，如大写字母、数字或者一些特殊字符。例如：saleLocID 可以分割成 sale、Loc 和 ID，agentAddress1 可以分割成 agent、Address 和 1。
- 扩展某些已知的缩略词或者首字母缩写词。例如，Loc 可以扩展成 Location，cust 可以扩展成 customer。
- 用同义词对字符串进行扩展。如 cost 可以扩展成 price。

- 用上位词对字符串进行扩展。如 product 可以扩展成 book、dvd、cd。
- 删除冠词、介词和连词，如 in、at、and。

例 5.4　再次以两个模式 DVD-VENDOR 和 AGGREGATOR 为例，为了便于说明，这两个模式被重新改写成图 5-3a 中的形式。为了对这两个模式进行匹配，我们可以采用一个基于名字的匹配器对模式元素的名字进行规范化，然后再用基于集合的相似度度量来计算名字之间的相似度，如 Jaccard 度量或者 TF/IDF 度量。

图 5-3b 显示了由基于名字的匹配器产生的相似度矩阵。该图以压缩的方式来展示该矩阵，仅仅显示相似度分数大于 0 的模式元素对，并按照第一个属性对这些元素进行分组。第一组，name ≈ < name：1，title：0.2 >，表明模式 AGGREGATOR 中的属性 name 与模式 DVD-VENDOR 中的属性 name 的匹配度为 1，与模式 DVD-VENDOR 中的属性 title 的匹配度为 0.2。剩下的两组也可以采用同样的方式来解释。

130

```
DVD-VENDOR
Movies(id, title, year)
Products(mid, releaseDate, releaseCompany, basePrice, rating, saleLocID)
Locations(lid, name, taxRate)


AGGREGATOR
Items(name, releaseInfo, classification, price)
                        a)
```

名字匹配器:　name ≈ ⟨name: 1, title: 0.2⟩
　　　　　　　releaseInfo ≈ ⟨releaseDate: 0.5, releaseCompany: 0.5⟩
　　　　　　　price ≈ ⟨basePrice: 0.8⟩
　　　　　　　　　　　b)

数据匹配器:　name ≈ ⟨name: 0.2, title: 0,8⟩
　　　　　　　releaseInfo ≈ ⟨releaseDate: 0.7⟩
　　　　　　　classification ≈ ⟨rating: 0.6⟩
　　　　　　　price ≈ ⟨basePrice: 0.2⟩
　　　　　　　　　　　c)

均值组合器:　name ≈ ⟨name: 0.6, title: 0.5⟩
　　　　　　　releaseInfo ≈ ⟨releaseDate: 0.6, releaseCompany: 0.25⟩
　　　　　　　classification ≈ ⟨rating: 0.3⟩
　　　　　　　price ≈ ⟨basePrice: 0.5⟩
　　　　　　　　　　　d)

图 5-3　a）产生自图 5-1 的两个模式；b）、c）针对上述两个模式，
由两个匹配器产生的相似度矩阵；d）合并的相似度矩阵

＜＜＜

针对上述所有技术，我们始终都要记得模式中的元素名字不一定能够表达元素的全部语义。一般情况下，元素名字会有歧义，因为它们已经假设了一个特定的场景，并且认为能表达真实语义。一个比较特殊的具有歧义的元素名字的例子就是 name。name 有时可以代表一本书或者一部电影，也有可能代表一个人或者一个动物，甚至可能代表基因、化学物品或

产品。事实上，模式可以由多种语言来撰写，也可以使用多种不同的本地或行业规范，这就
使得歧义问题更为严重。当然，在很多情况下，模式设计者并没有预测到他们的数据需要
和其他数据进行集成，因此，除了当下的需求之外，他们也没有仔细考虑元素的名字。

5.4.2　实例匹配器

数据实例往往可以表达模式元素的大量语义信息。接下来将介绍几种常见的技术，这
些技术通过对数据值的分析来预测匹配。但需要注意的是并不是所有的模式匹配场景都有
权访问实例数据。

创建识别器

第一种技术是创建识别器，识别器可以采用词典或者规则来识别一些特定类别属性的
数据值。以模式 AGGREGATOR 中的属性 classification 为例。该属性的识别器采用一个
小的词典，词典列出了属性 classification 的所有可能值（G，PG，PG-13，R 等）。给定
一个新属性，如果它的大部分值都出现在词典中，那么识别器就可以认为该新属性很可能
与属性 classification 匹配。其他的例子包括使用词典来识别美国的州、城市、基因、蛋
白质，以及使用相对简单的规则来识别价格和邮政编码。

通常情况下，对于两个给定的模式 S 和 T，匹配器会为 S 的每一个元素 s 构建一个相似度
矩阵。在该矩阵中，每一个单元格 (s, t_i) 被赋予一个相似度得分，t_i 代表模式 T 的任意一个
元素。其他单元格都被赋一个特殊的值"n/a"，因为识别器没有对这些单元格进行预测。

度量值的重叠度

第二种技术是测量两个模式元素值的重叠度，该技术可以应用到一些领域中，这些领
域的值来自于一些有限域，如电影评分、电影名字或者国家名字。Jaccard 度量是常用的方
法（参见第 4 章）。

例 5.5　为了对模式 DVD-VENDOR 和模式 AGGREGATOR 进行匹配，我们可以采
用一个数据匹配器，该匹配器可以用 Jaccard 度量来测量值的重叠度。图 5-3c 显示了数据
匹配器产生的相似度矩阵，该矩阵也是压缩格式的。

考虑输出的第一组 name ≈ < name：0.2，title：0.8 >。模式 AGGREGATOR 中的
属性 name（代表 DVD 的名字）与 DVD-VENDOR 中的属性 name（代表销售地点的名
字）的共同值很少，因此二者的相似度得分就比较低（0.2）。相反，name 与 title（指
DVD 的名字）的共同值比较多，因此相似度得分比较高（0.8）。　　　<<<

使用分类器

第三种技术是在一个模式上构建分类器，然后用该分类器来对其他模式的元素进行分
类。常用的分类器技术包括朴素贝叶斯、决策树、规则学习和支持向量机。5.8 节将详细
介绍分类器技术，这里只介绍一个简单的例子。对于模式 S 的每一个元素 s_i，我们都训练
一个分类器 C_i 来识别 s_i 的实例。为了完成该任务，需要一个包含正例和反例的训练集。
我们以 s_i 的所有数据实例（可以得到的）作为训练集的正例，以模式 S 的其他元素的所有
实例作为反例。

得到分类器以后，就可以用该分类器来计算模式 S 的元素 s_i 与模式 T 的元素 t_j 之间的相似度。对于 t_j 的每一个数据实例，分类器 C_i 都会产生一个 $0 \sim 1$ 之间的数值，该数值反映了该数据实例也是 s_i 实例的置信度。我们通过对置信度进行聚集得到一个新的数值，该数值就可以作为 s_i 和 t_j 的相似度。比较简单的聚集方法就是取置信度的平均值。

例 5.6　如果 s_i 是 address，那么正例可能包括"Madison WI"和"Mountain View CA,"，反例可能包括"（608）695 9813"和"Lord of the Rings."。假设元素 t_j 是 location，可以访问的数据实例包括"Milwaukee WI,"、"Palo Alto CA,"和"Philadelphia PA."。分类器 C_i 可以预测 3 个置信度，分别为 0.9、0.7 和 0.5。这种情况下，我们就可以用置信度的平均值 0.7 作为 s_i = address 和 t_j = location 之间的相似度得分。　　　　**<<<**

实际应用中，设计者可以决定哪个模式扮演模式 S 的角色（构建分类器的模式），哪个模式扮演模式 T 的角色（对其数据实例应用分类器的模式）。例如，如果一个模式是中介模式（如模式 AGGREGATOR），那么就比较适合在该模式上构建分类器。这样，当我们把中介模式与其他新的数据源模式进行匹配时，就可以重用这些分类器。

在某些特定情况下，如对概念的分类进行匹配，我们可能需要从两个方向来做：在分类 S 上构建分类器，用该分类器对 T 的实例进行分类；然后在分类 T 上构建分类器，在对 S 的实例进行分类。参考文献注释针对这种情况提供了一些其他信息，并介绍了一些其他技术，通过检查数据值来对模式进行匹配。

5.5　组合匹配预测

组合器的主要任务是将匹配器输出的多个相似度矩阵合并成一个。简单的组合器可以取得分的均值、最小值或者最大值。如果匹配系统采用 k 个匹配器来预测 s_i 和 t_j 的相似度得分，那么均值组合器就可以采用如下的公式来计算两个元素之间的相似度得分：

$$\text{combiner}(i,j) = \left[\sum_{m=1}^{k} \text{matcherScore}(m,i,j) \right] \Big/ k$$

其中，$\text{matcherScore}(m, i, j)$ 是第 m 个匹配器输出的 s_i 和 t_j 的相似度得分。最小组合器采用多个匹配器输出的 s_i 和 t_j 的相似度得分的最小值作为 s_i 和 t_j 的相似度得分，最大组合器则取相似度得分的最大值作为 s_i 和 t_j 的相似度得分。

例 5.7　在例 5.5 中，图 5-3d 显示了由均值组合器输出的相似度矩阵，该矩阵是通过合并名字匹配器输出的矩阵（见图 5-3b）和数据匹配器输出的矩阵（见图 5-3c）而得到。　　　**<<<**

当没有足够的理由来对匹配器进行选择时，我们可以使用均值匹配器。当我们比较信任匹配器中的强信号时，最大组合器比较适合。也就是说，如果匹配器输出一个较高的值，那么我们就认为两个元素匹配的可能性比较大。在这种方式中，如果其他的匹配器比较中立，那么强信号就会反映在合并信息中。当我们比较保守时，可以使用最小匹配器。也就是说，为了得到一个匹配，需要从所有的匹配器中得到较高的相似度得分。

更为复杂的组合器类型是使用手工脚本。例如，该脚本可能指明如果 s_i = address，那么就返回采用朴素贝叶斯分类技术的数据匹配器的得分；否则，就返回所有匹配器的平均值。

另一种比较复杂的组合器是加权组合器，根据其重要性不同，为每一个组合器赋一个权重。虽然有些情况下领域专家可以提供这些权重，但是在很多情况下权重比较难确定。此外，权重还可能因为待匹配的元素特征的不同而不同。5.8 节将介绍一些通过检查模式匹配系统的行为来学习适当权重的技术。

5.6　施加域完整性约束

在进行模式匹配的过程中，设计者一般都拥有一些领域知识，这些领域知识可以表示为域完整性约束。约束执行器可以通过这些约束来过滤一些特定的匹配组合。从概念上来讲，执行器需要搜索由组合器产生的所有匹配组合空间，从而找到一个能够满足约束条件的最大聚集置信度。下面的例子反映了上述思想。

例 5.8　例 5.7 中的均值组合器产生的相似度矩阵为：

$$name \approx \langle name : 0.6, title : 0.5 \rangle$$
$$releaseInfo \approx \langle releaseDate : 0.6, releaseCompany : 0.25 \rangle$$
$$classification \approx \langle rating : 0.3 \rangle$$
$$price \approx \langle basePrice : 0.5 \rangle$$

在该矩阵中，属性 name 和属性 releaseInfo 各有两个可能的匹配，于是就产生了 4 种可能的匹配组合，$M_1 \sim M_4$。第一个组合是匹配集合 M_1：

$$\{ name \approx name,\ releaseInfo \approx releaseDate,\ classification \approx rating,\ price \approx basePrice \}$$

组合 M_2 中 name 与 title 匹配，其他和 M_1 一样。

对于每一个匹配组合 M_i，我们可以计算一个聚集得分，该得分可以反映组合器认为 M_i 正确的置信度。直观的方法就是将组合 M_i 中所有匹配的得分相乘，但是这需要假设各个得分是独立产生的。按照这种方法，组合 M_1 的得分是 $0.6 \times 0.6 \times 0.3 \times 0.5 = 0.054$，组合 M_2 的分数是 $0.5 \times 0.6 \times 0.3 \times 0.5 = 0.045$。

现在假设设计者知道模式 AGGREGATOR 中的属性 name 代表电影名字，并且很多电影名字至少包含 4 个单词。这样就可以指定这样一个约束"如果属性 A 与 name 匹配，那么，在 A 的 100 个值的任何一个随机样本中，至少有 10 值必须包含 4 个以上的单词。"

约束执行器需要搜索满足上述约束条件的具有最大得分的匹配组合。一个简单的方法就是首先检查得分最大的组合，然后再检查具有第二大得分的组合，以此类推，直到找到满足约束的组合。在我们的例子中，具有最高得分的组合是 M_1。M_1 表明模式 DVD-VENDOR 中的属性 name 与 AGGREGATOR 中的属性 name 匹配。由于模式 DVD-VENDOR 中的属性 name 指的是销售地点的城市名，所以大部分数据少于 4 个单词。这样，执行器很快就能发现 M_1 不满足约束。

执行器接着考察组合 M_2，发现 M_2 满足约束。因此就选择 M_2 作为最后的匹配组合，并产生如下的相似度矩阵：

$$name \approx \langle title : 0.5 \rangle$$
$$releaseInfo \approx \langle releaseDate : 0.6 \rangle$$
$$classification \approx \langle rating : 0.3 \rangle$$
$$price \approx \langle basePrice : 0.5 \rangle$$

<<<

我们已经对约束执行的基本工作方法进行了描述。而实际应用中，实施这些约束是十

分复杂的。首先，需要处理各种各样的约束，有些约束可能在一定程度上得到满足。其次，匹配组合的空间往往非常大，因此必须找到一个高效的搜索方法。下面将逐步分析这些挑战。

5.6.1 域完整性约束

首先对硬约束（hard constraint）和软约束（soft constraint）加以区分。硬约束是必须执行的。任何违反硬约束的匹配组合都不能输出。软约束实际上更具启发性，有些正确的匹配组合可以违反软约束条件。因此，执行器会尽量使得被违反的软约束的个数（或权重）最小，但仍然会输出违反一个或多个软约束的匹配组合。我们可以为每一个约束赋一个代价，硬约束的代价是无穷大，软约束的代价可以是任何一个正数。

例 5.9 图 5-4 中有两个模式：BOOK-VENDOR 和 DISTRIBUTOR，4 个常见的约束。如该例子所示，约束一般都是基于模式的结构（如模式元素的近似程度、属性是否是主键）或者基于在特定域中的属性的特殊性质。

	约束	代价
c_1	如果 $A \approx$ Items. code，那么 A 是一个主键	∞
c_2	如果 $A \approx$ Items. desc，那么映射到 desc 的任何属性很可能有 20 个以上的单词	1.5
c_3	如果 $A_1 \approx B_1$，$A_2 \approx B_2$，B_2 与 B_1 邻近，而 A_2 与 A_1 不邻近，则不存在这样的属性 $A*$，$A*$ 既与 A_1 邻近（如 pubCountry），又与 B_2 非常匹配（如对于给定的阈值 ε，$\mid$ sim $(A*, B_2) -$ sim $(A_2, B_2) \leqslant \varepsilon \mid$）	2
c_4	如果表 U 中有超过一半的属性与表 V 中的属性匹配，则 $U \approx V$	1

图 5-4 具有完整性约束的两个模式

约束 c_1 是一个硬约束。c_1 认为映射到 Itmes 中属性 code 的任何其他属性必须是主键。c_2 是一个软约束。c_2 认为映射到 desc 的任何属性很可能有 20 个以上的单词，因为描述信息一般都是比较长的文本信息。

c_3 是一个软约束。c_3 抓住这样一个直观的现象：相关的属性在一个模式中出现的位置一般比较接近，因此包含这些属性的匹配也经常比较接近。

例如，假设 $A_1 =$ publisher $\approx B_1 =$ brand，$A_2 =$ location $\approx B_2 =$ origin。其中，B_2 与 B_1 邻近，而 A_2 与 A_1 不邻近。该约束认为不存在这样的属性 $A*$，$A*$ 既与 A_1 邻近（如 pub-Country），又与 B_2 非常匹配（如对于给定的阈值 ε，$\mid$ sim $(A*, B_2) -$ sim $(A_2, B_2) \leqslant \varepsilon \mid$）。因为如果有这样的 $A*$ 存在，我们会将它与 B_2 匹配，而不是与 B_1 匹配，这样就可以确保 A_1 和 A_2 的匹配彼此邻近。

最后，c_4 也是一个软约束，它包含了表级别的匹配。

136

BOOK-VENDOR
Books(ISBN, publisher, pubCountry, title, review)
Inventory(ISBN, quantity, location)

DISTRIBUTOR
Items(code, name, brand, origin, desc)
InStore(code, availQuant)

在匹配的过程中，设计者仅对每一个约束指定一次。描述约束的确切形式并不重要。唯一的要求是，对于一个给定的约束 c 和一个匹配组合 M，在模式的所有可用数据已知的情况下，约束执行器必须能够快速地判断 M 是否违反 c。

有一点需要特别说明的是，只是因为模式的已有数据实例满足约束，并不能意味着数据实例的其他样本也满足约束。例如，仅仅因为属性 A 的现有数据值是不同的，并不意味着 A 是主键。然而，在很多情况下，已有的数据实例足够约束执行器快速检测哪些组合违反约束。

5.6.2 搜索匹配组合空间

接下来我们介绍两种在组合器输出的相似度矩阵上应用约束的算法。第一个算法是 A^* 搜索算法的变形，该算法能够确保找到一个最优方案，但是计算代价比较大。第二种算法仅仅应用在一些特定的约束上，在这些约束中，一个模式元素仅会被其邻近的元素影响（如，c_3 和 c_4），这种算法的运行速度比较快，但是只能得到局部最优解。我们仅仅描述了算法的核心思想，参考文献注释中给出了详细描述的相关信息。

应用约束（A^* 搜索）

A^* 算法以域约束 $c_1, \cdots, c_p$ 和组合器产生的相似度矩阵作为输入。例子中的相似度矩阵如表 5-1 所示。算法搜索可能的匹配组合并返回一个代价最低的组合。代价主要由匹配组合的似然和组合违反约束的程度来进行衡量。

表 5-1 图 5-4 中的两个模式的组合相似度矩阵

	Items	code	name	brand	origin	desc	InStore	code	availQuant
Books	0.5	0.2	0.5	0.1	0	0.4	0.1	0	0
ISBN	0.2	0.9	0	0	0	0	0	0.1	0
publisher	0.2	0.1	0.6	0.75	0.4	0.2	0	0.1	0
pubCountry	0.3	0.15	0.3	0.5	0.7	0.3	0.05	0.15	0
title	0.25	0.1	0.8	0.3	0.45	0.2	0.05	0.1	0
review	0.15	0	0.6	0.1	0.35	0.65	0	0.05	0
Inventory	0.35	0	0.25	0.05	0.1	0.1	0.5	0	0
ISBN	0.25	0.9	0	0	0	0.15	0.15	0.9	0
quantity	0	0.1	0	0	0	0	0	0.75	0.9
location	0.1	0.6	0.6	0.7	0.85	0.3	0	0.2	0

在讨论 A^* 算法在约束执行中的应用之前，我们首先介绍 A^* 算法的一些主要概念。A^* 的目标是从某一个初始状态开始，在一个状态集合中搜索一个目标状态。搜索空间中的每一条路径都有一个代价，A^* 算法要求从初始状态找到一个目标状态，并且路径的代价最低。A^* 执行最佳优先（best-first）搜索：从初始状态开始，将其扩展成一个状态的集合，然后选择具有最小预估代价的状态；再把选定的状态进一步扩展成状态的集合，接着再选择最小预估代价的状态，以此类推。

状态 n 的预估代价可以用公式 $f(n) = g(n) + h(n)$ 进行计算，其中 $g(n)$ 是从初始状态到状态 n 的代价，$h(n)$ 是从状态 n 到初始状态的最廉价路径代价的下界。因此，预估代价 $f(n)$ 是基于状态 n 的最廉价解代价的下界。当到达目标状态时，A^* 算法终止，并返回从初始状态到目标状态的路径。

如果解存在，A*算法能够确保找到一个解。如果 $h(n)$ 是到达目标状态代价的下界，那么 A* 还能确保找到最廉价解。A* 的效率可以通过到达目标状态需要检查的状态个数来衡量，这依赖于启发式 $h(n)$ 的准确性。$h(n)$ 越接近实际的最低代价，A* 需要检查的状态数就越少。最理想的情况是 $h(n)$ 就是最低代价，这样 A* 算法就可以直接以最低代价找到目标状态。

接下来我们描述使用 A* 算法来匹配模式 S_1 和模式 S_2，其属性分别为：A_1，$\cdots$，A_n 和 B_1，$\cdots$，B_m。需要说明的是下面的方法并不是使用 A* 算法的唯一方法。

状态

一个状态可以定义为一个长度为 n 的元组，其中第 i 个元素或者指定 A_i 的一个匹配或者是一个通配符 * 表示 A_i 的匹配还不确定。因此，一个状态就可以代表满足一定规范的匹配组合的集合。例如，假设 $n=5$，$m=3$，那么状态 $(B_2, *, B_1, B_3, B_2)$ 就代表了 3 个匹配组合，$(B_2, B_1, B_1, B_3, B_2)$、$(B_2, B_2, B_1, B_3, B_2)$ 和 $(B_2, B_3, B_1, B_3, B_2)$。如果一个状态含有通配符，则我们称为抽象状态；否则称为具体状态。一个具体状态就是一个匹配组合。

初始状态

初始状态定义为 $(*, *, *, *, *)$，代表所有可能的匹配组合。

目标状态

目标状态是指那些不包含任何通配符的状态，因此可以完整地确定一个候选匹配组合。

接下来我们将描述 A* 算法如何计算目标状态和抽象状态的代价。

状态扩展

为了扩展一个抽象状态，我们首先选择一个通配符，位置为 i，然后创建一个状态集合，该状态集合由第 i 个位置的属性的所有可能匹配组成。这里需要确定的是到底选择哪一个通配符。很明显，应该首先选择只有一个匹配的位置。接下来就偏向于选择其匹配具有较高得分的通配符。

目标状态的代价

目标状态的代价包括组合似然的估计和组合违反域约束的程度。我们用如下公式来评估组合 M：

$$\text{cost}(M) = -\text{LH}(M) + \text{cost}(M, c_1) + \text{cost}(M, c_2) + \cdots + \text{cost}(M, c_p) \quad (5\text{-}1)$$

式 (5-1) 中，$\text{LH}(M)$ 表示组合 M 的似然，$\text{cost}(M, c_i)$ 表示组合 M 违反约束 c_i 的程度。实际应用中，为了对各部分进行权衡，经常为每部分赋一个权重，但这里不再赘述。

$\text{LH}(M)$ 定义为 $\log \text{conf}(M)$，其中 $\text{conf}(M)$ 是匹配组合 M 的置信度。可以用组合 M

中所有匹配的置信度乘积来计算。特别是，如果 $M = (B_{l_1}, \cdots, B_{l_n})$，其中 B_{l_i} 是模式 S_2 的元素，那么

$$\text{conf}(M) = \text{combined}(1, l_1) \times \cdots \times \text{combined}(n, l_n)$$

$\text{conf}(M)$ 假设 M 中的所有匹配的置信度都是相互独立的。该假设显然是不成立的，因为在很多情况下，一个属性的合适的匹配往往依赖于其邻居的匹配。然而，基于该假设可以降低搜索的代价。需要说明的是，$\text{LH}(M)$ 的定义表明，在所有其他因素相同的情况下，我们比较倾向于具有最高置信度的组合。

例 5.10　考虑一个拥有如下匹配组合的目标状态（如表 5-1 中的粗体所示）：

Books ≈ Items	Inventory ≈ InStore
Books.ISBN ≈ Items.code	Inventory.ISBN ≈ InStore.code
Books.title ≈ Items.name	Inventory.quantity ≈ InStore.availQuant
Books.publisher ≈ Items.brand	
Books.pubCountry ≈ Items.origin	
Books.review ≈ Items.desc	

该状态的代价等于组合违反完整性约束的程度减去组合的似然。组合的似然等于表 5-1 中粗体值乘积的对数。该匹配组合满足图 5-4 中的所有完整性约束，因此不会产生额外的代价。

相反，如果 Books. review ≈ Items. desc 被 Books. title ≈ Items. desc 替换，Books. pubCountry ≈ Items. origin 被 Inventory. location ≈ Items. origin 替换。那么该组合就会违反约束 c_2 和 c_3，从而产生 3.5 的额外代价。　　　　　　　　　　　　　　　　＜＜＜

抽象状态的代价

抽象状态 s 的代价等于初始状态到 s 的路径代价，记为 $g(s)$，再加上从 s 到目标状态的路径代价的估计，记为 $h(s)$。$h(s)$ 必须是从 s 到目标状态的最廉价路径代价的下界。

除了我们忽略了通配符之外，从初始状态到 s 的路径代价与到目标状态的路径代价的计算方法是一样的。

例 5.11　考虑一个抽象状态，它具有如下部分匹配：

Books ≈ Items	Books.review ≈ Items.desc
Books.ISBN ≈ Items.code	Books.publisher ≈ Items.brand
Books.pubCountry ≈ Items.origin	Books.title ≈ Items.name

给定表 5-1 中的相似度值，从初始状态到抽象状态的代价是：$-\log(0.5 \times 0.9 \times 0.7 \times 0.65 \times 0.75 \times 0.8)$。　　　　　　　　　　　　　　　　　　　　　　　　　　　　　　＜＜＜

从 s 到目标状态路径的代价 $h(s)$ 从两个方面估计 $h_1(s)$ 和 $h_2(s)$。$h_1(s)$ 可以用扩展 s 中所有通配符代价的下界来计算。例如，假设 $s = (B_1 B_2 * * B_3)$，那么估计代价 $h_1(s)$ 为：

$$h_1(s) = -(\log[\max_i \text{combined}(3, i)] + \log[\max_i \text{combined}(4, i)])　　　＜＜＜$$

例 5.12　继续以例 5.11 为例，通配符是 Inventor 及其属性的赋值。估计代价是每一行中最大值的乘积，如：$-\log(0.5 \times 0.9 \times 0.9 \times 0.85)$。　　　　　　　　　　＜＜＜

$h_2(s)$ 代表从 s 可达的目标状态违反约束的程度的估计值。可以定义为 $\sum_{i=1}^{p} \text{cost}(s,$

c_i），其中 cost（s，c_i），是约束 c_i 的估计。为了估计抽象状态违反约束的程度，算法假定了一个最好情况：如果不能证明 s 可达的所有目标状态都违反约束 c_i，那么就假定约束 c_i 没有被违反。在例 5.11 中，很容易发现至少有一个抽象状态可达的目标状态没有违反约束。因此，抽象状态的 h_2 值为 0。

确定可能的目标状态是否违反约束 c_i 的具体方法依赖于约束 c_i 的类型。例如，考虑 $s = (B_1, B_2, *, *, B_3)$，硬约束 $c =$ "最多有一个属性与 B_2 匹配"。显然，存在 s 代表的且满足约束 c 的目标状态，如目标状态 $(B_1, B_2, B_3, B_1, B_3)$，因此我们可以说 s 满足 c。对于 $s' = (B_1, B_2, *, *, B_2)$，因为 s' 代表的任何目标状态都违反约束 c，因此我们设 $\text{cost}(s', c) = \infty$。

很容易看出，代价 $f(s) = g(s) + h(s)$ 是 s 代表的具体状态集合中任何目标状态代价的下界，因此 A^* 可以找到最廉价的目标状态。

141

应用约束（局部传播）

第二种算法基于局部地约束传播，从模式的元素传播给它们邻居，直到到达某个固定点。和前面一样，我们可以采用多种方法来描述算法。

例 5.13 图 5-4 中，约束 c_3 和 c_4 基于元素邻居的属性来进行匹配计算。为了将这些约束用到我们正在描述的算法中，需要从节点对的角度对其进行重新描述，一个节点来自于 S_1，一个节点来自于 S_2。

约束 c_3 可以描述为：如果 $\text{sim}(A_1, B_1) \leqslant 0.9$，并且 A_1 有一个邻居 A_2，使得 $\text{sim}(A_2, B_2) \geqslant 0.75$，且 B_1 是 B_2 的邻居，那么就可以将 $\text{sim}(A_1, B_1)$ 增加 α。

约束 c_4 可以描述为：设 $R_1 \in S_1$，$R_2 \in S_2$ 是两张表，并假设它们邻居的个数是 2 的因子（表节点的邻居包括代表表属性的所有节点）。如果 $\text{sim}(R_1, R_2) \leqslant 0.9$，并且，$R_1$ 的邻居中至少有一半在集合 $\{A_i \in \text{attributes}(R_1) \mid \exists B_j \in \text{attributes}(R_2), \text{ s. t. } \text{sim}(A_i, B_j) \geqslant 0.75\}$ 中，那么就可以将 $\text{sim}(A_1, B_1)$ 增加 α。　　◀◀◀

初始化

首先将模式 S_1 和 S_2 表示成图的形式。如果是关系模式，图的表现形式是一棵树（见图 5-5）。树的根节点是模式节点，根节点的孩子节点是关系名，叶子节点代表各自的属性。其他数据模型（如 XML、面向对象）也有各自的图表示方法。直观上，图中的边代表模式中的相邻关系。

算法需要计算出一个相似度矩阵 sim，sim 初始化为组合矩阵。combined(i, j) 表示 $A_i \in S_1$ 与 $B_i \in S_2$ 匹配的估计值。

迭代

算法反复地从图 S_1 中选择节点，然后通过计算邻居节点的相似度来更新相似度矩阵中的值。常见的树遍历方法是自底向上法，从叶子节点开始，一直到根节点。

当我们选择节点 $s_1 \in S_1$ 时，就需要使用包含节点 $s_2 \in S_2$ 的约束。既然我们不想对每一个节点对都进行比较，那么该算法就只对那些通过过滤器的元素对进行约束验证。例如，节点对必须有一半以内的相同数量的邻居（需要说明的是该过滤器已经成为约束 c_4 的一部分）。算法应用该约束，如果有必要就修改相似度，然后继续处理下一个节点。

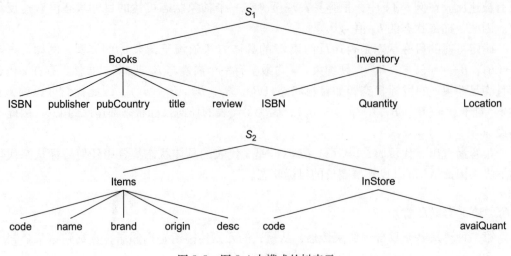

图 5-5　图 5-4 中模式的树表示

结束

当迭代次数达到一定数值或者对 sim 的改变小于某个给定的阈值时，算法结束。

例 5.14　在我们的例子中，α 设为 20%。当选择 Books 中的节点 pubCountry 时，我们就会考虑节点对（pubCountry，origin），因为在 pubCountry 行，该对的值最高。因为 pubCountry 是 publisher 的邻居，origin 是 brand 的邻居，publisher 和 brand 之间的相似度是 0.75，所以约束 c_3 表明我们需要把 pubCountry 和 origin 之间的相似度增加 20%，变成 0.6。

经过若干次迭代之后，算法就会终止，这是因为约束 c_3 和 c_4 只能使相似度的值增加，而一旦相似度超过 0.9 以后，约束 c_3 和 c_4 就不再使用了。　　　　　　　　　　　　<<<

5.7　匹配选择器

模式匹配器前面功能模块的输出结果是模式 S 和 T 的相似度矩阵。该矩阵将多个匹配器的预测结果与域约束信息进行融合。匹配系统的最后一个组成部分是匹配选择器，它从相似度矩阵中生成匹配结果。

最简单的选择策略是阈值法：相似度分数大于或等于给定阈值的所有模式元素对都可以作为匹配返回。例如，在例 5.8 中，约束执行器产生的相似度矩阵为：

$$name \approx \langle title : 0.5 \rangle$$
$$releaseInfo \approx \langle releaseDate : 0.6 \rangle$$
$$classification \approx \langle rating : 0.3 \rangle$$
$$price \approx \langle basePrice : 0.5 \rangle$$

给定阈值为 0.5，匹配选择器生成的匹配结果为：name $\approx$ title，releaseInfo $\approx$ release-Date，price $\approx$ basePrice。

更复杂一些的选择策略是产生前几个匹配组合。这样，用户就可以做一些特定的选择，其他的匹配则可以根据需要进行相应的调整。首先产生少数几个匹配组合，然后根据用户的选择需求对其他匹配做出相应调整。例如，假设匹配选择器生成了如下的首选匹配组合。

phone ≈ shipPhone, addr ≈ shipAddr

次要的匹配组合为：

phone ≈ billPhone, addr ≈ billAddr

因此，设计者一旦选择了 phone ≈ billPhone 作为正确的匹配，则模式匹配系统也可能推荐 addr ≈ billAddr，尽管该匹配的相似度分值低于 addr ≈ shipAddr。

实际上，有多种算法可以用来对匹配组合进行选择。常用的算法可以把匹配选择问题形式化为稳定婚姻问题。具体来讲，假设模式 S 中的元素对应于男人，而模式 T 中的元素对应于女人。假设 $sim(i, j)$ 表示 A_i 和 B_j 都希望把对方作为配偶的程度（需要说明的是，在模式匹配中，A 和 B 之间相互匹配的期望值是一样的，尽管有时候我们也可以把这种匹配看成是非对称的）。我们的目标是在男人和女人之间找到一个稳定的匹配。假设某个匹配是 $A_i \approx B_j$ 和 $A_k \approx B_l$，如果 A_i 与 B_l 希望彼此匹配，即 $sim(i, l) > sim(i, j)$ 且 $sim(i, l) > sim(k, j)$，那么该匹配就是不稳定的。

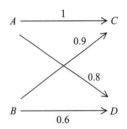

图 5-6　A 与 C 和 B 与 D 是稳定的匹配，而 A 与 D 和 B 与 C 匹配的置信度最大

我们可以基于如下操作生成一个稳定的匹配组合。设集合 match = {}，不断重复如下过程。设 $sim(i, j)$ 是相似度矩阵中的最大值，且 A_i 和 B_j 不属于集合 match，则把 $A_i \approx B_j$ 添加到该集合中。

与稳定婚姻问题相比，匹配组合则可以看成是使匹配预测值总和最大化的过程。在图 5-6 中，A 与 C 和 B 与 D 是稳定的匹配。然而，如果匹配 A 与 D 和 B 与 C，则可以使匹配的置信度最大化。

144

5.8　匹配重用

模式匹配通常是不断重复的过程。例如，在数据集成中，我们可以创建一些从属于同一个域的数据源到单个中介模式的匹配。而在企业应用环境下，我们经常需要对语义匹配进行更新，因为模式可能已经发生了变化。

一般情况下，在某些特定的领域内，相同的概念可能会重现。因为设计者在某个特定的领域中工作，所以他就会首先判断一些常见的领域概念在模式中如何表达。因此，设计者就可以比较快速地创建模式匹配。例如，在房地产领域内，设计者可以很快获得一些典型的概念（如房子、地段、代理）、概念的典型属性，以及这些属性的特征（例如，以千为单位的数值通常代表房子的价格、有长文本描述的域往往是房屋的具体描述）。

因此，一个比较有趣的问题就是模式匹配系统能够随着时间的推移而不断得到改进。模式匹配系统能否从以前的经验中进行学习？本节将具体介绍如何把机器学习技术应用于模式匹配，如何不断提高匹配的准确性。我们会在数据集成应用中介绍这些技术，其目标是将多个数据源映射到单个的中介模式。

5.8.1 学习匹配

假设 S_1，S_2，$\cdots$，S_n 为 n 个数据源，我们的目标是如何把这 n 个数据源映射到中介模式 G。前面介绍过，G 主要是用来对集成系统中的查询进行形式化。为了训练匹配系统，我们会在少数的数据源上（如 S_1，S_2，$\cdots$，S_m，m 远小于 n）手工提供一些语义匹配。系统通过这些训练样本进行归纳，然后预测 S_{m+1}，$\cdots$，S_n 的匹配结果。

我们首先介绍通过中介模式的元素学习分类器。如 5.4 节所述，概念 C 的分类器实际上就是一个算法，该算法能够将属于 C 的实例和不属于 C 的实例区分开来。这种情况下，中介模式中一个元素 e 的分类器就会对源模式中的元素进行检查，并判断它是否与 e 匹配。

为了构建分类器，需要采用一些机器学习算法。和匹配器一样，任何一种机器学习算法一般情况下只是重点考虑模式的一个方面，并且有各自的优缺点。因此，可以采用多策略学习技术将多种学习方法结合在一起。多策略学习技术的过程如下：

- 采用一个学习器集合：l_1，$\cdots$，l_k，对于中介模式的每一个元素 e，每个学习器都在 e 的训练样本的基础上为其创建一个分类器。训练样本是根据 G 和训练数据源之间的语义匹配得到的。
- 使用一个元学习器对不同学习器的权重进行学习。具体来讲，对于中介模式的每一个元素 e 和每一个学习器 l，元学习器都会计算出一个权重 $w_{e,l}$。

例 5.15 假设中介模式 G 有 3 个元素 e_1、e_2 和 e_3。假设有 2 个基于实例的学习器：朴素贝叶斯和决策树（我们将简单进行介绍）。朴素贝叶斯学习器分别为 e_1、e_2 和 e_3 创建 3 个分类器：$C_{e_1,NB}$、$C_{e_2,NB}$ 和 $C_{e_3,NB}$。分类器 $C_{e_1,NB}$ 的目标是判断一个给定的数据实例是否属于元素 e_1。分类器 $C_{e_2,NB}$ 和 $C_{e_3,NB}$ 的目标与 $C_{e_1,NB}$ 一样。

为了训练分类器 $C_{e_1,NB}$，需要构建正例和反例样本的集合。实际应用中，可以用 e_1 的所有可用数据实例作为正例样本，中介模式中其他元素的可用实例作为反例样本。然而，中介模式一般都是虚拟的，并没有数据实例。

这种情况下，就需要一些训练数据源：S_1，S_2，$\cdots$，S_m。假设将这些数据源与中介模式进行匹配时，数据源中只有 a 和 b 两个元素与中介模式的元素 e_1 匹配。那么就可以把 a 和 b 的可用数据实例作为 e_1 的数据实例，并作为正例样本。同样的方法，也可以用与 e_1 不匹配的元素实例（训练数据源的元素）作为范例样本。分类器 $C_{e_2,NB}$ 和 $C_{e_3,NB}$ 采用相同的方法进行训练。

决策树学习器也创建 3 个分类器：$C_{e_1,DT}$、$C_{e_2,DT}$ 和 $C_{e_3,DT}$，它们也可以采用类似的方法进行训练。

最后，元学习器需要为每一对中介模式元素和学习器计算一个权重，一共有 6 个权重：$w_{e_1,NB}$、$w_{e_2,NB}$、$w_{e_3,NB}$、$w_{e_1,DT}$、$w_{e_2,DT}$ 和 $w_{e_3,DT}$。　　<<<

给定一个训练得到的分类器，多策略学习方法的匹配过程如下所示。假设模式 S 的元素为：e'_1，$\cdots$，e'_n：

- 在 e'_1，$\cdots$，e'_n 上应用学习器，用 $p_{e,l}(e')$ 表示学习器 l 对 e' 是否匹配 e 的预测。
- 对学习器进行合并：$p_e(e') = \sum_{i=1}^{k} w_{e,l_i} * p_{e,l_i}(e')$。

学习器充当匹配器，元学习器充当组合器。因此，元学习器输出的是一个合并的相似度矩阵，该矩阵可以作为约束执行器和匹配选择器的输入。

例 5.16　继续以 5.15 为例，假设 S 是一个新的数据源，有两个元素 e_1' 和 e_2'。朴素贝叶斯学习器的工作过程如下所示：

- 分类器 $C_{e_1, NB}$ 对 $p_{e_1, NB}(e_1')$ 和 $p_{e_1, NB}(e_2')$ 进行预测；
- 分类器 $C_{e_2, NB}$ 对 $p_{e_2, NB}(e_1')$ 和 $p_{e_2, NB}(e_2')$ 进行预测；
- 分类器 $C_{e_3, NB}$ 对 $p_{e_3, NB}(e_1')$ 和 $p_{e_3, NB}(e_2')$ 进行预测。

上述 6 个预测构成了一个相似度矩阵，该矩阵可以看做是由朴素贝叶斯学习器产生的相似度矩阵。决策树学习器也可以产生一个相似度矩阵。

元学习器将上述两个相似度矩阵进行合并。具体来讲，可以将相似度分数的总和作为合并的相似度分数，计算公式为：

$$p_{e_1}(e_1') = w_{e_1, NB} * p_{e_1, NB}(e_1') + w_{e_1, DT} * p_{e_1, DT}(e_1')$$

其他的合并相似度分数可以用相同的方式计算得到。　　　　　　　　　　　　　　<<<

后面两节将介绍两种常见的学习器，并介绍如何训练元学习器。

5.8.2　学习器

很多分类技术都可以作为模式匹配的学习器。接下来我们将介绍两种常见的学习器：基于规则的学习器和朴素贝叶斯学习器。

基于规则的学习器

基于规则的学习器可以检查训练样本集合，并得到一些规则集合，这些规则可以用来对实例进行测试。这些规则可以用简单的逻辑公式或者决策树来表示。如果在某些领域中存在一个规则集合，并且基于训练样本的特征，这些规则可以准确地描述类的实例，如能够识别满足特定格式的元素，那么基于规则的学习器在这样的领域中就非常有效。当学习得到的规则应用到一个实例上时，如果实例满足规则要求，则返回 1，否则返回 0。

以规则学习器识别电话号码为例（为简单起见，我们仅识别美国电话号码）。作为学习器输入的字符串实例样本是"（608）435-2322"、"849-7394"和"5549902"。对于每一个字符串，首先判断它是正例还是反例，然后为我们认为重要的特征提取值。在我们的例子中，这些特征为"字符串是否有 10 个数字？"，"字符串是否有 7 个数字？"，"在第 1 个位置是否有 '('？"，"在第 5 个位置是否有 ')'？"，"在第 4 个位置是否有 ' - '？"。

学习规则的一个常用方法是构建决策树。图 5-7 显示了一个识别电话号码的决策树例子。决策树的创建过程为：首先从训练数据的特征中选择一个对正例和反例具有最大区分度的特征。该特征就作为树的根节点，然后根据是否

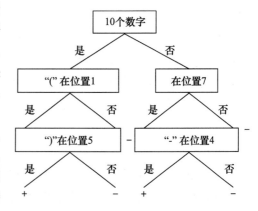

图 5-7　识别电话号码的决策树

包含该特征，将实例划分为两个集合。然后递归执行，并分别为两个实例的子集构建决策树。在图5-7中，我们首先将含有10个数字的实例与其他实例区分开来。对于含有10个数字的实例，下一个重要特征是'（'的位置。

如上所述，决策树所代表的规则可以是"如果实例i有10个数字，在位置1有'（'，在位置5有'）'，那么i就是一个电话号码"，"如果i有7个数字，在第4个位置没有'-'，那么i就不是一个电话号码"。

朴素贝叶斯学习器

假设项（tokens）在训练数据中的出现情况是已知的，那么朴素贝叶斯分类器就可以检查给定实例的每一个项（token），然后把该实例赋给最可能的类。具体来讲，给定一个实例，学习器首先会把它转换成一个项的集合（bag of tokens）。这些项是通过对实例中的单词和符号进行语法解析和词干分析得到的。例如，"RE/MAX Greater Atlanta Affiliates of Roswell"经过处理之后，就变成"re / max greater atlanta affili of roswell"。

假设中介模式的元素是c_1，…，c_n，学习器的测试实例是$d = \{w_1, \cdots, w_k\}$，其中w_i是实例的项。朴素贝叶斯学习器的目标是把d赋给元素c_d，使得在给定d的情况下，后验概率最大。形式上，概率可以定义为$c_d = \arg\max_{c_i} P(c_i \mid d)$。为了计算该概率，学习器可以使用贝叶斯规则，即$P(c_i \mid d) = P(d \mid c_i)P(c_i)/P(d)$。基于该规则，可以得到：

$$c_d = \arg\max_{c_i}[P(d \mid c_i)P(c_i)/P(d)]$$

$$= \arg\max_{c_i}[P(d \mid c_i)P(c_i)]$$

因此，为了进行预测，朴素贝叶斯学习器就需要从训练数据中估计$P(d \mid c_i)$ 和$P(c_i)$的值。概率$P(c_i)$ 可以用属于元素c_i的训练实例的比例来近似代替。计算$P(d \mid c_i)$ 时，需要假设在给定c_i的情况下，d中的项w_i是相互独立的（因为这些假设，它才称为朴素贝叶斯）。基于这些假设，可以得到：

$$P(d \mid c_i) = P(w_1 \mid c_i)P(w_2 \mid c_i)\cdots P(w_k \mid c_i)$$

我们用$\dfrac{n(w_j, c_i)}{n(c_i)}$来估计$P(w_j \mid c_i)$，其中$n(c_i)$ 表示属于元素c_i的实例中所有项的总数，$n(w_j, c_i)$ 表示w_j在元素c_i的实例中出现的次数。

尽管独立性假设常常是不成立的，但是朴素贝叶斯学习器在很多领域中的效果都非常好。特别是，当存在一些对正确类别（标签）有很强指示作用的项时，朴素贝叶斯学习器的效果是最好的。例如，它可以在房产信息列表中有效地识别出房屋描述信息，因为描述信息经常包含"漂亮"和"奇妙"等单词，而这些单词在其他元素中很少出现。如果只含有弱指示项，但是数量很多，朴素贝叶斯学习器的效果也很好。相比之下，对于一些较短的或者数字域，如颜色、邮政编码、浴室数量等，效果则比较差。

5.8.3　训练元学习器

元学习器可以确定每一个学习器的权重。中介模式的每个元素的权重可能是不同的。为了计算权重，元学习器要求其他学习器对训练样本进行预测。由于元学习器知道正确的匹配结果，所以它可以判断每个学习器对中介模式的每个元素的效果。基于这种判断，元学习器就会为每个中介模式元素 e 和学习器 l 赋一个权重 $w_{e,l}$，该权重反映了元学习器对学习器 l 针对元素 e 所做预测的信任程度。

为了给中介模式的每一个元素确定一个权重，元学习器需要创建一个训练样本集合。训练样本的格式为 $(d, p_1, \cdots, p_k, p*)$，其中：

- d 是训练数据源 S_i 的一个数据实例，$1 \leq i \leq m$，
- p_j 代表学习器 l_j 对 (d, e) 做的预测，
- $p*$ 是数据实例 d 的正确预测。

然后，元学习器就可以在上述训练样本上使用学习方法（如线性回归）来为元素 e 学习相应的权重。

例 5.17　继续以例 5.15 和例 5.16 为例，我们的目标是学习 6 个权重：$w_{e_1,NB}$、$w_{e_2,NB}$、$w_{e_3,NB}$、$w_{e_1,DT}$、$w_{e_2,DT}$ 和 $w_{e_3,DT}$。

我们首先学习 e_1 的两个权重 $w_{e_1,NB}$ 和 $w_{e_1,DT}$。为了完成这个任务，需要创建一个训练样本集合。样本的形式为 $(d, p_{NB}, p_{DT}, p*)$，其中：（a）d 是训练数据源中的一个数据实例；（b）p_{NB} 和 p_{DT} 分别是朴素贝叶斯学习器和决策树学习器认为 d 与 e_1 匹配（如 d 是 e_1 的实例）的置信度；（c）如果 d 与 e_1 匹配，则 $p*$ 为 1，否则为 0。

接下来我们使用线性回归方法来计算权重 $w_{e_1,NB}$ 和 $w_{e_1,DT}$，使平方误差 $\sum_d (p* - [p_{NB} * w_{e_1,NB} + p_{DT} * w_{e_1,DT}])^2$ 最小。

剩下的 4 个权重可以采用相同的方法计算得到。

5.9　多对多匹配

到目前为止，我们主要关注一对一的匹配。然而，在实际应用中，很多匹配都包含一个或两个模式中的多个元素。例如，图 5-8 中的两个模式 SOURCE 和 TARGET。表 Itmes 中的属性 price 与表 Books 中的 basePrice * (1 + taxRate) 对应；表 Items 中的属性 author 与表 Books 中的 concat(authorFirstName, authorLastName) 对应。因此，就需要考虑两个模式的复合元素的相似度。复合元素是通过将一个函数应用于多个元素上而得到。

```
SOURCE
Books(title, basePrice, taxRate, quantity, authorFirstName, authorLastName)

TARGET
Items(title, price, inventory, author, genre)
```

图 5-8　存在多对多匹配的两个模式

本节中，我们将讨论如何对现有的模式匹配技术进行扩展，从而得到多对多的匹配。最大的挑战在于，由于存在很多复合属性，所以就会有很多候选匹配需要检查。而在一对一的匹配中，最坏的情况只是对两个模式中所有元素的笛卡儿积的相似度进行检查，复合元素的数量可能非常大，甚至是没有边界的。例如，有很多种方法来连接多个字符串属性，包含多个数值型元素的函数可能有无数多个。

我们把寻找匹配的问题视为一种搜索问题（见图5-9）。首先产生候选元素对，其中的一个或两个元素都是复合元素。然后迭代地产生多个元素对，并像检测其他候选匹配一样，对产生的元素对进行检测。

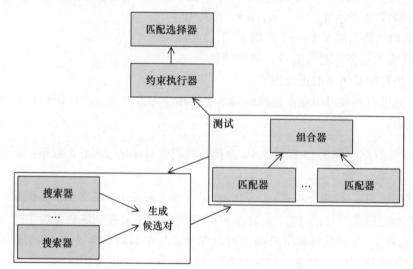

图5-9　为了发现复合属性之间的匹配，我们采用多个搜索器来产生候选匹配。我们使用前面介绍的匹配器和组合器进行检查。当匹配的预测质量改变不是很大时，就可以终止该搜索器

我们可以采用多个专用搜索器来产生候选元素对。每一个专用搜索器重点关注一种数据类型（如文本、字符串、数字），并且只考虑适合该数据类型的复合元素。该策略有很好的扩展性。例如，很容易增加其他专用搜索器，这些搜索器主要关注地址域以及相应的组合，或者名字相关域的某些特定合并方法。

一个搜索器包含3个部分：搜索策略、候选匹配的评估方法和终止条件。下面将逐个介绍它们。

搜索策略

搜索策略主要包括两部分。我们定义一个候选匹配集合，搜索器使用操作符集合来寻找这些候选匹配，并且搜索器还会用这些操作符来构建复合元素（如，连接、+、*）。其次，由于可能的复合元素集合非常大，甚至没有边界，所以搜索器需要一个控制搜索过程的方法。常见的技术是使用定向搜索（beam search），该方法在搜索过程的任何时刻都会保留 k 个最好的候选项。

评估候选匹配

给定一个复合元素对（每个模式一个元素），可以用前面介绍过的技术来评估它们的相似度。和以前一样，评估的结果就是对匹配的预测。搜索器的类型可以表明哪个匹配器更合适。

终止条件

在有些情况下，当可能的复合元素集合比较小时，搜索会自动终止。但是，当复合元

素集合特别大或者没有边界时，则需要一个终止算法的方法。当发现收益递减（diminishing returns）时就终止算法。在定向搜索算法的第 i 次迭代中，对目前为止发现的任何匹配的最大值进行追踪，记为 Max_i。当 Max_i 和 Max_{i+1} 之间的差小于某个给定阈值 δ 时，就停止搜索，并返回前 k 个匹配。

例 5.18 为了发现图 5-8 中模式 SOURCE 和模式 TARGET 之间的多对多匹配，我们采用两个搜索器。第一个是字符串搜索器。该搜索器主要考虑字符串类型的属性，并尝试通过连接来对其进行合并。第二个是数值搜索器，主要关注数值型的域，并采用算术操作符进行合并，如加、乘和一些常数（如 32、5/9（从华氏温度到摄氏温度）和 2.54（把英寸转换成厘米））。

当算法为 Items 中的属性 author 寻找匹配时，将会考虑下列元素：title、authorFirstName、authorLastName、concat（title，authorFirstName）、concat（authorFirstName，authorLastName）、concat（authorLastName，uthorFirstName）等。当寻找 Inventory 中属性 price 的匹配时，会检查很多组合，主要包括 basePrice + taxRate、basePrice ∗ taxRate、basePrice ∗（1 + taxRate）、basePrice + quantity 和 taxRate ∗ quantity。

<<<

5.10 由匹配到映射

在 5.1 节中，为了创建数据源的描述信息，我们经常首先创建语义匹配，然后从匹配得到映射。之所以首先创建匹配，是因为比较容易从设计者那里得到匹配，并且要求设计者对每个模式元素进行推理和判断。到目前为止，也存在一些技术可以使匹配系统能够猜测一些匹配。

在把匹配转义为映射的过程中，关键的挑战是使匹配充实化、具体化，并把所有匹配变成一个统一的整体。包括确定一些可以作用在源数据和目标数据上的操作，基于这些操作，数据可以相互转换。特别是，在创建映射时，需要通过连接和并操作对源和目标中数据的表组织结构进行调整，使其一致。也包括指定针对数据的其他操作，如列过滤、使用聚集、结构分解等。

在给定创建映射复杂度的情况下，整个过程需要一个有效的用户接口支持。例如，设计者应该可以通过一个图形用户接口来指定映射，并且系统能够自动产生映射描述，这样就可以为设计者节省大量工作。除此之外，系统应该在每一步都为设计者展示相应的样本数据实例，设计者可以据此判断他所定义的转换是否正确，并且，必要时应该允许设计者进行修改错误。

本节主要描述如何探寻可能的模式映射空间。给定一个匹配集合，我们设计一个针对可能的模式映射的搜索算法，这些可能的映射是与给定匹配相一致的。我们可以根据一些常见的模式设计原理来定义合适的搜索空间。此外，当把映射展示给设计者时，这些原理还可以提供一些模式排序方法。我们通过一个例子来介绍这些概念背后的基本原理。

例 5.19 图 5-10 显示了源模式 university 和 accounting 模式之间匹配的子集。

匹配 f_1 表明关系 PayRate 的 HrRate 和关系 WorksOn 的 Hrs 的乘积对应于目标关系 Personnel 的属性 Sal。

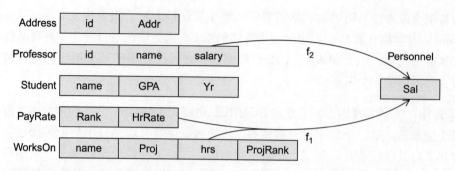

图 5-10　从多个表中合并匹配。匹配 f_1 表明 HrRate 和 Hrs 的乘积对应于 Personnel 的属性 Sal，但问题是对哪些表进行连接操作从而来构建包含这两个属性的表。匹配 f_2 表明薪水也与 Sal 对应，但问题是是否要对教授的薪水和雇员的薪水进行合并，或者把从两个匹配计算出来的薪水进行连接

模式映射需要指定如何对源中的关系进行连接操作，从而把数据映射到目标上，这种选择并不是很容易的。在该例中，如果属性 ProjRank 是属性 PayRate 的外键，那么自然映射是：

```
SELECT P.HrRate * W.Hrs
FROM PayRate P, WorksOn
W WHERE P.Rank = W.ProjRank
```

然而，假设 ProjRank 不是外键，而 WorksOn 的属性 name 是 Student 的外键，并且 Student 的属性 Yr 是 PayRate 的外键。那么，薪水就依赖于学生的年份。在这种情况下，下面的连接就是自然映射：

```
SELECT P.HrRate * W.Hrs
FROM PayRate P, WorksOn W, Student S
WHERE W.Name=S.Name AND S.Yr = P.Rank
```

如果声明所有 3 个外键，那么就无法清楚地判断上述的连接中，哪一个是正确的。事实上，一个正确的映射也有可能不用做任何连接操作，映射也有可能是 PayRate 和 WorksOn 之间的交叉乘积，不过这种可能性比较小。

假设第一个匹配 f_1 的映射涉及 3 个表 PayRate、WorksOn 和 Student 的连接。第二个匹配 f_2 表明 Professor 的属性 salary 映射到目标中的属性 Sal。f_2 的一种解释是 f_1 产生的值应该与 f_2 产生的值进行连接。然而，这就意味着源数据库中的大多数值都无法映射到目标中。相反，一个更自然的解释是有两种方法来计算雇员的工资属性，一种方法应用于教授，另一种方法应用于其他雇员。该种解释对应的映射为：

```
(SELECT P.HrRate * W.Hrs
 FROM PayRate P, WorksOn W, Student S
 WHERE W.Name=S.Name AND S.Yr = P.Rank)
UNION ALL
(SELECT Salary
 FROM Professor)
```

<<<

上述的例子说明了两个原则。第一个原则是，给定一个匹配集合，当可能的映射空间不是十分明确的情况下，就需要有一些相应的结构。第一种选择是如何进行关系连接，第二种选择是如何对多个关系执行并操作。这两种选择构成了映射空间的基础。

第二个原则是，虽然我们前面所做的选择似乎具有启发式性质，但实际上这些选择都具有坚实的理论基础。例如，当只有一个外键时，我们一般比较倾向于简单的连接查询，这主要是基于这样一种直觉：当把源映射到目标时，我们会执行逆规范化，而源数据的设计者往往对数据进行规范化。当确实不想丢失源数据项中的任何联系时，我们可以通过笛

卡儿积进行映射连接。如果源数据中的每一个数据项在目标中都有所表示，除非某个数据项被直接过滤掉了，否则我们就会把 Professor 和 PayRate 中的数据进行合并。上述原则就是算法中对映射进行排序的基础。　　154

　　在介绍算法之前，我们先把例子介绍完。图 5-11 显示了更多的匹配。

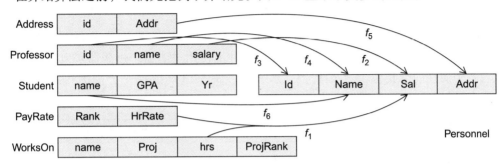

图 5-11　　图 5-10 中的完整匹配集合

f_3:　　 $Professor(id) \approx Personnel(Id)$

f_4:　　 $Professor(name) \approx Personnel(Name)$

f_5:　　 $Address(Addr) \approx Personnel(Addr)$

f_6:　　 $Student(name) \approx Personnel(Name)$

　　这些匹配很自然地分为两个集合。第一个集合包括 f_2、f_3、f_4 和 f_5，负责把 Professor 映射到 Personnel，并且指明了如何为教授构建 Personnel 的元组。第二个匹配集合（f_1 和 f_6）指定了如何为其他的雇员构建 Personnel 的元组。在算法中，每一个集合都称为一个候选集合。算法考察每一个候选集合中的所有可能的连接，并且考虑如何合并各候选集合对应的转换。

　　给定这些匹配的情况下，最直观的映射为：

```
(SELECT P.id, P.name, P.salary, A.Addr
 FROM Professor P, Address A
 WHERE A.id = P.id)
UNION ALL
(SELECT NULL AS Id, S.name, P.HrRate*W.hrs, NULL AS Addr
 FROM Student S, PayRate P, WorksOn W
 WHERE S.name = W.name AND S.Yr = P.Rank)
```

　　然而，也存在很多其他可能的映射，这些映射没有执行任何连接操作，看起来会非常直观：

```
(SELECT NULL AS Id,  NULL AS Name, NULL AS Sal, Addr
 FROM Address )
UNION ALL
(SELECT P.id, P.name, P.salary, NULL as Addr
 FROM Professor P)
UNION ALL
(SELECT NULL AS Id,  NULL AS Name, NULL AS Sal, NULL AS Addr
 FROM Student S)
...
```

搜索可能的模式映射集合

　　接下来将会介绍一个搜索算法，算法的输入是一个给定的匹配集合，该算法将对可能的模式映射空间进行搜索。为了描述方便，我们只介绍目标中仅包含单个关系的情况。对多关系的扩展可以作为读者的一个简单练习。

我们所描述的算法本质上是一种交互式算法。该算法搜索可能的映射空间，并为用户提供最可能的映射。在算法描述中，我们提到了若干个启发式规则。如果存在更好的启发式，我们提到的启发式可以被替换。虽然在我们的描述中并没有体现出来，但是我们可以假设，在算法的每一步，设计者都可以对算法做出的决定提供相应的反馈，并使算法朝正确的方向执行。

算法的输入是一个匹配集合：$M = \{f_i : (\overline{A}_i \approx B_i)\}$，其中，$\overline{A}_i$ 是源 S_1 的属性集合，B_i 是目标 S_2 的一个属性。我们也允许匹配在源属性上使用过滤器。过滤器可以在一个属性上或者一个属性的聚集值上（如均值、最大值或最小值）指定一个范围约束。算法 9，FindMpping 算法，主要包括 4 个阶段。

算法 9　FindMpping：在可能的模式映射空间中搜索

输入：模式 S_1 和 S_2 之间的匹配，$M = \{f_i : (\overline{A}_i \approx B_i)\}$　（当 $\overline{A}_i$ 包含的属性个数大于 1 时，形式为 $g(\overline{A}_i)$，其中 g 是对属性进行合并的函数）；$filter_i$：与 f_i 相关联的过滤器集合。

输出：查询形式的映射。

{**阶段 1**：创建候选集合}

设 $\mathcal{V} := \{v \subseteq M \mid S_2$ 中的每一个属性最多被 v 提及一次$\}$

{**阶段 2**：}

$\mathcal{G} := \mathcal{V}$

for 对于任何一个 $v \in V$ **do**

  if $(A_i \approx B_i) \in v$，$\overline{A}_i$ 包含 S_1 中多个关系中的属性 **then**

    使用启发式规则 1 和 2 来搜索连接 $\overline{A}_i$ 中的关系的连接路径

    if 不存在连接路径 **then**

      从 $\mathcal{G}$ 中返回 v

    end if

  end if

end for

{**阶段 3**：}

Covers $:= \{\Gamma \mid \Gamma \subseteq \mathcal{G}$，$\Gamma$ 包含了 M 中的所有匹配 f_i，并且 Γ 的任何子集都无法包含所有的匹配 $f_i\}$

selectedCover $:= c \in$ Covers，c 是具有最少候选路径的覆盖

if Covers 中有多个覆盖 **then**

  利用启发式 3 选择一个覆盖

end if

{**阶段 4**：}

for 对于 selectedCover 中的每一个覆盖 v **do**

  创建一个如下形式的查询 Q_v：

    SELECT vars

    FROM $t_1, \cdots, t_k$

    WHERE $c^1, \cdots, c^j, p_1, \cdots, p_m$

  其中，vars 表示 v 中匹配涉及的属性

  $t_1, \cdots, t_k$ 是 v 的连接路径中的各个关系

---

c^1，$\cdots$，c^j 是v的连接路径中的连接条件

filter$_1$，$\cdots$，filter$_m$ 是连接路径中的过滤条件

end for

return 查询

Q_1 UNION ALL$\cdots$UNION ALL Q_b

其中，Q_1，$\cdots$，Q_b 是前面创建的查询

在第一阶段，创建所有可能的候选集合，这些集合都是 S_2 的子集，其中，M 中的每个属性最多使用一次。候选集合的集合记为v。v 中的每一个候选集合就代表计算 S_2 属性的一种方法。需要说明的是，v 中的集合不一定包含 S_2 的所有属性，因为有些属性可能不需要最后的映射来计算。如果一个集合包含 S_2 的所有属性，那么我们称为完全覆盖。还需要说明的是，v 的元素不一定是不相交的，在计算 S_2 的多个方法中可以使用相同的匹配。

例 5.20　假设有如下匹配：

$$f_1: S_1.\,A \approx T.\,C, f_2: S_2.\,A \approx T.\,D, f_3: S_2.\,B \approx T.\,C$$

那么，完全的候选集合是 $\{\{f_1, f_2\}, \{f_2, f_3\}\}$。单元素集合 $\{f_1\}$、$\{f_2\}$ 和 $\{f_3\}$ 也是候选集合。　　　　<<<

在算法的第二阶段，考察集合v中的候选集合，并在每一个候选集合中搜索最好的连接集合。特别是，对于一个候选集合$v \in v$，并假设 $(\bar{A_i} \approx \bar{B_i}) \in v$，$\bar{A_i}$ 包含 S_1 中多个关系中的属性。我们使用下面的启发式规则来搜索连接 $\bar{A_i}$ 中关系的一个连接路径。

启发式 1（寻找连接路径）　一个连接路径可以是：

- 外键之间的路径，
- 通过检查以前 S 上的查询而得到的路径，或者
- 通过挖掘 S 中可连接的列的数据而发现的路径。

在v中，我们需要为寻找连接路径的候选集合的集合记为$\mathcal{G}$。如果存在多个连接路径（如例 5.19 所示），那么使用如下启发式进行选择。

启发式 2（选择连接路径）　优先选择外键之间的路径。如果存在多个这样的路径，那么选择在匹配中某一个属性上有过滤器的路径（如果存在这样的路径）。为了对路径进一步排序，选择外连接和内连接之间估计差别最小的连接路径。最后可以选择拥有最少不确定元组的连接路径。

算法的第三阶段是检查$\mathcal{G}$中的候选集合，并进行合并，从而能够包含 M 中的所有匹配。特别是，需要搜索匹配的覆盖（cover）。如果$\mathcal{G}$的一个子集 Γ 是包含 M 中的所有匹配，并且是最小的，那么 Γ 就是一个覆盖。如从 Γ 中移除一个候选集合后，Γ 就不再是一个覆盖。

在例 5.20 中，$\mathcal{G} = \{\{f_1, f_2\}, \{f_2, f_3\}, \{f_1\}, \{f_2\}, \{f_3\}\}$。可能的覆盖包括 $\Gamma_1 = \{\{f_1\}, \{f_2, f_3\}\}$，$\Gamma_2 = \{\{f_1, f_2\}, \{f_2, f_3\}\}$。如果存在多个覆盖，则可以采用下面的启发式来进行选择。

启发式 3（选择覆盖）　如果存在多个覆盖，那么选择候选集合数量最少的一个，因

为一般情况下我们认为，越简单的映射越合适。如果有多个覆盖含有相同数目的候选集合，那么选择包含较多 S_2 属性的覆盖。

算法的最后一个阶段是创建模式映射表达式。这里，用 SQL 查询来描述映射。算法首先为选中的覆盖中的每一个候选集合生成一个 SQL 查询，然后再进行合并。

假设 v 是一个候选集合，采用如下方式构建 SQL 查询 Q_v。首先，把 v 中 S_2 的属性放在 SELECT 子句中。然后，将 v 的连接路径中的每一个关系都放到 FROM 子句中，相应的连接谓词放在 WHERE 子句中。此外，匹配中的每一个过滤器也加到 WHERE 子句中。最后，输出一个查询，该查询把覆盖中的 Q_v 进行合并。

参考文献注释

模式匹配和模式映射已经研究了数十年。综述[487]总结了大约 2001 年之前最新的技术进展并提到了一些早期的工作[68, 111, 434, 465, 472]。综述[179]和专刊[180, 463]讨论了截至 2005 年的工作，而[61]则讨论了截至 2010 年的研究工作（http://dbs.uni-leipzig.de/file/vldb2011.pdf 对最新工作进展进行了总结）。其他与该主题相关的书籍包括[214, 241]。

本章介绍的架构是基于 LSD 系统[181]和 COMA 系统[178]（详细信息参见[371, 511]）。算法均是对架构的不同部分进行组合，而不是把它们分开。例如，Similarity Flooding 算法[427]使用基于字符串的相似度对匹配进行初始化，然后使用局部传播算法在整个图上对这些估计值进行扩散。

文献[140]讨论了多个进行模式匹配的启发式。文献[178, 181]在模式匹配系统中引入了多个匹配器组合的思想。文献[212]也提出了类似的思想。[384]介绍了如何使用机器学习技术来进行模式匹配。LSD 系统[181]介绍了多个基础学习器的思想，并通过学习来对基础学习器进行组合。系统采用一种称为"累积法"（stacking）[549, 576]的技术来对基础学习器的预测结果进行合并。文献[187]主要介绍了朴素贝叶斯学习器，并解释了其实际应用效果较好的原因。机器学习技术的一些背景知识，特别是基于规则的学习方法在文献[438]中进行了介绍。论文[570]介绍了一种针对模式匹配和数据匹配的统一方法，该方法主要使用了一种称为条件随机场的机器学习技术。

LSD 系统引入了从旧匹配中进行学习的思想。COMA 系统[178]介绍了一种重用旧匹配的简单方法（不需要进行学习），并考虑了对多个旧匹配进行组合的方法。论文[339]使用信息论技术进行模式匹配。论文[206, 208]则利用了相关模式元素的查询日志信息（如在 join 子句中的元素）。

基于语料库的模式匹配[406]则介绍了如何利用特定领域中的模式和映射语料库来改进模式匹配。论文[295]主要分析了 Web 表单的统计特性，从而对某个特定领域的中介模式以及从数据源到中介模式的映射进行预测。论文[581]主要讨论了如何通过交互式的聚类方法对模式集合进行匹配。论文[510]讨论了如何基于概率映射对聚类结果进行排序。

多个模式匹配系统都考虑了如何使用域约束来过滤和改进模式匹配[181, 183, 407, 427]。5.6 节中介绍的"近邻自适应算法"来自[407]，A^* 算法来自[181]。论文[183]介绍了一种松弛标记算法，该算法利用大量的域约束来进行类别匹配。

模式匹配系统中的用户交互和增量的模式匹配在[78，181，222，240，581]中进行了介绍。论文[420，421]讨论了基于众包的模式匹配方法。

iMap 系统[372]主要解决复杂映射的搜索问题。文献[92，251]介绍了如何寻找具有包含关系的复杂匹配的相关技术。[25，43，289，306]主要讨论了如何匹配大规模模式。Gal[240]则介绍了寻找 Top-k 模式匹配的复杂度。

模式匹配系统中往往存在大量的参数，参数调整是非常困难的一件事情。文献[62，201，371，511]则对参数调整问题进行了讨论。

文献[410]讨论了如何使用语义匹配"as is"来构建深层网络爬虫，而不需要把它变成语义映射。

Clio 系统最早讨论了在给定模式匹配的情况下，如何生成模式映射的问题[302，432]。5.10 节中介绍的算法和例子来自[432]。这些参考文献也介绍了如何将算法扩展到有聚集的映射，以及如何构建一些有代表性的例子，这些例子有助于设计者发现正确的匹配。有关该主题的工作还有[21，23，24，30，220，254]。

最后，本体匹配和映射的相关问题也得到了很大关注。[183]介绍了一个用于本体匹配的系统，该系统所采用的架构与本章所描述的架构类似。[214]讨论了截至 2007 年的最新研究进展，网站 http://ontologymatching.org 包含了与该主题相关的大量有用信息。

160

第6章
Principles of Data Integration

通用模式操作

第5章讨论了模式匹配和模式映射的相关技术。映射和匹配技术可以直接用于数据从一个模式到另一个模式的转换，这也是本书关注的焦点。然而，我们希望对模式进行更多的操作，而不仅限于简单地将数据从一个模式映射到另一个模式。例如，我们希望将两个模式合并为一个模式从而可以描述所有数据。我们还希望将数据模式从一个数据模型转换为另一个数据模型（例如，关系模型转换为XML）。给定3个模式 A、B 和 C，以及模式之间的映射关系 $A \rightarrow B$ 和 $B \rightarrow C$，我们想要将这两个映射组合生成一个新的映射 $A \rightarrow C$。

一般来说，人们可以为模式和映射的通用操作定义一个代数系统。这些操作以模式和映射作为输入，以模式或映射作为输出。这样的代数类似于为数据操作定义的代数，是所有现代查询处理器的基础。该代数也称为一组*模型管理操作*（model management operator），这里的模型是一个更宽泛的概念，它可以指一个模式、面向对象语言中的一组类、一个本体等。

接下来，用一个例子说明数据集成中一组通用模型管理操作的使用。

例6.1 以建立并维护一个数据集成应用的过程为例（见图6-1）。假设我们的目标是对数据源 S_1 和 S_2 构建一个数据集成应用。

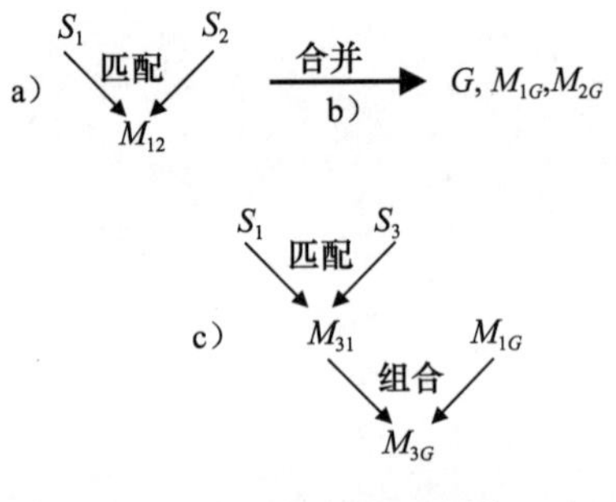

图6-1 可以将数据集成中常见的任务建模成一组模型管理操作。为了建立一个包含 S_1 和 S_2 的集成应用，首先创建它们之间的一个映射，然后用合并操作将这两个模式合并生成中介模式 G。为了添加一个新的数据源 S_3，首先将它与一个已有数据源（S_1）进行匹配并且将这些映射进行合并获得从 S_3 到 G 的一个映射

首先创建一个包含 S_1 和 S_2 信息的中介模式，以及每个数据源到该中介模式的映射。此过程可以分为以下两步。第一步，使用模型管理的匹配（match）操作（该操作完成第5章讨论的模式匹配和映射）创建数据源 S_1 和 S_2 之间的一个模式映射 M_{12}（见图6-1a）。第二步，对模式 S_1 和 S_2 以及映射 M_{12} 使用模式的合并（merge）操作创建一个中介模式 G（见图6-1b）。合并操作将创建一个包含 S_1 和 S_2 所有信息的新模式，但它将对两个模式中的相同信息进行合并，因此合并后的信息没有重复。合并操作还将创建 S_1 和 S_2 到 G 的映射 M_{1G} 和 M_{2G}。

现在假设我们需要向系统中添加另一个数据源 S_3，并且假设 S_3 和 S_1 非常相似。我们可以分两步添加 S_3：(1) 因为 S_3 和 S_1 非常相似，所以很容易使用匹配操作创建一个 S_1

和 S_3 之间的映射 M_{31}；（2）通过组合映射 M_{31} 和 M_{1G} 来使用一个组合操作创建映射 M_{3G}。

无论虚拟的还是数据仓库式的数据集成都是模型管理操作的关键应用。然而，这些模型操作在其他一些任务中也非常有用：

- **消息传递系统**：消息传递系统要求以特定的格式来传递消息（例如，XML 模式），但是数据通常存储于后台系统中，如关系数据库。因此，数据需要从其存储的模型和模式转换成目标消息的格式。在接收端，则需要执行相反的转换。Web 服务和消息队列中间件通常使用消息传递系统。
- **包装器生成工具**（参见第 9 章）：包装器需要将数据从一个数据模型转换成另一个数据模型，其间可能使用一种模式映射。例如，常见的场景是某个编程语言描述的对象模型与一个关系模式之间的转换。

在上述以及其他任务中，手工执行这些操作会耗费企业大量的人力。开发一组通用的模型管理操作可以很大程度上简化这些任务。

6.1　模型管理操作

161
～
162

我们首先描述模型管理的基本术语及其主要操作。模型管理操作处理两种类型的对象：模型以及模型之间的映射。模型描述一个特定应用（例如，一个数据源的关系模式）中的数据表示。模型是一个特定表示系统的具体实例，该表示系统称为元模型（metamodel）。例如，关系数据模型、XML 数据模型和 Java 对象模型。常见的元模型编码语言包括关系的数据定义语言（DDL）、XML 模式、Java 类定义、实体关系模型以及 RDF。例如，关系元模型指定一个模式应该包含一组关系，每个关系由一组某种类型的属性组成。本章将用有向图表示所有的模型，其中节点是元素，边表示元素之间的二元关系，例如 is-a。has-a 和 type-of 表示元模型的不同结构。例如，关系模型的元素与其包含的属性之间具有 has-a 关系。

映射描述了一对模型之间的语义关系。映射用来将数据实例从一个模型转换成另一个模型，或者将一个模型上的查询重构成另一个模型上的查询。映射可以采用各种表达式描述，例如 3.2.4 节介绍的 GLAV 表达式。

模型管理操作应该可以组合，这样一组操作可以按照用户的脚本执行。一些模型管理操作可以完全自动地执行（例如，compose），而其他一些操作可能需要一些人工的反馈（例如，match 和 merge）。模型管理的目标不是完全自动地执行这些任务，而是尽可能减少人工参与。下面介绍一些常见的操作，本章最后介绍构建通用的模型管理系统，它是支持这些操作的"引擎"。

- **匹配**（match）：以两个模型 S_1 和 S_2 为输入，生成两个模型之间的一个模式映射 M_{12}。如第 3 章所述，一个映射描述了一个约束，在该约束上 S_1 和 S_2 的实例对之间相互一致。匹配操作假设这两个输入模型具有相同的元模型。在创建模型的过程中系统可以从用户寻求一些反馈。第 5 章介绍了匹配操作的相关技术。
- **组合**（compose）：该操作的输入为模式 S_1 和 S_2 之间的映射 M_{12} 以及模式 S_2 和 S_3 之间的映射 M_{23}，输出为 S_1 和 S_3 之间的直接映射 M_{13}。如 17.5 节所述，组合操作的算法高度依赖于特定的元模型。
- **合并**（merge）：以两个模型 S_1 和 S_2 以及它们之间的映射 M_{12} 作为输入。合并操作输出一个合并的模型 S_3，该模型包含 S_1 和 S_2 的所有信息，但是并不重复包含两个模型中相同的信息。6.2 节将讨论合并操作。

- **模型生成**（ModelGen）：以给定元模型 $\mathcal{M}_1$ 的一个模型 S_1 作为输入，创建不同的元模型 $\mathcal{M}_2$ 的一个模型 S_2。例如，模型生成操作可以将一个关系模型转换成 XML，或者将一个 Java 对象模型转换成关系模式。6.3 节介绍该操作。

- **逆映射**（Invert）：以 S_1 到 S_2 的映射 M_{12} 为输入，输出 S_2 到 S_1 的映射 M_{21}。映射 M_{21} 应该可以根据 S_2 的一个实例计算 S_1 的一个实例。6.4 节讨论逆映射操作。

接下来，我们将详细介绍这些模型管理操作。参考文献注释包含了文献中其他一些相关工作。值得注意的是，我们的操作列表并不完整。例如，已经有一些工作提出了 **diff** 操作，它可以返回两个模式之间的差异。

6.2 合并操作

合并操作（merge）的输入为：两个模型 S_1 和 S_2，以及它们之间的映射 M_{12}；其输出为：一个新的模型，其包含 S_1 和 S_2 中信息的并集，但去掉了两个模型中重复出现的信息。映射 M_{12} 可以判断哪些信息在两个模型中都存在。

图 6-2 描述了一个例子，说明当合并两个模型时需要做出的一些决策。图 6-2 显示了演员（actor）实体的两个模型以及它们之间的一个映射。我们将每个模型描述为一个元素图。实线表示演员元素 **actor** 和它的子元素之间具有 **has-a** 的关系。虚线描述了构成两个模型之间映射的属性对应关系。该图表示并不知道其描述的是什么样的元模型。因此该图描述的可能是一个演员表 **actor** 的关系模式；或者是一个 XML 模式，其演员元素 **actor** 包含特定的子元素。

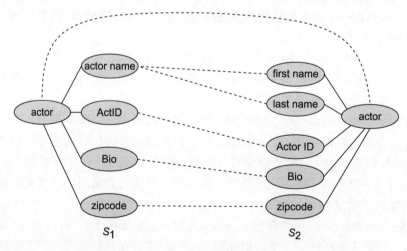

图 6-2 需要合并的两个演员模型。这两个模型采用元素的图描述。实线表示演员元素 actor 和其子元素之间的 has-a 关系。虚线表示构成两个模型之间映射的属性对应关系

合并操作说明了定义一个通用模型管理操作所涉及的挑战性问题。乍一看，合并操作需要解决 3 种冲突。下面逐一加以讨论。

合并操作需要考虑的第一种冲突是表示冲突（representational conflict）。在我们的例子中，演员的姓名在一个模型中用一个字段表示，而另一个模型用两个字段表示。这种冲突

对合并操作来说并不是固有的，其实际上依赖于两个模型之间的映射。例如，该映射将指定 first name 和 last name 是否是 name 的子元素。实际上，两个输入模型之间的不同映射可能产生不同的合并模型。因此，合并操作只接收一个映射作为输入。除了映射外，合并操作的输入可能还包含一些规则，用来指定遇到表示冲突时某个模型应该优先于另一个模型。例如，如果将一个数据源的模式与中介模式合并，我们更倾向于中介模式的变化尽可能小。

合并操作需要处理的第二种冲突是元模型冲突。例如，假设在我们的例子中 S_1 是一个 XML 模式，S_2 与合并模型是关系模式。因为关系模式并没有子属性的概念，所以没有现成的方法来完成 S_1 到合并模型的映射。

元模型的不匹配也不是合并操作所固有的。实际上，模型之间的转换经常会遇到该问题。因此，在模型管理中包含了一个独立的操作 modelGen 来完成元模型之间转换的相关任务。

最后，第三种冲突对合并操作非常重要，因此也是文献中通用合并算法所关注的焦点。基本冲突是指所有模型的公共表示（并且必须能够捕捉其元模型的所有方面）——有时也称为元元模型（meta-meta-model）。元元模型是模型管理操作使用的表示系统。例如，在例子中，一个基本冲突涉及合并后的模型中对 zipcode 建模。假设在 S_1 中 zipcode 是一个整数，然而在 S_2 中是一个字符串。而元元模型只允许属性有单个类型，因此存在冲突。

合并算法的主要任务是识别基本冲突并设计解决它们的规则。接下来，我们给出两个例子。

- **基数约束**：在元元模型中的一个关系 R 上，基数约束限制了元素 y 的数目，对给定的 x，$R(x, y)$ 的数目满足该约束。例如，在关系模型中，基数约束要求每个元素最多是一个 type-of 关系的起点（每个元素只有一个类型）。注意基数约束可以提供基数的下界或上界。

  违反这种约束的一个解决方案是创建一个新的类型，该类型继承多个类型。例如，在元元模型中创建一个新的类型，它继承字符串类型和整型，并将属性 zipcode 声明为该新类型。

- **无环约束**：一个元元模型可以要求某个关系是无环的。例如，在我们的元元模型中要求 is-a 关系是无环的。然而，考虑图 6-3 中的一个简单例子。左侧 b 的模式是 a 的一个子集，同时在右侧的模式中声明了一个相反的 is-a 关系。如果我们合并这两个模型并且继承这两个关系，则将在 a 和 b 之间获得一个 is-a 关系的环。

解决环约束的常用方法是将环中的所有元素折合成合并模型中的一个元素。在我们的例子中，将 a 和 b 合并成一个元素。当然，也可以用面向领域的规则来指定一个不同的解决方案。

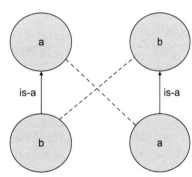

图 6-3　合并操作产生环

6.3　模型生成操作

模型生成操作（modelGen）以某个元模型中的一个模式作为输入，将其转换成另一个元模型。由于常常需要处理来自不同数据源的数据，所以在模型管理场景中两个元模型

165

之间的转换操作很常见。其他模型管理操作，如匹配和合并操作，通常假设它们的输入已经应用了 **modelGen** 操作，或者如果需要将对它们的结果应用该操作。**modelGen** 操作最常见的应用场景是 XML 和关系模型之间的转换或者一种编程语言（例如 Java 或者 C#）的对象模型和一个关系模式之间的转换。

图 6-4 举例说明了 **modelGen** 操作需要解决的一些挑战问题。该图显示了公司的两个模型以及它们的供应商模型。图的左侧显示了源模型（一组 Java 类的定义）作为 **model-Gen** 的输入。我们的目标是生成右侧所示的关系模式。

```
                                        CREATE TABLE Company(
                                        Name varchar(50),
                                        oid int NOT NULL PRIMARY KEY)
public class Company {
    public string name;                 CREATE TABLE Supplier(
}                                       oid int NOT NULL PRIMARY KEY,
                                        isSameAs int NOT NULL UNIQUE
public class Supplier                   FOREIGN KEY REFERENCES Company
    extends Company {                     (oid))
    public item[] parts;
}                                       CREATE TABLE PartsArray(
                                        Supplier int NOT NULL
                                        FOREIGN KEY REFERENCES Company
public class Item {                        (oid),
    public string ISBN;                 itemISBN varchar(50),
    public int Cost;                    itemCost int)
}
```

图 6-4   **modelGen** 操作将左侧的类层次结构转换为右侧的关系模式

modelGen 操作的挑战源自于目标元模型不支持源元模型中的一些结构。在我们的例子中，有如下难点。

1）首先，在 SQL 中没有类的概念，所以目标模式需要将这些类转换为关系表。

2）另外，SQL 不支持继承。在我们的例子中，类 Supplier 是 Company 的一个子类。目标模式需要将继承转换到关系中（使用几个已知的转换之一）。

3）最后，SQL 不支持数组类型。然而，在输入模型中类 Supplier 有一个属性 parts 为数组类型。

为了将 Java 模型转换为关系模式，**modelGen** 需要执行下面的转换。

- **T1**   从类创建关系结构。例如，结果模式将以一个表 Company 替代类 Company，该表包含一个表示对象 ID 的属性以及与类 Company 相同的域。
- **T2**   Company 和 Supplier 之间的继承关系使用垂直分割来表示。具体地说，结果模式将包含一个供应商表 Supplier，其包含类 Supplier 特有的属性。每个供应商也将在表 Company 中出现，并且从表 Supplier 到表 Company 有一个外键关系。因此，要获得供应商的所有信息需要访问 Company 和 Supplier 两个表中的所有属性。
- **T3**   将数组 parts 表示为一个连接联系。表 PartsArray 为每个（supplier，part）对包含一个元组。供应商用一个属性（Supplier）来表示，它是表 Company 的一个外键，零件用它的两个属性（ISBN 和 cost）表示。

为了开发通用的模型管理操作，**modelGen** 采用的方法基于识别一个超模型。超模型是一个元模型，其包含潜在元模型的所有特征（很明显，不可能有一个元模型可以包含所有特征，因此超模型根据脑海中的一组元模型进行设计）。超模型知道在每个可能的输入和输出元模型中支持哪个结构。例如，超模型知道关系模式所包含的关系及其属性，对象模式由一组具有继承关系的类组成[⊖]。

modelGen 操作以元模型 $\mathcal{M}_1$ 中的一个模型 M 以及一个输出元模型 $\mathcal{M}_2$ 作为输入，将 M 转换成 $\mathcal{M}_2$ 中的一个模型。modelGen 的算法将按照如下 3 个步骤执行：

步骤 1：将输入模型 M 转化成超模型。其结果用 M' 表示。

步骤 2：当模型 M' 包含一个输出元模型 $\mathcal{M}_2$ 不支持的结构时，删除不支持的结构。

步骤 3：步骤 2 成功删除所有不支持的结构，则将 M' 转换成 $\mathcal{M}_2$。

因此，modelGen 算法的难点在于在超模型中表示要求的转换，如上述 T1 ~ T3 所示。modelGen 操作需要解决的另一个挑战是，将元模型 $\mathcal{M}_1$ 中模型 M 的一个实例转换成元模型 $\mathcal{M}_2$ 中模型的一个实例。

6.4 逆映射操作

在某些场景（例如数据交换）中，模式映射被认为是有向的，定义为从源模式到目标模式的转换。在这些场景中出现的一个重要问题是，能否对模式映射求逆操作。一个模式映射的逆映射应该以目标模式的实例为输入，生成源模式的实例。逆映射操作（invert）算法很大程度上依赖于指定映射的精确形式。本节假设有一个关系元模型以及用元组生成依赖指定的映射（它是 3.2.4 节中介绍的 GLAV 公式的等价形式）。

主要挑战之一是为逆映射操作找到一个理论上可靠、实际有用的定义。接下来，我们考虑如下一些定义。

第一个定义考虑两个模式 S 和 T，以及 S 到 T 的一个映射 M。回想一下，M 定义一个二元关系，其指定 S 和 T 的哪些属性对彼此一致。具体地，M 定义了一个关系 (I, J)，其中 I 是 S 的一个实例，J 是 T 的一个实例。当 (I, J) 在 M 定义的关系中时，称 $M \vDash (I, J)$。因此，很自然地得到如下定义。M 的逆映射 M^{-1} 是定义关系 (J, I) 的映射，其中 $M \vDash (I, J)$。 <span class="margin-ref">168</span>

然而，很容易看出在该定义下找不到可以用元组生成依赖表示的逆映射。任何由一组元组生成依赖定义的关系要确保其左侧满足向下封闭（closed down）并且右侧满足向上封闭（closed up）。具体地，如果 I' 是 I 的子实例（即 I' 是 I 元组的一个子集），且 J 是 J' 元组的子集，则 $M \vDash (I, J)$ 意味着 $M \vDash (I', J')$。但是，这也意味着其逆关系右侧满足向下封闭而左侧满足向上封闭，因此不能用元组生成依赖表示。

逆映射的第二个定义基于映射组合。具体地，如果 M 和 M' 的组合生成恒等映射，则定义 M' 是 M 的逆映射。然而，该定义有很大的局限性。尤其是，映射 M 有一个逆映射当且仅当满足如下条件：I_1 和 I_2 是 S 的两个不同的实例，则在映射 M 下它们的目标也是不同的集合。因此，即使像如下这样简单的两个映射也没有其逆映射：

M_1: P(x,y) → Q(x)

M_2: P(x,y,z) → Q(x,y) ∧ R(y,z)

一个更加有用的定义基于准逆映射（quasi-inverse）。准逆映射也基于生成恒等映射的

⊖ 注意超模型和元元模型之间的区别。超模型是一个元模型，其包含许多其他元模型的特征。元元模型是一种描述元模型的语言。

映射组合，但以一种相对较为宽松的方式。两个实例之间更为宽松的等价关系 $I_1 \approx I_2$ 定义为：如果对任意目标实例 J，$M \models (I_1, J)$ 当且仅当 $M \models (I_2, J)$。

例 6.2　以上述映射 M_1 为例。令 I_1 是仅包含元组 $P(1, 2)$ 的实例，并且 I_2 是仅包含元组 $P(1, 3)$ 的实例。它们关于映射 M_1 是等价的。　　　　　　　　　　　　　　　　<<<

如果 M 和 M' 的组合将 S 的每个实例 I 映射到 S 的实例 I' 使得 $I \approx I'$，则定义映射 M' 是 M 的准逆映射。下面的例子说明了逆操作和准逆映射的区别。

例 6.3　下述映射是上述 M_1 映射的准逆映射：
$M_1': Q(x) \rightarrow \exists y\, P(x,y).$

S 的实例 I_1 包含元组 $P(1, 2)$，对 I_1 使用映射 M_1 生成目标模式的实例 J_1，其包含元组 $Q(1)$。

现在，如果对 J_1 使用映射 M_1'，则将得到源模式的实例 I_2 包含元组 $P(1, A)$，这里 A 是一个任意的常量。

实例 I_1 和 I_2 互不相同，因此 M_1' 不能看成是 M_1 严格的逆映射。然而 $I_1 \approx I_2$，并且事实上如果对 S 的任意实例先使用映射 M_1 然后再使映射 M_1' 则这个源实例和生成的实例相同，因此 M_1' 是 M_1 的准逆映射。　　　　　　　　　　　　　　　　　　　　<<<

从某种意义上说，准逆映射可以精确地恢复与目标相关的源的内容。在我们的例子中，只有关系 P 的第一个参数与目标相关。

评注 6.1（逆映射与数据集成）　正如前面提到的，提出逆映射的动机是一些场景中假设模式映射是有向的。在第 3 章关于映射的讨论中，并没有假设映射是有向的。我们关注的是映射定义的源实例与中介模式实例之间的关系。然而，数据集成中查询应答方面的大量工作与逆映射非常相关。尤其是，当数据源描述用局部视图描述时（参见 3.2.3 节），高效的查询应答算法采用视图定义的逆映射操作生成中介模式的元组。两者的主要不同在于，第 3 章中描述的查询应答算法仅仅对发送给数据集成系统的特定查询相关的视图进行逆映射操作。

6.5　模型管理系统

最初各种模型管理操作的研究目标之一是构建一个通用的模型管理系统，对模式和映射进行操作。这个系统将支持模型之间映射的创建、重用、演化和执行，并且可以与存储各自模式和映射的数据管理系统进行交互。

构建这样的系统仍然是目前研究的目标。开发模型管理系统面临的一个挑战是，这些操作的实现通常很大程度上依赖于具体的元模型，因此很难在未知特定模型的情况下构建这样一个系统。元模型的一个很大不同在于，可以表达的完整性约束的类型以及用于表达它们的语言。

参考文献注释

虽然各种不同的模型管理操作方面的研究已经有一段时间，但 Bernstein 等人[72，76]首次提出模型操作代数以及构建封装所有模型操作的模型管理系统的构想。在最近的一篇论文[77]中，Bernstein 和 Melnik 进一步改进了模型管理的构想，更多地关注复杂映射的语义以及模式管理的运行态支持。运行态支持包括有效地将模式映射应用到数据实例，管理数据以及模式的更新。Melnik 等人[428]介绍了第一个模型管理系统，并且在文献[426]中提出了模型管理操作的语义。

Buneman 等人[99]最早对合并操作进行了研究，提出合并模型的语义由模型格的最小上界来指定。然而，他们要求结果模型依附于一个特定的元模型。Pottinger 和 Bernstein[481]以通用的方式将合并操作定义为模型管理代数的一部分。他们发现了不同的冲突，并且提出一个通用的合并算法解决很多情况中存在的基本冲突。本章中的例子来自[481]。

6.3 节介绍的 modelGen 操作的基本方法是 Atzeni 等人[40]提出的。Mork 等人[445]在多个方面扩展了[40]的工作。尤其是，Mork 等人提出的 modelGen 算法不需要通过中间超模型生成数据实例的转换，因此更为有效。另外，他们的算法允许设计者探索从类层次结构到关系模式更为丰富的转换集。从某种意义上说，对象关系映射系统（ORM），例如 Hibernate，可以看成是 modelGen 特殊情况的实例。

Fagin[215]最初研究了逆映射操作，并且研究表明逆映射仅仅在有限的情况下存在。Fagin 等人[219]介绍了准逆映射操作。

与模式管理密切相关的一个领域是支持模式演化，虽然它倾向于使用更多的操作语义。模式修改操作[444]记录模式的变化，用于做各种查询重写[157，369]。 171

第7章 | Principles of Data Integration

数据匹配

数据匹配的主要任务是找出描述相同的现实世界实体的数据项。第4章中讲到的字符串匹配主要是判断两个字符串是否代表相同的实体，而本章讲到的实体可能有多种表示方式，如数据库中的一个元组、一个XML元素，或者一个RDF三元组集合。比如，我们想判断两个元组（David Smith，608-245-4367，Madison WI）和（D. M. Smith，245-4367，Madison WI）是否代表同一个人。

数据匹配问题存在于很多集成应用场景中。例如，我们想合并两个具有相同模式的数据库，但是这两个数据库中没有全局ID，这种情况下，在合并的过程中我们就需要判断哪些元组是重复的。如果两个数据源模式不同，问题会更加复杂。有些查询可能不会精确地描述所要查找的数据项，如查询居住在Madison的David Smith的电话号码。这时我们就需要利用数据匹配技术来判断数据库中的哪个元组符合查询要求。本章中我们首先给出数据匹配问题的定义，然后介绍相关技术。

7.1 问题定义

假设有两个关系表 X 和 Y，有时我们假设 X 和 Y 的模式相同，但很多时候其模式并不相同。假设 X 和 Y 的每一行用来描述一个实体（如人、书或者电影）的某些属性。我们认为如果元组 $x \in X$ 和元组 $y \in Y$ 代表同一个实体，那么元组 $x \in X$ 匹配元组 $y \in Y$。如图7-1a、b所示，给定两个表 X 和 Y，属性包括Name、Phone、City和State，我们想找到匹配的元组（如图7-1c所示）。第一个匹配的元组（x_1，y_1）表示（Dave Smith，(608) 395 9462，Madison，WI）和（David D. Smith，395 9426，Madison，WI）代表同一个人。当然，我们这里考虑的是关系数据的数据匹配问题，其实很多其他类型的数据中也存在数据匹配问题。

表X

	Name	Phone	City	State
x_1	Dave Smith	(608) 395 9462	Madison	WI
x_2	Joe Wilson	(408) 123 4265	San Jose	CA
x_3	Dan Smith	(608) 256 1212	Middleton	WI

a）

表Y

	Name	Phone	City	State
y_1	David D. Smith	395 9426	Madison	WI
y_2	Daniel W. Smith	256 1212	Madison	WI

b）

匹配
(x_1, y_1)
(x_3, y_2)

c）

图7-1 描述人的关系元组匹配

数据匹配和字符串匹配的难点在本质上是一样的：匹配的准确率和匹配算法的可扩展性。准确地进行数据匹配往往比较困难，主要原因在于表达方式的不同、使用缩写、不同
173 的命名习惯、省略、昵称以及数据中存在的一些错误等。我们可以把一个元组的所有属性连接在一起，把每一个元组看成是一个字符串，这样就可以利用第4章中介绍的字符串匹配技术来解决数据匹配问题。有时候这种方法比较有效，但是一般来说把各个属性分开进

行考虑，匹配的效果会更好一些，因为可以用一些更复杂的技术和领域知识来进行数据匹配。例如，如果两个元组中的名字和电话完全一样，我们就可以认为这两个元组是匹配的。

本章主要介绍数据匹配问题的多种解决方案。第一种是规则匹配，规则需要充分利用领域知识并确保规则的复杂度是可控的。第二种是学习匹配，如有监督的学习。第三种是聚类匹配，聚类方案中没有训练数据，而是反复地把元组赋给不同的类，最后使同一个类的元组是相互匹配的，而不同类中的元组不匹配。

第四种是概率匹配，利用概率分布对数据域进行建模，然后基于概率分布进行推理来判断是否匹配。基于概率的方法可以结合大量的领域知识，并充分利用已有的概率表示和推理技术知识。

上述几种方案都是独立地进行元组匹配。最后一种方案是协同匹配，该方案考虑元组之间的相关性，从而提高匹配的准确率。例如，"David Smith" 和 "Mary Jones" 是合作关系，"D. M. Smith" 和 "M. Jones." 是合作关系，如果我们能够判定 "David Smith" 与 "D. M. Smith" 是相互匹配的，那么 "Mary Jones" 匹配 "M. Jones" 的匹配度就应该会增加。协同匹配可以把一个匹配结果迭代地传递给其他的匹配结果。

后面的章节将详细介绍上述各种方案，7.7 节介绍扩展性问题。

174

7.2 规则匹配

本节主要介绍基于规则的匹配方法。为了便于描述，我们假设两个关系表具有相同的模式，当然也可以很容易扩展到其他场景中。一个常用的规则是计算两个元组之间的相似度，元组的相似度是各属性相似度的线性加权和：

$$\mathrm{sim}(x,y) = \sum_{i=1}^{n} \alpha_i \cdot \mathrm{sim}_i(x,y) \tag{7-1}$$

其中 n 是表 X 和 Y 的属性个数，$\mathrm{sim}_i(x, y) \in [0, 1]$ 是元组 x 和元组 y 的第 i 个属性的相似度，$\alpha_i \in [0, 1]$ 是第 i 个属性的权重，并且 $\sum_{i=1}^{n} \alpha_i = 1$。给定阈值 β，如果 $\mathrm{sim}(x, y) \geq \beta$，则 x 和 y 相互匹配，否则，不匹配。

我们利用一个线性加权规则来对图 7-1 中表 X 和表 Y 的元组进行匹配。首先针对属性 **name**、**phone**、**city** 和 **state** 分别选择合适的相似度函数。为了匹配姓名，采用基于 Jaro-Winkler 距离（第 4 章）的相似度函数 $s_{\mathrm{name}}(x, y)$。为了匹配电话号码，采用基于编辑距离的相似度函数 $s_{\mathrm{phone}}(x, y)$。城市也可以采用编辑距离。对于州，可以采用精确匹配，如果两个州的字符串相同则返回 1，否则返回 0。基于上述相似度函数，可以得到如下规则：

$$\mathrm{sim}(x,y) = 0.3s_{\mathrm{name}}(x,y) + 0.3s_{\mathrm{phone}}(x,y) + 0.1s_{\mathrm{city}}(x,y) + 0.3s_{\mathrm{state}}(x,y) \tag{7-2}$$

直观上，上述规则表明，姓名（**name**）、电话（**phone**）和州（**state**）这三个属性所占的权重比较大，城市（**city**）属性不是很重要（可能是因为人们在写城市的时候往往只写所住郊区的名字或者只写城市的名字）。假设阈值 $\beta = 0.7$，如果 $\mathrm{sim}(x, y) \geq 0.7$，则两个人是匹配的，否则不匹配。

有一点需要说明的是，匹配的结果在实际应用中有很多种使用方式。例如，假设相似度阈值是 0.7，但是匹配系统可以允许用户检查相似度在 0.5 ~ 0.8 之间的所有相似对，根据具体情况做出最终判断。

逻辑回归规则

线性加权规则有如下几个特点：如果其中任何一个相似度函数 s_i 的值增加 Δ，则整体相似度函数 s 的值也线性地增加 $\alpha_i\Delta$。但是在有些情况下，这似乎有悖常理，比如当 s_i 的值已经超过某个特定的阈值之后，s_i 的值对 s 的影响应该逐渐减小（这就是所谓的收益递减原理）。例如，如果 $s_{\mathrm{name}}(x, y)$ 已经是 0.95 了，这就意味着姓名已经非常匹配。那么这种情况下，如果 $s_{\mathrm{name}}(x, y)$ 的值再进一步增加，对 $s(x, y)$ 的影响会比较小。

逻辑回归规则试图利用这一特点，其形式如下：

$$\mathrm{sim}(x,y) = 1/(1 + e^{-z}) \tag{7-3}$$

其中 $z = \sum_{i=1}^{n} \alpha_i \cdot \mathrm{sim}_i(x,y)$，这里 α_i 的取值范围并不要求在 $[0, 1]$ 内，其和也不要求为 1。因此 z 的值也不要求在 $[0, 1]$ 内。图 7-2 表明，随着 z 从 $-\infty$ 到 $+\infty$ 逐渐增加，$\mathrm{sim}(x, y)$ 的值也逐渐增加，但是当 z 超过一定阈值以后，$\mathrm{sim}(x, y)$ 的增加越来越小，从而达到收益递减的目的。

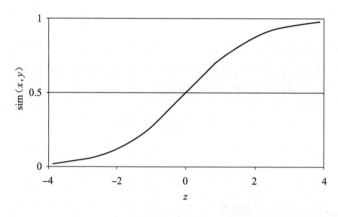

图 7-2　逻辑回归函数的一般形态

逻辑回归规则在另外一种情况下也非常有用：只需要少部分的单个子相似度函数其相似度接近于 1，就可以获得一个足够高的总体相似度。具体地说，假设在相似度分值中有大量单个子函数（例如，10～15 个），但对任何实例仅有少量子函数相似度接近于 1。然而，我们假设，只要其中一部分子函数能够获得较高的相似度值，就认为两个元组是匹配的。这样逻辑回归规则就保证了，只要有一部分子函数能够获得较高的相似度，就可以得到较高的总体相似度，剩下的其他子函数对总体相似度的影响就比较小。

复杂规则

线性加权规则和逻辑回归规则都比较容易构建和理解。但是在有些比较复杂的情况下，上述两种规则都不奏效。例如，如果两个人名字相同，或者电话号码与地址都相同，两个人就是匹配的。这时候就需要构建一些比较复杂的规则，这些规则可以是任何形式，也可以包含任何单独的相似度函数。例如，假设当且仅当 x 和 y 的电话号码完全一样时，$s_{phone}(x, y)$ 返回 true，$s_{city}(x, y)$ 和 $s_{state}(x, y)$ 采取相同的假设。上述复杂的匹配规则可以描述为：

1）如果 $s_{name}(x, y) < 0.8$，则返回"不匹配"。

2）否则，如果 $s_{phone}(x, y) = true$，则返回"匹配"。

3）否则，如果 $s_{city}(x, y) = true$ 并且 $s_{state}(x, y) = true$，则返回"匹配"。

4）否则，返回"不匹配"。

实际应用中有很多数据匹配系统都采用这种规则，这些规则一般都采用便于理解、调试、修改和维护的高级声明式语言来描述（很少用过程式语言来描述，如 Perl、Java 等）。

基于规则的方法虽然比较有效，但是实际应用起来却比较困难，主要是因为构建一个好的规则是一件非常费时的事情，对于一些比较复杂的领域知识，甚至都不清楚如何构建这些规则。后面将介绍的基于学习的方法可以解决上述问题。

7.3 学习匹配

本节主要介绍基于监督学习的匹配方法，该方法基于标记样本自动构建匹配规则。下一节将讨论无监督学习方法：聚类方法。

从形式上，有监督的学习就是从训练数据中通过学习得到一个匹配模型 M，然后再用 M 去匹配新的元组对。训练数据一般采用如下形式：

$$T = \{(x_1, y_1, l_1), (x_2, y_2, l_2), \cdots, (x_n, y_n, l_n)\}$$

其中，(x_i, y_i, l_i) 包含一个元组 (x_i, y_i) 和一个标签 l_i，如果 x_i 和 y_i 匹配，则 l_i 为"yes"，否则为"no"。

给定训练数据集 T，可以定义一个特征集合 $f_1, f_2, \cdots, f_m$，每一个特征可以用来对与匹配规则相关的一个方面进行量化。每一个特征 f_i 都是以元组对 (x, y) 为输入，输出一个数值型的、类别型的或者二进制型结果。我们可以定义一些与匹配规则相关的特征，学习算法可以通过训练数据集来判断哪些特征确实是相关的。

接下来，把训练集合 T 中的每一个实例 (x_i, y_i, l_i) 转换为一个新元组：

$$(\langle f_1(x_i, y_i), f_2(x_i, y_i), \cdots, f_m(x_i, y_i) \rangle, c_i)$$

其中，$v_i = \langle f_1(x_i, y_i), f_2(x_i, y_i), \cdots, f_m(x_i, y_i) \rangle$ 是元组对 (x_i, y_i) 的特征向量，c_i 是标签 l_i 的一种转换形式，可以是"yes"／"no"或 1/0。这样训练集合 T 就可以转换为一个新的集合 $T' = \{(v_1, c_1), (v_2, c_2), \cdots, (v_n, c_n)\}$。

我们可以利用决策树或者支持向量机等学习算法来学习一个匹配模型 T'，然后用 T' 来匹配新的元组对。给定一个元组对 (x, y)，可以将它转换成一个特征向量：

$$v = \langle f_1(x, y), f_2(x, y), \cdots, f_m(x, y) \rangle$$

然后可以把 M 应用到向量 v 上来判断 x 与 y 是否匹配。

例 7.1 针对图 7-1 中的两个关系表 X 和 Y，利用上面介绍的算法来学习一个线性加权规则（学习逻辑回归规则的方法类似）。假设训练集合包含 3 个实例，如图 7-3 所示。在实际中，一个训练集合可能包含数百到数万个实例。

<a₁ = (Mike Williams, (425) 247 4893, Seattle, WA), b₁ = (M. Williams, 247 4893, Redmond, WA), yes>
<a₂ = (Richard Pike, (414) 256 1257, Milwaukee, WI), b₂ = (R. Pike, 256 1237, Milwaukee, WI), yes>
<a₃ = (Jane McCain, (206) 111 4215, Renton, WA), b₃ = (J. M. McCain, 112 5200, Renton, WA), no>

a）初始的训练数据

match names　match phones　match cities　match states　check area code against city

$v_1 = <[s_1(a_1,b_1), s_2(a_1,b_1), s_3(a_1,b_1), s_4(a_1,b_1), s_5(a_1,b_1), s_6(a_1,b_1)], 1>$
$v_2 = <[s_1(a_2,b_2), s_2(a_2,b_2), s_3(a_2,b_2), s_4(a_2,b_2), s_5(a_2,b_2), s_6(a_2,b_2)], 1>$
$v_3 = <[s_1(a_3,b_3), s_2(a_3,b_3), s_3(a_3,b_3), s_4(a_3,b_3), s_5(a_3,b_3), s_6(a_3,b_3)], 0>$

b）线性加权和逻辑回归规则转换后的训练数据

图 7-3

假设一共选择了 6 个相关的特征 $s_1 \sim s_6$，特征 $s_1(a, b)$ 和特征 $s_2(a, b)$ 分别基于 Jaro-Winkler 距离和编辑距离来计算元组 a 和元组 b 姓名之间的相似度值。之所以基于两种距离来计算姓名之间的相似度，主要是因为事先不知道哪种更为合适，所以两种都计算，由学习算法来决定哪种更合适。

特征 $s_3(a, b)$ 基于编辑距离来计算电话号码之间的相似度（由于 b 的电话号码缺少区号，所以 a 的区号也省略）。当城市名和州名分别精确匹配时，特征 $s_4(a, b)$ 和 $s_5(a, b)$ 分别返回 1，否则返回 0。

最后，$s_6(a, b)$ 定义了我们认为对匹配有帮助的一个启发式约束。以图 7-3a 中的元组 a_1 和 b_1 为例，元组 a_1 的城市是 Seattle，而元组 b_1 的城市是 Redmond。但是，a_1 的电话号码 425 247 4893 中有区号 425，425 恰好是 Redmond 的区号。而且，姓名、电话号码（除区号外）都非常接近。这表明 a_1 和 b_1 很可能是同一个人，a_1 住在 Redmond，但是留的城市是附近的城市 Seattle。为了考虑到这种情况，我们定义了第六个特征 $s_6(a, b)$，如果 a 的区号是 b 的城市的区号，则 $s_6(a, b)$ 返回 1，否则返回 0。如前所述，我们可以通过学习算法来判断该特征对匹配是否有用。

定义完特征 $s_1 \sim s_6$ 之后，可以把图 7-3a 中的训练数据转换成图 7-3b 中的向量集合。每一个特征向量 $v_1 \sim v_3$ 含有 6 个值，这些值都是由相应的特征函数计算得到的。我们最终的目的是学习得到一个线性加权相似度函数 $s(a, b)$，该函数返回一个数值型的值来表示 a 和 b 的相似度，因此需要把标签"yes"/"no"转换成数值。如"yes"转换成 1，"no"转换成 0，如图 7-3b 右侧所示。

我们可以根据图 7-3b 中的训练集来学习匹配规则，主要任务是学习各个权重 α_i，$i \in [1, 6]$，然后利用这些权重就可以得到一个形如 $s(a,b) = \sum_{i=1}^{6} \alpha_i s_i(a,b)$ 的匹配规则。可以利用最小平方线性回归方法来得到各个权重 α_i，$i \in [1, 6]$，使得平方差 $\sum_{i=1}^{3} \left(c_i - \sum_{j=1}^{6} \alpha_j s_j(v)_i \right)^2$ 最小，其中 c_i 是特征向量 v_i 对应的标签，$s_j(v_i)$ 是特征向量 v_i 第 j 个元素的值。

接下来的任务就是对相似度阈值 β 进行学习，得到 β 以后，就可以对一个新的元组对 (a, b) 进行预测，如果 $s(a, b) \geqslant \beta$，则 (a, b) 匹配，否则不匹配。选择的 β 要使得误判的数量达到最小。　　<<<

例 7.2　决策树学习算法是另外一种有监督的学习算法。在利用决策树算法之前，需要先把训练集转换成图 7-4a 中的形式，其中特征还是 $s_1 \sim s_6$。因为我们的目的是用学习得到的决策树来判断元组对是否匹配，所以标签的值依然为"是"/"否"（在线性加权规则和逻辑回归规则中，最终得到的是一个数值型的相似度分数）。然后，在训练集上执行标准的决策树算法（如常见的 C4.5 算法），就可以学习得到一个决策树（见图7-4b）。从该决策树可以看出，对于一个元组对 (a, b)，如果姓名和电话号码都比较一致，那么 (a, b) 就是匹配的；或者姓名比较一致，而电话号码不太一致，但是城市和州比较一致，在这种情况下，(a, b) 也是匹配的。该决策树中没有使用特征 $s_2(a, b)$ 和 $s_6(a, b)$，因为基于已有的训练集，学习算法认为这些特征与判断结果无关。

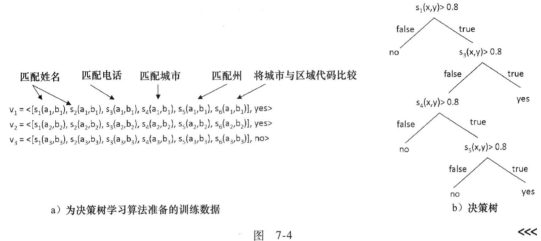

a）为决策树学习算法准备的训练数据 b）决策树

图 7-4

如上所述，与基于规则的匹配方法相比，有监督的学习方法有两个主要的优点。第一，在基于规则的匹配方法中，必须人为确定某个特征是否对匹配过程有用，既费时又比较困难，并且只能考虑比较有限的特征集合。相反，基于学习的方法可以从大量的特征集合中自动学习哪些特征是有用的。第二，基于学习的方法可以产生比较复杂的规则，这些复杂规则靠人工确定是比较困难的（如由决策树或者 SVM 算法产生的规则）。

然而，基于学习的方法往往需要大量的训练数据，一般很难得到。下一节将介绍用无监督的方法来解决这一问题。

7.4 聚类匹配

本节主要介绍聚类技术在匹配问题中的应用。很多常用的聚类方法已经在数据匹配中得到了应用，主要包括凝聚层次聚类法（AHC）、k-means、图论聚类法。本节重点介绍凝聚层次聚类法，该方法既简单又常用。我们首先介绍 AHC 的工作流程，然后基于 AHC 来介绍利用聚类方法进行数据匹配的核心思想。

给定一个元组集合 D，AHC 的目标是将 D 划分成若干个类的集合，使得同一个类中的所有元组都代表同一个实体，不同类中的元组代表不同的实体。首先，AHC 将每一个元组作为一个类，然后迭代地将两个最相似的类进行合并，利用相似度函数来确定相似度。当类的个数达到预期数量或者两个最相似的类之间的相似度小于给定的阈值时，聚类过程终止。当达到终止条件时，AHC 算法的输出结果是一个类的集合。

例7.3 我们通过对图7-5a 中的 6 个元组 $x_1 \sim x_6$ 进行聚类来介绍 AHC 的流程。首先定义一个相似度函数。例如，如果每个元组描述的是一个人，并且属性与图 7-1a、b 中的一样，那么我们可以用式（7-2）中的线性加权函数作为相似度函数，形式如下：

$$\text{sim}(x,y) = 0.3 s_{\text{name}}(x,y) + 0.3 s_{\text{phone}}(x,y) + 0.1 s_{\text{city}}(x,y) + 0.3 s_{\text{state}}(x,y)$$

在第一轮迭代中，首先计算所有元组对的相似度 $\text{sim}(x, y)$，将最相似的两个元组进行合并，x_1 与 x_2 合并成类 c_1。在第二轮迭代中，将 x_4 与 x_5 合并成类 c_2，在第三轮迭代中，将 x_3 与 c_2 合并成类 c_3。最后得到三个类，分别为 c_1、c_3 和 x_6（如图 7-5a 所示）。

此时，如果任意两类之间的相似度都不大于阈值 β，则聚类过程终止，并返回 c_1、c_3 和 x_6。聚类结果表明，x_1 与 x_2 匹配，x_3、x_4 与 x_5 中的任意两个元组匹配，而 x_6 与其他任何元组都不匹配。图 7-5b 显示了自底向上的合并过程并展示了 AHC 算法的层次特性。

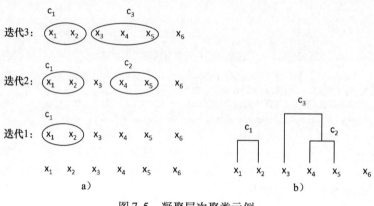

图 7-5 凝聚层次聚类示例

为了对聚类方法进行更加详细的描述，需要分析如何计算两个类之间的相似度。实际应用中，常用的方法有如下几种。

- **单链接**：两个类 c 和 d 之间的相似度等于 c 和 d 中所有元组对的相似度的最小值：
  $s(c, d) = \min\limits_{x_i \in c, y_j \in d} \text{sim}(x_i, y_j)$。

- **全链接**：两个类 c 和 d 之间的相似度等于 c 和 d 中所有元组对的相似度的最大值：
  $s(c, d) = \max\limits_{x_i \in c, y_j \in d} \text{sim}(x_i, y_j)$。

- **平均链接**：$s(c,d) = \sum\limits_{x_i \in c, y_j \in d} \text{sim}(x_i, y_j)/n$，$n$ 是类 c 和类 d 中所有元组对的个数（$x_i \in c$，$y_j \in d$）。

- **权威元组**：我们可以为每一个类构造一个权威元组。这种情况下，两个类之间的相似度就可以定义为两个类的权威元组之间的相似度。权威元组可以由类中元组的属性值构造。例如，如果类 c 中的姓名有 "MikeWilliams" 和 "M. J. Williams"，则可以把它们进行合并，从而形成权威姓名 "MikeJ. Williams."。如果电话号码是 "4252474893" 和 "2474893"，则可以选择较长的电话号码 "4252474893" 作为权威号码，其他的权威属性以此类推。

一般情况下，选择一个好的类相似度方法都与具体的应用相关，并且还要仔细考虑应用构建者的意见。

在介绍其他方法之前，需要强调聚类方法在数据匹配问题上带来的一些新观点：

1）把元组匹配问题看成是构建实体（类）的问题，并且只有同一个类中的元组才相互匹配。

2）过程是迭代的：在每一次迭代中，充分利用已知的知识（在前几次迭代的基础上）去构建"好"的实体。

3）在每一次迭代中，把每一类中的所有元组合并形成"实体概要"，然后利用该信息与其他元组进行匹配。这在生成权威元组的时候体现得更为清楚，权威元组就可以视为"实体概要"。这样一来，聚类就可以为信息合并带来一些新的特征，然后利用这些合并后的信息辅助匹配。

我们会看到在其他方法中也会有这些原则。

7.5 概率匹配

概率方法将匹配问题建模成一个变量的集合，每一个变量对应一个概率分布。例如，可以用一个变量来表示两个人名是否匹配，也可以用另外一个变量来表示两个元组是否匹配。这些方法可以通过对变量的推理进行匹配。

概率方法的主要优点是提供了一个原则性框架，可以方便地将多种领域知识包含进来。此外，这些方法还可以充分利用丰富的概率表示和推理技术，这些技术在过去20年中在人工智能和数据库领域已经进行了深入研究。最后，概率方法还为比较和解释其他匹配方法提供了一个参考框架。

概率方法也存在一些不足之处。最大的不足就是与非概率方法相比消耗的时间过长。另外一个缺点是概率方法产生的匹配规则一般比较难以理解和维护。

目前，大多数概率方法都采用生成模型，生成模型对概率分布进行编码，并描述如何生成适合分布的数据。我们将重点介绍 3 种方法，这 3 种方法采用的生成模型逐渐复杂。接下来介绍一种比较简单的生成模型：贝叶斯网络。然后用贝叶斯网络的基本思路去解释这 3 种方法。

7.5.1 贝叶斯网络

我们首先介绍贝叶斯网络，贝叶斯网络是一个概率推理框架，很多匹配方法都基于该框架。令 $X = \{x_1, \cdots, x_n\}$ 是一个变量集合，每一个变量用来对应用域中的一个兴趣度量进行建模，并从一个预先给定的集合中取值。例如，变量 Cloud 可以是 true 或者 false，变量 Sprinkler 可以是 on 或者 off。我们只考虑具有离散值的变量，但是连续变量也可以建模（见 7.7.2 节）。我们把集合 X 中所有变量的一次赋值定义为一个状态。例如，给定变量集合 $X = \{Cloud, Sprinkler\}$，一共有 4 个状态，其中一个是 $s = \{Cloud = true, Sprinkler = on\}$。

设 S 是所有状态的集合。概率分布 P 是一个函数，该函数用来为集合 S 中的每一个状态 s_i 赋一个值 $P(s_i) \in [0, 1]$，并且 $\sum_{s_i \in S} P(s_i) = 1$。$P(s_i)$ 是状态 s_i 的概率。图 7-6 描述了 Cloud 和 Sprinkler 的状态的概率分布（t 和 f 分别是 true 和 false 的缩写）。

状态		概率
Cloud	Sprinkler	
t	on	0.3
t	off	0.3
f	on	0.3
f	off	0.1

图 7-6 4 种状态的概率分布举例

对概率模型进行推理的目的是回答如下的查询："$A = a$，$P(A = a)$ 的概率是多少"？或者"在已知 B 值为 b 时，$A = a$ 的概率 $P(A = a \mid B = b)$ 是多少？"A 和 B 是变量的一个子集，上述查询可以分别简写为 $P(A)$ 和 $P(A \mid B)$。

概率论可以为这些查询赋予精确的语义。例如，直接把图 7-6 中表格的前两行相加就可

以得到概率 $P(\text{Cloud}=t)$ 的值 0.6。$P(\text{Cloud}=t\,|\,\text{Sprinkler}=\text{off})$ 的值可以这样计算：先计算 $P(\text{Cloud}=t,\ \text{Sprinkler}=\text{off})$ 的值，然后再除以 $P(\text{Sprinkler}=\text{off})$ 的值，最后得到 0.75。

但是通过枚举所有的状态来确定概率分布往往是不可行的，主要是因为可能状态的数量会随着变量数量的增加而呈指数级增长。实际应用中所涉及的变量往往成千上万，因此无法枚举所有的状态。贝叶斯网络的核心思想就是能够为概率分布提供一个紧凑表示方法。接下来介绍如何利用贝叶斯网络进行标识和推理，以及如何从训练集中进行学习。

基于贝叶斯网络的表示和推理

贝叶斯网络是一个有向无环图，图中的节点代表变量，边代表变量之间的概率依赖。图 7-7a 描绘了一个具有四个节点（Cloud、Srinkler、Rain 和 WetGrass）的贝叶斯网络。给定一个贝叶斯网络 G，如果从节点 A 到 B 有一条有向边，则称 A 是 B 的父亲，如果从 C 到 B 有一条有向的路径，则称 C 是 B 的祖先。

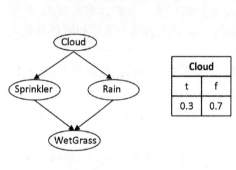

Cloud	Sprinkler	
	on	off
t	0.2	0.8
f	0.8	0.2

Cloud	
t	f
0.3	0.7

Cloud	Rain	
	t	f
t	0.6	0.4
f	0.3	0.7

Sprinkler	Rain	WetGrass	
		t	f
on	t	1	0
on	f	1	0
off	t	1	0
off	f	0.1	0.9

a）有向无环图　　　　　　　　　　　　　　　　b）条件概率表（CPT）

图 7-7　贝叶斯网络

节点 A 到节点 B 的边也可以理解为节点 B 依赖于节点 A。例如，WetGrass 依赖于 Sprinkler 的值是否是 on 以及是否在下雨。图 G 包含了如下断言：图 G 中的每个节点，在其父亲的值给定的情况下，与它的非后裔节点是概率独立的。该断言是利用贝叶斯网络对概率分布进行紧凑表示的关键所在。例如，图 7-7a 中，在 Sprinkler 和 Rain 的值已知的情况下，WetGrass 的值是独立于 Cloud 的，在 Cloud 的值已知的情况下，Sprinkler 的值是独立于 Rain 的。基于上述的独立性断言，我们可以通过"局部概率乘积"来计算图 G 表示的概率分布。

例 7.4　如图 7-7a 所示，令 C、S、R 和 W 分别代表 Cloud、Sprinkler、Rain 和 WetGrass，$P(C,S,R,W)$ 表示一个状态的概率，如 $P(C=t,S=\text{on},R=f,W=t)$。基于概率计算规则，我们可以得到：

$$P(C,S,R,W) = P(C)\cdot P(S\,|\,C)\cdot P(R\,|\,S,C)\cdot P(W\,|\,R,S,C)$$

由于在父亲节点的值给定的条件下，每一个节点都独立于其非后裔节点，因此可以把 $P(R\,|\,S,C)$ 简写为 $P(R\,|\,C)$，$P(W\,|\,R,S,C)$ 简写为 $P(W\,|\,R,S)$。因此可以得到：

$$P(C,S,R,W) = P(C)\cdot P(S\,|\,C)\cdot P(R\,|\,C)\cdot P(W\,|\,R,S)$$

这样为了计算 $P(C,S,R,W)$，我们只需知道 4 个局部分布 $P(C)$、$P(S\,|\,C)$、$P(R\,|\,C)$

和$P(W|R, S)$ 即可。图 7-7b 给出局部分布的一个例子：$P(C=t)=0.3$，$P(S=\text{on}|C=t)=0.2$。　　　　　　　　　　　　　　　　　　　　　　　　　　　　　<<<

　　一般来说，局部分布用来确定一个节点在父亲节点已知情况下的条件概率，称为条件概率表（CPT），每一个节点对应一个 CPT。在确定一个概率分布表时，只需要确定 CPT 中一半的概率，因为另一半概率可以通过推导得到。例如，为了计算 Cloud 的 CPT，我们只需要确定 $P(C=t)$，然后可以推导出 $P(C=f)=1-P(C=t)$ 的值。

　　如上所述，给定一个图和对应的 CPT 的集合，一个贝叶斯网络就可以完整、紧凑地描述一个概率分布。例如，图 7-7a、b 中的贝叶斯网络只用 9 个概率值就可以确定所有的 CPT；而如果穷举所有的状态，则使用 $2^4=16$ 个状态。一般情况下，贝叶斯网络能够极大地节省空间。

　　贝叶斯网络推理的目的就是计算变量的概率分布，即，$P(A)$ 或者 $P(A|B)$。一般来说，精确推理是一个 NP-hard 问题，最坏情况下所花费的时间随贝叶斯网络中变量的数量呈指数级增加。数据匹配方法有三种方式来解决这一问题。第一，在对贝叶斯网络的结构进行一些限制的情况下，推理的代价会比较小，有一些多项式算法或者闭合等式能够返回精确的结果。第二，数据匹配算法可以使用一些针对贝叶斯网络的近似推理算法。第三，还可以针对某些特定的场景，设计一些近似算法。我们将在 7.5.2 ~ 7.5.4 节介绍这些推理方法，并介绍三种概率匹配方法。

学习贝叶斯网络

　　为了使用贝叶斯网络，现有的数据匹配方法一般都需要由领域专家来构造一个有向无环图（见图 7-7a），然后从训练数据中学习相应的条件概率表 CPT（见图 7-7b）。训练数据包括我们观察到的状态的集合。例如，假设周一我们观察到是多云并且下雨，洒水器是关的，草地是湿的，那么元组 $d_1=(\text{Cloud}=t, \text{Sprinkler}=\text{off}, \text{Rain}=t, \text{WetGrass}=t)$ 就代表了一个观察到的状态。假设我们在周二得到 $d_2=(\text{Cloud}=t, \text{Sprinkler}=\text{off}, \text{Rain}=f, \text{WetGrass}=f)$，在周三得到 $d_3=(\text{Cloud}=f, \text{Sprinkler}=\text{on}, \text{Rain}=f, \text{WetGrass}=t)$。此时，$d_1$、$d_2$ 和 d_3 就构成了一个小的训练数据，基于这些训练数据我们就可以学习得到图 7-7a 中对应的条件概率表 CPT。实际应用中，训练集合往往包含成千上万个这样的训练样本。

无缺失值的学习

　　我们首先介绍训练数据无缺失值的情况，并以图 7-8 中例子来介绍学习过程。给定贝叶斯网络（见图 7-8a）和训练数据（见图 7-8b），我们希望学习条件概率表 CPT（见图 7-8c）。其中 $d_1=(1, 0)$ 表示 $A=1$ 和 $B=0$。只需要学习出 $P(A=1)$，$P(B=1|A=1)$ 和 $P(B=1|A=0)$，其他概率可以通过推导得到。

　　设 θ 是需要学习的概率，在没有其他已知条件的情况下，需要找到一个概率 $\theta*$，使得训练数据 D 出现的概率最大。

$$\theta* = \arg\max_{\theta} P(D|\theta)$$

　　通过对 D 中的训练数据进行简单计数可以得到 $\theta*$。例如，想要计算 $P(A=1)$，可以先计算训练数据中 $A=1$ 的样本个数，然后除以总的样本个数，可以得到 $P(A=1)=0.75$。$P(B=$

$1 \mid A=1$）的值可以用 $B=1$ 和 $A=1$ 的样本个数除以 $A=1$ 的样本个数得到。通过上述的计数过程，就可以得到图7-8d中的条件概率表CPT。

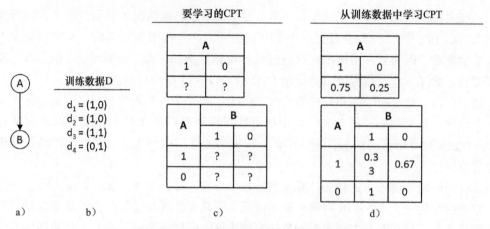

图7-8　使用无缺失值的训练数据学习CPT的例子

比较复杂的情况是对于某些状态，没有足够的训练数据。例如，假设训练数据 D 只包含3个样本 $d_1 \sim d_3$。此时就无法计算 $P(B=1 \mid A=0)$，因为 $A=0$ 的样本数是0，而我们不能除以0。

为了解决这一问题，可以采取一种叫做概率平滑的方法。常用的平滑方法是概率的 m 估计（m-estimate），定义如下。假设有两个变量 X 和 Y，需要计算包含 X 和 Y 的一个概率的 m 估计，即 $P(Y=1 \mid X=0)$。假设 $X=0$ 的样本个数是 x，$Y=1$ 且 $X=0$ 的样本个数是 y，我们用 $(y+mp)/(x+m)$ 代替 (y/x) 作为概率的估计，其中 p 是事先知道的概率 $P(Y=1 \mid X=0)$ 的估计值，m 是一个常量。在没有其他任何信息的情况下，可以通过一个均匀分布来确定 p 的值。例如，如果 Y 有两个可能的值，则 p 可以取0.5。常数 m 可以认为是用 m 个虚拟样本（$x=0$）对 x 个实际样本（$X=0$）进行扩充，在 m 个虚拟样本中，Y 为1的比例为 p。

需要说明的是，如果要使用 m 估计方法，那么在计算所有概率的时候都要使用该方法。仍以上面的包括3个样本 $d_1 \sim d_3$ 的训练数据为例，假设 $m=1$，$p=0.5$，那么 $P(B=1 \mid A=1) = (1+1*0.5)/(3+1) = 0.375$，$P(B=1 \mid A=0) = (0+1*0.5)/(0+1) = 0.5$。

有缺失值的学习

训练集合中可能包含缺失值。例如，样本 $d = ($ Cloud $=$?，Sprinkler $=$ off，Rain $=$?，WetGrass $= t)$ 中缺少 Cloud 和 Rain 的值。可能由于我们没有观察到这些变量而导致变量值的缺失（如晚上睡着了，没有观察到是否下雨）。还有可能是因为有些变量本身就是无法观测的。例如，假设我们是喜欢在没有月亮的夜晚到屋外去探险的人，那么可以观测到是否下雨、洒水器是否开着、草是否是湿的，但是无法判断天空是否有云。不管什么原因，缺失值使得学习过程更加麻烦。

下面我们介绍如何在有缺失值的情况下进行学习（见图7-9a、b）。贝叶斯网络图与图7-8a中的一样，但是训练数据集合 $D = (d_1, d_2, d_3)$ 有一些缺失值。特别是，变量 A 的值在3个样本中全部缺失。

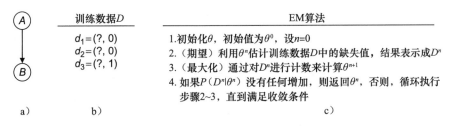

图 7-9 使用有缺失值的训练数据学习 CPT

在有缺失值的情况下，不能像前面的方法一样通过对训练数据进行计数来获得条件概率表，相反需要用期望最大化算法（EM）来计算条件概率表。该算法的基本思想是，假设有两个未知量：1）θ，需要学习的 CPT 中的概率值；2）集合 D 中缺失的值。EM 算法迭代地对两个未知量进行估计，直到达到收敛条件，算法结束。

具体来讲，首先把 θ 初始化为 θ^0（图 7-9c 中的步骤 1）。然后利用 θ^0 和输入图 G 来估计训练数据 D 中的缺失值。缺失值可以基于由 θ 和图 G 确定的贝叶斯网络，计算一些条件概率来得到（步骤 2）。

设 D^0 是第二步得到的新的训练数据（没有缺失数据）。此时可以通过对 D^0 进行计数来重新估计 θ（步骤 3）。设得到的 θ 是 θ^1。循环执行步骤 $2\sim3$，直到满足收敛条件，如 $P(D^n|\theta^n)$ 和 $P(D^{n+1}|\theta^{n+1})$ 的差的绝对值小于预先给定的阈值 ε（步骤 4）。这里 $P(D^n|\theta^n) = \prod_d P(d|\theta^n)$，$d$ 是训练集 D^n 中的任意一个样本，$P(d|\theta^n)$ 是 d 对应的状态的概率，此时的贝叶斯网络是由 G 和 θ^n 确定的。

例 7.5 图 7-10 描述了 EM 算法是如何作用于图 7-9a、b 中的例子的。首先初始化一些概率：$P(A=1)=0.5$，$P(B=1|A=1)=0.6$，$P(B=1|A=0)=0.5$，然后基于这些概率补充 CPT 中的其他概率。图 7-10a 表示得到的 CPT，记作 θ^0。

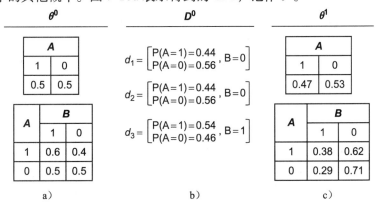

图 7-10 将 EM 算法应用到图 7-9a、b 的例子中

然后，用 θ^0 和图 7-9a 中的图来估计训练数据中的缺失值。考虑图 7-9b 中的元组 $d_1 = (?, 0)$ 的情况。这里变量 A 的值是缺失的。估计这个缺失的值实际上也就是估计 $P(A=1|B=0)$ 和 $P(A=0|B=0)$ 的值。这两个概率的估计刚好是贝叶斯网络中常见的推导运算，可以直接通过概率法则计算得到。我们有：

$$P(A=1|B=0) = P(B=0|A=1)P(A=1)/P(B=0) \qquad (7\text{-}4)$$

其中

$$P(B=0) = P(B=0\mid A=1)P(A=1) + P(B=0\mid A=0)P(A=0) \quad (7\text{-}5)$$

把 θ^0 中相应的概率代入式（7-4）和式（7-5）中，可以得到 $P(A=1\mid B=0)=0.44$，因此 $P(A=0\mid B=0)=0.56$。估计出所有的缺失值以后就可以得到新的训练数据 D^0（见图 7-10b）。D^0 中的每个样本都描述了一个关于变量 A 的概率分布。

接下来，通过对 D^0 进行计数估计 θ^1。计数过程需要考虑训练数据的概率特性。例如，想要估计 $P(A=1)$，我们需要计算 $A=1$ 的样本的个数。d_1 中 $A=1$ 的比例是 0.44，d_2 中是 0.44，d_3 中是 0.56，因此 $P(A=1)=(0.44+0.44+0.56)/3=0.47$。同理，可以计算 $P(B=1\mid A=1)=P(B=1, A=1)/P(A=1)$。$d_3$ 中 $B=1$，$A=1$ 的比例是 0.18，已经知道 $P(A=1)=0.47$，所以 $P(B=1\mid A=1)=0.18/0.47=0.38$。图 7-10c 表示 θ^1。接下来，利用 θ^1 估计 D 中的缺失值，从而得到 D^1，以此类推。 <<<

如上所述，EM 算法需要找到，使 $P(D\mid\theta)$ 最大化的 θ，这和无缺失值情况下的计数方法是一样的。然而有时可能找不到最优的 $\theta*$，因为大多数情况下都是收敛到局部最优。

作为生成模型的贝叶斯网络

生成模型可以描述全概率分布，并且可以确定如何生成满足这些概率分布的数据。贝叶斯网络是这类模型的一种典型示例。以图 7-7a、b 中的贝叶斯网络为例，该网络描述了如何产生一个新的状态：首先根据图 7-7b 的条件概率表 CPT 中 $P(\text{Cloud})$ 为变量 Cloud 选择一个值。假设选择 Cloud $=t$，接下来，根据 $P(\text{Spinkler}\mid\text{Cloud}=t)$ 为变量 Sprinkler 选择一个值，根据概率 $P(\text{Rain}\mid\text{Cloud}=t)$ 为变量 Rain 选择一个值，假设 Srinkler $=$ on，Rain $=f$，最后根据概率 $P(\text{WetGrass}\mid\text{Sprinkler}=\text{on}, \text{Rain}=f)$ 来为变量 WetGrass 选择一个值。

弄清楚数据是如何产生的可以指导我们构建合适的贝叶斯网络，也可以发现哪些领域知识可以比较容易地融入该网络结构中，还可以便于用户了解该网络。

接下来，我们主要介绍用于数据匹配的 3 种概率方法，这 3 种方法使生成模型越来越复杂。首先介绍一种相对比较简单的贝叶斯网络，该方法中的特征只与匹配结果有关，特征之间没有关联关系。其次，考虑特征之间的关联关系。最后介绍如何对嵌套在文档中的元组进行匹配，以及如何构建一个新的模型来刻画这个特性。

7.5.2　基于朴素贝叶斯的数据匹配

首先介绍一种基于贝叶斯网络的比较简单的数据匹配方法。可以定义一个变量 M，用来表示两个元组 a 和 b 是否匹配，从而把数据匹配问题形式化为概率推理问题，目标是计算 $P(M\mid a, b)$。如果 $P(M=t\mid a, b)>P(M=f\mid a, b)$，则 a 和 b 匹配，否则不匹配。

假设 $P(M\mid a, b)$ 只依赖于特征集合 $S_1, \cdots, S_n$，每一个特征都以 a、b 为输入参数，并且返回一个离散的值。如果每一个元组描述的是一个人的信息，则样本特征包括两个人的姓是否匹配，两个社会保障号码的编辑距离。$P(M\mid a, b)$ 可以记作：$P(M\mid S_1, \cdots, S_n)$，其中 S_i 是 $S_l(a, b)$ 的简写。

接下来，基于贝叶斯法则可以得到：

$$P(M\mid S_1, \cdots, S_n) = P(S_1, \cdots, S_n\mid M)P(M)/P(S_1, \cdots, S_n) \quad (7\text{-}6)$$

假设给定 M 的情况下，特征 $S_1, \cdots, S_n$ 相互独立，则 $P(S_1, \cdots, S_n\mid M) = \prod_{i=1}^{n} P(S_i\mid M)$。式（7-6）右边的分母可以写成：

$$P(S_1,\cdots,S_n) = P(S_1,\cdots,S_n \mid M = t)P(M = t) + P(S_1,\cdots,S_n \mid M = f)P(M = f) \quad (7\text{-}7)$$

因此，从上述分析可知，要想计算 $P(M \mid S_1, \cdots, S_n)$，只需要知道 $P(S_1 \mid M)$，$\cdots$，$P(S_n \mid M)$ 和 $P(M)$。

图 7-11a 中的贝叶斯网络表示了我们上面所描述的模型。该图利用变量 M、S_1、S_2 和 S_3 对感兴趣的量进行建模（为简单起见，只用了 3 个特征变量 $S_1 \sim S_3$）。关于数据匹配，我们所做的简化假设就是在给定 M 的情况下，$S_1 \sim S_3$ 相互独立。该假设一般称为朴素贝叶斯假设。朴素贝叶斯假设在实际中往往是不成立的，但是在具体的应用中还相当有效的。为了计算 $P(M \mid a, b)$，我们需要学习 $P(S_1 \mid M)$，$\cdots$，$P(S_n \mid M)$ 以及 $P(M)$，而这些概率恰好就构成了贝叶斯网络的条件概率表 CPT。

190

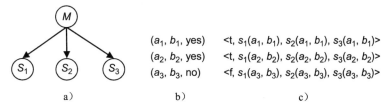

a)   b)   c)

图 7-11　有训练数据时，进行数据匹配的朴素贝叶斯方法的条件概率表的学习。
a) 是贝叶斯网络，在生成训练数据时，b) 中的"yes"和"no"在
c) 中已经转换成了"t"和"f"

如果我们有训练数据，如图 7-11b 中的 3 个元组，元组 (a_1, b_1, yes) 表示 a_1 和 b_1 匹配，那么基于这些训练数据学习 CPT 就非常简单。我们可以把每一个元组转换成一个特征向量。例如，可以把 (a_1, b_1, yes) 转换成向量 $\langle t, s_1(a, b), s_2(a, b), s_3(a, b)\rangle$，该向量代表了一个状态，相当于把 t，$s_1(a, b)$，$s_2(a, b)$ 和 $s_3(a, b)$ 分别赋给节点 M、S_1、S_2 和 S_3。当把元组（见图 7-11b）转换成特征向量（见图 7-11c）后，就可以针对这些特征向量，使用 7.5.1 节中描述的无缺失值的学习方法去学习 CPT。

学习得到 CPT 以后，就可以用贝叶斯网络去匹配新的元组对。给定一个元组对 (a_4, b_4)，可以利用式（7-6）和式（7-7）来计算 $P(M = t \mid a_4, b_4)$ 和 $P(M = f \mid a_4, b_4)$。如果 $P(M = t \mid a_4, b_4) > P(M = f \mid a_4, b_4)$，则 a_4 和 b_4 匹配，否则不匹配。需要说明的是，式（7-6）中右边的分母 $P(S_1, \cdots, S_n)$ 在 $M = t$ 和 $M = f$ 两种情况下是一样的，所以只需要计算分子就可以了。

在没有训练数据的情况下学习 CPT 就变得比较复杂。此时，可以把待匹配的元组转换成有缺失值的训练数据，然后利用 7.5.1 节中描述的 EM 算法。假设我们需要对图 7-12a 中的 3 个元组对进行匹配。首先把它们转化成 3 个特征向量（见图 7-12b）。每个特征向量对贝叶斯网络中的 4 个变量 M、S_1、S_2 和 S_3 进行一次赋值。但是，由于不知道变量 M 的值，所以该值在所有的特征向量中都是缺失的。因此，使用 EM 算法学习 CPT，学习得到 CPT 以后，就可以进行数据匹配了。

191

(a_4, b_4)	$\langle?, s_1(a_4, b_4), s_2(a_4, b_4), s_3(a_4, b_4)\rangle$
(a_5, b_5)	$\langle?, s_1(a_5, b_5), s_2(a_5, b_5), s_3(a_5, b_5)\rangle$
(a_6, b_6)	$\langle?, s_1(a_6, b_6), s_2(a_6, b_6), s_3(a_6, b_6)\rangle$

a)   b)

图 7-12　无训练数据时，进行数据匹配的朴素贝叶斯方法的条件概率
表的学习。a) 中的元组转换成有缺失值的训练集

7.5.3   特征相关性

前面所描述的方法是朴素的，因为它假设在给定变量 M 的情况下，特征 s_1，…，s_n 之间没有相关性。虽然朴素贝叶斯假设在很多领域中都非常有效，但是在有些领域中，需要考虑特征之间的相关性才能进行准确的匹配。

图 7-13a 中的贝叶斯网络通过在特征节点之间增加有向边来对这种相关性进行建模。假设节点 s_1 表示社会保障号码是否匹配，节点 s_3 表示姓是否匹配。这种情况下，我们可能从 s_1 到 s_3 创建一条边，因为如果两个社会保障号码匹配，那么两个人的姓也很有可能匹配。

这种增加边的方法所带来的问题是：使 CPT 中概率的数量迅速增加。例如，假设每个节点平均有 q 个父亲和 d 个不同的取值，那么 CPT 中 n 个节点的概率数是 $O(nd^q)$。相反，对于图 7-11a 中的朴素贝叶斯网络来说，只需要 $2dn$ 个概率（每一个节点有 $2d$ 个概率）。CPT 中的概率越多，所需要的训练数据就越多，耗费的时间也就越长。

图 7-13b 中的贝叶斯网络减少了 CPT 的大小，但是也损失了一些表达能力。假设每个元组有 k 个属性，我们也只考虑 k 个特征 S_1，…，S_k，每个特征仅以一个属性的值作为输入，并输出一个离散的值。例如，如果一个元组只包含两个属性，name 和 addre，那么我们就只考虑两个特征：第一个特征用来比较两个 name，第二个特征用来比较两个 address。而我们前面所考虑的特征可能涉及不同的属性，如邮编和区域编码。

图 7-13b 中假设有 4 个属性，对应 4 个特征 $S_1 \sim S_4$。对于每一个属性 S_i，可以为它设

[192] 置一个二元变量 X_i。X_i 用来表示在给定的元组对匹配的情况下，相应的属性是否匹配。例如，如果 X_1 是与社会保障号相关的变量，那么 X_1 就表示在元组匹配的情况下社会保障号是否匹配。在 CPT 中，$P(X_1 = t \mid M = t)$ 的值一般会比较高。再假设 S_1 表示的是两个社会保障号之间的编辑距离（即 0～1 之间的一个值），那么 $P(X_1 = 0 \mid M = t)$ 和 $P(X_1 = 1 \mid M = t)$

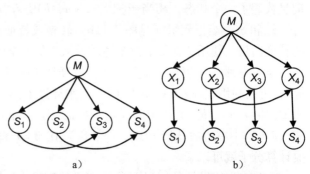

a)   b)

图 7-13   考虑特征关联性的贝叶斯网络

的也会比较高，这意味着如果两个社会保障号匹配，那么它们之间的编辑距离就相对比较小（0 或者 1）。

最后一步是仅在 $X_1 - X_4$ 这一层对它们之间的相关性建模（假设在 $X_1 \sim X_4$ 已知的条件下，$S_1 - S_4$ 相互独立）。同样，假设 X_1 是与社会保障号相关的变量，X_3 是与姓相关的变量。那么我们可以在 X_1 与 X_3 之间增加一条边，该边表示如果社会保障号匹配，则两个人的姓也很可能匹配。

图 7-13b 中的贝叶斯网络需要相当少的概率。假设每一个节点平均有 q 个父亲，那么节点 $X_1 - X_4$ 的概率总数是 $O(k2^q)$（这些节点是二元变量，只有两种取值 t 和 f）。如果每一个特征节点含有 d 个值，则这些特征节点一共需要 $2kd$ 个概率。那么总的概率数是

$O(k2^q + 2kd)$，远小于图 7-13a 中的概率数。实现这一目的关键在于将依赖关系从具有较多取值的节点层转移到具有较少取值的节点层。当然我们也要为此付出一定的代价，图 7-13b 的表达能力减弱了，因为不能对任意的特征进行建模。

从上述的讨论中我们可以得到的最主要的经验就是贝叶斯网络的构建是一门"艺术"，需要考虑很多方面的因素，包括有多少领域知识可以利用、学习到的网络的准确性，以及时间效率。下一节将介绍一个更复杂的例子。

7.5.4 文本中的实体指代匹配

本节将介绍一种需要更复杂的生成模型的数据匹配案例。前面主要介绍的是元组匹配问题，本节将介绍出现在文档中的实体指代匹配问题（如"Michael Jordan"、"M. Jordan"和"Mike I. Jordan"）。

问题定义

假设 D 是一个文档集合，M 是 D 中实体指代的集合，每一个指代 m 是一个出现在文档中的字符串，并且指向现实中的一个实体。这些指代可以利用信息抽取技术从文档中提取出来。我们的目标是对于 M 中的任意两个指代 m_i 和 m_j，判断它们是否指向同一个实体。例如，图 7-14a 中的 3 个文档 $d_1 \sim d_3$，一共有 6 个指代（包含下划线的字符串）。例如，我们想知道 d_1 中的"Michael Jordan"与 d_1 中的"Mike"、d_2 中的"Michael J. Jordan"是匹配的，而与 d_3 中的"Prof. M. I. Jordan"不匹配。

193

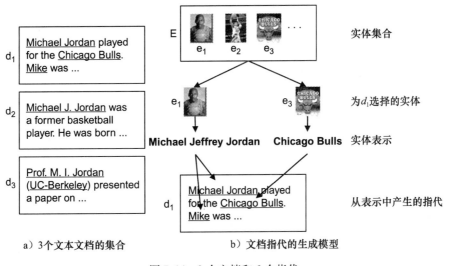

a）3个文本文档的集合　　　　　　b）文档指代的生成模型

图 7-14　3 个文档和 6 个指代

生成模型

为了设计匹配算法，我们构建了一个生成模型，用来描述文本中的实体指代是如何产生的。假设有一个实体集合 E，如 Michael Jordan the bastketball player、Michael Jordan the researcher 和 the Chicago Bulls basketball team。按照如下步骤生成文档 d 中的指代：

1）选择一个 K，K 表示出现在文档 d 中的实体的个数。K 服从分布 $P(K)$。

2）根据分布 $P(E)$，从实体集合 E 中选择 K 个实体。

3）对于每个选定的实体 e，根据分布 $P(r|e)$ 选择一个字符串 r，r 称为 e 的表示。

4）根据分布 $P(L)$ 选择一个 L，L 表示实体 e 的指代的个数。然后根据分布 $P(m|r)$，由 r 来生成 L 个指代 $m_1, \cdots, m_L$。

5）最后把这些指代 $m_1, \cdots, m_L$ 分散到文档 d 中。

图 7-14b 展示了文档 d_1 中指代的生成过程。首先，选择两个实体 e_1 和 e_3，然后确定两个实体的标识 "Michael Jeffrey Jordan" 和 "Chicago Bulls"。直觉上，每一个标识可以是每一个实体的全名。其次，通过对标识进行扰动来生成指代。例如，从 "Michael Jeffrey Jordan" 中去掉中间名可以得到指代 "Michael Jordan"，去掉中间名和姓，再把名转换成昵称，可以得到指代 "Mike"。最后把这些指代分散到 d_1 中。

如上所述，生成模型的参数包括：1）概率分布 $P(K)$ 和 $P(L)$，分别用来描述如何选择实体数和每个实体的指代数；2）实体集合 E 和概率分布 $P(E)$；3）概率分布 $P(r|e)$ 和 $P(m|r)$，分别用来描述如何选择标识和指代。

在介绍如何学习生成模型之前，首先介绍如何将生成模型应用于数据匹配算法中。

利用生成模型进行指代匹配

给定一个文档 d 以及指代集合 M_d，利用生成模型来匹配 M_d。直观上来看，这就意味着要找出一个实体集合 E_d*、d 中的标识集合 R_d*，并把 M_d 中的指代赋给 E_d* 和 R_d*。如果两个指代赋给了同一个实体，则这两个指代是匹配的。从形式上，E_d* 和 R_d* 需要满足如下条件：

$$(E_d*, R_d*) = \arg\max_{E_d, R_d} P(E_d, R_d | M_d)$$

$$= \arg\max_{E_d, R_d} P(E_d, R_d, M_d)$$

$$= \arg\max_{E_d, R_d} P(E_d) P(R_d | E_d) P(M_d | R_d) \tag{7-8}$$

式（7-8）假设在 R 给定的情况下，M 和 E 条件独立，并且忽略了实体数和指代数的概率，因为这两个概率在计算最大值的时候可以省略。在式（7-8）中，考虑 E_d* 和 R_d* 的所有组合是不可行的，因此我们需要寻求一种近似算法。

第一步，通过直接对 M_d 进行顺序聚类得到 R_d*。初始化时选择 M_d 中最长的指代作为第一个标识。对于 M_d 中的每一个指代 m，以及已经创建的每一个标识 r，计算 $P(m|r)$。我们使用一个固定的阈值来判断是否把 m 添加到已有的组中，使得 $P(m|r)$ 最大化，或者为 m 创建一个新组。每一组中通常都是选择最长的指代为组的标识。

第二步，找到标识集合 R_d* 以后，把 R_d* 的每一个标识 r 赋给一个实体 $e* = \arg\max_e P(e) P(r|e)$。通过指代到标识的映射以及标识到实体的映射，我们可以为每一个单独的文档构建一个指代到实体的映射。

按照同样的方法，我们可以用指代 $M_1, \cdots, M_n$ 对新的文档 $d_1, \cdots, d_n$ 进行匹配。特别是，一旦建立了指代到标识和标识到实体的映射以后，当且仅当两个指代（来自同一文档或不同文档）指向同一个实体，它们才匹配。

学习生成模型

接下来，介绍如何学习生成模型。和前面的思路一样，我们把有训练数据和无训练数据分开讨论。

情况1：有训练数据

为了便于描述，假设 $P(K)$ 和 $P(L)$ 都是在某一个小的合理的数值区间内的均匀分布。例如，假设每一个文档会涉及 1~8 个实体，那么 $P(K)$ 就可以定义为区间[1, 8]内的均匀分布。此时，只需要学习集合 E 和分布 $P(E)$、$P(r \mid e)$ 和 $P(m \mid r)$。

给定训练数据 D 为文档集合，并有如下假设。首先，对于目标实体类型，我们已经识别出了所有的指代（如果想匹配人名和机构名，就需要从 D 中识别出所有的人和机构）。其次，把 M 划分成了 n 个类，确保每个类中的指代指向同一个实体。

学习 E 和 $P(E)$：给定训练数据，可以为每一个类创建一个实体：e_1, …, e_n，用 E 标示该实体集合。假设这些实体相互独立地分布到文档中。$P(E)$ 可以通过计算 $P(e_i)$ 来学习，$i \in [1, n]$，$P(e_i)$ 可以用 e_i 所在类中指代的个数除以 M 中指代的总数。E 的任何一个子集 F 的概率是 $P(F) = \prod_{e \in F} P(e)$。

学习 $P(m \mid r)$：假设每一个指代 m 和每一个标识 r 都与一个属性集合 a_1, …, a_p 相关。假设一个指代包含属性 title、firstName、middleName 和 lastName。这样，指代 "Michael Jeffrey Jordan" 就可以转换成一个元组（title = null, firstName = Michael, middleName = Jeffrey, lastName = Jordan）。

假设 $m = (a_1 = v_1, …, a_p = v_p)$，$r = (a_1 = v'_1, …, a_p = v'_p)$。这样，$P(m \mid r)$ 就等于从 v'_k 到 v_k 的转移概率的乘积。

$$P(m \mid r) = \prod_{k=1}^{p} P(a_k(m) = v_k \mid a_k(r) = v'_k)$$

其中 $P(a_k(m) = v_k \mid a_k(r) = v'_k)$ 是 r 的第 k 个属性为 v'_k 的条件下，m 的第 k 个属性是 v_k 的概率。

我们不直接计算 $P(a_k(m) = v_k \mid a_k(r) = v'_k)$，而是分成 4 种扰动类型，然后计算每一种扰动类型的概率。第 k 个属性的扰动类型是 t 的概率，记为：$P(k, t)$。

4 种扰动类型分别是 copy、missing、typical 和 atypical。如果 $v_k = v'_k$，则扰动类型是 copy；如果 v_k = null，则类型是 missing；如果 v_k 是通过对 v'_k 进行扰动得到的，则类型是 typical；否则是 atypical 类型。例如，如果属性是 firstName，那么把 firstName 缩写成第一个字符就属于 typical 类型，缩写成前 3 个字符就不是 typical 类型。

为了计算每一种扰动的概率，对于常见的属性我们首先手工收集 typical 和 atypical 类型的扰动。例如，关于属性 title、firstName、middleName、lastName 和 organizationName，可以从多个数据源（美国的人口普查数据和在线词典等）中收集扰动信息。对于其他属性，如 age，我们把除 copy 或者 missing 之外的其他扰动都作为 atypical。

给定 4 种扰动类型，就可以把 $P(a_k(m) = v_k \mid a_k(r) = v'_k)$ 建模成 $P(k, t)$，第 k 个属性的扰动类型是 t 的概率。如果我们知道标识在训练数据 D 中的位置，就很容易估计 $P(k, t)$。考虑 D 中所有 (r, m) 形式的对，其中 m 是基于 r 产生的。那么 $P(k, t)$ 就等

196

于 $a_k(r)$ 到 $a_k(m)$ 的类型属于 t 的对数除以总的对数（对于训练数据中没有出现的扰动类型可以采用平滑方法，与 7.5.1 节中介绍的平滑方法类似）。

因此，只要知道所有的标识，就能够学习 $P(k, t)$。然而训练数据 D 中并没有指定这些标识，仅仅确定了指代和类。为了解决这一问题，我们首先确定 d 中对应于实体 e 的所有指代构成的集合，然后选择指代集合中最长的指代作为实体 e 的标识 r。该启发式方法基于这样的假设：文档 d 中的标识是实体 e 的全名（full name），并且文档 d 中实体 e 的所有指代都是通过全名的扰动得到的。

学习 $P(r|e)$：可以用同样的方法学习 $P(r|e)$。但是还要知道如何得到实体的属性。同样，在一个实体对应的所有的指代集合中，可以选择最长的指代作为实体 e 的全名，然后对全名做进一步的处理得到属性值。

情况 2：无训练数据

在没有训练数据的情况下可以使用 EM 算法。设 D 为文档集合，M 为 D 中指代的集合。用 EM 算法对 M 进行匹配的过程是：

1）初始化：为 D 中的每一个文档 d 赋一个初始的 (E_d^0, R_d^0)（例如，将 d 中的每一个指代赋给集合 R_d^0 中的一个标识，将每一个标识赋给集合 E_d^0 中的一个实体）。设 $D^0 = \{E_d^0, R_d^0, M_d | d \in D\}$，其中 M_d 是文档 d 中指代的集合。也就是说，集合 D^0 就是这样的集合 D，D 中每一个文档 d 中的每一个指代已经赋给了一个标识，并且每一个标识也赋给了一个实体。

2）最大化：计算参数 θ^{t+1} 使得 $P(D^t | \theta)$ 最大化。这属于有训练数据的参数学习，因此可以用情况 1 中描述的技术来计算 θ^{t+1}。

3）期望：对于集合 D 中的每一个文档 d，计算 (E_d^{t+1}, R_d^{t+1}) 使得 $P(D^{t+1} | \theta^{t+1})$ 最大化，其中 $D^{t+1} = \{(E_d^{t+1}, R_d^{t+1}, M_d) | d \in D\}$。实际上这就是使用模型进行指代匹配，即把指代赋给标识和实体。

4）收敛：如果 $P(D^t | \theta^t)$ 没有增加，则算法终止；否则重复 2 ~ 3 步。

需要说明的是，上述的 EM 算法和图 7-9c 中描述的标准 EM 算法是有区别的，主要区别在于在第 3 步，上述算法是对每一个文档 d 找到最可能的 E^d 和 R^d，而不是对所有可能的 E^d 和 R^d 找到相应的概率分布。主要是因为所有实体和标识的集合一般会比较大，找到这些集合并对其进行排序是不可行的。还要说明的是，当算法终止时，返回指代到标识和标识到实体的映射。因此这就解决了指代匹配问题。

最后，介绍初始化步骤给上述 EM 算法一个完整的描述。给定一个文档 d，按照如下的方式计算 E_d^0 和 R_d^0。首先，把 d 中的每一个指代看成是一个字符串，然后利用 TF/IDF 字符串相似度度量（参见第 4 章）把指代聚成若干个组。接着在每一个组中选择一个最长的指代作为标识并为每一个组创建一个实体。这样得到的所有标识和实体的集合就分别是 R_d^0 和 E_d^0。

7.6 协同匹配

目前为止，我们所讨论的匹配方法产生的匹配结果都是独立的，即任意两个元组 a 和 b 是否匹配与其他元组 c 和 d 是否匹配无关。然而，在很多实际应用中，匹配结果往往是相互关联的，考虑这些相关性可以进一步提高匹配的准确性。

假设我们想对图 7-15a 中列出的 4 篇论文的作者进行匹配，首先可以从中抽取出作者名字并创建一张表，表中的每一个元组包含作者的 first name、middle name 和 last name。我们可以用前面所讲的任何一种方法来匹配这些元组。但是这些方法并没有利用到作者之间的合作关系，因为表中并没有体现这种关系。

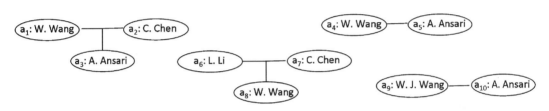

W. Wang, C. Chen, A. Ansari, A mouse immunity model
W. Wang, A. Ansari, Evaluating immunity models
L. Li, C. Chen, W. Wang, Measuring protein-bound fluxetine
W. J. Wang, A. Ansari, Autoimmunity in biliary cirrhosis

a）包含文章作者指代的论文信息

	First initial	Middle inititial	Last name
a_1	W		Wang
a_2	C		Chen
...	...	...	...
a_9	W	J	Wang
a_{10}	A		Ansari

b）指代转换成关系表

c）指代作为超图中的顶点，超边代表合作关系

图 7-15

以图 7-15c 为例来介绍这种关系对于匹配有哪些好处。图 7-15c 把输入数据描绘成了一个超图，图的节点表示作者，超边把合作者连接起来。假设我们已经知道节点 a_3：A. Ansari 和 a_5：A. Ansari 匹配，那么这会增加节点 a_1：W. Wang 和 a_4：W. Wang 匹配的可能性，因为它们有相同的姓名并且与同一个作者具有合作关系。

使用这些额外信息的一个简单方法是在图 7-15b 的表中增加一个属性 coAuthors。例如，元组 a_1 的 coAuthors = {C. Chen，A. Ansari}；a_4（第二篇论文的作者 W. Wang）的 coAuthors = {A. Ansari}。我们可以使用已有的匹配方法，但是要把属性 coAuthors 的相似度考虑进去。可以用 Jaccard 相似度得分来计算这些属性之间的相似度。假设 coAuthors(a_1) = {C. Chen，A. Ansari}，coAuthors(a_4) = {A. Ansari}，我们有：

$$\text{JaccardSim}_{\text{coAuthors}}(a_1, a_4) = \frac{\text{coAuthors}(a_1) \cap \text{coAuthors}(a_4)}{\text{coAuthors}(a_1) \cup \text{coAuthors}(a_4)} = 1/2 \tag{7-9}$$

然而上面的这种方法可能会产生误导。假设作者 a_3：A. Ansari 和作者 a_5：A. Ansari 的名字相同，但是两个作者并不匹配。这种情况下，上面的方法仍然会认为这两个作者是匹配的，即仍然会认为 coAuthors(a_1) 中的字符串 A. Ansari 和 coAuthors(a_4) 中的字符串代表相同的作者。这样就错误地增加了 a_1：W. Wang 和 a_4：W. Wang 之间的相似度。问题的根源在于把 coAuthor 当成了一个特征，利用字符串相等与否作为最终的匹配结果。

为了解决这个问题，我们可以以并行的方式同时执行多个匹配。例如，先匹配 a_3：A. Ansri 和 a_5：A. Ansri，然后利用该信息去匹配 a_1：W. Wang 和 a_4：W. Wang。当然也可以反过来做，先匹配 a_1：W. Wang 和 a_4：W. Wang，然后利用该信息去匹配 a_3：A. Ansri 和

a_5：A. Ansri。这样一来，就可以以协同的方式进行匹配。充分利用匹配结果之间的相关性来提高整体匹配的准确性。接下来会介绍两种基于上述思想的方法，一种是基于聚类的方法，另一种是对 7.5.4 节中介绍的概率生成模型进行扩展，对文档中的实体指代进行协同匹配。

7.6.1 基于聚类的协同匹配

假设输入是一个图，图的节点表示待匹配的元组，节点之间的边代表元组之间的关系。图 7-15c 展示了一个这样的图，图中的边表示了节点之间的合作关系。为了便于表示，我们只考虑一种关系，但是这种方法可以扩展到其他多种类型的关系。

我们采用 7.4 节中描述的凝聚层次聚类（AHC）算法来对元组进行匹配，其中的相似度度量做了一些改变，需要把元组之间的相关性考虑进去。假设 A 和 B 表示两个节点集合，则相似度定义为：

$$\text{sim}(A,B) = \alpha \cdot \text{sim}_{\text{attributes}}(A,B) + (1-\alpha)\text{sim}_{\text{neighbors}}(A,B)$$

其中 α 是事先确定的系数。$\text{sim}_{\text{attributes}}(A, B)$ 基于 A 和 B 中节点的属性来计算 A 和 B 的相似度。7.4 节介绍了几种方法，如单链接、全链接和平均链接。

$\text{sim}_{\text{neighbors}}(A, B)$ 基于 A 和 B 的邻居来计算 A 和 B 的相似度。假设输入的图只有一种关系 R。定义 A 的邻居为 $\mathcal{N}(A)$，$\mathcal{N}(A)$ 是所有与 A 中的节点具有关系 R 的节点所在聚类的 ID 的包。例如：假设聚类 A 有两个节点 a 和 a'，其中 a 与 ID 为 3 的聚类中的节点 b 具有合作关系，a' 与 ID 为 3 的聚类中的节点 b' 和 ID 为 5 的聚类中的节点 b'' 具有合作关系。那么 $\mathcal{N}(A) = \{3, 3, 5\}$。同理，可以定义 $\mathcal{N}(B)$。基于 $\mathcal{N}(A)$ 和 $\mathcal{N}(B)$ 可以定义 $\text{sim}_{\text{neighbosr}}(A, B)$：

$$\text{sim}_{\text{neighbors}}(A,B) = \text{JaccardSim}(\mathcal{N}(A),\mathcal{N}(B)) = \frac{\big|\mathcal{N}(A) \cap \mathcal{N}(B)\big|}{\big|\mathcal{N}(A) \cup \mathcal{N}(B)\big|} \tag{7-10}$$

式（7-10）和式（7-9）都是基于邻居定义的 Jaccard 相似度度量。但是式（7-9）只考虑了邻居中包含的字符串信息，而式（7-10）则考虑了邻居的匹配结果。具体来讲，式（7-10）是基于聚类 ID 的相似度，这就包含了匹配结果，因为具有相同聚类 ID 的元组肯定是匹配的。

注意，式（7-10）中的 Jaccard 度量可以换成其他任何适合于匹配问题的度量（如7.7.2 节中用于比较邻居的其他度量）。上面定义的 $\mathcal{N}(A)$ 只包括半径 1 以内的邻居。其实，我们可以定义更高阶的邻居，并把这些邻居考虑到 $\text{sim}_{\text{neighbors}}(A, B)$ 的定义中。

图 7-16 展示了 AHC 算法在图 7-15c 中的输入图上的执行过程。最初可以把每一个节点放进一个单独的聚类中，这样就产生了 10 个聚类 $c_1 \sim c_{10}$。然后计算聚类之间的相似度，并把两个最相似的聚类进行合并，c_3 和 c_5 合并成 $c_{3,5}$。接着继续计算聚类之间的相似度。在计算聚类 $c_{3,5}$ 的相似度时，需要计算 $\mathcal{N}(c_{3,5})$，$c_{3,5}$ 的邻居是 $\{c_1, c_2, c_4\}$。然后再把最相似的两个聚类进行合并，以此类推。图 7-16c 显示了最后的聚类。

7.6.2 协同匹配文档中的实体指代

在 7.5.4 节中，我们介绍了文档中实体指代的匹配问题。那里采取的方法是概率生成模型方法。给定一个文档 d，该模型选择一个实体集合，生成标识和指代，然后再把这些指代分散到文档 d 中。

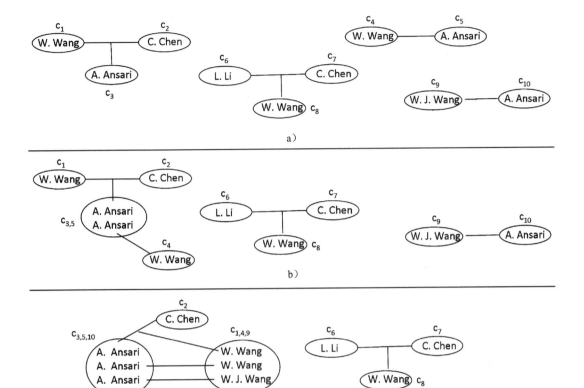

图7-16 基于聚类技术对作者指代进行协同匹配的例子

前面所用模型的一个重要的局限性在于独立地选择 d 中的实体。每一个实体都符合概率分布 $P(e)$，与其他实体无关。这种独立性假设在实际中往往是不成立的。例如，一个文档如果指示了 Michael Jordan 和一个篮球队 Chicago Bulls，那么该文档指示 Los Angeles Lakers（另一支球队）的可能性要大于指示 Los Angeles Philharmonic 的可能性。因此实体之间一般都有相关性，而协同的方法能够利用这些相关性从而提高匹配的准确性。

接下来介绍一种协同匹配方法，该方法对 7.5.4 节中的方法进行了简单扩展。基本思想是顺序地选择实体，选择实体的概率依赖于目前已经选到的实体。具体来说，给定一个文档 d，假设已经选择的实体是 $E_d^{i-1} = \{e_1, \cdots, e_{i-1}\}$。那么选择下一个实体的概率就是 $P(e_i \mid E_d^{i-1})$。接下来考虑该方法如何改变 7.5.4 节中的方法。

首先必须学习该模型，先考虑有训练数据的情况。设 E 是出现在训练数据中的所有实体的集合。之前是对于任意一个 $e \in E$，学习 $P(e)$，而现在是学习 $P(e \mid S)$，其中 $S \subseteq E$，但是当 $|E|$ 很大时，需要计算很多概率，并且大多数情况下我们都没有足够的训练数据。

我们可以通过把 $P(e \mid S)$ 近似为 $\max\limits_{s \in S, s \neq e} P(e \mid s)$ 来减少所需要计算的概率的数量。此时仍然需要计算 $|E|^2$ 个概率，实际中该数值依然比较大。因此进一步对 $P(e \mid s)$ 进行近似，如果 e 和 s 共同出现在训练数据的任何一个文档中，则 $P(e \mid s)$ 为 1，否则为 $P(e)$。现在就可以对 7.5.4 节中的技术方法进行修改来学习 $P(e \mid s)$。

学习得到模型以后，可以使用该模型对指代进行匹配。考虑一个新文档 d 中的指代 M_d 的匹配问题。7.5.4 节中我们把这个问题看成是找到一个实体集合 E_d 和标识集合 R_d，使

201

得 $P(E_d)P(R_d \mid E_d)P(M_d \mid R_d)$ 最大化（参见 7.8 节）。首先，通过对 M_d 进行顺序聚类，直接找到 R_d，然后找到 E_d，使得 $P(E_d)P(R_d \mid E_d)$ 最大化。因为实体是相互独立的，所以就转化为寻找实体 e，对于任意一个 $r \in R_d$，使得 $P(e)P(r \mid e)$ 最大化。

在协同匹配中，也需要找到 E_d 使得 $P(E_d)P(R_d \mid E_d)$ 最大化。不幸的是，E_d 中的实体是相关的。和前面不一样，对于任意一个 $r \in R_d$，使 $P(e)P(r \mid e)$ 最大化，并不能使 $P(E_d)P(R_d \mid E_d)$ 最大化。另外，对 E_d 中所有可能值进行枚举的方法是不可行的。因此，可以近似地选择一个比较小的、比较有可能出现的实体的集合。具体来说，就是对于任意一个 $r \in R_d$，找出前 k 个实体，使得 $P(e)P(r \mid e)$ 最大化。然后只需要考虑这些 top-k 列表的笛卡儿积中出现的实体。

当没有训练数据时，可以使用前面介绍的 EM 算法，但是当需要学习模型并用该模型进行指代匹配时，就可以使用前面提到的改进算法。

7.7　数据匹配的可扩展性

本节将主要介绍如何对我们已经介绍的数据匹配方法进行扩展。

7.7.1　规则匹配扩展

对基于规则的匹配方法进行扩展的关键在于使需要匹配的元组对数最小并使每一对元组进行匹配所消耗的时间最小。我们介绍几种方法来解决第一个挑战。

- **散列法**：可以把所有的元组散列到不同的桶中，然后仅对同一个桶中的元组进行匹配。如果散列函数把元组分布到很大数量的桶中，从而使得不同桶中的元组不可能匹配，那么这种情况下，散列方法会非常有效。例如，我们对来自多个房地产网站的房屋列表进行匹配，并且认为邮政编码是正确的。这样就可以基于邮编对房屋列表进行散列，然后对同一个桶中的房屋进行匹配从而消除重复的信息。
- **排序法**：可以基于一个键值对元组进行排序，然后对有序列表进行扫描，并且将每一个元组和它前面的 $(w-1)$ 个元组进行匹配，w 是事先指定的窗口大小。键值必须具有较强的区分度，因为该键值使得可能匹配的元组尽量放在一起，而不可能匹配的元组则离得比较远。键值可以是社会保障号、学号、姓或者姓氏的 Soundex 值（一种语音算法）。与散列方法相比，排序法采取了更强的启发式规则。排序法要求可能相似的元组之间必须在大小为 w 的窗口内。当启发式规则满足时，排序法所需要进行匹配的元组较少，所以排序法比散列法快。
- **索引法**：给所有的元组建立索引，使得对于给定的任意一个元组 a，可以使用该索引快速地获得一个较小的、有可能和 a 匹配的元组集合。例如，假设我们在姓名属性上建了一个倒排索引，给定一个元组 a，其姓名是"Michael Jordan"，可以通过倒排索引找到所有包含"Michael"的元组的集合，以及所有包含"Jordan"的元组的集合。然后仅将 a 和这两个集合的并集中的元组进行匹配，因为如果两个元组匹配，那么它们的姓名至少包含一个共同的词。
- **分组法**：可以采用一个计算代价较小的度量方法将所有元组快速地分成若干个分组。然后再使用另一种计算代价比较大的相似度度量来对每一个分组中的元组进行匹配。例如，如果两个字符串的长度至少相差 3，那么它们的编辑距离不可能小于 3。因此可以通过长度的比较快速地把元组分成分组，然后对每一个分组中的元组利用代价较大的编辑距离度量进行匹配。另一个例子是，可以用 TF/IDF 度量来创建分组，然后再用代价较大的相似度度量对每一个分组中的元组进行匹配。需要说明的是，散列方法中的桶是不相交的，而这里的分组则有可能重叠，并且一般都会重叠。

- **代表元组法**：该技术主要用于匹配的过程中。把相互匹配的元组放在相同的组中，使得同一个组中的元组相互匹配，不同组中的元组不匹配。接着可以为每一组创建一个代表，代表可以是组中的一个元组，也可以通过合并组中的元组得到。对于一个新的元组 a，只需要将 a 和每个组的代表进行匹配即可。基本原理是，如果 a 和代表 r 不匹配，则 a 不可能与包含 r 的组中的任何一个元组匹配。该技术的一个变种常用于 Web 规模的数据匹配。

- **集成方法**：前面所描述的每一种技术采用一种启发式方法尽量把可能相似的候选元组对放在一起，然后仅对这些元组对进行匹配。但是仅使用一种启发式方法可能会漏掉一些匹配的元组对。例如，如果仅仅基于邮政编码对房屋进行散列和匹配，可能会丢失一些实际上是匹配的元组，但是由于拼写错误，这些元组可能有不同的邮政编码（如 53705 和 53750）。为了最小化这种风险，可以执行多次匹配，每一次匹配采取一个不同的启发式方法。例如，除了基于邮政编码对房屋列表进行散列之外，还可以基于代理进行其他的散列，因为一个房屋一般都是由一个代理负责。最终匹配的元组集合就是多次运行结果的并集。

基于数据集的特点，上述技术也可以灵活地进行组合。例如，可以先基于邮政编码把房屋散列到不同的桶中，然后对每一个桶中的房屋基于街道名字进行排序，最后使用滑动窗口进行匹配。再比如，在分组技术中使用代价较小的度量时，可以使用散列、排序或者索引方法来加速匹配。

一旦使待匹配的元组对的数量最小化以后，还需要使每一对元组的匹配时间最小化。如果使用基于规则的方法，例如先对单个属性进行匹配，然后再对各个属性的相似度进行加权求和，那么可以使用缩短匹配过程的方法：如果相似度值已经非常小，使得即使后面的属性非常匹配，这些元组也不可能匹配，那么就可以提前结束相似度的计算。在 7.7.2 节中将会介绍其他优化方法。

7.7.2 其他匹配方法的扩展

与基于规则的数据匹配方法一样，学习方法、概率方法和聚类方法同样面临扩展性的问题，前面讨论的扩展性技术在这些方法中也可以应用。协同匹配算法把上面几种匹配方法进行了综合，因此前面的扩展性技术也有助于协同匹配算法。

但是，概率方法还有其他的挑战。特别是，如果一个概率模型有很多参数，那么学习这些参数就会消耗很多时间，并且需要大量的训练数据才能保证学习的准确性。对概率匹配方法进行扩展的一个途径就是进行独立性假设，从而减少参数的个数（7.5.2 ~ 7.5.4 节）。当然，这样的假设会影响到准确性，必须根据实际情况仔细权衡。学习得到模型以后，利用该模型进行推理也非常耗时。可以使用近似推理算法或者简化模型使概率的计算比较简单（如 7.5.2 节中的朴素贝叶斯方法）。如果没有训练数据，还需要使用 7.5.1 节中的无监督方法（例如 7.5.1 节中介绍的 EM 算法）进行学习，这种方法的代价也比较大。为了解决这一问题，我们可以只计算最大似然概率，而不计算全部的概率，或者使 EM 算法的初始化参数尽可能准确，快速收敛，从而缩短 EM 算法的时间。

最后，大规模数据匹配还经常用到并行处理。例如，可以把元组散列到不同的桶中，然后并行地对各个桶中的元组进行匹配。再比如，在 Web 应用中经常会对一些分类的实体进行匹配（如产品分类或者 Wikipedia 中的概念分类），也可以利用并行的方法。如果两个元组属于同一个类别，则它们就是匹配的。分类一般是以半自动的方法进行维护的。该方法其实是前面所讲的代表元组法的一个变形。

参考文献注释

数据匹配有很长的研究历史，可以追溯到 20 世纪 50 年代后期（关于近期的书籍、研究和资料见[143，205，248，351，353，453，573]）。1959 年，Newcomber 等人[458]首先提出了记录链接（record linkage）问题，并提出了许多匹配思想：用声音表示（Soundex）的方法来解决拼写错误，利用分块（blocking）的方法减少元组的比较次数，用多个分块规则来增加找到的匹配元组对的个数，以及利用独立性假设来估计匹配的概率。这大概是第一个最著名的数据匹配方面的研究工作。

在以前工作的基础上，Fellfgi 和 Sunter[224]在 1969 年提出了一个比较有影响力的记录链接理论。其中，该理论还大致介绍了 7.5.2 节中的朴素贝叶斯匹配模型。后来 Winkler 等人[572，574，575]对该模型进行了很大的扩展，并提出使用 EM 算法来进行学习。

早期的工作大都来自于统计领域。从 20 世纪 80 年代开始，数据匹配问题也吸引了数据库、数据挖掘和人工智能领域的关注。最初的方法假设在不同数据库中代表同一实体的元组有共同的键（Multi-Base project by Dayal[165]，[168]）。Pegasus 项目[19]让用户来制定对象实例之间的等价性（如局部 ID 到全局 ID 的映射表）。Monge 和 Elkan[443]提出使用 Smith-Waterman 字符串相似度的一种变型，将整个元组看成是一个字符串进行匹配。Dey 等人采用线性加权和逻辑回归规则对元组进行匹配[175，176]。Hernandez 和 Stolfo[300，301]提出了一个使用滑动窗口的基于规则的方法对元组进行排序和匹配。还有一些其他工作使用人工规则进行匹配[119，390，484，564]。Lawrence、Giles 和 Bollacker[249]介绍了使用人工规则对很著名的 Citeseer 系统中的引用信息进行匹配。关于基于规则方法的更详细的讨论可以参考 Tejada、Knoblock 和 Minton[545]。

Tejada、Knoblock、Minton[545]和 Sarawagi、Bhamidipaty[507]介绍了用决策树、朴素贝叶斯和支持向量机（SVM）等方法来学习规则。Bilenko 和 Mooney[85，86]使用较小的人工标注数据集来学习每一个属性对的相似度，然后使用 SVM 方法学习如何对这些相似度进行合并。其他的学习方法包括[141，243，479]。

McCallum、Nigam 和 Unga[418]描述了一种用于数据匹配的凝聚层次聚类方法，并介绍了如何利用代价较小的度量来快速地将元组分成多个类。Cohen 和 Richman[144]介绍了如何将一般的聚类方法适用于基于训练方法的数据匹配问题。

概率方法（可以追溯到 Newcombe、Fellegi、Sunter 等人的工作）在 20 世纪 90 年代中期又重新兴起，并且非常流行。Koller 和 Friedman[348]对图概率模型进行了详细阐述，包括贝叶斯网络、连续值变量和 EM 算法。7.5.2 ~ 7.5.3 节中介绍的两种使用贝叶斯网络的匹配方法来自于 Ravikumar 和 Cohen[494]（也介绍了连续值变量的情况），7.5.4 节中讲到的生成模型是建立在 Li、Morie 和 Roth[385，386]的工作基础之上的。生成模型一般描述全概率分布，这种模型需要学习大量的概率。这比较困难，并且一般都需要大量的训练数据。因此，近期的一些工作[156，416，524]开始尝试使用判别模型（如条件随机场（CRF）[363]，CRF 只关心对匹配有用的概率），直接从数据中进行学习。

协同方法出现在 2000 年左右。7.6.1 节中的基于规则的方法来源于 Bhattacharya 和 Getoor[82]。其他的基于规则的协同方法包括 Dong 和 Halevy[188]的 Semex 系统，Ananthakrishna、Chaudhuri 和 Ganti[31]的工作以及 Kalashnikov、Mehrotra 和 Chen[338]的工作。基于概率的协同匹配方法包括 Pasula 等人[475]，Li、Morie 和 Roth[385]，McCallum 和 Culotta[156]，Singla 和 Domingos[524]，以及 Bhattacharya 和 Getoor[81]。

还有一些其他工作用来匹配非关系型数据。Semex 系统[188]用于匹配个人信息管理系统中的实体，其中实体的属性经常缺失。[485，567]对由 XML 元素描述的实体进行匹配，Li、Morie 和 Roth[385，386]对文档中出现的实体进行匹配。

经常会出现这种情况，数据的不同部分具有不同的异构性，因此就需要不同的匹配方法。因此，一个匹配流程可能包含多个匹配器，每一个匹配器负责数据的一部分。[170，520]介绍了该方面的工作。[182，546]表明即使是对数据的同一部分进行匹配也可以使用多个匹配器，每一个匹配器使用不同的启发式方法。

[126，521]使用领域知识提高匹配的准确性。[35，507]使用主动学习方法进行数据匹配。Bhattacharya 和 Getoor[83]讨论了实时数据匹配问题。还有一些工作讨论了在数据清洗、数据匹配操作以及数据匹配语言中的数据匹配问题[66，100，124，491，584]。SERF[65，66，568]项目中介绍了分布式处理、二级存储、消极信息、演化匹配规则以及"即付即用"（pay-as-you-go）匹配等方面的挑战。

查 询 处 理

人们通常会认为数据集成系统中的查询处理过程与传统 DBMS 的查询处理流程差别不大。因为数据集成采用的查询处理语言（无论是 SQL、datalog，还是 XQuery）同样源于标准的关系（或扩展的关系）操作。而查询处理的目标也是找到有效的可执行的查询计划。但是，在数据集成环境下，查询通常要处理的是分布式数据。尽管分布式数据的查询处理在分布和联邦数据库系统中已经有一些研究，它们两者之间有些类似，但数据集成需要提供新的查询处理方法以应对一系列的技术挑战。

例 8.1 为了便于问题的阐述，我们首先来看一个查询实例，这个实例在本章中都会用到。该查询找出高产演员摩根·弗里曼出演的广受好评的电影名称和上映时间。

```
SELECT title, startTime
FROM Movie M, Plays P, Reviews R
WHERE M.title = P.movie AND M.title = R.movie AND
   P.location="New York" AND M.actor="Morgan Freeman"
   AND R.avgStars >= 3
```
<<<

如果将上述实例应用于数据集成环境，我们可能遇到一系列在传统数据库系统中没有遇到的挑战。

数据源的查询能力及有限的数据统计信息

数据库管理系统的性能是通过准确的代价估算来获得的，这意味着 DBMS 的代价估算需要一个良好的 I/O 模型和处理速率。即便在分布式或联邦架构下，我们也要假设查询优化器可以从各个站点获得用于代价估计的有效统计信息。然而，数据集成环境下的数据源可能不都是 DBMS 数据源：其数据源类型可能包括文本或 HTML 源，电子表格或 XML 源，也可能是基于关系、层次或 XML 的 DBMS 源。它们中的某些数据源可能不具备数据统计和评估性能的能力。这导致了数据集成中的优化器要在没有信息的情况下进行估算。此外，有些数据源可能无法执行任意完全关系代数的表达式，这意味着（全局）查询优化器不能自然地将各部分查询处理分配到每个数据源。从例 8.1 来看，Movies 数据源通常提供对 XML 文件的直接访问（它不具备查询处理能力），Plays 数据源提供基于表单格式的接口，通过这个接口能够执行一定的选择操作。

输入绑定约束

有些数据源需要提供输入数据才能返回结果数据，如 3.3 节所述。例如，Plays 数据源可能不会返回所有的电影信息，只能在电影和导演的基础上提供电影的放映信息。而 Reviews 数据源则可能需要电影的名称才能返回其对应电影的相关评论。

不稳定的网络连接和数据源性能

Web 数据源在网络访问带宽和延迟方面通常具有很大的可变性，这使得我们很难预测访问每个数据源的代价，更谈不上具备处理故障的能力。另外，数据源本身就可能是一个被其他应用和请求共享的查询处理器，在处理器间数据传输时其执行查询处理并返回结果的性能也存在可变性。

快速返回初始查询结果的需求

最后，许多信息集成应用程序具有互动特点，查询的目的是获得对问题的一个优化结果，这一点与传统 DBMS 要求得到全部符合条件的查询结果不同。

本章我们将讨论上述需求对数据集成查询处理器设计的影响。在 8.1 节，首先简要回顾传统数据库查询处理过程，8.2 节讨论如何将这些传统技术扩展到分布式数据库。对关系查询处理引擎熟悉的读者可以跳过这两节内容。

接下来，在 8.3 节介绍数据集成查询处理器的基本架构，该框架将查询优化和执行以自适应循环（adaptive loop）方式结合在一起。循环过程由几部分组成，其中 8.4 节介绍初始化查询计划的过程，8.5 节描述查询执行运行时系统，这一系统比传统的引擎更加复杂。自适应查询处理中的运行时系统将在 8.6 节介绍，这又分两种类型：事件驱动自适应（8.7 节）和性能驱动自适应（8.8 节）。

8.1　背景：DBMS 查询处理

首先来回顾传统数据库系统中查询处理的基本流程和采用的技术，这对我们深入理解数据集成系统中的查询处理过程非常有用。

图 8-1 介绍的是传统 DBMS 查询处理器的架框图。通常 SQL 中的查询首先被**解析**并转换成抽象语法树或概念表达式。如果查询含有（虚拟）视图并且这个视图定义已经保存在系统目录中，那么它将被**展开**并生成一个逻辑查询计划。接下来，将展开的查询传递给**查询优化器**，查询优化器根据系统目录中的统计和索引信息进行代价评估以生成预期性能较好的可执行的查询计划。最后，将查询计划传递给**查询执行引擎**，查询执行引擎对索引和数据表执行相关操作后，最终返回查询结果。

210

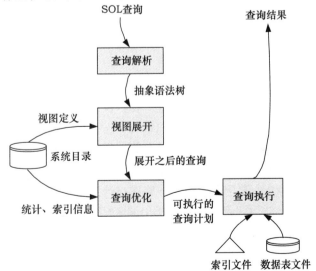

图 8-1　传统查询处理器的构成

8.1.1　选择查询执行计划

传统 DBMS 中的查询优化过程是基于几个基本的假设。1）代价是可以预估的：可以估计加载表或索引所需要的磁盘 I/O 数量，并且这些访问代价是固定的。另外，CPU 的性能也是可以估算的。2）数据一旦从磁盘导入内存，流水线式查询处理是 CPU 密集型的（CPU-bound）：查询操作符的内部实现是经过反复调优的紧密循环型操作，并且假设 CPU 在执行过程中被充分利用。

下面以本章开始给出的电影查询实例来介绍查询优化的过程。首先，查询优化器获取查询语句并展开所有视图，如果 Movie、Plays 或者 Reviews 是视图而不是基本关系，则先进行视图展开处理，依据视图定义进行扩展。查询展开阶段将会创建一个逻辑表达式来表达基于视图输出的查询。然后，在一些系统中查询重写阶段尝试对查询表达式做非嵌套化或非相关性处理，目的是生成基于基本表上选择 - 投影 - 连接（Select-Project-Join，SPJ）的一个查询表达式，而不是基于另一个 SPJ 表达式输出结果上的 SPJ 表达式。在例 8.1 中，因为不涉及视图，所以逻辑表达式是一个 SPJ 表达式，生成的查询计划如图 8-2 所示。该 SPJ 表达式通过一个基于代价的优化器找到最有效的物理操作符的组合从而产生表达式输出结果，基于代价的优化包含以下两个主要技术。

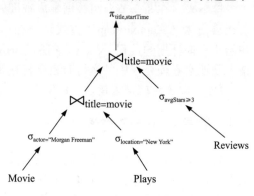

图 8-2　例 8.1 的逻辑查询计划

枚举"搜索"

查询计划枚举是指对逻辑计划枚举出与之等价的物理查询计划，并估计计划执行的代价。几乎所有的优化器都采用剪枝启发式的方法去除查询性不佳的计划以减少搜索空间，然后用完全枚举法列举剩余的查询计划。

现代数据库优化器仍然保留了最初基于代价的查询优化器（如 system R）中用到的剪枝启发式方法：搜索左线性树（其每个节点的左子节点必须是一个连接关系）定位左深度连接（左深度连接计划中每一连接表达式只出现在连接操作的左侧），并且当已经估计了所有连接谓词代价时仅考虑笛卡儿乘积的代价。在剪枝处理的搜索空间中，优化器将会枚举出所有潜在的连接次序，也包括可用的不同索引和连接算法。

优化技术是 20 世纪 70 年代的一个重要的突破：我们可以看到，在一定的条件下，查询执行代价遵循最优性原理。总的来说，3 路连接的优化连接查询计划必须充分利用 2 路连接的最优连接查询计划。由此导致当枚举 n 路连接计划时，应用动态规划技术：

- 首先（基本情况），访问每个基本表所用的各种方法都应该被考虑，选择和投影应该尽可能早地计算。
- 其次（递归情况），对 i 从 2 到 n 做循环操作，将最优的 $i-1$ 路连接表达式与剩下的第 i 个表进行合并完成第 i 个表的连接。对于每次类似的合并，将最优的 i 路物理执行计划记录在一个动态规划表中，其中选择和投影操作将被应用于 i 路连接。

- 所有的连接计算之后，对笛卡儿乘积做类似的枚举操作。
- 最后，对剩余的分组和聚集运算（GROUP BY 子句）以及聚集后的筛选操作（HAVING子句）加以处理。

上述方法的一个变种是采用自顶向下的搜索策略，它采用递归备忘的方法搜索查询空间。这里先从一个完整的查询表达式开始，考虑每一种将查询表达式分解到子步骤的潜在方法（也就是发现可以做连接的不同子表达式），对于每种这样的情况，进行递归调用来枚举每一个子表达式。每次调用都会记住具有最小代价的计划，这样简单地重复调用相同的子表达式返回记忆的结果。带有备忘的递归策略和动态规划的递归是等价的。自顶向下方法的优点是查询过程中剪枝可能性更多一些。

使用排序

上述方法忽视了一个事实，即某些特定操作本身可能代价昂贵但可以为多个后续操作带来好处从而降低代价，如排序操作（以及我们后面讨论的网络数据传输操作）。

例如，假设 plays 和 reviews 返回的是按电影名称排序后的结果数据，如果对 movie 也按电影名称进行排序，可以使用合并连接算法处理此查询。也许对 movie 表进行排序的代价会抵消与 plays 表做合并连接的好处，但是如果考虑到在后续与 reviews 表进行第二次合并连接过程中获得的好处，有可能排序是一种非常好的方案。

遗憾的是动态规划策略不会考虑到这种情况：其找到的连接 movie 和 plays 表的最优计划不是排序–合并连接操作；因此它将抛弃这一可选的二路表连接计划。当 3 路 movie-plays-reviews 表进行连接时，只会用到动态规划表中记录的 2 路表连接。

如何解决这个问题？从根本上来说，必须扩展动态规划表把排序考虑在内。查询优化器首先遍历整个查询找到所有潜在的可以应用于连接算法的有用排序（有意义的排序），比如 ORDER BY 子句和 GROUP BY 子句。在我们的例子中，有意义的排序属性是电影名称（在 movie 表中是 title 字段，plays 和 reviews 表则是 movie 字段）。在枚举计划的每一步，查询优化器都会记录每一个基于排序和非排序的最优子表达式（如果有必要，就添加一个排序操作来生成排序结果）。最后，查询优化器会选择不同排序和非排序计划中代价最低的（除非查询最后有一个 ORDER BY 子句，在这种情况下会选择合适的排序计划）。

213

代价和基数估计

代价和基数估计是紧密相关的：对于每一个算法，查询优化器使用代价公式（通常以时间为单位），对既定的输入和输出，计算给定操作的代价。举例来说，代价公式可能要计算对给定大小的关系的访问磁盘页的数量，或者在散列表中查找数据时需要调用散列函数的次数（代价公式通常在 DBMS 配置阶段设置一系列校准参数来匹配 DBMS 所运行的硬件速度）。

基数估算主要依赖数据库离线时搜集的信息（通过周期性地刷新）进行估算，查询优化器能够从数据目录和已有索引中查询到每一个基本表的基数，对于索引的属性字段也可以估计出最大值和最小值。另外，DBMS 的"调优向导"和数据库管理员可以创建表中某些属性的数据分布信息（比如，直方图和唯一值的数量）。最后，DBMS 完整性约束（如键约束、唯一性约束、外键约束）可以允许系统推断某些属性值的分布信息。

　　基于这些信息，查询优化器可以估计有多少值满足选择谓词（通过确定哪些直方图桶或子集可能满足该谓词）或一个连接条件（通过计算直方图交叉）。当有多个谓词出现在查询中时，优化器为简化处理通常做一些假设，例如，属性间是相互独立的。实际上，优化器这些假设很容易出错，不过它们至少确保优化器不会选择异常糟糕的计划。

8.1.2　执行查询计划

　　查询执行引擎以指定了一系列具体操作算法的物理计划为输入，并在数据源关系上执行相关操作。查询执行过程中会出现有关处理粒度和控制流的一些选择，接下来，将讨论每一个可能的查询选择，稍后将介绍设计目标。

处理粒度

　　当学习关系代数时，我们通常将查询操作（选择、投影和连接等）视为原子操作，它们以关系作为输入，并输出关系。现实中，查询执行引擎很少会进行这样的计算操作，主要原因有两个：第一，每个操作产生的中间结果数据的大小可能会超过内存大小，把这些中间结果数据缓存在内存并与磁盘交互的代价非常昂贵。第二，更重要的是，我们通常会在查询计划中对多个运算符并行处理，以减少查询响应时间。

　　因此，大多数的查询引擎支持流水线式查询处理。每一个操作符都会读入足够的输入元组以产生一条单一的结果元组。然后将结果元组传递给查询处理的下一个阶段（也就是查询执行计划中其父操作符）。当操作成功地产生输出时该过程会重复地进行下去。操作符产生一个输出元组，即把结果传递给它的父运算符，循环往复地执行（稍后，我们会讨论执行过程中的控制流）。

　　当然，将查询计划中的所有操作都采用流水线式处理也是行不通的。首先，许多操作（比如，部分连接操作、分组和排序）需要缓存它们所需的元组，这往往需要大量的内存空间，而内存通常难以同时给所有操作符提供足够的缓存空间。其次，一些操作（例如，排序、基于无序属性的分组）是天然阻塞（blocking）的：这些操作符要求操作所需的数据全部产生后才能产生结果数据。最后，有时查询优化器会认为计算并保存中间结果有利于提高效率（比如，将中间结果分享给多个子表达式或查询）。在上述各种情况下，查询计划会出现一个物化点（materialization point），即处在该时间点的中间关系需要被计算、缓存，并保存到磁盘（如果有必要）。

　　物化点为查询计划中的最高点，在此它获取了所有的元组。物化结果计算完毕后，位于物化点之上的操作符从中获得输入元组。因此可以将物化点视为一个"屏障"，用于分割查询计划的各个阶段（这里，每个阶段的所有操作都工作在同一流水线上）。

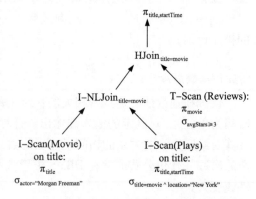

图 8-3　对应图 8-2 的查询计划的物理执行计划，其中 I-Scan 为索引扫描，T-Scan 为表扫描，I-NLJoin 为索引嵌套循环连接，HJoin 为散列连接

例 8.2 图 8-3 中的查询计划包含一个散列连接操作（HJoin），它是一个部分阻塞操作。散列连接可分为两个阶段：建立索引阶段会将参与连接操作的一个关系表读进散列表（在本例中就是处在连接操作右边的 reviews 表）；然后，探查阶段会以流水线的方式依次将左边输入的元组读入并与散列表进行匹配，然后将结果传递给下一个流水线操作阶段。建立索引阶段会阻塞当前执行计划剩余部分的执行直至其输入操作完成，探查阶段完全采用流水线方式。　　　　　　　　　　　　　　　　　　　　　　　　　　　　　　　　◀◀◀

控制流

查询计划中查询操作算法的调度可以有多种方法。一种极端情况下，可以简单地将每个操作交由其自己的线程来处理（或一个单独的进程），操作符间可以通过队列彼此传递元组。另一种极端情况下，只有一个单一的执行线程，由其负责控制每个操作符的执行周期。

单机环境下，传统的 DBMS 架构更类似于后者：它采用自顶向下的基于迭代器的架构，其中每个操作符每次调用它的子操作来检索一个元组，并执行对这些元组的操作，然后将结果返回到它的父操作或查询输出缓冲区。迭代模型在 CPU 密集型操作环境下具有关键性优势：它消除了线程间上下文切换的开销，也节省了数据项进入和离开队列时频繁复制数据的代价。

在分布式和并行 DBMS 中（我们在下一节进一步讨论），查询处理通常是 I/O 密集型操作：许多 I/O 操作可能会同时出现，我们的目标是当数据到来时尽快释放 CPU 资源。对于这些架构，数据流式处理或自底向上的架构很受欢迎。这里，可能有许多查询操作的线程，其中每个都是事件驱动的。当可用的输入元组到达后，它被传送到查询操作线程，该线程对其进行处理，并将它输出到其他线程的输入队列。

近年来，混合架构受到关注并被广泛研究。不同于以往流水线模式下一次传递一个元组，许多系统采用批量的方式传递和操作元组：批处理在缓存和 CPU 调度方面存在优势。此外，将迭代模型和有限的线程数进行融合的处理方式（例如，对于数据预取）在处理外部数据方面已经得到应用。

8.2　背景：分布式查询处理

当然，传统的数据库并不仅仅受限于单一服务器场景，分布式数据库管理系统已经研究了许多年。这里，我们扼要地介绍分布式数据库系统的一些关键技术，因为这些技术对数据集成领域的研究工作影响很大。

并行数据库系统与分布式数据库系统

215
∼
216

从表面上看，并行和分布式 DBMS 看似颇为相似：都采用多个计算和数据存储节点并协调各种机器进行查询处理。事实上，它们采用的基本假设和处理方法却有很大的不同。并行 DBMS 的各个节点通常假定是同质的并通过快速网络连接成一个全局存储系统。并行 DBMS 主要目标是跨机器节点对数据进行分区，并在许多机器节点上并行执行相同的操作，这样就可以实现负载平衡、提高查询速度。在分布式 DBMS 中，不同的机器具有非常不同的性能特性，网络性能可能会比较慢而且变化的幅度也比较大。此外，某些数据源可能仅被特定的机器访问。为优化性能，分布式 DBMS 的挑战是确定哪些操作由哪些机器执行。下面将集中讨论这一问题。

8.2.1 数据放置和转移

通常情况下，一个分布式 DBMS 的管理员必须考虑数据放置（data placement）的问题：如何将一组数据分布到一组分布式的机器上。数据放置通常有多种选择：数据可以基于关系进行划分，例如，某些特定的表存放在一台机器上，其他表放置在另外的机器上；可以是水平划分，也就是同一个表的不同行放置在不同的机器上，或者垂直划分，也就是将同一个表的不同列放置在不同的机器上。每种方法都表现出不同的性能：关系划分可以允许同一查询计划中不同的查询子表达式在不同的机器上并行计算；水平划分允许同一查询计划中的子查询对分布在不同机器上的不同数据进行并行计算；垂直划分允许在不同的机器上并行计算不同的查询谓词。当然，除了数据划分外，也可以通过副本（replicate）和索引来提高查询性能，但这可能增加成本和更新所需要的其他资源（空间，或者网络带宽）。

集中式 DBMS 有一个对系统性能影响极大的重要特性，即查询子结果的有序性（或无序性）。分布式数据库还具有第二个特性，即存储位置（或者水平划分的情况下，位置集）。为了执行一个连接或聚集操作，具有相同键值的所有数据必须位于相同的查询处理节点。

上述这些特性催生了两个新的物理层的查询操作符：转移（ship）和交换（exchange）。前者通过缓存或批处理的方式将一个子查询的输出结果传送给另一个节点上的查询计划作为输入。后者并行地运行在许多水平划分的数据节点上，并采用一个基于关键字的划分函数对这组节点的元组进行"交换"，最后使得具有相同关键字的数据处在同一个数据节点上。用于交换操作的数据划分原则上可以通过以下几种方法实现：在机器上划分范围，将关键词散列到机器上，或者执行某种负载平衡。基于散列的交换策略，有时也称为重散列（rehash）操作。

当然，如果引入新的物理层的查询操作，自然需要估计其在查询优化中的代价。之前的经验已经证明在实际应用中要做到这一点是非常困难的，因为互联网上的性能通常是不可预知的。我们无法根据一个网络连接的代价来估算出其他网络连接的代价（即便是与其相邻网站的连接）。因此，分布式查询处理早期的研究主要针对局域网或企业网络，这些网络中其节点互联的代价基本相当。今天，随着互联网骨干节点和终端节点带宽的增加，网络性能似乎更加稳定。

8.2.2 两阶段连接

基于转移（或者交换）操作，人们可以构建一个完整的分布式查询处理器，即使数据被划分，分布式查询处理器也可以跨机器处理分布的数据，执行 SQL 查询。然而，查询效率的问题也相应出现：如果我们有两张表，分别位于不同的计算机上，那么对两张表进行连接操作的计算代价是相当昂贵的。必须将一张表的全部数据传送到到其他机器上（或者将两台机器上的数据传送到第三台计算机）来进行计算。大多数情况下，尽管表中相当一部分数据不会产生连接操作，但还是需要传输这些数据。

基于上述因素，分布式连接操作通常可以分为两个阶段。这里，首先将第一张表 R 的连接关键字做一个投影操作，生成结果以"摘要"的形式传送给第二个节点。我们使用

"摘要"对第二张表 S 的元组进行"预选":将 S 中能与 R 连接的元组(通过 R 的"摘要"按连接属性探测 S 表得出)收集并送回第一个节点。之后,第一个节点将 R 与收到的 S 的子集执行实际的连接操作。

通过这种方式,网络带宽的使用可以显著地降低,这是因为 R 的"摘要"总是小于 R 本身,并且只需要将与 R 匹配的 S 的子集传送给 R 即可。当然,摘要必须满足连接操作的一些特性。具体地说,按摘要进行探测必须不能出现漏报(false negative),也就是说,如果一个键值满足连接需求,探测结果必须返回 **true**。下面介绍两种摘要。

双向半连接

双向半连接操作(2-way semijoin)利用对表 R 的连接键属性做(集合语义)投影操作形成对该表的摘要。第一个节点将搜集的摘要发送给第二个节点。当第二个节点进行连接探测时,就不会有遗漏的连接元组现象发生(或误报)。因此,它能够准确地将与表 R 连接匹配的 S 的元组集合发送给第一个节点。

布隆连接

如果对表 R 进行投影获得的摘要数据集比较大,那么双向半连接的代价可能比较大。布隆连接(Bloomjoin)使用从 R 的连接关键属性的布隆过滤器(bloomfilter)减少摘要结构的大小。布隆过滤器可能会导致一个误报操作,但绝不会将可以连接的元组漏报。布隆过滤器是一个位向量 V,附带 m 个散列函数。最初,向量的所有位置都设为 0。对于每一个要插入布隆过滤器的元素 x,设置向量 $V[h_i(x)]$ 的位为 $1(1 \leqslant i \leqslant m)$。之后,通过计算 $\wedge_{i=1}^{m} V[h_i(x)]$ 对元素 x 进行探测。向量空间越大,并且 m 值越大,则冲突越少(误报率越少)。

双向半连接和布隆连接的代价估算主要考虑表 R 摘要的大小、表 S 与表 R 摘要连接的元组数量、网络带宽和延迟等方面的因素。最终的查询计划如图 8-4 所示,该图描述了将数据从表 Movie 传送给表 Plays 的过程。表 Plays 节点和表 Reviews 进行双向半连接操作,它将所有的电影名称发送给表 Reviews 节点,然后返回表 Reviews 中与这些名称匹配的评论。表 Plays 节点依据返回结果做最后的连接和投影,返回结果给用户。

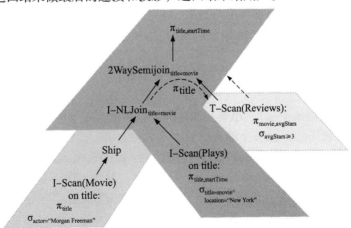

图 8-4 图 8-2 的物理查询执行计划在三个节点间的处理情况。注意
双向半连接(由虚线箭头及文字标示)的转移操作和数据流

8.3 数据集成查询处理

从更高层面来说，数据集成环境下的查询处理是分布式查询处理问题的一种特殊情况，不同之处是分布式 DBMS 站点被分布式数据源所取代。不过，由此带来新的挑战，数据集成中数据源是分散在互联网中而不是分布在企业内部的局域网，数据源是自治的并且与其他数据源之间的合作关系很少，而且数据源的信息不容易获得。

图 8-5 显示的是目前主要数据集成系统采用的查询处理框架。与传统的 DBMS 一样，查询处理的第一步是查询解析。接下来，不是简单地展开视图，数据集成引擎必须使用模式映射重写查询（见第 2 章）。查询重写后，需要进行优化和执行——这里显著的变化是，不只是查询优化器和执行引擎内部，两者构成的循环体需要不断重复优化和执行。

219

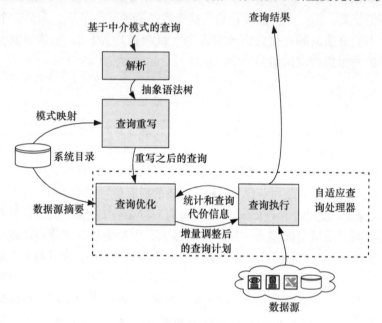

图 8-5　数据集成系统处理框架

被集成的数据源一般是由外部组织控制（事实上，可能不是 DBMS）。这就需要数据集成查询处理器必须能够识别数据源提供的接口以便接受和请求数据。简单的数据源可能只需提供直接访问 XML 或 HTML 文件的接口并从中提取所需的数据。其他数据源可能提供一个 Web 表单接口，通过提供一定的输入参数才能访问（参见 3.3 节）。最后，有一些数据源实际上可能提供完整的 SQL 支持（或者类 SQL 语言）。所有这些问题不仅需要在查询优化器慎重对待（见 8.4 节），还要开发定制的包装器，用来完成公共查询请求/应答格式和各数据源格式之间的转换（见第 9 章）。

互联网的数据集成也可能带来一些难以预知的后果。首先，数据传输速率非常难以预测，并且突发性和有限的带宽也可能会引发一些问题。其次，因为是在一个局域网络或本地进行查询处理，所以计算过程更可能是 I/O 密集型，而不是 CPU 密集型的。最后，对于大多数互联网应用，我们总是想尽快获得查询所需的第一个元组，然后逐步输出其他结果。这些导致了一个新型的查询处理框架和新的查询操作，这一点将在 8.5 节讨论。

220

最后，大多数数据集成方案在编译时因为信息太少而无法做到很好的优化决策。网络实际利用率，各个数据源上的数据分布，甚至是服务多个并发任务的给定数据源的响应时间——所有这些都可能使得优化估计偏离最初基于参数进行的数据查询代价估算。事实上，在执行查询过程中这些特征也可能发生显著改变！因此，如 8.6 节将要讨论的那样，对于长时间运行的查询，采用自适应策略是很重要的，查询计划可能需要根据实际观察到的性能特点随时进行调整。

8.4 生成初始查询计划

如果获得的关于代价和数据分布的信息比较少，那么一个数据集成查询的优化问题实际上是非常具有挑战性的。当然，在某些环境中（例如，内联网），这些信息可能是可以得到的。总之，查询处理器必须在至少产生一个局部的查询计划时开始执行。通常情况下，使用已有的统计信息通过传统查询优化模型的一个修改版来完成（如果统计数据不可用，也可以估算）。

数据集成查询优化器必须处理传统 RDBMS 不存在的两个约束。首先，输入绑定约束使得某些查询计划变得不合法，只是因为它们没有绑定访问一个特定数据源所需要的输入变量。其次，一些数据源只能执行部分的查询计算（例如，它们可以在数据源提供的表之间做连接操作）：这里查询优化能够确定支持哪些操作、预期的代价和基数变得至关重要。

推断输入绑定约束的问题与传统优化器已经需要做的工作没有很大差别。优化器已经需要推算某个物理或逻辑计划何时有效（例如，当一个谓词的输入属性未知或者需要进行笛卡儿积操作时，但笛卡儿积却需要先处理完所有连接条件后才可以执行）。然而，与 System-R 中使用的左深树连接计划不同，输入绑定约束有时需要穷尽评估所有查询计划（"浓密（bushy）"枚举）。此外，输入绑定约束必须适应使用一个依赖连接操作（见 8.5.2 节），而不是一个更传统的连接算法。

带有包装器（wrapper）的查询优化通常更为复杂。这种查询优化器必须确定哪些操作将在包装器中执行，哪些在主查询引擎中执行，查询优化器也要计算在包装器中执行子查询的代价。鉴于上述因素，包装器必须拥有查询执行组件（实际的包装器操作）和查询优化组件（一个为包装器进行计划验证和代价估计的插件）。优化器可以为每个操作符指定一个属性来指定操作执行的位置（由包装器或执行引擎调用），而包装器的优化组件对给定查询子表达式进行可行性验证并估算该子表达式在包装器执行的代价。

221

8.5 互联网数据的查询执行

在互联网环境下，CPU 通常要等待新的数据到达才可以进行进一步的计算。此外，突发事件、延迟，甚至查询失败也是相当普遍的。另外，数据集成引擎必须与各种支持不同协议的外部资源进行交互，因此需要特定的连接方法来处理访问模式约束，也需要包装器完成数据源特有请求和响应格式与标准请求和响应格式之间的转换。

8.5.1 多线程、流水线、数据流架构

来自外部互联网数据源的数据处理速度相对缓慢：这打破了大多数 DBMS 架构的核心假设（即使是局域网），即，查询处理主要是 CPU 密集型，查询优化的目标是在精心优化的代码中添加"紧密循环"（tight loops）处理。正如 8.1.2 节所述，大多数传统 DBMS 使

用一个基于迭代器（iterator）的方法，也就是由计划中的查询执行算法决定如何以及何时将控制权交给它们的子操作。

另一方面，数据集成引擎通常采用迭代器和数据流驱动架构的混合架构：概念上，与传统的迭代器模型类似，每个操作每次向它的子节点请求一个元组。孩子节点的操作以及其父节点的操作可能采用独立的线程（它们之间通过队列进行通信）。如果某一个子操作等待输入时被阻塞，则 CPU 可以上下文切换到一个可能继续向前执行的其他线程。

流水线散列连接

数据集成查询计划中主要的多线程操作是流水线散列连接（pipelined hash join），有时也称为双流水线连接、对称散列连接，或 X-join。该算法会构造两张散列表，每一个输入关系对应一张表，并且探测来自与它们相对的另一个关系中的元组。

流水线散列连接（见图 8-6）对参与连接的两张关系表平等对待，只需要通过两个输入队列对表的可用元组进行监测。在发现表 R 的一条输入元组后，它使用该元组对散列表进行探测，该散列表中存储了来自表 S 的先前读入的元组，然后输出每个结果元组。同时，它会将输入元组添加到为表 R 构建的散列表中（即构建步骤）。如果遇到一个表 S 的元组，即会按照上述算法流程同样进行处理。该连接算法有几个非常好的特性：连接操作一旦收到足够的用于处理的元组，它会立即输出连接结果，并且它可以处理数据源的突发或者不对等的数据传输速率。然而，算法的一个显著缺点是它比其他算法累积了更多的内存状态信息。针对这一问题，人们提出了很多方法来设法换出来自流水线散列连接的部分内存状态信息，这样即便遇到比内存大的数据集也可以持续稳定地产生输出。

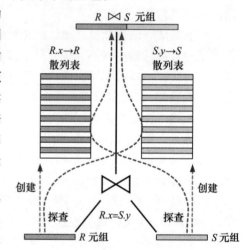

图 8-6　流水线散列连接的图例展示。其中数据源 R 的每个元组存储在其对应的散列表中（由索引创建阶段产生），数据源 S 的每个元组与该散列表进行探查连接才产生最终的结果数据 $R \bowtie S$，数据源 S 中的数据也以对称地进行处理

快速获取结果的散列操作

除了流水线散列连接外，大多数数据集成引擎倾向于使用基于散列的算法（而不是基于索引或排序方法）处理查询操作，这其中也包括聚集操作。数据集成领域很少会用到索引。基于排序的方法需要多次排序操作才可以最终产生排序结果，而这与尽早产生查询结果的处理初衷相违背。基于散列的连接即使在数据规模大于内存的情况下，当内存需求增多时，系统也可以按散列桶的方式将元组延迟换出到磁盘。在大多数情况下，一些散列桶并不需要被换出内存，在它们被换出到磁盘前就能被该查询直接输出。

8.5.2　有自治数据源的接口

数据集成的物理查询计划的最底层通常有一个调用包装器的操作。这个操作会与特定数据源的一个包装器或驱动器产生交互（有关详细信息，请参阅第 9 章），它负责以各数据源本身的协议将请求发送到数据源并以数据集成引擎需要的元组格式返回结果数据。

目前大多数数据集成系统采用的"通用"包装器有两种：一部分选用 ODBC 接口，另一部分则选用 XML。一个 ODBC（开放数据库互联）包装器通常会连接到一个 ODBC 可装载库，主要的关系数据库供应商和所用的主机操作系统都支持对这个库的调用。ODBC 获取 XML 产生的查询并返回通过游标接口访问的行集合查询结果。ODBC 包装器的一个简单任务是将下推查询转换成 SQL 语句，然后读取行集合的元组。XML 包装器通常会将下推操作转换成一个或多个 XPath 模式，通过 HTTP 请求来获取所需要的 XML 文档，并在流入的数据上计算 XPath。抽取的结果返回给查询计划。我们将在第 11 章中更详细地讨论 XML 处理。

包装器操作

在许多情况下，包装器操作不仅有获取数据的能力，而且还能在将被执行的数据源上构建查询。可以被查询优化器下推的操作主要包括：选择条件、投影，甚至是出现在同一数据源的表之间的连接操作。当然，正如 8.4 节所述，数据源必须能够执行这些查询。

利用依赖连接操作处理受限的访问模式

如 3.3 节和 8.4 节中所描述的，有时对数据源的访问必须向数据源提供输入（变量绑定），才能返回需要的输出结果。为了能够处理多个输入集，必须使用依赖连接操作：依赖连接从它的一个输入中提取元组，然后再把这些元组作为输入传递给数据源包装器，最后返回两个数据源的连接操作结果。依赖连接是 8.2.2 节中所述的双向半连接操作的一个特例，可以使用与其相同的技术来实现依赖连接操作。图 8-7 描述了依赖连接操作的数据流程，其中 Movies 的电影名称作为参数传递给 plays 数据源。

图 8-7　具有依赖连接的可执行的（物理）查询计划

8.5.3　故障处理

有时网络数据源可能因为系统崩溃或网络分区等原因变得不可用。几个面向 Web 的数据集成系统提供事件处理能力来解决此类故障：当系统检测到故障数据源时，故障处理模块会对正在执行的查询计划触发简单的修改。常用的做法是通过可替换的其他数据源（例如，镜像或一个轻量级的最新数据副本）来获取数据。我们将在 8.7 节讨论这些事件如何触发自适应行为。

8.6　自适应查询处理

基于互联网数据的查询处理遇到的主要问题是执行条件不断的变化或者难以准确地估计预期结果：基数或代价可能与优化估计不匹配；数据流可能会延迟；节点可能连接失败等。当然，处理这类问题的方法是开发一个具有自适应能力的查询处理器以应对上述问题。

总的来说，自适应策略将使得查询执行引擎（只是执行查询操作）和查询优化器（决定查询策略）之间的界线变得模糊。相反，算法会有一个反馈回路来检查初始代价和数据分布的相关信息；可以基于谓词代价形成一个初始的计划；计划开始执行后；代价和数据分布信息会被更新；反复重复上述过程来完成查询计划。

所有自适应查询处理器必须权衡各种因素对查询处理的影响。

信息匮乏

一般情况下，有许多替代方案来支持自适应查询计划——但实际上可以被用做决策执行基础的可用信息是有限的（例如，数据分布、相关性）。这往往需要在探测（收集信息消耗的资源）和挖掘（产生结果消耗的资源）之间做权衡。

分析时间与执行时间

与信息匮乏相似，我们需要权衡花费在决策制定和查询执行上面的资源。通常频繁采用自适应策略可以提高查询计划的效率，但不断重新优化过程增加更多的系统开销。同样，在一个更大范围内搜索可替换的查询计划需要花费更多的时间，但查询执行策略的效率会更高。

空间转换

一般情况下，如果想在查询制定环节具备更大的灵活性，则需要更多的开销（比如，冗余地计算结果需要的额外内存或成本）。

当前和未来状态的影响

连接操作天生具备状态丰富这一特性，随着查询时间的持续增长其代价不断增加（在极端条件下，所需代价与输入数据集的大小成平方关系）。我们必须精心地加以处理，不能因为想要遏制代价的增长而导致更多状态的产生（例如，看似只有少数的元组进行连接，但查询中间结果数量庞大，以致随后需要花费大量代价来处理这些结果）。

我们将自适应技术分为两大类：查询处理环境中事件驱动的自适应策略；用于监测和判断查询处理修改的性能驱动的自适应技术。我们首先介绍事件驱动的自适应技术。

8.7 事件驱动自适应策略

显然，数据集成中实行自适应策略研究的动机是执行过程中无法预测事件的发生，尤其是在 Web 数据源的情况下。例如，当数据源无法使用时，需要设置备用策略；当一个特定的数据源或一组数据源接收数据出现延误时，优先考虑一些其他部分的查询执行；当流水线操作阶段结束时，我们可能会发现，中间结果大幅偏离了原来的预期，这也表明重新优化查询计划剩余部分可能是有益的。

所有这些策略都可以通过一个常用的事件 - 条件 - 操作规则框架来处理，其中规则由查询运行时事件来触发，条件被评估，并且操作由响应开始启动。事件 - 条件 - 操作规则的一般形式是，在事件发生时如果符合某种条件则采取一系列相应的操作。

这里典型的事件可以是一个新的流水线阶段的完成或启动，一个包装器发生错误或超时，或者目标关系处理元组的数量达到一定的值。例如，下面的规则是当 wrapper1 设置的时间戳完成时就会激活 wrapper2 操作。

on timeout(wrapper1, 10 msec)　　**if** true **then** activate(wrapper2)

我们用一个五元组来描述上述规则 < event, condition, action_sequence, owner, active >。ower 是运行监控器的查询操作。如果 ower 处在激活状态，规则的 active（活动）标志为真，然后，一个 event（事件）可以启动或触发规则，对 condition（条件）进行判断。condition（条件）是带有标准操作符的布尔表达式，它包括整数和布尔型常量，以及用于调查查询操作状态的预定义函数：一个操作中产生的中间状态的大小，由该操作读取和输出的元组基数，该操作最后收到的一个元组距离当前的时间等。

如果规则的条件满足，规则就开始执行，也就是说，运行时系统执行动作序列内的动作。在自适应查询处理器中，这些操作可以启用或禁用部分查询计划，终止查询执行并返回错误报告给用户，或触发查询计划部分的重新优化。规则一旦启动，其 active（活动）标志就会清除。

在随后的章节中，我们将介绍如何使用规则处理各种事件以及随后处理这些相关事件可能会采取的操作。

226

8.7.1　数据源故障和延迟处理

当数据源完全不可用时（例如，由于服务器宕机或网络分区），通过给用户返回一个错误来说明该查询不能完成指定的操作。实际上，在某些情况下，可以用其他的替代策略获得与原始数据源等效的数据，例如，利用数据镜像或者通过对来自语义相同数据源的数据进行组合。

从概念上讲，这种类型的操作可以参照关系运算中的并操作，其输入是可以被替换的数据源。然而，并不一定要同时向所有数据源请求数据。为此，可以通过一个动态收集（dynamic collector）操作来解决，它本质上是一个并操作，不同之处在于其本身含有用规则描述的执行策略。

查找可替代的数据源

为了处理数据源故障，查询优化器维护由多个子树构成的动态收集节点，每个节点表示获取相关数据可采用的一个不同子计划。优化器生成一组规则来启用和禁用这些数据源。一旦查询计划开始执行，收集节点便启动相关输入参数收集可能的子计划；然后，当事件发生时（如超时、彻底失败或元组到达），与收集器匹配的一组关联规则可以启用或禁用各种输入。

在最简单的情况下，优化器可以为处理数据源故障或超时生成规则。我们来考虑下面的例子，这里操作符 coll1 有两个包装器操作，它们分别连接到数据源 A（主数据源）和数据源 B（替代数据源）。

on timeout(A)　　**if** true **then** activate(coll1,B); deactivate(coll1, A)

更复杂的基于事件驱动的查询处理器甚至可以基于每一个元组生成事件，采用竞争性执行（competitive execution）策略，以并行的方式向多个数据源请求数据并终止对反应较慢的数据源的请求。

下面的实例子说明了这种状况，最初我们尝试连接数据源 A 和 B。系统对最早发送 10 个元组的数据源进行处理，并终止对另一个数据源的处理。

> **on** opened(coll1)　　　　**if** true **then** activate(coll1,A); activate(coll1,B)
> **on** tuplesRead(A,10)　　**if** true **then** deactivate(coll1,B)
> **on** tuplesRead(B,10)　　**if** true **then** deactivate(coll1,A)

尽管基本事件处理策略要求优化器提供获取数据替代方法的有用信息，但它在处理网络问题时可以表现出很大的灵活性。

利用重新调度策略应对网络延迟问题

对于一个没有完全实现流水线操作的复杂查询计划，即便在其他数据源可用并且查询计划的其他部分可执行的情况下，其中某个数据源的延迟也可能会影响整个计划的执行。解决这一问题的方法是重新调度查询执行序列，使得计划的延迟部分被暂停，同时计划的另外部分可以启动执行。

一般情况下，重新调度过程需要确定一个新的可执行的子树，并将它从当前计划树中分裂成独立的查询，该查询的结果将被物化成表。当前的查询将在适当的位置被修改来使用这个表的结果。这种策略使我们能够同时执行主查询和"子树查询"，并仍然保留正确的操作语义。

我们希望通过对比执行代价来选择可执行的子树。通常情况下，所有重新调度决策是在优化阶段提前生成的，这些决策被编码成规则并在运行阶段执行，决策也要指定当流水线阶段停止时哪一个子树将被激活参与查询执行。只需要对优化器现有结构稍做修改即可完成上述策略：优化器对每一个子树的执行代价和基数进行估算，并评估重新调度的代价，它还必须考虑对表进行物化和读取物化表所需的代价。用于替换的可运行子树根据各自的执行效率而被优先考虑：执行效率主要考虑替换现有查询计划所节省的代价和将其作为独立查询执行并物化其结果所需代价的比值。直观地看，最有效的可执行子树是需要少量物化数据或者物化当前查询已经物化的数据。

重新调度策略可以用下面的实例规则对其进行编码。

> **on** waiting(op1, 100 msec)　　**if** true **then** reschedule(op2)

目前的研究工作表明，当查询执行过程涉及多个流水线操作阶段时，这种重新调度的策略对查询处理的加速效果非常显著。我们注意到，在选择－投影－连接查询中，流水线散列连接用到重新调度策略的机会比较少；但聚集查询或流水线散列连接在查询执行过程中可能会遇到可用内存空间不足等情况，此时重新调度便成为解决这一问题的一个重要技术。

8.7.2　处理流水线操作结束时突发的基数问题

即使在数据集成环境下，查询执行计划有时会被分为多个流水线处理阶段，可能的原因包括内存不足、如聚集这样的阻塞操作等。在每个流水线阶段结束时，查询处理器都会判别整个查询计划是否如预期地执行，如果查询计划没有按预期计划执行，那么就会终止剩下的计划并重新调度。事实上，选择使用什么样的替代方案进行重新优化也要付出一定的代价。

查询中重优化（mid-query reoptimization）技术基于运行时统计、启发式、代价估计等因素的综合考虑以确定重新优化查询计划剩余的流水线阶段是否对查询处理有利。该技术有 3 个基本组成部分：拓展查询计划收集信息的能力（这样查询进展就可以得到监测）；优化器预设配置以决定哪个重新优化策略将被触发；如果有必要，查询中重优化技术需要重启处在运行时的优化器得到一个新的查询计划。接下来我们将依次讨论这 3 面的问题。

信息收集查询操作

在传统查询引擎中这种操作始终是"悄无声息"地工作，它们不提供对已经收到了多少数据、数据分布等情况的反馈。一个自适应的查询处理器需要提供用于监测状态的机制，这是必不可少的。

一般情况下，信息收集查询操作主要有两种形式。首先，每个操作可以跟踪自己的状态信息并应要求返回这些信息。最常见的状态信息是每个操作符已经处理了多少元组。虽然监测这些状态信息需要每个操作增加维护基数信息的开销，但是这样的操作使获取确切基数的可能性变大（也包括选择率）。其他类型的信息可能包括执行状态（打开、关闭、失败），也可能是内存消耗信息。

另一种信息是摘要信息，比如，数据流中某些属性上的直方图或概要信息。这些摘要信息是由优化器添加到查询计划中的统计收集操作来完成。放置和使用这些操作通常相当棘手：收集统计数据信息的代价通常比较昂贵，并且摘要信息通常要等包含统计收集操作的流水线操作完成后才能使用。因此，优化器尝试将统计收集操作放置在关键属性（例如，连接键）不确定以及查询计划中很多部分需要重新优化的位置（也就是，对剩余查询计划的重优化方案尚未开始的地方）。

预定的重新优化阈值

给定来自查询计划的信息（无论是关于操作符的基数信息，还是来自于收集操作符的统计信息），查询引擎必须能够做出决定当前查询计划的执行状态是不是可接受的（即，性能大致符合基于代价优化的预测，或者更好），或者是否有必要找到一个新的查询计划。

为了更改查询计划，必须将正在执行的流水线操作结果物化到磁盘，然后重新优化查询的剩余部分，并执行新的查询计划。显然，这为查询处理阶段增加了两个额外的开销：物化结果的读/写操作；启用查询优化器。

触发重优化的前提是优化后节省的查询代价高于启用优化器重优化的开销。当然，面临的挑战是在运行时没有简单的方法来估计重优后能够节省多少代价：这需要系统必须依靠启发式算法来决定何时重新优化。

通常情况下，优化的代价是可预测的，就像我们可以预测物化和非物化一个查询子结果的代价。我们用 C 表示综合代价。如果 1）基于在运行时新收集的统计数据预估的代价超过原有预估代价的 θ_1 倍；2）预测的未执行部分的代价超过 C 的 θ_2 倍，那么优化程序通常会被重新调用。

例 8.3 针对本章开头给出的 SQL 查询，图 8-8 描述了其查询中重优化的一个实例。该计划被分成两个流水线操作，它们之间设有一个检查点。第一个流水线包含流水线散列连接、统计收集器和两个选择操作。第一个流水线操作结束后，检查点操作包含如下的规则，如果估计的基数大小与结果差异较大，则它调用优化器重新优化后续部分。

229

on closed(join1)　　**if** card(join1) > (est_card(join1) * 1.5) **then** reoptimize

如果第一个连接的输出没有超过预期的 50%，那么第二个流水操作继续执行不受影响。否则，第二个连接被重新优化（例如，由于内存不足，采用嵌套循环连接替代流水线散列连接来处理临时表）。　　　　　　　　　　　　<<<

对优化器的运行时重调用

一旦触发重新优化，就需要暂停当前正在执行的计划。这需要执行以下步骤：

- 获取流水线中最后一个操作的输出结果并作为一个临时表物化到磁盘。
- 重写原来的 SQL 查询表达式 Q，用对临时表的引用替换已经执行的查询子表达式，封装 Q 中尚未执行的操作生成新的查询 Q'。
- 优化 Q'，如果它在多个流水线处理阶段被执行，那么可能需要在此增加统计收集操作和重新优化阈值。

执行新计划 Q' 并得到最终的查询结果。另外，一个可优化的地方是，在触发重新优化前暂停执行原来的 Q 查询，而不是终止它。然后，如果 Q' 和 Q 的代价大致相同，那么重新执行 Q 会比开启新计划 Q' 更加有效。

如果在查询计划中有多个流水线处理阶段，那么查询中重优化方法是非常有用的。然而，在实践中许多数据集成查询是完全流水线模式，这使得该技术用处不大。这促发了下一节技术的产生。

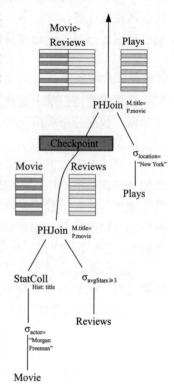

图 8-8　一个带有查询重优化检查点的查询实例，该实例中包括一个基于 title 字段的统计信息搜集器

8.8　性能驱动的自适应策略

因为数据集成环境下对基本表不能做出很好的基数估计，所以这使得上一节介绍的技术难以生效：它们只能修改查询计划中不是正在执行的流水线操作的那部分内容。由于数据集成查询主要采用流水线散列连接，所以它们通常只能有一个流水线（后面可能紧跟着一个聚合操作）。因此人们对采用自适应技术对当前执行的流水线操作进行查询计划优化问题一直存有很大的兴趣。

目前数据集成中的所有自适应查询处理系统都假设过去的查询性能能够反映未来的性能，并由此推断出总体代价和基数值。虽然这种启发式规则可能会被数据的变化误导，但事实上这种情况在现实中不太可能发生：查询的主要代价来自于连接操作，而连接大都是在主键和外键间进行，这可以从侧面证明查询执行时数据虽然有扭曲的可能，但其输出的大小具有良好的界定性。

其背后的本质是，所有这些技术都利用关系代数的一组基本性质，即并操作对选择、投影和连接操作的分配率。通常，对于由 m 个表做任意连接的查询表达式，对每个表进行划分，并对每个划分的连接查询结果做并操作来获得最终结果：这一过程可由下面的表达式来描述：

$$\Pi_{\bar{A}}(\sigma_{\theta}(R_1 \bowtie \cdots \bowtie R_m)) = \bigcup_{1 \le c_1 \le n, \cdots, 1 \le c_m \le n} \Pi_{\bar{A}}(\sigma_{\theta}((R_1^{c_1} \bowtie \cdots \bowtie R_m^{c_m})))$$

其中 $R_j^{c_j}$ 代表关系 R_j 的一组子集。

该属性也保证了流水线散列连接算法的正确性。在 R_1 和 R_2 做连接操作的过程中，可以选择读取 R_1 然后与已经读入的 R_2 数据进行探测匹配，也可以选择读取 R_2 然后与已经读入的 R_1 数据进行探测匹配。假设用 R_1^0 代表 R_1 中已经被读取的数据，R_2^0 代表 R_2 中已经被读取的数据。接着流水线散列连接可以继续从 R_1 的第二个子集 R_1^1 读取更多的元组，这些元组与 R_2^0 进行连接，用代数方法执行操作 $(R_1^0 \bowtie R_2^0) \cup (R_1^1 \bowtie R_2^0)$ 和 $(R_1^0 \cup R_1^1) \bowtie R_2^0$，它们返回相同的结果。类似地，对于 R_2^1，我们将它分别与 R_1^0 和 R_1^1 进行连接再求并集。

我们可以进一步利用这些代数等值式来增强流水线间（inter-pipeline）的自适应性，通过变换并集中的查询的不同位置来对每一个联合查询进行评估。换句话说，不同的组合方式可能由不同的查询执行计划产生。

主要问题是每个不同的合取表达式采用什么样的查询计划。针对设计中不同的选择点，已经提出了多种不同的自适应技术。我们主要介绍两种截然不同的技术：eddy（漩法），它能够非常频繁地使用自适应性策略，并且在决策制定过程中不需要使用代价估计；校正查询处理（corrective query processing），它不频繁地使用自适应性，但可以做出基于代价的决策。

8.8.1 Eddy：基于队列的计划选择

传统的数据库管理系统的查询处理将所有的"智能"和决策信息加入查询优化器中，而很少考虑执行引擎的"智能化"。操作调度由查询计划所掌控，具体表现为一元和二元操作构成的树（有时也可能是一个有向无环图）。

eddy 策略某种程度是传统 DBMS 查询处理技术的另一个极端情况：该优化器可做的决策非常有限，只能执行非常高层的基于启发式的查询重写，但是它可以将选择 – 投影 – 连接（SPJ）中所有操作的顺序决策推迟到查询执行阶段。将每个 SPJ 表达式编入一个称为漩涡（eddy）的"超级操作符"中。

232

eddy 的功能主要由一个元组路由器（tuple router）组件和一个或多个子操作组成。子操作包括选择和投影操作，以及封装连接功能的组件（存储子表达式的状态以及探测其他子表达式的状态）。元组通过不同的输入方式送入 eddy。这些元组都用特定的布尔型变量 done 做标记，每一个对应于一个查询计划操作，用于跟踪查询的进展。对于初始传入的元组，所有标记位都被清除。

每个子操作都有一组策略规则来描述哪些执行标记需要被设置或清除，以便让子操作能够接收元组。如果元组对应的某一子操作 o 的标志位被设置，那么相关子操作 o 将不会再接受该条元组：这说明被标记的操作表示已经对该元组进行了处理。此外，有时子操作对处理元组顺序也会存在依赖关系，一个子操作可能拒绝接受一个元组，直至该元组已先由其他子操作处理。

当一个元组被送入 eddy 时，它的元组路由器通常会在几个能够接受该元组的目标子操作中做出选择。它使用路由策略从这些子操作中选择合适的目标子操作，并将传入的元组发送到相应的子操作。这些子操作 o 产生的所有输出元组其子操作标志位被设置为真，并保留输入元组的其他标志位；然后这些设有标记的元组会被发回给 eddy。接下来，eddy 会查阅那些愿意接受输入元组的子操作，eddy 重复执行上述过程。一旦一个元组的所有位都被标记，它将作为 eddy 的输出结果。

例 8.4 图 8-9 是 eddy 策略对应的一个 SQL 查询（本章开头重复提到的实例）。

```
SELECT title, startTime
FROM Movie M, Plays P, Reviews R
WHERE M.title = P.movie AND M.title = R.movie AND
  P.location="New York" AND M.actor="Morgan Freeman" AND
  R.avgStars >= 3
```

不同的查询操作（选择和流水线散列连接）均视为子操作（$o_1 \cdots o_5$），将核心路由器分配给位于 eddy 中间位置的"R"节点。路由约束由连接在"R"节点数据源和子操作来表示。每个输入 eddy 的元组被路由到一个子操作；返回的结果被反馈到 eddy。一旦操作 o_i 成功完成，由 o_i 输出元组的第 i 个操作标志位将被设置，当元组的所有标志位都被设置后，它将由 eddy 输出。

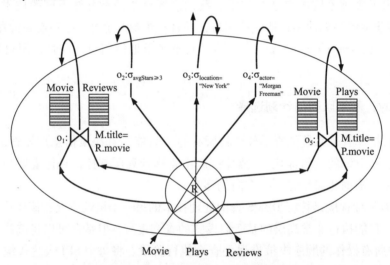

图 8-9　一个 eddy 查询实例，图中包括元组路由器（R），一系列子操作（o_i），以及每个连接操作需要的散列表　<<<

如果子操作包括选择、投影和状态连接操作，那么基于关系代数分配律特性，eddy 可以确保操作的正确性。eddy 策略存在的主要问题是选择什么策略以确定调度次序。

基本的 eddy 策略："彩票调度"路由

彩票调度方案基于多个观察。一般情况下，因为其代价太高，所以不能实现在逐个元组的基础上对所有候选查询计划的执行代价进行对比。然而，在其他条件（特别是选择率）基本相同的情况下，我们直观上更愿意将元组传送给执行速度快的子操作；或者在其他代价（特别是计算代价）基本相同的情况下，发送给选择性高的操作。

就像下面分析的那样，元组路由器把元组发送给执行速度快的子操作。如果我们为每个子操作都设置一个队列，那么速度慢的子操作的队列将很快会被填满。而速度快的子操作将不会很快被填满。eddy 的元组路由器只会将元组发送给非空队列，因为来自队列的背压（back pressure）会使 eddy 选择快速执行的子操作。

通过一个随机化模式对上述策略进行扩展就可以使 eddy 将元组传递给选择性高的操作。每次当子操作从元组路由器中接收一个元组时，它将获得一"票"，当它向元组路由器输出一个元组时，它就失去一"票"。元组路由器通过实施"彩票"策略为元组选择下一个有资格处理某元组的子操作。

彩票调度路由策略会增加部分系统开销，但可以非常有效地确定一个非常好的谓词选择次序。但是，它在处理连接操作时会有一些问题：随着时间的推移选择率往往会减少，因为越来越多的元组被连接"发现"并添加到其内部散列表中。彩票方案在连接操作早期往往会高估选择率。因此，这会导致 eddy 策略将元组传递给连接操作，但事实上它应该将元组先发送给选择操作——连接操作会产生数量庞大的中间结果。在后续的查询中，从其他数据源传递过来的元组不得不与这些中间结果进行连接。这会增加整个查询的代价，而如果先做选择操作，那么这些代价是可以避免的（因为这样连接生成的中间结果会少很多）。

扩展的eddy 方案：状态模块

原始的 eddy 方案存在一些缺陷：它不能反映出连接操作符的"状态"属性。例如，连接操作输出的元组数量会随着输入元组的不断消耗而有所增加。状态模块（也叫做 STeM）"分解"连接操作的内部功能使 eddy 可以更好地跟踪查询行为。STeM 为 eddy 策略中的每一个连接操作分配两个子操作：一个用于维护状态；另一个探测连接操作关联的另一张关系表的状态。现在即将到达的元组必须经过状态和探测两个子操作，并通过某种方式确保产生所有的结果：这使得 SteM 必须通过一系列复杂的规则完成元组在 eddy 策略中的换入与换出操作。关于 STeM 的详细介绍可以参阅本章参考文献注释。

状态迁移的Eddy：STAIR

无论原始的 eddy 方法或还是 SteM，它们都假设对当前操作选择率的预测能够用来对后续操作的选择率进行评估。但事实上，连接操作本身未必满足这一假设：在查询处理初期，连接操作具有很强的选择性，但是随着连接状态的不断丰富，它们可以选择的空间越来越少。极端情况下，在查询初始阶段，连接最初根本不产生任何结果，但随后产生大量的元组。此时，eddy 可能会被"误导"而以次优的方式处理后续连接状态，也就是说，一旦状态在某个子操作建立起来，eddy 会让每一个后续到达的元组都对它进行探测。

STAIR 策略通过"拆解"eddy 并将中间状态移动到其他子操作（在这个过程中可能被过滤）的方式来解决上述问题。STAIR 会因一些无用操作而增加一些开销，但是与将中间状态放置在次优位置相比，它的代价是比较小的。关于 STAIR 的更多详细信息，请参阅本章结尾的参考文献注释。

8.8.2 校正查询处理：基于代价的重新优化

eddy 执行连续的查询重优化策略，它采用的一个数据流启发性策略虽然增加了一些元组操作的开销，但可以同步地持续探索可替代查询计划。eddy 一般会避免"最坏情况"下的查询性能，但需要花费大量时间"探索"可供选择的方案。因此，相应地它比传统查询引擎提供更少的资源用于探索（提供峰值性能）。

235

校正查询处理（Corrective Query Processing，CQP）的目标是尽全力获取查询结果，而不是探索潜在的更好的查询计划。它只是被动地发现性能糟糕的计划并进行简单的校正，而不是积极主动地寻找更好的计划。与 eddy 采用本地启发式规则策略不同，CQP 对查询进程和潜在的好的查询计划进行基于代价的评估。为了便于 CQP 的执行，随着查询的继续执行，查询处理器启用一个低优先级的后台线程基于最新的运行统计信息定期地返回查询优化器的代价估算结果。如果优化器找到一个可以极大地改善查询性能的计划，它就停止当前执行的查询计划，允许该计划切换到一致的查询状态（在这个状态下，查询计划包括阻塞操作在内的所有计算都已经在读入的源数据上执行），并用前面描述的自适应机制将处理进程切换到新发现的计划。新计划在此前的计划停止位置接受输入数据流继续操作。计划切换操作可能不止一次，每一次切换都标记为一个阶段。最后，系统执行一个缝合阶段（stitch-up phase）对前面各阶段的数据汇总得到结果数据。

例 8.5 如图 8-10 所示，给定实例中查询请求和一组原始的统计信息，查询优化器可以从图中左边的计划开始执行，也就是先对 Movie（M）和 Reviews（R）进行连接，这里我们把这一阶段标记为阶段 0。

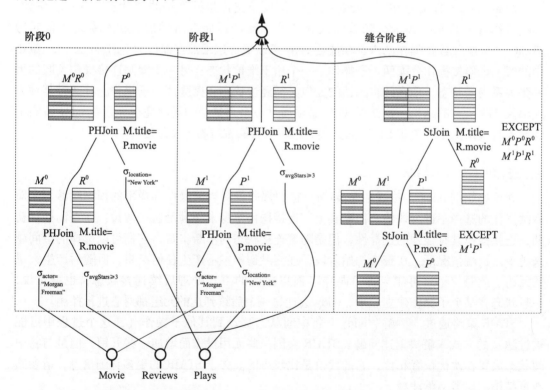

图 8-10　校正查询处理实例，处理流程包括两阶段连接和一个缝合阶段

与传统的查询处理器不同，基于 CQP 的查询处理器持续监测计划的执行。随着统计数据的收集和代价的重新估计，后台查询优化器会被触发以确定可能的最优替代方案。当

第一个阶段的计划执行完毕后，新的阶段 1 启动，也就是在图的中间对表 Movie 和 Plays 做连接。新的计划处理其余三个数据源的数据：每个阶段都会处理基础数据中没有做连接的那部分数据。这里把关系 R 的第一个子集标记为 R^0，第二子集标记为 R^1。

将阶段 0 和阶段 1 的查询结果进行合并只得到结果数据的一部分。还必须组合所有阶段对关系的执行，并将查询结果传递给分组操作。为了表述简单，我们省略了连接式的下标，剩下的连接表达式为：

$$(R^0 \bowtie P^0 \bowtie R^1) \cup (R^0 \bowtie P^1 \bowtie R^0) \cup (R^0 \bowtie P^1 \bowtie R^1) \cup$$
$$(R^1 \bowtie P^0 \bowtie R^0) \cup (R^1 \bowtie P^0 \bowtie R^1) \cup (R^1 \bowtie P^1 \bowtie R^0)$$

只有对最后表达式进行评估，也就是我们所说的缝合阶段，查询才算完成。这一过程由最后一个查询计划执行，此时调用一个特殊的缝合连接操作符（StJoin）来读取先前执行计划产生的中间结果的散列表，并用散列表与后续结果进行探测来产生剩余的查询结果。缝合过程会遍历散列表并将各个阶段的查询结果连接起来。为了避免产生重复的结果，系统会给缝合连接进程提供那些散列表目前没有被重新连接过的信息（一个"除外"列表）。　　　　　　　　　　　　　　　　　　　　　　　　　　　　　　　　　　**<<<**

CQP 也遇到一些关键技术的挑战，首先是如何在流水线查询执行过程中为查询引擎补充代价估计和重新优化等信息，以及如何生成缝合计划。

代价重新估计

校正查询处理方法执行的前提是频繁地对查询计划执行代价重新评估。随着聚集操作性能越来越突出，查询计划的状态通常每隔几秒就会被探询。在状态被探询期间，系统必须确定：1）查询处理中的其余部分将如何继续进行（尤其是，如果数据源的基数是未知的）；2）替代查询计划的执行代价和选择率。

给定了从当前执行计划获取的基数和选择度信息，查询处理器必须意识到当前计划只探索了（指数级）搜索空间的一小部分，只能给出少量的真实信息。CQP 利用了等价子表达式（与查询计划无关）总是有相同的基数和选择度这一特点。即便是发现了这个规律，搜索空间仍然很大，CQP 代价估计器必须利用各种启发式规则对尚未尝试执行的子表达式的选择度做出估计。

通常，如果重新估计代价在原有代价的一个小的阈值范围内，则重新优化不必执行，即不必探索潜在的查询空间。反之，如果代价超过已有的阈值，重优化操作将被触发。

重优化

相比于查询中重新优化等方法，CQP 中的查询优化器运行"边缘化"的查询引擎。CQP 优化器可以仿照任何已有的查询优化模型：基于启发式规则、随机优化、动态规划，或内存自上而下优化等都是可用的。CQP 是一个自上而下带记忆功能的架构，采用全（浓密的）枚举替代连接树。该技术的关键是优化器能够接收查询运行修改后的代价估计，以及每个表目前已经有多少元组被处理等信息：这样做的目的是推断执行剩余查询的代价。

改变原计划会对重优化产生额外的代价，因为对原计划进行缝合操作更加有效（因为所有的子表达式都是兼容的）。这些代价通常是由于启发式规则而产生的，因为系统不知道缝合计划的代价是什么，或者是否会有新增的查询执行阶段。

生成缝合计划

　　一旦基本的查询执行完成，如果有多个查询处理阶段，那么缝合计划必须将此前被划分为不同的计划数据整合在一起。总的来说，对于由 m 个关系并分散成 n 个计划的连接操作，需要缝合计划做 $n^m - n$ 次合并。

　　每个查询处理校正计划必须在叶子端缓存输入给它的源数据，这样数据可以被其他计划获取以完成连接操作，这一点与流水线散列连接操作吻合。事实上，因为大多数数据集成系统几乎完全依靠流水线散列连接，所以这一要求基本上都可以达到。其他的连接操作（嵌套循环、混合散列和排序合并）必须要进行扩展才能满足缓存数据这一要求。

　　校正查询处理时可以有几个选择进行交叉阶段连接以获得完整查询结果，这其中也包括每次校正查询处理在执行交叉连接来生成完整的查询结果时可以有多个选择。每次改变已有查询计划时也会有多个选择。现有的方法是在之前的计划已经完成后，将缝合阶段的计算操作推迟到最后执行，就像前面给出的查询实例那样。

　　缝合计划可以单独地根据存储在散列表中的信息进行操作，这些散列表是由以前各个阶段的操作产生的。CQP 是通过现有的散列表扫描获得数据源的元组，而不是从源上重新扫描输入。查询优化器在确定最佳查询计划时会考虑现有的全部状态以便充分利用当前的这些散列表——这些散列表可以是在探查阶段建立的，也可以是在扫描输入阶段建立的。

　　对于每一个连接操作，CQP 估计生成不可用中间结果[⊖]的查询表达式的执行代价，而不是估计所有查询结果的代价。接下来，优化程序创建一个独占列表来指定哪些子表达式已计算，哪些可以重复使用，哪些不应该重新计算。

　　最后，CQP 采用一个专用的连接操作来有效地整合来自多个现有散列表的元组，并增加关联信息来去除重复的数据。缝合连接操作依据查询优化器提供的独占列表（比如在例 8.6 中，CQP 不会重新生成 $R^0 \bowtie P^0$）和一系列包含可重复使用数据的状态结构开始执行。缝合连接操作遍历现有的状态结构组合，并从结构级判断（而不是元组级）这样的组合是否在独占列表中，或者需要生成。此外，它同时判断哪些状态结构应该用来扫描元组，哪些需要再次探测。为了满足性能需要，它依据连接键对这些结构重新构建散列表。最后，缝合连接操作结合其输入的数据和现有的状态结构，检查每个元组是否应该创建。最终的结果是一个可以产生更高效精确结果的操作。

　　例 8.6　如图 8-10 所示，缝合连接（**StJoin**）操作符从前一阶段生成的散列表来重用数据，这可以避免重复元组的创建。底层 **StJoin** 需要创建所有在 $M \bowtie P$ 过程中遗漏的元组，这些元组包括 $M^0 \bowtie P^0$、$M^1 \bowtie P^0$ 和 $M^0 \bowtie P^1$，但不包括 $M^1 \bowtie P^1$。为了做到这一点，我们找到为 M^0、M^1、P^0、P^1 创建的散列表并把它们附加到缝合连接操作，缝合连接操作读取 P^0 并将它与 M^0 和 M^1 做连接，它也需要读取 M^0 并与 P^1 表连接。

　　第二个缝合连接操作与第一个相似，它的散列表存有 $M^1 \bowtie P^1$ 连接产生的元组，并从

　　⊖　因为它只考虑我们当前查询的一部分中间结果，并且这样的结果只是所需要的所有数据的一个子集，这个问题比在第 2 章中讨论的使用物化视图来优化的方法要简单些。

它的孩子表达式中读取 $M \bowtie P$ 连接后剩余的元组。它也会从初始阶段创建的散列表读取 R^0 的元组。除了之前已经输出的元组外，第二个连接会把所有的元组组合进行连接。　　**<<<**

为了总结性能驱动的自适应技术与其他技术的关键区别，校正查询处理采用较为保守的基于代价的方法修改查询计划，如果计划执行情况良好，这种策略会对查询执行代价有轻微的影响。Eddy 采取基于数据流的方法来确定查询操作符的顺序，并且不断地探索替代计划。CQP 方法也许更适合选择度最初是未知而整个查询过程中比较稳定的情况，而 eddy 策略则更适合选择度经常变化的情况。

参考文献注释

文献[121，318]描述了两个优秀的传统查询优化方法。文献对如何执行计划枚举、修剪搜索空间的各种试探方法，以及使用直方图和其他技术来估算基数都做了详细的描述。文献[263]对查询执行做了一个补充性综述，文章对基本操作设计的索引、散列以及基于迭代的策略都做了介绍。

分布式数据库系统研究甚至比关系型数据库管理系统更早，比如 Distributed Ingres [530]和 R*[405]工程。第一个联邦数据库 Multi-base 也可以追溯到同一时期[525]。也许最雄心勃勃的分布式（和联邦）DBMS 是 Mariposa[532]，它尝试从经济学角度使用简单的技巧以便确定数据存放并在何地做数据计算。这些想法随后被提炼至更高版本的系统，其中也包括数据集成系统。

布隆过滤器实际上是以发明者的名字命名的[90]。最早的分布式查询处理文献[73，161，404]在讨论查询执行算法时就含有布隆连接和双向半连接算法。文献综述[350]和教材[471]对分布式查询处理进行了较为全面的概述。最近的一些研究工作甚至考虑了分布式处理环境下的相关子查询[328]和递归处理[395]技术。IBM Almaden 研究中心的 Garlic 系统采用先进的包装器代价模型对查询优化工作做了大量研究[281，498]。Garlic 是建立在 Starburst 引擎（DB2 UDB 研发版本）基础上的一个数据集成系统。系统关注的重点是扩展优化器以便处理异构数据源（包括非关系的）。相比于我们本章讨论的大多数技术，Garlic 对公司内部网的企业信息集成（EII）处理比较注重。如今，SGarlic的许多应用已经实施到 IBM's InfoSphere 系列产品中。

自适应查询处理在传统的数据库、数据流和数据集成领域一直是研究的热点。两篇该领域的文献综述出现在[48，172]中。这些文献对传统数据库系统中重新优化和执行等基础性技术做了详细描述，建立更强大的查询计划技术在文献[46，138，319]也有表述。文献[44，171，490]对 Eddy 及其变种 STeM 和 STAIR 进行了研究。文献[547]已经将 eddy 扩展到分布式领域。[326]提出了校正查询处理技术，另一个和它密切相关的技术，称为 CAPE 的技术出现在[499]中。在流查询处理方面，关于本地调度的自适应技术在文献[47，543，552]中提出，而最小化内存使用的研究则出现在文献[45，50]中。文献[49]讨论了调度和自适应重排窗口操作策略。

随着网络带宽的增加，互联网延迟估计技术不再具有挑战性，因此由于路由争用引发的延迟在减少。互联网评测领域在预测延迟以及互联网基础设施测量等方面做出了重要的工作[232]。

239

240
≀
241

包 装 器

包装器是数据集成系统中负责与数据源交互的组件。其任务包括将来自数据集成系统上层的查询发送给数据源，然后将结果转换成查询处理器可以处理的格式。包装器的复杂性取决于数据源自身的特点。最简单的情况是，如果数据源是一个关系数据库系统，则包装器的任务就相对比较简单，可能仅仅包含与 JDBC 驱动器的交互（不可否认，这通常比你想象的难）。在复杂的情况下，包装器需要解析半结构化数据（例如，从 HTML 页面爬取的数据），并将它们转换成元组的集合。本章将讨论后一种的情况——有效地构建将半结构化数据转换成元组的包装器。我们首先介绍包装器所面临的问题，然后讨论文献中已经提出的不同解决方案。

9.1 引言

下面针对一组 Web 页面组成的数据源，介绍包装器的基本思想。对每个数据源 S，假设每个 Web 页面均使用模式 T_S 和格式 F_S 显示其结构化的数据，该模式和数据格式贯穿数据源的所有页面。需要记住的重要一点是，该模式并没有被显式地声明。

例 9.1 图 9-1a ~ c 描述了 3 个这样的数据源。数据源 country. com 描述了国家的基本信息，图 9-1a 显示了一个描述德国的页面。该页面使用了一个包含单个表的关系模式，包含 country （国家）、capital （首都）、population （人口） 和 continent （大陆） 4 个属性。该页面首先使用大写字母显示国家，然后分别以 "Capital："、"Population："、"Continent：" 为前缀显示首都、人口和大陆字段。

数据源 easycalls. com 是关于国际电话区号的网站，图 9-1b 中的页面显示了一个（country， code） 的元组列表。每个元组显示一行，其中 country 字段为粗体，code 字段为斜体。最后，图 9-1c 显示了一个来自数据源 greatebooks. com 的页面，其中粗体显示了一本书的题目，用下划线显示一个或多个作者，然后价格和出版社分别以 "Price：" 和 "Publisher：" 为前缀。

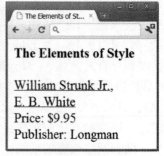

a）countries.com   b）easycalls.com   c）greatbooks.com

图 9-1　数据源实例，每个数据源都使用一个模式和一种格式来显示数据，
该数据模式和格式在数据源的所有页面中是通用的

这些类型的页面在万维网上很常见。它们由数据库系统支持的网站创建。当用户提出一个查询时，该查询被发送到后台数据库，并以元组集合的方式响应。此时，Perl 脚本或类似的脚本程序将创建一个便于用户查看的 HTML 页面。

9.1.1 包装器的构建

给定一个如上文所述的数据源 S，包装器 W 从数据源 S 的页面中抽取结构化数据。形式化地，W 是一个二元组 (T_W, E_W)，其中 T_W 是目标模式（target schema），E_W 是抽取程序（extraction program），该抽取程序使用格式 F_S 从每个页面中抽取一个符合模式 T_W 的数据实例。目标模式 T_W 不需要与页面中使用的模式相同，因为在输出中我们可能想要重命名属性或者只需要包含页面模式的一个子集。下面两个例子说明了包装器的操作。

例 9.2 考虑一个包装器，它从数据源 countries.com（见图 9-1a）的页面中抽取所有的属性。目标模式 T_W 是数据源模式 $T_S = ($country，capital，population，continent$)$。当给定数据源的一个页面 P 时，抽取程序 E_W 应该指定返回的第一个完全大写的字符串为 country，紧跟在 "Capital：" 后面的字符串为 capital，等等。　　　　　　　　　　<<<

例 9.3 考虑一个包装器，它仅从数据源 greatbooks.com（见 9-1c）抽取 title 和 price 字段。这里目标模式 T_W 是关系模式（title，price），抽取程序 E_W 返回粗体的字符串为 title，紧跟在 " $ " 后面的数字为 price。　　　　　　　　　　　　　　<<<

包装器构建问题是通过检查数据源 S 的页面快速地创建一个二元组 (T_W, E_W)。由于该领域大部分的研究工作集中在包装器构建的机器学习算法上，所以该问题通常称为包装器学习。该问题主要包含两类。在第一类中，想要学习数据源模式 T_S，以及用来抽取符合模式 T_S 数据的程序 E_W。因此，构建的包装器为 $W = (T_S, E_W)$。在这种情况下，数据源模式 T_S 也是目标模式 T_W。例如，如果我们不知道数据源 countries.com 的模式，想要构建例 9.2 中的包装器，尤其是想要构建目标模式和抽取程序。

在第二类中，只需要抽取数据源模式 T_S 的属性子集，并且已知该子集（例如，通过手工的方式检查 S 的一个页面集合）。然后定义该子集为目标模式 T_W，我们的目标只需要构建抽取程序 E_W。例如，如果我们只想从数据源 greatbooks.com 中抽取 title 和 price，那么在已知目标模式的情况下可以构建例 9.3 中的包装器。

243
∼
244

9.1.2 包装器构建面临的挑战

上述两种类型的包装器构建已经得到了广泛的研究，并且由于下述原因其面临很大的挑战。

学习数据源模式

首先，学习数据源模式 T_S 已证明是一个很难的问题。通常采用的方法是，假设数据源 S 的每个页面是由文法 G 生成的字符串。然后从一组页面学习文法 G，并使用 G 来推导 T_S。例如，通过查看数据源 countries.com 的一组页面，我们可以发现它们是由如下正则表达式（它使用正则文法表示）生成的：

$R = <html>(.+?)<hr>
(.+?)
Capital: (.+?)
Population:(.+?)$
$\quad
Continent: (.+?)</body></html>$

从该正则表达式中，可以推导出数据源模式（country，capital，population，continent）。

不幸的是，众所周知从一些正例（例如，在这个例子中数据源 S 的页面）中推导一个文法也是非常困难的。例如，我们知道仅从正例并不能正确地识别正则文法。即使有正例和反例，也没有有效的算法来识别一个合理的文法（例如，识别符合任意一组例子的极小状态确定性有限自动机）。

鉴于这些局限性，目前的方法只考虑包含扁平元组或嵌套元组模式的简单正则文法。但是，即使学习这些简单的模式也非常难。常见的方法是使用各种启发式来搜索一个大的候选模式空间。然而，被发现模式的正确性严重依赖于所采用的启发式规则，错误的启发式规则常常导致产生错误的模式。此外，稍微增加模式的复杂性就可能导致搜索空间大小呈指数级增长，进而导致一个棘手的学习过程。

学习抽取程序

抽取程序 E_W 的学习也已证明是非常难的。理想情况下，抽取程序应该是图灵完整的（例如，一个 Perl 脚本），从而具有最大的表达能力。但学习这样的程序显然是不切实际的。因此，我们经常在抽取程序 E_W 上施加一个受限的"计算模型"，然后仅仅学习该模型的有限参数集合。

例如，如图 9-1a 所示的 Germany 页面上学习抽取 country 和 captial 数据。我们假设程序 E_W 通过元组（s_1, e_1, s_2, e_2）来指定，其含义是 E_W 抽取 s_1 和 e_1 之间的第一个字符串作为 country，s_2 和 e_2 之间的第一个字符串作为 capital。在这个例子中，学习抽取程序 E_W 被简化为学习 4 个参数 s_1、e_1、s_2、e_2，并且我们发现 s_1 = < hr > < br >，e_1 = < br >，s_2 = Capital：，e_2 = < br >。

即使只学习这样的参数也已被证明是非常难的。例如，学习数据源模式的例子，学习参数往往涉及在启发式的引导下在可能值的空间里的一个搜索，并且搜索空间通常很大，因此使得搜索过程耗时、易出错。

处理异常

包装器构建难的第三个原因是数据的布局和格式通常有很多异常。例如，数据可能通常以一个元组（title，author，price）的方式布局。然而，在某些情况下，某个属性（例如，price）可能缺失，或者属性格式可能发生变化（例如，通常 price 显示为黑色，但是如果价格低于 2 美元则以红色字体显示）。

在实际中，这样的异常情况很普遍。但当我们创建包装器时，如果仅仅只观察少量的页面，它们未必会出现。因此，这些异常带来了很多问题。它们可能使得我们对数据模式和数据格式的假设变得无效。它们也可能迫使我们大幅度地修改数据源模式和抽取程序。例如，在上述图书的例子中，为了处理属性缺失和不同属性的顺序问题，必须将 T_S 从扁平元组模式修改为包含析取（disjunction）的嵌套元组模式。还必须修改抽取程序 E_W 来处理 price 可能的多种格式。这些修改将增大搜索空间，使得 T_S 和 E_W 的学习更加困难。

9.1.3   构建方法的分类

目前，包装器的构建方法可以分为 4 类：手动、学习、自动和交互。在手动方法中，开发者查看 Web 页面的集合，然后手动创建目标模式 T_W 和抽取程序 E_W。抽取程序 E_W 通常使用过程性语言（如 Perl、Java）或者专门的描述性语言（specialized declarative language）编写。这种方法相对比较容易理解、实现和调试，也可以产生非常准确的包装器。因此，在实际中该方法被广泛使用。然而，手动方法耗费人力，而且还要求由专业开发人员完成。

246

在学习方法中，开发人员创建目标模式 T_W 并且在一个 Web 页面的集合中标记 T_W 的属性（通常使用专门为此而设计的一个图形化用户接口）。然后开发者应用一个学习算法从这些做了标记的例子中自动学习抽取程序 E_W。与手动方法相比，该方法需要较少的人力，并且可以由技术能力较低的普通用户使用。然而，标记属性仍然是一个费力的工作，并且所学到的抽取程序 E_W 通常很脆弱，需要大量的后续处理工作。

自动方法通过检查 Web 页面集合自动推导包含数据源模式 T_S 的一个文法，并自动生成可以抽取符合模式 T_S 数据的抽取程序 E_W。正如前面提到的，学习任意文法是不切实际的。因此，该方法仅考虑被限定格式的正则表达式的文法。该方法几乎不需要开发人员的介入，并且可以由初级技术人员使用。但是，与学习方法相同，这种方法经常会生成脆弱的包装器，它要求很多的后续处理工作。

交互方法结合了学习和自动两种方法的特点。它首先检查 Web 页面和一些初始用户反馈来推导一个可能的抽取程序集合 ε。然后交互地征求反馈来改进和缩小集合 ε。反馈包括在 Web 页面上标记属性、识别错误的抽取结果，并可视化地引导抽取规则的创建过程。与学习方法不同，在学习方法中用户事先花费大量的精力来标记属性，交互方法仅当判断抽取程序需要改进时才请求反馈。因此，它往往需要很少的人工参与。此外，它使用用户反馈来引导搜索过程，因此比学习和自动方法具有更好的鲁棒性。

在本章接下来的内容中，我们将详细介绍上述 4 种方法。为了简化论述，在不引起歧义的情况下，短语"包装器"和"抽取程序"，"开发者"和"用户"相互通用。

9.2 手动的包装器构建

手动的包装器构建过程包括：开发者检查一个 Web 页面集合，然后创建目标模式 T_W 和抽取程序 E_W。开发者通常使用过程语言（如 Perl）编写抽取程序 E_W。例如，给定如图 9-2a 所示的 Web 页面，图 9-2b 显示了一个可以抽取（**country**，**code**）元组的 Perl 程序，在本例抽取到的元组有：（Australia，61）、（East Timor，670）和（Papua New Guinea，675）。

```
#!/usr/bin/perl -w

open(INFILE, $ARGV[0]) or die "can't open file\n";
while ($line = <INFILE>) {
  if ($line =~ m/<B\>(.+?)\<VB\>\s+?\<I\>(\d+?)\<V\>\>\<BR\>/) {
    print "($1,$2)\n";
  }
}
close(INFILE);
```

a）数据源easycalls.com的一个页面样例　　　b）一个手工构建的包装器（这里是一个Perl程序），
　　　　　　　　　　　　　　　　　　　　　　　它可以从这些页面中抽取数据

图 9-2

在上述例子中，Perl 程序将页面建模成一个长字符串。另一个可选模型是将页面看成 DOM 树。例如，图 9-3a 显示了一个 DOM 树，它描述了一个电影 Web 页面的 HTML 结构。有了这个 DOM 树，开发者可以使用 XPath 语言编写一个如图 9-3b 所示的包装器。该包装器的第一个规则

247

$$title = /html/body/div[1]/table/td[2]/text()$$

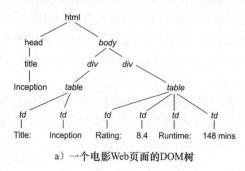

a）一个电影Web页面的DOM树

```
title   =/html/body/div[1]/table/td[2]/text()
rating  =/html/body/div[2]/table/td[2]/text()
runtime =/html/body/div[2]/table/td[4]/text()
```

b）一个包装器，它使用DOM树来抽取该电影的标题、评分以及时长

图 9-3

是一个 XPath 规则，它从根节点开始，然后顺序遍历其 body 子节点，第一个 div 子节点，table 子节点，直到 table 的第二个 td 子节点并抽取该节点的文本值作为电影的标题。以类似的方法，第二个规则抽取排名，第三个规则抽取电影时长。

对开发人员来说，另一个选择是采用页面的视觉特征建模。例如，图 9-2a 中的页面从视觉上可以被建模成 3 块：标题 "Countries in Australia（Continent）"、（country，code）元组区域、页脚 "Copyright easycalls. com"。给定一个页面，开发者可以使用该视觉模型定位第二块，然后再使用字符串模型来解析该块，抽取（country，code）元组。一般来说，视觉模型通常提供有效的方法来删除页眉、页脚和广告，从而定位数据区域。然后，字符串模型提供有效的方法解析数据区域从而抽取需要的数据。

无论采用哪种页面模型，使用低级过程语言编写抽取程序都非常耗费精力。为此，人们提出了多种高级包装器语言。例如，下一节中我们将详细讨论的 HLRT 语言，它使用形

248

如（h，t，l_1，r_1，$\cdots$，l_n，r_n）的 $2n+2$ 个元组指定一个程序抽取 n 个属性值。给定该元组，一个程序 E_w 抽取 h 的第一个匹配项和 t 的最后一个匹配项之间的区域作为数据区域。然后，解析该区域来抽取 l_1 和 r_1 之间的字符串作为第一个属性的值，l_2 和 r_2 之间的字符串为第二个属性值，以此类推。如果开发者确定 HLRT 能满足需求（例如，从 easycalls. com 中抽取（country，code）元组），则包装器的编写可以简化成指定 $2n+2$ 个参数值。9. 5 节讨论了其他几个高级包装器语言，包括 datalog 变种。与基于过程的语言相比，除了节省开发者的精力以外，这种语言编写的包装器通常更容易理解、编译和维护。

9.3 基于学习的包装器构建

虽然手动方法构建的包装器可能非常有效，但处理大量数据源时它们往往需要耗费很大的人力，这是很不现实的。相反，基于学习的方法虽然只能处理有限的包装器类型，但可以使用训练样本自动地学习。一个初级技术人员就可以提供这样的训练样本，它们通常是一个标记的 Web 页面集合，与手动编写包装器相比，它要求很少的人员消耗。

本节介绍基于学习的包装器构建方法。我们首先使用一个简单的包装器学习器 HLRT 解释包装器学习的主要思想。然后介绍一个更为复杂的包装器学习器 Stalker，并用它来说

明包装器学习中面临的各种复杂问题。

9.3.1　HLRT 包装器

　　HLRT 包装器使用字符串分隔符指定如何抽取关系元组。我们再次以图 9-4a 中的"Countries in Australia（Continent）"页面为例。图 9-4b 显示了它的 HTML 文本，它由 3 部分组成：以＜P＞结束的"head"，以＜HR＞开始的"tail"和它们之间的数据区。其中，数据区域以（country，code）元组的形式显示，＜B＞和＜/B＞之间是 country 字段，＜I＞和＜/I＞之间是 code 字段。

图 9-4　一个 Web 页面的例子，从该页面 HLRT 包装器模型可以
使用字符串分隔符来抽取关系元组（country，code）

　　为了从这样的页面中抽取（country，code）元组，我们可以编写一个简单的包装器，它可以使用分割符＜P＞去掉 head 部分，使用＜HR＞去掉 tail 部分，然后扫描数据部分抽取＜B＞和＜/B＞之间的字符串作为 country，＜I＞和＜/I＞之间的字符串作为 code。因为 head 和 tail 也可能包含位于＜B＞和＜/B＞之间的字符串，如"Countries in Australia（Continent）"，很明显这不是一个国家名，所以必须在扫描 country 和 code 之前把它们去掉。

　　在 HLRT（"head-left-right-tail"首字母缩写）中，上述包装器可以表示为一个包含 6 个字符串（＜P＞，＜HR＞，＜B＞，＜/B＞，＜I＞，＜/I＞）的元组。形式化地，抽取 n 个属性 a_1，$\cdots$，a_n 的 HLRT 包装器是一个包含（$2n+2$）个字符串的元组（h，t，l_1，r_1，$\cdots$，l_n，r_n），其中 h 标记了 head 的结尾，t 标记了 tail 的开始，l_i 和 r_i 分隔了第 i 个属性值。这样的包装器不必抽取页面中显示的所有属性。例如，HLRT 包装器（＜P＞，＜HR＞，＜B＞，＜/B＞）只从如图 9-4a 所示的页面中抽取 country 字段。

学习HLRT 包装器

　　我们现在介绍如何为数据源 S 学习一个 HLRT 包装器。假设一个开发者想要从数据源 S 上抽取属性 a_1，$\cdots$，a_n。在查看了 S 的一些页面后，开发者建立一个可以准确抽取这些属性的 HLRT 包装器 $W=(h$，t，l_1，r_1，$\cdots$，l_n，$r_n)$。

　　我们的目标是学习这（$2n+2$）个参数 h，t，l_1，r_1，$\cdots$，l_n，r_n。为此，需要标记数据源 S 的一个页面集合 $T=\{p_1$，$\cdots$，$p_m\}$。标记页面 p_i 就是在 p_i 中指定每个属性值的开始和结束位置，通常使用一个专门的图形化用户接口来完成。例如，标记图 9-4a 中的页面包括：指定"Australia"是国家名，它开始于第 108 个字符、结束于第 116 个字符，"61"是区号，它开始于第 125 个字符、结束于第 126 个字符，等等。

然后开发人员将标记过的页面 p_1, $\cdots$, p_m 输入学习模块。最简单的学习模块将系统地搜索所有可能符合标记页面的 HLRT 包装器空间，如下所示。

1）找到 h 所有可能的值：令 x_i 为从页面 p_i 开头直到第一个属性 a_1 第一次出现之间的字符串（不包含属性 a_1）。例如，

```
<HTML>
<TITLE>Countries in Australia (Continent)</TITLE>
<BODY>
<B>Countries in Australia (Continent)</B><P>
<B>
```

是图 9-4b 中页面由此方法获得的字符串。很明显，字符串 x_1, $\cdots$, x_m 均包含了正确的 h。因此，我们取 x_1, $\cdots$, x_m 所有公共子串的集合作为 h 的候选值。

2）找到 t 的所有可能值：可以用类似的方法找到 t 的所有候选值。

3）找到每个 l_i 的所有可能值：以 l_1 为例，它是属性 a_1 的左侧分割符。很明显，l_1 必须是恰好在属性 a_1 的标记值前结束的所有字符串的共同后缀。用相似的方法，我们可以找到 l_2, $\cdots$, l_n 的所有候选值。

4）找到每个 r_i 的所有可能值：类似地，取恰好在属性 a_1 的标记值后开始的所有字符串的共同前缀作为 r_i 的候选值。

5）搜索上述值的组合空间：我们将上述候选值组合起来形成候选包装器。如果一个候选包装器 W 可以正确地抽取 a_1, $\cdots$, a_n 的所有值，则称包装器符合页面 p。一旦找到一个与所有标记页面 p_1, $\cdots$, p_m 均符合的包装器，搜索过程就结束并返回该包装器。

在参考文献注释中，我们提到了一些工作，它们讨论如何优化上述搜索步骤以及如何选择标记页面的数量 m，从而确保有很高的可能性生成正确的包装器。

如上所述，HLRT 包装器相对比较容易理解和实现。然而，它们在应用上也有局限性。尤其是，它们假设一个扁平元组模式，并且假设所有属性都可以通过分隔符正确地抽取。实际上，许多数据源使用更加复杂的模式，如嵌套元组模式。例如，一个页面可能将一本书描述为一个元组（title, authors, price），这里属性 authors 实际上是一个元组（first-name, last-name）列表。而且，使用分隔符可能不能正确地抽取属性，例如从地址"4000 Colfax, Phoenix, AZ 85258"和"523 Vernon, Las Vegas, NV 89104"中抽取邮编。接下来，我们将介绍 Stalker 包装器，它可以解决上述问题。

9.3.2　Stalker 包装器

我们首先定义嵌套元组模式，然后再讨论 Stalker 如何学习应用这种模式的包装器。

嵌套元组模式

图 9-5a 中的 Web 页面是嵌套元组模式的一个例子。页面列出了饭店的名称、食物类型以及它的多个地址。每个地址都列出街道、城市、州、邮编和电话。因此，该页面显示了单个元组（name, food, addresses），而其中 addresses 包含了多个元组（street,

city, state, zip-code, phone）。

嵌套元组常常用于 Web 页面中，因为它们便于视觉展示。形式化地，所有嵌套的元组模式集合 $\mathcal{T}$ 满足如下属性：

- 将数据显示为单个字符串的模式属于集合 $\mathcal{T}$。
- 如果 T_1, $\cdots$, T_n 属于 $\mathcal{T}$，则元组模式（T_1, $\cdots$, T_n）也属于 $\mathcal{T}$，该模式生成形如

$(t_1, \cdots, t_n)$ 的元组，其中 t_i 是 T_i 的实例 $(1 \le i \le n)$。

- 最后，如果 T 属于 $\mathcal{T}$，则模式列表 $< T >$ 也属于 $\mathcal{T}$。该模式列表可以生成一个列表，其元素是 T 的实例。

一个嵌套元组模式可以可视化为一棵树，树的叶子节点是字符串，中间节点是元组节点或者列表节点。一个元组节点的孩子是该元组的不同组成部分，同时列表节点只有一个孩子，其描述了列表实例的类型。图 9-5b 显示了一棵树，它显示了图 9-5a 中页面的模式。这里，name 这样的叶子节点是一个字符串。中间节点 list(addresses) 是一个地址节点列表，并且每个 address 节点包含 street 和 city 这样的叶子节点。

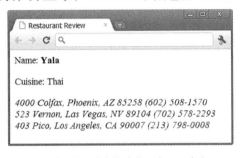 

a）数据使用嵌套格式的一个 Web 页面   b）该格式可视化为一棵树

图 9-5

Stalker 包装器模型

一个 Stalker 包装器以树的形式描述嵌套元组模式，并且给树中每个节点赋一个规则集合，该集合显示如何为该节点抽取数据值。图 9-6a 显示了一个餐馆评论的 Stalker 包装器。（为了避免杂乱，我们省略了某些叶子节点的规则。）

通过展示图 9-6b 中页面 p 上包装器的执行过程，说明了图 9-6a 中的包装器。开始将 p 赋值给根节点 restaurant。然后，对每个子节点——（name、cuisine 和 list（address）），在根节点的字符串上执行相关规则，从而抽取合适的数据值。

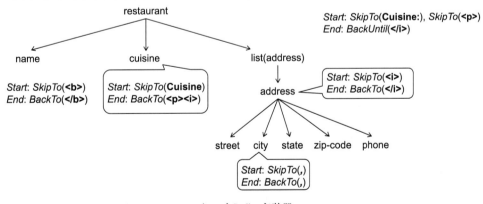

a）一个 Stalker 包装器

```
<p> Name: <b>Yala</b><p>Cuisine: Thai<p>
<i>4000 Colfax, Phoenix, AZ 85258 (602) 508-1570</i><br>
<i>523 Vernon, Las Vegas, NV 89104 (702) 578-2293</i><br>
<i>403 Pico, LA, CA 90007 (213) 798-0008</i>
```

b）一个目标页面

图 9-6

考虑执行节点 name 上的规则。第一个规则，start：SkipTo（<b>），从开始位置向前扫描 *p* 直到到达一个标签 <b>，然后将紧随其后的标记指定为 name（名字）的开始。类似地，第二个规则，End：BackTo（</b>），从尾部向后扫描 *p* 直到 </b>，然后将该标签的前端标记为 name 的结束。这样就可以获得"Yala"为餐厅名称。用相似的方法，我们在节点 cuisine 上执行规则抽取到"Thai"值。

节点 list(address) 的执行比较复杂。这里有两个规则来抽取整个列表，即包含所有地址的字符串。具体来说，规则 Start：SkipTo（Cuisine：），SkipTo（<p>）向前扫描 *p* 直到 Cuisine：，继续扫描直到 <p>，然后将下一个标签标示为列表的开头。（注意：这里单个的 SkipTo 规则，如 Start：SkipTo（<p>），不能正确地标示列表的开头。它将提前终止。）类似地，规则 End：BackUntil（</i>）向后扫描 *p* 直到 </i> 停止，然后标示该标签为列表的结尾。注意这里 BackUntil（</i>）并不会像 BackTo（</i>）那样去除 </i> 标签。整个列表是这两个记号之间的字符串。

接下来，将节点 address 的两个规则应用到上述字符串中抽取地址信息。规则 Start：Skipto（<i>）扫描该字符串直到第一个 <i> 停止，标示下一个标签为第一个地址的起始位置，然后继续扫描直到第二个 <i>，然后标示下一个标签为第二个地址的起始位置，等等。类似地，规则 End：BackTo（</i>）标示地址的结尾。我们然后抽取相应标记之间的字符串为地址。

在下一步中，将节点 street、city、state、zipcode 和 phone 上的规则应用到每个地址来抽取合适的实例。例如抽取 city（城市），我们可以向前扫描一个地址直到遇到一个逗号，然后再向后扫描直到遇到一个逗号，最后抽取它们之间的字符串。

因此，Stalker 包装器以自顶向下的方式执行。根节点被赋值为一个字符串（该字符串是 Web 页）。执行根节点的子节点生成一个子串的集合，再将子串作为输入传递给该子节点的孩子节点的抽取规则，以此类推。

Stalker 抽取规则

现在，详细介绍抽取规则。每个规则由一个上下文和命令序列组成。上下文是如我们前面看到的 Start 和 End。命令序列的例子为：

SkipTo(<b>)
SkipTo(Cuisine:)，*SkipTo*(<p>)

每个命令接受一个标志（landmark）（如 <b>、Cuisine：和 <p>）或者三元组（Name Punctuation HTMLTag）作为输入。

在解释标志之前，我们注意到一个页面被看成是一个标记序列，其中包括：标点符号、HTML 标签和字母数字串（以空格、标点符号或者 HTML 标签分隔）。一个标志是一个标记和通配符的序列，其中每个通配符（如标点或 HTML 标签）是指一类标记。一个标志可以被看成是一个可以与页面内容匹配的受限正则表达式。例如，标志

Name *Punctuation HTMLTag*

将匹配字符串 Name：<b>。

通过扫描文本直到遇到与输入标志匹配的字符串来执行一个命令。命令序列的执行是以命令序列所列出的顺序依次执行命令，即前一个命令结束则下一个命令开始。

为了处理页面格式中的各种变化，Stalker 还提供了包含命令序列析取的抽取规则。例

如，如果该饭店是被推荐的饭店，则其名称用黑体显示，否则以斜体显示，则可以使用如下规则来标记一个餐馆名称的开始位置：

Start : either *SkipTo*(<b>) or *SkipTo*(<i>)

当扫描到一个 <b> 或者 <i> 标记时，该规则停止。类似地，下面的规则标记了一个餐馆名称的结尾：

End : either *BackTo*(</b>) or *BackTo*(Cuisine), *BackTo*(</i>)

一般来说，析取规则指定了命令序列的一个有序列表。为了应用该规则，需要按顺序应用规则序列，直到发现匹配的一个序列为止。

学习Stalker 包装器

我们现在介绍如何学习 Stalker 包装器。学习程序将开发者指定的嵌套元组模式和一个 Web 页面集合作为输入，这些 Web 页面中的节点实例均已经被标记。

我们的目标是利用这些标记的页面为树的节点学习规则。尤其是，对每个叶子节点，例如 name，学习一个起始规则和一个结束规则，如图 9-6a 所示的两个规则。对每个中间节点，例如 list(address)，学习一个开始规则和一个结束规则用来抽取整个列表。下面，我们将通过讨论如何学习叶子节点的起始规则来说明整个学习过程。

为了便于阐述，我们以图 9-7a 中的简单地址模式和图 9-7b 中被标记了 **area-code** 的 4 个页面 $E_1 \sim E_4$ 为例。目标是使用这些标记的样本来学习 **area-code** 的起始规则。

address

street　city　area-code　phone

a）一个简单的地址模式

E_1:　513 Pico, <b>Venice</b>, Phone: 1-<b>800</b>-555-1515

E_2:　90 Colfax, <b>Palms</b>, Phone: (818) 508-1570

E_3:　523 First St., <b>LA</b>, Phone: 1-<b>888</b>-578-2293

E_4:　403 La Tijera, <b>Watts</b>, Phone: (310) 798-0008

b）4个地址，其中area-code部分被标记

图　9-7

我们采用了一个称为序列覆盖（sequential covering）的学习技术，这是一种迭代处理方法。第一次迭代查找可以覆盖（即正确匹配）训练样本子集的一个规则。第二次迭代查找可以覆盖剩余训练样本子集的一个规则，如此下去直到已经覆盖了所有训练样本。最后的规则是到目前为止找到的所有规则的析取。

继续图 9-7 中的例子，我们首先定义样本的前缀是从该样本的起始位置开始到区号的起始位置之间的字符串。例如，E_1 的前缀是 "513 Pico，< b > Venice </b>，Phone：1-<b>"。接下来，选择具有最短前缀的样本，在这个例子中是 E_2。该前缀的最后一个字符是 "("，它可以匹配两个通配符：Punctuation 和 Anything。（见图 9-8，在这个学习场景中我们使用的通配符样例）。所以创建了 3 个初始的候选规则：

$R_1 = SkipTo(()$, $R_2 = SkipTo(Punctuation)$, $R_3 = SkipTo(Anything)$

规则 R_1 覆盖样本 E_2 和 E_4，其恰好在一个区号前面停止。相反，规则 R_2 和 R_3 不能覆盖任何训练样本。因此，第一次迭代返回规则 R_1。

第二次迭代考虑剩余的训练样本 E_1 和 E_3。E_1 有一个较短的前缀，所以选择 E_1，并创建 3 个初始候选规则：

$R_4 = SkipTo(<b>)$, $R_5 = SkipTo(HTMLTag)$, $R_6 = SkipTo(Anything)$

这些规则中没有可以覆盖任何训练样本的规则，所以选择其中一个规则来改进。我们选择

R_4，因为它在标志部分没有使用通配符。改进 R_4 产生如图 9-8 所示的 18 个候选规则。在
这些规则中，R_7、R_{11}、R_{12}、R_{13}、R_{15}、R_{16} 和 R_{19} 覆盖所有剩余的样本 E_1 和 E_3。因此，从
这些规则中选择一个规则返回。我们最终选择 R_7，因为它有最长的结尾标志（其他所有
规则都是以单个标记作为结尾标志）。因为没有剩余未覆盖的样本，所以该算法结束，返
回 R_1 和 R_7 的析取作为 area-code 的起始规则：

```
Wildcards: Anything, Numeric, AlphaNumeric, Alphabetic, Capitalized,
           AllCaps, HTMLTag, nonHTML, Punctuation

R7:  SkipTo(- <b>)                    R16: SkipTo(1) SkipTo(<b>)
R8:  SkipTo(Punctuation <b>)          R17: SkipTo(Numeric) SkipTo(<b>)
R9:  SkipTo(Anything <b>)             R18: SkipTo(Punctuation) SkipTo(<b>)
R10: SkipTo(Venice) SkipTo(<b>)       R19: SkipTo(HTMLTag) SkipTo(<b>)
R11: SkipTo(</b>) SkipTo(<b>)         R20: SkipTo(AlphaNum) SkipTo(<b>)
R12: SkipTo(:) SkipTo(<b>)            R21: SkipTo(Alphabetic) SkipTo(<b>)
R13: SkipTo(-) SkipTo(<b>)            R22: SkipTo(Capitalized) SkipTo(<b>)
R14: SkipTo(,) SkipTo(<b>)            R23: SkipTo(NonHTML) SkipTo(<b>)
R15: SkipTo(Phone) SkipTo(<b>)        R24: SkipTo(Anything) SkipTo(<b>)
```

图 9-8　一组通配符的示例以及学习 area-code 开始规则时得到的一组候选规则

讨论

Stalker 包装器模型包含了 HLRT 包装器模型，并且两者都可看成是有限状态自动机模
型。两者都说明了如何在目标模式语言上使用结构从而使得学习过程切实可行。这个结构
可能相对比较简单，如 HLRT 的扁平元组，或相对比较复杂，如 Stalker 中的树形结构。无
论如何，结构严格地约束着目标语言，并将一般的学习问题转化为学习较小参数集合的一
个更为简单的问题，如 HLRT 中的分隔字符串或者 Stalker 中的抽取规则。

即使在受限的搜索空间内，HLRT 和 Stalker 仍然需要使用启发式使得学习参数更加容
易。例如，在每次迭代中，Stalker 选择具有最短前缀的样本来生成候选抽取规则。然后
Stalker 通过扩展标志或者添加另一个命令（参见 9.3.2 节）来改进每个规则。即使有了这
些启发式，我们仍然经常面对一个巨大的搜索空间。例如，图 9-7 在第二次迭代中（见
图 9-8）已经生成了 18 个规则。像页面格式变化这样的复杂情况将进一步扩大搜索空间，
从而使得学习程序变得更加脆弱。

9.4　无模式的包装器学习

所谓包装器学习的自动方法是以数据源 S 的 Web 页面集合作为输入，检查页面之间
的相似性和相异性，自动地推导出页面模式 T_S 和抽取符合 T_S 数据的抽取程序 E_W。

例如，给定图 9-9a 中描述图书的两个页面，自动方法应该返回如图 9-9b 所示的模式 T_S 以
及如图 9-9c 所示的抽取程序 E_W，它们均以一个类正则表达式的语言编写。模式 T_S 表示每个页
面列出一个属性 A，属性 B 的一个或多个值，可选属性 C，然后是属性 D。抽取程序 E_W 显示如
何解析一个页面来抽取属性 $A \sim D$ 的数据（在程序中编码为#PCDATA）。将抽取程序 E_W 应用到
如图 9-9a 所示的两个页面，生成如图 9-9d 所示的抽取数据的表格。

因此，与前几节中描述的方法相反，自动方法不需要目标模式作为输入。因此，它们
不能为所学习的模式属性分配有意义的属性名（如 author、title），而只是使用通用的名
称（如 A 和 B）。自动包装器学习的主要优点是不需要人工干预。

a）来自相同数据源的两个Web页面　　　　　　　b）用正则表达式表示的页面模式T_S

AB+C?D

```
<HTML><B>#PCDATA</B><P>(<U>#PCDATA</U><BR>)+
(<I>Price:</I>#PCDATA<BR>)?<I>Publisher:</I>#PCDATA<BR></HTML>
```

c）抽取程序E_W

A	B	C	D
The Elements of Style	William Strunk Jr.	$9.95	Longman
	E.B. White		
The Snow of Kilimanjaro	Ernest Hemingway		Scribner

d）从上面两个页面通过E_W抽取出来的数据

图　9-9

现在介绍 RoadRunner，一个有代表性的自动学习方法。我们将介绍 RoadRunner 如何建模目标模式 T_S 和抽取程序 E_W，以及如何从一个 Web 页面集合推导出 T_S 和 E_W。

9.4.1　建模数据源模式 T_S 和抽取程序 E_W

数据源 S 的 Web 页面使用模式 T_S 显示数据。RoadRunner 将 T_S 建模成一个嵌套元组模式（参见 9.3.2 节）。回想一下，这种模式可以嵌套元组和列表并且允许某些可选项和析取项。RoadRunner 允许某些属性为可选项，即某些属性（如图 9-9d 所示的属性 C）在页面中可以出现也可以不出现。但它不允许析取项。因此，T_S 可以表示为一个没有联合（union-free）的正则表达式，如图 9-9b 所示。

RoadRunner 将抽取程序 E_W 表示为一个正则表达式，当在一个 Web 页面上执行时将抽取 T_S 的属性值。图 9-9c 显示了这样的一个正则表达式 R。给定一个 Web 页面，R 从页面的起始位置开始匹配 < HTML > < B >，然后匹配并返回直到第一个 </B> 之间的字符串作为属性 A 的值，等等。例如，在图 9-9a 的第一个页面中，R 将返回 "The Elements of Style" 为属性 A 的值。一般来说，R 的#PCDATA 域是 T_S 的属性值的 "数据槽"，并且这些值将不会包含任何 HTML 标签（例如 < B >）。

T_S 中没有析取并且属性值中没有 HTML 标签的假设降低了查找 T_S 和 E_W 的复杂度。但它们限制了 RoadRunner 的适用性。参考文献注释部分讨论了放宽这些假设的研究工作。

9.4.2　推导数据模式 T_S 和抽取程序 E_W

给定数据源 S 的一个 Web 页面集合 $\mathcal{P} = \{p_1, \cdots, p_n\}$，RoadRunner 通过查看集合 $\mathcal{P}$ 来推导抽取程序 E_W，并从 E_W 推导模式 T_S。在本节的剩余部分，将集中讨论推导 E_W 的第一步；从 E_W 中推导 T_S 的第二步相对比较简单。

257

　　为了推导抽取程序 E_W，RoadRunner 迭代地执行。它首先将 E_W 初始化为页面集合$\mathcal{P}$中的一个页面 p_1。显然，页面 p_1 可以看成是一个只能匹配 p_1 的正则表达式。因此，此时的 E_W 只能匹配 p_1。然后 RoadRunner 从集合$\mathcal{P}$中取另一个页面 p_2，并试图泛化抽取程序 E_W，从而使得 E_W 也可以匹配 p_2。重复上述过程，Roadrunner 最终返回一个被泛化（以最小的方式）成可以匹配$\mathcal{P}$中所有页面的抽取程序 E_W。

　　我们现在关注这个泛化步骤。为了说明该过程，我们将使用图 9-10 中的例子，这里 E_W 已经被初始化为页面 p_1，必须将其泛化成匹配目标页面 p_2。我们按照如下步骤执行。

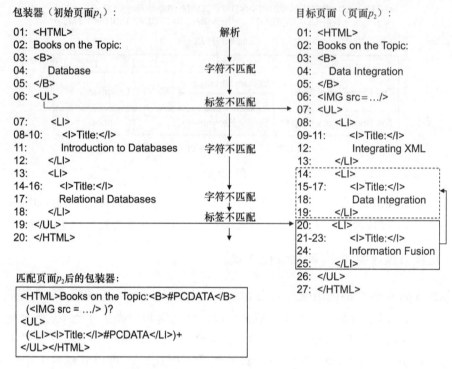

图 9-10　将目前仅能匹配页面 p_1 的抽取程序 E_w 泛化为也能匹配页面 p_2

标记目标页面

　　首先将目标页面 p_2 转化成一个标记序列，这里的每个标记都是一个 HTML 标签或者一个字符串（不包含任何 HTML 标签）。图 9-10 右侧显示了 p_2 如何转化成 27 个标记（除了 09 ~ 11、15 ~ 17 和 21 ~ 23 行每行包含 3 个标记外，其他每行只有一个标记）。

泛化程序 E_W 来匹配目标页面

　　接下来，应用 E_W 来匹配页面 p_2。继续我们的例子，目前 E_W 只是代表页面 p_1 的正则表达式。为了便于匹配 p_1 和 p_2，我们也将 p_1 表示为每行一个标记，如图 9-10 左侧所示（除了 08 ~ 10 行和 14 ~ 16 行，每行包含 3 个标记外）。

　　现在自顶向下逐行匹配 p_1 和 p_2。如果到达 p_2 的结尾，则 E_W 成功匹配 p_2 并且不需要被泛化。否则，不匹配。字符串不匹配涉及两个字符串，如 p_1 的第 4 行"Database"与 p_2 的第 4 行"Data Integration"。标签不匹配涉及一个 HTML 标签与一个字符串或者两个标签，如 p_1 的第 6 行 < UL > 与 p_2 的第 6 行 < IMG src = ⋯ / > 。我们必须泛化抽取程序 E_W 来解决这些不匹配。

不难看出，如果出现字符串不匹配，那么我们只是发现了一个新属性，并且这两个字符串是该属性的两个不同值。为了解决这个不匹配，通过添加一个新的 #PCDATA 槽来泛化抽取程序 E_W 从而捕捉这个新属性。例如，在检测到 p_1 和 p_2 的第 4 行"Database"和"Data Integration"字符串不匹配后，将初始的 E_W 从

```
<HTML>Books on the Topic:<B>Database</B>
```

泛化成

```
<HTML>Books on the Topic:<B>\#PCDATA</B>
```

解决标签不匹配相对比较困难。这样的不匹配经常是因为一个属性值的迭代器（iterator）或者可选项（optional）造成。例如，第 6 行中 < UL > 与 < IMG src = ⋯ / > 不匹配是因为页面 p_2 中的一个可选图片。另外，页面 p_1 的第 19 行 < UL > 与页面 p_2 的第 20 行 < LI > 不匹配是因为一个迭代器，因为图书列表的长度各不相同（p_1 中有 2 本书与 p_2 中有 3 本书）。

当出现标签不匹配时，我们首先查看是否是因为迭代器。如果是，通过泛化 E_W 来纳入这个迭代器。否则，我们假设它是因为可选项造成的，并且相应地泛化 E_W（后面将解释为什么更期望是迭代器的原因）。现在讨论这两种情况，首先讨论可选项的情况。

解决可选项不匹配问题

首先，通过在页面中搜索不匹配的字符串来检查哪个页面包含可选项。还是以页面 p_1 和 p_2 的第 06 行 < UL > 与 < IMG src = ⋯ / > 不匹配为例。有如下两种情况：

1）字符串 < UL > 是可选项。跳过它以后，我们应该可以继续将页面 p_2 的 < IMG src = ⋯ / > 与 p_1 剩余部分中第一次出现的 < IMG src = ⋯ / > 匹配。

2）字符串 < IMG src = ⋯ / > 是可选项。跳过它以后，我们可以继续将页面 p_1 的 < UL > 与页面 p_2 剩余部分中第一次出现的 < UL > 匹配。

因为 < UL > 出现在 p_2 的剩余部分中（即 < IMG src = ⋯ / > 之后），并且 < IMG src = ⋯ / > 没有出现在 p_1 的剩余部分（即 < UL > 之后），所以显然符合第 2 种情况，即 < IMG src = ⋯ / > 是可选项。

一旦找到的字符串是可选项，泛化抽取程序 E_W 的工作就相对比较简单了。继续上述例子，我们通过加入模式（< IMG src = ⋯ / >）来泛化 E_W，然后继续分别匹配 p_1 第 6 行和 p_2 第 7 行的 < UL > 标签。

解决迭代器不匹配问题

一个迭代是一个模式的重复，我们将其称为一个**方块**（square）。例如，页面 p_1 包含了两本书的一个列表，这里每本书的描述即为形如 < LI > < I > Title：</I > ⋯ </LI > 的一个方块。一个迭代不匹配出现在两个列表中的方块数量不同的时候。例如，页面 p_1 和 p_2 分别是包含 2 本和 3 本书的列表。这就造成了 p_1 第 19 行和 p_2 第 20 行的迭代不匹配。

258
～
259

为了解决这种不匹配，必须首先找到这个方块，然后使用它们来找到列表，然后泛化 E_W 来处理该列表。令这两个列表分别为 $U = u_1 u_2 \cdots u_n$ 和 $V = v_1 v_2 \cdots v_m$，这里 u_i 和 v_j 都是方块。假设 $n < m$，直到遇到一个迭代不匹配时，我们就可以得出如下结论：已经成功地匹配 u_1 和 v_1，u_2 和 v_2 等，直到 u_n 和 v_n。继续执行，直到遇到 v_{n+1} 的第一个标记时出现不匹配。

这意味着：a）该不匹配前的最后一个标记一定是 u_n 和 v_n 的最后一个标记，即一个方块的最后一个标记；b）不匹配的标记之一一定是 v_{n+1} 的第一个标记，即一个方块的第一个标记。这允许我们知道该方块的整体形式。例如，考虑 p_1 第 19 行和 p_2 第 20 行不匹配。不匹配前的最后一个标记是 </LI>，不匹配的标记是 </UL> 和 <LI>。因此，这个方块是 </UL>···</LI> 或 <LI>···</LI> 的形式。接下来，我们搜索页面 p_1 和 p_2（仅搜索不匹配点以后的部分）获得这种形式的候选方块。很容易看出，只有一个候选方块 <LI>···</LI>，即页面 p_2 的第 20 ~ 25 行区域。

一旦找到一个候选方块 s，通过将该候选方块 s 及其上面紧邻的方块进行匹配的方式向后"复查"。在上例中，我们将页面 p_2 的第 25 行与第 19 行进行匹配开始，然后第 24 行与第 18 行，等等。如果匹配成功，则判断 s 是一个正确的方块。

下一步，通过搜索不匹配区域附近连续重复出现的 s 来泛化抽取程序 E_W，然后用 (s) + 来替换它们。例如，如图 9-10 所示，我们使用

```
<UL>
   (<LI><I>Title:</I>#PCDATA</LI>)+
</UL>
```

来替换方块 <LI>···</LI>。

现在可以描述匹配图 9-10 中页面 p_1 和 p_2 的整个过程。第 4 行上的第一个不匹配是字符串不匹配。通过向 E_W 中添加 #PCDATA 来解决这个不匹配。下一个不匹配出现在第 6 行，是标签不匹配。为了处理该不匹配，首先假设这是一个迭代器不匹配。生成两个候选方块：<UL>···</B> 和 <IMG src=···/>···</B>。我们很快发现这两个候选方块都不是正确的方块，因为页面 p_1 的剩余部分和 p_2 的剩余部分（第 6 行以后）都不包含 </B>。因此，这不是迭代器不匹配。接下来，我们假设这是可选项不匹配，并且使用（<IMG src=···/>）? 来解决。

然后，继续匹配页面 p_1 的第 7 行和 p_2 的第 8 行。第 11 与第 12 行以及第 17 与第 18 行的字符串不匹配使用 #PCDATA 来解决。下一个不匹配出现在第 19 行与第 20 行，这是标签不匹配。我们之前已经介绍了如何将该不匹配判断为迭代器不匹配。接下来，继续匹配第 19 行和第 26 行，直到 p_1 和 p_2 的最后一个标记位置。此时，原始的抽取程序 E_W（页面 p_1）已经成功地泛化为图 9-10 底部所示的程序，它可以匹配页面 p_1 和 p_2。

上述例子也清楚地说明了为什么在标签不匹配的情况下，我们首先要寻找一个迭代器。以第 19 行与 20 行（</UL> 与 <LI>）中的标签不匹配为例。如果首先查找一个可选项，则将抽取程序 E_W 泛化为：假设每个页面包含 2 本书，而第 3 本书是可选项。这将丢失完整的图书列表，因此这显然是不正确的。

最后，要注意的是解决迭代器不匹配问题经常会涉及递归（recursion）。为了说明这一点，以图 9-11a 中找到的候选方块为例。要判断其是否为一个正确的方块，我们将它和图 9-11b 中的方块向后匹配。首先，匹配 </LI> 和 <LI>，然后匹配 <B> Jane Lee

</B> 与 < B > James Madison </B>。接下来，我们发现 </B> 与 Data Integration 的标签不匹配。这是因为每个图书方块包含一个作者列表，并且上述图中的两个方块有不同的作者数目，从而造成了不匹配。因此，当处理一个外部不匹配时，可能会遇到一个内部不匹配，它反过来可能导致更深层的不匹配，等等。很明显，这些不匹配必须以递归的方式从里向外地处理。

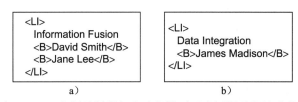

261

图 9-11 一个例子说明解决迭代器不匹配问题通常涉及递归

降低运行时间复杂度

正如前面所描述的那样，为了泛化抽取程序 E_W 来匹配一个页面 p，必须做如下考虑：

- 必须检测和处理所有的不匹配。
- 对每个不匹配，必须判断它是否是字符串不匹配（因此引入一个新的属性）、迭代器不匹配或者可选项不匹配。
- 对迭代器或者可选项不匹配，我们可以搜索程序 E_W 或者目标页面 p。例如，如果是可选项不匹配，则可选项可能在 E_W 或者在页面 p 中。
- 对迭代器或可选项不匹配，即使我们将搜索限制到仅仅一边，仍然常常有多个候选方块和候选可选项需要考虑。
- 为了解决迭代器不匹配，可能首先必须递归地解决多个内部不匹配。

鉴于上述几点，我们通常要面临更大的搜索空间。在每个决策点上都面临多种选择，当某个选择行不通时，必须回溯到最近的决策点尝试另一种选择。实际上，上述泛化算法的运行时间是输入长度的指数量级。

因此，RoadRunner 采用 3 个启发式来减少运行时间。第一，它通过排名和仅获取前 k 个选项来限制每个决策点的选择数量。例如，它根据长度来排名候选的选择项，然后仅考虑前 4 个选择项。

第二，当它判断出错的可能性很低时，RoadRunner 不允许在决策点上回溯。例如，当判断不匹配是因为迭代器还是可选项时，如果 RoadRunner 已经找到了迭代器，则它不允许进一步回溯。也就是说，它将不会再回到该决策点来探讨该不匹配可能是由于一个可选项造成的。

最后，RoadRunner 忽略那些被判断为不可能的迭代器和可选项模式。例如，它不会考虑在任意一端以一个可选项模式分隔的任何迭代器或可选项模式，例如((< HR >)? < LI > #PCDATA </LI >)和 (< BR >)? (< HR >)?。

9.5 交互的包装器构建

学习和自动方法来构建包装器通常使用启发式来减少搜索包装器候选空间的时间。

这样的启发式并不完美，因此这些方法往往很脆弱：有时候它们能生成正确的包装器，有时候不行，但我们不能盲目地使用它们，因为不知道它们什么时候是正确的。

交互方法通过在搜索过程中注入用户反馈来解决这个问题。它们从只需要少量或者不需要包装器开发者的输入开始，搜索包装器空间直到出现不确定性。这时，它们请求用户反馈，然后继续搜索，直到找到一个用户满意的包装器。在这些系统中，用户反馈可能有多种形式：用户可以标记一个新的 Web 页面、识别正确的抽取结果、直观地创建抽取规则、回答系统提出的问题或者判断页面模式。这些系统面临的主要挑战是：判断何时请求用户反馈以及给用户提出什么问题。

下面介绍使用交互方法的三个代表性工作。我们仅介绍这些工作的基本思想，并且在参考文献注释中指出更加详细的描述。

9.5.1   使用 Stalker 交互标记页面

回想一下，Stalker 要求用户标记一组 Web 页面，然后使用这些页面来搜索一个包装器。我们可以将 Stalker 修改成交互式的，它可以在搜索过程中要求用户标记页面。具体来说，Stalker 要求开发者标记一个页面（或者一些页面）并且使用该页面来构建一个初始的包装器。然后 Stalker 可以交替执行搜索和征求用户反馈，直到它找到一个合适的包装器。为了判断要求用户接下来标记哪个页面，Stalker 维护两个候选包装器，并且找到那些导致两个包装器运行结果不一致的页面。然后它请求用户标记这些"问题"页面之一。

Stalker 采用一种称为协同测试（co-testing）的主动学习方式，其中可选的假设（这里指的是包装器）在一个新的页面上进行协同测试来查看它们是否不一致。我们现在详细地介绍交互的 Stalker 以及它的协同测试机制。

1）**初始化**   用户标记一个或多个 Web 页面。在我们的例子中，为了开始抽取餐馆的电话号码，用户将标记图 9-12 中的电话号码。

Name:<i>Savory</i><p>Phone:<i> (608) 263-4567 </i><p>Fax:(608) 523-4917

图 9-12   为了开始包装器的构建过程，交互的 Stalker 应该要求用户在一个餐厅地址上标记一个电话号码

2）**学习两个包装器**   接下来，从标记的页面中学习抽取电话号码，即学习标记电话号码的开始和结束位置（见 9.3.2 节）。为简单，这里我们只关注学习标记电话号码的开始位置。在这个例子中，可以学习如下的一个规则：

$R_1 : SkipTo$(Phone:<i>)

这称为正向规则，因为它从开始位置正向扫描页面，直到到达 Phone：<i> 的结尾停止。或者，也可以学习如下的一个反向规则：

$R_2 : BackTo$(Fax), $BackTo$(())

它从尾部开始向后扫描页面（见 9.3.2 节）。这两个规则均标记了电话号码的起始位置。传统的 Stalker 只学习这两个规则中的一个。但是交互的 Stalker 将学习两者，因此从某种意义上说是学习了两个可选的包装器。

3）**应用包装器查找问题页面**   接下来，令 P 是提供给 Stalker 的未标记的页面集合。Stalker 查找集合 P 中所有使得两个包装器运行结果不一致的页面。在上述例子中，即那些使用正向和反向规则识别出两个不同的电话号码起始位置的那些页面。Stalker 可以随机地

选择一个页面或者选择差别最大的那个页面。

4）**征求反馈和再学习**　因为规则在被选择的页面 p 上运行的结果不一致，其中至少有一个肯定是错误的，所以用户反馈可以帮助我们确定哪一个是错误的。因此，从未标记页面集合 P 中删除页面 p，请求用户标记该页面，并将其添加到标记页面的集合中，然后回到步骤 2 重新学习规则。重复步骤 2~4 直到集合 P 中不再有问题页面出现（如果已经标记了集合 P 中的所有页面，则可以通过添加更多未标记页面来扩大集合 P）。最后得到两个包装器，可以将其中一个或者两个包装器作为输出结果。

9.5.2　使用 Poly 识别正确的抽取规则

我们要介绍的第二个交互的包装器学习系统是 Poly，它在多个方面不同于 Stalker。首先 Poly 也采用协同测试，但它维护多个候选包装器而不只是两个。第二，它将包装器应用到页面，然后请求用户来识别正确的抽取规则，而不是请求用户来标记一个页面。最后，Poly 使用 DOM 树和视觉模型来构建包装器，而不是使用字符串模型。

1）**初始化**　Poly 假设每个页面有多个元组，并且用户想要抽取这些元组的一个子集。因此，它首先要求用户通过突显元组属性的方式标记页面上的一个目标元组。

例如，以图 9-13a 中的 Web 页面为例。假设我们想要抽取表"Books"中 rating 字段为 4 的所有元组。然后，用户定义输出模式的属性为 title、price 和 rating，并突出元组中的这些属性，即表"Books"中的元组 $(a, 7, 4)$。

2）**使用标记的元组生成多个包装器**　接下来，Poly 生成一个包装器的集合 W，每个包装器从当前页面抽取包含标记元组的一个元组集合。在上述例子中，Poly 可能生成抽取如下元组的包装器：1）所有图书和 DVD 的元组；2）只是图书元组；3）rating 字段为 4 的图书和 DVD 元组；4）rating 字段为 4 的图书元组；5）所有表的第一个元组；6）只是第一个表中的第一个元组。所有这些包装器都可以抽取已经标记的元组 $(a, 7, 4)$。

3）**征求正确的抽取结果**　接下来，Poly 将包装器集合 W 中的包装器在该页面上生成的抽取结果显示给用户，并要求用户识别正确的结果。Poly 然后从 W 集合中删除所有产生错误结果的包装器。

在上面的例子中，因为我们想要抽取 rating 字段为 4 的图书元组，所以用户将识别集合 $\{(a, 7, 4), (b, 9, 4)\}$ 为正确的结果。这将删除如下的包装器：1）抽取所有图书和 DVD 元组；2）只是图书元组；3）所有表的第一个元组；4）第一个表的第一个元组。集合 W 仍然包含在当前页面上可以抽取出正确结果的包装器，例如：1）所有 rating 字段为 4 的图书和 DVD 元组；2）rating 字段为 4 的图书元组；3）来自第一个表的 rating 字段为 4 的所有元组。

4）**通过验证页面评估剩余的包装器**　接下来，Poly 将集合 W 中的所有包装器应用到未标记页面集合 Q 上来查看包装器抽取结果是否一致。例如，当抽取图 9-13b 所示的页面时，"rating 字段为 4 的所有图书和 DVD 元组"和"抽取 rating 字段为 4 的图书元组"的这两个包装器的抽取结果是不一致的，即它们抽取了不同的元组集合。另一个例子，当抽取图 9-13c 中的页面时，"抽取 rating 字段为 4 的图书元组"和"抽取第一个表中 rating 字段为 4 的所有元组"的这两个包装器的结果是不一致的。

 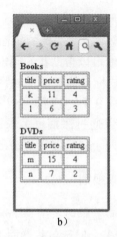 

图 9-13 Poly 首先要求用户突显图 a）中 Web 页面的一个元组，然后使用 b）和 c）中的页面评估生成的元组

只要 Poly 在某个页面上发现不一致，它就重复步骤 3～4。即，它要求用户再次选择页面 q 上的正确结果，从 W 中删除所有不能产生正确结果的包装器，然后再次在集合 Q 的页面上进行评估。当 W 中所有包装器在 Q 中所有页面上的抽取结果均一致时，Ploy 结束并返回包装器集合 W。

注意，在上述算法的步骤 3 中，为了帮助用户快速找到正确的结果，Poly 可以将结果以其为正确结果概率的降序进行排序。而且，如果用户没有找到正确的结果，则他可以将 Ploy 显示的一个结果编辑为正确值，或者在当前页面上标记其他的元组。

生成包装器

现在，我们详细分析 poly 如何生成包装器。假设用户已经标记了图 9-13a 页面中的元组（a，7，4）。Poly 首先将该页面转化为一棵 DOM 树，如图 9-14 所示的简化树。接下来，Poly 确定突出显示的属性所对应的节点。它们是图 9-14 中用方框标记的 3 个节点。Poly 找到这 3 个节点的最小公共祖先节点，它是图中 ID 为 8 的节点 < tr >。我们将该节点称为一个元组节点，因为它的子树包含了单个元组的数据。

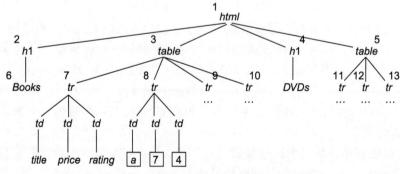

图 9-14 图 9-13a 中 Web 页面的 DOM 树

接下来，Poly 创建一个类似 XPath 的表达式 E，它表示从根节点到标记元组节点之间的路径：E = /html/table/tr。然后将 E 应用到整个页面来寻找所有潜在的元组节点，它们是图中 ID 为 7～13 的 < tr > 节点。即从根到潜在元组节点的路径必须与根节点到标记元组节点的路径相似。

下一步，Poly 创建包装器，每个包装器抽取一个潜在元组节点的子集。抽取过程是自顶向下逐层完成的，并且使用一个类 XPath 语言来编写包装器。在第一层，所有的包装器均以/html 开始。

在 DOM 树的第二层，为了获得底层可能的元组节点，包装器必须可以"访问"节点 3 或节点 5，或者这两个节点。因此，我们将该包装器/html 细化成一个包装器的集合：/html/table[1]（该包装器可访问节点 3）、/html/table[2]（节点 5）、/html/table（两个节点）以及/html/table[prevsibling(h1，books) = true]（节点 3）等。这里的 prevSibling 是一个预定义的谓词，包装器/html/table[prevSibling(h1，Books) = true] 访问 table 节点，该节点紧跟在一个名字为"h1"并且文本内容包含"Books"的兄弟节点之后。

在第三层，包装器应该访问潜在元组节点的任意子集，并且 Poly 生成相应的包装器。例如，它可能生成可以抽取第一个表的所有元组的包装器/html/table[1]/tr，或者生成抽取"Books"表中所有元组的包装器/html/table[prevSibling(h1，Books) = true]/tr 等。Poly 用相似的方法处理接下来的几层。一般来说，Poly 生成的包装器集合依赖于 Poly 用来编写包装器的类 XPath 语言的表达能力。

为了创建包装器，除了 DOM 树模型外，Poly 还使用页面的一个视觉模型。这个视觉模型可以帮助删除不正确的元组节点。例如，路径/html/table/tr 不仅可以抽取正确的元组节点，而且还可能抽取到广告节点，它包含了很大的广告区域。要删除这些广告节点，Poly 可以计算覆盖一个元组集合的视觉矩形，然后删除超出预先指定大小的矩形以及相关的元组集合。

9.5.3　用 Lixto 创建抽取规则

Lixto 系统使用一个新的用户交互模式。不是通过标记页面或者选择抽取结果，而是用户使用突显和对话框在 Lixto 中可视化地创建抽取规则。另外，Lixto 不同于我们前面提到的系统，它使用表达能力强的类似于 datalog 的语言来编写抽取规则，这种语言可以在页面的 DOM 树模型和字符串模型上进行定义。

可视化地创建抽取规则

在讨论中，我们使用图 9-15a 中的页面为例，它列出了正在拍卖的图书。为了抽取这些图书信息，用户可以可视化地创建 4 个抽取规则。第一个规则抽取图书本身（即包含图书的页面区域），接下来的 3 个规则分别从页面中抽取每本书的标题（title）、价格（price）和竞价（Bids）编号。Lixto 在内部将这些规则编写成如图 9-15b 所示的规则 $R_1 \sim R_4$。在本节的结尾，我们将详细解释这些规则。

注意，一般来说，规则可以依赖于另一个规则。例如，规则 R_1 抽取图书信息，规则 R_2 从 R_1 的结果中抽取标题。另一个例子，抽取币种（例如，"$"、"£"）的规则 R_5 将依赖于 R_3，因为 R_5 将以 R_3 输出的价格（例如，"$15.00"）作为输入。

现在描述用户如何可视化地创建规则。在上述例子中，用户首先创建一个抽取图书的规则。为此，用户需要突显一个图书元组，即图 9-15a 中第一个元组（即，"Databases"）。Lixto 将这个元组映射到该页面 DOM 树的相应子树上，然后从该子树推断来创建图 9-15b 中的规则 R_1，此规则抽取 < table > 子树作为图书元组。接下来，Lixto 将最新抽取的元组

（即，"DataMining"和"DataIntegration"）显示给用户。这些元组是正确的，所以用户接收规则 R_1（然而，值得注意的是，用户并没有看到 R_1，它由 Lixto 内部保存）。

为了创建一个规则来抽取标题，用户首先需要指定这个规则将从规则 R_1 识别的图书实例中抽取。接下来，用户突显一个标题，即图 9-15a 中的第一个标题"Databases"。Lixto 使用这个标题来创建一个内部规则：

$$title(S,X) \leftarrow book(-,S), subelem(S,(*.td.*.content,[(href,,substr)]),X)$$

它的意思是：如果一个数据项在一个表的 < td > 单元格内并且是一个超链接（即：它包含一个"href"标签），则该数据项是一个标题。Lixto 使用这个规则来抽取，并给用户显示图 9-15a 中所有的标题。

用户发现这个规则过于笼统，因为它不仅抽取标题而且还有竞价（这个字段也是超链接）。因此，用户通过指定标题之前的 100 个字符内不应该存在其他的数据单元格来限制该规则。这个条件删除了所有的竞价信息（因为在每个竞价前面有一个价格数据单元），生成图 9-15b 中的规则 R_2，它是正确的并被用户所接受。然后，用户通过类似的方法创建规则 $R_3 \sim R_4$ 分别用来抽取价格和竞价编号。

a）列出一组拍卖信息的Web页面

R_1: $book(S,X) \leftarrow page(S), subelem(S,.table,X)$
R_2: $title(S,X) \leftarrow book(-,S), subelem(S,(*.td.*.content,[(href,,substr)]),X),$
        $notbefore(S,X,.td,100)$
R_3: $price(S,X) \leftarrow book(-,S), subelem(S,(*.td,[(elementtext,\var[Y].*,regvar)]),X),$
        $isCurrency(Y)$
R_4: $bids(S,X) \leftarrow book(-,S), subelem(S,*.td,X), before(S,X,.td,0,30,Y,-), price(-,Y)$

b）由Lixto生成包装这些页面的一个类datalog的程序

图 9-15

用户可以使用一组 Lixto 定义的条件迭代地限制或放松一个规则，例如目标实例 1）必须出现在一个特定元素之前或者之后；或者 2）不能靠近一个特定元素；或者 3）不能包含一个特定元素。用户使用突显和对话框来指定这些条件。

除了突显和对话框外，用户也可以编写正则表达式或者引用 Lixto 定义的实际概念。例如，如果想要抽取币种（例如，"＄"、"£"），他应该指定币种必须是价格字符串的子串（例如，"＄15.00"），并且满足 Lixto 提供的谓词 isCurrency()。这样使 Lixto 生成如下的规则（我们接下来将解释它的格式）：

$$R_5: currency(S,X) \leftarrow price(-,S), subtext(S,\var[Y],X), isCurrency(Y)$$

最后，我们要注意的是，为了正确抽地抽取一个属性（或者一个元组），用户通常编写多个规则，每个规则对应一个格式的变化。例如，如果图书标题是超链接或者斜体的，我们需要两个独立的规则。然后，标题的集合是这两个规则输出结果的并集。

抽取规则的表示

Lixto 使用 datalog 规则来编写抽取规则。在抽取规则中，头部谓词指定了要抽取的实例，主体谓词（其包括 DOM 树上的谓词）指定一些必须为真的约束。

以图 9-15b 中的规则 R_1 为例。头部谓词 $book(S, X)$ 指定从 S 中抽取一本书 X。主体谓词 page(S) 指定 S 是一个 Web 页面，subelem(S, . table, X) 指定 X 是 S 的 DOM 树中以 < table > 为根的一棵子树。通常，subelem(S, P, X) 指定 X 是 S 的子树，该子树的根是满足类 XPath 表达式 P 的一个节点。

在规则 R_2 中，头部 title(S, X) 指定 X 是从 S 中抽取的一个标题。主体谓词 book ($-$, S) 指定 S 是一本书。在谓词 subelem(S, (* . td. * . content, [(href, , substr)]), X) 中，表达式 (* . td. * . content, [(href, , substr)]) 指定 DOM 树中通向包含一个超链接（参见表达式中的 "href"）的 < td > 节点的路径。因此，整个谓词指定 X 是 S 的以 < td > 为根的一棵子树，并且 X 包含了一个超链接。最后，谓词 notbefore(S, X, . td, 100) 指定在 X 之前距离 100（该距离是预定义的概念）以内不存在以 < td > 为根的子树。

图 9-15b 中规则 R_3 可以用类似的方法解释。在这个规则中，谓词 subelem(S, (* . td, [(elementtext, \var[Y] . * , regvar)]), X) 和 isCurrency(Y) 共同指定：a）价格 X 是 S 的以 < td > 为根的子树；b）该子树的文本可以匹配正则表达式 \var[Y] . * ，它是后面跟着 0 个或多个字符的一个货币符号。

最后，在规则 R_4 中，谓词 before(S, X, . td, 0, 30, Y) 和 price($-$, Y) 共同指定：a）竞价 X 是 S 的以 < td > 为根的一棵子树；b）价格必须在 X 前 0~30 的距离以内。

为了生成上述规则，Lixto 在页面的 DOM 树上归纳。例如，当用户突显一个图书元组时，Lixto 将该元组映射到以 < table > 为根的一棵子树，然后生成规则 R_1，即任何以 < table > 为根的子树都是一个图书元组。因此，与 Poly 生成包装器的方法类似，Lixto 使用 DOM 结构生成规则。然而与 Poly 不同的是，Lixto 也可以结合页面的字符串模式和 DOM 树模式创建规则，例如抽取货币符号的规则 R_5。

269

参考文献注释

包装器构建方面的研究工作可以追溯到 1997 年。最新的综述包括[115，362，392]。各种页面模式，包括扁平模式和嵌套元组模式，在[392，第 9 章]中讨论。Gold[256，257]研究表明单纯从样本中学习正则语言是非常难的。在这个工作的基础上，Grumbach 和 Mecca[273]、RoadRunner[153，154]以及 ExAlg[33]项目的后续研究讨论了采用一种文法推导方法学习任意页面模式困难的原因。

包装器构建的早期研究采用人工技术。知名的项目有：W4F[503]、Minerva[152]、XWRAP[394]、TSIMMIS[290，291]、WebOQL[39]、FLORID[401]、Jedi[308]和[41，276，292]。

使用学习技术的包装器构建系统包括：SHOPBOT[195]、WIEN[358，360]、Stalker[449，450]、SoftMealy[305]、WL^2[147]和[374]。文献[360]介绍了 HLRT 包装器，并且在[357，358]中进行了详细地讨论。Stalker 包装器在文献[529]中介绍。在学习方法中提到的几个工作，如 CRYSTAL[529]、WHISK[528]、RAPIER[105]和 SRV[151]，主要用来处理诸如新闻文章这类自由文本。从自由文本中抽取结构化数据称为信息抽取（参见[506]），并且经常被认为是与包装器构建不同的研究问题。

自动构建包装器的方法包括：IEPAD[116]、RoadRunner[153，154]、ExAlg[33]、DeLa[562]和 DEPTA[589]。RoadRunner 假设目标正则表达式中不包含析取，并且属性值

中不包含 HTML 标签。后来，这些假设被 ExAlg[33]放宽。

交互包装器构建方法包括：NoDoSe[9]、交互 Stalker[451]、Lixto[56，57，262]、iFlex[519]和[322]。本章中介绍的 Poly 系统是基于[322]的系统。系统 W4F[503]和 XWRAP[394]也采用用户交互方法。

文献[210]介绍了一个基于本体的包装器构建方法，它受到概念模型的启发。[103]描述了一个基于视觉的方法。[211，393]介绍了在多记录的 Web 页面中发现记录的边界。一旦发现了边界，每个记录中的自由文本就可以使用[94]中的技术分割成多个数据区域。

多项研究工作已经着眼于在多个网站之间或者在 Web 范围内研究包装器的构建。Changet 等人[139]同时协作地处理多个数据源。Dalvi 等人[158]和 Gulhane 等人[274]研究如何在 Web 范围内抽取结构化数据。Cafarella 等人[102]考虑在 Web 上如何抽取数以百万的 HTML 表格。

包装器一旦构建，随着时间的推移维护一个包装器也是至关重要的，因为底层的数据源在不断地演化。有几个工作试图检测包装器的失效（即抽取错误的数据）[359，375，419]和修正失效的包装器[375，429，441，493]。Dalvi 等人[159]和 Aditya 等人[474]研究了一个互补问题：构建可靠的包装器，它不会因为底层数据源的演化而变得失效。

270

数据仓库与缓存

到目前为止，已经讨论了模式映射、利用模式映射将查询转换成可以直接提交给数据源的查询重写、远端数据源上的查询处理等关键技术。这些技术使我们可以按需提取最新数据，从而满足用户的信息需求。然而，在很多情况下这种完全虚拟的数据集成框架可能并不理想：为了获得更好的性能、更好的数据质量、表达更为复杂的查询或执行更复杂的数据转换能力，我们可以容忍在交互过程中存在稍微旧一点的数据。其基本思想是利用物化（materialization）来实现这些目标，即预先计算或缓存集成过程中的结果。

本章将介绍存储、利用本地物化数据响应数据集成查询的各种方法。我们首先概述物化的两个主要方法以及它们各自的作用。然后，介绍使用部分物化和缓存技术来提高性能。最后，讨论了一种新兴的虚拟集成和数据仓库集成相混合的技术，即如今在许多网站的设置中可以直接查询外部物化的扁平文件（flat-file）数据。

许多应用的数据集成主要目标是将所有数据集中到单个集中式的系统中，在此可以对数据进行深入细致的分析。例如一个零售商，它将每个交易（即某个零售商店中某个商品的每个购买记录）记录到一组数据库中。需要对这些数据库进行优化从而支持交易的高吞吐量，有效地降低付款的等待时间，帮你避免购买不需要的物品。除了记录交易信息外，零售商还希望对他们的销售数据进行更深层次的分析。例如，他们想要知道在肯萨斯（Kansas）雨衣的销售量是否更高，从而判断其库存是否合适。为了支持这样的分析，零售商需要创建一个称为数据仓库的独立数据存储，为了支持复杂的决策支持查询，其中的数据是清洗过的、聚集的并采用更为适合的形式。通常，数据仓库并没有我们书中前面提到的模式映射，而是使用一系列 ETL（抽取/转换/加载）工具。在第一阶段，系统从原始数据源（旧的业务系统或者数据库系统）中抽取数据，并且将数据转换成可以进一步处理的格式。在第二阶段，系统将数据转换成适合数据仓库的形式。这里可能涉及选择数据行或列的一个子集、进行表之间的数据连接、值的聚集或者数据值的转换、数据清洗或标准化等操作。在第三阶段，将数据加载到数据仓库中，替换现有的数据或者直接添加该数据。我们将在 10.1 节介绍数据仓库。

然而，与虚拟集成系统类似，许多（不是所有）ETL 操作实际上都可以通过描述的方式来表示。例如，一组科学家，每人都在收集领域中的样本数据，并且每人都想与他人共享数据。他们通常将数据存在电子表格中，并且数据的更新频率也相对较低。对这些科学家来说，一个有价值的数据集成系统需要满足：可以将数据加载到一个信息库（repository）中，并且可以查询所有合作者的数据。数据交换过程生成一个物化的中央数据库，除了与之前讨论的虚拟数据集成类似以描述的方式指定数据转换外，该数据库更类似于数据仓库。与数据仓库类似，当数据被加载到信息库时已解决了数据的异质性。这个方法既具有数据仓库的一些优点（查询处理不需要查询重写、索引物化数据以及所有数据都被放置到某个局部的 DBMS），同时也具有一些虚拟集成的优点（即系统可以利用描述性映射）。我们将在 10.2 节介绍数据交换。

当然，有些情况下人们既想要物化数据的一些性能优势，同时也希望从一些数据源获得实时的数据。10.3 节将简单地讨论基于部分物化和缓存技术的混合集成方法。

最后我们讨论了一些问题，例如目前任何基于广告的 Web 平台所做的 Web 流量分析问题。这里，目标是为服务提供商的 Web 服务聚集 Web 流量日志，尤其是用户在广告上的点击率。一旦数据存放在同一地方，该任务就是在用户的点击记录上执行各种分析：针对用户、广告活动、广告类型等进行分组。通常，这个目标需要在本地直接处理 Web 日志（而不需要先将它们加载到一个数据库），然后再做数据的大规模并行处理。在此使用的标准工具是基于 Google 的 MapReduce 框架或者 Apache 的开源版本 Hadoop MapReduce。在 10.4 节，我们将讨论这些云数据处理框架，以及它们在本地物化数据上做集成数据分析中的作用。

10.1   数据仓库

在企业中，传统的仍占主导地位的信息集成方法是定义和创建一个称为数据仓库（见图 10-1）的集中式数据库。在该模型中，一个组织所需要的所有数据被转换成一个目标模式，并将其复制到单个（并行或分布式的）数据库管理系统（DBMS）中，并定期更新。与虚拟数据集成不同的是，其数据是按需从数据源获取，而且数据通常位于查询系统外部且不支持更新或随机存取。另外，用于加载数据到数据仓库的数据转换通常由一系列过程性代码来执行。

尤其是在商业领域中，数据仓库承担归档和决策支持的角色。由于各种原因，例如审计、分析以及预测等原因，企业可能需要维护历史数据。在数据源现有状态下进行简单的查询不能满足上述需求——取而代之的是，企业需要数据在不同时间点的一个主档案副本，数据仓库恰好能满足该需求。更一般地说，作为企业数据一

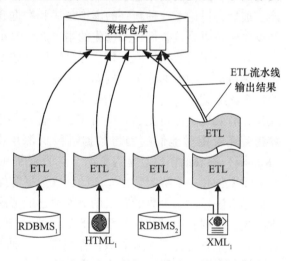

图 10-1   数据仓库的逻辑组件。数据通过转换流水线加载到一个物理的数据仓库中

致的全局快照，数据仓库拥有一个强大的 DBMS、存储系统和 CPU，它通常可以用来执行决策支持或联机分析处理（OLAP）查询——查看数据聚集特征的查询可以帮助企业形成商业决策。例如，沃尔玛因使用销售数据预测各个门店的商品库存量而获得了很大的声誉。这样的查询通常有多层聚集，并且可能包含数据挖掘操作。类似地，在线购物网站（如 Amazon.com）、媒体网站（如 Netflix），甚至像 Safeway 这样的超市都试图构建顾客个人信息库从而提高其向顾客推销的能力。

主数据管理

数据仓库的核心作用可以在主数据管理（Master Data Management，MDM）中得以体现。主数据管理使用中央数据仓库作为企业关键业务对象、规则和业务流程的一个知识存储库。MDM 的核心是整个企业使用术语的一个统一标准化的版本（无论地址、名称或

者概念）及其相关元数据的信息。理想情况下，整个企业的系统中使用过的业务对象及其在系统中使用过的数据值都可以归结为主数据。从很多方面来看，主数据库仅仅是扮演特定角色的一个数据仓库。

与任何数据仓库一样，MDM 为各数据所有者及其利益相关者提供一个概览所有数据实体的视图和一个共同的中间表示形式。不过，主数据库也是一个中央信息库，在此可以获得数据的相关属性（尤其是约束和假设），因此成为所有元数据和数据的家园。在很多情况下，主数据库也可以响应所有数据拥有者的查询，这样他们可以直接将它整合到系统或者业务过程中。这被看成是改进风险管理、决策制定和分析的一种方法。

最后，MDM 通过提供数据治理（data governance）的处理功能，实现对数据的监控和管理。在大型企业中，根据业务需求和规则来协调数据设计与演化是一个挑战性问题。数据治理是以系统的方式监督数据实体创建和修改的过程和组织。特别重要的是，由美国萨班斯·奥克斯利法案（Sarbanes-Oxley Act）提出的报告要求，对公共企业规定强加责任和问责制，促进了数据收集和表示的统一监管。

实际上，定义一个数据仓库包括两个主要任务：进行中央数据库的模式和物理设计（10.1.1 节）；定义一组抽取/转换/加载（ETL）操作（10.1.2 节）。

10.1.1　数据仓库设计

数据仓库的设计可能不仅仅涉及数据集成环境中的中介模式设计，因为数据仓库必须支持非常苛刻的查询，例如查询一段时间内归档的数据。数据库的物理设计变得至关重要——有效利用多个机器或硬盘卷上的分片、索引的创建、查询优化器使用的物化视图的定义等。为了性能，大多数数据仓库 DBMS 被配置为仅供查询的工作负载，而不是事务处理工作负载：这将禁用大部分（昂贵的）用在事务数据库中的一致性处理机制。

自 21 世纪初期以来，所有的主流商业 DBMS 都试图简化数据仓库中数据库物理设计的任务。大多数工具提供了索引选择向导和视图选择向导，它利用典型查询工作负载的日志，通过执行（通常在夜间）搜索各种可用的索引或物化视图，以便找到改进性能的最佳组合策略。这些工具有帮助，但仍需专业的数据库管理人员和"性能调优人员"来获得数据仓库的最好性能。

274

10.1.2　ETL：抽取/转换/加载

一旦数据仓库设计完毕并配置好，就需要完成初始数据加载和日常的维护。完成该任务的很多工具称为 ETL 或者抽取/转换/加载（extract/transform/load）工具。ETL 工具负责完成如下各种任务。

导入过滤器

该工具包含外部文件格式解析器，或者与第三方系统（DBMS 或其他应用）交互的驱动器。外部数据通常可能并不是来自于一个关系数据库，然而在绝大多数情况下数据仓库都是关系型的。

数据转换

数据转换模块的功能通常类似于虚拟数据集成系统中的模式匹配：它们可以完成连

接、聚集或者过滤数据。

去重

当多个记录指向同一个实体时，去重（或者实体识别）工具往往通过启发式规则来设法判断。该技术通常基于第 7 章中提到的数据匹配技术。

概要分析

数据概要分析工具常常通过构建表格、直方图或者其他信息来总结数据仓库中的数据属性。

质量管理

除了去重工具外，ETL 质量管理支持还包括：参照数据名录的检测（例如，州/省的合法缩写列表），针对已知业务规则的检测（例如，值的组合约束），标准化工具（例如，邮政地址的规范化）以及记录合并。   <<<

例 10.1   以一个电子商务网站为例。在数据仓库中，我们从客户的购买记录获得一系列发票记录。我们希望将这些数据放入中央数据仓库中，同时过滤错误的数据项。

为此，必须组织一个 ETL 流水作业，执行各种数据分割、过滤、连接和分组操作。如图 10-2 所示，第一个操作通过将单个属性（date/time）分割成独立的 date 和 time 属性来修改模式。然后，过滤具有无效 date/time 时间戳的记录并将它们写到日志中。接下来，将每个记录与商品数据库进行连接，再次过滤无效的记录并将其写入日志。紧接着，验证每个记录是否实际对应一个有效的顾客，然后依照惯例将无效记录写入日志。最后，根据用户将记录分组，并用其更新数据仓库中顾客的余额信息。

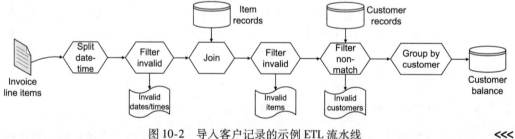

图 10-2   导入客户记录的示例 ETL 流水线   <<<

上述例子主要由一系列类似描述性模式映射的操作构成。然而，从上述的功能列表中我们可以清楚地知道 ETL 工具可以完成虚拟数据集成映射以外的更多功能。这个基本架构提供了很大的灵活性和表达能力，尤其是因为 ETL 是一个离线的过程，所以允许执行时间长的、计算密集型的任务。遗憾的是，其灵活性存在缺陷，即 ETL 工具和方法很少有标准。不同供应商的工具有完全不同的接口，用于指定工作流的工具也不尽相同。

此外，有时候人们可能想要优化加载的过程，例如通过预计算或缓存某些结果或者在操作之间采用共享机制。然而，大多数 ETL 框架没有这样的灵活性。因此，利用类似本书前面提到的描述性映射替换一些 ETL 操作是非常有意义的。由此提出了使用描述性映射计算数据仓库的问题，称为数据交换（data exchange），接下来我们讨论这个问题。

10.2 数据交换：描述性仓库

正如前面一节讨论的，数据交换的基本思想是：利用描述性模式映射来指定数据转换，从而支持一个类似数据仓库的数据集成环境。在此模式下，就像在一个传统的数据集成方案中每个数据源可能有一个包装器，但来自数据源的所有数据都将被提取、根据模式映射转换、存储到集中式的仓库或在一个离线步骤中的目标数据实例中。用户可以像在数据仓库中一样直接查询目标数据实例。

在指定数据交换设置中，假设所有的数据源均已经被"包装"，使得我们可以像关系型数据一样来访问它们的数据。因此，将这些数据源的所有关系看成是单个数据源模式 S 的一部分，并将数据仓库中的所有关系看成是目标模式 T 的一部分。

形式化地，给定 S 和 T，模式 S 的一个实例 I，以及 S 和 T 之间的一个语义映射，数据交换问题是生成目标模式 T 的一个合适的实例。这里，S 是一个数据源的模式，T 是物化数据存储的中介模式。数据交换面临挑战是：给定 S 的一个实例 I，存在 T 的很多可能实例，但是我们需要从中找到一个满足某些特性的实例。下面形式化地讨论该问题。

10.2.1 数据交换设置

在数据交换的讨论中，我们将使用本书第 3 章简单介绍并在文献中经常使用的元组生成依赖的概念。回想一下，元组生成依赖是用来表示 GLAV 映射的一个可选表达式。元组生成依赖的表达式形如：

$$(\forall \overline{X})s_1(\overline{X}_1), \cdots, s_m(\overline{X}_m) \rightarrow (\exists \overline{Y})t_1(\overline{Y}_1), \cdots, t_l(\overline{Y}_l)$$

这里 $s_1, \cdots, s_m$ 是数据源模式 S 中的关系，$t_1, \cdots, t_l$ 是目标模式 T 中的关系。变量 $\overline{X}$ 是 $\overline{X}_1 \cdots \cup \cdots \overline{X}_m$ 的子集，并且变量 $\overline{Y}$ 是 $\overline{Y}_1 \cdots \cup \cdots \overline{Y}_l$ 的子集。变量 $\overline{Y}$ 不会出现在 $\overline{X}_1 \cdots \cup \cdots \overline{X}_m$ 中。

虽然我们主要关注仅包含模式映射的数据交换设置，但在某些设置中也想要确保目标实例满足目标模式 T 上的某些约束。为了建模这些约束，我们将目标约束引入数据交换设置。形式上，假设已有以下两种形式的约束集合 C_T：

1）元组生成依赖，其中 s_i 和 t_j 是 T 中的关系，或者
2）等值生成依赖，其公式形式为

$$(\exists \overline{Y})t_1(\overline{Y}_1), \cdots, t_l(\overline{Y}_l) \rightarrow (Y_i = Y_j)$$

数据交换设置的形式化定义如下所示。

定义 10.1（数据交换设置） 一个数据交换设置是一个元组 (S, T, M, C_T)，其中 S 是一个数据源模式，T 是一个目标模式，M 是描述 S 和 T 之间语义映射的一个元组生成依赖集合，并且 C_T 是目标模式 T 上的一组约束。

例 10.2 考虑如下的例子，这里数据源模式 S 有两个关系。关系 Teaches 存储了教授和学生对，其中学生选修该教授的一门课程，关系 Adviser 存放（adviser，student）元组。目标模式 T 有 3 个关系：Advise 和 Adviser 相同，TeachesCourse 表示教授所教的课程，Takes 存储学生选修的课程。S 和 T 的模式映射为：

r_1 : Teaches(prof, stud) → ∃D Advise(D,stud)
r_2 : Teaches(prof, stud) → ∃C TeachesCourse(prof,C), Takes(C,stud)
r_3 : Adviser(prof, stud) → Advise(prof, stud)
r_4 : Adviser(prof, stud) → ∃C,D TeachesCourse(D, C), Takes(C,stud)

10.2.2　数据交换解

数据交换的解是目标模式的实例，其满足数据交换设置中的约束。

定义 10.2（数据交换解）　令 $D = (S, T, M, C_T)$ 是一个数据交换设置。令 I 是 S 的一个实例。T 的实例 J 称为 D 和 I 的一个数据交换解，当

1. (I, J) 满足模式映射 M，并且

2. J 满足约束集合 C_T。

例 10.3　给定例 10.2 中的模式 S，考虑如下实例 I。

$I = \{$Teaches(Ann, Bob), Teaches(Chloe, David),
　　Adviser(Ellen, Bob), Adviser(Felicia, David)$\}$

I 的一个数据交换解为：

$J_0 = \{$TeachesCourse(Ann, C_1), Takes(C_1, Bob)
　　TeachesCourse(Chloe, C_2), Takes(C_2, David)
　　Advise(Ellen, Bob), Advise(Felicia, David)$\}$

如本例中所见的，在数据交换解的元组中包括两种类型的值：来自原始实例 I 的常量；没有出现在 I 中的新符号。直观地说，这个称为变量（有时称为标记为空）的新符号代表某个实例的不完整信息。更准确地说，我们知道变量有某个取值，但并不知道其准确值是什么。例如，在 J_0 中变量 C_1 和 C_2 代表了某个未知值，表示我们知道 Ann 和 Chloe 一定教了一些课程，但是并不知道确切的课程是什么。

下面也是 I 的数据交换解：

$J = \{$TeachesCourse(Ann, C_1), Takes(C_1, Bob)
　　TeachesCourse(Chloe, C_2), Takes(C_2, David)
　　Advise(D_1, Bob), Advise(D_2, David)
　　Advise(Ellen, Bob), Advise(Felicia, David)$\}$

$J_0' = \{$TeachesCourse(Ann, C_1), Takes(C_1, Bob)
　　TeachesCourse(Chloe, C_1), Takes(C_1, David)
　　Advise(Ellen, Bob), Advise(Felicia, David)$\}$

实例 J 比 J_0 多两个 Advise 元组。这两个元组包含新的变量。除了使用变量 C_1 替代变量 C_1 和 C_2 外，实例 J_0' 与 J 使用的变量完全相同。接下来，我们将看到 J_0 比 J 或 J_0' 具有更多理想的特征。　　　　　　　　　　　　　　　　　　　　　　　　　　　<<<

10.2.3　通用解

正如前面提出的，数据交换的挑战是寻找在某种情况下比其他解更好的数据交换解。在本节中，我们讨论辨别数据交换解的两个属性。第一个属性是确保解不会丢失任何信息，通用解满足这一属性。第二个属性是确保解决方案尽可能的小，核心通用解满足这一属性。

例 10.4　回到例 10.3 中，我们发现解 J_0' 并不完全令人满意。尤其是，对 Ann 和 Chloe 所教的课程使用相同的变量 C_1，意味着他们教授同一门课程。然而，原始的实例 I 或模式匹配中并没有隐含该等值的含义。从某种程度上说，实例 J_0' 比其他解更具体。　<<<

直观地，通用解是指那些不丢失或添加任何信息的解。我们形式化地描述该属性的方法是，要求一个通用解可以同态地映射到任何其他的通用解。

在定义同态时，我们用 c 表示 S 的实例中的常量集合。除了 c 中的常量外，T 的实例也

可以包含取自一个无穷的、假设与$\mathcal{C}$不相交的字母表$\mathcal{V}$的变量。 [279]

定义 10.3（实例同态） 令J_1和J_2是模式T的两个实例。

- 一个映射h：$J_1 \rightarrow J_2$是J_1到J_2的一个同态，如果
  - 对任意$c \in \mathcal{C}$，$h(c) = c$，
  - 对任意元组$R(a_1, \cdots, a_n) \in J_1$，元组$R(h(a_1), \cdots, h(a_n)) \in J_2$。
- 如果有同态h：$J_1 \rightarrow J_2$和h'：$J_2 \rightarrow J_1$，则J_1和J_2是同态等价的。

现在我们可以定义通用解。在例 10.3 中，解J和J_0是通用解，但J_0'不是。

定义 10.4（通用解） 令$D = (S, T, M, C_T)$是一个数据交换设置，并且令I是S的一个实例。如果J是D和I的一个数据交换解，并且对D和I的其他任意的数据交换解J'，都存在一个同态映射h：$J \rightarrow J'$，则我们称J是D和I的一个通用解。

可以证明，在M和C_T上存在一个通用解当且仅当有D和I的一个数据交换解，并且该通用解可以在实例I大小的多项式时间内构建。可以很容易证明：如果C_T为空，则一个数据交换问题总是存在一个通用解。当C_T包含等值生成依赖时，可能出现通用解不存在的情况。

接下来讨论C_T为空的情况，我们可以使用一个经典算法 chase 来创建一个通用解。非形式化地，chase 依次考虑M的每个公式r。如果该算法为r的左侧找到一个变量代换，并且r的右侧没有出现在数据交换的解中，则它添加一个合适的元组到解中。在创建新元组时，该算法使用新的变量来替换r中的$\overline{Y}$。算法 chase 如算法 10 所示。

例 10.5 继续我们当前的例子，映射M和实例I为：

r_1：Teaches(prof, stud) $\rightarrow \exists D$ Advise(D,stud)
r_2：Teaches(prof, stud) $\rightarrow \exists C$ TeachesCourse(prof,C), Takes(C,stud)
r_3：Adviser(prof, stud) $\rightarrow$ Advise(prof, stud)
r_4：Adviser(prof, stud) $\rightarrow \exists C, D$ TeachesCourse(D, C), Takes(C,stud)

I = {Teaches(Ann, Bob), Teaches(Chloe, David),
   Adviser(Ellen, Bob), Adviser(Felicia, David)}

在实例I上应用算法 10 中的 chase 算法生成如下的实例J： [280]

{Advise(C_1, Bob), Advise(C_2, David)
TeachesCourse(Ann, C_3), Takes(C_3, Bob),
TeachesCourse(Chloe, C_4), Takes(C_4, David),
Advise(Ellen, Bob), Advise(Felicia, David)}

由r_1生成前两个事实。接下来的 4 个事实由r_2生成，最后两个事实由r_3生成。映射公式r_4并没有向解中添加任何新的事实。 <<<

算法 10　CreateUniversalSolution

输入：数据交换设置(S, T, M)和S的一个实例I。

输出：包含一个通用解的数据实例J。

令$J = \varnothing$

while 新的元组可以插入J中 **do**

令$r \in M$的形式为 $(\forall \overline{X}) s_1(\overline{X}_1), \cdots, s_m(\overline{X}_m) \rightarrow (\exists \overline{Y}) t_1(\overline{Y}_1), \cdots, t_l(\overline{Y}_l)$

令ψ是从X到I中常量的一个映射，形式为$s_1(\psi(\overline{X}_1)), \cdots, s_m(\psi(\overline{X}_m)) \in S$

令 $\overline{Y}'_i = \psi(\overline{Y}_i) \, 1 \leq i \leq l$

if 不存在从 $\overline{Y}'$ 到 J 中常量的一个映射使得 $t_1(\phi(\overline{Y}'_1)), \cdots, t_l(\phi(\overline{Y}'_l)) \in J$ **then**

令 μ 是一个映射, 它将每一个变量 $Y' \in \overline{Y}'$ 映射到没有在 J 中出现的新变量

插入 $t_1(\mu(\overline{Y}'_1)), \cdots, t_l(\mu(\overline{Y}'_l))$ 到 J

end if

end while

return J

10.2.4 核心通用解

通用解的一个问题是, 它们仍然可能是任意大小的。为了究其原因, 我们分析在我们的例子中可能生成如下的数据交换解。

$J_m = \{$TeachesCourse(Ann, C_1), Takes(C_1, Bob)
TeachesCourse(Chloe, C_2), Takes(C_2, David)
...
TeachesCourse(Ann, C_{2m-1}), Takes(C_{2m-1}, Bob)
TeachesCourse(Chloe, C_{2m}), Takes(C_{2m}, David)
Advise(Ellen, Bob), Advise(Felicia, David)$\}$

这个例子表明, 实际上可以创建任意大小的一个通用解。显然, 在数据交换场景下我们希望物化最小的通用解。下面定义了核心通用解, 它是最小的通用解。

为了定义核心通用解, 首先定义数据库模式的子实例。

定义 10.5（子实例） 令 $T_1, \cdots, T_m$ 是模式 T 中的关系, 并且令 J 是 T 的一个实例, 它包含关系 T_i 的元组 $\overline{t}_i$, 其中 $1 \leq i \leq m$。令 A 是实例 J 的元组中出现的常量和变量的集合。

令 J' 是 T 的一个实例, 它包含关系实例 $\overline{t}'_1, \cdots, \overline{t}'_m$ 并且令 B 为 J' 中出现的常量和变量的集合。

如果 $B \subseteq A$ 且 $t'_j \subseteq t_j$, 其中 $1 \leq j \leq m$, 则称 J' 是 J 的一个子实例。如果这两个包含关系中有一个是真包含, 则 J' 是 J 的一个真子实例。

我们定义的核心通用解是那些不存在其子实例也为通用解的通用解。

定义 10.6（核心通用解） 令 $D = (S, T, M, C_T)$ 是一个数据交换设置, 并且令 I 是 S 的一个实例。如果 J 是 D 和 I 的一个通用解, 并且不存在某个解既是 J 的真子实例也是 D 和 I 的通用解, 那么称 J 为 D 和 I 的一个核心通用解。

可以证明, 一个数据交换设置的所有核心通用解都是同构的。然而, 一般来说要找到一个核心通用解很难, 很多情况下可以在实例 I 大小的多项式时间内完成。算法 11 是当 C_T 为空时找到核心通用解的一个贪心算法。目前, 一些研究工作已经提出了更多寻找核心通用解的有效算法, 但这个贪心算法很好地说明了其主要思想。

例 10.6 将算法 11 中的贪心算法用到例 10.5 创建的通用解决方案中。
$\{$Advise(C_1, Bob), Advise(C_2, David)
TeachesCourse(Ann, C_3), Takes(C_3, Bob),
TeachesCourse(Chloe, C_4), Takes(C_4, David),
Advise(Ellen, Bob), Advise(Felicia, David)$\}$

事实 Advise(C_1, Bob) 和 Advise(C_2, David) 将被删除, 因为删除它们也可以满足 r_1。其他所有事实必须保留在 J 中。

<<<

算法 11　CreateCoreUniversalSolution

输入：数据交换设置 $D = (S, T, M)$；S 的一个实例 I；D 和 I 的一个通用解。

输出：更新过的包含核心通用解的数据实例 J。

while J 中有一个元组 $\bar{t}$ 使得 $\{J - \bar{t}\}$ 满足 M **do**

　　从 J 中删除元组 $\bar{t}$

end while

return J

10.2.5　查询物化信息库

现在，需要从 GLAV 模式映射描述的一个数据源集合创建物化信息库。物化信息库是数据交换的解，这里 S 是一个数据源并且 T 是物化存储库的模式。我们可以分别为每个数据源创建这样的一个解并将它们合并起来。

我们需要解决的最后一个问题是如何查询物化信息库。幸运的是，可以利用为查询重写和逆规则而开发的机制。具体来说，以下定理表明，可以通过在物化信息库中计算并且仅保留不包含变量的结果组来响应查询。

定理 10.1　令 S 是一个数据源的集合，T 是物化信息库的模式。令 M 是 S 和 T 之间的一组 GLAV 映射。令 I 是 S 的实例，J 是 (S, T, M) 和 I 的一个通用数据交换解。

令 Q 是 T 上不包含比较谓词的连接查询的并集。令 $Q(J)$ 是将 Q 应用到 J 上的结果。令 $Q(J)'$ 是 $Q(J)$ 的子集，它包括来自 I 的仅包含常量的元组。

则 $Q(J)'$ 恰好是 Q 的确定应答。

10.3　缓存及部分物化

与虚拟集成系统相比，物化允许我们在大量（尤其是历史）数据上执行计算密集型和磁盘密集型查询。然而，另一方面，物化经常在数据源更新时间和更新结果出现在集成数据实例的时间之间产生延迟，因此在用户的查询结果上也有更新延迟。在类似客户关系管理这样的场景中这种延迟是一个问题，这里可能需要连接多个内部和外部数据库的状态，以及航运公司、供应商等的 Web 服务。

当然，在实际中有很多混合的方法解决这些问题。通常，一些数据源和关系的更新较为频繁。例如，虽然在账单系统中个别商品项目的更新很频繁，但在主数据库管理系统中业务词汇不可能频繁地更新。

因此，在实际中，大多数集成系统无论是设计成数据仓库还是虚拟集成（"企业信息集成"或者 EII），对那些不需要 100% 最新或者很少改变的数据采用缓存和部分物化技术，对其他数据使用虚拟集成技术。我们简单地讨论"混合"模型的各种可能的方法，这里的查询可能在中央集成系统中的物化数据上执行，而不是在远程数据源上重构。

282
~
283

在虚拟集成环境中缓存和直接重用

在虚拟集成系统中为了获得物化方法的优点，一个简单、低维护的方法是直接缓存查询的结果，并且使用基于视图的查询处理（answering-queries-using-views）算法（参见第 2

章）重写后续查询从而实现数据的重用。这里的一个挑战是，为了预防数据源数据发生变化而导致数据不一致，必须给缓存的数据分配一个生存时间（time-to-live），在该时间后这些缓存的数据将过期。不过，该方法需要用户或管理员少量的直接干预。有时将其称为中间层缓存（mid-tier/middle-tier）。

管理员选择的视图物化

数据库管理员可以判断哪些数据变化缓慢，并且可以使用 ETL 工具或者描述性映射来手动地指定如何将其进行物化。用户的查询将被发送到物化关系加虚拟关系的组合上，并且查询重写将考虑这一点。

自动的视图选择

一个更为复杂的方法是，给定一个描述性（不是 ETL）映射的集合、一个查询工作负载以及有关源数据相对静态的一个说明，由数据集成系统自动选择其物化的内容。据此，自动视图选择算法使用类似商业 DBMS 优化向导中的技术来识别常见的查询表达式并将其物化。

10.4　本地、外部数据的直接分析

得益于众多通过处理日志发现模式的 Web 应用的兴起（广告点击率、网站访问模式、页面共视图（page co-views）），以及用于分布式计算的谷歌 MapReduce 编程模型的广泛应用，许多商业平台处理的数据不是存储在数据库的表中而是简单地存储在带有分隔符的文件中。这样的数据可能来自于各种 Web 服务器的日志平台以及应用模块，并且它们通常是只追加的、描述各时刻行为的日志。因此一个事务 DBMS 存储系统的大多数优点在此荡然无存。从某种意义上说，这些日志已经代表了一个本地物化的数据仓库，唯一不同的是数据存储在 DBMS 之外的地方。在这种情况下（除非对索引有很强的需求），它更希望简单地处理直接来自文件的数据，而不是首先将数据导入然后再进行查询。此外，许多查询都是临时的，因此专门为此建立一个数据库系统来存储和查询数据没有什么意义。

在这种情况下，集成任务通常是执行聚集查询——没有数据仓库（OLAP）设置中的查询复杂，虽然有些时候计算需要定制逻辑（在数据库中我们将其称为"用户自定义函数"，它使用 Java、C 或 Python 语言编写）。例如，一个社交网络广告商可能想要通过广告类型、区域、人口等知道某个广告活动的效果，或者可能想要基于经常访问的页面来推荐朋友。

为了完成这种任务，通常使用谷歌 MapReduce 编程模型（通常在开源的 Apache Hadoop MapReduce 平台上实现）。MapReduce 为大规模数据集的并行分析提供了一个特定的编程模版，它类似于一个单个的 SQL 查询块。基本的编程模型为：

- 一个 map 函数（由用户提供）依次接受输入的记录（通常的形式是文件中的文本行）。它的任务是：1）解析数据记录；2）从记录中抽取相关信息；3）根据记录过滤数据；4）为每个记录输出一个或多个子结果。我们可以将其看成 SQL 语句中 WHERE 子句的功能，其中 WHERE 子句中的谓词由用户定义。然而，它也可能拆分记录，生成新的值等。
- map 计算的输出根据键值（key）进行分组。这通过一个 shuffle 阶段完成。默认情况下，shuffle 阶段根据键值对数据进行排序。

- 对 map 输出中具有相同键值的每个组，调用用户提供的一个 reduce 函数。这个函数可以输出零个或多个值。我们可以将其看成是相当于在键值上进行 GROUP BY 的一个 SQL 语句，紧接着在每个组上运行用户定义的一个聚集函数。

令数据库用户奇怪的是，核心 MapReduce 框架并没有直接支持分析查询的组合。然而，在实际中我们可能串联多个 MapreReduce 阶段，每个阶段读取前面的输出结果来实现一个查询组合。对于更为复杂的分析（执行递归或迭代的计算，如链接分析），常见的做法是在一个 shell 脚本或者 Java 程序中在循环内部重复地调用一个 MapReduce 计算。

例 10.7 假设我们正在运行一个大型的、多站点的网站，我们的目标是计算每个 Web 页面的访问量。为此，需要从众多 Web 服务日志中抽取请求，这些日志通常每天在每台机器上创建。然后，我们希望通过 URL 对它们进行分组并对其计数。如果该日志是一个关系表，则该请求将表示成 SQL 语句中的一个 GROUP BY/COUNT 查询。

在 MapReduce 中，编写两个函数：map（如算法 12），以及 reduce（如算法 13）。正如我们所看到的，这些函数都非常简洁，其任务也非常简单。日志文件中的每一行调用一次 map 函数；map 函数的第二个输入参数是日志文件中该行的字节位置信息。map 函数输出一个（key，value）对，以 url 作为主键（key），数字 1 作为值（value）。

285

算法 12　用户为分组 Web-log URL 提供的 map

输入：stringline；logfile 的位置 position；目标 output。

输出：写一个记录到 output。

令 url:= extractUrlFromLine(line)

Call output. emit(url, 1)

算法 13　用户提供为每个 URL 的 Web-log 请求计数的 reduce 函数

输入：keyurl；计数的集合 valueSet；目标 output。

输出：写一个记录到 output。

Call output. emit(url, valueSet. size( ))

现在，MapReduce 框架执行它的 shuffle 阶段，将所有的 map 输出进行排序并且根据主键（key）进行分组。然后，它对每个键值（URL）调用 reduce 代码，并匹配该键值的所有值的集合。这个集合的基数正好就是这个计数，所以我们可以将其输出。 <<<

有人可能会问：为什么在 Web 上 MapReduce 如此受欢迎？部分是因为该框架使其很容易处理大规模的外部数据，同时也实现了定制过滤或聚集的功能。与 SQL 不同，它可以毫不费力地、无缝地将用户自定义的函数整合到 C、Java 或者 Python 代码中。与 SQL 不同的是，许多 DBMS 和数据仓库平台采用相当尴尬和晦涩的方法将用户自定义的函数与 SQL 集成起来：通常管理员必须首先使用 SQL 数据定义语言注册该函数，确保正确地设置函数路径等。

可能更为重要的是，MapReduce 在一定程度上提供了可靠性和可扩展性，这是大多数 DBMS 无法匹敌的。一个 MapReduce 作业可以在集群（数据的不同部分同时在多个 map 和 reduce 操作中运行）中的数以千计的节点上并发执行。当计算在包含数以千计的机器上执行时，机器故障经常出现。令人难以置信的是 MapReduce 可以很好地应对这些故障。如果一个节点宕机，MapReduce 会自动将故障节点的任务分配给其他机器，并且将重做故障期间该节点上正在进行的所有工作。MapReduce 的绝对性能有时候受到质疑，但如果我们需要某些结果它也可以很好地完成（比如在夜间）。

有些开发人员认为 MapReduce 提供了一个令人沮丧的、低级的方法来编写复杂查询。因此一系列可以编译成 MapReduce 的高级、综合的编程语言应运而生：具有既可以获得 MapReduce 在集群上的并行处理能力又不需要做特殊并行化处理的优点，同时也可以获得高级语言的表达能力。例如，Pig Latin 语言常常用来做类 SQL 查询，表示为非陈述性的一组操作。而且像 Facebook 这样的公司已经开发了 SQL 转换层（尤其是，Apache Hive）允许它们的顾客和开发者使用类 SQL 语句发出查询，然后在 Hadoop 上对扁平文件执行这些查询。

显然，基于扁平文件的数据分析只是信息集成的一个小的子类，并且基于这种方法的系统其异质数据的管理和集成能力非常有限。然而，由于它们的简单性，MapReduce 及其相关技术可以高效地将来自多个自治系统的数据捆绑在一起，并且具有很高的可扩展性。在许多基于 Web 的系统和服务的后端，它们扮演非常重要的角色。

越来越多的组织已经开始使用 MapReduce 进行数据转换来为数据仓库加载数据，而不是用它做原本的数据分析：这是一种与 ETL 不同的方式。

参考文献注释

在早期，数据仓库就已经成为数据集成的传统方法，其很大程度上是因为早期的应用主要围绕联机分析处理（OLAP）、预测和数据挖掘。[122]是 Chaudhuri 和 Dayal 发表的一个非常好的综述。数据仓库的一个主要挑战是数据仓库的增量维护，斯坦福 WHIPS 项目[129, 447, 486, 596]关注该问题。

Fagin 等人[216]首次提出数据交换的概念并定义了其语义。[36]是对数据交换相关文献的一个很好的概述。数据交换方面的工作最初出自于 Clio System[302]，我们在第 5 章中已经对其进行了讨论。在[216]中，他们提出了通用解的定义，并且证明了它们相互之间互同态而且某些答案可以通过任何通用解获得。核心通用解由 Fagin 等人[217]提出。这两篇文章都提出了精确条件，在这些条件下可以有效地找到通用解和核心通用解，尤其是它如何依赖于源和目标模式之间映射的形式以及在目标模式上存在的约束。他们还提出了一个查找核心通用解的算法，该算法比我们提出的贪心算法更为有效。Afrati 和 Kolaitis 说明了如何在数据交换中响应聚集查询[15]，这在数据仓库/OLAP 场景中非常重要。

有趣的是，为数据交换问题生成通用解的过程类似于在虚拟数据集成环境中在数据源集合上应用逆规则算法（参见 2.4.5 节）。这两个过程均生成了目标模式（这里一些元组包含变量）的一个物化实例。区别在于，在数据交换场景中其目标是生成模式 T 的物化实例，然而在虚拟数据集成场景中其目标是响应在中间模式上发出的查询。因此，在这种情况下逆规则是使用数据源描述来进行查询重写的一部分，但其目标是查询优化器将找到一个计划，该计划不要求物化 T 的一个完整实例。

在集成或中间件层上，缓存问题得到了广泛的研究，通常称为"中间层缓存"[402]。通常的实现方法一般是基于相对简单的匹配模版。考虑将虚拟集成和物化数据集成综合到一起的第一个系统是 H2O 项目[592]。

　　给定一个工作负载和一组数据库统计信息，物化视图的选择问题在各种场合中都已经得到了广泛的研究。其中，该问题的最早研究工作是 Gupta[276，277]。Chirkova 等人研究了该问题的理论复杂性，证明该问题可以在视图大小的指数时间内完成[134]——但是当使用标准估算启发式时，该问题的时间复杂度通常是多项式量级的。最近，视图选择问题已经纳入一个多查询优化中[437]。[149，398]研究了物化仓库视图的维护问题。[14]考虑了聚集查询的视图物化问题。Active XML[4]项目关注如何将 Web 服务上的任务分解到虚拟和物化的组件中。

　　在写这本书时，在数据库类型的应用中 MapReduce 的使用吸引了数据库界很大的兴趣。很多项目已经探索了 MapReduce 和 SQL 数据库技术的结合，包括 HadoopDB[8]。在[531]中，Stonebraker 等人也已经提出将 MapReduce 作为数据仓库的重要补充（例如，作为一个 ETL 工具框架）。事实上，目前已经有了基于 Mapreduce 的 ETL 框架（例如，ETLMR[396]）。

288

扩展数据表示集成

XML

如本书前面章节所述，数据集成的大多数研究主要集中在关系模型。在许多方面，对于数据和查询表示来讲，关系模型和 datalog 查询语言都是最简单的形式，所以首先考虑与此有关的很多基本问题。

然而，这些技术也在不断调整以满足现实世界的需求，其适应变化之一是对 XML（或其近亲 JSON ⊖）的支持。例如，IBM 的 Rational Data Architect 或微软的 BizTalk 映射器均采用基于 XML 的映射。

这样做的原因很简单。XML 已经成为数据库和文档源数据输出的默认格式，并且开发了许多从历史遗留数据源导出数据到 XML 的工具（例如，COBOL 文件、IMS 层次数据库等）。在使用 XML 之前，数据集成系统需要定制包装器，从 Web 中通过"屏幕抓取"（定制的 HTML 解析和内容提取）来抽取内容，并转换成不同遗留工具的专有数据传输格式。如今，大部分数据源均有一个 XML 接口（URI 作为请求机制，XML 作为返回的数据格式），因此数据集成系统可以专注于语义映射而不是低级格式化的问题。

我们注意到，XML 不仅给实际的数据格式带来了标准化，而且给由接口、标准和工具组成的整个生态系统带来了标准化。如图 11-1 所示，XML 已作为数据库、文档，甚至是 Web 服务数据的公共格式。通常模式定义使用的是 DTD 和 XML 模式，Web 中的 HTTP 协议也普遍采用 XML 格式。DOM 和 SAX 为 XML 数据提供语言无关的解析器接口。XML 数据查询可以用 XPath 和 XQuery 来实现（依次用 SAX 或 DOM 接口实施）。最后，在 WSDL 和 SOAP 以及 REST 接口的远程过程调用中，Web 服务使用 XML、XML 模式和 HTTP 作为核心技术。当然，也有各种文本编辑器、集成开发环境和内置支持生成、显示和验证 XML 的浏览器。任何自动产生和处理 XML 的工具都从这些组件中获益。而 XML 本身是不能直接解决语义异构性或作为任何领域的标准模式的，但它能使领域专家更专注于语义方面的问题，而不是低层次的数据编码问题。

本书没有试图覆盖 XML 的所有细节，而是提供核心要点。在本章中，我们首先将重点放在 11.1 节中的 XML 数据模型和 11.2 节中的模式形

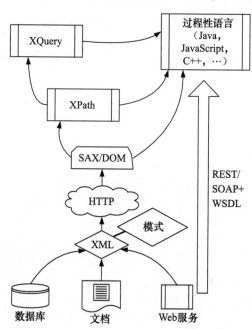

图 11-1　各种 XML 相关技术之间的关系

291

⊖　JSON，JavaScript 对象符号。它非常类似于以前的半结构化数据格式（如对象交换模型），可以被认为是一个"简化的 XML"。

式化。11.3 节介绍查询 XML 的几种方式，重点介绍在 XML 数据库系统中实现的 XQuery 标准。11.4 节讨论数据集成中的 XML 查询处理，11.5 节讨论通常用于 XML 模式映射的 XQuery 子集。

11.1 数据模型

类似于 HTML（超文本标记语言），XML（可扩展标记语言）本质上是从一个称为 SGML（结构化通用标记语言）的旧标准中衍生出来的。与其他的标记标准一样，XML 使用标签（在尖括号中）和属性（与特殊标签关联的属性-值对）编码文档的元信息。

XML 与之前的区别之处在于（如果有正确的结构，或者良好的定义），它总是可以通过 XML 解析器进行解析——无论 XML 解析器是否具有解释 XML 标签的信息。为了确保这一点，XML 有严格定义文档结构的规则。我们简要描述 XML 文档的基本组成。

292

处理指令辅助解析器的处理说明

XML 文件的第一行向 XML 解析器描述用于文档编码的字符集信息。这很关键，因为它决定文件中每个字符用多少个字节编码。比如，在图 11-2 的示例中，XML 片段的顶端可以看到（取自网站 DBLP，网址为 dblp. uni-trier. de），字符集用一个处理指令来定义，如 < ? xml version = "1.0" encoding = "ISO-8859-1" ? >。其他的处理指令用于指定 XML 文档内容的约束，我们将稍后讨论。

```
<?xml version="1.0" encoding="ISO-8859-1" ?>
<dblp>
  <mastersthesis mdate="2002-01-03" key="ms/Brown92">
   <author>Kurt P. Brown</author>
   <title>PRPL: A Database Workload Specification Language</title>
   <year>1992</year>
   <school>Univ. of Wisconsin-Madison</school>
  </mastersthesis>
  <article mdate="2002-01-03" key="tr/dec/SRC1997-018">
   <editor>Paul R. McJones</editor>
   <title>The 1995 SQL Reunion</title>
   <journal>Digital System Research Center Report</journal>
   <volume>SRC1997-018</volume>
   <year>1997</year>
   <ee>db/labs/dec/SRC1997-018.html</ee>
   <ee>http://www.mcjones.org/System_R/SQL_Reunion_95/</ee>
  </article>
  ...
</dblp>
```

图 11-2 从 DBLP 网站获取的 XML 数据实例

标签、元素和属性

XML 文档的主要内容包括标签、属性和数据。XML 标签用尖括号表示，必须成对出现：每个开始标签 < tag > 必须有一个匹配的结束标签 </tag >。一个开始标签/结束标签对和它包含的内容称为一个 XML 元素（XML element）。一个 XML 元素包含一个或多个属性（attribute），每个属性在开放标签里有唯一的名字和指定的值： < tag attrib1 = "value1" attrib2 = "value2" >。一个元素可能包含嵌套的元素、嵌套的文本，以及将要介绍的各种其他类型的内容。需要注意的是，所有 XML 文档必须包含一个单一的根元素，这意味着元素的内容可以被认为是一棵树，而不是森林。

293

例 11.1   图 11-2 显示了来自 DBLP 的 XML 详细片段。第一行是一个指定字符集编码的处理指令。接下来是单一的根元素，dblp。我们看到两个子元素在 DBLP 元素内，一个描述 mastersthesis，另一个描述 article。其他元素从略。

元素 mastersthesis 和 article 都包含了两个属性，mdate 和 key。另外，它们包含如 author 或者 editor 等子元素。注意：ee 在 article 中出现了两次。在这个层次的每一个子元素里都是文本内容，其每一个连续片段都是通过一个文本节点在 XML 数据模型中表示出来。   <<<

命名空间和限定名称

有时一个 XML 文档包含的内容来自多个数据源。在这种情况下，多个数据源中可能有相同的标签名，我们希望可以加以区分。具体可以这样做，给每一个源文档分配一个命名空间（namespace）：这是一个用统一资源标识符（URI）形式定义的全局唯一名称（URI 是一个以限定路径的形式指定的唯一名称，不代表任何特定内容的地址。统一资源定位符，即 URL，是 URI 的一个特例。其数据项的内容可以通过 URI 的路径被取回）。在 XML 文档中，我们可以为每个命名空间的 URI 指定一个更短的名称，即命名空间前缀（namespace prefix）。那么，在 XML 文档中，就可以用跟随冒号的前缀来限定个人标签的名称，比如，＜ns：tag＞。默认的命名空间对全部标签而言没有限定名称。

通过利用一个保留的 XML 属性，命名空间前缀（和默认命名空间）被分配到 URL 中（xmlns 表示默认命名空间，xmlns：name 表示任何命名空间前缀）。命名空间分配对属性的父亲元素也有效。

例 11.2   考虑下面的 XML 片段：

```
<root xmlns="http://www.first.com/aspace" xmlns:myns="http://
    www.fictitious.com/mypathY">
 <tag>
  <thistag>is in the default namespace (aspace)</thistag>
  <myns:thistag>is in myns</myns:thistag>
  <otherns:thistag xmlns:otherns="http://somewhere">is in
      otherns</otherns:thistag>
 </tag>
</root>
```

这里，元素 root 与属性 xmlns 定义的默认命名空间相关联，它也定义了命名空间前缀

294

myns。子元素 tag 和 thistag 保留在默认命名空间中。然而，myns：thistag 是在 pathY 中的新命名空间里。最后，otherns：thistag 引出了元素本身属于 otherns 的命名空间前缀。   <<<

文档顺序

XML 服务于多个不同的角色：1）归纳和代替 HTML 的可扩展文档格式；2）通用标记语言；3）结构化的数据输出格式。XML 区别于大部分数据库相关标准的原因是：顺序保护和顺序敏感。更具体地说，XML 元素之间的顺序是有意义的，是通过 XML 查询语言保护和查询的。这使得在一个文档中段落之间的顺序是可以维持和检验的。虽然 XML 工具通常会保护原来的顺序，但是 XML 属性（作为元素的属性）并非是顺序敏感的。

在逻辑层，我们常常用树来表示一个 XML 文档，每一个 XML 节点用树的一个节点来表示，父子关系通过边来编码。以上所提到的共有如下 7 种类型：

- **文档根**　该节点代表整个 XML 文档，作为它的孩子，一般最少有一条处理指令来表示 XML 编码信息和一个单一的根节点。我们可以看到，文档根代表整个文档，而根元素只包含元素的结构。
- **处理指令**　这些节点在字符编码、解析结构等方面指导解析器。
- **注释**　和 HMTL 注释一样，是人们可读的注解。
- **元素**　绝大多数的数据结构编码成为 XML 元素，包括开始和结束标签以及所包含的内容。一个无内容的元素可以表示成一个形式为 < tag/ > 的单一空标签，相当于一个开始标签/结束标签序列。
- **属性**　属性是与一个元素相关联的名字－值对（嵌套在一个开放的标签中）。属性不是顺序敏感的，并且不允许同一个标签内有相同的属性名。
- **文本**　一个文本节点表示在一个元素内的连续数据内容。
- **命名空间**　一个命名空间节点在特定的 URI 里限定了元素的名称，这创建了限定名称（qualified name）。

文档中的每一个节点均有一个唯一标识、一个相对的顺序（如果模式与文档相关）和一个数据类型。深度优先、从左到右遍历树的表示对应了在相关的 XML 文档内的节点顺序。

例 11.3　图 11-3 展示了代表图 11-2 文档的 XML 数据模型。这里，我们可以看到 7 种节点类型中的 5 种（注释和命名空间在这个文档中没有出现）。

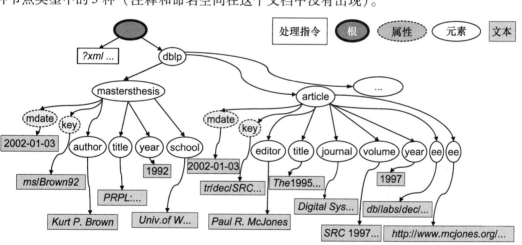

图 11-3　图 11-2 的 XML 片段所表示的数据模型的例子

注：不同的节点类型用不同的形状表示

<<<

11.2　XML 结构和模式定义

一般情况下，XML 可以认为是一种半结构化的层次数据格式，叶子是字符串（文本）节点和属性节点的值。要使 XML 发挥最大作用，我们必须添加一个模式来描述属性和元素的语义及类型——这使得我们能够编码非字符串的数据类型以及文档内部和文档之间的链接（例如，外键、URL）。

11.2.1 文档类型定义

了解了 XML 标准后，焦点问题就是文档标记。因此，原始的"模式"定义更多地关注标记结构的合法性，而不是具体的数据类型和数据语义。文档类型定义（Document Type Definition，DTD）用处理指令来表示，为 XML 解析器提供关于给定元素的结构。

在 DTD 中，针对每一个元素，我们都为其指定哪些元素和文本节点是允许的，同时也可以用 EBNF 符号表示交替或嵌套。子元素用其名字来表示，而文本节点用#PCDATA（"解析的字符"数据）指定。

例 11.4 图 11-4 展示了本节示例的一个 DTD 片段。在这部分例子里，我们关注元素的定义（ELEMENT 处理指令）。DBLP 元素有一系列任意顺序交错的 mastersthesis 和 article 的子元素。mastersthesis 依次有强制的 author、title、year 和 school 子元素，并伴随着零个或多个 committeemembers，这些子元素都包含文本内容。

296

```
<!ELEMENT dblp((mastersthesis | article)*)>
<!ELEMENT mastersthesis(author,title,year,school,
    committeemember*)>
<!ATTLIST mastersthesis(mdate    CDATA    #REQUIRED
                        key      ID       #REQUIRED
                        advisor  CDATA    #IMPLIED>
<!ELEMENT author(#PCDATA)>
<!ELEMENT title(#PCDATA)>
<!ELEMENT year(#PCDATA)>
<!ELEMENT school(#PCDATA)>
<!ELEMENT committeemember(#PCDATA)>
    ...
```

图 11-4 图 11-2 的 XML 所表示的一个 DTD 例子的片段。注意，这里的每一个定义均用处理指令来表示
<<<

在一系列内部包含 ATTLIST 处理指令的行中指定了属性：每一个属性规范包括名字、特殊类型和表示属性是可选的（#IMPLIED）或者必需的（#REQUIRED）注释。类型为：称为 CDATA（"字符数据"）的文本内容，它比元素里允许的 PCDATA 有更多的限制；ID，它表明拥有文档中全局唯一标识符（identifier）的属性。IDREF 或者 IDREFS 分别表明文档中 ID 类型的属性包含一个引用或者用空格隔离的多个引用。ID 和 IDREF 可看做是键和外键，或者锚和链接的特例。

例 11.5 图 11-4 定义了与 mastersthesis 相关的 3 个属性。mdate 是强制的文本类型。key 也是强制的，但它是唯一标识符。最后，advisor 字符串是可选的。 **<<<**

奇怪的是，DTD 没有指定文档中的根元素，而是在参照 DTD 的源 XML（source XML）的处理指令中指定。DTD 可以用如下类似的语法直接嵌套在文档里。

```
<?xml version="1.0" encoding="ISO-8859-1" ?>
<!DOCTYPE dblp [
  <!ELEMENT dblp((mastersthesis | article)*)>
  <!ELEMENT mastersthesis(author,title,year,school,
    committeemember*)>
  ...
  ]>
<dblp>
  ...
```

但更为常见的情况是，DTD 在一个单独的文件中，并且用 SYSTEM 关键字来引用。

```
<!DOCTYPE dblp SYSTEM "dblp.dtd">
<dblp>
...
```

在两种情况下，DOCTYPE 后的第一个变量是根元素的名字，XML 解析器会在根元素之前解析 DTD。

DTD 的优缺点

作为第一个 XML 模式格式，DTD 在实践中得到了普遍应用。它理解起来相对简单和简洁。实际上，现存的每一个 XML 解析器都支持它，并且绝大多数的文档结构说明都是充足的。遗憾的是，它对数据交换有很多限制。其中一个限制是，它不能直接映射数据库中键和外键的概念到 ID 和 IDREFS（它不支持复合键，并且，即使用其他名字排除 ID 类型的属性，键值在一个文档中也必须是全局唯一的）。空值的概念不能映射到基于 DTD 的 XML 的任何方面，这意味着关系数据库的输出十分难处理。不能指定某些主要数据类型，例如整型和日期型。

所有这些限制，以及各种其他的需求导致在 2000 年提出了一个新规范，即 XML 模式。

11.2.2 XML 模式

XML 模式（XML Schema，通常缩写为标准的三字母扩展名 XSD）是一个非常全面的标准，它提供了一个 DTD 的超集，用来克服前一节提到的局限性，并且自身即是一个 XML 编码的标准。

因为 XML 模式本身是在 XML 里指定的，所以至少涉及两个命名空间：一个是 XML 模式本身的命名空间（用于内置的 XSD 定义和数据类型），另一个是模式定义的命名空间。为了在模式中定义标签，我们往往用默认的命名空间，并且用一个和 URI www.w3.org/2001/XML Schema 关联的前缀（往往是 xs: 或者 xsd:）来参照 XML 模式标签。

除了使用 XML 标签外，XML 模式与 DTD 有两点不同之处。第一，元素类型的概念已从元素名称中分离出来。我们先定义一个元素类型（要么是一个代表结构化元素的复杂类型（complexType），要么是一个代表标量或文本节点的简单类型（simpleType）），然后用一个或多个元素名称与其关联。第二，完全消除 EBNF 符号的应用，而是用序列（sequence）或者选择（choice）元素把内容序列分组，并且用 minOccurs 和 maxOccurs 属性指定重复数。

例 11.6 图 11-5 展示了我们所举例子中的 XML 模式片段。我们首先看到在 XML 模式的命名空间内（缩写为 xsd），模式的定义有一个根标签 schema。

该片段说明了一篇学位论文的复杂元素类型定义。与该元素类型相关联的是 3 个属性（mdate、key 和可选的 advisor）。我们发现，每个属性都有一个特定的类型（一种内置 XML 模式的简单类型）：分别是日期型、字符串型和字符串型。在 ThesisType 内部是一系列子元素：字符串型 author、字符串型 title、整型 year、字符串型 school 和一系列零或多个称为 CommitteeType 复杂类型的 committeemember。ThesisType 可用于多个元素，最后，用位于图底部的 mastersthesis 与其关联。

```
<xsd:schema xmlns:xsd="http://www.w3.org/2001/XMLSchema">
 ...
 <xsd:complexType name="ThesisType">
  <xsd:attribute name="key" type="xsd:string"/>
  <xsd:attribute name="mdate" type="xsd:date"/>
  <xsd:attribute name="advisor" type="xsd:string" minOccurs="0
     "/>
  <xsd:sequence>
   <xsd:element name="author" type="xsd:string"/>
   <xsd:element name="title" type="xsd:string"/>
   <xsd:element name="year" type="xsd:integer"/>
   <xsd:element name="school" type="xsd:string"/>
   <xsd:element name="committeemember" type="CommitteeType"
               minOccurs="0" maxOccurs="unbounded"/>
  </xsd:sequence>
 </xsd:complexType>
 <xsd:complexType name="CommitteeType">
  ...
 </xsd:complexType>
 ...
 <xsd:element name="dblp">
  <xsd:sequence>
   <xsd:element name="mastersthesis" type="ThesisType"/>
    ...
  </xsd:sequence>
 </xsd:element>
 ...
</xsd:schema>
```

图 11-5   对应于图 11-2 XML 的 XML 模式片段的例子。摘录主要集中在 mastersthesis 结构的定义

<<<

介绍完 XPath 以后，我们将在本节的后续内容里讨论有关 XML 模式允许定义键和外键的内容。还有许多我们没有讨论的特点：可以定义一些限制内置类型的简单类型（比如：正整数型、从 2010 到 2020 的日期型、以"S"开头的字符串型）、可以利用继承来定义类型、可以创建可复用结构。更多的细节，可以参考相关网络资源。

XML 模式和与之关联的数据模型是 XML"现代的"模式格式，应用于许多与 XML 相关的网络标准。例如，SOAP，用于通过系统传递变量的简单对象访问协议；WSDL，网络服务描述语言；RDF 模式的数据类型原语，用于语义网络的资源描述框架的模式语言（参见 12.3 节）；以及 XQuery，本章稍后介绍的 XML 查询语言。

11.3   查询语言

由于 XML 以标准的方式表示文档和数据，所以它很快就成为应用和开发者提取和操纵 XML 内容的标准化机制。

在过去的几年中，出现了很多新的模型，这些模型可以把 XML 解析成对象（DOM）和消息（SAX），以及 XPath 原语和最终的 XQuery 语言。我们将在 11.3.1 节讨论解析标准，在 11.3.2 节讨论 XPath，在 11.3.3 节讨论 XQuery。此外，用于很多文档和格式化场景中的 XML 变换语言 XSLT（XML 样式表语言的转换），由于不适合数据操作，所以我们在本书中不做讨论。

11.3.1　先驱：DOM 和 SAX

在提出 XML 查询原语之前，XML 领域建立了一系列用于解析 XML 的与语言无关的应用程序接口（API）：目标是任何解析器都能够采用一致的方式实现这些应用程序接口，使得代码可以比较容易地移植到不同的平台和函数库中。

第一个标准是文档对象模型（Document Object Model，DOM），DOM 为解析后的 HTML 和 XML 指定了一个面向对象的层次结构。DOM 实际上来自 HTML 网络浏览器支持的内部对象模型，但也可以被泛化到 XML。DOM 建立了通用接口，即 DOM 节点，包含了所有 XML 节点类型。例如，包括文档节点、元素节点和文本节点。DOM 解析器通常建立一棵内存对象树，该树表示了一个被解析的文档，并将文档的根节点返回给调用程序。这里，应用程序可以遍历整个文档模型。每个 DOM 节点有遍历父亲和孩子节点的方法（如果合适），测试节点类型的方法、读取节点文本值的方法等。存在无须通过文档的层次结构，直接通过名称检索节点的接口。DOM 的后续版本也支持更新到内存文档模型。

DOM 是一种重量级的 XML 表示；XML 文档里的每个节点被实例化为一个对象，该对象往往比原始的源文件消耗更多的空间。此外，DOM 的早期版本没有任何的增量方式：直到解析了整个文档才进行处理。为了满足只操纵部分 XML 文档的应用需求，或增量处理数据，人们提出了 SAX，XML 的简单 API。SAX 不是对象描述，而是标准的解析器 API。作为通过读取输入文件的 XML 解析器，它回调用户支持的方法。当一个新元素开始、一个元素关闭，或者文本节点冲突时，通知这些方法。应用程序可以获得回调函数提供的信息，并执行其认为合适的过程。该应用程序可能为每个回调函数实例化对象，或者可能只是简单地更新进度信息，也或者完全丢弃回调函数信息。

在面向对象语言环境下，开发者为操作 XML 设计了 SAX 和 DOM。它们都不是用于提取内容的描述方式。不过，有关的描述标准另有提出，下面我们会讨论。

11.3.2　XPath：XML 查询原语

XPath 最初被开发成一种简单的 XML 查询语言，它的作用是从单个 XML 文档中提取子树。随着时间的推移，它常常被用在其他 XML 标准的构造块中。比如，XPath 用来指定 XML 模式的键和外键，并用来指定 XQuery 中分配变量的 XML 节点的集合（描述如下）。

XPath 在实际应用中有两个版本，最初的 XPath 1.0 和后来的 XPath 2.0。最初版本受限于未直接指定源 XML 文档的表达式上（比如，需要用工具才能提供特殊 XML 文件的 XPath）。为使 XPath 成为 XQuery 一个完全集成的子集，在 XQuery 开发期间创建了 XPath 2.0 版本。增加了若干功能，最著名的是有能力为匹配 XQuery 的表达式、数据模型和类型系统指定源文档。

路径表达式

XPath 的主要结构是路径表达式，它代表上下文节点的一系列步骤。上下文节点是提供 XPath 源文档的默认根节点。评估路径表达式的结果是节点序列（以及它们的子树后代），该序列消除重复，并按照节点在源文档中出现的顺序返回。由于历史原因，该序列常称为"节点集"。

上下文节点

用一个类 UNIX 路径语法指定 Xpath。与 UNIX 一样，当前的上下文节点用"."指定。如果在最前端用"/"开始 XPath，则这个节点开始于文档的根。在 XPath 2.0 中，我们可以指定一个特殊的源文档作为上下文节点来使用：函数 doc("URL") 在 URL 中解析 XML 文档，并作为上下文节点返回它的文档根。

从上下文节点看，XPath 往往包括一些列的步骤和可选的谓词。如果我们沿用将 XML 文档比做树的通常解释，那么将 XPath 步骤编码成为一个描述如何从上下文节点遍历的步骤类型（step type）和一个指定返回节点的节点限制（node restriction）。步骤类型往往是一个类似于"/"或"//"的分隔符，节点限制往往是一个元素匹配的标签。接下来会更加准确地说明它们。

默认情况下，是从节点到后代的向下遍历。可以从上下文节点开始，遍历单一层（single level）到孩子节点（用分隔符"/"指定）；或者通过零个或多个后代子元素（用"//"指定）。我们可以以多种方式限制匹配节点：

- 步骤"…/label"或"…//label"带指定的标签，分别只返回孩子或后代元素（任何中介元素都不受限制）。
- 带"*"的步骤匹配任何标签，"…/*"或"…//*"，分别返回全部孩子元素的集合或后代元素的集合。
- 步骤"…/@ label"返回属性节点（包括标签和值），这些节点是与指定标签匹配的当前元素的孩子。如果有指定的标签，步骤"…//@ label"则返回当前或者任何后代元素的属性节点。
- 步骤"…/@ *"或"…//@ *"分别返回与当前元素相关，或与当前和任何后代元素相关的全部属性节点。
- 步骤"/.."表示向上到达树的父亲的步骤，且父亲的每个节点都与 XPath 的前一步骤匹配。
- 带节点测试（node-test）的步骤限制节点的类型为特定类。比如，…/text()返回文本节点的孩子节点；…/comment()返回注解类型的孩子节点；…/ processing-instruction()返回处理指令类型的孩子节点；…/node()返回节点的任何类型（不只是元素、属性等）。

例 11.7   按照图 11-2 提供的数据，XPath. /dblp/article 作为上下文节点从文档的根开始，向下遍历直到 dblp 的根元素和所有 article 的子元素，并返回一个包含元素 article 的 XML 节点序列（元素 article 仍保持到其子树的全部链接）。因此，如果要把节点序列反向序列化为 XML，则结果如下所示。

```
<article mdate="2002-01-03" key="tr/dec/SRC1997-018">
  <editor>Paul R. McJones</editor>
  <title>The 1995 SQL Reunion</title>
  <journal>Digital System Research Center Report</journal>
  <volume>SRC1997-018</volume>
  <year>1997</year>
  <ee>db/labs/dec/SRC1997-018.html</ee>
  <ee>http://www.mcjones.org/System_R/SQL_Reunion_95/</ee>
</article>
  ...
```

302

注意，如果有多个 article，XPath 的结果就是一个 XML 树的森林，而不是一棵树。由于 XPath 没有一个唯一的根元素，所以它的输出常常不是一个合法的 XML 文档。

例 11.8 根据例子中的数据，XPath //year 将从文档根开始（由于最前端的"/"），向下遍历所有的子元素，并返回

```
<year>1992</year>
<year>1997</year>
...
```

这里，第一个 year 来自于 mastersthesis，第二个来自于 article。   <<<

例 11.9 根据例子中的数据，XPath /dblp/ * /editor 将从文档根开始，向下遍历匹配第一个 mastersthesis，并寻找 editor。因为没有发现这样的匹配，所以下一次的遍历将发生在 article。从 article 开始，发现了 editor，结果如下所示。

```
<editor>Paul R. McJones</editor>
...
```

当然，如果匹配文档中省略的内容，则会返回进一步的结果。   <<<

更复杂的步骤：坐标轴

虽然"/"和"//"是目前为止最常用的步骤说明，但对于更一般的称为坐标轴（axes）的 XML 遍历模型来讲，它们实际上被认为是特殊的缩写语法。坐标轴允许 XPath 指定一个遍历，该遍历不仅可以到达后代节点，还可以到达祖先节点、前继节点、后续节点等。坐标轴的语法稍显笨重：不是使用"/"或者"//"后跟节点限制，而是使用"/"后跟坐标轴说明符（axis specifier），接着后跟"::"，然后才是节点限制。坐标轴包括：

- child：遍历到一个孩子节点，等同于普通的"/"。
- descendant：找到当前节点的一个后代，等同于普通"//"。
- descendant-or-self：返回当前节点或任何一个后代。
- parent：返回当前节点的父亲节点，等同于".."。
- ancestor：找到当前节点的任何一个祖先。
- ancestor-or-self：返回当前节点或者一个祖先。
- preceding-sibling：返回在文档序列中出现较早的任何一个兄弟节点。
- following-sibling：返回在文档序列中出现较晚的任何一个兄弟节点。
- preceding：返回在文档中出现较早的任何层的任何节点。
- following：返回在文档中出现较晚的任何层的任何节点。
- attribute：匹配属性，如"@"的前缀。
- namespace：匹配命名空间节点。

例 11.10 例 11.7 的 XPath 应写成

```
./child::dblp/child::article
```

例 11.8 应写成

```
/descendant::year
```

在文档中返回每一个 XML 节点的 XMPah 是

```
/descendant-or-self::node()
```
    <<<

谓词

我们往往想进一步限制返回的节点集，比如，通过指定我们寻找的特定数据值。为此引入 XPath 谓词。谓词是可以附在 XPath 特定步骤上的布尔测试。布尔测试适用于每一个通过 XPath 返回的结果。布尔测试和路径的存在一样简单（使我们可以表达特定树模式测试的查询，而不是简单的路径），也可以测试文本或属性节点的特定值。

谓词出现在方括号［和］里。括号内的表达式有上下文节点集合到与 XPath 先前步骤匹配的节点。

例 11.11   如果我们用 XPath 表达式/dblp/ ∗ ［. /year/text() = "1992"］和图 11-2 进行评估，则第一个 mastersthesis 是匹配的（上下文节点变成 mastersthesis），然后评估谓词表达式。因为它返回真，所以节点 mastersthesis 被返回。当节点 article 是匹配的（为谓词变成上下文节点）时，谓词再次被评估，但这次不满足条件。   <<<

[304]

关于位置的谓词

根据节点的索引位置，谓词也可用于选择节点集中的特定值。如果用一个整型值 i 表示位置，比如，$p[5]$ 表示选择节点序列的第 i 个节点。也可以用 position() 函数显式请求节点的索引，最后节点的索引用 last() 函数请求（对应的 first() 函数也是存在的）。

例 11.12   在图 11-2 的 XML 文档中，选择最后的 article，可以使用如下的 XPath：

```
//article[position()=last()]
```
<<<

节点函数

有时，我们希望对某个特定节点的名称或其命名空间进行测试或限制。函数 name 以一个非文本节点作为输入参数，并返回该节点的全部合格名称。local- name 仅返回不带命名空间前缀的名称；namespace- uri 返回与命名空间相关联的 URI（所有这些函数都以节点集合作为输入，仅以集合中一个元素作为返回结果）。

重提 XML 模式：key 和 keyref

我们已经了解了 XPath 的基本原理，接下来再来回顾一下 XML 模式里键和外键的概念。图 11-6 是图 11-5 的扩展版本，在图 11-6 里增加了许多键和外键。

我们首先从第 31 行（和第 25 行）键的概念开始介绍。首先要说明的是每一个键都有自己的名字：该名字并没有在 XML 文档结构中表现出来，而是用于外键参照。许多不熟悉 XML 模式的读者也会发现，keyref 的定义没有考虑 complexType（mastersthesis 或者 school），而是超出了引入 complexType 元素的地方。大家知道，key（键）是一个函数依赖的特例，即键中的属性或属性集决定了集合里的全部元素。在关系世界里，元素是一个元组，集合是一个表。因此，必须指定由键决定的元素：这就是 xsd：selector 的用处。匹配选择器的全部元素的集合就是定义键的集合。在被选择的元素里，必须确认组成键的属性：这就是 xsd：field。

[305]

一旦理解了 key（键）的定义，第 20 行的外键或者 keyref 也一目了然。keyref 也有名字，但不如属性 refer 重要，因为属性 refer 命名的键是通过外键来指明的。

```
1   ...
2   <xsd:complexType name="ThesisType">
3    <xsd:attribute name="key" type="xsd:string"/>
4    ...
5    <xsd:sequence>
6     ...
7     <xsd:element name="school" type="xsd:string"/>
8     ...
9    </xsd:sequence>
10  </xsd:complexType>
11  ...
12  <xsd:complexType name="SchoolType">
13   <xsd:attribute name="key" type="xsd:string"/>
14   ...
15  </xsd:complexType>
16  ...
17  <xsd:element name="dblp">
18   <xsd:sequence>
19    <xsd:element name="mastersthesis" type="ThesisType">
20      <xsd:keyref name="schoolRef" refer="schoolId">
21        <xsd:selector xpath="."/>
22        <xsd:field xpath="./school"/>
23      </xsd:keyref>
24    </xsd:element>
25    <xsd:key name="mtId">
26      <xsd:selector xpath="mastersthesis"/>
27      <xsd:field xpath="@key"/>
28    </xsd:key>
29    <xsd:element name="university" type="SchoolType"> ...
30    </xsd:element/>
31    <xsd:key name="schoolId">
32      <xsd:selector xpath="university"/>
33      <xsd:field xpath="@key"/>
34    </xsd:key>
35    ...
```

图 11-6　含有 key 和 keyref 的 XML 模式摘录

11.3.3　XQuery：XML 查询能力

　　XPath 语言无法获取一个典型的数据库查询或模式映射中的数据转换。例如，XPath 不支持交叉文档连接、不支持表格的改变和重构。为了满足这些要求，人们提出了 XQuery 语言。直觉上，XQuery 是"XML 的 SQL"：通过 XML 数据库和文档转换引擎实现的标准语言。 306

　　XQuery 由一个核心语言和一系列扩展组成：核心语言提供精确结果语义并支持查询和转换；也包括近似结果（XQueryFull Text）的全文查询扩展和 XQuery 更新（XQuery Update Facility）的扩展。本书重点关注"核心"XQuery。

基本 XQuery 结构："FLWOR"表达式

　　SQL 以描述查询块表达式的基本模式"SELECT…FROM…WHERE"被大家熟知（带有可选项"ORDER BY"和"GROUP BY…HAVING"）。类似地，XQuery 也有查询块的基本形式，称为 FLWOR（以"flower"发音）的表达式。FLWOR 是"for…let…where…order by…return"的首字母缩写（注意：相对于不区分大小写的 SQL，XQuery 的关键字必须是小写的）。在实际应用中，可以按照多种顺序组织不同的 XQuery 子句，并且多个子句是可选的，但是，FLWOR 顺序是非常流行的一种。

直观地讲，XQuery 的 for 和 let 子句连在一起对应于 SQL 的 FROM 子句；XQuery 的 where 子句对应于 SQL 的同名子句；return 子句对应于 SQL 的 SELECT 子句。然而，子句的语义却有许多区别。由表和元组组成的关系模型是用完全不同的操作符定义。在 XML 中，用带有一系列子树的节点表示文档或任一子树。因此，XQuery 区别于节点、标量类型和集合，并以相对简洁的方式定义操作符。为了形成嵌套输出，XQuery 允许嵌套的多（可能相关的）查询输出。我们将依次研究每一种 FLWOR 子句。

for：集合上的迭代和绑定

指定查询操作对象的最常见方式是为匹配模式的每个节点绑定变量。for 子句允许定义涉及 XPath 返回节点序列的变量。语法是 for $var in XPath-表达式。可以用嵌套的 for 子句绑定多个变量。为了变量的每个可能的赋值，XQuery 引擎对 where 条件子句和可选的 return 内容加以计算。

例 11.13   假设在 my. org 服务器上存放有称为 dblp. xml 的文档。如果使用以下的嵌套 for 子句序列：

```
for $docRoot in doc("http://my.org/dblp.xml")
    for $rootElement in $docRoot/dblp
        for $rootChild in $rootElement/article
```

[307] 则，变量 $docRoot 采用单一的值，即 XML 源文件的文档根节点。变量 $rootElement 迭代文档根的子元素——称为 XML 文件的（单一）根元素。接下来，$rootChild 迭代根元素的所有子元素节点。   <<<

可以用替代形式缩写嵌套的 for 子句，该形式用逗号分隔前后的表达式，忽略第二个 for 子句。

例 11.14   图 11-7 的 1 ~ 4 行可重写上边的例子。

```
1  for $docRoot in doc("http://my.org/dblp.xml"),
2    $rootElement in $docRoot/dblp,
3      $rootChild in $rootElement/article
4  let $textContent := $rootChild//text()
5  where $rootChild/author/text() = "Bob"
6  order by $rootChild/title
7  return <BobResult>
8         { $rootChild/editor }
9         { $rootChild/title }
10        { for $txt in $textContent
11          return <text> { $txt } </text>
12        }
13      </BobResult>
```

图 11-7   简单的 XQuery 例子   <<<

let：集合到变量的赋值

不同于 SQL，XQuery 有集值变量的概念。这里，集合可能是节点的序列或者标量值。let 子句允许分配任何集值表达式（如 XPath）的结果给变量。语法是 let $var：=集合表达式。

例 11. 15   继续上面的例子，图 11-7 的前 4 行为每个 $rootChild 的值分配一个到 $text-Content 的不同值，即在元素子树中出现的所有文本节点的集合。   <<<

where：对绑定条件的处理

对于 for 和 let 子句中每个变量的取值，XQuery 引擎处理 where 子句中的谓词。如果满足这些谓词，则触发 return 子句产生输出。XQuery 的执行模式可认为是在"元组绑定"（为来自每一数据源的每一变量赋一个值）条件下的连接、选择和投影。where 子句完成选择和连接操作。

例 11. 16   如图 11-7 的 1 ~ 5 行所示，可以对我们的例子加以限制，仅考虑拥有"Bob"值的 editor 子元素的 $rootChild 元素。   <<<

return：XML 树的输出

当满足 where 条件时，return 子句被触发，其输出片段是典型的 XML 树。return 子句输出的内容是 XML 值，或者是基于绑定变量的表达式（XPath 表达式）的计算结果，也或是嵌套 XQuery 的计算结果。

如果 ruturn 子句以尖括号或者字面值开始，则 XQuery 引擎无论读取什么内容，均以给定的字面值输出。为避免当做表达式来处理，可以用转义字符 {和} 来表示。

order by：改变返回输出的顺序

根据一个或多个排序关键字（作为一个相对于边界变量的 Xpaths 列表指定），order by 子句允许改变返回内容的顺序。

例 11. 17   图 11-7 中的完全查询使我们的例子更加完整：每次匹配"Bob"则返回 XML 子树。在 XML 子树中，输出在子树 $rootChild 内的 editor 和 title。在 $textContent 内，用嵌套的 XQuery 迭代全部的文本节点，并输出每个节点到用 text 标记的元素中。   <<<

聚集和唯一

SQL 允许在 SELECT 子句或者聚集函数（比如，COUNT DISTINCT）中用 DISTINCT 关键字指明删除重复元组。在 XQuery 中，用集值函数来处理去重计算，集值函数本质上是把有序序列转换成有序集合。在大多数的 XQuery 实现中有两个函数：fn：distinct- values 和 fn：distinct- nodes，获得节点序列，并移除匹配值相等或者节点一致的项。这些函数可应用于 XPath 表达式的结果和 XQuery 的输出等。fn：distinct- values 甚至可以应用于标量值的集合。

作为计算唯一值的方法，XQuery 中聚集的执行方式与 SQL 完全不同。在 XQuery 中没有 GROUP BY 结构，因此在分组表中聚集函数没有应用到属性列。相反地，聚集函数只把集合当做变量，并返回代表函数结果的标量结果，这些函数包括：fn：average、fn：max、fn：min，fn：count 和 fn：sum。

例 11. 18   假设需要计算图 11-2 显示的文档中每个作者（假设作者名是规范化的）写的论文或者文章的数量。我们通过计算所有作者的集合，再找到每个作者文章的方式来表述，而不是用 GROUP BY 结构。

```
let $doc := doc("dblp.xml")
let $authors := fn:distinct-values($doc//author/text())
for $auth in $authors
return <author>
         { $auth }
         { let $papersByAuth := $doc/*[author/text() =
                                       $auth]
            return <papers>
                      <count>
                        { fn:count(papersByAuth) }
                      </count>
                      <titles>
                        { $papersByAuth/title }
                      </titles>
                   </papers> }
       </author>
```

这里，内部查询计算作者全部论文的集合，然后返回数量和名称的完整列表。   <<<

数据和元数据

对数据集成而言，XQuery 的一个非常重要的方面是具有数据和元素之间或者数据与属性名之间的转换，这在之前的讨论中没有相同的处理。回顾 11.3.2 节，通过用类似于 name、local-name 和 namespace-uri 的 XPath 函数，我们可以检索与元素或属性节点关联的名字和命名空间信息。在 XQuery 中，这样的函数不仅可以用在与 for 或 let 子句关联的 XPaths 中，而且作为通用谓词可以用在查询的任意位置。

此外，在 return 子句中，我们可以使用计算构造函数（computed constructors）的 element（带名称和结构化内容）和 attribute（带名称和字符串值）。默认情况下，名字当做字面文本，因此必须用括号包含表达式。

例 11.19 考虑如下的 XML：

```
for $x in doc ("dblp.xml")/dblp/*,
    $year in $x/year,
    $title in $x/title/text()
        where local-name($x) <> "university"
return
    element { name($x) } {
    attribute key { $x/key }
    attribute { "year-" + $year } { $title }
}
```

为了查询和构造元数据，它利用了多个操作符。开始，绑定 $x 到根元素的任何子元素，但用 local-name 的条件来限定不是大学的子元素的查询。在返回子句中，输出一个名字和初始的 $x 一样，但内容不同的计算元素。新元素有两个计算属性：一个是带有原始键值属性值的属性 key，另一个是其名称由字符串"year-"和绑定的 $year 值拼接而成的属性。   <<<

函数

XQuery 没有明确的（如 SQL 中的）视图概念表达方式。但 XQuery 支持任意可返回标量值、节点（如 XML 的树根）或集合（如标量或 XML 节点/树）的函数。因为函数可以返回 XML 森林或树，所以可以将其当做可参数化的视图。

注意，XQuery 在函数中允许递归、if/else 和迭代，与 SQL 不同，该语言是图灵完备的。XQuery 里的函数用关键字 declare function 指定，关键字后跟函数名、变量和类型，然后是关键字 as 和函数返回类型。注意，变量类型和返回类型均是 XML 模式的类型。如果没有伴随模式，可用 element() 指定一个通用元素，用 element(n) 指定一个带特定名 n 的无类型元素。

例 11. 20　下面的函数返回 dblp. xml 文档中的全部作者。注意，我们把函数放入 "my," 的命名空间，假设 "my," 已定义。

```
declare function my:paperAuthors() as element(author)* {
  return doc("dblp.xml")//author
};
```

311

注意，这里的返回类型是称为 author 的零个或多个元素（因此用星号标注），该类型可能（未必）有伴随的 XML 模式类型。　　　　　　　　　　　　　　　　　　　　<<<

例 11. 21　下面的函数返回与输入变量 $n 指定的作者姓名一起撰写文章的合著者的数量。流程如下：找出 $n 撰写的每篇文章的作者集合，然后删除重复的记录，最后计算记录的数量，为避免计算自己，最后需要减 1。

```
let $authors := doc("dblp.xml")/article[author/text()=$n]/
  author
return fn:count(fn:distinct-values($authors)) - 1
}
```

注意，这里的返回类型指定为 author 的零个或多个元素（因此用星号标注），该类型可有（也可以没有）伴随的 XML 模式类型。　　　　　　　　　　　　　　　　　　<<<

11. 4　XML 查询处理

我们已经熟悉 XML 的格式及其查询语言，接下来考虑针对 XML 数据的、以 XPath 和 XQuery 形式表达的查询处理问题。本质上，XML 是一个树形结构，是非第一范式的数据类型。大规模 XML 查询处理的主要工作，特别是 XPath 与输入数据的匹配问题，主要关注数据在磁盘中存储的情况，如关系型 DBMS。主要的挑战是如何分解 XML 树并为其建立索引（如果用一个"本地的"XML 存储系统），或者如何把 XML"分解"到关系元组中。

直观地讲，后一种情况的目标是取每个 XML 节点并在关系表中创建对应的元组。为每个元组进行编码，以表示它与父节点（可能是祖先）和子节点（可能是后代）的关系。一个通用的方法是用一个间隔码（interval code）编码每个元组 T，间隔码描述了元组 T 所对应的节点在树中第一项和最后一项的位置：这样通过比较元组 T_1 和 T_2 的间隔码，就可判断两个元组所对应子树的包含关系。

在数据集成中，最耗时的处理往往是读取 XML 源文件和提取匹配特定 XPath 表达式的子树。我们的目标是一次读取、解析和提取与每个源文档匹配的 XPath，而不是在提取相关树之前存储 XML。这通常称为"流式 XPath 处理"。

流式 XPath 处理依赖以下两个重要的观察：

1）SAX 风格的 XML 解析可以非常有效地匹配从输入流（比如，通过网络）读取的 XML。无论何时遇到特定的内容类型、开始标签或者结尾标签，都可以用回调函数接口触发事件处理程序。这可以使得解析的数据按流水线方式传输到查询处理器系统。

312

2）XPath 表达式的大子集可以映射成正则表达式，其字符集为可能的边缘标记和通配符的集合。通常以每个 XPath 的一组嵌套正则表达式为结尾（因为，谓词必须分离匹配）。

基于事件处理程序和改进的有限状态机，这些观察产生了各种 XML 流式 XPath 匹配器。流式 XPath 匹配器通常返回节点集合，或者如果 XQuery 同时匹配多个 Xpath，则返回绑定节点的元组集合（比如，每个变量存在一个属性的元组，其值是节点的参照或节点的参照集合）。这些绑定的元组通常由一个扩展的关系类型的查询处理器处理，该处理器有标准的操作集合（比如，选择、投影、连接），也有一些新的操作，比如，对元组中的树形值的属性计算 XPath、增加 XML 标签和搜集元组序列或集合到 XML 树中。最后，用标签和分组操作符的集合在结尾处聚集 XML 内容，并以树的形式输出。

例 11.22　图 11-8 展示的是一个典型的针对 XML 数据的查询计划的例子，与图 11-7

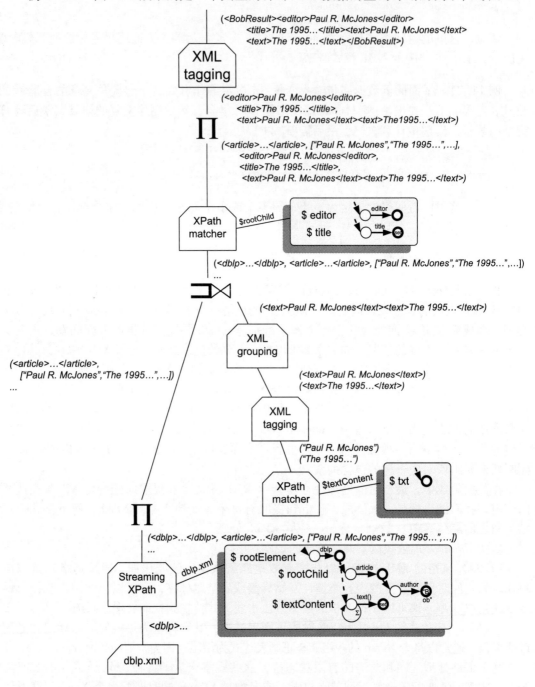

图 11-8　图 11-7 的查询计划缩略图。大部分引擎保持元组处理器，这里的元组不再是第一范式的形式，而是包含（参照）树的绑定元组

中的查询相对应。从底部开始，我们看见一个读取并解析 dblp. xml 的流式 XPath 操作符，查找对应于根元素与其孩子和后代的文本内容的子树。该操作符为 rootElement、rootChild 和 textContent 返回带值的元组，其中前两个是树，最后一个是森林。然后，用一个嵌套表达式左外连接这些元组。这个嵌套的表达式匹配一个与 textContent 中的森林相对应的 Xpath，并为 txt 返回带值的元组序列。在元素 text 内标记这些元组，并将这些元组分组到森林中。左外连接的结果被用于进一步的 XPath 匹配，从 rootChild 中提取 editor 和 title。进一步投影后，每个元组都创建元素 BobsResult，其孩子被设定为 editor、title 和嵌套表达式的结果。最终的结果是 BobsResult 元组的序列，该序列可被写到硬盘或数据流中。   <<<

下面给出实现操作符的具体内容。

11. 4. 1　XML 路径匹配

XML 路径匹配操作符以两种形式出现，一个是对输入数据的流式计算，另一个是对绑定元组属性上的树的遍历。两者具有相同的实现机制，即作为事件驱动的 XML 树的解析器的处理程序。

下面考虑 XML 路径匹配器的各种设计要点。

自动机的类型

一般地，在单一的 XPath 片段内（被/或// 分离的一系列步骤），通配符或者步骤"//"允许在每一层进行多次匹配。这就引入了不确定性，并且在这种情况下，需要考虑多种机制来处理数据。第一种方案是为 XPath 建立单一的非确定性有限状态机（NFA），同时记录多种可能的匹配。第二种方案是将表达式转换成一个确定性有限状态机（DFA）。第三种方案建立在之前的方法之上，创建一个 NFA 并按照需要"延迟"扩展到 DFA（缓存扩展的部分）。

例 11. 23　我们可以通过图 11-9 中例 11. 7 和例 11. 8 的两个 XPaths 例子来观察 NFA。根据 XPath 匹配的特定样式，NFA 可以在内存中直接构建，并匹配对应的输入事件，或者（立即或延迟地）转换成 DFA 进行匹配。

图 11-9　XPaths /dblp/article 和//year 的非确定性有限状态机。注意，自动机内部边标签上的 Σ 代表所有可能标签的字母表，比如，通配符   <<<

计算子路径的不同模式

许多 XPath 有"附属"段，比如，谓词内的嵌套路径。可以创建具有不同最终状态的单一自动机用以指明 XPath 匹配的情况，或者可以创建一系列嵌套自动机，其中一个自动机匹配即可激活其他的自动机。

谓词下推和短路

在任何情况下，谓词可能包含超越简单路径存在测试的操作符，常常会被下推到路径匹配阶段。这里，XPath 匹配器必须附属逻辑来完成诸如判断文本节点值相等的谓词检验。丢掉任何不匹配结果。

XPATH 与 XQUERY

如果查询处理器正在计算 XPath 查询，那么 XPath 处理器的目标是为每个查询返回一个节点集合。然而，有时的目标是为 XQuery 的 for（有时是 let）子句提供输入绑定元组集合。这里，我们希望可能节点的笛卡儿积与一组 XPath 集合匹配。操作符 x-scan 将 XPath 匹配和扩展的流水线散列结合起来，以便让处理的绑定元组以增量形式输出。

例 11.24　在流操作符内计算 XQuery，第一阶段同步匹配与 for 和 let 表达式对应的 XPath 的层次结构（如图 11-10，对应于图 11-8 的最左边的叶子操作符）。为了这个流式 XPath 匹配器，到达一个 NFA 的最终状态可能触发特定的动作。例如，一个动作是根据嵌套的 XPath，第一个 NFA 匹配可能激发其他嵌套的 NFA。而且，特定模式的匹配可能需要检查对应的特定值的匹配（谓词下推，表明一个 author = "Bob" 的检测），并且我们可能增加集合的匹配，而不是增加每个匹配的绑定（相对于其他的 for 子句，$rootElement//text()let 子句是需要的）。

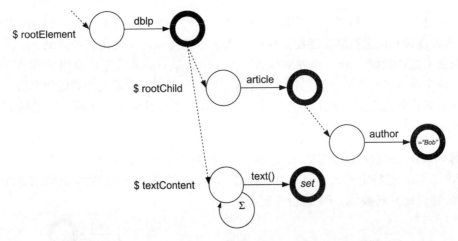

图 11-10　为匹配图 11-7 的 XQuery 中 XPath 集合的非确定性有限状态机的层次结构。注意，我们可以向上到达机器的最终状态来激活其他的（嵌套）XPath，并且需要针对集合内部的搜集或者数值来测试匹配

NFA 集合的流操作符的输出将是变量 rootElement，rootChild 和（集合类型的）textContent 的一系列绑定元组。例 11.22 描述了如何从流式 XPath 处理器输出更多的细节，该处理器通过查询计划里的其他操作符进行传播。　　　　　　　　　　**<<<**

11.4.2　XML 输出

在元组里创建 XML 的过程常常分解成两种操作。

加标签

以一个属性为输入，并包裹到一个 XML 元素或属性里。在某些情况下，需要测试结构良好的属性（比如，在一个属性内某些内容的类型是非法的）。

分组

在单一的集值属性内获得（具有一些相同的主属性）元组集合，并对结果进行合并。除了代替计算属性上的标量聚集值外，与 SQL 的 GROUP BY 类似，都是收集所有不同的属性值来形成一个 XML 森林。

XQuery 处理的另一个关键部分倾向于在 return 子句里进行嵌套。往往用**左外连接**操作符实现，如例子 11.22 所示。

本章的重点是实现类 SQL 的 XQuery 核心。支持递归函数和一些 XQuery 的更高级的特性，通常需要额外的操作符，比如，有些函数调用加上 if/else 结构体帮助决定终止时间、针对 XML 模式类型的节点查询和调用库函数的支持等。

11.4.3　XML 查询优化

作为语言的核心部分，XQuery 优化与传统的关系优化略有不同：其过程是枚举、代价和基数的评估。其挑战在于 XML 所具有的特殊性。XQuery 比 SQL 有更强的表达力，在所有语言的子集上，XQuery 的基于代价的优化器是最有效的。即使对于子集来讲，它也比标准 SQL 有更多的潜在重写情况。

此外，XPath 匹配的基数（也就是代价）更难以确定：其本质是估算 XML 文档不同部分的扇出数。为此，人们提出了新的元数据结构用来方便估算扇出因子。

事实上，带函数的 XQuery 是图灵完备的——这需要一种类似优化函数程序设计语言的方法来优化 XQuery 的函数调用。不过这已超出了本书的讨论范畴。

11.5　XML 模式映射

毫无疑问，XML 在模式映射方面带来了新的复杂性，主要有以下两个方面：

317

- XML 是半结构化的，也就是说，不同的 XML 元素（即使是相同的类型）在结构上可能有变化。此外，XML 查询包含多个带可选通配符和递归的路径表达式。因此，查询限制的条件有些不同。
- XML 包含嵌套，特定的嵌套关系在源实例和目标实例之间可能有所不同。因此，制定嵌套关系和 XML 映射内的节点上的可选合并操作是必要的。

此外，在不同的条件下我们希望为数据值的每次出现输出一个 XML 元素，其他情况下，我们希望为每个唯一的出现输出一个 XML 元素——大致类似于包语义和集合语义。

在本节中，我们讨论 XML 模式映射的特定方法，以及基于此的查询表达。

11.5.1　嵌套映射

作为具有复杂模式语言的层次数据模型，XML 使得模式映射问题比在关系模型中更加复杂。即使对于关系模型，我们也支持任意 SQL 作为映射语言。相反，我们专注一个子集，即，在 LAV、GAV 或者 GLAV 中的合取查询（对后者可能用 tgd 而不是用 GLAV 规则）。

同样，对于 XML 的模式映射来说，很难利用 XQuery 的全部功能。而是，用一个以嵌套元组生成依赖为基础的简化的映射语言。本节介绍了使用如 Piazza-XML 这样一种语言进行 XML 映射的基本问题，然后介绍嵌套元组生成依赖。

Piazza-XML 映射

Piazza-XML 映射语言来源于 XQuery 子集。它包含一些列在 {::} 内带可选查询标注的嵌套 XML 元素和属性。每个查询标注用 XPath 表达式定义不同的绑定，后跟在 XQuery 里作为 for 子句的相同语义和作为 where 子句指定的条件。在父元素的每个实例内，一旦每个绑定组合满足关联的查询标注，就产生每个被标注的元素。绑定变量的范围对任何元素及其后代的查询标注是可见的。用下面的例子加以说明。

例 11.25 假设我们想在两个站点间映射：包含带嵌套 authors 的 books 的目标站点和包含带嵌套 publications 的 authors 的源站点。图 11-11 给出了数据源的部分模式，采用类似 BNF 语法的格式，用缩进代表嵌套，用 * 后缀代表零或多次的出现。

```
目标:                                    源:
pubs                                     authors
  book*                                    author*
    title                                    full-name
    author*                                  publication*
      name                                     title
    publisher*                                 pub-type
      name
```

图 11-11 XML 映射的两个样式（目标和源）的例子

假设我们知道输入 pub-type 必须是 book，并且出版商有一个没有出现在输入文档中的名字。对应的 Piazza-XML 模式映射如图 11-12 所示。我们观察到，因为元素 pubs 只出现一次，所以没有被标注。那么，标注中的每一个 $a、$t 和 $type 组合，都会产生一个元素 book。嵌套于 book 中的 verb-title-和 author name，其括号内部嵌套了 XPath/XQuery 表达式，并以 XQuery 样式直接嵌入它的输出。

```
<pubs>
  <book>
    {: $a IN doc("source.xml")/authors/author,
       $t IN $a/publication/title/text(),
       $typ IN $a/publication/pub-type
       WHERE $typ = "book" :}
    <title>{ $t }</title>
    <author>
      <name> { $a/full-name/text() } </name>
    </author>
  </book>
</pubs>
```

图 11-12 例 11.11 的 Piazza-XML 映射

从实例中观察到 Piazza-XML 语言利用嵌套表达式的相关性允许多个嵌套层。嵌套查询语言可与第 3 章的映射形式相连。

上面例子的一个挑战是，如果一本书有两个出版社，则会产生两个书元素。为了解决这个问题，Piazza-XML 语言有一个特定的保留标签 piazza：id，该标签定义了一组分组条件。在 piazza：id 中通过值的组合和父元素生成一个被标注元素的实例。

例 11.26 图 11-13 展示了映射的精简版本，这次为每个唯一的书标题产生单一的元素 book 和单一的 title。为每本书和每个作者生成一个元素 author。

319

```
<pubs>
  <book piazza:id={$t}>
    {: $a IN doc("source.xml")/authors/author,
       $t IN $a/publication/title/text(),
       $f IN $a/full-name/text(),
       $typ IN $a/publication/pub-type
       WHERE $typ = "book" :}
    <title piazza:id={$t}>{ $t }</title>
    <author piazza:id={$t $a}>
      <name> { $a } </name>
    </author>
  </book>
</pubs>
```

图 11-13 带删除重复的改进的 Piazza-XML 映射 <<<

嵌套的 tgd

3.2.5 节中生成元组依赖关系是全局和局部作为视图映射的一种表达方式。正如我们已经说明过的，tgd 是一个关于关系实例的断言。这种限制的应用已在 10.2 节中讨论过。然而，本节我们的兴趣不是关系实例，而是分层嵌套的实例，比如，XML。

定义 11.1（嵌套的元组生成依赖） 一个嵌套的元组生成依赖（嵌套的 tgd）是一个关于源数据实例和目标数据实例的关系断言。形式为：

$$\forall \overline{X}, \overline{Y}, \overline{S}(\phi(\overline{X}, \overline{Y}) \wedge \overline{\Phi}(\overline{S}) \rightarrow \exists \overline{Z}, \overline{T}(\psi(\overline{X}, \overline{Z}) \wedge \overline{\psi}(\overline{T})))$$

这里，$\overline{X}$，$\overline{Y}$，$\overline{Z}$ 是代表属性的变量；ϕ 和 ψ 分别是源实例和目标实例的原子公式；$\overline{S}$ 和 $\overline{T}$ 是代表嵌套关系的集值变量；$\overline{\Phi}$ 和 $\overline{\psi}$ 是原子公式的集合，分别表示 $\overline{S}$ 和 $\overline{T}$ 的各个变量。每个 $\overline{T}$ 内的集值变量必须有一个组键，它指定变量的斯柯伦（Skolem）函数应用于唯一指定要求的输出集——例如，多重匹配 tgd 的右侧必须使用相同的集合。

上面提到的组键实际上和用在 Piazza-XML 映射语言中的 piazza：id 是相同的。如下表示了例 11.26 的模式映射。

例 11.27 如下定义一个嵌套的 tgd，这里我们忽略全称量词（隐含所有出现在左侧的变量），黑体字表示集合类型（关系型）变量，以变量名作为下标的原子指定组键：

320

$$\mathbf{authors(author)} \wedge \mathbf{author}(f, \mathbf{publication}) \wedge \mathbf{publication}(t, \mathbf{book}) \rightarrow$$
$$\exists p(\mathbf{pubs(book)} \wedge \mathbf{book}_t(t, \mathbf{author'}, \mathbf{publisher}) \wedge \mathbf{author'}_{t,f}(f) \wedge \mathbf{publisher}_t(p))$$

在这个表达式中，我们把输出的 XML 结构（用带不同元素和标注的 Piazza-XML 语言表示）看做一系列嵌套的关系，从而反射出层次结构。

当目标的相同节点必须被用来满足右侧时，用组键来指定，类似于用 piazza：id 指定。在输出中，创建单一的根元素 pubs，嵌套在 pubs 内的元素 book 代表每一个唯一的书名；在 book 内增加一个 author（为每个书名-作者的关联创建）和单一的"未知的"publisher 条目（为每一个书名单独创建）。

<<<

关于组键的变量，上边的例子暗示了两个约束条件，尽管常常是隐含的，但在 Piazza-XML 中也是真的。第一，如果一个父节点（比如，book）有一个作为组键的特殊变量，那么所有的后代元素也必须作为组键继承该变量。这确保了树的结构，因为不同的父元素不共享相同的后代。第二，与在 publisher 中一样，组键不能包含存在变量。

一个嵌套的 tgd 的常见应用（类似于传统的 tgd）是用于推断目标实例元组的约束条件。本质上，我们用称为追逐（chase）的过程生成目标实例，该实例带有所有需要满足约束条件的元组。这称为数据交换，已在 10.2 节中讨论过。然而，如下节所述，我们可以在查询重写中使用嵌套的 tgd。

11.5.2　带嵌套映射的查询重写

在查询重写中，我们给出了目标模式的查询，并需要用语义映射来转换成引用源模式的查询。本节讨论的 XML 映射可看做一个 GAV 映射，因此我们仅仅需要将视图展开，将目标模式构成的查询 Q 重写到源模式构成的查询 Q' 中。

本质上，这和用在标准的 XQuery 引擎中的查询一样。对于查询中带有分组（比如，由于 piazza：id 或 Skolems）和复杂 XPath 表达式的情况，事情会变得更为复杂。因此，这里将我们的讨论限制在简单的前提下。

例 11.28　假设我们给出例 11.25 没有分组的映射的查询。

```
<results> {
for $b in doc("target.xml")/pubs/book
where $b/author/name="Jones"
 return <match> { $b/title } </match>
} </results>
```

那么，查询处理器将确定：对每个源 author，通过映射将变量 $b 对应于元素 book 的一次输出；$b/author/name 对应于源 full-name；并且通过映射，$b/title 精确对应于带有值 $t 的元素 title 的输出。我们将得到一个如下的查询重写。

```
<results> {
 for $b in doc("source.xml")/authors/author,
     $t in $b/publication/title/text(),
     $typ in $b/publication/pub-type
 where $typ = "book" and $b/full-name="Jones"
 return <match> <title> { $t } </title></match>
} </results>
```

除了 GAV 样式的重写外，有些 XML 模式映射系统已经支持双向映射的重写，这里目标模式的查询可以利用源模式数据回答。有关这方面的讨论参见参考文献注释。　　　**<<<**

参考文献注释

XML、XPath 和 XQuery 在官方的 W3C 推荐（www.w3.org）中有详细的讨论。XQuery 值得阅读的介绍（尽管有些陈旧），请查阅[96]。半结构化数据与 XML 的关系在一些早期的工作中有详细的讨论，这些工作涉及适应 XML 的半结构化语言和数据库，比如从 StruSQ[225]中派生的 Lore 项目[258]和 XML-QL 语言[173]。这些工作倾向于从数据模型的角度对 XML 的很多细节（比如，排序）加以抽象，这导致 XML 的研究以数据模型为基础，而不是以文件格式为基础。

本书广泛研究了 XPath 的特性和查询包含。综述[516]、著名的论文[430]和[457]，以及论文[517]涉及了如何验证流 XML 模式符合的问题。流 XML 处理已经成为大量研究的课题，包含早期的工作 XFilter[26]（支持布尔 XPath 查询）和 x-scan[325]（支持在 XQuery 中的 for 子句的处理）。一些其他著名的流处理模式包括支持使用延迟 DFA[270]和注意分配和协调类似 XFilter 计算的 YFilter[177]。[476]的工作用一个下推的转换代替 DFA。另一个有趣的替代物是假设在处理 XPath 中联合的多并发流（正如人们看到的，如果文档以分区的形式存放在本地）。这形成了有关"twig 连接"[97, 131, 272]的大量研究工作。这项研究工作更适用于传统数据库而不是数据集成，因此我们在本章中不做讨论，但是在传统数据库中该方法是非常有效的。

当然，流 XPath/XQuery 计算不适用于所有环境。包含关系和纯 XQuery 引擎的商业软件 IBM DB2，用一个和 x-scan 非常相似的，称为 TurboXPath[335]的结构体处理分层的"纯 XML"数据页面写到磁盘。早期将 XML 处理纳入商业数据库的做法是采用"拆分（shredding）"方法（即将 XML 树分解为多个关系来存储)[542]。之后，研究界实现了很多纯 XQuery 引擎，包括 MonetDB/XQuery[590]（基于 MonetDB 的列存储结构)、Natix[340]和 TIMBER[20]。Active XML[3，5]具有嵌入的函数调用，在分布式环境中可以带来新的数据共享和集成。

在很多环境中提到 XML 的模式映射。Piazza-XML 语言是基于 Piazza PDMS[287]的映射，本质上它的基础和 IBM 的 Clio 项目 4237]介绍的嵌套 tgd 一样。Clio 也为嵌套 tgd 使用类似 XQuery 的 for/where 语法的"友好"语言。Clio 没有做查询重写，但做了数据交换（参见 10.2 节）。Piazza 做了基于 XML 的查询重写，本章的讨论是基于 Piazza 的工作。Piazza 也支持使用双向映射，源查询可以根据目标进行重写。XML 其他重写工作包括用于 MARS（混合冗余存储）项目中[174]的基于 chase 的推理。

321 ~ 322

323

本体和知识表示

知识表示（Knowledge Representation，KR）是许多人工智能应用系统的重要组成部分，如智能规划器、机器人、自然语言处理器以及游戏系统。知识表示系统是用于存储应用中的领域模型。与数据库系统不同，知识表示系统需要表示更复杂、可能不完整的领域模型，知识表示系统采用推理技术回答知识查询，是人工智能的一个分支，主要的研究内容包括：KR 语言的设计和表达能力、相关推理问题的计算特点，以及知识表示系统的有效实现。

数据集成的某些方面也可以看做是一个知识表示问题。数据源及其内容适用于复杂模型表示。确定数据源之间的关系，确定数据源与中介模式之间的关系往往需要严密的推理。由于以上原因，研究人员在很早的时候就已经在考虑将知识表示技术应用到数据集成领域。本章介绍知识表示的原理以及它们如何应用于数据集成领域。

12.1 节用一个例子介绍将知识表示应用到数据集成的动机。12.2 节介绍描述逻辑，描述逻辑是主要的知识表示语言，已经应用于数据集成。描述逻辑通过一系列逻辑形式定义领域本体：描述领域中的实体、实体之间的关系，以及其他已知的约束，描述逻辑研究的关键问题是在表达能力和推理复杂性之间做出权衡。

近年来，在语义 Web 研究的推动下，知识表示已经有了很多研究成果。语义 Web 是一个理想的愿景，目标是为网页内容加上语义标记，语义标记可以用来提高搜索的准确性，结合 Web 上的多源信息产生新的服务。12.3 节介绍了语义 Web，并对已有的一些语义 Web 标准做了概述，例如基于描述逻辑的资源描述框架（Resource Description Framework，RDF）和 Web 本体语言（Web Ontology Language，OWL）。

12.1 数据集成中的知识表示举例

首先通过一个例子，展示数据集成中知识表示和推理的功能，在例子中使用了多个非正式的技术术语，我们会在后面的部分进行详细介绍。

如图 12-1 所示是一个电影的本体，本体中有一个类 Movie 表示所有电影的集合，类 Movie 有两个子类：Comedy（喜剧片）和 Documentary（纪录片），两者不相交。请注意，本体允许重叠的类，而面向对象数据库模型却通常不允许重叠。本体还包括一组属性，表示该领域中两个对象之间的关系。在这个例子中，Movie 有两个属性：award 和 oscar，oscar 是 award 的子属性。

本体是数据集成系统的中介模式，因此，我们用本体中的类和属性描述数据源和查询。注意下面几个查询和数据源的例子，观察推理机制如何推断数据源与一个查询相关。

在下面简单的例子中，数据源 S_1 提供类 comedy 的电影，通过 LAV 描述，Q_1 查询所有电影：

$S_1(X) \subseteq Comedy(X)$
$Q_1(X) :- Movie(X)$

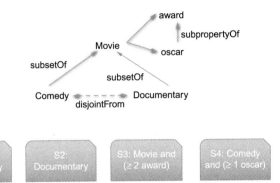

图 12-1 展示了一个简单的电影本体，这个本体有两个子类：Comedy 和 Documentary。注意 Comedy 和 Documentary 不相交。属性 oscar 是 award 的一个子属性。通过这个本体，系统可以推理数据源是否与查询相关。例如，S_1 要求查询所有电影，而 S_2 不要求查询 Comedy 类的电影。S_3 和 S_4 要求查询所有获奖的电影，S_4 要求查询所有赢得奥斯卡的电影

由于 Comedy 是 Movie 的子类，所以通过简单推理就可知道数据源 S_1 与 Q_1 相关，同样，也可以推断出某些数据源不需要考虑。例如，假设数据源 S_2 包含纪录片，Q_2 查询喜剧，则可以推断 S_2 与 Q_2 不相关。

$S_2(X) \subseteq$ Documentary(X)
$Q_2(X)$:- Comedy(X)

以上两个例子仅包含基本的类以及它们之间关系的推理，可以更进一步做复杂类表达推理。设数据源 S_3 包含获得至少两个奖的电影，Q_3 查询所有获得一个奖的电影：

$S_3(X) \subseteq$ Movie(X) $\sqcap$ (≥ 2 award)(X)
$Q_3(X)$:- Comedy(X), award(X,Y)

推理系统可以将查询转换成表达式 Movie $\sqcap$（≥ 1 award），表示获得至少一个奖的电影。由于获得两个奖的电影是至少获得一个奖的电影的子集，所以系统可以推理出 S_3 与查询 Q_3 相关。注意，数量的限制也可以用于推断类之间不相交，例如，假设有一个数据源仅包含没有获奖的电影，可以用复杂类表示为 Movie $\sqcap$（≤ 0 award），可以将这类数据源从 Q_3 中排除。

最后，系统也可以将属性间的关系用于推理。例如，假设数据源 S_4 只包含获得奥斯卡（Oscar）的喜剧电影：

$S_4(X) \subseteq$ Comedy(X) $\sqcap$ (≥ 1 oscar)(X)

仍然可以推断出 S_4 与 Q_3 相关，因为 Comedy 是 Movie 的子类，oscar 是 award 的子属性。

从上面的例子中可以看到，本体可以表示数据源、中介模式和查询之间相当复杂的关系。推理引擎可以对这些关系进行推理，以确定给定的查询与数据源是否相关。下一节，将详细介绍这些功能如何实现。

12.2 描述逻辑$^\ominus$

描述逻辑是一种定义本体的语言族，不同语言的表达能力差别很大。从推理非常有

$\ominus$ 描述逻辑是一种基于对象的知识表示的形式化工具。在众多知识表示的形式化方法中，描述逻辑受到人们的特别关注，近年来描述逻辑已成为计算机科学和人工智能研究的一个重要研究领域，已在本体、语义Web、数据库、软件工程等领域广泛应用。——译者注

效，但表达能力有限的语言，到表达能力很好但推理能力不足或推理不可判定的语言，各种范围的描述逻辑语言都有。在形式化定义上，描述逻辑是一阶逻辑的一个子集，被限定为一元关系（称为概念或类）和二元关系（称为角色或属性）。概念描述了领域中个体的集合，角色描述了个体之间的二元关系。

描述逻辑知识库包含两部分：Tbox；Abox。Tbox 是一个陈述集，定义概念和角色；Abox 是一个断言集。Tbox 定义了两类概念：基本概念和复杂概念，Tbox 用一系列构造函数定义基本概念，例如，概念 Comedy ⊓（≥1 award）表示喜剧并且赢得至少一个奖，使用构造函数⊓（表示连接）和（≥n R）（表示数的限制）。

描述逻辑之间的不同，主要是因为构造函数允许定义的复杂概念和角色的不同。原则上，虽然某些构造函数的组合可以产生表达能力上等价的语言，但是每选择一个构造函数集合就会产生不同的描述逻辑语言。构造函数通过描述逻辑影响逻辑推理任务的复杂性。

下文介绍了一个相对简单的描述逻辑$\mathcal{L}$，$\mathcal{L}$可以推理，其语法详细介绍如下。

12.2.1 描述逻辑的语法

$\mathcal{L}$中的知识库Δ，由一个 Tbox $\Delta_{\mathcal{T}}$、以及一个 Abox Δ_A组成。$\Delta_{\mathcal{T}}$中的断言有两种可能的形式：定义断言 A:= C 或包含断言 A ⊑ C，两种断言左边的 A 要求是一个基本概念，右边的 C 可以是一个复杂概念。表达能力越强的描述逻辑允许断言左右两边都是复杂概念。

复杂概念用以下语法定义，A 表示一个基本概念，C、D 表示复杂概念：

$$C, D \to A \mid \qquad \text{（基本概念）}$$
$$\top \mid \qquad \text{（最大，所有个体的集合）}$$
$$C \sqcap D \mid \qquad \text{（合取）}$$
$$\neg A \mid \qquad \text{（补）}$$
$$\forall R. C \mid \qquad \text{（全称量词）}$$
$$(\geq nR) \mid (\leq nR) \qquad \text{（数量限制）}$$

例 12.1 对于电影本体δ，其 Tbox、$\delta_{\mathcal{T}}$中的断言为：

a_1. Italian ⊑ Person
a_2. Comedy ⊑ Movie
a_3. Comedy ⊑ ¬Documentary
a_4. Movie ⊑ (≤ 1 director)
a_5. AwardMovies := Movie ⊓ (≥ 1 award)
a_6. ItalianHits := AwardMovie ⊓ (∀director.Italian)

第一个断言a_1定义意大利人是人的一个子集。断言a_2和a_3定义喜剧电影，并且说明它们与纪录片不相交。断言a_4说明电影至多有一个导演。断言a_5定义概念 AwardMovies 是至少获得一个奖的电影。断言a_6定义了概念 ItalianHits 获得至少一个奖并且导演是意大利人的所有电影。 <<<

Abox 中的断言Δ_A声明领域中的个体，就像数据库中的元组有数量 1 或 2，Δ_A有两种类型断言：第一种形如 C(a)，声明个体 a 是概念 C 的一个实例。第二种形式是 R(a, b)，声明对象 a 和 b 之间的关系是角色 R。常量 b 称为 a 在角色 R 上的补充（filler）。

Abox 和数据库的一个重要区别是形如 C(a) 的断言可以包含一个复杂的概念 C。实际上，断言 C(a) 声明个体 a 是一个扩展的视图。正如后面还要讨论的，从这个声明中可以得出多个结论。

例 12.2 对于例 12.1 中的 Tbox，其 Abox δ_A 定义为：

Comedy(LifeIsBeautiful)
director(LifeIsBeautiful, Benigni)
Italian(Benigni)
award(LifeIsBeautiful, Oscar1997)
ItalianHits(LaStrada)

推理引擎能够从前 4 个断言中推断出电影 LifeIsBeautiful 是概念 ItalianHits 的一个实例。最后一个断言只告诉我们 LaStrada 是概念 ItalianHits 的一个实例，但并没有说明谁是这个电影的导演以及这个电影获得过什么奖。但是我们知道它的导演是意大利人并且获得过至少一个奖。 <<<

12.2.2 描述逻辑的语义

描述逻辑知识库的语义通过解释（interpretations）给出。解释 I 包含一个对象的非空域，$\mathcal{O}^I$。解释分配一个对象 a^I 到 Δ_A 中提及的每个对象 a。描述逻辑使用唯一命名假设：对任何可区分的个体对，a 和 b，$a^I \neq b^I$（注意，数据库也使用唯一命名假设）。

解释 I 分配一个一元关系 C^I 到 Δ_T 中的每个概念，分配一个 $\mathcal{O}^I \times \mathcal{O}^I$ 上的二元关系 R^I 到 Δ_T 中的每个角色 R，概念和角色的扩展描述由以下等式给出（其中# $\{S\}$ 表示一个集合 S 中的基数）：

$$\top^I = \mathcal{O}^I,$$
$$(C \sqcap D)^I = C^I \cap D^I,$$
$$(\neg A)^I = \mathcal{O}^I \setminus A^I,$$
$$(\forall R.C)^I = \{d \in \mathcal{O}^I \mid \forall e : (d,e) \in R^I \rightarrow e \in C^I\}$$
$$(\geq nR)^I = \{d \in \mathcal{O}^I \mid \sharp\{e \mid (d,e) \in R^I\} \geq n\}$$
$$(\leq nR)^I = \{d \in \mathcal{O}^I \mid \sharp\{e \mid (d,e) \in R^I\} \leq n\}$$

例如，前两行定义将 $\top$ 扩展到 $\mathcal{O}^I$ 中的所有对象集，将 $(C \sqcap D)$ 扩展成为 C 和 D 扩展的交集。$(\forall R.C)$ 的扩展是域中对象的集合，所有关于角色 R 的补充（filler）都是 C 的成员。$(\geq nR)$ 的扩展是域中一组对象集，有至少 n 个在角色 R 上的补充对象。

知识库中的断言用于规定关于解释的一组约束，满足这些约束条件的解释称为模型（model），模型直观地描述了领域的状态，模型的断言允许在知识库中给出。

定义 12.1（包含和相等） 知识库 Δ 中的解释 I 是 Δ 的一个模型，如果：

- $A^I \subseteq C^I$ 对每个 Δ_T 中包含 $A \sqsubseteq C$，
- $A^I = C^I$ 对每个 Δ_T 中的声明 $A := C$，
- $a^I \in C^I$ 对每个 Δ_A 中的声明 C(a)，以及
- $(a^I, b^I) \in R^I$ 对每个 Δ_A 中的声明 R(a, b)。

例 12.3 观察以下对知识库 δ 的解释，为了简单起见，假定 I 是 δ 中常量的恒等映射（identity mapping），设 $\mathcal{O}$ 是集合：

{LifeIsBeautiful, LaStrada, Benigni, Director1, Oscar1997, Award1, Actor1, Actor2}.

328
~
329

注意，Director1、Award1、Actor1 以及 Actor2 没有在 δ 的 Abox 中提及，但必须在 $\mathcal{O}$ 中提及以便获得一个模型。考虑以下对 δ_T 中概念的扩展（省略了一元元组的圆括号）：

330

Movie^I:	{LifeIsBeautiful, LaStrada}
Comedy^I:	{LifeIsBeautiful}
Documentary^I:	$\emptyset$
Person^I:	{Benigni, Director1}
Italian^I:	{Benigni, Director1}
award^I:	{(LifeIsBeautiful, Oscar1997), (LaStrada, Award1)}
director^I:	{(LifeIsBeautiful, Benigni), (LaStrada, Director1)}
actor^I:	{(LaStrada, Actor1), (LaStrada, Actor2)}

读者可以验证，所有的 Tbox 和 Abox 中的断言都满足以上扩展，因此 I 是 δ 的一个模型。有两点值得注意：首先，我们不知道谁是 LaStrada 的导演以及获得过什么奖，因此解释 I 只包含满足 Tbox 的常量；其次，注意 LifeIsBeautiful 属于 Comedy，在知识库中没有声明，但与知识库是一致的。如果从 Comedy 的扩展中删除 LifeIsBeautiful，我们仍然有 δ 的模型。

对 I 一个小的改变就会妨碍它成为 δ 的模型。例如，如果将 LifeIsBeautiful 增加为 Documentary 概念的扩展，则 a_3 将不再满足；如果为任一个电影增加另一个导演，则 a_4 将不再满足。 <<<

12.2.3 描述逻辑的推理

描述逻辑系统主要支持两种推理：包含（subsumption）和查询结果（query answering）。

包含 给定两个概念 C 和 D，基本问题是 C 是否被 D 包含。直观地，C 被 D 包含，如果在每个知识库模型中，C 的实例始终确保是 D 的实例。正如后面将要讨论的，包含很像查询包含（见第 2 章），但推理模式有所不同。包含的形式化定义如下所示。

定义 12.2（包含） 概念 C 关于 Tbox Δ_T 被概念 D 包含，如果对于 Δ_T 的每个模型 I，有 $C^I \subseteq D^I$。

例 12.4 概念 Movie $\sqcap$（$\geqslant 2$ award）被 δ 中的 AwardMovies 包含，但不会被 ItalianHits 包含。概念 Movie $\sqcap$（$\forall$ director. Person）包含概念 ItalianHits，因为在 director 上的限制较弱，在 award 上没有数量的限制。 <<<

正如我们前面看到的，包含可以用来推断一对数据源之间的关系，可以用来推断中介模式概念和数据源之间的关系，也可以用来推断查询和数据源之间的关系。例如，如果向数据集成系统提出一个查询以找到所有有意大利电影，用源 S 提供概念 ItalianHits 的实例，则可以推断 S 与查询相关。另一方面，如果查询要求至少获得两个奖的意大利电影，如果 S 还提供每部电影的获奖数，则只能使用 S，这样就可以过滤那些拥有至少两个奖的电影。

在前文所描述的逻辑系统 $\mathcal{L}$ 中，包含可以在 Tbox 大小的多项式时间内完成。但是，稍微增加逻辑都将导致包含难以处理，或者甚至不可判定。举一个简单的例子，如果允许析取构造函数定义一个复杂概念，它是其他两个概念的并，则推理变成 NP 完全问题。在复

331

杂概念上添加否定也会有同样的效果。考虑一些其他构造函数存在的量化：（∃R C）表示至少一个有关 R 的补充必须是 C 的成员；sameAs 表示角色链 P_1，…，P_n 的补充需要同样在角色链 R_1，…，R_n 上作为补充。实际上，如果 sameAs 构造函数允许是非功能性的角色（nonfunctional role），则包含变得不可判定。

查询结果（query answering） 第二类推理问题与 Tbox 和 Abox 有关。最基本的推理任务是实例检查（instance checking）。我们令 $C(a)$ 被限定继承自知识库 Δ，记作 $\Delta \models C(a)$，如果在 Δ 中的每个模型 I，有 $a^I \in C^I$。

当描述逻辑用于数据集成时，人们关注更一般的推理问题以回答对知识库的合取查询。问题形式化定义如下所示。

定义 12.3（描述逻辑知识库上的合取查询） 设 Δ 是一个知识库，设 Q 是一个合取查询，具有形式：

$$q(\bar{X}) :- p_1(\bar{X}_1), \dots, p_n(\bar{X}_n)$$

其中 p_1，…，p_n 是 Δ_T 中的概念或角色。

Δ 上对于 Q 的查询结果集合定义为，给定一个 Δ 上的解释 I，可以评估针对 I 的 Q，就如同 I 是一个数据库。用 $Q(I)$ 表示针对 I 求 Q 的值所获得的元组集合，Δ_A 中的一个元组常量 $\bar{t}$ 是针对 Δ 的 Q 的查询结果，如果对于每个 Δ 中的模型 I，有 $\bar{t} \in Q(I)$。

读者应该观察定义 12.3 和 3.2.1 节中有关确定结果定义的相似性。

例 12.5 考虑以下简单的查询
Q1(X) :- Comedy(X), ItalianHits(X), award(X, Y)

设 Abox 有以下事实：
ItalianHits(LifeIsBeautiful), Comedy(LifeIsBeautiful)

如果简单地将查询应用到 Abox 中，则得不到查询结果，因为没有与 award 相关的事实。但是，ItalianHits 暗示电影至少获得一个奖，因此子查询 award(X, Y) 满足知识库中的任何一个模型，因此 LifeIsBeautiful 应该是 Q1 的答案。

在上面的例子中，可以通过移除查询的子查询加以处理，这个子查询可视为基于本体的冗余（在这个例子中，award(X, Y) 继承自 ItalianHits(X)，因此是冗余的）。但是，考虑下面的查询，它是两个合取查询的并。

Q2(X) :- Movie(X), ≥ 1 award(X)
Q2(X) :- Comedy(X), ∀director.Italian(X), ≤ 0 award(X)

现在，假设我们有下面的 Abox：
Comedy(LaFunivia), director(LaFunivia, Antonioni), Italian(Antonioni)

即使知道喜剧也是电影，第一个合取查询也不会产生任何结果，因为我们不知道 La-Funivia 获得过什么奖。第二个合取查询也不会有结果，但与第一个合取查询的原因不同：因为 Abox 不包含 LaFunivia 获得过的奖，这并不意味着电影就没有获过奖！通过两个查询一起推理，可以推断出下面的合取查询可以添加到 Q2 而不失正确性。

Q2(X) :- Comedy(X), ∀director.Italian(X)

最后一个合取查询的正确性根据推理情况确定。如果是意大利喜剧电影，则有两种情况：没有获奖或得至少一个奖。前者满足第二个合取查询；后者满足第一个合取查询。因此，对于这个合取查询，一个意大利喜剧电影获得过多少奖其实并不重要。

将新的合取查询应用到 Abox 仍然不会得到 LaFunivia 就是其中一个查询结果。系统

332

只能从电影只有一个导演的事实来推理（$\forall$director. Italian(LaFunivia)），得出 LaFunivia 是意大利人。 <<<

从描述逻辑知识库中找到一个合取查询的所有问题的结果是相当困难的，虽然它可以在 Abox 表述的描述逻辑大小的多项式时间内完成，但这需要更复杂的算法，用递归 datalog 回答查询则更加复杂。事实上，即使是$\mathcal{L}$，递归查询结果也是不确定的。

12.2.4 描述逻辑和数据库推理的比较

在结束本节之前，值得仔细比较描述逻辑与数据库系统的视图机制之间的关系。复杂概念与视图都可以由基本关系的构造函数集合来定义，从这一点来说，它们是相似的；从关系的观点来看，构造函数有连接、选择、投影、合并以及某些形式的否定。类似的包含推理是查询包含，这点已在本书的 2.3 节中介绍过，但描述逻辑和数据库系统的视图机制存在着显著的差异。

第一个区别是，用于描述逻辑的构造函数集允许定义视图，这在 datalog 或 SQL 中是不可能的，即便可以，实现起来也很复杂。例如，描述逻辑能说明一个概念是另一个概念的补，这在数据库视图中是不可能出现的。可以使用否定（negation）定义一个视图是另一个的补，但这将导致查询包含立即不可判定。类似地，一般的限制，如（$\forall$director. Italian），也需要在数据库视图语言中加入否定和组合。最后，数量限制（$\geq$3 actor）和（$\leq$2 actor）是很难用视图来指定的，我们可以指定最小基数的限制，如（$\geq$n R），使用$\neq$谓词做合取查询，但表达式的长度依赖于n，指定最大基数的限制（$\leq$n R），需要否定以及同样长的表达式。

另一方面，合取查询允许定义视图，这种视图具有任意的连接并且不限定一元和二元关系。在描述逻辑中，仅有的连接关系可能通过角色路径来加以构造。因此，描述逻辑主要通过限制一元和二元谓词，通过限制连接的执行描述逻辑提供了一个视图定义语言，使得对于一类视图包含是可判定的（通常也是有效的），而在其他情况下视图包含是不可判定的。

第二个区别是，在一个描述逻辑的 Abox 中，可以用任何概念来断言事实，不管它是基本概念还是复杂概念。对于一个复杂概念，断言一个事实类似于声明一个元组是在一个视图的实例中。描述逻辑能做关于事实的推理，例如，考虑前文例子中的概念 ItalianHits，在δ中我们断言 LaStrada 是 ItalianHits 的一个实例，系统可以推断如果 LaStrada 有一个导演，则导演是概念 Italian 的一个实例，尽管我们不知道导演是谁。同样，我们也可以推断这部电影获得至少一个奖，尽管我们不知道获得过什么奖。与数据库系统不同，描述逻辑知识库是开放世界假设，如果一个事实在知识库中是不明确的，并不意味着这个事实不成立。

在数据库中，类似的复杂概念实例推理主要用视图技术回答查询，这点在 2.4 节中已做了介绍。例如，一个关于 Italianhits 的视图包含实例 LaStrada，使用视图技术回答查询将得出这样的结论：LaStrada 包含在"获得至少一个奖的所有电影"的查询结果中。如前所述，描述逻辑提供了一个环境，它可以使用丰富的构造函数集，并且能够开发使用视图回答查询的算法。

最后一点区别是，描述逻辑用约束语言来统一模式定义语言。例如，有些描述逻辑允许任意包含 C$\sqsubseteq$D 形式的声明，其中 C 和 D 是复杂概念，推理算法在推理中会考虑这些约束条件，而查询包含在约束条件方面却相当有限。面向对象数据库（OODB）模式和描述逻辑也值得做比较。虽然两者的形式化模型都是类（class）和属性（property），但它们之间有着根本的区别。面向对象模型关注对象的物理性质，关注哪些属性与一个类的实例相关，唯一的推理形式是类到它们的子类的属性继承。此外，在大多数面向对象数据库模式中，一个对象最多是一个类（以及其超类）的成员。描述逻辑专注于提供一种语言来表达类之间的关系，并且基于部分信息做出推理，其结果是，对象可以属于多个类，描述逻辑知识库很少指定对象的物理属性以及它们是如何存储的。

334

12.3 语义 Web

语义 Web 是网络的一个愿景，它的目标是使 Web 上的文本有明确的标注，使它们的含义很清楚。当前 Web 主要由 HTML 页面间的文本和链接构成，但是作为页面的主体，实体和关系都没有明确的描述，缺乏标注阻碍了网络搜索的准确性，阻碍了发展 Web 更先进服务的能力。下面的例子将说明这种标注的潜在好处。

例 12.6 考虑 Web 上有关电影和电影评论的页面。在大多数情况下，对一个 Web 页面查询的答案来自于 Web 页面上的词与查询词的匹配情况。而且，页面上词与查询词之间的接近程度也是查询结果页面排序的一个重要影响因素。假设一个 Web 页面有多个电影评论，按电影名称字母顺序排序，而词"review"只在页面顶部附近出现一次，则该页面不太可能出现在查询"review Zanzibar"的结果中，因为"review"和"Zanzibar"在页面上相互出现的距离较远，搜索引擎不知道页面中包含着被评论的电影。

假设除了页面上的文本外，我们还为每个电影评论添加标注，用于说明这是一个电影评论，加上电影标题、评论者的名称，甚至可能是评论的情感倾向，这样就可以在搜索引擎中利用这些标注添加特定的搜索功能，以便得到更准确的影评搜索结果。如果 Web 页面上加标注的做法很普遍，那么搜索引擎甚至可以支持这样的查询："找到所有关于电影 zanzibar 的评论"，搜索引擎会在 Web 上搜索多个页面相关的部分。此外，还可以将评论信息与电影有关的其他数据进行关联，如播放时间、预告片以及有关演员的信息。

<<<

语义 Web 显然是一个非常宏伟的目标，这一目标已导致相当多的批评。语义 Web 所面临的挑战主要有两个：第一个挑战是需要投入额外的工作来创建这些标注，而不可能立即产生回报；第二个挑战是关于语义异质性的问题，需要很多 Web 用户创建结构化的数据表示。语义 Web 是一个很长远的发展计划，如果语义 Web 的这些要求能全部满足，则对于网络有较大的促进，可以促进 Web 上的结构化标记，这些发展在某些领域和企业中会产生较大影响。语义 Web 的核心是资源描述框架（RDF），以及与之相关的模式语言：RDF 模式（RDFS）和 Web 本体语言（OWL）。这些标准建立在知识表示语言的原则上，并将它们应用于 Web 上下文，其中知识是由许多 Web 参与者用分散的方式创作的。以下几节将描述这些标准的核心思想。

335

12.3.1 资源描述框架

资源描述框架（RDF）是一种用于描述 Web 上资源的语言。最初，RDF 用于为资源添加元数据，以方便这些资源可以在网上找到，例如文档。通过 RDF，可以描述一个文档的作者、文档的最后修改时间、文档的主题等。而且，RDF 已被推广到描述不在 Web 上但被 Web 引用的对象，如人和产品。RDF 用 RDFS 和 OWL 来描述 RDF 文件中模式级元素（schema-level element）对象以及对象之间的关系。在前面几节提到的术语中，RDF 可以视为 Abox，而 RDFS 和 OWL 可以视为 Tbox，事实上，OWL 是基于描述逻辑的。

从概念上讲，RDF 包含关于资源的陈述，每个陈述为资源的一个属性提供一个值，每个陈述采用三元组的形式（主语，谓语，宾语）。正如下文即将看到的，资源的名称可以很长，使得标记更为充分。通过常规方式定义限定名（qname），限定名是一个短代码，作为所描述资源的前缀，在下面的例子中，ex：是"http://www.example.org/"的 qname，exterms：是"http://www.example.org/terms"的 qname。因此，ex：movie1 是"http://www.example.org/movie1"的简写。

例 12.7　以下三元组用以说明"http://www.example.org/movies/movie1"标识电影"Life Is Beautiful"。对电影评论的主题（subject）用"http://www.example.org/review1.html"标识，电影用"ex：movie1"表示，三元组表示所评论的数据。

```
ex:movie1 exterms:title "Life Is Beautiful"
ex:review1.html exterms:movieReviewed ex:movie1
ex:review1.html exterms:written-date "August 15, 2008"
```
<<<

因此，RDF 是一种表达一元和二元关系的语言。RDF 陈述和 Abox 断言之间的对应关系是显然的。RDF 可以（而且经常是）用作图模型。图 12-2 展示了例 12.7 中三元组的图表示。RDF/XML 规范说明如何将一系列 RDF 转化为 XML，并且用一些快捷方式使其更简洁。

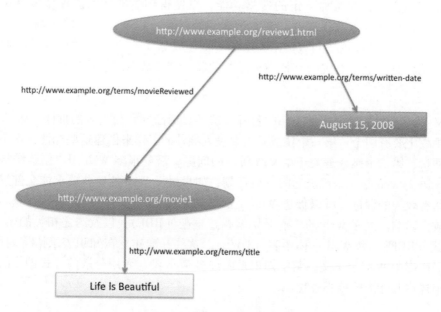

图 12-2　RDF 三元组的图表示

例 12.8　下面的 XML 语句与例 12.7 中的 3 个 RDF 语句具有相同的主题，ex：review1.html。

需要注意的是，RDF/XML 允许 ex：review1. html 的所有属性嵌套在一个 XML 元素中，其值 about 是主语（第5~9行），而不是将主语重复 3 次。

```
1. <?xml version="1.0"?>
2. <rdf:RDF xmlns:rdf="http://www.w3.org/1999/02/22-rdf-syntax-ns#"
3.          xmlns:dc="http://purl.org/dc/elements/1.1/"
4.          xmlns:exterms="http://www.example.org/terms/">
5.   <rdf:Description rdf:about="http://www.example.org/review1.html">
6.      <exterms:written-date>August 15, 2008</exterms:creation-date>
7.      <exterms:movieReviewed  rdf:resource="http://www.example.org/movie1/>
8.      <exterms:writtenBy  rdf:resource="http://www.example.org/staffID/23440>
9.   </rdf:Description>
10. </rdf:RDF>
```
<<<

我们不讨论 RDF 的所有细节，下面介绍一些 RDF 的重要特点，并介绍它如何用于支持大规模的知识共享。

统一资源标识符

RDF 中的陈述包括两种类型的常量：统一资源标识符（URI）和文字。RDF 陈述的主语和谓语必须表示为 URI（除非是空白节点，下文将讨论这个），宾语可以是 URI 或文字。

URI 是对网络上资源的引用，因此为实体引用提供了一个更具全球性的机制。例如，对一个人的引用，在传统知识库中，可能用一个字符串表示她的名字，如 MarySmith，但是，字符串或内部唯一标识符只表示相应数据库或知识库中的含义。在 RDF 中，可以使用 "www. example. com/staffID/5544" 引用这个人，任何其他人都可以用这个 URI 引用同一个人。同样，也可以用这种方法引用谓词，如 "www. example. com/exterms/writtenBy"，或 "www. example. com/exvalues/Blue"。

RDF 使用 URI 机制是其关键点之一，使得它适用于数据集成和数据共享。除了为实体提供一个更具全球性的引用机制外，它也鼓励数据生产者使用统一的术语，方便数据重用。需要重点强调的是，并不是强迫数据生产者服从用 URI 引用实体这一标准，而是鼓励他们这样做。

RDF 中的文字

RDF 没有自己的内置数据类型。相反，它使用一种机制来说明文字是由哪种数据类型描述，这些数据类型也同样用 URI 来引用，从而形成一个开放式的类型系统。例如，以下陈述说明两名员工的年龄和出生日期。第一条语句说明年龄是整型数据类型，第二条语句说明出生日期是日期数据类型。

```
exstaff:23440  exterms:age  "42"^^xsd:integer
exstaff:54322  exterms:birthdate  "1980-05-06"^^xsd:date
```

空白对象

正如上文所述，RDF 可以表示对象之间的二元关系，然而，二元关系并不足以表达对象之间的关系。注意前面表示 Mary 地址的例子，地址是一个结构化的对象，它包含多个域，如街道、城市、国家和邮政编码，将这些都表示为 Mary 的属性显然是不合适的。

RDF 允许空白节点，这种节点没有具体的标识，如图 12-3 所示，用一个空白节点表示 Mary 的地址对象，这个空白节点有特定的地址属性。

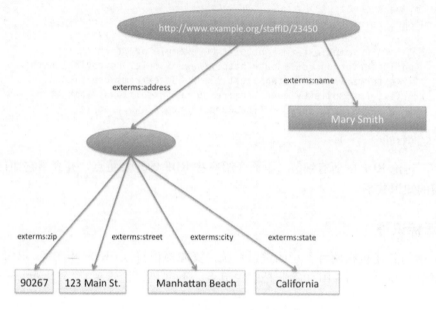

图 12-3　RDF 图中的空白节点 ⊖

空白节点没有唯一的 ID，可以为它们分配一个 RDF 文档作为 ID，可以多次引用它们（例如，地址代表一个订单的账单和送货地址），但跨文档的 ID 是无意义的。因此，如果合并两个 RDF 图，则需要优先确保它们的空白节点 ID 是不相交的。RDF 也有表示包、列表（lists）和选择（alternatives）的结构。

物化

正如第 14 章中将要讨论的，知道数据在 Web 上的出处很重要，出处包括数据从哪里来以及什么时间来的（见第 14 章）。RDF 提供了一种机制来物化陈述，从而使陈述的事实与之相关。具体来说，就是将 RDF 三元组作为一种资源引用。

例 12.9　以下 RDF 三元组用来物化 movie1 标题的陈述。第一条语句给出了陈述 triple12345 物化的名称，并用接下来的 3 个语句指定其属性。

338
~
339

```
moviedb:triple12345    rdf:type        rdf:Statement.
moviedb:triple12345    rdf:subject     ex:movie1.
moviedb:triple12345    rdf:predicate   exterms:title.
moviedb:triple12345    rdf:object      "Life Is Beautiful"
```

用物化方法可以断言更多的关于陈述的事实。下面我们说明谁和什么时候将三元组输入电影数据库。

⊖　2011 年 8 月发布的 RDFS1.1 推荐标准，在概念和抽象语法上进行了修改，主要包括在语言代码方面显式地使用 BCP47（Best Current Practice）；使用 Unicode 编码的 IRI 替代基于 ASCII 码的 URI；使用 Skolem IRI 而不是未命名的空白节点，空白节点拥有本地标识符以区别全局 IRI 和字符，当 RDF 图合并时可以保持空白节点之间相区分；从 RDF 概念中去除可扩展标记语言（XML）类型。除此之外，大部分修改都基于规范清除和使用语言的语义与实际流（pragmatic flow）。——译者注

```
moviedb:triple12345    exterms:entered-by  ex:staffID/23340
moviedb:triple12345    exterms:entered-date "2007-07-07"^^xsd:date
```
<<<

12.3.2　RDF 模式

RDF 模式（RDF Schema，RDFS）提供结构来定义类、类的层次结构、类中资源的成员。RDFS 还允许声明属性在域和范围上的限制。RDFS 早于 Web 本体语言（OWL）提出，OWL 只在其自己内部使用，本文涉及的较少。需要特别注意的是，RDF 不强迫使用任何与其结构相关的语义，RDF 只是一种语言，能部署在 RDF 系统上以达到使用语义的目标。

RDFS 的结构由 http://www.w3.org/2000/01/rdf-schema#上的 RDF 词汇表来描述，其限定名是 rdfs:。RDFS 最基本的结构是 rdfs:type，用来表示一个类中资源的成员。以下三元组语句指出电影是一个类，这个类由类型 rdfs:class 来说明。
```
ex:Movie rdfs:type rdfs:class
```
使用相同的结构说明类的实例，这里，movie1 被断言为一个电影：
```
ex:movie1 rdfs:type ex:Movie
```
以上两个语句说明 RDFS 有非常强大的功能：一个资源是一个类，它也可以是另一个类的成员！因此，可以有以下几种情形。

例 12.10　以下三元组用来说明 Corolla 是一个类，它有一个实例 carl1。然而，Corolla 也是类 CarModels 的成员。
```
ex:Corolla rdfs:type rdfs:Class
ex:carl1 rdfs:type ex:Corolla
ex:CarModels rdfs:type rdfs:Class
ex:Corolla rdfs:type ex:CarModels
```
需要特别注意的是上面的陈述和情景之间的区别。在情景中可以声明 Corolla 是 CarModels 的一个子类，为模式元素和数据元素之间做出了明确的区分。汽车的每个个体是数据元素，所有 Corollas 的集合以及汽车模型都是模式元素。但是，如果我们要描述 Corollas 的某个方面，比如去年出售了多少辆汽车？这是 Corollas 作为类的一个属性而不是个体实例。因此，RDF 提供了更强大的建模灵活性。 340 <<<

RDFS 中的子类可以用 rdfs:subclassOf 概念来描述，如下所示：
```
ex:Comedy rdfs:subclassOf ex:Movie
```
注意，多个陈述可以解释为合取，因此，如果增加：
```
ex:Comedy rdfs:subclassOf ex:LaughProvokingEvents
```
则 Comedy 被声明为 Movie 和 LanghProvkingEvents 的交集。

最后，RDFS 中的属性可以用下面的结构来描述。在下面的陈述中，定义 actor 为一个属性，它有一个子属性 leadActor，actor 的范围是 Person，其域是 Movie。
```
exterms:actor rdfs:type rdfs:Property
exterms:leadActor rdfs:subPropertyOf exterms:actor
exterms:actor rdfs:range exterms:Person
exterms:actor rdfs:domain exterms:Movie
```

12.3.3　Web 本体语言

RDFS 提供了与面向对象数据库模式非常相似的概念。Web 本体语言（OWL）的灵感来自于描述逻辑支持的推理，用来支持语义 Web 的推理，与 12.1 节中例子思想一样。

正如 12.2 节所述的，描述逻辑是一个语言族，每个都有一些构造函数（因此具有不同的计算性能）。OWL 的基础是需要选择一个特定的描述逻辑，这导致 OWL 有些随意。取而代之的是，OWL 标准提出了 3 个版本：1）OWL-Lite，可以涵盖描述逻辑一个很小的子集，但推理非常有效；2）OWL-DL，包括描述逻辑中丰富的构造函数，但其计算复杂度非常高；3）OWL-Full，允许物化陈述，而且允许构造 OWL-DL。下面介绍 OWL 中模式级的构成。

OWL-Lite　与描述逻辑不同，OWL 语言不做唯一命名假设。实际上，Web 上的实体可能有多个名称，因此，OWL-Lite 可以说明两个实体是相同的（sameAs）或者它们是不同的（differentFrom）。OWL-Lite 还包括 **AllDifferent**，以说明一组对象是两两不同。

即使存在大量的个体，OWL-Lite 的推理和问答都是非常有效的。OWL-Lite 中的主要构成包括：

- 前面描述的 RDF 模式中的所有结构。
- 12.2 节中描述的 $\mathcal{L}$ 语言中的一些构造，包括类（⊓）中的合取操作符、全称量词（$\forall R.C$），以及数字的限制，数字只允许使用 0 或 1。
- 属性（$\exists R.C$）的存在量词，例如，通过这个构造函数可以描述电影集合，这个电影集中至少有一个演员是女性。
- 有些概念用于说明属性上的约束：TransitiveProperty、SymmetricProperty、FunctionalProperty、InverseFunctionalProperty。

OWL-DL　OWL-DL 在 OWL-Lite 的基础上还允许以下结构：

- 任意基数限制。
- 任意概念描述的并、补、交。
- 不相交：说明两个类 A 和 B 相互不相交。
- oneOf：描述一个概念是由多个个体的枚举组成。例如，**WeekDay** 可定义为：one of(**Sunday**，**Monday**，**Tuesday**，**Wednesday**，**Thursday**，**Friday**，**Saturday**)。
- hasValue：用来描述一个概念必须有一个特定的值作为角色的补充，例如，（**nationality Vietnam**）用来描述将"越南"作为国籍（**nationality**）身份（角色）的补充。需注意的是，角色无须采用函数的形式。

综上所述，OWL 是对 Web 上下文描述逻辑的一种改编。它采用 URI 让更多的全球用户引用其术语。和描述逻辑一样，OWL 基于开放世界假设，适用于 Web 上下文。最后，与描述逻辑不同，OWL 不做唯一命名假设，因为在 Web 上可能有很多方式指向同一个实体。

12.3.4　RDF 查询：SPARQL 语言

SparQL 语言用来查询 RDF 三元组的存储，SparQL 借用其他数据库查询语言的思想，提出了 SparQL 自己的 RDF 查询语言。SparQL 基于三元组表达式中的变量与常量的模式匹配，查询结果是 RDF 图的元组集合。

例 12.11 考虑以下 4 个 RDF 三元组：

```
exstaff:23440   exterms:name   exstaff:person1
exstaff:23440   exterms:city   "New York"
exstaff:23444   exterms:name   exstaff:person2
exstaff:23444   exterms:city   "San Francisco"
```

以下查询找出住在纽约的人，注意变量? d 需要匹配 2 个三元组。

```
SELECT ?d ?person
WHERE
      {?d exterms:city "New York"} .
       ?d exterms:name ?person}
```

查询的结果为

?d	?person
exstaff：23440	exstaff：person1

使用 CONSTRUCT，有可能创建一个 RDF 图作为输出。以下用 exterms：city 谓词输出图，重命名为 exterms：livesIn。

```
CONSTRUCT {?d exterms:livesIn ?city }
WHERE
   { ?d exterms:city ?city }

exstaff:23440   exterms:livesIn   "New York"
exstaff:23444   exterms:livesIn   "San Francisco"
```

<<<

参考文献注释

将知识表示技术应用到数据集成研究领域从很早就已经开始了。Catarci 和 Lenzerini [112]首次论述了描述逻辑如何为数据源建立模型并推理它们之间的关系。有些系统使用描述逻辑描述数据源和中间模式后，通过 AI 规划技术进行推理[37, 38, 361]。Information Manifold System 将描述逻辑与局部视图结合，文献[380, 60, 107]研究了在描述逻辑中使用视图回答查询的复杂性。

描述逻辑一书[1]为描述逻辑的理论、系统以及其应用提供了一个全面的指南。文献[192]简短分析了不同逻辑的复杂性。Borgida 在文献[93]中分析了描述逻辑在数据管理方面的相关内容。

多项工作试图将描述逻辑与 datalog 结合。在[193]中，作者探讨了将一元谓词添加到 datalog 程序中，其中一元谓词的类在描述逻辑中定义。CARIN 语言[377]将一元谓词和二元谓词结合到 datalog 规则中，这两者都是在描述逻辑的 Tbox 中定义。文献[377]的作者展示了通过严格地将描述逻辑和 datalog 结合，其推理是可判定的。其他几个系统将描述逻辑与数据集成结合，并将描述逻辑与对等数据管理系统结合（peer-data management system），如文献[11, 255, 367]。

语义 Web 的愿景最早在文献[71]中提出，从那以后，每年有一个年度会议致力于推动语义 Web 的进步。Noy 在[466]中综述了基于本体的语义集成方法，由于本体比模式更具有表达力，所以有多个研究社团使用本体对齐（ontology alignment）进行模式映射，这

342 ? 343

方面的工作包括[183，440，464]，学术界每年举办一次年度竞赛来比较本体对齐算法。关联数据[88]是语义 Web 愿景的其中一个方面，其核心思想是将数据集通过共享的 URI 标识符关联起来，使关联数据间的关系能够通过编写程序达到跨多个数据源的遍历，关联数据研究现状可以在 http：//linkeddata. org 上查阅。

　　有关 RDF、RDFS、SPARQL 和 OWL 标准的详细规范可以在万维网联盟的网站上找到：www. w3. org。与语义 Web 相关的还有多个其他方面的标准如：OWL2（较新版本的 OWL）、规则交换格式（用于说明 datalog 风格和商业规则）。http：//swoogle. umbc. edu 提供了一个搜索引擎，收集了大量的 Web 上的本体。

不确定性数据集成

数据库系统通常只针对确定的数据进行建模，即如果数据库中有一个元组，则它必然是现实世界中真实存在的。在许多情况下，与周围世界相关的知识都是不确定的，我们试图为不确定性建模并将其加入数据库，以方便查询。例如，考虑下面几种情况：

- 我们正在收集有关盗窃案的目击者证据，目击者不记得小偷是金发还是棕发。
- 我们正在从传感器记录温度的测量值，传感器的精度有一定程度的误差边界，或者因为传感器的电池电量低，测量可能是完全错误的。
- 我们正在集成跨多个站点的数据，查询的答案需要连接，连接包括一个字符串近似匹配条件，这个近似匹配可能会产生一定量的误差结果。

不确定性数据管理的主要任务是为数据库中的不确定性表示开发模型、确定针对此类数据库的查询应答语义，开发高效的查询计算技术。数据集成的不确定性表现在多个方面。

数据

首先，数据可能是从非结构化数据中抽取的（如第 9 章所述），抽取的准确性可能是不确定的。此外，集成多个数据源的数据时，由于其中的一些数据不准确或已过时，所以导致各数据源的数据可能不一致。即使在企业环境中，对于客户数据的这种不一致也是常见的，如性别和收入水平不一致，也可能是脏数据或丢失数据，即使这些客户的实际交易数据是精确的。

模式映射

如第 5 章所述，模式映射可能使用半自动化技术。如果我们正在处理一个非常大的数据源，例如万维网，我们可能没有足够的资源验证这些映射。在另一种情况下，我们可能不知道确切的模式映射，因为数据的含义可能是模糊的。因此，在数据集成应用中模式映射的不确定性很常见。

查询

在某些数据集成环境中，不能想当然地认为用户熟悉模式，或者想当然地认为他们有能力进行结构化查询。因此，系统可能需要向用户提供关键词查询的搜索接口，正如我们将在第 16 章中讨论的，系统需要将关键词查询转换为结构化的形式，使得这些关键词可以重新定位到数据源。转换过程中可能产生多个候选的结构化查询，因此就会产生不确定性：哪些是用户查询的目标。

中介模式

当系统集成领域非常广泛时，可能产生中介模式自身的不确定性。下面是一个简单的例子，如果中介模式试图建模计算机科学的所有学科，那么准确解释各个学科和学科之间的重叠将是不确定的。例如，数据库领域和人工智能领域之间可能有重叠，量化这种重叠很困难。通常情况下，当我们试图建模较广泛的领域时，领域中的术语可能变得比较模糊。

数据集成系统管理不确定性时需要为不确定的数据建模，为不确定的模式映射建模以及为不确定的查询建模。系统应当尽可能重视其操纵的每一个对象，并应当增量式地产生带有排序（Rank）的答案，而不是找到所有确定的答案。

许多挑战是正在研究的课题，本章介绍了许多基本概念，尤其是与数据集成相关的概念。13.1 节介绍与数据相关的不确定性建模。13.2 节介绍不确定性模式映射。13.3 节简短地讨论不确定性和数据溯源之间的密切联系。有关不确定性的更多信息，如涉及文本关键词搜索查询以及合并排序结果的通用技术，可以在第 16 章找到。最后，在本章结尾的参考文献注解中，为读者提供了数据库中有关概率模型和如何用概率计算半自动地输出模式匹配技术的更多信息。

13.1 不确定性表示

通常，不确定数据管理用术语可能世界（possible world）来表示：与传统数据库中仅表示确定性数据实例不同，不确定性的数据库表示一组可能的实例或可能的世界。每一个这样的实例都具有成为正确结果的可能性。

不确定性可能有多种建模方式，具体视情况而定。

- 也许最简单的形式是知道有几种可能的世界，但没有任何办法知道各自的相对可能性。这里，经常用条件变量为每个属性表示可能的值集（即属性 A 有值 a_1，a_2，a_3），或者将可能的值作为一个元组存在的布尔条件（即元组 t 存在，如果条件 c_1 是真实的）。

- 在有些情况下，如同 Web 上的搜索引擎，我们可能为每个数据项标记一个分值（score），这个分值可能是由人为调节的组合因素得出的，因此如此组合计算得出的分值带有很大的不确定性。

- 在对元组和元组组合进行查询操作时，人们希望有清晰的规则计算组合分值。由此引入了更为形式化的计算和组合不确定性测量的模型。一个自然的模型是概率，它有界限（区间[0，1]），并且可以清楚地描述不确定性，即使在否定（补充）条件下。

本章的重点将介绍这 3 种情况的最后一种，即为不确定数据使用概率模型。

不确定性的类型

不确定数据模型通常考虑两种不确定性。第一种不确定性是元组级不确定性（tuple-level uncertainty），在这种不确定性中，我们不知道数据实例是否包含元组，我们认为元组的存在是一个随机变量，如果元组在实例中存在，则这个随机变量的值是真的，如果元组在实例中不存在，则这个随机变量的值是假的。另一个不确定性是属性级不确定性（attribute-level uncertainty），属性值本身是一个随机变量，其值域是属于该元组的值集。

为了规范化，经常将属性级不确定性转换成元组级不确定性，如下例所示。对于元组 t 中每个可能的属性 A 的值 a_1、a_2、a_3，我们为其相应地创建一个副本元组 t_1、t_2、t_3。然后为每个元组 t_i 的副本指定一个概率值，这个概率值为属性 A 中存在 a_i 的可能性。最后，

限定 t_1、t_2、t_3 互斥。

例 13.1 设在盗窃案证人数据库中，证人有 60% 的自信看到了小偷，证人可能是一个无辜的旁观者，亲眼目睹盗贼是金发。我们可以将此证据表示为一个元组（thieft$_1$，Blondhair），其元组级的概率为 0.6。

另外，证人可能直接看到小偷在偷东西，但可能由于灯光原因不能确定小偷的头发颜色（证人有 50% 的自信，小偷的头发是棕色，20% 可能是黑色，30% 可能是金色）。我们可以用元组级的不确定性给出一个元组（thieft$_1$，X）。随机变量 X 给定棕色的概率为 0.5，黑色的概率为 0.2，金色的概率为 0.3。

或者可以将最后一种情况转变为一组互斥的元组级的概率集合。创建的元组 t_1 = （thieft$_1$，Brown）的概率为 0.5，t_2 = （thieft$_1$，Black）的概率为 0.2，t_3 = （thieft$_1$，Blond）的概率为 0.3，并限定 t_1、t_2、t_3 互斥。　　<<<

最后这个例子带来了一个自然的问题，即如何限定元组之间是互斥的以及元组如何表示可能世界所带来的类型限制。从这点出发，才有了上述的转换过程（将属性级不确定性转换成元组级不确定性），并且假定本文讨论的是元组级不确定性。

13.1.1 概率数据表示

在数据库领域中，不确定性数据表示的起点是条件表（c-table）。在条件表中，每个元组用一个布尔条件变量集合加以注释。如果条件为真，则元组在表中出现；如果条件为假，则元组在表中不出现。条件表启示我们如何来表示可能的世界，即一个实例集结合了对变量的不同的评估值，与元组相结合的各种条件限制允许在实例中出现。

例 13.2 设 Alice 与 Bob 去度假，他们有两个可选的目的地，塔希提岛（Tahiti）和乌兰巴托（Ulaanbaatar），第三个旅行者 Candace 将要去乌兰巴托。我们可以将这个度假建模为：

旅行者	目的地	条件
Alice	Tahiti	x
Bob	Tahiti	x
Alice	Ulaanbaatar	$\neg x$
Bob	Ulaanbaatar	$\neg x$
Candace	Ulaanbaatar	true

其中 x 表示他们共同选择塔希提岛的条件，从上表中可以看到，只有两种可能性。　　<<<

通过允许条件表中的变量为随机变量，并为随机变量指定一个概率分布和它们的可能值，我们可以将条件表概念归纳为概率条件表（pc-table）。

例 13.3 给定上述数据实例，我们可能观察到爱丽丝的皮肤已经被晒黑，并且知道现在是冬天，因此，Alice 和 Bob 去塔希提岛不去乌兰巴托的可能性为 80%，我们为 x 指定概率 0.8。　　<<<

概率条件表是一个很好的抽象概念，能很好地捕捉到概率信息，虽然它不能准确地捕捉到变量的概率分布。一种可能是使用机器学习，如图模型（马尔可夫网络、贝叶斯网络，以及与它们相关的方法），可以捕捉到随机变量之间的相关结构。在这方面已有了一些显著的工作，通过建立数据库查询模型和数据库系统，基于这种模型返回概率结果。

有时候我们会用更简单的模型，这种模型虽然大大地限制了可以捕获到的可能世界集，但却使得查询结果更易于处理，我们简要介绍两个经常使用的模型。

元组独立模型

对于一组可能世界最简单的概率表示，用一种可区分的布尔变量在概率条件表中来标注每个元组。然后分别给每个变量指定一个概率：这个概率与事件相关，元组是实例的成员。可以看到，由于每个元组具有其自己的变量，所以元组之间不存在相关性。因此，通过枚举所有可能元组的子集，从每个实例以及每个实例间的关系来计算概率并作为成员元组的概率，可以发现可能的模型集。由此产生的模型自然被称为元组独立模型。

然而，遗憾的是，元组独立模型太简单了，以至于不能表示相关性或互斥性。在上文中旅行者的例子中，没有办法表示 Alice 只能去塔希提岛或乌兰巴托之一，无法用独立的概率表示去两个地方中的一个，也没有办法表示 Alice 和 Bob 会一起去。下面的模型可以表示互斥，但仍然无法表达相关性。

块独立不相交（BLOCK-INDEPENDENT-DISJOINT，BID）模型

这里，我们将表划分成块（block）集合，每一个块与其他块都是独立的，表中的任何一个实例都必须有一个来自于块的元组，每一个块中的元组都是不相交的（即，互斥的）概率事件。可以认为这是为每一个块 b 指定了一个随机变量 x_b，并且为块中每个元组 t_1，t_2，t_3，…相应地用 $x_b = 1$，$x_b = 2$，$x_b = 3$，…加以标注。在 BID 表中，由于每个随机变量在每个块中仅出现一次，所以通常用相关事件的概率替换条件 $x_b = y$。

例 13.4 我们可以用下面的 BID 表来表示不同的选择，其中横长线用以分开不同的块。

旅行者	目的地	概率
Alice	Tahiti	0.8
Alice	Ulaanbaatar	0.2
Bob	Tahiti	0.8
Bob	Ulaanbaatar	0.2
Candace	Ulaanbaatar	1.0

然而，仍然不能限制 Alice 和 Bob 去同一个目的地。图模型为表示元组间的相关性提供了强有力的形式化表示。参考文献注解中有简要的讨论。 <<<

13.1.2 从不确定性到概率

概率模型表示不确定性有许多好处，但是，一个很自然的问题是，如何将数据、映射、查询以及模式的置信度级别转换为实际概率值。例如，字符串编辑距离值转换为概率

需要一个模型，这个模型需要表征印刷错误或字符串修改。这种模型可能高度依赖于特定的数据和应用，因此对于我们不可用。

概率来自于具体的应用，往往没有形式化证明过。在最好的情况下，可以有概率分布、错误率等相关的概率信息。在有些情况下，我们可能会得到数据值如何相关的模型。

然而，在其他许多情况下，我们只有主观的置信度级别，这种置信度被转换到[0，1]区间，并解释为概率。如在网络搜索中，最终的问题是，系统是否为高可信度的内容指定了一个较高的分值，而不是我们是否有坚实的数学基础以产生基本的分值。本节主要讨论与数据相关的不确定性表示。下面，我们将介绍数据集成的另一个关键部分（模式映射）的不确定性问题。

13.2　不确定模式映射建模

模式映射描述了中介模式与数据源模式之间的映射关系。本节介绍的概率映射（p-mapping），旨在描述映射的不确定性。本节介绍概率映射的可能语义以及对查询计算复杂度的影响。

350

为了简单起见，这里只考虑最简单的模式映射，称为属性映射（attribute correspondences），具体而言，映射是由属性映射组成的，属性映射的形式是 $c_{ij} = (s_i, t_j)$，其中 s_i 是模式 S 中的源属性，t_j 是模式 T 中的目标属性。直觉上，c_{ij} 说明 s_i 和 t_j 之间的关系。映射是指两个属性彼此相等或者它们有一个变换函数（例如，温度数据从摄氏到华氏的变换）。本文所考虑的简单模式映射定义如下。

定义 13.1（模式映射）　设 $\overline{S}$ 和 $\overline{T}$ 是关系模式。一个关系映射 M 是一个三元组（S，T，M），其中 S 是 $\overline{S}$ 中的关系，T 是 $\overline{T}$ 中的关系，m 是 S 和 T 之间的属性映射集合，m 中的每个源属性和目标属性最多有一个映射。

模式映射 $\overline{M}$ 是 $\overline{S}$ 和 $\overline{T}$ 之间的关系映射集，$\overline{S}$ 或 $\overline{T}$ 中的每个关系最多出现一次。

例 13.5　数据源 S 描述了一个人的电子邮件地址（email-addr）、现住址（current-addr）、永久地址（permanent-addr），中介模式 T 描述一个人的名字（name）、电子邮件（email）、邮寄地址（mailing-addr）、家庭地址（home-addr）和办公地址（office-addr）（这两个模式有一个单一的关系）：

```
S=(pname, email-addr, current-addr, permanent-addr)
T=(name, email, mailing-addr, home-addr, office-addr)
```

下面是 S 和 T 之间可能的关系映射。

```
{
  (pname, name),
  (email-addr, email),
  (current-addr, mailing-addr),
  (permanent-addr, home-addr)
}
```

<<<

13.2.1　概率映射

如前所述，我们可能无法确定两个模式之间的映射。如例 13.5，一个半自动的模式映

射工具可能在 S 和 T 之间产生 3 个可能的映射，为每个指定一个概率，如图 13-2 所示，3 个映射所有的 pname 都映射到 name，S 和 T 中其他属性都不相同，例如，m_1 映射 current-addr 到 mailing-addr，m_2 映射 permanent-addr 到 mailing-addr。由于映射的正确性是不确定的，所以我们需要考虑查询结果中所有这些映射。

现在可以给出概率映射的概念。直观地，一个概率映射描述了源模式和目标模式之间可能的模式映射集合的概率分布。

定义 13.2（概率映射） 设 $\bar{S}$ 和 $\bar{T}$ 是关系模式。概率映射（p-mapping）pM 是一个三元组 $(S, T, \mathbf{m})$，其中，$S \in \bar{S}$，$T \in \bar{T}$，$\mathbf{m}$ 是集合 $\{(m_1, \Pr(m_1)), \cdots, (m_l, \Pr(m_l))\}$，使得：

- 对于 $i \in [1, l]$，m_i 是 S 和 T 之间的映射，对每一个 $i, j \in [1, l]$，$i \neq j \Rightarrow m_i \neq m_j$。
- $\Pr(m_i) \in [0, 1]$ 且 $\sum_{i=1}^{l} \Pr(m_i) = 1$。

模式概率映射，$\overline{pM}$ 是 $\bar{S}$ 和 $\bar{T}$ 之间的关系概率映射的集合，其中 $\bar{S}$ 和 $\bar{T}$ 中的每一个关系至多在一个概率映射中出现。

13.2.2 概率映射的语义

给定一个概率映射 pM，有（至少）两种方法来解释模式映射的不确定性：

1）pM 中的单个映射是正确的，并且它适用于源 S 中的所有数据，或者

2）pM 中的多个映射是部分正确的，并且每个适合 S 中元组的不同子集。而且我们不知道对于特定的元组哪个映射是正确的。

在上面的例子中，这两种解释都同样有效，虽然其中的一个映射可能对所有数据是正确的，但它也可能是真的，有些人可能会选择他们的当前地址作为其邮件地址，而另一些人会使用永久地址作为其邮件地址。在后一种情况下，正确的映射依赖于特定的元组。

我们用两种不同的解释（表语义（by-table）和元组语义（by-tuple））定义查询结果，这两个语义有不同的计算性能。注意，需要应用来指定哪个是其合适的语义。

表语义和元组语义是确定性结果的自然延伸（参见 3.2.1 节）。我们首先简要回顾一下确定结果。映射定义了实例 S 和实例 T 之间的关系，它们的映射是一致的。

定义 13.3（一致的目标实例） 设 $M = (S, T, m)$ 是一个关系映射，D_S 是 S 的一个实例。

T 的一个实例 D_T 与 D_S 和 M 一致，如果对于每个元组 $t_s \in D_S$，存在一个元组 $t_r \in D_T$，使得每个属性映射 $(a_s, a_t) \in m$，t_s 中的 a_s 值与 t_t 中的 a_t 值一样。

例 13.6 图 13-1a 是源的一个实例，基于映射 m_1 与图 13-1b 一致，并基于映射 m_2 与图 13-1c 一致。

对于一个关系映射 M 和一个源实例 D_S，有无限个目标实例与 D_S 和 M 一致，我们用 $\text{Tar}_M(D_S)$ 表示所有这样的目标实例集。查询 Q 的结果集是 $\text{Tar}_M(D_S)$ 中所有结果实例的交集。

pname	email-addr	current-addr	permanent-addr
Alice	alice@	Mountain View	Sunnyvale
Bob	bob@	Sunnyvale	Sunnyvale

a)

name	email	mailing-addr	home-addr	office-addr
Alice	alice@	Mountain View	Sunnyvale	office
Bob	bob@	Sunnyvale	Sunnyvale	office

b)

name	email	mailing-addr	home-addr	office-addr
Alice	alice@	Sunnyvale	Mountain View	office
Bob	bob@	Sunnyvale	Sunnyvale	office

c)

图 13-1 a) 是一个源模式的实例, b) 和 c) 是目标模式的实例。
a) 在不同模式映射下, 与 b) 和 c) 一致。 **<<<**

定义 13.4 (确定结果) 设 $M = (S, T, m)$ 是一个关系映射, 设 Q 是 T 上的一个查询, D_S 是 S 上的一个实例。

对于 D_S 和 M, 元组 t 是 Q 的一个确定结果, 如果对于每个实例 $D_T \in \text{Tar}_M(D_S)$, $t \in Q(D_T)$。

13.2.3 表语义

下面用表语义概括概率环境中的确定结果。直观地, 概率映射 pM 描述了可能世界集合, 在每一个这样的可能世界中, pM 中不同的映射应用于源, 可能世界通过 pM 中的每个映射的概率附加权重。据此, 我们定义与源实例一致的目标实例。

定义 13.5 (表语义一致性实例) 设 pM $= (S, T, \mathbf{m})$ 是一个概率映射, D_S 是 S 上的一个实例。

T 中的实例 D_T 与 D_S 和 pM 是表语义一致的, 如果存在一个映射 $m \in \mathbf{m}$, 使 D_S 和 D_T 满足 m。

例 13.7 在图 13-1 中, 图 13-1b、c 是关于图 13-2 中概率映射的与 a) 表语义一致的。

	可能的映射	概率
$m_1 =$	{(pname, name), (email-addr, email), (current-addr, mailing-addr), (permanent-addr, home-addr)}	0.5
$m_2 =$	{(pname, name), (email-addr, email), (permanent-addr, mailing-addr), (current-addr, home-addr)}	0.4
$m_3 =$	{(pname, name), (email-addr, mailing-addr), (current-addr, home-addr)}	0.1

a)

图 13-2 一个概率映射由 3 个可选的关系映射组成 **<<<**

给定一个源实例 D_S, 以及一个可能的映射 $m \in \mathbf{m}$, 可以有无限数量的目标实例与 D_S 和 m 相一致。我们用 $\text{Tar}_m(D_S)$ 表示所有实例集。

在概率环境下, 我们为每个结果指定概率, 考虑在隔离情况 (isolation) 下与每个可能的映射有关的确定结果。结果 t 的概率是映射概率的总和, 其中 t 被认为是一个确定结果。我们定义表语义结果如下。

定义 13.6（表语义结果） 设 pM = $(S, T, \mathbf{m})$ 是一个概率映射，设 Q 是一个 T 上的查询，设 D_S 是 S 上的一个实例。

设 t 是一个元组，设 $\overline{m}(t)$ 是 $\mathbf{m}$ 的子集，使得对每个 $m \in \overline{m}(t)$，和对每个 $D_T \in \mathrm{Tar}_m(D_S)$，$t \in Q(D_T)$。

设 $p = \sum\limits_{m \in \overline{m}(t)} \mathrm{Pr}(m)$，如果 $p > 0$，则认为 (t, p) 是与 D_S 和 pM 相关的 Q 的一个表语义结果。

例 13.8 考虑一个查询，用它来检索所有在目标关系中的邮寄地址。图 13-3a 显示了基于表语义的查询结果，对于元组 $t = (\text{'Sunnyvale'})$，有 $\overline{m}(t) = \{m_1, m_2\}$，因此概率元组（'Sunnyvale', 0.9）是一个结果。   <<<

元组（邮寄地址）	概率
('Sunnyvale')	0.9
('Mountain View')	0.5
('alice@')	0.1
('bob@')	0.1

a）表语义

元组（邮寄地址）	概率
('Sunnyvale')	0.94
('Mountain View')	0.5
('alice@')	0.1
('bob@')	0.1

b）元组语义

图 13-3　通过表语义和元组语义找到所有邮寄地址

13.2.4　元组语义

虽然表语义为 $\mathbf{m}$ 中每个映射的选择做了可能世界建模，但表语义需要考虑每个元组可能选择了不同的映射。因此，一个可能世界是将 $\mathbf{m}$ 种可能的映射分配到 D_S 中的每一个元组。

从形式上，表元组与表语义定义的主要区别是：一个映射序列定义了一个目标实例，该映射序列为 D_S 中的每一个源元组指定一个 $\mathbf{m}$ 中的映射。不失一般性，我们假设有 D_S 中元组的排序。

定义 13.7（元组语义一致性实例） 设 d 表示 D_S 中的元组数，设 pM = $(S, T, \mathbf{m})$ 是一个概率映射，设 D_S 是一个 S 的实例，它有 d 个元组。

T 中的实例 D_T 与 D_S 和 pM 是元组语义一致的，如果有一个序列 $\langle m^1, \cdots, m^d \rangle$，使得对于每一个 $1 \leq i \leq d$，有

- $m^i \in \mathbf{m}$，且
- D_S 的第 i 个元组 t_i，存在一个目标元组 $t_i' \in D_T$，使得对每个属性响应 $(a_s, a_t) \in m^i$，t_i 中的 a_s 值与 t_i' 中的 a_t 值相同。

给定一个映射序列 seq = $\langle m^1, \cdots, m^d \rangle$，我们用 $\mathrm{Tar}_{\mathrm{seq}}(D_S)$ 表示所有与 D_S 和 seq 相一致的目标实例集。注意，如果 D_T 与 D_S 和 m 是表语义一致的，则 D_T 与 D_S 也是元组语义一致的且 D_S 中的映射序列的映射是 m。

可以将每个映射序列 seq = $\langle m^1, \cdots, m^d \rangle$ 看做是一个独立的事件，其概率是 $\mathrm{Pr}(\mathrm{seq}) = \prod\limits_{i=1}^{d} \mathrm{Pr}(m^i)$。如果 pM 中有 l 个映射，则有 l^d 个长度为 d 的序列，其概率等于 1，我们用 $\mathbf{seq}_d$（pM）表示 pM 中产生的长度为 d 的映射序列集合。

定义 13.8（元组语义结果） 设 pM = $(S, T, \mathbf{m})$ 是一个概率映射，设 Q 是 T 上的一个查询，D_S 是 S 中的一个有 d 个元组的实例。

设 t 是一个元组，$\overline{seq}(t)$ 是 $\mathbf{seq}_d(\mathrm{pM})$ 的子集，则对于每个 $seq \in \overline{seq}(t)$ 和每个 $D_T \in \mathrm{Tar}_{seq}(D_S)$，$t \in Q(D_T)$。

设 $p = \sum\limits_{seq \in \overline{seq}(t)} \Pr(seq)$，如果 $p > 0$，我们称 (t, p) 是关于 D_S 和 pM 的 Q 的一个元组语义答案。

例 13.9　继续来看例 13.8，图 13-3b 展示了基于元组语义的查询回答，注意表语义结果中的元组 $t = (\,\text{'Sunnyvale'})$ 与元组语义结果是不同的。 <<< 355

评注 13.1（计算复杂度）　表语义有一个迷人的特性：它能及时找出一个选择 – 投影 – 连接（select-project-join）查询中所有的确定回答，其数据和映射是多项式时间级的。元组语义在计算性能上无法达到表语义的水平。通常，基于元组语义找到所有确定结果的计算复杂度是与数据大小相关的#P 完全级的。

13.3　不确定性和数据溯源

最后，在数据集成中，一个元组的分值（分值用概率或其他方法来度量）应取决于多种因素：查询正确性的概率、个体模式映射正确性的概率、源数据正确性的概率、实际总体的样本空间（可能世界的集合）等。

概率和数据集成领域的许多研究人员已经注意到，查询结果的溯源（例如，查询结果如何产生以及从何处得到）与查询结果的分值之间有一定关系。当前已提出了多种技术用于计算与数据溯源相关的查询结果，以及计算概率超过这些结果的查询结果。还提出了一些其他技术研究以下方面的分值：单个数据源、模式映射、查询、给查询结果一个正确的排名，以及解释数据源和查询结果之间的关系数据来源信息。在这个丰富的研究领域中，这方面的研究工作还在继续，我们将在第 14 章讨论数据溯源，在第 16 章详细介绍数据溯源如何用于计算得到分值。

参考文献注释

有关概率数据库综述的文献是[535]，我们所讨论的概率数据模型从这个文献中得到很大启示。有些基础工作包括不完全信息表示、条件表等在文献[313]中论述，早期概率数据库方面的工作在文献[236，364]中讨论，概率条件表在文献[271]中论述。当前，各种各样的概率数据管理研究成果在数据库领域中出现，而不是在数据集成文献中，多个著名的系统包括：Trio[67]、MystiQ[95，160，496]、MaybMS[32]、PrDB[518]和 Bayes-Store[561]。一种流行的计算近似结果的方法是使用 Monte Carlo 模拟，在 MystiQ 中首次使用，研究细节在 MCDB[330]和文献[569]中详细论述。应用这些系统的目的主要是支持概率计算，如从文本和 Web 页面上抽取信息[560]。

管理和挖掘不确定性数据很早已经成为一个研究课题，一些最近的研究进展在 Aggrawal 编辑的文献集中[17]。 356

概率模式映射中的表语义和元组语义在文献[189]中做了介绍，论文还建立了关于在概率映射中计算查询的复杂度结果，目前已提出了多种模型以获得属性间映射的不确定性。Gal 等人[239]提出，保持两个模式间的 top-k 映射，每个有 0 ~ 1 之间概率为真。文献[242]中提出，为了匹配每个源属性和目标属性对，为其指定一个概率。这方面更全面的论述可以在[241]中找到。

Magnani 和 Montesi 在文献[411]中经验性地表明 top-k 模式映射可以用于增加数据集成中的召回率，Gal 在[238]中描述了通过结合不同匹配器产生的匹配结果如何产生 top-k 模式匹配。Nottelmann 和 Straccia[462]提出生成概率模式匹配，以便捕获每个匹配步骤中的不确定性。

He 和 Chang[293]考虑了 Web 数据源中产生间接模式的问题，他们的方法是创建一个间接模式，这个间接模式统计源模式的最大一致性。为了做到这一点，他们假定源模式通过可生成模型创建，应用于某些中介模式，它可以看做是一个概率中介模式。Magnani 等人[412]提出，基于关系间（如导师关系与教师关系是相交关系，但与学生关系是不相交）概率联系，通过抽样数据实例的重叠部分，产生可选择的中介模式集。

Chiticariu 等人[135]研究了对于一个存在的数据源集合，产生多个中介模式。他们考虑了多表数据源以及利用交互技术辅助生成中介模式。

Lu 等人[399]描述了一种系统，在该系统中，多个数据拥有者可以共享数据，每个都使用自己的术语，数据被插入一个宽表（wide table），该表有一列用于指定每个数据提供者的每个属性。系统自动确定多个数据提供者的标签对之间的相似性，通过检查数据本身并用概率表示数据间的相似性。用户可以使用任何他们想要的模式查询，系统使用概率查询计算来获取与查询中使用的模式不符的数据。

357

数 据 溯 源

本书的大部分内容主要讲述如何从众多数据源中将数据提取出来，并将这些数据以一定的形式集成到一个同构的视图中——通过这样的处理，来自不同数据源的数据被集成在一起而不区分其来源。然而对于一个集成模式中的数据，有些时候我们还是希望能够知道数据是从哪里来的以及是怎么来的。

这就促成了一个研究课题，叫做数据溯源（data provenance），有时也称为数据世系（data lineage）或数据血统（data predigree）。数据溯源描述了数据产生和演化的过程。从广义上来说，溯源可能包括很多因素，例如，原始数据的生成者、生成时间和使用的设备。然而，通常在数据库领域中，数据溯源表示从源数据库的原始元组如何得到现在的这些数据。针对这个问题，我们可以使用单独的应用程序来保留一些附加信息，例如，原始的元组如何生成、生成的时间、生成者等。

例 14.1 考虑这样的情形，当一个用于科学研究的数据仓库从多个数据源 S_1、S_2 导入数据时，如果有数据冲突，那么该数据仓库的使用者或管理员希望知道这些冲突数据来自哪个数据源、使用哪些映射对数据进行了转换。如果能够知道这些数据的来源，那么找到相比于其他数据源更具权威性的一个数据源就能够更容易地解决冲突问题。同样，如果知道一个模式映射是易出错的，那么这也会很方便地找到该映射产生的数据。   <<<

在 14.1 节中，我们会从两个不同的角度描述什么是数据溯源：描述数据产生和演化的标注和数据间的一系列关系。这两个角度在特定场景中都是天然存在的。14.2 节介绍数据溯源的一些应用。14.3 节将讨论数据溯源的一个形式化模型，溯源半环模型（provenance semirings）。该模型可以获得选择–投影–连接–并查询的全部细节信息。14.4 节简单讨论数据溯源信息在数据库系统中的存储。

14.1　溯源的两种表示方法

溯源是描述数据由来的一个方式，我们可以用两个不同但又互补的方法来表示数据溯源。通常，在对特定数据项的存在性或值进行推理时使用第一种方法表示溯源，而当对整个数据库进行溯源建模时使用第二种表示方法。这两种表示方法是等价的，并且它们之间的相互转换也是方便的。大部分处理数据溯源的系统都使用这两种表示形式。

14.1.1　使用数据标注表示溯源

最自然的方式可能是使用一系列描述数据是如何产生的标注来表示溯源。这些标注可以放到数据的不同的部分。在关系模型中，这意味着元组或元组中的字段需要被标注。例如，元组 t 的溯源可能是一组元组 t_1、t_2、t_3，对它们进行连接操作可以生成元组 t。在更复杂的模型中，例如 XML，溯源的标注可能放在树或子树上。这些标注能够描述元组的转换过程（映射或查询操作）以及数据的来源。

例 14.2　如图 14-1 所示，一个样本数据库实例包含了两个基本数据实例（表 R 和表 S）。使用关系代数表达式 $R \bowtie S \cup S \bowtie S$ 得到一个视图 V_1。对 V_1 的每个元组可以用标注的方式描述其产生的方式，见图中的"由……直接导出"（directly derivable by）列。例如，$V_1(1, 3)$ 的数据可以从两个不同的途径得到，一个是 $R(1, 2)$ 与 $S(2, 3)$ 连接操作可以得到，也可以通过 $R(1, 4)$ 与 $S(4, 3)$ 连接操作得到。

关系 R	
A	B
1	2
1	4

关系 S	
B	C
2	3
3	2
4	3

视图 $V_1 := R \bowtie S \cup S \bowtie S$

A	C	由……直接导出
1	3	$R(1,2) \bowtie S(2,3) \cup R(1,4) \bowtie S(4,3)$
2	2	$S(2,3) \bowtie \rho_{B \to A, C \to B} \, S(3,2)$
3	3	$S(3,2) \bowtie \rho_{B \to A, C \to B} \, S(2,3)$

图 14-1　两个基本关系实例和一个视图实例（包含关系代数的定义）　　<<<

当想要使用数据溯源对元组分配一些计分或可信度评估时，这个角度提供了极大的便利性。实际上，溯源的标注可以看做是一个表达式，该表达式的计算结果是一个得分。

我们很快就会看到，标注的概念甚至可以被推广来支持递归依赖。例如，对于递归的视图或循环的模式映射集。

14.1.2　使用数据关系图表示溯源

某种情况下，使用源数据和生成数据之间的映射来表示溯源会更自然。换句话说，把数据的溯源看做是一组图。这样的图可以将溯源以一种很自然的方式展现出来并且同时保存了溯源信息。

更具体地说，我们将溯源模型化为一个以数据元组作为节点的超图。每个从一组源元组得到的导出元组都对应一个连接源元组和导出元组的超边。用 datalog 的说法，从一组源元组得到的导出元组称为特定规则的直接结果（immediate consequent）。

例 14.3　如图 14-1 所示，我们可以用 datalog 重新定义 V_1 的代数表达式：

$V_1(x, z)$:- $R(x, y), S(y, z)$

$V_1(x, x)$:- $S(x, y), S(y, x)$

V_1 视图实例中的每一个元组都是来自其他元组的直接结果，即，是通过对这些元组使用 datalog 规则直接得到的。在图中我们可以看到 V_1 中第一个元组可以从 R 和 S 的两对不同元组连接操作得到，同时 V_1 的第二个和第三个元组可以简单地从 S 的自连接操作中得到。我们可以通过使用图 14-2 的超图将元组之间的关系可视化。

在这个例子中，规则名（V_1）和结果元组（$V_1(a, b)$）的关系名相同。然而，在更通用的数据集成场景中，我们可能有多个映射或规则来表达源和目标实例之间的约束。这里，每个规则或关系可能有一个唯一的名字，从而可以与输出关系名加以区分。

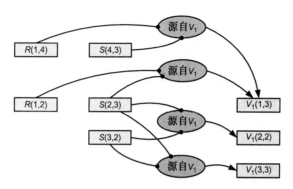

图 14-2　在数据库（和视图）实例中元组关系的超图，使用矩形节点表示元组，
有入度和出度的椭圆表示生成数据的超边　　　　　　　　　　　　　　**<<<**

14.1.3　两种表示方法的可交换性

值得一提的是，使用上节所讨论的形式概述，任何数据溯源图都可以等价地通过元组标注来表达。特别地，如果想要支持溯源图中的递归导出，可以为每一个元组赋予一个相应的溯源标记（provenance token）。对于原始数据，使用一个源标记（base token）来表示它是一个已知的源数据。对于导出数据，我们使用一个结果标记，表示它的值是通过其他溯源标记的一个溯源表达式计算而来的。所有溯源标记的集合形成一个方程组，这个方程组的解在递归的情形下可能会无限地扩大。幸运的是，正如我们在 14.2 节所讨论的，如果我们能够给该数学结构分配合适的语义，则我们可以很容易地处理和推理这些标注。

例 14.4　我们举例说明图 14-3 中方程组的含义。这里重新绘制了图 14-1 中的表，所有的元组使用溯源标记来标注，它表示该元组是源数据值或者是其他溯源标记表达式的计算结果。

关系 R

A	B	标记
1	2	r_1
1	4	r_2

关系 S

B	C	标记
2	3	s_1
3	2	s_2
4	3	s_3

视图 V_1

A	C	标记
1	3	$v_1 = r_1 \bowtie s_1 \cup r_2 \bowtie s_3$
2	2	$v_2 = s_1 \bowtie s_2$
3	3	$v_3 = s_2 \bowtie s_1$

图 14-3　图 14-1 是基于溯源标记的标注方程组。每一个元组用一个标记标注，其值是一个其他标记的表达式。这里我们使用非形式化的连接和并操作，在 14.3 节会提供一个形式化的框架　　**<<<**

在该模型中，每个乘积项表示导出元组直接由一组元组推导而来，其对应于溯源过程中的一个超边。

14.2　数据溯源的应用

溯源，作为解释结果的一种方法，在很多情况下都非常有用。存储和检查溯源的目的可以大致分为三类：数据项解释、数据项计分和元组间交集的推理。

362

解释

在各种情况中，最终用户或数据集成者可能希望看到输出元组的"解释"。元组可能看起来是错误的：我们可能需要找到是哪个映射产生了这个错误以便修正该映射或清洗该数据源。此外，我们可能需要了解数据的来源和导出的方式以便获得更好的结果。在这种情况下，我们的目标可能是构造一个展示溯源的图，例如一个表示元组产生的数据流和操作的有向图。

计分

在很多情况下，我们可以给原始数据、映射和连接或并集操作赋一个初值。该初值可以代表一个置信水平、作者的权威性、随机游走中到达一个节点的概率或相似性度量等。在这些情况下，给定溯源和一个组合计分的策略，我们就可以以标注的形式自动地得到导出数据的计分。例如，我们可以从溯源信息中自动获得事件的概率表达式（其描述一个联合的事件为真的条件）或负对数释然计分（描述了联合事件为真的对数似然估计）。访问级别可能与计分密切相关：如果已知源数据有一组特定的访问权限，那么可以自动地判断出导出数据至少有同样的权限保护。

交集的推理

有时不仅需要查看元组的溯源，同时还要了解不同元组之间的关系。例如，我们可能想要知道两个不同元组是否是独立推导出来的、一个元组是否依赖于另一个元组的出现或者两个元组是否共享一个映射。这里，我们可能需要构造具有关联关系的数据项集合或者数据项之间的连接关系图。

14.3 溯源半环

自 2000 年以来，人们提出了很多描述数据溯源的形式化方法，每一种方法都能够捕捉详细的信息来解释元组的溯源。其中效果最好的方法是溯源半环（provenance semirings），该方法是使用核心关系代数（选择、投影、连接、并）得到元组间关系的最常见的表达方式。溯源半环同时也提供了两个有用的特性：1）不同的代数等价关系表达式 [○] 可以得到代数等价的溯源；2）可以根据溯源标注，使用相同的形式来给物化视图中的导出数据计算各种计分类型，即不再需要重新计算。最近的研究已经扩展了溯源半环模型，支持更丰富的查询语言（例如，支持聚集操作），但是我们在本节还是主要介绍核心关系代数。

14.3.1 半环形式化模型

通过关系代数查询生成的元组，有两种组合元组的基本途径：通过连接或笛卡儿积的

○ 这里，等价的是指用于优化器中的标准的关系代数转换。因此，对于任意的查询都会产生查询计划。可以在参考文献注释里查看更多的细节。

方法得到一个"连接"元组，并且通过投影或并操作消除重复元组的方式得到多归一元组。不过，关系代数具有针对这些操作的等价公式。例如，并操作满足交换律、连接操作对并操作满足分配律。半环模型就是设计用来利用这些等价关系的，这种代数等价的查询表达式可以作为等价的溯源标注。更重要的是，在不影响溯源的情况下，半环模型可以利用查询优化器为查询选择不同的执行计划。

溯源半环的基本形式包含下面几个方面：

- 一个溯源标记或元组标识符 K 的集合可以唯一地识别每一个元组的关系或值。例如，使用关系 ID 和键值作为获得溯源标记的方法。标记可以分为表示原始数据的源标记（base token）和通过其他标记和溯源表达式得到的结果标记。
- 一个抽象的求和运算 $\oplus$，满足结合律和交换律；和一个幺元 0（$a \oplus 0 \equiv a \equiv 0 \oplus a$）。
- 一个抽象的乘积运算 $\otimes$，满足结合律和交换律，同时对求和操作满足分配律，并且有一个幺元 1，满足 $a \otimes 1 \equiv 1 \otimes a \equiv a$。同时还满足，$a \otimes 0 \equiv 0 \otimes a \equiv 0$。

更形式化地，$(K, \oplus, \otimes, 0, 1)$ 形成一个满足交换律的半环，$(K, \oplus, 0)$ 和 $(K, \otimes, 1)$ 形成满足交换律的幺半群（commutative monoids），其中 $\otimes$ 对 $\oplus$ 满足分配律。

更直观地，如果 K 的每个元素都是一个元组 ID，则 $\oplus$ 可以用来表示多个表达式的并或投影运算。$\otimes$ 操作对应于多个表达式结果的连接操作或应用一个给定的映射规则。

364

例 14.5　假设我们给图 14-1 中表格 $X(y, z)$ 的每一个元组分配一个溯源标记 $X_{y,z}$。例如，元组 $R(1, 2)$ 有标记 $R_{1,2}$。则视图 V_1 中的元组的溯源如下所示。

A	C	溯源表达式
1	3	$V_{1,3} = R_{1,2} \otimes S_{2,3} \oplus R_{1,4} \otimes S_{4,3}$
2	2	$V_{2,2} = S_{2,3} \otimes S_{3,2}$
3	3	$V_{3,3} = S_{3,2} \otimes S_{2,3}$

<<<

扩展：映射的标记

有时给生成数据的映射或规则（甚至是映射的版本或规则的定义）分配一个溯源标注也是很方便的。这让我们不仅能够跟踪数据项的演化过程，也能够最终用于创建元组的映射。我们最终可能想给每一个映射分配一个计分，例如根据其正确的概率，并把这个计分应用在标注的计算上。在第 13 章中我们讨论了使用表语义为模式映射分配概率得分。

例 14.6　将例 14.5 扩展到这样一个场景中，在此我们不确定视图 V_1 的质量。给视图 V_1 分配一个标记 v_1，表示我们对该视图输出质量的置信度。那么视图 V_1 中元组的溯源如下所示。

A	C	溯源表达式
1	3	$V_{1,3} = v_1 \otimes [R_{1,2} \otimes S_{2,3} \oplus R_{1,4} \otimes S_{4,3}]$
2	2	$V_{2,2} = v_1 \otimes [S_{2,3} \otimes S_{3,2}]$
3	3	$V_{3,3} = v_1 \otimes [S_{3,2} \otimes S_{2,3}]$

<<<

注意，在例子中我们将元组溯源定义为其他元组溯源标注的一个多项式表达式。

该模型对包括递归关系在内的复杂溯源关系也足够通用。同时可以与图 14-1 的超图表示进行直接转换：每一个元组的溯源标记对应超图的一个元组节点；每一个映射的溯源标记对应一个超边，其起点为标记的元组节点指向结果（输出）溯源标记的元组节点。

14.3.2　半环模型的应用

一个简单的数据溯源应用是帮助终端用户将数据产生演化的过程可视化，例如可以用来进行查错或更好地了解数据。图 14-4 展示了这样一个例子，溯源可视化器用在 ORCHESTRA 系统中，可视化组件使用矩形表示关系中的元组。推导用菱形来指代，例如通过映射 M5 表示推导。此外，用 + 节点表示源数据的插入。

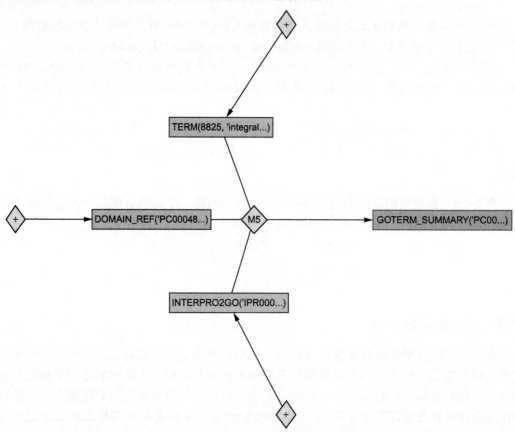

图 14-4　在 ORCHESTRA 系统的示例中，溯源的可视化是作为超图来展现出来的。"＋"节点表示源数据的插入；矩形表示关系间的元组；而菱形，例如标记为 M5 的菱形，表示通过模式映射进行推导

溯源半环形式的真正能力在于可以通过给出 ⊕ 和 ⊗ 操作的一个解释和源溯源标注的一个分值来对元组进行评分。通过执行对溯源表达的估算，我们可以自动得到这些计分。此外，相同的溯源存储表示可以直接用于所有应用中——我们不需要不同的存储表示，例如可视化的溯源、分配计分或元组计数等应用。

例 14.7　假设我们有一个简单的计分模型，在这个模型中，一个元组的得分是根据其推导的次数来计算的。令每个基元组 $R_{x,y}$ 或 $S_{y,z}$ 的值为整数 1，$\otimes$ 表示算术乘法，$\oplus$ 表示算术加法。令幺元 **1** 为整数数值 1，幺元 **0** 为整数数值 0。最后，令 v_1 的值为整数数值 1。

那么对于 V_1 得到：

A	C	溯源表达式的评估
1	3	$V_{1,3} = 1 \cdot 1 \cdot 1 + 1 \cdot 1 \cdot 1 = 2$
2	2	$V_{2,2} = 1 \cdot 1 \cdot 1 = 1$
3	3	$V_{3,3} = 1 \cdot 1 \cdot 1 = 1$

<<<

例 14.8 假设在常见的信息检索中我们有一个稍微复杂的计分模型：每一个元组使用负对数似然（negative log likelihood）作为它的分值，即其概率对数的负数。假设所有元组都是独立的，一个连接结果的负对数似然就是被连接表达式的负对数似然之和。当一个元组有两个不同的导出方式时，我们将选择最可能的情况（即负对数似然最小的情况）[二]。

可以使用下面的方法对每个元组计算它的负对数似然作为标注。令每个源元组 $R_{x,y}$ 或 $S_{y,z}$ 的值为元组的负对数似然；令 $\otimes$ 表示算术加法，$\oplus$ 表示取最小值的操作，令元素 **1** 为实数值 1，元素 **0** 为实数数值 0。最后，令 v_1 的值为视图正确性的负对数似然。我们将这些部分整合在一起，就会得到一个计分。在很多的情形下，我们只希望返回视图中计分为前 k 个的元组（详情参见 16.2 节）。

<<<

除了这些简单的例子外，还有各种有用的可交换半环。表 14-1 是操作符和基值分配的列表。可导出半环（derivability semiring）给所有基元组赋予真值，并判断一个元组（其标注必须也为真）是否可以从它们导出。除了必须检查每一个基元组（EDB）是否可信外，将基元组的标注赋值为 **true** 或 **false**。此外，每一个映射可以和乘法的幺元 **true** 相关联，这样不会影响其他相乘项的值；或者与表示不信任的值 **false** 相关联，当与任意项相乘时都返回 **false**。任何标注为 **true** 的导出元组都是可信的。机密等级半环（confidentiality level semiring）为通过多个源元组连接导出的元组分配一个访问机密等级（confidentiality access level）。对于任意的连接操作，它将输入元组中最高等级（最安全）分配给输出元组；对于任意的并操作，它将输入元组中最低等级（最不安全）分配给输出元组。在上一个例子中，使用的加权/代价半环在排名模型中同样适用，这里的输出元组会给定一个代价，该代价是每个单独计分或连接项的权重之和（在并操作中会选择最小的代价）。这个半环可以用来生成关键字查询的排序结果或者用来评估数据的质量。概率半环可以用于概率数据库查询应答中概率事件表达式[二]的表示。世系半环（lineage semiring）对应于一个元组的一些推导过程中所有基元组的集合。在第一个例子中使用的推导半环的数目可以通过每个元组导出方式的计数获得，在包语义下的关系模型中也是如此。

⊖ 注意这并不计算概率的正确结果。这是在机器学习领域中经常使用的一个易处理的近似解，因为计算真正的概率是一个 #P 完全问题。

⊖ 从这些事件表达式中计算实际的概率一般都是一个 #P 完全问题。使用溯源半环模型也不会改变这一点。

表 14-1 在计算计分时一些对基值和估算溯源操作有用的赋值

例子	基值	$R \otimes S$	$R \oplus S$
可导出	true	$R \wedge S$	$R \vee S$
可信任	信任条件结果	$R \wedge S$	$R \vee S$
权重	元组的基权重	more-secure (R, S) $R + S$	less-secure (R, S) $min(R, S)$
世系	元组 ID	$R \cup S$	$R \cup S$
可能性事件	元组的可能事件	$R \wedge S$	$R \vee S$
生成的个数	1	$R \cdot S$	$R + S$

注：就像在参考文献注释中所写的，"世袭"实际上有 3 个不同的方法。这里我们只是指最原始的定义。

半环溯源已经通过扩展来支持嵌套数据，例如 XML（参见参考文献注释）。

14.4 溯源的存储

溯源半环的超图表示方式可以很自然地使用关系来编码。假设有一组关系元组，并且想将它们的溯源信息进行编码。图中每个元组节点都可以通过数据库表中的元组进行编码。每种类型的溯源超边（在视图中的连接规则）都有其自己的模式，它是由一组特定类型的输入和输出元组 ID 组成，这些 ID 是数据库管理系统中元组的外键。这种超边类型的每个实例都可以存储为数据库中的一个元组。

例 14.9 我们可以为本章中使用的例子创建两个溯源表，$P_{V_{1-1}}$（$R.A$, $R.B$, $S.B$, $S.C$, $V_1.A$, $V_1.C$）和 $P_{V_{1-2}}$（$S.B$, $S.C$, $S.B'$, $S.C'$, $V_1.A$, $V_1.C$），分别表示 V_1 中的第一个和第二个连接查询，使用下面的内容来描述通过 V_1 生成数据的超边。

$P_{V_{1-1}}$

R.A	R.B	S.B	S.C	V₁.A	V₁.C
1	2	2	3	1	3
1	4	4	3	1	3

$P_{V_{1-2}}$

S.B	S.C	S.B′	S.C′	V₁.A	V₁.C
2	3	3	2	2	3
3	2	2	3	2	3

事实上，通过观察发现，在很多例子中一个导出的各种关系会有重叠（共享）的属性，我们可以进一步优化这个存储模型。例如，大部分输出属性可以从输入属性中得到，最常见的情况是，我们只需要根据特定属性的等值来进一步合并输入元组。一个溯源表只需要包含一份这些属性即可。

例 14.10 我们用下面的内容把前面的模型细化为 $P_{V_{1-1}}$（A, B, C）和 $P_{V_{1-2}}$（B, C, C'）：

$P_{V_{1-1}}$

A	B	C
1	2	3
1	4	3

$P_{V_{1-2}}$

B	C	C′
2	3	2
3	2	3

367 ～ 368

我们知道在 V_1 的规则中，$R.A = V.A = A$，$R.B = S.B = B$，$S.C = V_1.C = C$；在 V_1 的第二个规则中，对于第一个操作数来说，$S.B$ 与 $V_1.A$ 和列 B 相等，在第一个操作数中的 $S.C$ 与第二个操作数中的 $S.B$ 匹配，且值为 C，对于第二个操作数来说 $S.C = V_1.C = C'$。 <<< 369

参考文献注释

在写这本书的时候，数据溯源仍然处于数据库领域的深入研究中。最活跃的研究工作包括捕获查询的更有表达性的查询语句（例如，否定、聚集）、溯源索引存储和工作流系统溯源编码问题的数据溯源关系理解（在后面的例子中，一个工作流系统通常是各个阶段的流水线，我们很难知道其中的语义）。

最近许多年在科学研究领域中，溯源（有时也称为血统或世系）已经成为了一个热门的研究题目。在数据库领域中对数据溯源最早的形式化定义可以追溯到 21 世纪初期，Cui 和 Widom 第一次针对数据仓库提出了世系的概念，其中在视图中元组的世系是由源元组或证据[155]的集合的 ID 组成。几乎同时，Buneman 等提出了 why-provenance（因源）和 where-provenance（地源）的概念[98]。why-provenance 包含了一组基元组 ID 的集合，每一个"内部的"集合表示在视图中可以导出有用元组的元组的组合，不同的集合代表不同的导出。where-provenance 和标注元组不同，它是向下对每一个单独的字段进行标注。Trio 系统的工作开发了一个针对世系不同的形式定义，与在[67]中描述的源元组集合包类似。最后，世系项最近也被用在概率事件表达式中[535]。[267]中详细描述了主要的不同溯源形式化间的关系。

近年来，溯源半环的形式化来得到了广泛的研究。最主要的原因是它保留了经常使用的代数等价式所包含的包语义。然而，应当指出，有些等价关系代数包含的是集合语义而不是包语义，例如连接和并的幂等性，这些性质并没有包含在半环模型中。我们可以在[28, 267]中看到更多的内容。虽然我们在本书中没有明确地讨论，但溯源半环的形式化可以扩展来支持结构数据上的溯源标注，就像在 where-provenance 或 XML 数据模型中一样[231]。扩展后也可以同样支持聚集查询[29]。

Perm[252, 253]与半环模型类似，但是它更注重于支持其他的一些操作，例如半连接。在 Perm 之上建立的 TRAMP 模型[254]可以区分数据、查询和映射的溯源。

其他类似的溯源概念是想要解释"为什么没有产生这个结果"或"为什么这个结果比其他结果排名高"[117, 307, 372]。最后，在判断溯源的哪个部分能够更好地解释产生的结果时，与因果关系的概念间的联系就会建立起来[424, 425]。

最近，在 Trio[67]和 ORCHESTRA[324]项目中的工作激发出有更强捕获不同导出数据溯源能力的研究。在 Trio 中，当第一次计算世系（概率事件的表达式）时，概率值就会分配给导出的元组。在 ORCHESTRA 中，导出元组的信任级别或排名会根据它们是怎么导出的计算出来。在[67]和[231, 267, 269]中有它们分别的介绍。[133]是一篇非常优秀的数据溯源领域的综述。 370

在数据库领域中，针对科学工作流系统范畴下的溯源研究主要是探索一组表达性更好的操作。这里的工作流由在一个流水线中的多个"黑盒"操作组成（可能有控制结构，例如迭代）。与数据溯源探究关系操作上的语义不同，工作流溯源必须假设如果有等价关系包含语义，那么也只有非常少的语义。因此，溯源是一个纯粹的表示数据输入、工具和数据产品之间联系的图。工作流溯源领域一直是开放溯源模型（Open Provenance Model）[470]的工作核心。在科学工作流系统中最全面地集成了数据溯源的系统是 VisTrails[58]，这是一个用于生成科学可视化的工作流系统。VisTrails 能够使用户检查和查询数据溯源，甚至可以将数据溯源归纳到工作流中。其他的工作流系统（例如，Taverna[468]和 Kepler[400]）也支持溯源。在工作流溯源方向新兴起的研究是保护部分溯源图或将其抽象出来[87，164]。最近的一些研究提出了可以整合数据库和工作流溯源的模型[27]。

在数据库领域外，与数据溯源相关的一些形式也在研究。其中有两个突出的领域，一个是在文件系统中的溯源问题[448]，另一个是程序中从属分析的研究工作[132]。最近，公开的描述网络协议技术上的一些工作提出了网络溯源的概念[595]。基于这些想法，在系统中记录动态事件的溯源形式[594]和确保分布式溯源是不可伪造的溯源形式[593]已研究出来。还有其他学者在语义网络和链接开放数据（Linked Open Data）的溯源问题上做了一些工作[387，436，591]。

最后，鉴于溯源有其自己的数据模型（超图或半环等式系统）和操作（一个图的部分投影、计算标注），以及对最终用户的输出值，一个很自然的问题就是如何对它进行存储和查询。在[343]中提出了一个初始的溯源查询语言和存储模式。

371

新型集成系统

Web 数据集成

万维网以各种形式为我们提供了大量的数据。其中，数据都以 HTML 表格、列表以及基于表单的搜索界面等方式组织起来，大部分数据通常是以结构化的形式呈现给用户而非机器以便于理解。这些种类各异的数据源是由世界各地的用户创造的，包含 100 多种语言，并涵盖了各种主题。在这些数量庞大的数据上构建数据集成服务系统除了需要本书所介绍的许多技术之外，还存在着一些独特的挑战。

虽然 Web 为我们提供了各种结构化内容，包括 XML（第 11 章所述）和 RDF（第 12 章所述）等，但目前为止最主要的表现形式仍是 HTML。我们可以以多种形式在 HTML 页面中呈现格式化数据。图 15-1 展示了几种最常见的形式：HTML 表格、HTML 列表以及格式化的"卡片"或者模板等。第 9 章讨论了如何从一个 HTML 页面中提取内容。然而，除了构建页面包装器任务以外，Web 数据集成还存在着许多额外的挑战。

大规模和异构性

据保守估计，Web 中存在着至少 10 亿个结构化 HTML 数据集。当然，这些数据的质量也是有差异的——通常都是脏的、错误的、过时的或者与其他数据源不一致的数据。正如前面所讨论的那样，这些数据还可能用不同的语言表示。然而，在很多情况下，我们需要用一些通用的、可扩展的并且不需要大量管理员参与的技术来处理这些数据。

极少的结构化和语义线索

虽然这些数据集对用户而言看起来是结构化的，但是计算机程序从网页中抽取出数据的结构仍面临着一些挑战。首先，HTML 页面中显而易见的可视化结构在底层的 HTML 中可能对应着不同的结构。其次，HTML 表格主要用来以格式化的形式展现任意的数据，因此，大部分被格式化为 HTML 表格的内容实际上并不是如我们所想的高质量的结构化数据。当表格数据出现在 Web 中时，它通常是以少数几种模式来展现的。在最好的情况下，表格将含有一个带有列名的标题行，但是，通常我们很难判断第一行是否是标题行。表格所表示的关系通常由其上下文文本所决定并且难以抽取。例如，位于图 15-1 左下角的表格展示了一个波士顿马拉松赛跑优胜者的列表，但是这一事实却被放置在其上下文文本的某个地方。从网页中的列表抽取数据还面临着其他的挑战。列表完全没有任何模式可言，而且列表中的一项表示的是数据库中的一整行。因此，我们首先需要将每个列表分割，形成一个由多个单元构成的行。卡片使用相同的模板来呈现对象的属性。为了抽取数据，我们需要知道该模板特定的布局结构。

动态内容或"深层网络"

许多包含结构化数据的网页是在响应用户通过 HTML 表单提交的查询请求的过程中动态生成的。图 15-2 展示了几个此类表单的例子。在某些领域中，如汽车行业、求职、房地产、公共记录、活动赛事以及专利等，每个领域都可能有成百上千的表单。然而，现实生活中仍然存在着长尾效应——许多领域所含有的表单数量非常少。比如，在管理良好的直辖市中的被褥交易、出售马、停车费等情况。

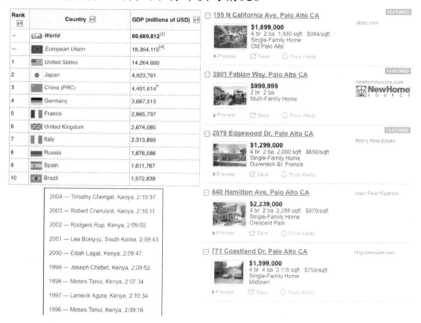

图 15-1　Web 中不同形式的结构化数据。左上角是一张由各个国家 GDP 构成的 HTML 表格，左下角展示了含有波士顿马拉松赛跑优胜者信息的 HTML 列表的一部分。右边则展示了一张房地产搜索结果列表，其中每个结果被格式化地表示为一张卡片

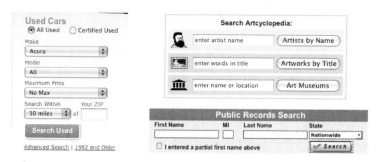

图 15-2　Web 中的 HTML 表单示例。左边的表单用于二手车搜索服务，右上角的表单用于艺术作品搜索服务，而右下角的表单则用于公共记录搜索服务

　　由于基于表单的数据源通常提供一个结构化的查询接口，所以 Web 数据集成的大部分工作都集中在为众多的表单提供统一的访问接口。而以便捷的方式访问此类数据显得更为重要，因为这些数据通常隐藏在 Web 搜索引擎中。具体来说，Web 搜索引擎爬虫通常都是通过追踪已索引网页中所包含的超链接来收集网页。然而，那些通过表单调用生成的网页是在运行过程中动态产生的，并且往往不含导入链接。基于这个原因，这部分内容称为深层网络或者暗网，并与浅层网络形成对照。此类表单数据源的数量估计数以千万计，而深层网络中所包含内容的数量估计是浅层网络所含内容数量的两个数量级[⊖]。

　　⊖　这只是大小的估计，而不是有效内容的估计。

15.1   Web 数据的用途

与其他类型的数据集成相比，Web 数据源通常具有更强的异构性，包含更少的能让系统自动知晓该做什么的线索，并具有更大的规模。更糟糕的是，就规模而言，我们通常局限于所需的人数甚至是我们能对单个数据源进行多少自动处理。因此，随之产生的问题就是我们是否能够处理以及如何处理 Web 数据。

显然，答案是我们能够使用 Web 中的数据源来提供各种服务，从数据集成到改进搜索服务不等。在介绍抽取和查询这些数据的具体技术之前，我们首先思考一下 Web 中的结构化数据有哪些可能的用途，这将为我们提供更多的启发。

375
~
377

数据集成

当面对某个特定主题的多个数据源时，一个直接的目标就是提供一个能够在这些数据源中检索数据的单一查询接口。例如，我们能够创建一个整合了多个求职网站数据的统一网站，从而避免访问多个求职网站。此类搜索引擎通常称为**垂直搜索引擎** （vertical-search engine）。

一个与前者稍有些不同的目标是创建一个整合了某个特殊领域的所有数据的主题门户网站。例如，假设有这样一个网站，它整合了数据库研究这一领域内的所有信息，包括研究人员、会议以及出版物等。其中，不同种类的数据来源于不同的网站。例如，关于研究人员的数据来源于某一个数据源集合，而关于出版物的数据则来源于另一个数据源集合。与此相反，一个垂直搜索引擎则通常是对提供了同类数据信息（如待售汽车）的多个网站的数据进行整合。

数据集成的第三个目标是针对暂时性或者"一次性"数据的整合任务。我们可能会将多个数据源的数据结合起来，用以创建一个临时所需的数据集合。例如，考虑下面这两种情况，在一次赈灾活动中，我们需要快速创建一个在线地图用来展示所有的避难所位置及其联系方式；或者，为了完成一项课程项目，某学生需要将各个国家的水资源可利用量和 GDP 信息收集起来。与前两种数据集成任务不同的是，这里我们所面向的不是那些技术娴熟的用户群。针对此类用户我们将有另一类的系统设计方法。

改进 Web 搜索

利用结构化数据来改进 Web 搜索的方法有很多种。我们可以把 Web 搜索看做是数据集成中一种不需要进行连接操作（只需并操作）的特殊情况。

正如上面所提到的，深层网络的内容对于搜索引擎来说是不可用的，它暴露了搜索引擎在覆盖面和搜索质量方面存在的一个显著缺陷。另一个改进 Web 搜索的机会是将布局结构作为一个关联标志。例如，如果我们搜索到一个含有表格的网页，表格中含有一个标记为 population（人口）的列以及一个左边列中含有 Zimbabwe（津巴布韦）的行，那么该网页应该认为是与查询 "Zimbabwe population" 相关的，即使网页中出现 population 的位置与 Zimbabwe 的位置相距甚远。

Web 搜索的另一个长期目标是将客观事实作为结果返回。例如，如果用户查询"Zimbabwe population"，而正确答案存在于一张表格中，那么我们可以返回结果在表格中的行号和指向相应源数据的指针。我们甚至可以要求更高一些，返回推导出的事实。例如，对于查询"africa population"，我们可以根据一张含有非洲所有国家人口数量的表格来计算出所需的答案。当今的 Web 搜索引擎只能在合约许可的数据源的支持下对有限领域（如天气、比赛结果等）内的查询给出事实类答案。

最后，我们搜索的目的往往是找出结构化数据。例如，作为某次课堂作业的一部分，我们可能正在查找一个含有美国不同城市犯罪率的数据集合。目前，由于我们还无法显式地告诉搜索引擎我们正在查找一张数据表，所以我们仍局限于手动地浏览那些含有结构化数据的查询结果这一单调而乏味的过程中。

接下来，我们将讨论几个用来提供上述服务的工作。15.2 节将介绍两个利用深层网络内容来提供服务的工作：搜索引擎（如待售汽车），以及深层网络浅层化。前者运用了虚拟数据集成系统中的许多思想，而后者则尝试利用表单来爬取并找出有用的 HTML 页面。15.3 节将介绍用于将某个特定领域内的各种数据整合起来的主题门户网站（如找出所有关于数据库研究人员的已知数据）。最后，15.4 节将阐述 Web 数据集成中的一种常见情况，即用户需要为其临时任务将多个数据集整合起来（如将某个国家的咖啡产量与其人口关联起来）。

15.2   深层网络

深层网络包含了蕴含在广泛领域和多种语言中的数据。用户通过填写表单来访问深层网络中的内容。当问题被提交之后，系统会动态地生成一个应答网页。这里，我们讨论的重点将放在提供某个特定领域（如，汽车、专利等）数据的深层网络源上，而不是提供通用搜索或者"搜索该网站"功能的表单。

在介绍如何通过深层网络网站整合数据之前，我们先回顾一下 Web 表单的基本结构。一个 HTML 表单定义在一个特殊的 HTML 表单标签内（参见图 15-3 中说明图 15-4 所示表

```
<form action="http://jobs.com/find" method="get">
<input type="hidden" name="src" value="hp"/>
Keywords: <input type="text" name="kw"/>
State: <select name="st">
        .<option value="Any"/>
        <option value="AK"/>
        <option value="AL"/>
        ...
    </select>
Sort By: <select name="sort">
        <option value="salary"/>
        <option value="startdate"/>
        ...
    </select>
<input type="submit" name="s" value="go"/>
</form>
```

图 15-3   定义一个表单的 HTML 代码。该表单定义了一组字段、字段的类型、菜单选项以及处理表单请求的服务器

单的 HTML 代码）。action 字段指定了响应表单的提交并进行查询处理的服务器。一张表单可以含有多个输入控件，其中每一个均由一个输入标签定义。输入控件有多种类型，其中主要的有文本框、选择菜单（由一个单独的选择标签定义）、复选框、单选按钮以及提交按钮。每个输入都有一个名字，该名字不同于用户在 HTML 页面中所看到的名字。例如，在图 15-3 中用户将看到一个名为 Keywords 的字段，但是该字段的名字可以被浏览器或者 Javascript 程序定义为 kw。用户要么通过在文本框中输入任意的关键字，要么通过从选择菜单、复选框或者单选按钮中预先给定的选项中选择一项来选择其输入值。除此以外，表单中还含有用户不可见且值固定的隐藏输入。这类输入是用来为服务器提供关于表单提交的额外内容（如，提交该表单的具体的网站）。我们的讨论主要集中在选择菜单和文本框上。复选框和单选按钮可以当做选择菜单来看待。

图 15-4　图 15-3 所定义的表单的展现形式

　　图 15-3 中的例子包含了一个用于让用户搜索工作职位的表单。当一个表单提交之后，Web 浏览器将以 GET 和 POST 两种方式中的一种向服务器发送一个带有所有输入项和其值的 HTTP 请求。如果选用 GET 方式，那么表单中所包含的参数将会附加到 action 中并被当做 HTTP 请求中 URL 的一部分。例如，如下所示的 URL

```
http://jobs.com/find?src=hp&kw=chef&st=Any&sort=salary&s=go
```

定义了一个寻找所有地区的厨师职位并将结果按工资水平排序的查询。如果选用 POST 方式，那么表单参数将在 HTTP 请求的正文中被发送出去而 URL 仅包含 action（如，http://jobs.com/find）。因此，从采用 GET 方式的表单中获取的 URL 是唯一的并对提交的值进行了编码，而从采用 POST 方式的表单中获取的 URL 则不然。该差异之所以重要的一个原因是，一个搜索引擎索引能够将一个 GET 类型的 URL 看做是任意的其他网页，从而对特定请求的结果网页进行存储。

　　查询深层网络的方式主要有两种。第一种方式（详见 15.2.1 节）在数千个深层网络源上建立垂直搜索引擎以整合那些非常狭隘的领域中的数据。第二种方式（详见 15.2.2 节）则尝试爬取旧表单并将页面添加到搜索引擎索引中，而这个搜索引擎索引是建立在任意领域的数百万个站点之上的。

15. 2. 1　垂直搜索

　　我们首先介绍垂直搜索引擎。垂直搜索引擎的目标是为同一领域内的一系列数据源提供单一的访问入口。在垂直搜索所涵盖的大多数普通领域内，如汽车、工作、房地产以及机票等，可能有数千个网站含有与之相关的内容。即使我们将范围限制在与某个特定大城市相关的网站内，仍然可能还有数十个相关的网站——数量太多而难以手动浏览。图 15-5 表明，即使是简单的领域，如求职，不同表单所包含的输入字段之间仍然存在着显著的差异性。因此，垂直搜索引擎需要解决这种异构性。就其本身而言，垂直搜索引擎就是一种特殊化的虚拟数据集成系统，而该系统我们已经在前面的章节中介绍过了。接下来，我们将以此介绍垂直搜索引擎中的各个组件。

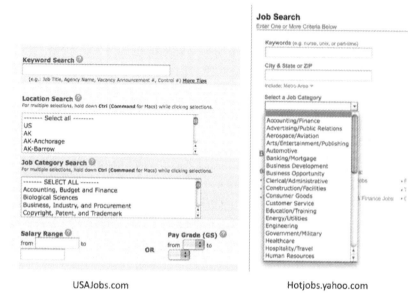

图 15-5　两个不同的用于搜索工作列表的 Web 表单

中介模式

　　垂直搜索引擎的中介模式用于对我们所关心的对象的重要属性进行建模。中介模式中的一些属性是输入属性，并将出现在用户所访问的表单中。而其他属性则是输出属性，并将只出现在搜索结果页面中。例如，一个整合了图 15-5 中两个源的数据的求职中介模式将含有表单中所包含的所有属性，如 category、keywordDescription、city、state 等，以及像 openingDate 和 employingAgency 这样仅出现在结果中的属性。在某些情况下，表单所包含的属性可能是模式所包含属性的最小或最大值（如，minPay）。

源描述

　　垂直搜索引擎中的源描述同样也是比较简单的，因为这些源在逻辑上表现为单一关系。因此，源描述所包含的主要部分为：1）源的内容（如，书籍、工作、汽车等）；2）选择条件（如，相关的地理位置、价格范围等）；3）能够被查询的属性；4）结果中出现的属性；5）访问模式限制，例如，在生成查询时需要哪个输入字段或字段的组合（详见 3.3 节）。

　　例 15.1　图 15-5 所示的 USAJobs. com 网站的一个源描述如下所示：

```
Contents:            jobs
Constraints:         employer = USA Federal Government
Query attributes:    keywords, category, location, salaryRange, payGrade
Output attributes:   openingData, employingAgency
Access restrictions: at least one field must be given
```
<<<

　　我们可以用第 5 章中描述的技术来构建源的描述。特别地，由于同一领域中的不同表单之间存在着许多相似之处，所以基于学习的模式匹配技术（详见 5.8 节）显得尤为有用。

　　Web 中的异构特性对查询重写带来一些独特的挑战。尤其是，表单常常使用下拉式菜单来为用户提供选项。例如，某房地产网站可能会用一个下拉式菜单来让用户指定需要搜索的财产类型（如独幢别墅、公寓、度假物业等）。然而，各个表单的分类并非总是相互一致的。例如，对于某些城市，房地产网站可能会特意给出 lakefront 这一选项，然而对其他城市则没有类似的分类。另一个挑战是所要处理的范围（如，价格范围）。中介模式的范围可能与各个数据源中的范围不完全匹配，因此系统可能需要将一个单独的范围重写为多个范围的联合。

包装器

垂直搜索引擎的包装器包含两部分：1）生成对底层网站的查询；2）处理查询返回的结果。生成查询相对来说比较简单。在确定了需要对某特定网站生成什么样的查询之后，系统只需要创建相应的 HTTP 请求即可。如果用户曾经在该网站上直接生成过相应的查询，那么该 HTTP 请求可能已经存在。对于那些使用 HTML 的 GET 方式来查询后台数据库的网站而言，该过程相当于创建一个含有查询参数的 URL。而对于那些使用 POST 方式的网站来说，查询参数需要作为 HTTP 请求的一部分来发送。

然而，由于一些网站中存在着更为复杂的交互方式，所以生成查询这一过程也面临着一个有趣的难题。例如，房地产网站通常会为用户提供开始几步的指导直到他能够独立查询房屋信息。在第一步中用户将首先选择一个州，在第二步中他将从这个州中选择一个县。最后，用户可以在他看到的第三个页面中查询所选县内的房屋信息。然而，垂直搜索引擎的目标是向用户隐藏这些所有的细节。因此，如果用户提交了一个对某城市的查询，那么系统需要知道如何到达正确的县级搜索页面。

关于如何处理查询所返回的 HTML 页面这一问题，我们主要有两种选择。我们要么直接将 HTML 页面呈现给用户（同时附带着一个用来对不同网站的答案进行简便导航的选项），要么设法从返回的页面中提取出结构化的搜索结果。相比起来，前一种方法更加容易实现并且对底层的源来说更为友好。因为许多网站都是依靠广告收益来支持其运作，所以更加希望垂直搜索引擎能够为其网站带来更多的流量。从应答网页中解析结果需要使用信息提取技术（详见第 9 章）。然而，这些技术通常需要为每个网站分别训练机器学习算法，这使得该方法很难扩展到大规模数据源。

15.2.2 深层网络浅层化

当然，我们可以沿用原有方法来为深层网络中的数千个领域分别构建垂直搜索引擎。然而，这种方法是不切实际的，原因有以下几点。首先，创建一个如此广泛以至于能够覆盖许多领域的模式所需的人力资源太大。实际上，我们无法确定这样一个模式是否能够建成。除了需要覆盖众多领域之外，该模式还需要用一百多种语言来进行设计和维护，同时还需要考虑其中存在的微妙的文化差异。即使尝试着将这个问题分解为多个小问题也是相当棘手的，因为领域之间的界限通常很不明确。例如，从生物学这一领域开始，我们很容易就会将其划分为医学、药物学等。当然，为数百万个源构建和维护源描述信息的代价也同样让人望而却步。最后，由于我们不可能要求用户熟悉中介模式或者简单地从数千个可选的领域中选择其感兴趣的一个，所以系统必须能够接受任意结构以及任何领域内的关键字查询。而如何确定一个关键字查询是否能够重写为与众多已知领域中的某一个相关的结构化查询的问题是一个具有挑战性的并仍未解决的问题。

一个能够全方位地访问深层网络的更为实际的方法称为浅层化（surfacing）。在这种方法中，系统首先估计出一组相关的查询用以提交给它从 Web 中找到的表单。然后系统提交这些查询并接收返回的 HTML 页面，随后，这些 HTML 页面将被加入到搜索引擎索引中（从此，它们成为了浅层网络的一部分）。在查询时，这些浅层化了的网页将与索引中其他网页一起参与排名。

这种浅层化方法除了不再需要人工构建中介模式和进行映射以外，其主要优点在于它利用了搜索引擎的索引和排名系统，而这些系统通常是经过仔细调优的大型软件系统。索引中经过排序的 URL 与表单中特定的查询动态相关。因此，当用户点击浅层化了的网页中的某个结果时，它将被引导到一个在那一刻动态创建出来的网页上。

这种浅层化方法的主要缺点是，我们丢失了与网页相关的语义。假设我们通过在某个专利网站上填写表单并在 topic 字段中填入 "chemistry"（化学）来浅层化相关网页。单词 "chemistry" 可能不会出现在任何结果网页中，因此它们可能不会被询问 "chemistry patents"（化学专利）的查询检索到。虽然我们可以通过在索引文档时加入 "chemistry" 一词来缓解该问题，但是在化学领域的所有子领域（如材料科学、聚合物等）和其他相关领域中都加入这一单词是不切实际的。

浅层化一个深层网络网站需要一个算法来检测 HTML 表单并返回一组相关且格式良好的查询用以提交到表单上。为了能够适用于成千上万个不同的表单，该算法中不能含有任何的人为干涉。现在我们来描述一下该算法所面临的两个主要的技术挑战：1）如何选择表单字段集合中的哪一部分来作为输入；2）如何在文本框中输入有效的值。

1）**确定输入组合**　HTML 表单通常都含有多个输入字段。因此，一个朴素的策略就是对所有输入可能值的笛卡儿积进行一一枚举，但该方法会产生大量的查询。提交所有的查询将会耗尽 Web 网络爬虫的资源，并可能会对响应这些 HTML 表单的 Web 服务器带来过大的负载。此外，当笛卡儿积非常大时，很可能所返回的大部分结果网页都是空的，从而无法用来进行索引。举一个例子，cars. com 中虽然只有不到 100 万辆待售汽车，但该网站的某个搜索表单中含有 5 个输入，并且这些输入的一个笛卡儿积产生了超过 2.4 亿个 URL。

一个在实践中已经被证实有效的启发式选择输入组合的方法是寻找有价值的输入。从直观上来说，表单中的一个字段 f（或者一组域）是有价值的，如果当我们改变 f 的值并保持其他值不变时能够得到本质上各不相同的网页。考虑这样一个求职网站，它含有输入字段 state 和 sort by，以及其他的字段。在 state 字段中填入不同的值将会得到含有不同州的工作职位的网页，而且这些网页很可能相互各异。相反，在 sort by 字段内填入不同的值将只会改变同一网页中结果的顺序，网页的内容保持不变。

我们可以通过自下而上的方式来找出好的输入组合。首先，我们独立地考虑表单中的每一个字段，并确定哪些是有价值的。然后，考虑两个字段组成的对，其中至少有一个字段是有价值的，并检查哪些对是有价值的。接着，考虑由 3 个字段组成并包含一个有价值对的集合，并以此类推。实际上，结果表明我们很少需要考虑含有 3 个以上字段的组合，尽管有时我们可能需要针对某些特殊的表单考虑几个字段的组合。

2）**生成文本字段的值**　当一个字段是下拉式菜单形式时，我们能为该字段提供的值的集合已经确定。而对于文本字段，我们则需要为其生成相关的值。通常使用迭代探测法来实现。首先，通过分析网页中所包含的文本信息来预测出候选关键字，这些网页来自那些含有索引中所包含的表单网页的网站。我们使用这些候选关键字来测试表单，并且当有效的表单提交结果返回时，就从这些结果页面中提取出更多的关键字。这个迭代的过程不断地进行直至无法提取出新的候选关键字或者达到预先设定的关键字数量。然后，从所有候选关键字构成的集合中提取出一个较小的子集，而这个子集需要能够保持数据库内容的多样性。

爬取的覆盖率

浅层化算法将从深层网络网站中得到部分数据，但是却无法保证网站的覆盖率。事实上，通常我们并不知道深层网络数据库中存在着多少数据，因此我们无法确定我们是否获取了所有的数据。其实，事实证明，仅仅将深层网络网站中的部分内容浅层化就足够了，即使它并不完整。当拥有了足够好的网站内容样本之后，直接指向该网站的查询数量将得到大幅度增长。而且，一旦该网站的部分内容被浅层化了，搜索引擎的爬虫将会通过跟踪浅层化了的网页中的链接来发现新的深层网络的网页。最后，我们注意到，此浅层化技术只适用于采用 GET 方式的深层网络网站，而不适用于采用 POST 方式的网站。事实上，许多接受 POST 请求的源同时也接受 GET 请求。

15.3　主题门户网站

一个主题门户网站通常提供了有关整个主题的一个集成视图。例如，考虑这样一个门户网站，它整合了某研究领域的研究人员的所有信息。该网站将该领域内所有人员的个人信息、指导老师和学生、各自的出版物、该领域内的会议和期刊以及会议的程序委员会成员等数据都整合起来。例如，该网站可以为每个人分别创建一个超页，如图 15-6 所示。

主题门户网站在集成方式上与垂直搜索引擎有所不同。从概念上讲，这两种类型的网站中的数据都是一张表格。垂直搜索引擎是将来自不同数据源的行整合起来（如许多网站的一个并操作）。例如，每个深层网络网站均提供一组职位列表，其中每组都表示为表格中的一行。相反，主题门户网站则是将来自不同网站的列整合起来（如许多网站的一个连接操作）。例如，关于出版物的列来源于一个网站，然而关于工作单位的列则来源于另一个网站。因此，垂直搜索引擎进行的是水平集成，而门户网站则进行的是垂直集成。

构建主题门户网站的一个典型的但又有点儿简单的方法如下所述。首先，运行一个专门用来查找与该主题相关网页的 Web 爬虫。为了判断一个网页是否与主题相关，该爬虫应能够检测网页中的单词、其中提及的实体或者该页面的链入/链出。其次，该系统应能够使用各种基本信息抽取技术（详见第 9 章）来找出网页中存在的事实。例如，系统应努力抽取出如 advisedBy 和 authoredBy 等关系。最后，对于所有从网页中抽取出的事实，系统应将它们一同放入一个相关的知识库中。这一步所面临的主要挑战是如何将多个引用对应到现实世界中的同一物体，而该问题我们已经在第 7 章中详细地讨论过了。

构建主题门户网站的另一个更为有效的方法来源于一个观察到的事实，即少数几个网站构成的集合就能够提供某领域内的大部分高质量信息。而且，这些网站通常被该领域内的专家所熟知。在我们的例子中，DBLP ⊖网站、该领域的顶级会议和期刊网站以及该领

⊖　一个用于刊登在计算机科学会议和期刊中所发表论文的知名网站。

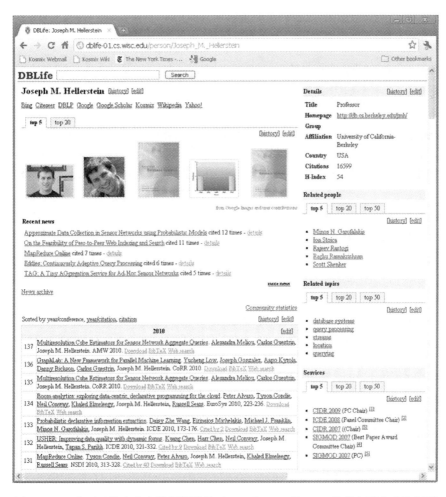

图 15-6 一张通过整合多个数据源的关于 Joseph M. Hellerstein 的信息而生成的超页

域内的数百个顶级研究人员的主页所构成的集合就能提供大部分的数据库研究领域的信息。基于这个方法构建主题门户网站的过程主要分为两步。

初始化设置

首先介绍如何选定用以构建网站的主要实体集和关系集。在我们的例子中，实体集可能是 person、conference、programCommittee 以及 publication，而关系集则可能是 authoredBy、advisedBy 以及 memberOf。然后，我们选择该领域内数据源的初始集，标记为 S_{int}。

我们为每个实体集和关系集分别创建一个抽取器。这些抽取器与通用的抽取算法相比更加精确，因为它们熟知与其将要抽取的关系所相关的特定模式。因此，我们将获得一个能够精确抽取出实体和关系的种子。并且，如果我们想要得到更为精确的数据，那么我们可以对抽取器进行设置，使之能够掌握特定网站的特定结构。例如，一个熟知 DBLP 网站的抽取器能够生成一个关于作者及其出版物的超高质量的数据库。这个方法的另一个优点就在于，这些网站所产生的引用归一问题也将更容易解决，因为这些网站对如何为个体维护唯一的命名规则更为谨慎。

扩展门户网站

扩展门户网站数据覆盖范围的方法有很多种，这里我们将只讨论其中的两种。第一种方法依赖于这样一个启发式原则，即任何与主题相关的信息的重要部分最终都会出现在初始集 S_{int} 中的一个网站里或者出现在由 S_{int} 中的某个网页所链出的一个网页中。例如，如果研究人员组织了一个有关某数据库研究新领域的研讨会，那么我们很可能会在我们的某个核心网站里找到一个指向该研讨会的链接。因此，为了扩展一个门户网站，我们需要周期性地对初始网站集合进行检测，并找出从这些网站可达的新的网页来扩展该集合。

第二种方法是基于门户网站用户之间的协作来完成的。门户网站提供了一系列允许用户从系统中收集数据以及添加新数据的机制。例如，网站可以询问用户某两个字符串是否与某个体相关或者是否需要更正某个不正确的摘要。在提供这些机制时所面临的关键挑战之一就是，如何激励团体成员之间相互协作。一种简单的激励方法是即时的正反馈：用户应该能够立即看到他的更正对网站信息有何改善。第二种激励的方法主要基于公开承认主要贡献者来实现。最后，系统也应当能够保证其不容易被错误或者恶意提交的信息所误导（如来源于毕业生的不实宣传信息）。

15.4　Web 数据的轻量级集成

Web 中丰富的结构化数据源为特殊数据集成提供了许多机会。例如，有这样一个咖啡爱好者，他想利用图 15-7 和图 15-8 中所示的数据来将各咖啡馆连同其各种质量评价编辑成一个列表，或者考虑一个用于快速创建在线地图的赈灾信息库，该在线地图应能够展示各避难所的位置以及它们的联系方式和各自所能容纳的人数。同样，某新闻工作者想要为一个为期几天的新闻故事添加数据可视化功能。在某些情形下，我们可能只是将 Web 中可用的数据整合起来，然而，在另一些情形下，我们会将 Web 数据与我们自己的私人数据整合起来。这样的数据组合方式通常称为聚合（mashup），并且它们已经成为 Web 中提供数据服务所常用的一种方法。

Rank	Name _Sort By Last Update_	Address	Neighborhood	Espresso	Cafe	Overall
1.	Blue Bottle Cafe	66 Mint St.	SOMA	8.60	8.80	8.700
2.	Coffee Bar	1890 Bryant St.	Potrero Hill	8.50	8.50	8.500
3.	Blue Bottle Coffee Co.	315 Linden St.	Hayes Valley	8.40	8.20	8.300
	Blue Bottle Coffee Co.	1 Ferry Building	Embarcadero	8.40	7.80	8.100
	Epicenter Cafe	764 Harrison St.	SOMA	8.40	8.20	8.300
	Ritual Coffee Roasters	1026 Valencia St.	Mission	8.40	8.20	8.300
	Ritual Coffee Roasters	1634 Jerrold Ave.	Bayview	8.40	8.00	8.200
8.	Cafe Capriccio	2200 Mason St.	North Beach	8.30	7.80	8.050
	Gilt Edge Creamery (aka "The Creamery")	685 4th St.	China Basin	8.30	8.00	8.150
10.	Cafe Algiers	50 Beale St. #102	SOMA	8.20	8.00	8.100
	Trouble Coffee	4033 Judah St.	Outer Sunset	8.20	8.20	8.200
12.	Piccino Cafe	807 22nd St.	Dogpatch	8.10	7.80	7.950
13.	Bar Bambino	2931 16th St.	Mission	8.00	7.80	7.900
	Bittersweet - The Chocolate Café	2123 Fillmore St.	Fillmore	8.00	7.50	7.750

图 15-7　一张在 HTML 页面中找到的咖啡馆评级表

标准的数据集成应用要求许多相似的查询应当长期提交到同一组相对稳定的源中。与之不同的是，我们这里所讨论的数据集成可能是短暂的或者甚至是"一次性的"任务。我们将只会在某个短暂的时间内需要赈灾混搭，并且咖啡爱好者可能仅仅在他游玩到该地区时才需要这个咖啡馆列表。因此，Web 中轻量级数据集成所面临的挑战是，从根本上减少设置数据集成所需的时间和工作量。事实上，应该完全去除显式的设置阶段——数据的发现、收集、清洗以及分析过程应当无缝地综合在一起。

图 15-8　一张来自 yelp.com 网站的旧金山咖啡馆列表

正如前面所提到的那样，数据集成问题实际上更为复杂，因为仅有一部分数据是结构化的。例如，对于那些用于构成 Web 中一个主要结构化数据源的表格，其所含有的模式相对较少。如果表格的第一行被明确标记了（如图 15-7 所示），那么我们可能知道每一列的标题。但是，通常很难判断第一行（或者开始几行）是否是标题行。模式中的其他一些元素，如表名、数据类型等，却是根本不存在的。表格所表示的关系通常是根据其上下文内容或者读者所看到的信息来确定的。有时，数据类型可以通过数据本身推断出来。而 Web 中的列表则面临着其他一些挑战。如图 15-9 所示，列表中的每一项代表了表格中的一整行。为了将列表转化为表格，我们需要将每个列表项分割成多个单元，而这是一个相当复杂的工作。此外，列表中通常没有带有属性名称的标题行。

我们将数据集成所面临的挑战划分为 3 部分：定位 Web 中的数据、将数据导入某个结构化的工作空间中，以及将多个数据源的数据合并。

15.4.1　发现 Web 中的结构化数据

数据集成的第一步是定位 Web 中相关的结构化数据。数据发现的过程通常以提交关键字查询开始，但是，搜索引擎通常是用来对大规模文本文件进行索引，并且事实证明它

- Daniel Abadi (Yale University, USA)
- Gustavo Alonso (Swiss Federal Institute of Technology, Switzerland)
- Shivnath Babu (Duke University, USA)
- Elisa Bertino (Purdue University, USA)
- Peter Boncz (CWI, Netherlands)
- Nico Bruno (Microsoft Research, USA)
- Barbara Catania (Università di Genova, Italy)
- Chee Yong Chan (National University of Singapore, Singapore)
- Surajit Chaudhuri (Microsoft Research, USA)
- Yi Chen (Arizona State University, USA)
- Lei Chen (Hong Kong University of Science and Technology, China)
- Ming-Syan Chen (National Taiwan University, Taiwan)
- Reynold Cheng (Hong Kong Polytechnic University, China)
- Junghoo Cho (University of California, Los Angeles, USA)
- Nilesh Dalvi (Yahoo! Research, USA)
- Amol Deshpande (University of Maryland, College Park, USA)
- Yanlei Diao (University of Massachusetts Amherst, USA)
- Jens Dittrich (Swiss Federal Institute of Technology, Switzerland)
- Wei Fang (Vienna University of Technology, Austria)
- Christos Faloutsos (Carnegie Mellon University, USA)
- Wenfei Fan (University of Edinburgh, UK)
- Johann-Christoph Freytag (Humboldt University, Germany)
- Floris Geerts (University of Edinburgh, UK)
- Minos Garofalakis (Yahoo! Research, USA)
- Johannes Gehrke (Cornell University, USA)

图 15-9　一个包含有 VLDB2008 的部分程序委员会成员的 HTML 列表

在搜索表格或者列表方面效果很差。用户无法告诉搜索引擎它只对结构化数据感兴趣。如果没有特殊支持，唯一可行的方法就是逐个浏览搜索结果以找出那些含有结构化数据的页面。

　　为了使搜索引擎能够专门用来搜索结构化数据，我们需要找出哪些 Web 页面中含有高质量的结构化数据并将其在 Web 索引中进行标注（或者为这些文档创建一个单独的存储数据仓库）。而这个网页发现的问题相当具有挑战性，因为许多 Web 页面设计者都使用 HTML 表格来使非结构化数据的格式规范化（如，论坛应答、日历、目录等）。事实上，Web 中只有不到 1% 的 HTML 表格含有高质量的表格数据。

　　一旦获得了大规模的结构化数据，在对结果进行排序时我们需要考虑查询中的关键字在网页中出现的位置。两个重要的位置匹配分别是标题行和主题列。如果关键字出现在可能含有属性名称的标题行中，那么需要给该网页更大的权重，因为所命中的属性名与表格中的所有行都相关。例如，如果我们搜索短语 "country olympic medals"（国家奥林匹克金牌），那么一个名为 "Olympic medals" 的列将比其他出现该短语的位置更有价值。Web 中大部分的表格都有一个主题列，它是一个含有该表格所涉及的实体（如国家）的列。如果我们搜索 "population zimbabwe"（人口津巴布韦），那么，在主题列中含有 "Zimbabwe" 一词的表格将比在其他地方出现 "Zimbabwe" 的表格要更有价值。后一种表格或许的确是有关城市的并含有其所在国家的一个列，或者是用来描述玉米的不同变种并包含一个描述其生长国家的列。主题列一般位于表格的左边（当然，除了希伯来语和阿拉伯语中的表格之外），但是通过算法来找出主题列（当它确实存在时）仍然非常困难。更不用说，像任意的排名标志一样，这些仅仅是用来和与最终排名相关的其他因子一起使用的标志。一般来说，任何能够恢复表格语义的预处理，如用来描述表格中所展示的对象集和关系集的短语，都对排名非常有用。尤其是，表格中所隐藏的关系通常很难被发现。例如，一个用来描述不同国家的咖啡产量的表格中的列标题可能是 name，2001，2002，…，2010。那么，我们需要对其进行更深层次的分析以便推断出列 2001 描述的是列 name 中所包含的国家在 2001 年的咖啡产量。

15.4.2　导入数据

一旦定位好了数据位置，我们需要将其导入到一个工作空间中去。在该工作空间中，数据将会以表格的形式存放并配以适当的列标题。在某些情况下，例如，对于如图 15-7 所示的表格，我们可能觉得很幸运，因为 HTML 很好地反映了数据的结构。然而，对如图 15-8 所示的情况，数据虽然是结构化的但是却被组织成卡片的形式，其中每个属性出现在卡片中的某个特定位置。我们需要掌握卡片的内部结构以便提取出每张卡片的不同部分。同样，如果要导入某个列表中的数据，那么首先需要将每个列表分割成一个由多个单元组成的行。接下来，我们来讨论导入数据的两种方式：全自动化方式和用户监督方式。

从卡片或者列表中提取数据行的全自动化技术需要考虑数据的多个方面，如标点符号、数据类型变化以及识别常出现在 Web 中其他地方的实体等。需要注意的是，单独考虑这些线索中的任何一个都无法得到满意的结果，并且即使将它们放在一起考虑也不一定有效。在图 15-9 中，标点符号将机构中各程序委员会成员的姓名分隔开来。然而，机构内的标点符号在各列表项之间却是不一致的。大部分的列表项都用一个逗号来分隔机构名称和国家名，但是在某些情况下（如加利福尼亚大学、洛杉矶等），一个额外的逗号将会误导导入器，使之发生错误。为了消除这种歧义性，导入算法可以将整个列表看做是一个整体。在我们的例子中，通过将整个列表看做一个整体，发现右括号前面总有一个国家名，因此可以使用这个标志来匹配机构中的余下部分。另一个非常有效的启发式方法就是，将出现在 Web 表格单元中的字符串当做一个标志，而这些字符串所代表的是实体。尤其是，如果某个特定的字符串本身（如加利福尼亚大学、洛杉矶等）出现在许多 Web 表格单元中，那么它可以作为一个很好的标志用来表示现实世界中的某个实体。我们在第 9 章中讨论过的包装器构造技术在这里同样适用。

用户监督技术是基于生成的导入模式来实现的，这些模式由用户参与并给出类似于训练包装器的技术（详见 9.3 节）。考虑图 15-8 中的数据，用户从选择 "Four Barrel Coffee" 这一名称开始，并将其粘贴到工作空间最左边的单元内。该系统将会尝试着从这个例子中归纳出相应的模式，并提取出其中的咖啡屋名称，例如，Sightglass、Ritual 等。通过这种方式，系统将会生成额外的数据行。接下来，用户将选出 Four Barrel Coffee 的地址并将其粘贴到第二栏中，即名称一栏的右边。同样，他将会对电话号码和评论数量进行复制并将其分别粘贴到第三栏和第四栏。而系统将会从这些例子中归纳出对应的模式并用相应的数据来填写表格的其他行。

列标题

在将数据导入表格后，如果新生成的表格没有列标题，那么我们需要为其设置列标题。在某些情形下，如电话号码或者地址，可以对列中的值进行分析然后设置一个合适的标题。在其他情形下，可以查阅一个含有列标题的表格资源库。为了给列 C 找出合适的标题，首先查询出那些内容与列 C 的值大部分重合的列 C'，然后从中选择最常见的列标题作为列 C 的标题。例如，在图 15-9 所示的列表中，在观察到最后一列的值与其他名为 country（国家）的列的值有很高的重合率之后，我们用同样的列标题 "country" 来作为最后一列的标题。

另一种设置标题的技术是对 Web 进行挖掘以找出特定的文本模式。例如，"countries such as France，Italy，and Spain（法国，意大利，西班牙等国家）" 格式的短语在 Web 中出现得非常频繁。从这个句子中，我们将可以挖掘出一个具有很高可信度的结论，即 France 是一个国家。通过同样的方法，我们将能够推导出 France 是一个欧洲国家或者甚至是一个西欧国家。如果同一种类别（如国家）适用于某特定列的大部分值，那么我们就可以将该类别作为这个列的一个标签。一般来说，我们愿意为列贴上任何有助于在响应相关查询时便于检索到它本身的标签。

15.4.3 合并多个数据集

一旦获得了数据，在合并多个数据源的过程中主要存在着两种挑战。由于数据源集合非常巨大，所以第一个挑战就是找出你的数据将要与什么数据进行合并。由于数据并非总是完全结构化的，所以第二个挑战就是规定如何合并这些数据。

为了找出相关数据，我们需要考虑两种情况：是通过并操作来添加更多的行，还是通过连接操作来添加更多的列。为了在表格 T 中添加更多的行，系统需要找出与 T 含有相同列的表格，即使其列标题之间没有完全匹配也无所谓。为了找出更多的列，系统首先需要找出 T 中所有可能进行连接操作的列，然后找出其他的至少含有一个可连接列的表格。例如，为了找出能够与图 15-7 中的咖啡数据相连接的表格，系统将首先假定含有咖啡名称的列是一个可能的连接列，然后再搜索其他含有相重叠值的表格。

为了规定如何连接这些数据，我们可以再次采用按例操作的原则。考虑这样一个任务，在将图 15-7 的咖啡数据和图 15-8 的数据导入之后，我们需要将两者连接起来。用户将在由图 15-7 的数据生成表格中标示出含有值 "Ritual Coffee" 的单元格，并将其拖放到由图 15-8 的数据所生成表格的相应单元格中。用户通过这种方式告知系统他想要连接哪些列。用户也可以将 "Ritual Coffee" 所在行的其他列拖放到表格中适当的行，以此来表明被连接的表格中哪些列应该保留。系统能够从这个例子中归纳出相应的模式并对其他行进行同样的处理。

15.4.4 重用他人工作成果

正如我们所考虑的 Web 数据集成任务一样，我们需要牢牢记住，许多人都在试图访问相同的数据源并执行相似的或者完全相同的任务。如果我们能够利用许多人共同工作的成果，那么就可以开发出强有力的技术用以管理 Web 中的结构化数据。例如，当某个人正试图从一个网页中提取出一个结构化数据集并将其导入到一张电子表格或者数据库中时，我们可以将其当做一个标志用来标明该数据集是一个可用的数据集并记录他所设置的电子表格名称和列标题。当某人正手动地合并两个数据集时，我们可以推断出这两个源是相互关联的，并且用于连接的两个列出自同一个领域，即使这两个列并非完全一致。当某人正将一个 HTML 列表转换为一个表格时，尽管其数据会随着时间有所变化，但我们仍然可以记录这个操作以便将来使用。并且，该转换方法可能同样适用于 Web 中其他具有相似特性的列表。当然，使这些启发式方法有效的关键就在于，记录大量用户的动作并同时保护个人隐私问题。基于云的数据管理工具可以提供这种服务，因为它们以日志方式同时记录许多用户的活动情况。

15.5　"即付即用"数据管理

Web 数据集成是"即付即用"（pay-as-you-go）数据管理的极端例子。与书中目前为止所描述的数据集成系统相反，"即付即用"系统试图避开含有创建中介模式和源描述过程的初始化设置阶段。相反，其目标是提供一个能对大量异构数据提供有效服务的同时只需要极少的前期准备工作的系统。下面的例子展示了其动机的不同类型的应用场景。

例 15.2　考虑一个非营利性组织的例子，该组织正试图收集有关世界水资源的数据。首先，该组织中的志愿者将获得一批数据源（通常是电子表格或者 CSV 文件格式）。他们将必须面对其中存在的多个挑战。首先，他们对这些数据完全不熟悉。他们完全不知道收集有关水的数据时所用到的术语，并且他们也不了解这些数据源的内容及其之间的关系。其次，一部分数据源可能是冗余的、过时的或者是已经被别人所用但从而没有多大用处的。

因此，创建数据集成应用的第一步是以极其非结构化的方式来探索数据。他们只有在熟悉了数据之后才能够创建中介模式。因此，他们将仅仅对其认为有用的数据源集合创建相应的语义映射。当然，他们也将会尽力清洗数据并在需要的地方对引用信息进行调整，使之相一致。　　◀◀◀

在数据已经被那些想要相互协作的独立专家收集起来的领域中，上述的场景是非常常见的。我们所观察到的一个关键问题是，要求志愿者提前完成数据集成系统的设置工作可能是不现实的或者甚至是不可能的。相反，系统应该允许志愿者仅在那些只要付出就肯定会有回报的地方花费精力即可，同时，即使所有数据源还未集成，系统也应该能提供相应的值。

数据空间系统已经作为一个用来支持"即付即用"数据管理系统的概念被提出。显然，这种系统有两个主要的组成部分：在没有或者极少的人为干预的情况下进行自我引导以提供有效服务；指导用户逐步改善语义的连贯性。

对于第一个组成部分，其中有用的一个步骤是提供带有有效数据可视化的大规模关键字搜索功能。更进一步，数据空间系统应能够使用我们在自动模式匹配、数据源聚类以及元数据自动提取中所描述过的技术。

第二个组成部分所面临的挑战是如何将用户的注意力引导到有利于改善系统元数据的地方。元数据的改善可以使模式匹配更为有效，增强引用归一效果，以及改善信息提取的结果。正如我们前面所描述的那样，重用他人的工作成果以及众包一些任务是两个可以利用的很有效的方法。其中的一些思想将在下一章讨论。

参考文献注释

Web 已经成为除研究之外的另一个数据集成的主要推动力。事实上，本书作者初期工作的灵感来源是 Web 数据集成[181, 323, 381]。[229]中给出了一个有关早期 Web 中数据集成和管理研究的调研报告。[37, 199, 244, 361, 381]是一些关于如何将深层网络源中的信息集成的早期的工作成果，而该领域内更多的近期研究工作成果则在[294, 296, 297, 581]中论述。Junglee 和 Netbot 是垂直搜索领域内最早的两家创业公司，它们主要关注工作职位搜索以及集成购物网站中的数据。后来，垂直搜索引擎出现在了其他一些具有商业价值的领域内，如机票和其他类型的分类广告等。

有多篇论文给出了对深层网络大小的估计[70, 409]。在[163]中，作者描述了用于估计隐藏网络中某个给定数据库大小的方法。我们在浅层化深层网络部分所描述的工作是基于 Google 搜索引擎中的浅层化工作[410]来介绍的。根据[410]，他们的系统能够从数百万个表单、数百个领域以及超过 40 多种语言中将网页浅层化。在写 Google 搜索引擎时，平均每秒内，它所浅层化了的网页都会作为 1000 多个查询的前 10 个结果被返回。从这个工作中我们所得到的主要经验教训之一就是，与常见的查询相比，深层网络内容对于长尾式的查询更为有用，因为那些常见的查询从浅层网络中就可以获取足够的数据信息。作为浅层化网页技术之一，有关迭代爬取技术的早期工作包括[55, 106, 321, 467]。与此相关的是，在[550]中，作者描述了一种新技术，该技术将文本作为输入并自行决定如何用这个文本来填写 HTML 表单中的字段。

有关 Web 表格的调查工作始于[247, 565]。[101, 102]中阐述了最早的有关 Web 中完整的 HTML 表格集合的调查工作。该工作表明，即使是只考虑英语这一种语言，Web 中所包含的高质量 HTML 表格就已超过了 15 000 万种。作者将这些表格收集起来并存入一个语料库中，然后构建了一个搜索引擎并加入了一些我们在本章中所描述过的排名方法。此

[395] 外，它们还显示了这些表格的模式所构成的集合是一个独一无二的资源。例如，Web 中列标题的别名可以从这个集合中挖掘出来并用做模式匹配的一个组成部分。在[391]中，作者描述了一种将表格单元映射到 YAGO 本体对象的算法，同时还提出了 YAGO 中列的分类以及表格中列对之间的二元关系。在[558]中，作者阐述了一种 Web 短语挖掘技术，该技术通过表格单元的值（如 15.4.2 节中所述）来推测出列的标签和列对之间的关系。而[207]则描述了有关将 HTML 列表分割成表格的技术。

大规模表格集合查询则面临着新的挑战。一方面，用户应该能够像他们在数据库系统中所做的那样指定查询的结构。另一方面，用户无法知晓数百万个表格的模式，因此进行关键字查询显得更为合适。在[483]中，作者提出了一种查询语言，该语言既允许用户指定查询的部分结构同时也保留了关键字查询的优点。在[509]中，用户描述了一种在语料库中为关键字查询添加能映射到表格的标注方法。这样的查询标注器是通过对查询日志和表格集进行学习而创建出来的。当一个新的查询到达时，标注器能够高效地提出所有可能的标注，其中每个均带有一个置信度值。而在[413]中，作者阐述了根据表格属性名来将大规模的模式按领域聚类的技术。

DBLife[170, 185]介绍了我们所描述过的创建主题门户网站的方法学。在[170]中，作者表明，与对 Web 进行挖掘以找出所有与主题相关的网站的方法相比，从多个精选网站开始的方法更为有效。早期的主题网站包括[356, 417, 461]。正如我们所讨论过的，主题门户网站为社群成员提供了一个以众包方式为门户网站贡献数据并改善其内容的机会。[422]描述了吸引用户为网站贡献数据的方法。[113, 169, 421]中阐述了同时允许算法和专业人员为构建结构化的门户网站做出贡献的技术。

毫无疑问，为购物网站构建和维护商品目录的问题引起了巨大的商业兴趣。构建一个这样目录的过程充满了挑战，因为商品分类学所涉及的范围非常广泛，并且商品的区分通常是根据其不相干的属性（例如，配件）来完成，而这使得同一商品的引用很难统一起来。在[460]中，作者描述了一种新型系统，它将 Web 上的产品当做输入并用一种不断进化的商品分类法来使引用归一化。

[194，314-316，553，577]提出了多种工具来帮助用户简便地创建聚合（mashup）。用于展示数据导入和集成的方法是基于 Karma 系统和 CopyCat 系统[327，553]提出的。CopyCat 系统还主张不要将数据集成的设置阶段和查询阶段分开。

Google Fusion Tables[261]是一种使 Web 数据集成更为便捷的基于云的系统。Fusion Tables 用户能够上传数据集（如 CSV 文件或电子表格），并与他们的协作者共享这些数据或者将其公开。他们可以很方便地创建出可嵌入到 Web 页面中的数据可视化，并将他人公开的数据集合并起来。Fusion Tables 以及其他类似的工具（如 Tableau Software[536]，Socrata[527]，InfoChimps[317]等人）通常被那些掌握专业技术相对较少但想要将数据公开的个人所使用。尤其是，新闻工作者相当喜欢 Fusion Tables，他们利用 Fusion Tables 在其新闻故事中添加数据以及交互式的可视化效果。

[396]

当对 Web 数据进行处理时，我们所面临的一个挑战就是，数据经常从一个源中复制到另一个源中。因此，在许多网站中均看到某一个特定数据的事实并不能证明独立数据源的有效性。Solomon（所罗门）项目[79，190]开发出了用于检测数据源之间的复制关系的技术，因而找出了独立出现的事实的真实数量。Web 中的冗余性同时也是一种优势。[473]中的工作所涉及的 Web 网站包装器是通过以下事实来发掘结构化内容的：1）每个网站用相同的模板发布了许多网页；2）许多对象都在多个网站中同时提及。因此，为某个网站创建的精准的包装器可以用来提高含有重叠内容的网站的准确度。

[233，286]将数据空间系统描述成一种用来统一多个不同数据库研究成果的新型抽象技术。一些早期的数据空间系统是个人信息管理系统的产物[91，191，504]。[333]的作者描述了一种决策理论框架，用来随着时间的推移逐步改进数据空间。特别地，他们展示了如何使用决策理论来选择一个最有益的问题提交给人类，以改善数据空间的语义关系。这个决策是基于答案对系统所返回结果的质量有多少改进效果来给出的。

[162]的作者展示了如何通过为某个给定的数据源集合自动创建中介模式并计算模式和源之间的近似映射关系来引导数据空间系统。他们指出，在引导过程中创建一个概率中介模式将会更有利于引导，这个概率中介模式是一系列可选的中介模式的集合，其中每一个模式均带有一个与之相关的概率。然后，关键字查询将按照每一个中介模式分别进行重写。通过对每个中介模式的概率进行进一步加权，我们可以计算出每个答案的概率值。

最近有一个工作正在尝试着构建一个 Web 知识库。例如，挖掘 Web 中如"*X* 如 *Y* 和 *Z*"格式的语言模式（通常称为赫斯特模式[299]）可以生成一个（*X*，*Y*）的数据库，其中 *Y* 是 *X* 的一个实例。例如，通过 Web 中的模式（如"城市如柏林、巴黎以及伦敦等"），我们可以推断出柏林、巴黎以及伦敦是城市并且甚至是欧洲城市。通过对 Web 中范围广泛的内容进行备份，这些知识库将会以较细的粒度覆盖许多领域的知识，但仍可能含有许多不正确的事实。而且，这样一个知识库的覆盖范围与文化息息相关：柏林、巴黎以及伦敦也可以看做是**重要的欧洲国家首都**的实例。

众包常常可以为构建此类知识库提供许多的便利。详见[186]中一篇对该领域内 2011

年及其之前的研究工作的调研报告。

由 TextRunner 系统[54]所倡导的开放信息抽取（Open information extraction，OpenIE）是一组用于挖掘实体之间关系（尤其是二元关系）而无须事先指定将要抽取的关系或关系集的技术。例如，OpenIE 技术能够抽取出这样的事实，如爱因斯坦出生于乌尔姆或者谷歌总部位于加州山景城。OpenIE 系统使用自监督机器学习技术来同时抽取出关系的名称及其两个参数，其中的自监督机器学习技术使用了启发式方法来生成用以训练提取器的带标签的数据。例如，TextRunner 系统使用一个较小的手写规则集合来启发式地对宾州树库中的句子标注训练样例。Nell 系统展示了另一种结构，用于不断地从尚未标注的数据中迅速地学习许多分类器，并将这些分类器的学习过程耦合起来以提高精确性。有关该领域的其他工作包括[303，580]。

第二种构建 Web 知识库的方法是扩展维基百科，而维基百科本身则是用许多志愿者贡献的知识来创建的。YAGO 系统[534]用从维基百科中提取出来的事实对 WordNet 本体[431]进行扩展，并且该方法具很高的精确度。YAGO 中的二元关系集是事先定义好了的并且相对较小。在[578]中，作者介绍了一个使用了维基百科信息框的 Kylin 系统，其中，维基百科信息框是一个由众多维基百科页面中所展示出来的事实构成的集合。Kylin 将这些事实用做训练数据以便学习如何从维基百科页面中提取更多的事实，从而不断地扩大维基百科信息框的覆盖范围。在[579]中，他们展示了如何对维基百科本身进行扩展。[435]的作者利用与 Freebase 本体相关的实体对来从（维基百科的）正文中找出所有与这些实体对相关的模式。从正文的这些模式中，他们的系统学会了如何提取出更多的具有相同关系的实体对。DBPedia[42]对维基百科的信息框进行提取并生成一个结构化形式的查询。

关键字搜索：按需集成

通常，数据集成是用来构建用于提供交叉源信息访问的应用（不管它是基于 Web 的还是更为传统的），或者是为那些相对来说较为熟练的用户创建用于数据检索的特殊查询接口。然而，近期的一个关注点是为"普通"用户（非数据库专业人员）提供一个用于检索结构化的、集成的数据并且被大众所熟悉的特殊查询接口：关键字搜索。然而，这种模型中的关键字搜索与典型的信息检索系统或者搜索引擎中的关键字搜索相比要复杂得多：它不仅仅需要与单个的文档或者对象相匹配。从直观上来看，一个关键字项的集合描述了一组用户所感兴趣的概念。而数据集成系统则负责找出一种将与这些概念相关的表格或者元组关联起来的方法，如通过一系列的连接操作。

在本章中，我们将首先在 16.1 节中描述如何在结构化数据中进行关键字搜索这一抽象问题，然后在 16.2 节中介绍一些用于返回排序结果的常用算法。最后，在 16.3 节中讨论一些在数据集成应用中实现关键字搜索所面临的问题。

16.1 结构化数据中的关键字搜索

在信息检索中，关键字搜索需要找出一个包含所有关键字的文档。对于关系型结构或者 XML 结构数据，其目标通常是找出与各个关键字相匹配的不同数据项并返回能够将这些匹配项组合成一个答案的方法。

在结构化数据源中应答关键字查询的常用方法是，将数据库表示成一个展示数据项和元数据项关系的数据图（data graph）。图中的节点代表属性值，或者在某些情况下代表元数据项，如属性标签或者关系等。而图中的边则代表节点之间概念上的连接关系。其中，对于一个关系型数据库管理系统，这些连接关系包括外键、包含以及"instance-of"关系。

一个查询由一组项构成。每项均与图中的节点相匹配，并且得分最高的生成树（树的叶子节点与搜索项相匹配）将作为答案返回。目前，针对这个问题已经提出了各种评分或者排名模型，这些模型之间只在语义和评估效率等级方面存在着细微的差别。

现在，我们来对数据图、评分模型以及用于计算最高分结果的基本算法进行更为详细的阐述。基本模型和许多相关技术均被平等地应用于只有单一数据库或者数据集成的情况。而且，只需要稍加变化，这些技术就能够用在关系型数据库以及 XML 或者 RDF（或者甚至是对象、网络或者层次型）数据库中。

16.1.1 数据图

目前已经提出了各种数据库图表示法。一种最通用的方法是生成一张由带权重的节点和带权重的有向边构成的图。其中节点可以用来表示元组、复合对象（如集合、XML 树等）、属性标签，甚至是关系中的特定属性值。在某些情况下，这些节点会被赋予权重用来表示其权威性、可信度等。

图中的有向边模拟了节点之间的关系，如某个值节点和另一个代表集合或者元组的节点之间的包含关系；标签和数据值之间的"instance-of"关系；外键与键的引用关系；或者甚至是基于相似性的关系。一般来说，这些有向边还可能带有权重，用以表明关系的强度。

值得注意的是，这种图通常是一种用来定义查询应答语义的逻辑结构。出于效率的原因，它通常采用按需计算的方式。

例 16.1　图 16-1 展示了一个含有模式组件的数据图的例子。这幅图表示的是由 4 个表格构成的一个生物信息学摘录数据库（主要关注于与基因相关的项以及与蛋白质相关的实体和出版物），这些表格在图中用圆角矩形表示。我们展示了每个表格（椭圆）、成员元组（如节点 t_1 所示的矩形）以及属性值（带有文本标签的矩形）的属性标签。本示例中的边包括外键关系（如图中双向粗箭头所示）和从属关系（小的单向箭头）。在许多情形下，边和节点都可能被赋予权重。

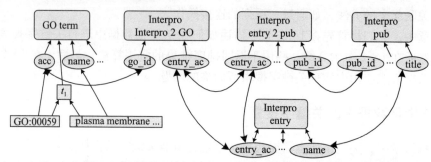

图 16-1　表示生物信息学领域内的一组关系的模式或数据图的例子。该示例中的节点所代表的是关系（圆角矩形）、属性标签（椭圆）、元组（t_1）以及属性值（矩形）；而其中的边所表示的则是从属关系（小的单向箭头），以及外键或者预估的交叉引用关系（双向箭头）　　　**<<<**

一个很直观的问题就是如何设置数据图中的权重。一般来说，数据或元数据节点的权重所代表的是其权威性、可靠度、精确度或者可信度。而边的权重通常表示相似度或者关联度。

节点权重通常是通过以下 3 种方法之一来设定：

- **图随机游走算法**　受链接分析算法（如 PageRank）的启发，有些系统根据图中边的连通性来为每个节点分配一个得分。这里一个常用的算法是一个称为 ObjectRank 的算法，该算法是 PageRank 算法的一个变种以适用于含有链接对象的情形。
- **投票或者专家评级**　在某些特定的情形中，尤其是在科学数据共享中，可能会由一个咨询委员会来为特定的节点分配得分，或者根据整个用户社区对其权威性的投票来分配得分。
- **查询基于答案的反馈**　稍后我们将在本章中介绍一种权重分配法，系统利用这种方法从指定查询结果的质量反馈中学习节点的权威性分配规则。

在一个单一数据库环境中，边的权重通常是根据已知的关系，如完整性约束（尤其是外键），来分配的。在一些更为常见的数据集成情形中，我们需要对边进行推导，其具体内容将在 16.3 节中讨论。

16.1.2 关键字匹配和评分模型

给定一组关键字和一个数据图，关键字搜索系统会将每个关键字与图中的节点一一匹配，并计算一个相似性得分或者权重。我们可以通过以下的方法来对这个过程进行建模：首先为每个关键字在图中添加一个相应的节点，然后为数据图中的每个（可能是近似的）与之相匹配的节点添加一条带权重的边。

例 16.2 图 16-2 展示了一个查询图的例子，它是在图 16-1 的数据图的基础上添加了节点和相似边。图中关键字节点用斜体字来表示，同时还带有指向图中其他匹配节点的虚线有向边。一般来说，每个关键字节点可能带有多条指向其他节点的边，并且每条边可能还被赋予一个相似度值或者其他的权重值。

400
～
401

Query: "GO term name 'plasma membrane' publication titles"

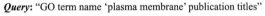

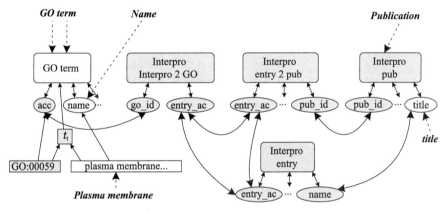

图 16-2　模式或数据图中的关键字匹配示例　　**<<<**

在这种模型中，真正的查询处理计算过程将从数据图中找出对应的树集合（以关键字节点作为叶子节点），并返回得分最高的树。接下来，我们将介绍两种更为常用的评分模型。

以查询树的权重和作为得分

一种常用的方法是，假设树中的所有权重值，包括关键字节点与数据或元数据节点之间的边权值，都是有效的开销或者有影响力的得分，其中值越高则表明距离越远或者价值越低。这种模型有一个概率解释：如果每个权重代表的是其正确性和关联性的负对数似然概率，那么在假设概率独立的前提下，树中所有边权重值总和所表示的是整棵树的正确性和关联性的负对数似然概率。如果我们只有边上的权重，那么图中前 k 个得分最高的斯坦纳树（Steiner tree）表示 k 个最好的答案（斯坦纳树是一棵与某个指定叶子节点集相连并且边权重值总和最小的树）。

如果节点带有权重，那么一种方法是按照如下方式将原图"转化为"一个边带有权重的修改图。将每个带权重的节点 n_i 分裂成两个节点 n_i 和 n_i'，然后添加一条从节点 n_i 到 n_i' 的边，并将节点 n_i 的权重 weight(n_i) 与某缩放因子 α 的乘积作为新的权重赋予这条新添加的边。接下来，与前面一样，在这个修改图上运行斯坦纳树算法以返回得分最高的答案。

在某些情况下，查询树被认为应该有一个根（当考虑边的方向性时），并且这个根可能会为自己给出一个得分，并计算入树的总得分中。同样，这种情况也可以使用斯坦纳树算法来计算得分：在修改图中添加一个额外的叶子节点 R，然后在 R 与每一个可能的根节点之间添加一条边，并将该节点作为根节点时它能得到的得分作为这条新增边的权重。之后，将节点 R 添加到斯坦纳树的叶子节点集合中。

以从根到叶子所需的代价作为得分

前一种评分模型考虑了边之间的共享率：每条边的权重只能计算一次。而且，同一个根节点可能被多棵结果树所共享。而另一种可选的评分模型则假设每个候选的根节点只能对应着一个答案，并且以节点 R 为根节点的树的得分应根据 R 与每个最邻近关键字匹配节点之间的最短路径代价总和来给定。在这种模型中，被共享的边虽然被计算了很多次，但其中存在的一个计算优势就是每条路径可以分开计算。与前一种模型一样，当一个节点变成根节点时，我们也可以在原图中加入节点的权重并采用一种额外的权重分配方式。

16.2 结果排名计算

假设已经有一种方法可以用来为某数据关系图中所有与给定关键字查询可能的匹配进行评分，那么我们所面临的下一个挑战是计算出前 k 个排名最高的答案。如何计算前 k 个答案是数据库领域中一个热门的研究话题，因此，新的技术还在不断研究之中。这里，我们将只是简要地介绍几种常用的技术，更全面的介绍将在本章的参考文献注释部分给出。

16.2.1 图扩展算法

如前面所描述的那样，关键字搜索所得到的查询结果来源于相应图中的斯坦纳树。在某些系统中，图表示整个数据库，而斯坦纳树只是其中的一个答案。在另一些系统中，斯坦纳树是在模式（或者模式和数据的一个结合）的基础上生成的，因此这棵树所表示的是某个将要执行的特殊的连接查询。在上述任一种情况下，斯坦纳树的计算都是一个 NP 难题，因此，我们无法使用精确的斯坦纳树算法来从一个大图中计算出得分最高的结果。

相反，最常用的结果计算方法是启发式的图扩展算法。该算法首先找出一棵生成树，然后再以迭代的方式对这棵树进行精炼。通常，它所依据的假设是，数据将会以一棵带有根节点的树的形式返回：这棵树的结构是依据外键关系的方向性来构建的。

向后扩展

一种常用的模式是在终端（叶子）节点的基础上逐步构建出一个完整的图，这种模式称为向后扩展（backward expansion），具体算法如下所述。首先通过一个倒排索引或者相似的结构将搜索关键字与一组节点匹配：每个经过匹配的节点将成为一个叶子节点。从每个叶子节点开始，为各个单源最短路径分别创建一个聚簇并用叶子节点来对其进行扩展。根据代价最低优先策略（使用 16.1 节中的任意一个代价模型），通过向后跟踪聚簇中现有节点的外键边来对每个聚簇进行扩展。最终，这些聚簇将会相互交叉，这意味着算法已经找到了构成一棵生成树所需的交叉路径。我们可以按照代价递增的顺序依次返回这些路径。

双向扩展

有时，向后扩展的代价会非常高，尤其是当大部分节点的等级较高时，因此我们用双向扩展方法来解决这个问题。在这种方法中，聚簇的扩展将以一种优先的方式来完成。它既可以从候选根节点开始向前扩展，也可以从叶子节点开始向后扩展。双向扩展方法使用了一种启发式的方法，叫做扩散激活（spreading activation），该方法优先考虑那些低等级的节点和低权值的边。

基于代价的向后扩展

这种技术对向后扩展技术进行了改进，但需要一个代价模型。该代价模型中的得分是从根到叶子节点的最短路径代价总和，这与查询树中得分为边的权重之和正好相反（详见16.1节，并且前一种模型将会对那些被根节点和多个叶子节点之间的最短路径所共享的边进行"双倍计算"）。与之前一样，聚簇的扩展工作仍然是从叶子节点开始的。我们根据聚簇的基数来选择下一个进行扩展的聚簇：所含节点数量最少的聚簇是下一个被扩展的聚簇，并且与聚簇最近的那个节点（根据代价模型得出）将被添加到该聚簇中。我们可以通过将整个图划分为多个块并预先对这些块进行索引来进一步缩短该算法的执行时间。

通常，图中的节点所表示的是关系型表格中的值或者元组，并且同一个表格中的多个行可能与同一个关键字项匹配。因此，将整个计算任务划分成一系列选择 – 投影 – 连接类型的查询并同时计算出一组部分结果集，将有助于结果的"批量"计算。这种部分结果集通常称为候选网络（candidate network）。我们通常使用基于阈值的合并技术来将候选网络中的部分结果整合起来，具体的细节将在下面讨论。

16.2.2　基于阈值的合并

在生成得分最高的查询结果的过程（即所谓的 top-k 查询处理）中，一个关键的技术就是如何将多个部分结果数据流合并起来。解决这个问题的大部分算法都来源于阈值算法（Threshold Algorithm，TA）。

在本书中，我们的目标是对一组元组进行排名，其中每个元组的得分是由多个基本得分综合计算得出的。例如，我们可以根据餐厅的声誉等级和价格等级的综合得分来对其进行排名。

对于每个基本评分函数 x_i，我们都有一个对应的索引 L_i 用来以非按值递增的顺序对 x_i 中的元组进行访问。而且，综合评分函数 $t(x_1, \cdots, x_m)$ 一定是单调的，即对于任意的 i，如果 $x_i \leq x_i'$，那么一定有 $t(x_1, \cdots, x_m) \leq t(x_1', \cdots, x_m')$。此外，假设为第 i 个索引给定一个 x_i 的值，那么我们可以通过随机访问的方式来对所有包含 x_i 的元组进行访问。

顾名思义，阈值算法是基于阈值这个概念来运行的，其中，阈值等于所有未读取元组的可能的最大得分。一旦我们获取了 k 个得分高于阈值的元组，那么我们就不再需要从索引中读取出任何元组。起初，阈值被设置为一个最大的值。每次我们从某个索引 L_i 中读取一个元组后，该阈值的大小或者保持不变（如果当前从索引 L_i 中读出的元组 x_i 与上一个大小相等），或者比原值小（如果 x_i 比上一个小）。

在这种情况下，阈值算法可以表述如下。

404

1）并行地读取 m 个索引 L_1，…，L_m。当从其中某个索引列表中检索出一个元组 R 时，执行随机访问和连接操作以构建一个元组集 $\mathcal{R}$，该元组集包含了所有与元组 R 的 x_i 值相同的元组。对于每个 $R' \in \mathcal{R}$，计算其得分 $t(R')$。如果 R' 属于当前综合得分最高的前 k 个元组之一，那么记录 R' 和 $t(R')$（在候选元组链的任意地方插入它）。

2）对于每个索引 L_i，设 $\underline{x_i}$ 为依次从索引中读出的所有 x_i 中的最小值。定义一个阈值 τ 为 $t(\underline{x_1}, \cdots, \underline{x_m})$。值得注意的是，所有未读取的元组的综合得分都不会超过 τ。虽然我们目前还未获得 k 个得分不小于 τ 的对象，但是算法会继续从索引中读取出元组（结果，τ 的值将会不断减小）。一旦获得了 k 个得分不小于 τ 的对象，算法将停止读取并返回这 k 个得分最高的元组。

算法 14 更为形式化地阐述了这个阈值算法。

算法 14   阈值算法（TA）

输入：表值输入 T；T 上的索引，其中每个索引项按照与其关联的评分属性 x_i 的降序排列：$L_1 \cdots L_i \cdots L_m$；元组个数 k；评分函数 t。

输出：得分最高的前 k 个结果。

创建一个大小为 k 的优先队列 Q

repeat

  for all i：$=1 \cdots m$，以并行的方式 **do**

    令 R_i 为从索引 L_i 中读取的下一个索引项

    令 $\underline{x_i}$ 为 R_i 对应的评分属性的值

    令 $\mathcal{T}_i$：$= \text{retrieve}(R_i)$

    ｛遍历索引 T 中由索引项 R_i 所指向的所有元组｝

    for all $T_i \in \mathcal{T}_i$ **do**

      计算得分 $t(T_i)$

      将 T_i 加入队列 Q；如果 Q 已满，则丢弃 Q 中得分最低的结果，这个结果可能是 T_i

    end for

  end for

  更新阈值 $\tau = t(\underline{x_1}, \cdots, \underline{x_m})$

until Q 中的 k 个元组的得分均超过阈值 τ

将 Q 中所有元组从队中移出并输出

目前已经提出了该核心算法的许多变种，包括近似算法以及无须随机访问源数据的算法（如果不需要连接操作）。而且，根据阈值算法的核心思想，研究者还设计出了各种"排名连接"算法。

例 16.3   假设我们拥有一个带有两个评分属性：声誉（rating）和价格（price）的关系餐厅（Restaurants），如表 16-1 所示。每个餐厅（我们将用其名字作为其 ID）都有一个取值范围为 1 ~ 5 的声誉等级（其中 5 是最高级）以及一个取值范围为 1 ~ 5 的价格等级（其中 5 表示价格最贵）。

表 16-1 餐厅示例，带有声誉等级和价格等级属性

名字	位置	声誉	价格
Alma de Cuba	1523 Walnut St.	4	3
Moshulu	401 S.Columbus Blvd.	4	4
Sotto Varalli	231 S.Broad St.	3.5	3
McGillin's	1310 Drury St.	4	2
Di Nardo's Seafood	312 Race St.	3	2

现在，假设一位用户想要找出那些最实惠的餐厅，并且对餐厅的评级应该基于这样一个评分函数 $score \times 0.5 + (5 - price) \times 0.5$。如果我们想要用阈值算法高效地检索出排名前 3 的餐厅，那么我们应该按如下步骤来进行。首先，对该表格构建两个索引，如表 16-2 所示。其中一个索引是按照荣誉等级的降序来进行的；另一个索引则是按照值 $(5 - price)$ 的降序来进行的。

表 16-2 餐厅的评分属性索引

声誉	名字	（5-价格）	名字
a）声誉索引		b）价格索引	
4	Alma de Cuba	3	McGillin's
4	Moshulu	3	Di Nardo's Seafood
4	McGillin's	2	Alma de Cuba
3.5	Sotto Varalli	2	Sotto Varalli
3	Di Nardo's Seafood	1	Moshulu

按照如下步骤继续执行。读出声誉索引和价格索引中得分最高的项，分别为 Alma de Cuba 和 McGillin's。计算 Alma de Cuba 的综合得分为 $4 \times 0.5 + 2 \times 0.5 = 3$，McGillin's 的得分为 3.5。然后，将这两个结果放入一个优先队列中，其优先级为对象的得分从高到低排列。之后，利用从索引中取出的最低得分计算新的阈值 τ：$4 \times 0.5 + 3 \times 0.5 = 3.5$。由于队列中没有任何一项的得分超过阈值，所以我们必须读出更多的值。

假设从两个索引中读出的下一项分别是 Moshulu（得分为 2.5）和 Di Nardo's Seafood（得分为 2.5）。由于此刻阈值仍然没有改变，所以我们仍无法输出任何结果，但我们将其加入到优先队列中（在队列的任意地方插入之）。接下来，我们从两个索引表中读出的均为 Sotto Varalli（得分为 2.75）并将其加入到优先队列中，此时阈值降低到 2.75。现在，优先队列中有 3 项的得分超过了阈值 2.75，即 Alma de Cuba、McGillin's 以及 SottoVaralli。我们输出这 3 个项，算法结束。

406

<<<

16.3　数据集成中的关键字搜索

与数据集成领域的诸多其他问题一样，关键字搜索问题大多是借助于单个数据库之上的相关技术来解决的。不同之处在于，这样做会面临如下两方面的挑战：

- 在单个数据库中，数据图的边仅仅依赖于外键约束而形成。当跨多个数据库构建数据图时，我们往往需要借助一些技术来发现可能的边，常用的技术包括字符串匹配技术（见第 4 章）和其他诸如模式匹配（见第 5 章）的方法。而且，在推断可能边的过程中，这些额外的处理又会进一步扩大潜在查询树的搜索空间。此外，某些推断出的边实际上可能并不正确。

- 跨多个数据库时，由于用户场景和信息需求的不同，某些资源可能会存在一词多义的现象，它们与给定查询的相关性也大小不一。注意，这与数据质量或数据权威的概念稍有不同，后者往往是与查询无关的。

因此，要解决数据集成中的关键字搜索问题，重点就在于如何便捷地构建数据图中的边，以及如何利用查询结果的反馈信息来矫正这些边，并学习资源之间的相关性。

16.3.1 以可扩展的方式自动地构建边

如果我们想在数据集成背景下提供关键字搜索的功能，最重要的问题也许是如何发现可能的跨源连接，这样一来，用户发起的查询请求就能从多个数据源中集成数据。不同于传统数据集成的是，这样的场景中往往不存在中介模式和模式映射，因此搜索系统也许只能直接运作于数据源的内容之上。

当然，基于关键字搜索的数据集成系统往往包含预索引和预处理步骤。它们的任务包括为搜索词项建立索引，发现语义上有意义的连接（这样的连接也能生成查询结果），创建数据结构来表示数据图中的可能边。此外，可能还需要在新数据源出现时，增量式更新数据图。

上文提到的发现语义上有意义的连接，其概念与模式映射非常接近。所谓模式映射，就是指找到不同模式中的属性之间的某种映射关系，其目标是找到语义和数据类型相对应的属性。

实际上，两者之间仍存在某些关键性的差异，相比之下，连接发现问题更为简单。尽管两者的目标都是要找到语义对应的属性，但是连接发现问题主要是寻找主/外键关系，从而将概念各异的元组连接起来；而模式映射问题则试图寻找一种转换关系，从而将元组转换成同样的形式并联合在一起。此外，模式匹配常会遇到一个问题，一对数据源属性的实际取值可能并无重合（例如，正是因为数据源之间的数据互补，才能联合在一起），而就连接发现问题而言，往往寻找的是有重合的情况（在这样的属性上进行连接才可能产生结果）。

我们可以把连接发现问题分解成两个子问题：发现数据值上的兼容性和发现语义上的兼容性，将这两个子问题的结果结合起来正好是连接发现问题的结果。

发现数据值上的兼容性

这个问题试图找出哪些属性源于相同的广义值域，实际上就是按照值域进行聚类。问题在于，面对大量的数据值，如何才能进行高效快速的比较。我们可以计算数据值的统计摘要（利用散列、直方图、示意图等技术）。另外，我们也可以把数据值分发到多台机器上进行并行处理（如 map/reduce 方式或其他方式），快速计算出重合率。

考虑语义上的兼容性

有的取值重合的属性在语义上未必是相关的（例如，许多属性都可能取整数值）。于是我们需要考虑其他依据，例如，属性名的相关性。此类信息的获取可以借助模式映射工具来实现。

组合兼容性

把数据值上的兼容性和语义上的兼容性组合起来的一种最为简单的方式即加权求和。

或者也可以采用推荐系统中的链接分析技术，比如标签传播算法。具体来说，我们可以针对数据与数据间的关系、元数据与元数据间的关系进行图形编码，并使用标签传播算法将结果组合起来，从而生成组合的重合率预测值。

408

16.3.2　可扩展的查询应答

给定一个带权数据图，如何计算前 k 个查询结果往往是一个挑战性问题；也许需要同时发起大量的查询。16.2 节描述的方法在这里仍然可行，现在的问题在于，如何才能只执行必要的工作。如果数据源的取值信息是已知的，我们常常能为某些查询或子查询估算一个得分范围。那么在生成和执行前 k 个查询的过程中，我们只需列举或执行那些对最终结果有用的子查询。

16.3.3　通过学习算法调整边和节点的权重

本节的前面部分介绍了几种对数据图中边和节点的权重进行预计算的方法。主要问题在于，如果没有领域专家的帮助，在给定数据源的数据和特定问题的相关程度也未知的情况下，我们很难给出正确的权值。近期研究表明，也可以在查询进行而非纯粹在预处理时计算权值。其思想是为用户查询返回"最可能"的结果，并要求某些对结果权威性具有评估能力的用户对其已知是好是坏的结果进行反馈。

系统利用机器学习技术对反馈信息进行概括，并调整边权重的某些"得分因子"。更正式地讲，这个过程其实就是所谓的在线或半监督学习（基于多重反馈的增量学习），而此处所说的"得分因子"则对应机器学习中的特征。数据图中的边权重可以通过该边的带权特征的组合计算得出。例如，连接两个元数据项的边的权重，可能代表下列几项的加权线性组合：1）这两个元数据项的值集的 Jaccard 距离；2）标签之间的编辑距离；3）这两个元数据项及其数据值的来源权威度。注意在上述这些特征中，有的是某些节点之间的边特有的，其他则是与其他边权重共享的（比如，来源权威性）。适当的特征集能帮助系统把单一结果的反馈信息推广到其他相关结果上。

该方法是否可行还取决于能否解决下面两项挑战。

从查询结果中提出影响该元组得分的特征

给定一条查询结果元组，识别出该元组是如何产生的、从哪里产生的，以及影响其得分的独立特征和权重是至关重要的。特征向量、权重以及正确结果的反馈信息，都将输入给在线学习算法。结果元组的数据溯源（见第 14 章）与标注能够帮助我们找出特征值。

409

评分模型和学习算法必须一一对应

在线学习技术多如繁星。一般来说，计算结果排名模型应该与学习算法一一对应。如果排序模型是基于各因子的加权线性组合（数据库关键字搜索应用中最常用的模型），那么依靠特征的线性组合来调整权重值的学习算法就是可行的，例如 MIRA 算法（Margin-Infused Ranking Algorithm）。MIRA 算法利用那些对结果得分提出约束限制的反馈信息（"排在第 5 位的结果应该比排在第 2 位的结果得分更高"）来调整权重以满足约束条件。

本节介绍的学习技术能够有效解决基于关键字搜索的数据集成应用中的各种权重调整问题：学习所有查询共享的节点权重（例如，来源的权威性），学习节点、边与特定场景中特定查询的相关性，学习数据图中边的正确的相似性得分，例如，"修复"不好的数值对齐。

参考文献注释

一直以来，关键字搜索以及它与数据库、数据集成的关系得到了广泛的研究。近来，Yu、Lu 和 Chang[587]综述了数据库领域的关键字搜索工作。早期的系统，包括 DISCOVER[304]和 DbXplorer[18]，都侧重于为关键字搜索生成 SQL 语句，它们采用的只是从查询树自身结构演化而来的极其简单的排序机制。而 SPARK[403]则受信息检索领域相关技术的启发，提出了一种新的排序机制。

数据库中的可扩展搜索算法向来都是人们关注的焦点。本章介绍的向后图扩展技术是由 BANKS[80]提出的，该技术采用了一种非常通用的树排序模型。精简版 BANKS 则提出了更为通用的双向搜索策略[337]。BLINKS[298]采用的是本章介绍的从根到路径的排序模型，这种模型的优点在于复杂度有限。STAR[344]斯坦纳树近似算法利用了现有的查询分析树，与本章描述的方法相比，这种算法效果更佳，它甚至还给出了该场景下的近似保证。该算法重点支持 YAGO 项目[534]的关键字搜索，参见第 15 章。[51]的工作则试图扩展 DISCOVER 系统中的关键字搜索。它要求查询结果必须在规定时间内返回，并指向一个其他资源列表，让用户能访问更为详细的信息，例如与关键字匹配的查询表单[137，492]。

其他工作侧重在丰富关键字搜索领域的操作集。SOAK[540]将聚集操作纳入进来。Précis 系统[523]设计出了用布尔操作符连接关键字的语法。产品搜索应用的相关工作[509，583]则对关键字搜索项进行了探究，并将其扩展为单表多属性上的选择谓词。

关键字搜索系统中的一个重要问题就是 top-k 查询处理算法。Fagin 在[221]中提出了 TA 算法（Threshold Algorithm）及多种算法变体。此外，还有大量的算法可用于在排序模型中进行连接操作，包括[226，266，310，415，514，515]。我们知道，top-k 查询仅需执行到 k 个结果产生为止，针对这一点，人们提出了专门的技术[109，311，383]来对该场景下的查询进行优化，并估计实际处理的输入量。除此之外，人们还开发了相关技术对那些可能会被处理的查询建立索引，从而避免随机访问[334]。[52]则讨论了如何构建具有产业实力的关键字搜索系统。

在数据集成应用中，有一项任务是要识别查询来自哪个领域，接着再分割其不同组成部分。例如，要对查询"越南咖啡产量"做出应答，我们首先需要识别出该查询是关于咖啡领域的，接着将其翻译成 CoffeeProduction（vietnam）（咖啡产量（越南））的形式。接下来，我们需要找到一张与属性 CoffeeProduct（咖啡产量）（名称可能不同）相关且包含越南这一行的表。[167]介绍了这个问题的早期工作。Kite 系统[512]提出了一些技术，通过使用摘要来发现连接关系并迭代地在 top-k 计算过程中生成查询。Q 系统[538，539]提出了基于反馈的学习方法，该方法已在本章前面介绍过。另外，在某些数据集成应用中，当我们只能获得查询的元数据信息时，如何实现基于排序的关键字搜索，这一问题在 Velegrakis 等人的工作得以解决。第 15 章讨论的工作，解决了在 HTML 表格上进行关键字查询的问题。

当然，在搜索、排序和概率数据之间存在某种联系（见第 13 章）。关于概率排序机制的细节可参见[312]。

对等数据集成

截至目前，前面介绍的所有基于查询的结构化数据集成或数据仓库架构都要求在查询之前先创建中介模式或中央数据库。这项任务需要在建模、维护以及协调数据拥有者上下大功夫。尤其是，创建中介模式要求能够很好地定义涉及的领域范围，而且要能找出清晰可辨的模式，这一点往往很难做到。例如，就科学场景下的数据共享而言，多个学科的数据都会有所涉及，比如基因数据、诊断和临床试验数据、文献数据、药物数据。每个学科都有其独特的方式来概念化这个领域的数据。因此，很难成功创建一个统一的中介模式。

现在越来越多的数据拥有者希望彼此之间的协作无须建立在中央权威性或全局标准化之上。他们的这种协作可能始于两三个数据源互换数据，接着，随着新数据源的出现或者需求的变更不断壮大。然而，数据拥有者可能并不想显示地创建一个定义整个协作范围的中介模式，以及一套所有拥有者都需要映射的项集。

近年来，去中心化协作成为数据集成的一个研究热点。本章侧重于介绍如何通过各种不同的模式，以去中心化协作式的方式查询高质量数据。第 18 章，特别是 18.4 节，介绍了许多应对数据质量不整齐、数据更新的技术。

对等数据管理系统（Peer Data Management System，PDMS）的基本方法是打破对中央权威性的中介模式的依赖。每个参与者或者对等节点可以同时针对自身的源数据（存储关系）和集成的查询数据（对等关系）定义其自己的模式。从概念上看，这个模型与 P2P 计算非常相关。在 P2P 计算中，所有的参与者都是对等节点，它们以元组、模式和查询应答的形式提供资源，同时又通过发起查询消费资源。而在 PDMS 中，参与者不需要在一个数据集成视图上达成广泛一致，而是必须就如何从一种模式映射到另一种模式达成有限的局部协议（比如，成对协议）。这些对等映射定义了对等节点之间的语义关系。一个查询总是关乎于一个特定节点的模式，而查询应答就是递归地按照"邻居"节点的模式重写查询，这些"邻居"节点再接着重写查询并传给它们的"邻居"，以此类推——沿着网络的路径前行。这样一来，局部语义关系就扩展为网络中越来越广的数据共享。

在 PDMS 中，数据转换更加局部化、模块化，协作式的数据资源可以成对地（或小型集合内）创建局部映射。这些映射可以针对数据拥有者的特定协作需求定制。随着时间的推移，协作者可以通过扩大数据的共享范围或新增协作者来扩大局部映射。通过在这些局部映射上重写查询，并沿着映射路径连接网络中广泛分布的协作者，数据共享以此得以推广。

17.1 对等节点和映射

一个 PDMS 由数个对等节点和两种映射组成：存储描述，表明如何将源数据映射到 PDMS；对等映射，把不同节点的模式关联起来。见图 17-1 中的示例。在 PDMS 中，每个对等节点包含一个对等模式，它由一套对等关系组成。对等模式对 PDMS 中的其他节点可见。对等节点的数据往往是以关系表的形式存储的。存储描述就是把存储关系表模式和对等模式关联起来的语义映射。对等映射则是把各个节点的模式关联起来的语义映射。

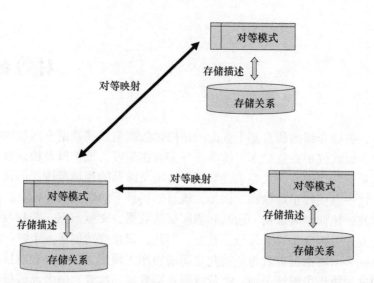

图 17-1   PDMS 的结构。每个对等节点包含一个对等模式以及关联各节点模式的对等映射。每个对等节点的数据以关系表的形式存储，而存储描述就是存储关系和对等模式之间的语义映射

每个对等节点的情况也可能很复杂。例如，一个对等节点可能就是一个局部数据集成系统，既要提供对多个数据源的访问，又要向其他节点呈现中介模式。有时，某个对等节点可能根本不含数据，仅仅起到调解作用。

查询 PDMS 是在某个节点的对等模式之上发起的。一般来说，每个对等关系都是存在于特定"命名空间"的或带有标识节点的唯一标识符作为前缀，这样要判定对等模式就轻而易举了。遵循该惯例，本章采用**节点名·关系名**的语法命名所有节点和存储关系表。

对等映射和存储描述可以用来重写对等模式上的查询，重写的结果就是仅仅涉及存储关系表的查询。

例 17.1   图 17-2 描绘了 PDMS 协调紧急响应的过程。矩形框旁标注的关系表是对等关系，圆柱形旁的是存储关系。节点间的连线表示它们之间存在对等映射（细节稍后介绍）。

左边的对等节点包含俄勒冈的数据。存储实际数据的关系表由医院和消防局提供（对等节点 FH、LH、PFD 和 VFD）。其中，两个消防局服务节点（PFD 和 VFD）可以共享数据，因为它们的对等关系之间存在映射。此外，节点 FS 提供所有消防局服务数据的统一视图，但是注意它自身并不含数据。类似地，节点 H 提供医院数据的统一视图。911 调度中心（9DC）节点则包含所有的紧急服务数据。

右边的对等节点包含华盛顿的数据。当地震发生时，PDMS 就可以大显身手了：华盛顿的地震指挥中心（Earthquake Command Center，ECC）和其他关联节点可以加入俄勒冈的系统。一旦我们在节点 ECC 和 9DC 之间提供对等映射，在它们之上的发起查询就能够利用所有的数据。   <<<

现在形式化地描述我们在存储描述和对等映射中用到的语言。该语言基于第 3 章的模式映射语言，并结合了全局视图（Global-as-View）和局部视图（Local-as-View）的特征。从某种意义上说，下面描述的语言扩展了 GAV 和 LAV，从数据源和中介模式的两层架构扩展到更加一般化的对等网络，它能够形成任意的图。

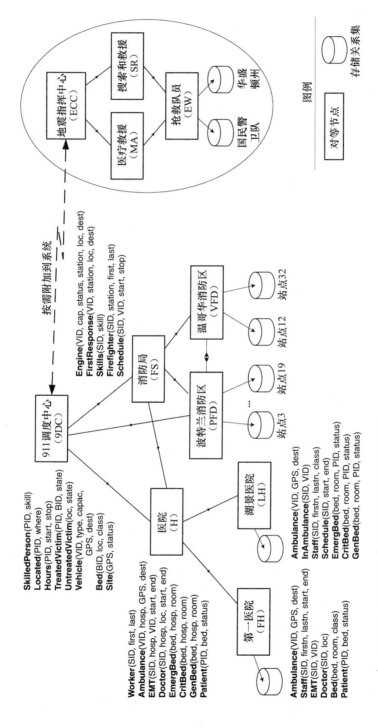

图17-2　俄勒冈和华盛顿的用于协调紧急响应的PDMS。箭头表示对等节点的关系表之间存在（至少有一方）映射

存储描述

每个对等节点包含一个存储描述集（可能为空），它们指明了数据实际存储的位置。这些存储描述是把存储关系和对等关系关联起来的语义映射。形式上，对等节点 A 的存储描述如下：

$$A \cdot R = Q \quad 或 \quad A \cdot R \subseteq Q$$

其中，R 是节点 A 的存储关系，而 Q 是 A 的对等模式上的查询。我们称具有"="的存储描述为等值描述，具有"⊆"的为包含描述。等值描述表示查询 Q 的所有结果都存储在节点 A 上的关系 R 中，而包含描述表示 R 是 Q 的结果集的子集，从而表达开放世界的语义。

例 17.2   把节点 FH 的医生关系表和对等关系关联起来的存储描述示例。

doc(sid, last, loc) ⊆ FH.Staff(sid, f, last, s, e), FH.Doctor(sid, loc)
sched(sid, s, e)   ⊆ FH.Staff(sid, f, last, s, e), FH.Doctor(sid, loc)

<<<

对等映射

对等映射在语义上把不同节点的模式关联起来。我们描述了两种对等映射。一种是等值和包含映射，类似于数据集成应用中的 GLAV 描述。另一种是定义映射，它本质上就是 datalog 表达式。

等值和包含对等映射形式为：

$$Q_1(\bar{A}_1) = Q_2(\bar{A}_2) \, (等值映射)$$
$$Q_1(\bar{A}_1) \subseteq Q_2(\bar{A}_2) \, (包含映射)$$

其中 Q_1 和 Q_2 是谓词数目相同的合取查询，$\bar{A}_1$ 和 $\bar{A}_2$ 是节点集合。查询 Q_1 可以涉及 $\bar{A}_1$ 中的任何对等关系（Q_2 和 $\bar{A}_2$ 同理）。

直观来看，这样一个映射表明在节点集 $\bar{A}_1$ 上执行查询 Q_1 将总是产生相同的结果（如果是包含映射则产生结果子集），Q_2 在 $\bar{A}_2$ 上也是如此。注意这里用了"执行"（evaluate）一词，考虑到数据检索不仅会发生在查询发起节点，还可能发生在其他节点。

定义映射是 datalog 规则，它涉及的关系（头和主体）都是对等关系。我们把定义映射单独提出来主要是出于两方面的原因。首先，当对等映射仅限于是定义映射时，查询应答的难度会比通常情况要小得多，这一点我们在后面就会感受到。其次，定义映射可以方便地表示析取（如下例所示），而这是 GLAV 映射无法表示的。

例 17.3   我们可以使用包含映射来指明 LH 对等关系是节点 H 的关系的视图，其中节点 H 负责调解多个医院的数据。在该场景下这是极其方便的，因为节点 H 终于可以在多个医院之间进行调解了，而且 LAV 形式的描述更为合适。

LH.CritBed(bed, hosp, room, PID, status) ⊆
        H.CritBed(bed, hosp, room), H.Patient(PID, bed, status)
LH.EmergBed(bed, hosp, room, PID, status) ⊆
        H.EmergBed(bed, hosp, room), H.Patient(PID, bed, status)
LH.GenBed(bed, hosp, room, PID, status) ⊆
        H.GenBed(bed, hosp, room), H.Patient(PID, bed, status)

节点 9DC 的 **SkilledPerson** 对等关系，它调解医院和消防局服务关系表，可用如下的定义映射表示。定义表示 9DC 的 **SkilledPerson** 可以通过联合 H 和 FS 的模式获得。

9DC.SkilledPerson(PID, "Doctor") :- H.Doctor(SID, h, l, s, e)
9DC.SkilledPerson(PID, "EMT") :- H.EMT(SID, h, vid, s, e)
9DC.SkilledPerson(PID, "EMT") :- FS.Schedule(PID, vid),
                    FS.1stResponse(vid, s, l, d), FS.Skills(PID, "medical")

<<<

17.2 映射的语义

根据虚拟数据集成系统中映射语义的定义，我们也这样来定义 PDMS 的映射语义。3.2.1 节定义了查询 Q 的确定结果。确定结果是包含在中介模式的所有与数据源一致的实例中的结果。

在 PDMS 场景中，我们看的是所有节点的对等关系的实例，而不是中介模式的实例。要保证实例的一致性，对等关系的扩展需要满足涉及存储关系内容的对等映射和存储描述。

形式化地，假设给定一个 PDMS、$\mathcal{P}$ 和一个存储关系实例 D。实例 D 分配一个元组集 $D(R)$ 到每个存储关系 $R \in \mathcal{P}$。PDMS $\mathcal{P}$ 的一个数据实例 I，是把一个元组集 $I(R)$ 分配给 $\mathcal{P}$ 中的每个关系。注意，I 分配元组集给对等关系和存储关系。用 $Q(I)$ 表示查询 Q 在实例 I 上的结果。

直观地看，给定 D、存储描述和对等映射，如果一个数据实例 I 描述的是可允许的可能世界状态（比如，$\mathcal{P}$ 中关系的扩展），那么它与 $\mathcal{P}$ 与 D 就是一致的。

定义 17.1（一致的数据实例） I 表示 PDMS $\mathcal{P}$ 的数据实例，D 表示 $\mathcal{P}$ 中一个存储关系实例。实例 I 称为与 $\mathcal{P}$、D 是一致的，当满足：

- 对于每个存储描述 $r \in \mathcal{P}$，如果 r 具备形式 $A \cdot R = Q_1 (A \cdot R \subseteq Q_1)$，那么 $D(R) = Q_1(I)$ $(D(R) \subseteq Q_1(I))$。
- 对于每个对等描述 $r \in \mathcal{P}$，
  - 如果 r 具备形式 $Q_1(\mathcal{A}_1) = Q_2(\mathcal{A}_2)$，那么 $Q_1(I) = Q_2(I)$。
  - 如果 r 具备形式 $Q_1(\mathcal{A}_1) \subseteq Q_2(\mathcal{A}_2)$，那么 $Q_1(I) \subseteq Q_2(I)$。
  - 如果 r 是一个定义描述，头谓词为 p，用 $r_1, \cdots, r_m$ 表示所有头部带 p 的定义映射，用 $I(r_i)$ 表示求 r_i 的主体在实例 I 上的结果。那么 $I(p) = I(r_1) \cup \cdots \cup I(r_m)$。

我们把确定结果定义为包含在每个一致数据实例中的结果。

定义 17.2（PDMS 中的确定结果） Q 是 PDMS $\mathcal{P}$ 上的一个查询，D 是 $\mathcal{P}$ 的存储关系实例。我们称元组 $\bar{a}$ 是 Q 关于 D 的确定结果，如果对于所有与 $\mathcal{P}$、D 一致的数据实例都有 $\bar{a} \in Q(I)$。

注意定义 17.1 最后的着重号，p 的扩展不需要是 datalog 规则的最小不动点模型。然而，因为确定结果定义为那些包含在每个一致数据实例中的结果，所以实际上我们也只能获取那些满足最小不动点模型的结果。

17.3 PDMS 查询应答的复杂性

现在考虑如何在 PMDS 中求出查询的所有确定结果。我们很快就会看到，问题的复杂性取决于映射的性质。我们用数据大小和 PDMS 大小来衡量查询应答的计算复杂度。决定计算复杂度的一个重要性质是映射中是否存在环。

定义 17.3（无环的包含对等映射） 如果下面的有向图 G 是无环的，则称包含对等映射集 $\mathcal{L}$ 是无环的。

418

G 中的节点是 $\mathcal{L}$ 中的对等关系。如果 $\mathcal{L}$ 中存在形如 $Q_1(\bar{A}_1) \subseteq Q_2(\bar{A}_2)$ 的对等映射，则称 G 中从关系 R 到关系 S 存在一条弧，其中 R 出现在 Q_1 中，S 出现在 Q_2 中。

下面的定理阐述了 PDMS 查询应答的两种极端情况。

定理 17.1　$\mathcal{P}$ 是一个 PDMS，Q 是 $\mathcal{P}$ 上的合取查询。

1）找出 Q 的所有确定答案这一问题是不可判定的。

2）如果 $\mathcal{P}$ 中只有包含存储描述和对等映射，且对等映射是无环的，那么能在 $\mathcal{P}$ 及 $\mathcal{P}$ 的存储关系大小的多项式时间内对 Q 做出应答。

这两种情况的复杂度差别表明环的存在是影响 PDMS 查询应答效率的罪魁祸首。下一节将介绍当满足定理 17.1 第二种情形时的一种多项式时间的查询应答算法。定理的第一种陈述可从函数依赖和闭包依赖的蕴含问题规约得证。

有趣的是，定理 17.1 是 GLAV 重写（见 3.2.4 节）方式的扩展。3.2.4 节的定理表明 LAV 和 GAV 重写可以通过一层 LAV 外加一层 GAV 的方式结合起来。定理 17.1 表明在某些条件下，LAV 和 GAV 可以结合任意多次。

17.3.1　有环 PDMS

无环 PDMS 对于实际应用来说限制过强。我们实际感兴趣的情况是，数据复制：当一个对等节点在不同节点上维护了数据副本时。例如，在图 17-2 中，地震指挥中心出于可靠性考虑，也许希望复制 911 调度中心的 Vehicle 表，表达式如下

$$\text{ECC. vehicle(vid,t,c,g,d)} = \text{9DC. vehicle(vid,t,c,g,d)}$$

为了表示复制，需要等值描述，必然会把环引入 PDMS。一般来说，有环存在的情况下查询应答是不可判定问题，但当等式不含投影时，它就变得可判定了，正如本例一样。下面的定理给出一个重要的特殊情况，在这种情况下，PDMS 的查询应答是易于处理的，甚至当对等描述中存在环时。

定理 17.2　令 $\mathcal{P}$ 是一个 PDMS，其所有的包含对等映射都是无环的，但可能存在等值对等映射。令 Q 是 $\mathcal{P}$ 上的合取查询。假设满足如下两个条件：

- 当 $\mathcal{P}$ 中的存储描述或对等映射是等值描述时，它不包含投影。即所有出现在等号左边的变量也出现在右边，反之亦然，并且
- 出现在定义描述头部的对等关系不会出现在其他任何描述的右边。

那么，找出 Q 的所有确定结果可以在数据和 PDMS 大小的多项式时间内完成。

进一步推广到一类特定的有环映射，称为弱环映射，这也能通过其他查询重写算法来实现。参见 18.4 节。

17.3.2　对等映射中的比较谓词

正如第 3 章介绍的一样，如果映射中包含比较谓词，那么查询应答的复杂度可能会发生变化。下面的定理阐释了比较谓词对 PDMS 查询应答的影响。

定理 17.3　令 $\mathcal{P}$ 是 PDMS，满足定理 17.2 中第一个着重号标明的条件，Q 是 $\mathcal{P}$ 上的合取查询。

1）如果比较谓词仅出现在存储描述中或定义映射的主体中，而未出现在 Q 中，那么找出 Q 的所有确定结果可以在多项式时间内完成。

2）否则，如果查询包含比较谓词，或者比较谓词出现在非定义对等映射中，那么判定元组 t 是否为 Q 的确定结果为 co-NP 完全问题。

17.4　查询重写算法

现在介绍 PDMS 中的查询重写算法。算法的输入是一个 PDMS，$\mathcal{P}$，及其存储描述和对等映射，以及 $\mathcal{P}$ 上的合取查询 Q。输出为把 Q 重写到 $\mathcal{P}$ 的存储关系上的表示 Q'，它仅涉及存储关系。为了对 Q 做出应答，我们需要在存储关系上执行 Q'，这可以借用第 8 章介绍的技术来完成。

我们介绍的算法有两条性质与之前讨论的计算复杂度有关。首先，算法具有正确性：在存储关系上执行 Q' 只会产生 Q 的确定结果。第二，当对等描述无环时，算法具有完备性，执行 Q' 将产生所有的确定结果。

关于算法的输入，假定 $\mathcal{P}$ 中所有形如 $Q_1 = Q_2$ 的对等映射都替换为 $Q_1 \subseteq Q_2$ 和 $Q_1 \supseteq Q_2$ 映射对。同时假定包含依赖左边有一个单原子。只需把形如 $Q_1 \subseteq Q_2$ 的描述替换为 $V \subseteq Q_2$ 和 $V :- Q_1$ 对就可以了，其中 V 是 PDMS 中没有出现过的新谓词。

〔421〕

查询重写的主要挑战在于，我们需要交替地重写定义映射的重写，这要求展开查询（以 GAV 重写的风格），我们还需要重写包含映射，这又要求使用视图对查询做出应答（以 LAV 重写的风格）。在讨论如何结合这两种类型的重写之前，首先单独进行考虑。

考虑一个 PDMS，其所有的对等映射都是定义映射。此时的查询重写就是简单的规则目标树重写。规则目标树包含目标节点，即标有对等关系（内部节点）和存储关系（叶子节点）的原子，以及规则节点，它上面标有对等映射和存储描述（见图 17-3）。树根是目标节点，表示查询 Q 的头部。用头部与目标节点一致的定义映射来扩展树的每个目标节点，算法以此不断推进。当树中的节点都无法再用对等映射进行扩展时，我们考虑存储描述并创建叶子节点。

例 17.4　考虑图 17-3 的示例。树根是查询，其孩子节点是合取式。每个合取式都用对等映射（分别为 r_0 和 r_1）进行扩展，得到 4 个子目标。接下来用存储描述 r_2 和 r_3 对这些子目标进行重写。得到的结果是叶子节点的合取式。

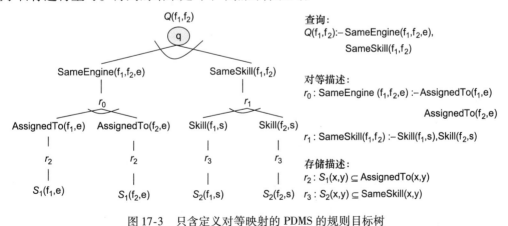

图 17-3　只含定义对等映射的 PDMS 的规则目标树

〔422〕

现在考虑 PDMS 的对等映射都是闭包映射的情况。这种情况下，我们从查询子查询开始，使用视图对查询做出应答（见 3.2.3 节）。我们可以用一个子查询替换多个子查询。

例 17. 5 举一个简单例子，假定查询如下所示。

$Q(f_1,f_2)$:- SameEngine(f_1,f_2,e), Skill(f_1,s), Skill(f_2,s)

对等映射为：

SameSkill(f_1,f_2) $\subseteq$ Skill(f_1,s), Skill(f_2,s)

重写的第一步，用一个单独的子查询 SameSkill 替换查询中的两个子目标。

$Q'(f_1,f_2)$:- SameEngine(f_1,f_2,e), SameSkill(f_1,f_2)　　　　　　　　<<<

一直进行这样的重写直到无法再对任何对等映射进行重写为止，接下来，与前面的算法一样，考虑存储描述。由此看来，两种重写的主要区别在于，一种是用多个子查询替换一个子查询（定义重写），另一种则用一个单独的子查询替换多个子查询（包含重写）。算法通过构建规则目标树，把两种重写结合起来，注意树中的某些节点会被标记为覆盖了其叔叔节点。下面举例阐释算法。

例 17. 6 图 17-4 举例说明了查询重写算法。查询 Q，要找出具有某种技能的消防队员。它扩展为 3 个子查询，每一个子查询都是一个目标节点。SameEngine 对等关系（表示消防员的操作技能）包含于一个单独的定义对等描述 r_0 中，因此我们用规则 r_0 来扩展 SameEngine 目标节点，它的孩子节点是两个 AssignedTo 对等关系（每个指明一个单独的消防员的技能）的目标节点。

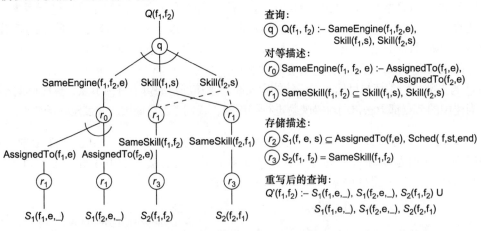

图 17-4　应急服务领域的目标规则树重写。虚线表示节点包含于 unc 标签中

Skill 关系出现在包含对等映射 r_1 的右边。因此，用规则节点 r_1 扩展 Skill(f_1，s)，并为其创建孩子节点来标记 r_1 的左边 SameSkill(f_1，f_2)。然而，这样一来，SameSkill 原子也覆盖了 Skill(f_2，s) 子查询，而这是节点 r_1 的叔叔节点。图中用虚线标注这种覆盖关系，在算法中用 unc 来表明这种关系。

因为对等关系 Skill 包含于一个单独的对等映射中，所以不需要进一步扩展子查询 Skill(f_2，s)。注意，我们必须再次应用映射 r_1 翻转头部变量，因为 SameSkill 也许不是对称的（因为是 $\subseteq$ 不是 =）。

此时，不能再进一步重写对等映射，故考虑存储描述。我们为树中的每个对等关系（S_1 和 S_2）找出存储描述，并生成最终重写结果。在这个简单的示例中，只涉及一层对等映射，但是一般来说，树可以是任意深度的。　　　　　　　　<<<

算法第一步，如算法 15 所示，从查询定义入手构建规则目标树。用定义映射或包含映射扩展目标节点直到到达存储关系。节点上的标签表明每一步扩展覆盖了哪些祖先和叔叔子查询。注意，为了避免环，在向下的路径中算法对同一对等映射最多使用一次。

当考虑包含映射时，算法创建 MCD。回想 MiniCon 算法（见 2.4.4 节），当考虑合取查询 Q 和视图 V 时，MCD 是 Q 的最小子查询集，如果 V 是由 Q 重写的，那么 MCD 将被 V 覆盖。MCD 的其他原子将成为树中规则节点的叔叔节点，我们用 unc 标记出来[⊖]。

算法第二步，如算法 16 所示，从规则目标树 T 进行重写。做法是在存储关系上合并合取查询。每个合取查询代表一种从节点上的关系表获得查询结果的方式。每个查询可能产生不同的结果，除非存在副本资源。

423
~
424

算法 15 PDMS 构建树：构建重写规则目标树

输入：PDMS $\mathcal{P}$；$\mathcal{P}$ 上的合取查询 Q。

输出：规则目标树。

// 创建规则目标树 T

添加目标节点作为 T 的根节点，root(T)，标记为 $Q(\overline{X})$

添加 root(T) 的孩子节点 r，标记上查询 $Q(X)$ 的定义规则

for Q 的每个子查询 g **do**

　创建 r 的规则目标子节点，标记为 g

end for

while T 的目标节点还可扩展 **do**

　对于 T 中标有 $l(n)\ =p(\overline{Y})$，且 p 不为存储关系的叶子节点，记为 n

　if p 出现在定义描述 r 的头部 **and** r 不是 n 的祖先节点 **then**

　　// 定义扩展

　　用 r 的头部统一表示 $p(\overline{Y})$ 后的结果，记为 r'

　　用 $l(n_r)\ =r'$ 创建孩子规则节点 n_r

　　对于带 $l(g)\ =g$ 的 r'，针对每个子查询 g，创建 n_r 的孩子目标节点

　else if p 出现在包含描述的右边或存储描述 r 形如 $V\subseteq Q_1$ **and** r 不是 n 的祖先节点 **then**

　　// 包含扩展

　　记 n 的父亲节点的孩子节点为 $n_1,\cdots,n_m$，对应的标签记为 $p_1,\cdots,p_m$

　　for 能被创建为针对 $p(\overline{Y})$ 的关于 $p_1,\cdots,p_m$ 和 r 形式的 MCD **do**

　　　记 $V(\overline{Z})$ 是 MCD 创建的原子

　　　针对标记为 r 的节点 n，创建孩子规则节点 n_r，并对标有 $V(\overline{Z})$ 的节点 n_r，创建孩子目标节点 n_g

　　　设置 unc(n_g) 为 MCD 覆盖的子查询集

　　end for

　end if

end while

return T

首先考虑仅使用定义映射的简单情况。在这种情况下，重写就是合取查询的结合，每

⊖ 注意在某些情况下，MCD 可能会覆盖其父节点的堂兄弟或叔叔节点，而不仅仅是它自己的叔叔节点。为了阐述方便，忽略讨论细节。但注意我们不会因此违背完备性。最坏情况下的合取重写形式包含多余原子。

一个都带有头部 $Q(\overline{X})$ 和主体，构造如下。T' 是 T 的叶子节点的子集，通过自顶向下遍历树，在目标节点处选择一个单独的孩子节点及给定规则节点处选择所有孩子节点来构造 T'。合取查询的主体就是 T' 中所有节点的合取式。

为了给包含扩展留出空间，我们这样来创建合取查询。在创建 T' 时，对于目标节点仍选择单独的孩子节点，但不必选择规则节点 g 的所有孩子节点。给定规则节点 g，只需选择 g 的孩子节点的子集 $g_1, \cdots, g_l$，使得 $\mathrm{unc}(g_1) \cup \cdots \cup \mathrm{unc}(g_l)$ 包含 g 的所有孩子节点。

算法 16　PDMS – 构造 – 重写：创建 PDMS 重写的输出结果

输入：PDMS 建树算法构建的规则目标树。

输出：合取查询集。

令 $A = \varnothing$

向 A 中添加任何形如 $Q(\overline{X})$：$-B$ 的合取查询，其中 B 是子查询的合取式，能按照如下方式构造：

初始化列表 s，包含 T 的根节点

while 该列表包含 T 中的非叶子节点 **do**

　　g 是 s 中的非叶子节点

　　从 s 中移除 g

　　if g 是目标节点 **then**

　　　　选择 g 的一个孩子节点，将其添加到 s 中

　　else if g 是定义规则节点 **then**

　　　　把 g 的所有孩子节点添加到 s 中

　　else if g 是包含规则节点 **then**

　　　　选择 g 的孩子节点子集 $g_1, \cdots, g_l$，其中 $\mathrm{unc}(g_1) \cup \cdots \cup \mathrm{unc}(g_l)$ 包含 g 的所有孩子节点，

　　　　把 $g_1, \cdots, g_l$ 添加到 s 中

　　end if

end while

return A

17.5　组合映射

上面介绍的查询重写算法当遇到节点或对等映射很多的 PDMS 时，构建出来的规则目标树可能会非常大。为了提高 PDMS 查询应答效率，需要许多优化技术。例如，我们需要按照智能的顺序来扩展树的节点，以剪去那些仅产生多余结果的路径，并运用自适应方法（见第 8 章）以流方式向用户提供结果。

另一个非常重要的优化就是组合对等映射，从而把长路径压缩成单边。组合映射节省了重写时间，也能帮助剪掉那些乍看起来很好但最终没有产出的路径。从逻辑的角度来看，组合模式映射本身其实是一个很有趣的问题。在数据交换（见 10.2 节）场景中，当数据交换可能经历跨多系统的长路径时，这也是一个重要的问题。

下面简单看看组合模式映射问题。假定有资源 A、B 和 C，A、B 之间存在对等映射 M_{AB}，B、C 之间存在对等映射 M_{BC}。我们的目标是找出 A、C 之间的映射 M_{AC}，它产生的结果总是与经过 M_{AB} 映射再经过 M_{BC} 映射的结果相同。

在组合映射的形式化定义中，源 A、B 之间有模式映射 M，它定义了 A 的实例和 B 的实例之间的二元关系 M^R。关系 M^R 包含 (a, b) 关系对，其中 $a \in I(A)$ 且 $b \in I(b)$，a 和

b 在映射 *M* 下是一致的（见 3.2.1 节）。形式化定义要求 M_{AC} 是映射 M_{AB} 和 M_{BC} 的连接。

定义 17.4（映射组合）　*A*、*B*、*C* 是数据源，M_{AB} 是 *A*、*B* 之间的映射，M_{BC} 是 *B*、*C* 之间的映射。一个映射 M_{AC} 称为是 M_{AB} 和 M_{BC} 的组合，如果满足

$$M_{AC}^R = M_{AB}^R \times M_{BC}^R$$

寻找映射的组合是一件很棘手的事。下面的示例阐释了原因。

例 17.7　考虑下面的模式映射，每个源分别有一个单独的关系 *A*、*B*、*C*。

$$M_{AB} \quad A(x,z), A(z,y) \subseteq B(x,y)$$
$$M_{BC} \quad B(x,z), B(z,y) \subseteq C(x,y)$$

每个关系可以看做存储了有向图的边集。映射 M_{AB} 表明 A 中长度为 2 的路径是 B 中边的子集，M_{BC} 表明 B 中长度为 2 的路径是 C 中边的子集。

很容易证明下面的映射表示 M_{AB} 和 M_{BC} 的组合。映射表明 A 中长度为 4 的路径是 C 中边的子集。

$$M \qquad A(x,z_1), (z_1,z_2), A(z_2,z_3), A(z_3,y) \subseteq C(x,y) \qquad \text{<<<}$$

例 17.7 用 GLAV 形式的映射表示组合，即其语言与被组合的映射所用的语言相同。你自然会问表示映射的语言在组合操作下是否是闭合的。具体地说，GLAV 形式的映射是否总能以 GLAV 形式来表示？

这个问题的答案取决于组合映射的方式。在例 17.7 中，映射没有引入任何新的已知变量。具体地说，所有出现在映射右边的变量也出现在其左边。结果证明，这个条件对于是否能用 GLAV 形式来表示 GLAV 映射的组合映射这一问题至关重要。我们不加以证明，给出下面的定理（详情参见参考文献注释）。

定理中，我们称 GLAV 模式映射的一个式子是完全（full）的，如果满足映射右边不含左边未出现的变量[⊖]。

定理 17.4　M_{AB} 和 M_{BC} 是由 GLAV 映射的有限集表示的映射。如果 M_{AB} 的所有式子都是完全的，那么 M_{AB} 和 M_{BC} 的组合映射可以用 GLAV 式子的有限集表示。判定一个 GLAV 式子是否包含在 M_{AB} 和 M_{BC} 的组合映射中，可以在多项式时间内完成。

其实，定理 17.4 描述了高效地组合映射的一个相当严格的条件。从下面的例子可以看到，两个有限 GLAV 映射的组合可能需要无数的式子。

例 17.8　在这个例子中，资源 *B* 有两个关系 R 和 G，分别表示红边和绿边。资源 *A* 和 *C* 也各有两个关系。考虑下面的映射：

$$M_{AB} \quad \{A_{rg}(x,y) \subseteq R(x,x_1), G(x_1,y)$$
$$A_{gg}(x,y) \subseteq G(x,x_1), G(x_1,y)\}$$
$$M_{BC} \quad \{R(x,x_1), G(x_1,x_2), G(x_2,y) \subseteq C_{rgg}(x,y)$$
$$G(x,x_1), G(x_1,y) \subseteq C_{gg}(x,y)\}$$

关系 A_{rg} 是 *B* 中由红-绿边连接的节点对的子集。关系 A_{gg}、B_{rg} 和 C_{gg} 同理。可以看出，下面的无限式子序列都包含在 M_{AB} 和 M_{BC} 的组合映射中。

⊖　正如前面提到的，GLAV 式子类似于元组产生的依赖关系。对应在那个术语中，一个完全的式子就是一个完全的依赖。

$$A_{gg}(x, y) \subseteq C_{gg}(x, y) \tag{17-1}$$

$$A_{rg}(x, x_1), A_{gg}(x_1, x_2) \subseteq C_{rgg}(x, y_1) \tag{17-2}$$

$$A_{rg}(x, x_1), A_{gg}(x_1, x_2), A_{gg}(x_2, x_3) \subseteq C_{rgg}(x, y_1), C_{gg}(y_1, y_2) \tag{17-3}$$

$$\cdots$$

$$A_{rg}(x, x_1), A_{gg}(x_1, x_2), \ldots, A_{gg}(x_n, x_{n+1}) \subseteq C_{rgg}(x, y_1), C_{gg}(y_1, y_2), \ldots, C_{gg}(y_{n-1}, y_n) \tag{17-4}$$

428

<<<

　　该序列是无限的。无限序列中的每个式子表示含一条红边,紧跟 $2n+1$ 条绿边的路径(A 上的查询)包含在含一条红边紧跟 $2n+2$ 绿边的路径(C 上的查询)。每一个式子都不能由其他式子表示。例如,式(17-3)不能由式(17-1)和式(17-2)表示。

　　下面的定理形式化地说明了例 17.8 的思想,它表明只要 M_{AB} 在式子右边含现有变量,那么组合映射也许就无法用 GLAV 式子的有限集来表示。

　　定理 17.5　现有映射 M_{AB} 和 M_{BC},其中 M_{AB} 是 GLAV 式子的有限集,M_{BC} 是完全 GLAV 式子的有限集,则 M_{AB} 和 M_{BC} 的组合映射不能通过 GLAV 式子的有限集来定义,但是可以通过 GLAV 式子的无限集来定义。

　　实际上,高效计算对等映射的组合是有可能的。然而,查询应答时切记谨慎使用组合映射,因为它们可能进一步扩大搜索空间。

17.6　采用松散映射进行对等数据管理

　　目前为止,我们把对等数据管理作为数据集成系统的推广进行了讨论。系统是基于节点对(或小集合)之间的对等映射,而不是数据源和中介模式之间的映射。正如前面描述的那样,与虚拟数据集成系统相比,这种系统已经相当灵活了。然而,为了这样的灵活性,协作者仍然需创建模式映射,而这是一项劳动密集型任务。

　　本节介绍两种松散模型,供多个团体协作,它们不需要完全的对等映射。当然,节点之间的关系说明得越模糊,可以执行的查询就越少,结果的准确度也会降低。然而,在某些应用中,能从其他节点获得一些数据也总好过一无所获。

　　第一种方法通过近似技术(思想同第 5 章)来推断节点之间的关系。第二种方法用映射表来指明数据层的映射关系。当然,在实际中,有的系统在某些节点上包含准确的映射,并结合使用下面介绍的技术。

17.6.1　基于相似度的映射

　　考虑一个 PDMS,其中每个节点 n 都有一个节点邻域,邻域中的节点都能与 n 进行通信。然而,在 n 和它的邻居之间不需要对等映射,因此查询重写和查询应答将通过 n 及其邻居之间的模式元素的近似映射来进行。

429

算法 17　PDMS 相似度:计算 PDMS 相似度。函数 sim 计算关系名对或属性名对之间的相似度。参数 τ 是相似度阈值

输入:PMDS $\mathcal{P}$;$\mathcal{P}$ 中的节点 n;$\mathcal{P}$ 上的查询 $Q(\overline{X})$;结果 $\mathcal{R}$ 的收集器(初始为空)。

输出:包含最终结果的 $\mathcal{R}$。

令 $Q(\overline{X})$ 形如 $p(\overline{X})$,其中 p 为 n 的模式下的关系,A_1,$\cdots$,A_l 是 p 的属性

求 n 的存储关系之上的 $Q(\overline{X})$；把结果添加到 $\mathcal{R}$ 中

for n 的每个邻居节点 n_1 **do**

    $\mathrm{sim}(r,\ p)$ 表示关系 $r \in n_1$ 和 p 之间的相似度

    $\mathrm{sim}(A_i,\ B)$ 表示属性 A_i 和 n_1 上的属性 B 之间的相似度

    for 满足 $\mathrm{sim}(r,\ p),\ \mathrm{sim}(B_1,\ A_1),\ \cdots,\ \mathrm{sim}(B_k,\ A_k) \geq \tau$ 的每个原子 $r(B_1,\ \cdots,\ B_j)$ **do**

        call PDMS-Similarity $(\mathcal{P},\ r(B_1,\ \cdots,\ B_j),\ n_1,\ \mathcal{R})$

    end for

end for

具体说来，假定用户在 n 上提出原子查询 $p(\overline{X})$，n_1 是 n 的邻居。我们计算 n 的关系名和 n' 的关系名之间的相似度，以及 p 的属性名和 n' 的属性名之间的相似度。如果我们找到了一个与 p 高度近似的关系 $p' \in n'$，以及与 p 的属性 $A_1,\ \cdots,\ A_j$ 相似的 p' 的属性 $B_1,\ \cdots,\ B_k$，那么就可以以 $p'(\overline{Y})$ 的形式重写查询 $p(\overline{X})$。注意这里不需要覆盖 p 的所有属性。如果 p' 中没有与 p 的每个属性都对应的属性，重写时直接忽略缺失的属性。算法 17 介绍了基于这种策略的查询重写。

我们可以用 n_1 的邻居递归地进行下去，从而获取更多结果。注意因为我们不一定找出了重写查询的所有属性，随着路径变长，产生的结果可能更有限，甚至没有结果。

17.6.2　映射表

这种机制仅描述数据层的对应。与第 7 章介绍的一样，数据层映射在数据集成应用中往往是至关重要的，因为数据源往往是以不同方式来表示真实世界中的相同对象，而且，为了集成数据我们必须知道哪些值能匹配。

这种场景中广泛利用了映射表。在最简单的情况下，映射表可以指明真实世界同一对象的不同引用之间的对应关系。更进一步，映射表可用来描述不同词典之间的对应关系。例如，假定有两个航空公司的航班表，如图 17-5 所示。图 17-6 中的映射表描述了它们之间的映射关系，这对于航空公司通过代码共享航班是非常有必要的。再进一步，我们可以创建映射表来描述完全不同领域的元素之间的对应关系。例如，共享生物学数据时，可创建映射表把基因 ID 和相关蛋白质关联起来。

430

美联合航空公司航班

航班号	出发地	目的地	起飞时间	到达时间
UA292	JFK	SFO	8AM	11:30AM
UA200	EWR	LAX	9AM	12:30PM
UA404	YYZ	SFO		

a)

加拿大航空公司航班

航班号	出发地	目的地	起飞时间	到达时间	航班机型
AC543	JFK	SFO	8AM	11:30AM	Boeing 747
AC505	EWR	LAX	9AM	12:30PM	Airbus 320
UA404	YYZ	SFO	8AM	1PM	Airbus 320

b)

图 17-5　两个不同节点的航班表（美联合航空公司和加拿大航空公司）

航班代码映射

美联合航空航班代码	加拿大航空航班代码
UA292	AC543
UA200	AC505
UA404	AC303
v - {UA001 – UA500}	v - {CA001 – CA500}

图 17-6　图 17-5 航班表的映射表

直观地来看，映射表表示不同节点的表之间可能的连接关系。根据这样的连接，某节点的用户不需要模式映射就可以从其他节点获取数据。例如，图 17-5a 表示美联合航空公司的航班，图 17-5b 表示加拿大航空公司的航班。注意美联合航空公司没有存储航班机型（或许它把航班机型信息存储在其他表中）。用户可以在美联合航空公司节点上查询所有关于航班 UA404 的信息。有了这个映射表，系统可以在加拿大航空公司节点上用航班 ID303 重写查询。加拿大航空公司节点存储了机型信息。

更形式化地，我们在关系 R_1 和 R_2 之间定义了映射表 M。假定表 M 有两个属性 A_1 和 A_2，其中 A_1 是 R_1 的属性，A_2 是 R_2 的属性。原则上，M 可以有任意多个属性，R_1 元组的投影和 R_2 元组的投影之间的映射，为简便起见这里只考虑简单情形。我们用 D_1 表示 A_1 的域，用 D_2 表示 A_2 的域。假定字母变量 v，表示 $D_1 \cup D_2$ 中不相交的部分。

定义 17.5（映射表）　两个关系 R_1 和 R_2 之间的映射表 M，具有两个属性 A_1 和 A_2，其中列的取值如下：

- D_1 的取值（在 A_1 列上）或者 D_2 的取值（在 A_2 列上），或者
- 一个变量 $v \in \mathcal{V}$，或者
- 形为 $v - C$ 的表达式，其中 C 是 D_1 的取值（在 A_1 上）的有限集或 D_2 的取值（在 A_2 上）的有限集。

我们假定每个变量最多出现在 M 的一个元组中。

例 17.9　考虑图 17-6 的映射表。前三行表示美联合航空公司和加拿大航空公司的指定航班之间的对应关系。第四行简洁明了地指出那些航班号大于 500 的航班，在两家航空公司的代码是完全相同的。实际上，元组 (x, x) 可用以表示相同的值出现在两张表中，它们可以彼此映射。　　　　　　　　　　　　　　　　　　　　　　　　　　　　　　<<<

现在考虑映射表的语义，它是基于值代入的。映射表中元组的值代入就是用值替换变量的结果。我们可以用 D_1 中的值替换出现在左边列的变量，用 D_2 中的值替换出现在右边列的变量。当然，如果某个元组中不含任何变量，则不对其做变换。

映射表的形式化定义表示 R_1 和 R_2 的笛卡儿积的子集，它与映射是一致的。

定义 17.6（映射表语义）　$M(A_1, A_2)$ 是 R_1 和 R_2 之间的映射表。$R_1 \times R_2$ 的元组 t 与 M 是一致的，当且仅当 M 中存在元组 t' 和变量替换 τ，满足 $\prod_{A_1, A_2}(t) = \tau(t')$。

映射表本身就是一个有趣的研究问题。就模式映射而言，存在一个有趣的问题，是否能把它们组合起来从而发现新的映射表，以及映射表集合中彼此是否一致。我们把这些问题留在参考文献注释中讨论。

431

参考文献注释

P2P 文件共享系统的出现启发了数据管理研究领域把 P2P 架构用于数据共享。基于这种想法的系统有[74，283，309，346，433，459，544，585]。人们也试图找出 PDMS 和语义 Web[2，10，287]架构之间的关联。

描述 PDMS 中对等映射的语言以及查询重写算法都摘自[288]，其中介绍了 Piazza PDMS。优化算法，包括在重写时忽略多余路径的方法以及映射组合的影响，在[288，541]中有相应介绍。

组合模式映射问题最初是由 Madhavan 和 Halevy[408]提出的。在该论文中，组合被定义来包含一类查询和多种计算出的组合能被识别的受限情形。它们也表明 GLAV 映射的组合可能需要无数个式子。我们描述的定义是基于 Fagin 等人[218]的工作，定理 17.4 和定理 17.5 也摘自此处。有趣的是，Fagin 等人也表明 GLAV 式子的组合总能表示为有限个二级元组产生依赖，其中关系名也是变量。Nash 等人[452]提出了关于组合的更为复杂的结论，并且在[75]中 Bernstein 等人描述了一个实际实现组合的算法。组合这个概念的一个变种是合并多个局部映射说明，正如 MapMerge 操作符所做的工作一样[22]。

17.6 节描述的松散架构摘自[2，346，459]。[459]详细介绍了基于相似度的重写。映射表在[346]中有相关介绍，它描述了 Hyperion PDMS。该论文考虑了其他几个关于映射表的有意思的小细节。首先，该论文考虑了映射表的两种语义——开放世界语义和封闭世界语义。在封闭世界语义中，映射表中 (X, Y) 对的出现表示 X（或 Y）不能与任何值关联起来，而在开放世界假设中就能。未出现在映射表中的值的语义也有所不同。其次，该论文考虑了组合映射表问题以及判定映射表集是否一致问题，结果显示，一般来说，该问题是映射表大小的 NP 完全问题。另一个相关问题是跨不同抽象层的参与者进行更新协调，详见[368]。传播此更新的一种方式是借助触发器[341]。

Orchestra 系统[268，544]进一步探讨了 PDMS，并重点解决多个数据拥有者之间的协作问题。为了促进协作，用户需要独立管理其数据，根据需要传播更新，追踪数据源，对想要本地导入的数据创建并应用信任条件。第 18 章将更详细地谈及这些问题。

432

433

支持协同的集成

本书到目前为止，我们关注数据创建、编辑（针对数据源）和数据使用（通过查询）分开的数据集成场景：那些通过集成系统查询数据的用户通常无法创建和更新数据。在这些场景中，用户基本只关心能够发出查询，得到结果以及对这些结果进行操作。在商业世界，用户可能是和客户联系的会计代表；在科学领域，用户可能是为了进行试验需要咨询蛋白质和基因数据库的生物学家。

当然，Web 2.0 应用，尤其是维基百科，已经显现出一种完全不同的使用场景，其中用户自己就是主要的数据创造、管理和维护者。事实上，这些场景在更广泛的应用中也是很普遍的，例如在科学研究社区——科学家发布数据、从另一个大的组织信息库导入数据、对数据进行修改。在这些协同场景中，在传统的数据集成方法之外还需要考虑一系列问题，从对更新和标注的处理到应对冲突数据和不同的用户视角。

18.1 协同因何而不同

我们首先来看一看支持协同所面临的主要挑战。这些挑战很多也多多少少存在于其他场景中，并不是协同中独有的——但它们在协同场景下必须以一种更系统的方式来处理，因为此时的系统具有更广泛的多样性和动态性。

数据创建/编辑上的关注点

协同的目的通常是允许不同的用户一起增加和编辑数据，也许是对他们看到的已知的查询结果的回应。有时候需要共享的数据只是简单的来自表或者单个用户贡献的 XML 文档，但是在很多案例中用户需要编辑他人贡献的数据。这种情况最终会导致诸多问题，譬如并发和冲突管理（不同用户可能对同一个数据做出了冲突的更新）、增量式更新传播，甚至是数据溯源的问题（见第 14 章讨论的议题）。

通过用户反馈来修复

一个特定用户的不同行为可能是错误甚至是恶意的。许多协同工具从维基百科这类流行的服务中借鉴思想，支持编辑中的校正和撤销机制。

数据标注的必要性

在分享数据中，协同者常常想做出评论或标注，附属于数据的某个特定子集。这些标注可以任意地复杂，这主要取决于实际情况，可以包括附件、讨论帖和溯源。它们不是对数据库数据的直接修改，而是附加的元数据。

不同解释、置信度和价值评估

在一个协同场景下，不同的用户可能对数据领域有不同的置信度，对于某个声明有不同的信任或不信任标准，对于观察到的现象也有不同的假设。例如，在科学中有很多相对立的理论。同样，在智能和商业预测中可能有多个视角或预言。一个使协同便利的系统必须考虑这些因素，比如，基于用户的视角或权威性给予数据相关度或可信任性等级，或者以一种标准化的方式管理冲突。

已经提出了一系列的方法来尝试解决这些问题。我们将关于这些议题的讨论划分成 3 个大类。在 18.2 节，我们关注于特定的系统，这类系统的数据主要来自：自动的 Web 爬取，或者来自外部数据源但经过了用户反馈或者输入的修正。接着在 18.3 节，我们考虑用户增加数据保管（curation）的场景，以标注和讨论的形式。最后 18.4 节描述了对用户进行数据更新的处理和传播。

18.2 处理校正和反馈

分布在互联网上的广泛可用的信息有很多不同的场景，从不同质量的数据源到提取的难易，用户还希望能够对数据有一个全局的概览。以下是值得人们特别关注的一些问题：

- **特定主题的门户** 这里数据自动地从不同数据源中提取且用于生成页面，例如数据库研究社区的门户或者提供数以千计工作搜索站点的门户（用于生成这些门户的技术见 15.2.1 节和 15.3 节）。
- **本地搜索服务** 由一些搜索引擎提供，比如 Google、Yahoo! 和 Bing，这些服务提供饭店、商业、旅游胜地和其他围绕某个特定场所的搜索。这使得它越来越像特定议题的入口。此外，搜索提供商正在考虑将语义加入到本地搜索中。
- **生物信息学或医学信息存储** 通常会结合一系列的公共数据源且围绕查询系统提供一个 Web 接口。

在所有这些场景中，一些展现给全体用户的数据很可能是错误的，不管是因为源数据有误（在生命科学数据中这是常有的事），还是数据通过一个不完美的过程来自动提取，还是数据通过不正确的映射或连接运算来结合。我们描述了两个不同的模型来对这些数据进行纠正。对这两个模型，我们都假设更新操作只能由权威个体来完成，或者有另一个模块可以在应用更新之前确认其真实性或声望。

18.2.1 直接向下传播的用户更新

特定主题入口中常用的一种方式可以看做是对 Wikis 中直接编辑模式的概括。在数据收集和集成流程的特定阶段，譬如在一些信息抽取的程序运行之后，视图呈现给了终端用户。这些视图被管理员预先定义好且仅限选择和投影操作，同时这些视图被强制包含基础关系中的任何主属性。这些限制保证视图是可更新的。

现在用户可以直接对视图的内容进行更新。这些更新将被物化且同时会向下传播到所有的派生数据产品。源数据仍未改变，但是相关更新将会继续使用，如同源数据被更新一样。

一旦管理员选择激活此功能，这个基本方法就允许用户持续不断地提供更新。然而更新可能不会被原始数据提供者或信息抽取的作者知晓。

18.2.2 回溯传播的反馈或更新

很自然，一个可选的方法是尝试对真正的源数据进行修改（或者对原始查询的形式化），对用户反馈进行响应。如果用户反馈表现为对数据值的更新，那么一个常用的方法就是支持视图更新操作，此时，对于查询输出的更新转化为对视图数据源的一系列操作。自 20 世纪 80 年代以来，视图更新的问题已被广泛研究，伴随的主要挑战是更新可能导致的副作用。大致上，副作用是指如下的情况：如果我们要对一个视图输出完成预想的改变，我们必须对至少一个源元组进行更改。然而，如果这个视图因为这个更改而被重新计算，那么额外的元组将在输出中被改变（与用户的反馈不一致）。例如，通过连接这些修改过的元组而创建的元组可能也会受到影响。早期的工作探讨了何种限制条件下视图可更新且没有不可预期的副作用。最近，数据溯源（见第 14 章）被认为对于决定一个特定的更新（甚至是一般不可更新的视图）是否会导致副作用是有效的。由此产生了更新传播的 best effort 模型。

在某些案例中，用户删除操作不能仅仅解释为删除源元组，而应当作为一类特定结果集不该产生的反馈。例如，自动模式对齐（automatic schema alignments）或提取规则用来产生输出，一个不好的对齐或规则会产生无效的结果。此时系统应当学会不去使用该对齐或规则去产生输出结果。这可以通过如下步骤完成。假设对每个规则或对齐均给予一个评分或代价，每个查询结果利用这些基本值来构成评分。考虑到查询结果的反馈，可以通过在线学习算法来调整基本评分，最终将超过阈值的结果移除，以使它们不在输出中出现。

18.3 协同标注与表达

在很多场景下内容的集成是以高度分布式的方式完成的，未来这种趋势更加明显。这一点在即付即用（pay-as-you-go）的信息集成环境中得到了充分体现，即付即用环境下系统启动时仅以有限的能力去源中抽取结构化信息，寻找与语义相关源的映射，并查询数据。

也许未来，多个用户从某些源中提取和修饰数据。其他人也许收集数据或者推荐一些源。还有些人则提供特定数据的评论。本节我们考虑通过协同标注来支持即付即用的场景，包括定义映射的标注和简单的评论。即付即用和轻量级数据集成的其他方面已在第 15 章中讨论过。

18.3.1 映射作为标注：轨迹

在任何数据集中，某些特定的数据项很可能被众多用户使用，即使这些用户有不同的信息需求。直观上，如果某个用户在其查询中定义了一种抽取或映射此数据项的方法，能将其"捕获"会很有用处，这样未来某个用户就可以利用第一个用户完成的工作。这就是轨迹（trail）背后的直观认识。

一个轨迹就是 XML 数据上的全局视图映射，其中 XML 数据是利用扩展后能够支持关键字和路径表达式的 XPath 语言来表示。可以利用它将一个关键字查询映射到一个路径查询，反之亦然，或者从一个路径映射到另一个。轨迹可以通过挖掘技术或通过图形工具发现用户如何映射数据项来创建。

下面用几个例子来解释轨迹，而不是呈现一个完整的语言语法规则。有关基本 XPath 的讨论见 11.3.2 节。

例 18.1 考虑一个 Web 上或者个人收藏的一部分照片库，假设关于照片的元数据以 XML 元素的形式存储。假设我们想查询昨天收到的所有数码相片。如下的轨迹也许会有用。

首先，关键字"photo"（相片）可能是指所有扩展名为".jpeg"的文件：

$photo \rightarrow //*.jpeg$

其次，关键字"yesterday"（昨天）应当被扩展到关于日期属性的查询，yesterday()函数为：

$$yesterday \to date = yesterday()$$

最后，我们可能声明"date"（日期）属性也应当扩展来表示"modified"或"received"属性。在轨迹中，与一个 XML 元素相关的属性或特性可以通过 . tuple. {attribute} 语法来请求。因此可以输入：

$$//*.tuple.date \to //*.tuple.received$$

上述表明我们将"date"属性扩展成一个"received"属性。　　　　　　　　　　　　**<<<**

当然，一个给定的查询也许会有多个轨迹与其匹配，一般而言每个都必须扩展以便得到候选结果。在实际场景中，轨迹也许会给予不同的评分，我们希望返回得分最靠前的结果而不是所有结果。

假设用户愿意分享他们的查询或映射操作（也就是说，他们不要求任何机密性），那么对于即付即用的集成而言轨迹是一个很有前途的机制，因为未来的用户可以从以往用户的工作中受益。

18.3.2　评论和讨论作为标注

有时候，集成数据的任务涉及来自不同数据拥有者和用户的贡献。为了实现集成，数据很可能要被多个人去理解和评估，或者某些数据项需要沿着这种方式被校正。在这种场景下，一个必要的能力就是去标注数据（属性、元组、树），伴随评论甚至可能是讨论帖。这些标注可以和溯源信息（正如第 14 章中描述的）一起帮助协同者完成任务。我们简略地讨论两个已经提供该能力的不同场景。

439

Web 端用户信息共享

一个引入标注的场景是支持最终用户数据集成以及在 Web 上共享。这里，系统提供一个直观的基于 AJAX 的浏览器接口，使得用户可以通过连接和集合操作导入和合并多个 Web 上的电子表格或表。在这个接口中，一个用户可以突出某个特定的单元（cell）、行或列，并对该项目增加一个讨论帖。这个标注将在 Web 接口中突出显示并包括用户及该帖子的时间。

在 Web 环境中，讨论项不会传播给派生（或基）数据，取而代之的是标注会在定义它们的视图处本地保存。原因是该数据的其他版本可能会用于其他不同的用途，因此可能不愿意见到这些评论。基本上，标注是与视图和数据的组合相关。

科学标注和保管

在科学数据共享的场景下，标注通常是和数据紧密联系的，视图仅仅变成了标识数据的一种方式。因此科学数据管理系统更趋向于传统的数据库架构且能够以可控的方式将标注传播给派生视图。

为了帮助数据库管理员控制从基础数据到派生数据的标注传播，发展出了 SQL 语言的扩展，称为 pSQL。在某些案例中，多个源关系的属性可能会被合并到同一个列（例如，在一个等值连接中），且有多个选项选择哪个标注被展示。

pSQL 有 3 个传播模型，可以通过一个新的 PROPAGATE 子句来声明：default，只传播查询中明确指明需要输出属性的标注；default-all，传播所有等价查询形式的标注；custom，用户决定传播哪些标注。

例 18.2   如下两个 SQL 查询：

```
SELECT   R.a              SELECT   S.b
FROM     R, S             FROM     R, S
WHERE    R.a = S.b        WHERE    R.a = S.b
```

在标准语义上是等价的。然而，在 pSQL 中它们却不是等价的，因为 $R.a$ 可能和 $S.b$ 有不同的标注。

在 pSQL 中：

- PROPAGATE DEFAULT 子句为左边的查询传播 $R.a$ 的标注，而在右边将只为查询传播 $S.b$ 的标注。
- PROPAGATE DEFAULT – ALL 子句将从两个源都复制标注。
- 如果 SELECT 子句改为"SELECT X"且增加一个诸如 PROPAGATE $R.a$ TO X 的 custom 类型子句，那将只有 $R.a$ 输出。   <<<

虽然语法相对简单，但是 pSQL 查询却必须以一种将所有可能的标注聚集在一起的方式重写到普通的 SQL 中。这通常需要多个可能的重写集合（其中每个都检索出标注的一个子集）。

18.4   动态数据：协同数据共享

科学、医疗、学术、政府，甚至是商业中的进步越来越得益于大规模结构化的共享数据资源，譬如数据库和对象信息库。一些常见的例子包括高度管理的实验数据、诸如普查或调查数据的公共信息、市场预测和健康记录。面临的一个主要挑战是如何以一种协同的方式支持和促进这些信息的共享。最有效的以数据为中心的协同有一系列的关键属性，需要通过技术解决方案来提升协同：

1）该协同一般要**有益于各方**，不需要对任何人施加额外工作或限制。换句话说，进入的门槛很低且回报明显。

2）协同要包括**不同观点**的派系，这需要从两个方面来看，包括信息如何建模或表示，以及信息如何被认定为正确的等。

3）协同可能涉及贡献者之间的**权威性差异**。在某种意义上，这是对搜索引擎中使用的 PageRank 和其他链接分析机制中权威概念的一种泛化——受到数据库系统中查询结果可能是来自多个连接或合并的数据源的额外启发。

4）协同支持**动态世界的进化式理解**，因此包含改变的数据。

在本节，我们介绍一种由协同方式维护、公共可用的资源形成的数据类型：生物信息学领域的科学数据。

应用案例

在生物信息学领域有太多不同种类的数据库，每个都从不同的角度关注该领域的不同方面，例如，有机体、基因、蛋白质和疾病。不同数据库数据之间存在着联系，比如基因和蛋白质之间的连接，或者种族之间的相同基因。多种标准化结果导致了大型数据仓库的出现，每个数据仓库都作为某个特定生物信息学子社区的明确入口。每个这样的数据仓库对其相应的子社区提供 3 个服务：

1）数据表示，与社区匹配的术语定义的模式和查询接口。

2）访问数据，以原始尺度及统计或启发式推导诊断和链接的方式构成，例如，和一个疾病相关的基因。

3）清理和保管从本地产生以及从其他地方导入的数据。

不同数据仓库之间的数据对错偶有争议。然而某些数据库会从其他数据库中导入数据（一般通过用户脚本），同时每个数据库都在不断地更新，过程中伴随着纠错以及每周、每月或按需的新数据发布。

注意，此处使用的模型是以更新为中心的且需要在参与的不同组织之间支持多模式和多数据版本。这不同于本书描写的绝大部分数据集成场景，甚至超越了对等数据管理系统（见第 17 章），因为需要管理更新和数据冲突。由此促使了协同数据共享系统（Collaborative Data Sharing System，CDSS）的发展，该系统在数据集成技术基础上构建，提供一个可供数据交换和不同自治节点之间更新的原则上的语义。CDSS 将站点之间的数据交换建模成节点之间的更新传播，服从于转换（通过模式映射）、内容过滤（基于源权威的策略）以及数据的每个参与者的本地修改或替代。

CDSS 中的每个参与者或对等节点控制着一个本地的数据库实例，以节点偏好的形式包含所有它想操作的数据（可能会包含在其他地方产生的数据）。参与者在一段时间内通常以一种"非连接"模式进行操作，通过对本地 DBMS 进行查询或做本地修改。由于修改是针对数据库的，所以它们会被记录。这使得用户做出的修改不需要对外部可见。有很多场景中用户最终愿意共享它们的数据但是在短时间内希望能保持数据私有，例如，基于他们的结果发表论文或确保数据一致和稳定。

一旦用户决定激活 CDSS 的更新交换能力，这将把参与者先前不可见的更新详细地发布到"外界"，然后将其他人的更新转换到参与者的本地模式——同时在将它们应用到本地数据库之前，根据本地管理员的唯一信任策略来进行数据的过滤以及冲突的协调。

模式映射，类似于 PDMS（第 17 章），指定一个参与者和其他参与者的模式级关系。模式映射可能会与信任策略一起标注，该标注指定过滤策略，用来确定哪些数据应当被导入特定节点，以及冲突协调的优先级。信任策略考虑数据价值的同时也考虑溯源。

例 18.3 图 18-1 展示了一个简化的生物信息学协同数据共享系统。GUS，基因组统一模式，包含基因表达、蛋白质和分类（有机体）信息；BioSQL 包含非常相似的概念；uBio 建立分类的同义和规范名。这些数据库的实例包含虽然自治维护但却对彼此感兴趣的分类信息。假设 BioSQL 想从 GUS 导入数据，如图中 m_1 所示，反之则不正确。类似地，uBio 想从 GUS 导入数据，沿着弧 m_2。此外，BioSQL 和 uBio 愿意共享它们的部分数据，例如，uBio 从 BioSQL 导入分类名（通过 m_3），BioSQL 使用映射 m_4 为它数据库中所有有机体名称添加同义词入口。最后，每个参与者对于他想合作的数据都有一定的信任策略。例如，BioSQL 可能只信任来自 uBio 的数据，如果它们源自 GUS 入口。CDSS 促使系统之间的数据流动，通过使用映射和不同的独立参与方管理员制定的策略。

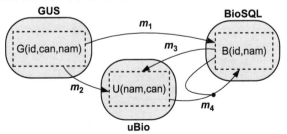

图 18-1　3 个生物信息学资源的协同数据共享系统案例。为了简化问题，我们假设每个参与者只有一个关系（GUS，BioSQL，uBio）。模式映射通过标记的箭头表示　　**<<<**

18.4.1　基本架构

我们从一个 CDSS 架构的概览开始。CDSS 主要是构建在协同者现有的 DBMS 架构之上，而不是取代它。CDSS 的运行时位于每个参与者机器（对等节点）P 之上的现有 DBMS 中，它负责管理数据交换和更新的永久存储。它执行一种无中心服务器的完全对等架构。一般而言，每个节点代表一个有着唯一模式和相关的本地数据实例（通过 DBMS 管理）的自治域。位于 P 的用户通常以一种"非连接"的方式查询和更新本地实例。根据 P 的管理员的意愿周期性地激活 CDSS。这会使得 P 发布其本地编辑日志，使其变得全局可用。这也促使 P 获取其他节点发布的更新，并进行相应的转换和应用（从最后一次 P 激活 CDSS 开始算起）。更新交换之后，最初的参与者将产生一个数据实例，通过模式映射使得最可信任的更新变得可达。任何在 P 节点本地做出的更新都能修改从其他节点导入（通过应用更新）的数据。

发布和存档更新日志

同 CDSS 中其他节点共享更新的第一个阶段就是在一个永久的、存档的、总是可用的存储器发布更新的数据。所有数据的完整历史版本都将在这个存储器中保存，这样不同版本可以比较，更新可以跟踪甚至回滚。原则上，存储系统可以是任意类型的高可用服务架构或者诸如亚马逊 Simple DB 之类的云存储。某些实现甚至使用了可靠的对等存储架构，这样数据在参与者自己的服务器上进行分区和复制。这需要非常复杂的工程，更多细节我们推荐有兴趣的读者阅读参考文献注释。

转换和过滤更新

CDSS 模型中涉及的最复杂部分是更新如何被处理、过滤、保持一致和应用于特定参与者的数据库实例。图 18-2 从一个指定节点的角度展示了一个基本的数据处理"流水线"。节点首先从上面提到的更新日志存储系统中获取其他节点已经发布却尚未被该节点知晓的更新。接着更新交换（18.4.2 节）产生作用，包含两个方面：通过模式映射来转换和映射更新，同时记录映射步骤作为数据溯源（第 14 章），然后基于本地信任策略根据它们的溯源来过滤信任和不信任更新。现在所有本地用户做出的修改又都被考虑以便组成一系列候选更新。这些可能存在数据依赖的候选更新可能会被组织成事务。

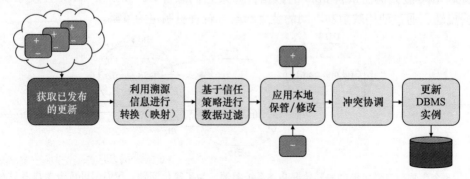

图 18-2　更新导入节点的 CDSS 阶段

协调过程（18.4.3 节）在可能的更新之间进行裁断并决定对对等数据库实例进行一致性的应用。

18.4.2 映射更新与物化实例

不同参与者发布的更新通常具有不同的模式和标示符。有些更新可能与其他节点的更新相冲突，这可能是因为并发的更新或者对事实的分歧。此外，每个参与者对于其他参与者的权威有自己的评估，这也可能随着节点的变化而变化。更新交换操作涉及通过模式映射（同时也有标示符）来转换更新，跟踪那些更新的溯源并基于信任策略来过滤。此外节点用户可能通过本地保管（更新）来覆盖经过更新交换导入的数据。最后，导入的集合和本地可能并不兼容，因此，更新交换后面紧跟着协调（18.4.3 节）过程。

更新交换过程

逻辑上，CDSS 中的转换更新过程是对数据交换（10.2 节）的一种泛化。如果我们将每个节点本地插入的数据作为系统中的源数据，那么（不考虑删除或信任的情况）每个节点应当得到一个物化数据实例，该实例能够提供 CDSS 中数据所需的确定结果和模式映射所隐含的限制。这也同样是 PDMS 支持的查询应答语义。为了达到这个目的，我们必须使用类似 10.2 节中描述的 chase 过程来计算一个符合规定的通用解。

当然，引入删除、溯源计算和信任的情况后会有很多额外的细微差别。此处我们提供一个更新交换过程的概览，在参考文献注释中提供更多的细节。

正如 3.2.5 节介绍的，CDSS 使用一系列的模式映射来确定诸如元组生成依赖关系（tgd）等。

例 18.4 针对图 18-1，节点 GUS、BioSQL 和 uBio 有一元关系模式来描述分类 ID、名称和规范名：GUS（id，can，nam）、BioSQL（id，nam）和 uBio（nam，can）。以下是节点之间的映射：

$$m_1 \quad \mathsf{GUS}(i,c,n) \to \mathsf{BioSQL}(i,n)$$

$$m_2 \quad \mathsf{GUS}(i,c,n) \to \mathsf{uBio}(n,c)$$

$$m_3 \quad \mathsf{BioSQL}(i,n) \to \exists c\, \mathsf{uBio}(n,c)$$

$$m_4 \quad \mathsf{BioSQL}(i,c) \wedge \mathsf{uBio}(n,c) \to \mathsf{BioSQL}(i,n)$$

注意 m_3 至少有一个变量：c 的值是未知的（也并不要求是唯一的）。前 3 个映射都只有单个的源和目标节点，分别对应于映射的左边和右边。一般而言，从多个节点产生的关系可能会在任意边出现，如映射 m_4，它定义的数据是基于 BioSQL 自身数据和 uBio 的元组。 <<<

数据交换程序

我们先来关注 CDSS 模型是如何将数据交换模式扩展到计算实例的。数据交换通常利用称为 chase 的过程和模式映射一起来计算规范通用解。重要的是该解不是一个标准的数据实例，而是一个 v 表（v-table），这是对可能的数据库实例集合的一种表示。例如，在上例中的 m_3，变量 c 可能有各种不同的值，每个值都会导致不同的实例。

为了使利用标准的 DBMS 技术来计算一个规范通用解的过程可行，而不是通过一个定制的 chase 过程来实现，一个关系化的 CDSS 模型在扩展后的 datalog 中将模式映射转换成一个程序，该程序支持 Skolem 函数，以此来取代现有的类似 c 的变量。由此得到的（可能有递归）程序也能计算规范通用解，由此带来的好处是它是一个查询而不是一个过程。该程序非常类似于逆规则查询应答模式（2.4.5 节），区别在于我们在不同变量中不去除包含 Skolem 值的结果。取而代之的是我们必须真正地物化 Skolem 值。

例 18.5 我们运行的更新交换 datalog 示例程序包含如下规则（注意源和目标的顺序是颠倒的）：

$$\text{BioSQL}(i, n) :\text{- } \text{GUS}(i, c, n)$$
$$\text{uBio}(n, c) :\text{- } \text{GUS}(i, c, n)$$
$$\text{uBio}(n, f(i, n)) :\text{- } \text{BioSQL}(i, n)$$
$$\text{BioSQL}(i, n) :\text{- } \text{BioSQL}(i, c), \text{uBio}(n, c)$$

这个程序是递归的（特别是对 BioSQL）且必须完整地运行一遍计算规范通用解。　　　　**<<<**

XML

到本书写作为止，还没有一个 CDSS 的 XML 实现。然而，考虑到数据交换、查询重写和增量视图维护技术都已经能够使用 11.5 节中的映射形式化很轻松地扩展到 XML 模型，因此实现起来会比较容易。

从数据到更新交换的泛化

更新交换需要每个节点不仅仅只有提供与源数据关系的简单能力，而实际上需要从其他地方导入数据的一系列本地更新：插入新数据和导入数据的删除。CDSS 将本地更新建模成关系。它获取每个节点发布的更新日志并对其"最小化"，移除已经删除彼此的插入 – 删除对。然后它将每个关系 R 的本地更新分成 2 个逻辑表：一个本地贡献表 R^l，它包括所有的插入数据；一个本地拒绝表 R^r，它包括外部数据的所有删除。然后它通过增加 R^l 到 R 的映射以及为每个映射增加¬ R^r 状态来更新 datalog 规则。例如，我们例子中的第一个映射可以用下面的规则来取代。

$$\text{BioSQL}(i, n) :\text{- } \text{BioSQL}^l(i, n)$$
$$\text{BioSQL}(i, n) :\text{- } \text{GUS}(i, c, n), \neg \text{BioSQL}^r(i, n)$$

增量式更新传播

最后，CDSS 使用增量视图维护技术来更有效地更新每个节点的物化实例。考虑到每个节点做出的更新集是用 delta 关系来描述（插入和删除的元组集），加上已存在关系的内容，系统可以使用映射得到 delta 集合并应用"向下的"关系。此外，在一个视图更新问题的变种中，很多场景可能会沿着映射"向上"传播更新，改变派生的修改过的元组的源元组。

在增量式更新传播中，CDSS 一般会根据信任或权威度来过滤正在传播的更新，这在某种程度上取决于数据溯源。数据溯源在删除传播算法中也显得更有效。特别地，溯源可以被用做决定视图元组在某些基元组被移除后是否还具有可派生性。通过决定一个对基元组的修改是否会引发副作用，溯源也能被用来更灵活地解决视图更新问题。

循环映射

为了保证数据交换过程的终止，标准的 CDSS 计算需要映射集是弱无环的（见 10.2 节）。直观上，这是因为非弱无环的映射在每个迭代中可能继续引入新的标记过的空值，永不停止。最近关于 CDSS 的工作已经引入一个用户干预阶段，系统让用户决定新标记的空值和前面值是否统一，也就是说是否分配了同样的值。这使得在引入额外的用户输入和轻微的语义改变情况下，即使有循环也能计算。

数据溯源

在数据源数据具有不同质量或代表不同观点的任何种类数据集成情景中，一个主要的挑战是决定一个元组在一个查询应答或物化数据实例中为什么和如何存在。集成视图对我们隐藏了细节。这就是 CDSS 中数据溯源能够起重要作用的地方。 `447`

CDSS 创建、物化和增量维护一个第 14 章中溯源半环形式的表示。特别地，它采用超图表示且在硬盘上编码（目前的实现使用关系表，尽管其他表示也能等价的使用）。

例 18.6 考虑我们运行例子中的映射。节点实例中的数据溯源可以通过图 18-3 所示的超图表示来获取。注意"源"元组（本地节点 R^l 关系上的插入）用 3 – D 节点和"＋"来突出。空标记用 ⊥ 来标识。

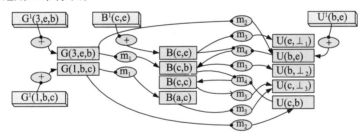

图 18-3　对应于 CDSS 示例的溯源图

从该图中我们可以通过反向跟踪路径到源节点来分析 B（3，2）的溯源——在本例子中通过 m_4 到 p_1 和 p_2，再通过 m_1 到 p_3。　　　　**<<<**

将溯源信息作为关系进行编码的好处是它可以和数据库实例一起来增量维护。本质上，我们可以将每个 CDSS 模式映射 $\mathcal{M}$ 分成部分映射：一个负责 $\mathcal{M}$ 的左边并从中计算出溯源关系（从左边物化所有的变量），另一个负责溯源关系和投影必要的变量以便取得 $\mathcal{M}$ 的右边。

信任策略和溯源

模式映射描述了不同实例中数据元素之间的关系。然而，映射是组合式的，并不是每个节点都想导入逻辑上会被映射到它的数据。一个节点可能不信任某些源或者更偏好某些源，例如因为某个源更加权威。每个节点的信任策略对数据和更新及更新偏好进行编码。 `448`
优先级 0 意味着更新不被信任。

例 18.7   作为例子，与 BioSQL（给予优先级 1）相比，uBio 可能更信任来自 GUS（给予优先级 2）的数据。BioSQL 可能不信任来自映射中 m_3 以"a"开头（信任优先级 0）的任何数据。   <<<

信任策略能在更新交换时直接强制进行：当一个更新通过映射传播时，它被给予一个对所有节点都适用的信任偏好等级。该偏好等级从映射、映射自身的信任级别以及映射目标的信任级 3 个方面来考量节点对源元组的信任。这 3 个方面通过表 14-1 中遵从溯源半环的操作符结合在一起——通常是布尔**信任**模型或者**权重/代价**模型。

在这个阶段，每个节点上的每个实例中的每个元组将给予一个概念上的优先级分配。一个挑战在于当一个元组和另一个元组冲突，尤其当它们被组织成事务时，我们必须选择哪个元组被接受，哪个元组被拒绝，并将同一事务的所有元组作为一个原子单元对待。

18.4.3   冲突协调

CDSS 协调过程保证每个节点都能收到一致的（尽管可能是唯一的）数据实例。它不只考虑冲突还考虑事务。CDSS 实际并不是为在线事务处理应用而设计的。然而，事务可能会在一个原子更新被映射到一个关系表达时出现。例如，一个特定应用的用户可能会更新一棵 XML 树，该树被映射到一系列关系更新，这些更新要么全做，要么全不做。

CDSS 从构成要素更新的角度来定义一个事务的信任优先级。许多不同的策略都是可用的。例如，我们可能考虑将一个事务的优先级定义为其构成要素更新的最小或最大优先级。现阶段当其任意一个成员的更新不被信任时，该事务就不被信任（一个不信任的更新"污染"整个事务）。否则，对于任何包含更新都将得到最高的信任优先级（我们想保证最被信任的数据被应用）。

事务的挑战

事务带来了简单的删除 - 插入更新模型中没有的多个挑战：1）数据依赖（一个事务可能依赖于另一个事务的输出）；2）原子性（要么都更新，要么都不更新）；3）串行化（某些事务可以并发执行，其他的不可以）。

一个常用的方法是为每个事务分配优先级；然后，按优先级降序排列，找到根据优先级可以被应用的最新事务（为了满足读 - 写或写 - 读依赖关系，需要和该事物的先序事务一起应用）。该过程是关于优先级和更新数量，以及事物链长度的多项式级时间。

参考文献注释

支持协同的问题已在数据库领域得到广泛的研究。社区门户的发展是其中的一个主要动机，Cimple 系统[170，184，185]（和其相应的 DBLife 门户）开发了各种允许用户参与和修护的技术[113，169]。这也是"原位"式即付即用数据集成或数据空间[233]考虑的一个问题。本章讨论的 iTrails 系统[504]是构建数据空间的一次尝试。多个用户希望执行协作事务（例如，订购同一航班或者到达同一目的）的所谓数据协作的概念已经被 Youtopia 系统[278，279]所验证。

许多协同系统中一个非常普遍的做法是使用标注和溯源。谷歌的 Fusion Tables[260，

261]是一个最终用户网络标注系统的实现，它使用这两种机制。DBNotes［136］是第一个关注标注传播的科研数据管理系统，Orchestra［268，342，544］是一个协同数据共享系统，它也使用标注和溯源。Fusion Tables 主要关注用户面对的问题，而 DBNotes 关注标注是如何与查询语言交互的，Orchestra 关注溯源以及它和更新传播的交互。文献［209］研究了与标注相关的存储模式。

溯源很自然地引入在协同场景下两个相关概念的研究工作——信任和因果关系。给定一些输入数据、结果或者它们组合的信任等级，我们希望为一个数据值或数据集的可信度分配一个分值。一个常用的方法是使用概率模型来构造信任，正如第 13 章所讨论的；或者利用机器学习技术来确定不同贡献因素的信任水平，正如第 16 章所讨论的。在很多情况下，溯源帮助我们分辨不同的源，并确定这些源是否与我们的置信相兼容。置信的概念在 BeliefDB 项目［246］中有着更深入的研究，该项目考虑了高等级置信（X 相信 Y 相信的某些东西）。因果关系指的是为给定的输出结果找到最可能的输入，例如一个错误的值。最近的研究验证了如何选择视图中的多个元组和如何为确定最有可能产生这些结果的输入元组［425］。

最后，值得注意的是标注和更新传播的构建很大程度上依赖于视图维护的概念，包括 Gupta、Mumick 和 Subrahmanian［275］提出的迭代视图的维护技术，Dayal 和 Bernstein［166］，Keller［345］，Bancilhon 和 Spyratos［53］等人提出的视图更新问题。

第 19 章

Principles of Data Integration

数据集成的未来

> "预测是非常困难的，尤其是关乎未来。"
>
> ——Niels Bohr

与整个数据管理领域一样，随着技术的进步和新应用的涌现，数据集成也在不断地演变。数据集成起初主要关注企业内部的变化。随着 Web 的出现，数据集成遇到了新的问题，例如数据源的数量多得惊人、数据源的结构少得可怜。随着数据产生速度日益加快和新的数据形式不断涌现，我们看到数据集成仍在不断地演进。大型科学实验依赖于数据管理技术的进步。人们与 Web 服务的交互会产生数据片段（常称为面包碎屑）。传感器从更多的数据源（如 GPS、行车记录、生命体征）以更高的精度来收集数据。由于大量的组织和个人不断产生数据源，所以最终为数据集成带来新的挑战。

正如我们在本书中看到的，数据集成将成为数据管理子领域的驱动者之一，同时也是该领域技术进步的受益者。例如，XML、不确定数据库、数据溯源、数据库关键词搜索以及 Web 数据管理等领域均取得了长足的进步，这些领域取得发展有各自的原因，但在某种程度上都对数据集成的发展起到促进作用。

下面我们将谈及数据集成的几个发展趋势和值得关注的一些领域。

19.1 不确定性、溯源和清理

从某种意义上来说，数据集成实际上是将一系列的异构数据源进行转换、合并，最后生成一个统一的结果，其上可以加加减减。有时知道数据从何而来和如何产生是非常重要的。可能某个特定的信息抽取器是有问题的，也可能某个数据源特别具有权威性。

正如第 14 章讨论的，数据溯源把源数据项和结果相关联，同时记录用到的转换。给定某些源（或结果）的质量信息，结合溯源，我们可以推出其他数据的不确定性。

在第 13 章中，讨论了在给定输入得分的情况下如何计算概率答案。第 16 章中的一些早期工作研究了基于用户反馈的查询结果的质量。

更一般地，我们希望对一系列的数据进行清洗和更新操作，例如去重、数值修正等。再结合溯源来修正源数据质量的级别（甚至可能创建通用的修正脚本）。通常情况下，得到越来越多关注的是如何获取使用模式、反馈信息，以及数据质量的线索并利用它们来评估不确定性和自动清洗。第二个关键问题是如何形式化，类似于我们使用的数据模型和查询原语，这样可以更好地获得不确定性传播操作的语义。

19.2 众包和"人计算"

受 Amazon Mechanical Turk 和维基百科之类的 Web 2.0 网站成功的启发，许多研究者开始研究将众包作为基本的数据库操作。主要的观察是：某些条件下计算机很难做到（如一个图片是否包含日落，或者从网页抽取的数据是否正确）的事情，人却可以轻而易举地完成。因此，如果把人的计算有效结合到查询处理中（即使这需要花费更长时间），那么就可以支持新类型的查询和数据管理服务，例如，找到满足一系列特定条件的图片、从网页中获得干净的数据库。

第二种众包需要参与者更加积极。例如，设想构建一个包含全世界瓶装水价格的数据库，或者找到坦桑尼亚哪些村里有干净的水。传统情况下，构建这样的数据库可能需要很多年，在建成之前这样的数据库可能过时了。在移动设备推动下采用合适的众包技术，这样的数据库可以在几小时内建成，这些都会对人们的生活产生革命性的影响。

众包在解决传统困难的数据集成问题方面具有很大的潜质。例如，可由人去验证 Web 抽取的质量，由人匹配模式和数据。这方面还处于初始阶段，但是毫无疑问它将成为未来研究的焦点。

19.3　构建大规模结构化 Web 数据库

在很多领域中，需要集成多种不同来源的数据以构建大规模结构化的 Web 数据库。例如，Google Scholar（谷歌学术）集成了许多文献数据源，为成千上万的出版物建立一个引文数据库。另一个例子，生物学家往往想要集成 PubMed、Grants 和 ClinicalTrials 之类的数据源来建立生物医学数据库。再比如，为了查找和推销，电子商务公司经常要集成零售商提供的产品信息以便建立巨大的产品分类。

建立和维护这样的数据库带来很多挑战。本书中讨论了很多有关的技术，例如包装器构建和模式匹配。随着越来越多的数据库构建起来，还有很多新的挑战需要我们去探索。例如，我们需要研究一套方法去构建这类数据库。如果我们想要集成 PubMed、Grants 和 ClinicalTrials，该怎么进行？我们首先清洗每个数据源（例如通过数据匹配），然后合并，还是反过来？有很多构建关系数据库的方法论，但是没有适用于通过集成构建大规模数据库的方法论。

另一个例子，当在 Web 上部署这样的数据库时，我们往往要为每个集成的实体构建一个"主页"。但是随着更多信息的获得，我们经常需要把这些实体分解或者合并。如何管理这些实体的标识（ID）呢？如何提供导航页面以便用户可以轻而易举地找到所要的实体，即便我们对实体位置进行了移动？维基百科已经给出了一个基本的解决方案。但是这个方案是否可以用到其他环境中呢？还有更好的解决办法吗？其他的挑战还包括增量式更新数据库和在更新过程中回收用户的反馈。目前在构建门户网站的研究中已经开始发现和解决这些挑战（详见第 15 章），但是还需要更多的研究工作。

19.4　轻量级集成

另一种极端情况，许多数据集成任务是暂时性的。我们经常遇到这样的情况：有些问题需要集成许多数据源才能回答，但是这类问题仅仅只会被问到 1~2 次。然而，这却需要集成能很快地由非专业人士完成。例如，在一个灾难应急情况下，受灾报告来自四面八方的数据源，因此需要证实这些报告的真实性且迅速地分享给灾民。

一般情况下，很多集成任务非常简单但是用现有的工具和技术执行起来却异常的困难。除了为专业人士构建数据集成系统的困难以外，轻量级的集成也带来其他一些挑战，包括：确定相关数据源、评估数据源的质量、帮助用户很好地理解语义以便数据源能够以一种有意义的方式集成，以及支持集成的过程。

454

在这方便取得进展的一个关键在于关注用户面临的任务，确保每一个步骤都很容易地被支持。此外，正如 15.5 节中所述，我们应该支持即付即用的数据集成：即应该在协调、清洗和集成数据方面提供一个简便、快捷的集成方法。理想情况下，可以利用机器学习和其他技术增强用户输入的效果，也许可以利用半监督学习方法，也就是说，小部分人工分类的数据加上大量的原始（未标注的）数据来训练系统。

19.5　集成数据可视化

用户最终想看到的不是一行行数据而是突出了数据中重要模式并能够进行灵活探索的可视化效果。例如，一个示意图或一个时间轴可以很快地反映热点区或需要详细研究的时间点。可视化是整个数据管理领域的一个挑战，在数据集成中尤其重要。例如，当数据来自多个数据源时，我们希望立刻看到这些数据源之间的差异。另外，可视化还可以通过指出哪些数据子集未被正确地协调来辅助数据集成。当人们开始搜索大规模的异构数据时，可视化将成为展示搜索结果差异性和数据与当前任务相关性的关键。最后，可视化还在传输集成数据及其溯源的确定性中起到重要作用。

19.6　社交媒体集成

社交媒体包括 Facebook 的更新、推特、用户生成视频以及博客。这些数据是爆发式的，对它们进行集成也非常有意思。一种集成场景是发现推特圈（Twittersphere）中有趣的事件。例如，最近的一次地震、出现的新发布产品的负面报道、公共场所中有计划的抗议。另一种集成场景是发现与某个特定事件相关的所有社交媒体数据（如推特和视频）。还有一种集成场景是总结博客圈中的主要趋势并对其可视化。

很显然，集成社交媒体可以带来巨大的好处。然而，鉴于其媒体的特性，集成社交媒体也会带来巨大的挑战。第一，社交媒体数据往往带有噪声，充满垃圾和低质量的数据。第二，由于数据和用户的短暂性，识别有质量的数据和社交媒体中具有影响力的用户变得非常困难。第三，数据往往缺乏上下文，使得它们很难解释和集成。例如，除非我们知道梅尔吉普森刚刚发生一起事故，否则很难解释"梅尔刚刚撞坏了他的玛莎拉蒂"这条推特。第四，社交媒体数据常常以高速流的形式到来，这些数据流需要非常快的处理速度。这不仅导致"大数据"，还带来"快数据"的挑战。社交媒体集成的研究刚刚兴起，但这毫无疑问是未来数据集成的研究重点。

19.7　基于集群和云的并行处理与缓存

数据集成的终极目标是能够集成含有海量数据的众多数据源，直至能够达到 Web 上结构化数据的规模。

目前，我们距离这一目标还很远。现在大部分的查询引擎、模式匹配器、存储系统、查询优化器等仅适用于单服务器或者很小的集群，这很快就会出现性能瓶颈。同样，许多核心算法是基于有限规模的假设（例如，算法限于内存中运行）。

扩展到更多资源并利用更多处理能力来获得更精确匹配和更广泛搜索的能力是我们的终极目标，而这无疑需要我们重新设计算法以便充分利用大型集群的能力。诸如模式匹配、实体识别、数据清洗、索引之类的问题将以一种更加并行化和可扩展的方式加以处理。

参 考 文 献

1. *The Description Logic Handbook: Theory, Implementation and Applications, 2nd Edition.* Cambridge University Press, 2007.

2. Karl Aberer, Philippe Cudré-Mauroux, and Manfred Hauswirth. The Chatty Web: Emergent semantics through gossiping. In *12th World Wide Web Conference*, 2003.

3. Serge Abiteboul, Omar Benjelloun, Bogdan Cauytis, Ioana Manolescu, Tova Milo, and Nicoleta Preda. Lazy query evaluation for Active XML. In *SIGMOD*, June 2004.

4. Serge Abiteboul, Omar Benjelloun, and Tova Milo. The Active XML project: An overview. *VLDB J.*, 17(5), 2008.

5. Serge Abiteboul, Angela Bonifati, Gregory Cobena, Ioana Manolescu, and Tova Milo. Dynamic XML documents with distribution and replication. In *SIGMOD*, June 2003.

6. Serge Abiteboul and Oliver Duschka. Complexity of answering queries using materialized views. In *PODS*, Seattle, WA, 1998.

7. Serge Abiteboul, Richard Hull, and Victor Vianu. *Foundations of Databases.* Addison-Wesley, 1995.

8. Azza Abouzeid, Kamil Bajda-Pawlikowski, Daniel J. Abadi, Alexander Rasin, and Avi Silberschatz. HadoopDB: An architectural hybrid of MapReduce and DBMS technologies for analytical workloads. *PVLDB*, 2(1), 2009.

9. B. Adelberg. Nodose – A tool for semi-automatically extracting semi-structured data from text documents. In *SIGMOD*, 1998.

10. P. Adjiman, Philippe Chatalic, François Goasdoué, Marie-Christine Rousset, and Laurent Simon. Distributed reasoning in a peer-to-peer setting. In *ECAI*, pages 945–946, 2004.

11. Philippe Adjiman, François Goasdoué, and Marie-Christine Rousset. SomerDFsin the semantic web. *J. Data Semantics*, 8:158–181, 2007.

12. Foto Afrati, Chen Li, and Prasenjit Mitra. Rewriting queries using views in the presence of arithmetic comparisons. *Theoretical Computer Science*, 368(1-2):88–123, 2006.

13. Foto Afrati, Chen Li, and Jeffrey Ullman. Generating efficient plans for queries using views. In *Proceedings of the ACM SIGMOD Conference*, pages 319–330, 2001.

14. Foto N. Afrati and Rada Chirkova. Selecting and using views to compute aggregate queries. *J. Comput. Syst. Sci.*, 77(6), 2011.

15. Foto N. Afrati and Phokion G. Kolaitis. Answering aggregate queries in data exchange. In *PODS*, 2008.

16. Foto N. Afrati, Chen Li, and Prasenjit Mitra. On containment of conjunctive queries with arithmetic comparisons. In *EDBT*, pages 459–476, 2004.

17. Charu Aggrawal, editor. *Managing and Mining Uncertain Data.* Kluwer Academic Publishers, 2009.

18. Sanjay Agrawal, Surajit Chaudhuri, and Gautam Das. DBXplorer: A system for keyword-based search over relational databases. In *ICDE*, 2002.

19. Rafi Ahmed, Phillippe De Smedt, Weimin Du, William Kent, Mohammad A. Ketabchi, Witold A. Litwin, Abbas Rafii, and Ming-Chien Shan. The Pegasus heterogeneous multidatabase system. *IEEE Computer*, pages 19–26, December 1991.

20. Shurug Al-Khalifa, H. V. Jagadish, Nick Koudas, Divesh Srivastava, and Yuqing Wu. Structural joins: A primitive for efficient XML query pattern matching. In *ICDE*, 2002.

21. Bogdan Alexe, Laura Chiticariu, Renée J. Miller, and Wang Chiew Tan. Muse: Mapping understanding and design by example. In *ICDE*, pages 10–19, 2008.

22. Bogdan Alexe, Mauricio Hernández, Lucian Popa, and Wang-Chiew Tan. Mapmerge: Correlating independent schema mappings. *Proc. VLDB Endow.*, 3, September 2010.

23. Bogdan Alexe, Phokion G. Kolaitis, and Wang Chiew Tan. Characterizing schema mappings via data examples. In *PODS*, pages 261–272, 2010.

24. Bogdan Alexe, Balder ten Cate, Phokion G. Kolaitis, and Wang Chiew Tan. Designing and refining schema mappings via data examples. In *SIGMOD Conference*, pages 133–144, 2011.

25. Alsayed Algergawy, Sabine Massmann, and Erhard Rahm. A clustering-based approach for large-scale ontology matching. In *ADBIS*, pages 415–428, 2011.

26. Mehmet Altinel and Michael J. Franklin. Efficient filtering of XML documents for selective dissemination of information. In *VLDB*, 2000.

27. Yael Amsterdamer, Susan B. Davidson, Daniel Deutch, Tova Milo, Julia Stoyanovich, and Val Tannen. Putting lipstick on pig: Enabling database-style workflow provenance. *PVLDB*, 5(4), 2011.

28. Yael Amsterdamer, Daniel Deutch, Tova Milo, and Val Tannen. On provenance minimization. In *PODS*, 2011.

29. Yael Amsterdamer, Daniel Deutch, and Val Tannen. Provenance for aggregate queries. In *PODS*, 2011.

30. Yuan An, Alexander Borgida, Renée J. Miller, and John Mylopoulos. A semantic approach to discovering schema mapping expressions. In *ICDE*, pages 206–215, 2007.

31. Rohit Ananthakrishna, Surajit Chaudhuri, and Venkatesh Ganti. Eliminating fuzzy duplicates in data warehouses. In *VLDB*, 2002.

32. Lyublena Antova, Christoph Koch, and Dan Olteanu. 10^{10^6} worlds and beyond: Efficient representation and processing of incomplete information. In *ICDE*, 2007.

33. A. Arasu and H. Garcia-Molina. Extracting structured data from web pages. In *SIGMOD*, 2003.

34. Arvind Arasu, Venkatesh Ganti, and Raghav Kaushik. Efficient exact set-similarity joins. In *VLDB*, pages 918–929, 2006.

35. Arvind Arasu, Michaela Götz, and Raghav Kaushik. On active learning of record matching packages. In *SIGMOD Conference*, pages 783–794, 2010.

36. Marcelo Arenas, Pablo Barceló, Leonid Libkin, and Filip Murlak. *Relational and XML Data Exchange*. Synthesis Lectures on Data Management. 2011.

37. Yigal Arens, Chin Y. Chee, Chun-Nan Hsu, and Craig A. Knoblock. Retrieving and integrating data from multiple information sources. *International Journal on Intelligent and Cooperative Information Systems*, 1994.

38. Yigal Arens, Craig A. Knoblock, and Wei-Min Shen. Query reformulation for dynamic information integration. *International Journal on Intelligent and Cooperative Information Systems*, (6)2/3, June 1996.

39. Gustavo Arocena and Alberto Mendelzon. WebOQL: Restructuring documents, databases and webs. In *Proceedings of the International Conference on Data Engineering (ICDE)*, Orlando, Florida, 1998.

40. P. Atzeni and R. Torlone. Management of multiple models in an extensible database design tool. In *Proc. EDBT*, pages 79–95, 1996.

41. Paolo Atzeni, Giansalvatore Mecca, and Paolo Merialdo. To weave the web. In *Proceedings of the International Conference on Very Large Databases (VLDB)*, 1997.

42. Sören Auer, Christian Bizer, Georgi Kobilarov, Jens Lehmann, Richard Cyganiak, and Zachary G. Ives. Dbpedia: A nucleus for a web of open data. In *ISWC/ASWC*, 2007.

43. David Aumueller, Hong Hai Do, Sabine Massmann, and Erhard Rahm. Schema and ontology matching with COMA++. In *SIGMOD Conference*, pages 906–908, 2005.

44. Ron Avnur and Joseph M. Hellerstein. Eddies: Continuously adaptive query processing. In *SIGMOD*, 2000.

45. Brian Babcock, Shivnath Babu, Mayur Datar, and Rajeev Motwani. Chain: Operator scheduling for memory minimization in data stream systems. In *SIGMOD*, 2003.

46. Brian Babcock and Surajit Chaudhuri. Towards a robust query optimizer: A principled and practical approach. In *SIGMOD*, New York, NY, USA, 2005.

47. Brian Babcock, Mayur Datar, and Rajeev Motwani. Load shedding for aggregation queries over data streams. In *ICDE*, 2004.

48. Shivnath Babu and Pedro Bizarro. Adaptive query processing in the looking glass. In *CIDR*, 2005.

49. Shivnath Babu, Rajeev Motwani, Kamesh Munagala, Itaru Nishizawa, and Jennifer Widom. Adaptive ordering of pipelined stream filters. In *SIGMOD*, 2004.

50. Shivnath Babu, Utkarsh Srivastava, and Jennifer Widom. Exploiting k-constraints to reduce memory overhead in continuous queries over streams. Technical Report, Stanford University, 2002.

51. Akanksha Baid, Ian Rae, AnHai Doan, and Jeffrey F. Naughton. Toward industrial-strength keyword search systems over relational data. In *ICDE*, 2010.

52. Akanksha Baid, Ian Rae, Jiexing Li, AnHai Doan, and Jeffrey F. Naughton. Toward scalable keyword search over relational data. *PVLDB*, 3(1):140–149, 2010.

53. François Bancilhon and Nicolas Spyratos. Update semantics of relational views. *TODS*, 6(4), 1981.

54. Michele Banko, Michael J. Cafarella, Stephen Soderland, Matthew Broadhead, and Oren Etzioni. Open information extraction from the web. In Manuela M. Veloso, editor, *IJCAI*, pages 2670–2676, 2007.

55. Luciano Barbosa and Juliana Freire. Siphoning hidden-web data through keyword-based interfaces. In *SBBD*, 2004.

56. Robert Baumgartner, Sergio Flesca, and Georg Gottlob. Declarative information extraction, Web crawling, and recursive wrapping with Lixto. In *Proc. of the 6th Int Conf. on Logic Programming and Nonmonotonic Reasoning*, 2001.

57. Robert Baumgartner, Sergio Flesca, and Georg Gottlob. Visual Web information extraction with Lixto. In *VLDB*, 2001.

58. Louis Bavoil, Steven P. Callahan, Patricia J. Crossno, Juliana Freire, Carlos E. Scheidegger, Claudio T. Silva, and Huy T. Vo. VisTrails: Enabling interactive multiple-view visualizations. *IEEE Visualization*, 2005.

59. Roberto J. Bayardo, Yiming Ma, and Ramakrishnan Srikant. Scaling up all pairs similarity search. In *WWW*, pages 131–140, 2007.

60. Catriel Beeri, Alon Y. Levy, and Marie-Christine Rousset. Rewriting queries using views in description logics. In *Proceedings of the ACM Symposium on Principles of Database Systems (PODS)*, pages 99–108, Tucson, Arizona., 1997.

61. Z. Bellahsene, A. Bonifati, and E. Rahm, editors. *Schema Matching and Mapping*. Springer, 2011.

62. Zohra Bellahsene and Fabien Duchateau. Tuning for schema matching. In *Schema Matching and Mapping*, pages 293–316, 2011.

63. Randall Bello, Karl Dias, Alan Downing, James Feenan, Jim Finnerty, William Norcott, Harry Sun, Andrew Witkowski, and Mohamed Ziauddin. Materialized views in Oracle. In *Proceedings of the International Conference on Very Large Databases (VLDB)*, pages 659–664, 1998.

64. Michael Benedikt and Georg Gottlob. The impact of virtual views on containment. *PVLDB*, 3(1):297–308, 2010.

65. Omar Benjelloun, Hector Garcia-Molina, Heng Gong, Hideki Kawai, Tait Eliott Larson, David Menestrina, and Sutthipong Thavisomboon. D-swoosh: A family of algorithms for generic, distributed entity resolution. In *ICDCS*, page 37, 2007.

66. Omar Benjelloun, Hector Garcia-Molina, David Menestrina, Qi Su, Steven Euijong Whang, and Jennifer Widom. Swoosh: A generic approach to entity resolution. *VLDB J.*, 18(1):255–276, 2009.

67. Omar Benjelloun, Anish Das Sarma, Alon Y. Halevy, and Jennifer Widom. ULDBs: Databases with uncertainty and lineage. In *VLDB*, 2006.

68. Sonia Bergamaschi, Silvana Castano, and Maurizio Vincini. Semantic integration of semistructured and structured data sources. *SIGMOD Record*, 28(1):54–59, 1999.

69. Sonia Bergamaschi, Elton Domnori, Francesco Guerra, Raquel Trillo Lado, and Yannis Velegrakis. Keyword search over relational databases: A metadata approach. In *Proceedings of the 2011 International Conference on Management of Data*, SIGMOD '11, New York, NY, USA, 2011. Available from http://doi.acm.org/10.1145/1989323.1989383.

70. Michael K. Bergman. The deep web: Surfacing hidden value. *Journal of Electronic Publishing*, 2001.

71. Tim Berners-Lee, James Hendler, and Ora Lassila. The semantic web. *Scientific American*, May 2001.

72. Philip A. Bernstein. Applying model management to classical meta-data problems. In *Proceedings of the Conference on Innovative Data Systems Research (CIDR)*, 2003.

73. Philip A. Bernstein and Dah-Ming W. Chiu. Using semi-joins to solve relational queries. *J. ACM*, 28, 1981.

74. Philip A. Bernstein, Fausto Giunchiglia, Anastasios Kementsietsidis, John Mylopoulos, Luciano Serafini, and Ilya Zaihrayeu. Data management for peer-to-peer computing: A vision. In *Proceedings of the WebDB Workshop*, 2002.

75. Philip A. Bernstein, Todd J. Green, Sergey Melnik, and Alan Nash. Implementing mapping composition. In *Proc. of VLDB*, pages 55–66, 2006.

76. Philip A. Bernstein, Alon Y. Halevy, and Rachel Pottinger. A vision for management of complex models. *SIGMOD Record*, 29(4):55–63, 2000.

77. Philip A. Bernstein and Sergey Melnik. Model management 2.0: Manipulating richer mappings. In *Proc. of SIGMOD*, pages 1–12, 2007.

78. Philip A. Bernstein, Sergey Melnik, and John E. Churchill. Incremental schema matching. In *VLDB*, pages 1167–1170, 2006.

79. Laure Berti-Equille, Anish Das Sarma, Xin Dong, Amélie Marian, and Divesh Srivastava. Sailing the information ocean with awareness of currents: Discovery and application of source dependence. In *CIDR*, 2009.

80. Gaurav Bhalotia, Arvind Hulgeri, Charuta Nakhe, Soumen Chakrabarti, and S. Sudarshan. Keyword searching and browsing in databases using BANKS. In *ICDE*, 2002.

81. I. Bhattacharya and L. Getoor. A latent Dirichlet model for unsupervised entity resolution. In *Proc. of the SIAM Int. Conf. on Data Mining (SDM)*, 2006.

82. I. Bhattacharya and L. Getoor. Collective entity resolution in relational data. *ACM Transactions on Knowledge Discovery from Data*, 1(1), 2007.

83. Indrajit Bhattacharya, Lise Getoor, and Louis Licamele. Query-time entity resolution. In *KDD*, pages 529–534, 2006.

84. M. Bilenko. Learnable similarity functions and their applications to clustering and record linkage. In *AAAI*, pages 981–982, 2004.

85. M. Bilenko and R. J. Mooney. Adaptive duplicate detection using learnable string similarity measures. In *Proc. of the ACM Int. Conf. on Knowledge Discovery and Data Mining (KDD)*, pages 39–48, 2003.

86. M. Bilenko, R. J. Mooney, W. W. Cohen, P. D. Ravikumar, and S. E. Fienberg. Adaptive name matching in information integration. *IEEE Intelligent Systems*, 18(5):16–23, 2003.

87. Olivier Biton, Sarah Cohen Boulakia, Susan B. Davidson, and Carmem S. Hara. Querying and managing provenance through user views in scientific workflows. In *ICDE*, 2008.

88. Christian Bizer, Tom Heath, and Tim Berners-Lee. Linked data – The story so far. *Int. J. Semantic Web Inf. Syst.*, 5(3):1–22, 2009.

89. José A. Blakeley, Neil Coburn, and Per-Åke Larson. Updating derived relations: Detecting irrelevant and autonomously computable updates. *TODS*, 14(3), 1989.

90. Burton H. Bloom. Space/time trade-offs in hash coding with allowable errors. *CACM*, 13(7), July 1970.

91. Lukas Blunschi, Jens-Peter Dittrich, Olivier Girard, Shant Krakos Karakashian, and Marcos Antonio Vas Salles. The iMemex personal dataspace management system (demo). In *CIDR*, 2007.

92. Philip Bohannon, Eiman Elnahrawy, Wenfei Fan, and Michael Flaster. Putting context into schema matching. In *VLDB*, pages 307–318, 2006.

93. Alex Borgida. Description logics in data management. *IEEE Trans. on Know. and Data Engineering*, 7(5):671–682, 1995.

94. V. R. Borkar, K. Deshmukh, and S. Sarawagi. Automatic segmentation of text into structured records. In *SIGMOD*, 2001.

95. J. Boulos, N. Dalvi, B. Mandhani, S. Mathur, C. Re, and D. Suciu. MYSTIQ: A system for finding more answers by using probabilities. In *Proc. of ACM SIGMOD*, 2005.

96. Michael Brundage. *XQuery: The XML Query Language*. February 2004.

97. Nicolas Bruno, Nick Koudas, and Divesh Srivastava. Holistic twig joins: Optimal xml pattern matching. In *SIGMOD Conference*, 2002.

98. Peter Buneman, Sanjeev Khanna, and Wang Chiew Tan. Why and where: A characterization of data provenance. In *ICDT*, 2001.

99. Peter Buneman, Anthony Kosky, and Susan Davidson. Theoretical aspects of schema merging. In *Proc. of EDBT*, pages 152–167, 1992.

100. Douglas Burdick, Mauricio A. Hernández, Howard Ho, Georgia Koutrika, Rajasekar Krishnamurthy, Lucian Popa, Ioana Stanoi, Shivakumar Vaithyanathan, and Sanjiv R. Das. Extracting, linking and integrating data from public sources: A financial case study. *IEEE Data Eng. Bull.*, 34(3):60–67, 2011.

101. Michael J. Cafarella, Alon Halevy, Yang Zhang, Daisy Zhe Wang, and Eugene Wu. Uncovering the Relational Web. In *WebDB*, 2008.

102. Michael J. Cafarella, Alon Halevy, Yang Zhang, Daisy Zhe Wang, and Eugene Wu. WebTables: Exploring the power of tables on the web. In *VLDB*, 2008.

103. D. Cai, S. Yu, J. Wen, and W. Ma. Extracting content structure for Web pages based on visual representation. In *Proc. of the 5th Asian-Pacific Web Conference (APWeb)*, 2003.

104. Andrea Cali, Diego Calvanese, Giuseppe DeGiacomo, and Maurizio Lenzerini. Data integration under integrity constraints. In *Proceedings of CAiSE*, pages 262–279, 2002.

105. M. E. Califf and R. J. Mooney. Relational learning of pattern-match rules for information extraction. In *AAAI*, 1999.

106. James P. Callan and Margaret E. Connell. Query-based sampling of text databases. *ACM Transactions on Information Systems*, 19(2):97–130, 2001.

107. D. Calvanese, G. De Giacomo, and M. Lenzerini. Answering queries using views over description logics. In *Proceedings of AAAI*, pages 386–391, 2000.

108. D. Calvanese, G. De Giacomo, M. Lenzerini, and M. Vardi. View-based query processing for regular path queries with inverse. In *Proceedings of the ACM Symposium on Principles of Database Systems (PODS)*, pages 58–66, 2000.

109. Michael J. Carey and Donald Kossmann. On saying "enough already!" in SQL. In *SIGMOD*, 1997.

110. Andrew Carlson, Justin Betteridge, Bryan Kisiel, Burr Settles, Estevam R. Hruschka Jr., and Tom M. Mitchell. Toward an architecture for never-ending language learning. In Maria Fox and David Poole, editors, *AAAI*. AAAI Press, 2010.

111. S. Castano and V. De Antonellis. A discovery-based approach to database ontology design. *Distributed and Parallel Databases – Special Issue on Ontologies and Databases*, 7(1), 1999.

112. T. Catarci and M. Lenzerini. Representing and using interschema knowledge in cooperative information systems. *Journal of Intelligent and Cooperative Information Systems*, pages 55–62, 1993.

113. Xiaoyong Chai, Ba-Quy Vuong, AnHai Doan, and Jeffrey F. Naughton. Efficiently incorporating user feedback into information extraction and integration programs. In *SIGMOD*, New York, NY, USA, 2009.

114. A.K. Chandra and P.M. Merlin. Optimal implementation of conjunctive queries in relational databases. In *Proceedings of the Ninth Annual ACM Symposium on Theory of Computing*, pages 77–90, 1977.

115. C. Chang, M. Kayed, M. R. Girgis, and K. F. Shaalan. A survey of web information extraction systems. *IEEE Trans. Knowl. Data Eng.*, 18(10):1411–1428, 2006.

116. C. Chang and S. Lui. IEPAD: Information extraction based on pattern discovery. In *WWW*, 2001.

117. Adriane Chapman and H. V. Jagadish. Why not? In *SIGMOD Conference*, 2009.

118. Sam Chapman. Sam's string metrics. 2006. Available at `http:staffwww.dcs.shef.ac.uk/people/sam.chapman@k-now.co.uk/stringmetrics.html`.

119. A. Chatterjee and A. Segev. Data manipulation in heterogeneous databases. *SIGMOD Record*, 20(4):64–68, 1991.

120. S. Chaudhuri, K. Ganjam, V. Ganti, and R. Motwani. Robust and efficient fuzzy match for online data cleaning. In *SIGMOD*, 2003.

121. Surajit Chaudhuri. An overview of query optimization in relational systems. In *PODS*, 1998.

122. Surajit Chaudhuri and Umeshwar Dayal. An overview of data warehousing and olap technology. *SIGMOD Record*, 26(1), 1997.

123. Surajit Chaudhuri, Umeshwar Dayal, and Vivek R. Narasayya. An overview of business intelligence technology. *Commun. ACM*, 54(8):88–98, 2011.

124. Surajit Chaudhuri, Venkatesh Ganti, and Raghav Kaushik. A primitive operator for similarity joins in data cleaning. In *ICDE*, page 5, 2006.

125. Surajit Chaudhuri, Ravi Krishnamurthy, Spyros Potamianos, and Kyuseok Shim. Optimizing queries with materialized views. In *Proceedings of the International Conference on Data Engineering (ICDE)*, pages 190–200, Taipei, Taiwan, 1995.

126. Surajit Chaudhuri, Anish Das Sarma, Venkatesh Ganti, and Raghav Kaushik. Leveraging aggregate constraints for deduplication. In *SIGMOD Conference*, pages 437–448, 2007.

127. Surajit Chaudhuri and Moshe Vardi. Optimizing real conjunctive queries. In *Proceedings of the ACM Symposium on Principles of Database Systems (PODS)*, pages 59–70, Washington D.C., 1993.

128. Sudarshan Chawathe, Hector Garcia-Molina, Joachim Hammer, Kelly Ireland, Yannis Papakonstantinou, Jeffrey Ullman, and Jennifer Widom. The TSIMMIS project: Integration of heterogeneous information sources. In *Proceedings of IPSJ*, Tokyo, Japan, October 1994.

129. Sudarshan S. Chawathe and Hector Garcia-Molina. Meaningful change detection in structured data. In *SIGMOD*, pages 26–37, 1997.

130. Chandra Chekuri and Anand Rajaraman. Conjunctive query containment revisited. *Theor. Comput. Sci.*, 239(2):211–229, 2000.

131. Yi Chen, Susan B. Davidson, and Yifeng Zheng. Vitex: A streaming xpath processing system. In *ICDE*, 2005.

132. James Cheney, Umut A. Acar, and Amal Ahmed. Provenance traces. *CoRR*, abs/0812.0564, 2008.

133. James Cheney, Laura Chiticariu, and Wang Chiew Tan. Provenance in databases: Why, how, and where. *Foundations and Trends in Databases*, 1(4), 2009.

134. Rada Chirkova, Alon Y. Halevy, and Dan Suciu. A formal perspective on the view selection problem. *VLDB J.*, 11(3), 2002.

135. L. Chiticariu, P. G. Kolaitis, and L. Popa. Interactive generation of integrated schemas. In *Proc. of SIGMOD*, 2008.

136. Laura Chiticariu, Wang Chiew Tan, and Gaurav Vijayvargiya. Dbnotes: A post-it system for relational databases based on provenance. In *SIGMOD*, 2005.

137. Eric Chu, Akanksha Baid, Xiaoyong Chai, AnHai Doan, and Jeffrey F. Naughton. Combining keyword search and forms for ad hoc querying of databases. In *SIGMOD Conference*, 2009.

138. Francis C. Chu, Joseph Y. Halpern, and Johannes Gehrke. Least expected cost query optimization: What can we expect? In *PODS*, 2002.

139. S. Chuang, K. C. Chang, and C. Zhai. Collaborative wrapping: A turbo framework for Web data extraction. In *ICDE*, 2007.

140. Chris Clifton, E. Housman, and Arnon Rosenthal. Experience with a combined approach to attribute-matching across heterogeneous databases. In *DS-7*, 1997.

141. M. Cochinwala, V. Kurien, G. Lalk, and D. Shasha. Efficient data reconciliation. *Inf. Sci.*, 137(1-4):1–15, 2001.

142. Sara Cohen. Containment of aggregate queries. *SIGMOD Record*, 34(1):77–85, 2005.

143. W. Cohen. A mini-course on record linkage and matching, 2004. http://www.cs.cmu.edu/~wcohen.

144. W. Cohen and J. Richman. Learning to match and cluster large high-dimensional data sets for data integration. In *Proc. of the ACM Int. Conf. on Knowledge Discovery and Data Mining (KDD)*, pages 475–480, 2002.

145. W. W. Cohen. Data integration using similarity joins and a word-based information representation language. *ACM Trans. Inf. Syst.*, 18(3):288–321, 2000.

146. W. W. Cohen. Record linkage tutorial: Distance metrics for text. 2001. PPT slides, available at www.cs.cmu.edu/~wcohen/Matching-2.ppt.

147. W. W. Cohen, M. Hurst, and L. S. Jensen. A flexible learning system for wrapping tables and lists in HTML documents. In *WWW*, 2002.

148. W. W. Cohen, P. D. Ravikumar, and S. E. Fienberg. A comparison of string distance metrics for name-matching tasks. In *IIWeb*, 2003.

149. Latha S. Colby, Timothy Griffin, Leonid Libkin, Inderpal Singh Mumick, and Howard Trickey. Algorithms for deferred view maintenance. In *SIGMOD*, 1996.

150. Richard L. Cole and Goetz Graefe. Optimization of dynamic query evaluation plans. In *SIGMOD*, 1994.

151. Mark Craven, Dan DiPasquo, Dayne Freitag, Andrew McCallum, Tom Mitchell, Kamal Nigam, and Sean Slattery. Learning to extract symbolic knowledge from the world-wide web. In *Proceedings of the AAAI Fifteenth National Conference on Artificial Intelligence*, 1998.

152. V. Crescenzi and G. Mecca. Grammars have exceptions. *Inf. Syst.*, 23(8):539–565, 1998.

153. V. Crescenzi and G. Mecca. Automatic information extraction from large websites. *J. ACM*, 51(5):731–779, 2004.

154. V. Crescenzi, G. Mecca, and P. Merialdo. Roadrunner: Towards automatic data extraction from large web sites. In *VLDB*, 2001.

155. Yingwei Cui. *Lineage Tracing in Data Warehouses*. PhD thesis, Stanford Univ., 2001.

156. A. Culotta and A. McCallum. Joint deduplication of multiple record types in relational data. In *Proc. of the ACM Int. Conf. on Information and Knowledge Management (CIKM)*, pages 257–258, 2005.

157. Carlo Curino, Hyun Jin Moon, Alin Deutsch, and Carlo Zaniolo. Update rewriting and integrity constraint maintenance in a schema evolution support system: Prism++. *PVLDB*, 4(2), 2010.

158. N. Dalvi, R. Kumar, and M. A. Soliman. Automatic wrappers for large scale web extraction. *PVLDB*, 4(4):219–230, 2011.

159. N. N. Dalvi, P. Bohannon, and F. Sha. Robust Web extraction: An approach based on a probabilistic tree-edit model. In *SIGMOD*, 2009.

160. Nilesh Dalvi and Dan Suciu. Efficient query evaluation on probabilistic databases. In *VLDB*, 2004.

161. Dean Daniels. Query compilation in a distributed database system. Technical Report RJ 3423, IBM, 1982.

162. A. Das Sarma, L. Dong, and A. Halevy. Bootstrapping pay-as-you-go data integration systems. In *Proc. of SIGMOD*, 2008.

163. Arjun Dasgupta, Xin Jin, Bradley Jewell, Nan Zhang, and Gautam Das. Unbiased estimation of size and other aggregates over hidden web databases. In *SIGMOD Conference*, pages 855–866, 2010.

164. Susan B. Davidson, Sanjeev Khanna, Tova Milo, Debmalya Panigrahi, and Sudeepa Roy. Provenance views for module privacy. In *PODS*, 2011.

165. U. Dayal. Processing queries over generalized hierarchies in a multidatabase systems. In *Proc. of the VLDB Conf.*, pages 342–353, 1983.

166. Umeshwar Dayal and Philip A. Bernstein. On the correct translation of update operations on relational views. *TODS*, 7(3), 1982.

167. Filipe de S Mesquita, Altigran Soares da Silva, Edleno Silva de Moura, Pvel Calado, and Alberto H. F. Laender. Labrador: Efficiently publishing relational databases on the web by using keyword-based query interfaces. *Inf. Process. Manage.*, 43(4):983–1004, 2007.

168. L. G. DeMichiel. Resolving database incompatibility: An approach to performing relational operations over mismatched domains. *IEEE Transactions on Knowledge and Data Engineering*, 1989.

169. Pedro DeRose, Xiaoyong Chai, Byron J. Gao, Warren Shen, AnHai Doan, Philip Bohannon, and Xiaojin Zhu. Building community wikipedias: A machine-human partnership approach. In *ICDE*, pages 646–655, 2008.

170. Pedro DeRose, Warren Shen, Fei Chen, AnHai Doan, and Raghu Ramakrishnan. Building structured web community portals: A top-down, compositional, and incremental approach. In *Proc. of VLDB*, 2007.

171. Amol Deshpande and Joseph M. Hellerstein. Lifting the burden of history from adaptive query processing. In *VLDB*, 2004.

172. Amol Deshpande, Zachary Ives, and Vijayshankar Raman. Adaptive query processing. *Foundations and Trends in Databases*, 2007.

173. Alin Deutsch, Mary F. Fernández, Daniela Florescu, Alon Y. Levy, and Dan Suciu. XML-QL. In *QL*, 1998.

174. Alin Deutsch and Val Tannen. MARS: A system for publishing XML from mixed and redundant storage. In *VLDB*, 2003.

175. D. Dey. Entity matching in heterogeneous databases: A logistic regression approach. *Decision Support Systems*, 44(3):740–747, 2008.

176. D. Dey, S. Sarkar, and P. De. A distance-based approach to entity reconciliation in heterogeneous databases. *IEEE Trans. Knowl. Data Eng.*, 14(3):567–582, 2002.

177. Yanlei Diao, Peter M. Fischer, Michael J. Franklin, and Raymond To. YFilter: Efficient and scalable filtering of XML documents. In *ICDE*, 2002.

178. Hong Hai Do and Erhard Rahm. COMA – A system for flexible combination of schema matching approaches. In *VLDB*, 2002.

179. A. Doan and A. Y. Halevy. Semantic integration research in the database community: A brief survey. *AI Magazine*, 26(1):83–94, 2005.

180. A. Doan, N. F. Noy, and A. Y. Halevy. Introduction to the special issue on semantic integration. *SIGMOD Record*, 33(4):11–13, 2004.

181. AnHai Doan, Pedro Domingos, and Alon Y. Halevy. Reconciling schemas of disparate data sources: A machine learning approach. In *Proceedings of the ACM SIGMOD Conference*, 2001.

182. AnHai Doan, Ying Lu, Yoonkyong Lee, and Jiawei Han. Profile-based object matching for information integration. *IEEE Intelligent Systems*, 18(5):54–59, 2003.

183. Anhai Doan, Jayant Madhavan, Pedro Domingos, and Alon Halevy. Learning to map between ontologies on the semantic web. In *11th World Wide Web Conference*, 2002.

184. AnHai Doan, Jeffrey F. Naughton, Raghu Ramakrishnan, Akanksha Baid, Xiaoyong Chai, Fei Chen, Ting Chen, Eric Chu, Pedro DeRose, Byron Gao, Chaitanya Gokhale, Jiansheng Huang, Warren Shen, and Ba-Quy Vuong. Information extraction challenges in managing unstructured data. *SIGMOD Record*, December 2008.

185. AnHai Doan, Raghu Ramakrishnan, Fei Chen, Pedro DeRose, Yoonkyong Lee, Robert McCann, Mayssam Sayyadian, and Warren Shen. Community information management. *IEEE Data Eng. Bull.*, 29(1):64–72, 2006.

186. AnHai Doan, Raghu Ramakrishnan, and Alon Y. Halevy. Crowdsourcing systems on the world-wide web. *Commun. ACM*, 54(4):86–96, 2011.

187. Pedro Domingos and Micheal Pazzani. On the Optimality of the Simple Bayesian Classifier under Zero-One Loss. *Machine Learning*, 29:103–130, 1997.

188. X. Dong, A. Y. Halevy, and J. Madhavan. Reference reconciliation in complex information spaces. In *Proc. of the SIGMOD Conf.*, pages 85–96, 2005.

189. X. Dong, A. Y. Halevy, and C. Yu. Data integration with uncertainty. In *Proc. of VLDB*, 2007.

190. Xin Dong, Laure Berti-Equille, Yifan Hu, and Divesh Srivastava. Global detection of complex copying relationships between sources. *PVLDB*, 3(1):1358–1369, 2010.

191. Xin Dong and Alon Halevy. A platform for personal information management and integration. In *Proc. of CIDR*, 2005.

192. Francesco M. Donini, Maurizio Lenzerini, Daniele Nardi, and Werner Nutt. The complexity of concept languages. In *Proceedings of KR-91*, 1991.

193. Francesco M. Donini, Maurizio Lenzerini, Daniele Nardi, and Andrea Schaerf. A hybrid system with datalog and concept languages. In E. Ardizzone, S. Gaglio, and F. Sorbello, editors, *Trends in Artificial Intelligence*, volume LNAI 549, pages 88–97. Springer Verlag, 1991.

194. Mira Dontcheva, Steven M. Drucker, David Salesin, and Michael F. Cohen. Relations, cards, and search templates: User-guided web data integration and layout. In *UIST*, pages 61–70, 2007.

195. R. B. Doorenbos, O. Etzioni, and D. S. Weld. A scalable comparison-shopping agent for the World-Wide Web. In *Agents*, 1997.

196. R. Durbin, S. Eddy, A. Krogh, and G. Mitchison. *Biological Sequence Analysis: Probabilistic Models of Proteins and Nucleic Acids*. Cambridge University Press, 1999.

197. Oliver Duschka, Michael Genesereth, and Alon Levy. Recursive query plans for data integration. *Journal of Logic Programming, special issue on Logic Based Heterogeneous Information Systems*, 43(1), 2000.

198. Oliver M. Duschka and Michael R. Genesereth. Answering recursive queries using views. In *PODS*, 1997.

199. Oliver M. Duschka and Michael R. Genesereth. Query planning in infomaster. In *Proceedings of the ACM Symposium on Applied Computing*, pages 109–111, San Jose, CA, 1997.

200. Oliver M. Duschka and Alon Y. Levy. Recursive plans for information gathering. In *Proc. of the 15th Int. Joint Conf. on Artificial Intelligence (IJCAI)*, pages 778–784, 1997.

201. Marc Ehrig, Steffen Staab, and York Sure. Bootstrapping ontology alignment methods with APFEL. In *International Semantic Web Conference*, pages 186–200, 2005.

202. Charles Elkan. A decision procedure for conjunctive query disjointness. In *Proceedings of the ACM Symposium on Principles of Database Systems (PODS)*, Portland, Oregon, 1989.

203. Charles Elkan. Independence of logic database queries and updates. In *Proceedings of the ACM Symposium on Principles of Database Systems (PODS)*, pages 154–160, 1990.

204. A. K. Elmagarmid, P. G. Ipeirotis, and V. S. Verykios. Duplicate record detection: A survey. *IEEE Trans. Knowl. Data Eng.*, 19(1):1–16, 2007.

205. A.K. Elmagarmid, P.G. Ipeirotis, and V.S. Verykios. Duplicate record detection: A survey. *IEEE Transactions on Knowledge and Data Engineering*, 19(1):1–16, 2007.

206. Hazem Elmeleegy, Ahmed K. Elmagarmid, and Jaewoo Lee. Leveraging query logs for schema mapping generation in u-map. In *SIGMOD Conference*, pages 121–132, 2011.

207. Hazem Elmeleegy, Jayant Madhavan, and Alon Y. Halevy. Harvesting relational tables from lists on the web. *PVLDB*, 2(1):1078–1089, 2009.

208. Hazem Elmeleegy, Mourad Ouzzani, and Ahmed K. Elmagarmid. Usage-based schema matching. In *ICDE*, pages 20–29, 2008.

209. Mohamed Y. Eltabakh, Walid G. Aref, Ahmed K. Elmagarmid, Mourad Ouzzani, and Yasin N. Silva. Supporting annotations on relations. In *EDBT*, 2009.

210. D. W. Embley, D. M. Campbell, Y. S. Jiang, S. W. Liddle, Y. Ng, D. Quass, and R. D. Smith. Conceptual-model-based data extraction from multiple-record web pages. *Data Knowl. Eng.*, 31(3):227–251, 1999.

211. D. W. Embley, Y. S. Jiang, and Y. Ng. Record-boundary discovery in web documents. In *SIGMOD*, 1999.

212. David W. Embley, David Jackman, and Li Xu. Multifaceted exploitation of metadata for attribute match discovery in information integration. In *Workshop on Information Integration on the Web*, pages 110–117, 2001.

213. O. Etzioni, K. Golden, and D. Weld. Sound and efficient closed-world reasoning for planning. *Artificial Intelligence*, 89(1–2):113–148, January 1997.

214. Jérôme Euzenat and Pavel Shvaiko. *Ontology Matching*. Springer, 2007.

215. Ronald Fagin. Inverting schema mappings. In *Proc. of PODS*, pages 50–59, 2006.

216. Ronald Fagin, Phokion Kolaitis, Renée J. Miller, and Lucian Popa. Data exchange: Semantics and query answering. *TCS*, 336:89–124, 2005.

217. Ronald Fagin, Phokion Kolaitis, and Lucian Popa. Data exchange: Getting to the core. *ACM Transactions on Database Systems*, 30(1):174–210, 2005.

218. Ronald Fagin, Phokion G. Kolaitis, and Lucian Popa. Composing schema mappings: Second-order dependencies to the rescue. *ACM Transactions on Database Systems*, 30(4):994–1055, 2005.

219. Ronald Fagin, Phokion G. Kolaitis, Lucian Popa, and Wang-Chiew Tan. Quasi-inverses of schema mappings. In *Proc. of PODS*, pages 123–132, 2007.

220. Ronald Fagin, Phokion G. Kolaitis, Lucian Popa, and Wang Chiew Tan. Schema mapping evolution through composition and inversion. In *Schema Matching and Mapping*, pages 191–222, 2011.

221. Ronald Fagin, Amnon Lotem, and Moni Naor. Optimal aggregation algorithms for middleware. *Journal of Computer and System Sciences*, 66(4), June 2003.

222. Sean M. Falconer and Margaret-Anne D. Storey. A cognitive support framework for ontology mapping. In *ISWC/ASWC*, pages 114–127, 2007.

223. Wenfei Fan and Floris Geerts. Capturing missing tuples and missing values. In *PODS*, pages 169–178, 2010.

224. I. P. Fellegi and A. B. Sunter. A theory for record linkage. *Journal of the American Statistical Society*, 64(328):1183–1210, 1969.

225. Mary Fernandez, Daniela Florescu, Jaewoo Kang, Alon Levy, and Dan Suciu. Catching the boat with Strudel: Experiences with a web-site management system. In *Proceedings of the ACM SIGMOD Conference*, Seattle, WA, 1998.

226. Jonathan Finger and Neoklis Polyzotis. Robust and efficient algorithms for rank join evaluation. In *SIGMOD*, New York, NY, USA, 2009.

227. Daniela Florescu, Daphne Koller, and Alon Levy. Using probabilistic information in data integration. In *VLDB*, 1997.

228. Daniela Florescu, Alon Levy, Ioana Manolesu, and Dan Suciu. Query optimization in the presence of limited access patterns. In *Proceedings of the ACM SIGMOD Conference*, 1999.

229. Daniela Florescu, Alon Levy, and Alberto Mendelzon. Database techniques for the world-wide web: A survey. *SIGMOD Record*, 27(3):59–74, September 1998.

230. Daniela Florescu, Louiqa Raschid, and Patrick Valduriez. Using heterogeneous equivalences for query rewriting in multidatabase systems. In *Proceedings of the Int. Conf. on Cooperative Information Systems (COOPIS)*, 1995.

231. J. Nathan Foster, Todd J. Green, and Val Tannen. Annotated XML: Queries and provenance. In *PODS*, 2008.

232. Paul Francis, Sugih Jamin, Cheng Jin, Yixin Jin, Danny Raz, Yuval Shavitt, and Lixia Zhang. Idmaps: A global internet host distance estimation service. *IEEE/ACM Trans. Netw.*, 9(5), 2001.

233. Michael Franklin, Alon Halevy, and David Maier. From databases to dataspaces: A new abstraction for information management. *SIGMOD Rec.*, 34(4), 2005.

234. M. Friedman and D. Weld. Efficient execution of information gathering plans. In *Proc. of the 15th Int. Joint Conf. on Artificial Intelligence (IJCAI)*, 1997.

235. Marc Friedman, Alon Levy, and Todd Millstein. Navigational Plans for Data Integration. In *Proceedings of the National Conference on Artificial Intelligence (AAAI)*, 1999.

236. N. Fuhr and T. Rölleke. A probabilistic relational algebra for the integration of information retrieval and database systems. *ACM Transactions on Information Systems*, 14(1), 1997.

237. Ariel Fuxman, Mauricio A. Hernández, C. T. Howard Ho, Renée J. Miller, Paolo Papotti, and Lucian Popa. Nested mappings: Schema mapping reloaded. In *VLDB*, 2006.

238. A. Gal. Why is schema matching tough and what can we do about it? *SIGMOD Record*, 35(4):2–5, 2007.

239. A. Gal, G. Modica, H. Jamil, and A. Eyal. Automatic ontology matching using application semantics. *AI Magazine*, 26(1):21–31, 2005.

240. Avigdor Gal. Managing uncertainty in schema matching with top-k schema mappings. *Journal of Data Semantics*, VI:90–114, 2006.

241. Avigdor Gal. *Uncertain Schema Matching*. Synthesis Lectures on Data Management. 2011.

242. Avigdor Gal, Ateret Anaby-Tavor, Alberto Trombetta, and Danilo Montesi. A framework for modeling and evaluating automatic semantic reconciliation. In *VLDB J.*, pages 50–67, 2005.

243. M. Ganesh, J. Srivastava, and T. Richardson. Mining entity-identification rules for database integration. In *Proc. of the ACM Int. Conf. on Knowledge Discovery and Data Mining (KDD)*, pages 291–294, 1996.

244. Hector Garcia-Molina, Yannis Papakonstantinou, Dallan Quass, Anand Rajaraman, Yehoshua Sagiv, Jeffrey Ullman, and Jennifer Widom. The TSIMMIS project: Integration of heterogeneous information sources. *Journal of Intelligent Information Systems*, 8(2), March 1997.

245. Hector Garcia-Molina, Jeffrey D. Ullman, and Jennifer Widom. *Database Systems: The Complete Book*. Prentice Hall, 2002.

246. Wolfgang Gatterbauer, Magdalena Balazinska, Nodira Khoussainova, and Dan Suciu. Believe it or not: Adding belief annotations to databases. *PVLDB*, 2(1), 2009.

247. Wolfgang Gatterbauer, Paul Bohunsky, Marcus Herzog, Bernhard Krüpl, and Bernhard Pollak. Towards domain-independent information extraction from web tables. In *WWW*, pages 71–80, 2007.

248. L. Getoor and R. Miller. Data and metadata alignment, 2007. Tutorial, the Alberto Mendelzon Workshop on the Foundations of Databases and the Web.

249. C. L. Giles, K. D. Bollacker, and S. Lawrence. CiteSeer: An automatic citation indexing system. In *Proc. of the ACM Int. Conf. on Digital Libraries*, pages 89–98, 1998.

250. L. E. Gill. OX-LINK: The Oxford medical record linkage system. In *Proc. of the Int Record Linkage Workshop and Exposition*, 1997.

251. Fausto Giunchiglia, Pavel Shvaiko, and Mikalai Yatskevich. S-match: An algorithm and an implementation of semantic matching. In *ESWS*, pages 61–75, 2004.

252. Boris Glavic and Gustavo Alonso. Perm: Processing provenance and data on the same data model through query rewriting. In *ICDE*, 2009.

253. Boris Glavic and Gustavo Alonso. Provenance for nested subqueries. In *EDBT*, 2009.

254. Boris Glavic, Gustavo Alonso, Renée J. Miller, and Laura M. Haas. Tramp: Understanding the behavior of schema mappings through provenance. *PVLDB*, 3(1), 2010.

255. François Goasdoué and Marie-Christine Rousset. Querying distributed data through distributed ontologies: A simple but scalable approach. *IEEE Intelligent Systems*, 18(5):60–65, 2003.

256. E. M. Gold. Language identification in the limit. *Information and Control*, 10(5):447–474, 1967.

257. E. M. Gold. Complexity of automaton identification from given data. *Information and Control*, 37(3):302–320, 1978.

258. Roy Goldman, Jason McHugh, and Jennifer Widom. From semistructured data to XML: Migrating the Lore data model and query language. In *WebDB '99*, 1999.

259. Jonathan Goldstein and Per-Ake Larson. Optimizing queries using materialized views: A practical, scalable solution. In *Proceedings of the ACM SIGMOD Conference*, pages 331–342, 2001.

260. Hector Gonzalez, Alon Y. Halevy, Christian S. Jensen, Anno Langen, Jayant Madhavan, Rebecca Shapley, and Warren Shen. Google fusion tables: Data management, integration and collaboration in the cloud. In *SoCC*, 2010.

261. Hector Gonzalez, Alon Y. Halevy, Christian S. Jensen, Anno Langen, Jayant Madhavan, Rebecca Shapley, Warren Shen, and Jonathan Goldberg-Kidon. Google fusion tables: Web-centered data management and collaboration. In *SIGMOD*, 2010.

262. Georg Gottlob, Christoph Koch, Robert Baumgartner, Marcus Herzog, and Sergio Flesca. The Lixto data extraction project — Back and forth between theory and practice. In *PODS*, 2004.

263. Goetz Graefe. Query evaluation techniques for large databases. *ACM Computing Surveys*, 25(2), June 1993.

264. L. Gravano, P. G. Ipeirotis, N. Koudas, and D. Srivastava. Text joins in an RDBMS for web data integration. In *WWW*, 2003.

265. Luis Gravano, Panagiotis G. Ipeirotis, H. V. Jagadish, Nick Koudas, S. Muthukrishnan, and Divesh Srivastava. Approximate string joins in a database (almost) for free. In *VLDB*, pages 491–500, 2001.

266. Luis Gravano, Panagiotis G. Ipeirotis, Nick Koudas, and Divesh Srivastava. Text joins in an RDBMS for web data integration. In *WWW*, 2003.

267. Todd J. Green. Containment of conjunctive queries on annotated relations. In *ICDT*, 2009.

268. Todd J. Green, Grigoris Karvounarakis, Zachary G. Ives, and Val Tannen. Update exchange with mappings and provenance. In *VLDB*, 2007. Amended version available as Univ. of Pennsylvania report MS-CIS-07-26.

269. Todd J. Green, Grigoris Karvounarakis, and Val Tannen. Provenance semirings. In *PODS*, 2007.

270. Todd J. Green, Gerome Miklau, Makoto Onizuka, and Dan Suciu. Processing XML streams with deterministic automata and stream indexes. Available from `http://www.cs.washington.edu/homes/suciu/files/paper.ps`, February 2002.

271. Todd J. Green and Val Tannen. Models for incomplete and probabilistic information. In *International Workshop on Incompleteness and Inconsistency in databases*, March 2006.

272. Nils Grimsmo, Truls A. Bjørklund, and Magnus Lie Hetland. Fast optimal twig joins. *PVLDBJ*, 3, September 2010.

273. S. Grumbach and G. Mecca. In search of the lost schema. In *ICDT*, 1999.

274. Pankaj Gulhane, Amit Madaan, Rupesh R. Mehta, Jeyashankher Ramamirtham, Rajeev Rastogi, Sandeepkumar Satpal, Srinivasan H. Sengamedu, Ashwin Tengli, and Charu Tiwari. Web-scale information extraction with vertex. In *ICDE*, pages 1209–1220, 2011.

275. Ashish Gupta, Inderpal Singh Mumick, and V. S. Subrahmanian. Maintaining views incrementally. In *SIGMOD*, 1993.

276. Himanshu Gupta. Selection of views to materialize in a data warehouse. In *Database Theory — ICDT '97*, volume 1186 of *Lecture Notes in Computer Science*. 1997. Available from `http://dx.doi.org/10.1007/3-540-62222-5_39`.

277. Himanshu Gupta and Inderpal Singh Mumick. Selection of views to materialize under a maintenance cost constraint. In *ICDT*, 1999.

278. Nitin Gupta, Lucja Kot, Sudip Roy, Gabriel Bender, Johannes Gehrke, and Christoph Koch. Entangled queries: Enabling declarative data-driven coordination. In *SIGMOD Conference*, 2011.

279. Nitin Gupta, Milos Nikolic, Sudip Roy, Gabriel Bender, Lucja Kot, Johannes Gehrke, and Christoph Koch. Entangled transactions. *PVLDB*, 4(11), 2011.

280. Dan Gusfield. *Algorithms on Strings, Trees, and Sequences*. Cambridge University Press, 1999.

281. Laura M. Haas, Donald Kossmann, Edward L. Wimmers, and Jun Yang. Optimizing queries across diverse data sources. In *VLDB*, 1997.

282. Jan Hajic, Sandra Carberry, and Stephen Clark, editors. *ACL 2010, Proceedings of the 48th Annual Meeting of the Association for Computational Linguistics, July 11–16, 2010, Uppsala, Sweden*. The Association for Computer Linguistics, 2010.

283. Alon Halevy, Zachary Ives, Jayant Madhavan, Peter Mork, Dan Suciu, and Igor Tatarinov. The Piazza peer data management system. *TKDE*, 16(7), July 2004.

284. Alon Y. Halevy. Answering queries using views: A survey. *VLDB J.*, 10(4), 2001.

285. Alon Y. Halevy, Naveen Ashish, Dina Bitton, Michael J. Carey, Denise Draper, Jeff Pollock, Arnon Rosenthal, and Vishal Sikka. Enterprise information integration: Successes, challenges and controversies. In *SIGMOD Conference*, pages 778–787, 2005.

286. Alon Y. Halevy, Michael J. Franklin, and David Maier. Principles of dataspace systems. In *PODS*, 2006.

287. Alon Y. Halevy, Zachary G. Ives, Peter Mork, and Igor Tatarinov. Piazza: Data management infrastructure for semantic web applications. In *12th World Wide Web Conference*, May 2003.

288. Alon Y. Halevy, Zachary G. Ives, Dan Suciu, and Igor Tatarinov. Schema mediation in peer data management systems. In *ICDE*, March 2003.

289. Fayçal Hamdi, Brigitte Safar, Chantal Reynaud, and Haïfa Zargayouna. Alignment-based partitioning of large-scale ontologies. In *EGC (best of volume)*, pages 251–269, 2009.

290. J. Hammer, H. Garcia-Molina, S. Nestorov, R. Yerneni, M. M. Breunig, and V. Vassalos. Template-based wrappers in the tsimmis system. In *SIGMOD*, 1997.

291. J. Hammer, J. McHugh, and H. Garcia-Molina. Semistructured data: The tsimmis experience. In *Proc. of the First East-European Symposium on Advances in Databases and Information Systems (ADBIS)*, 1997.

292. Joachim Hammer, Hector Garcia-Molina, Svetlozar Nestorov, Ramana Yerneni, Markus M. Breunig, and Vasilis Vassalos. Template-based wrappers in the TSIMMIS system (system demonstration). In *Proceedings of the ACM SIGMOD Conference*, Tucson, Arizona, 1998.

293. B. He and K. C. Chang. Statistical schema matching across web query interfaces. In *Proc. of SIGMOD*, 2003.

294. Bin He and Kevin Chang. Automatic complex schema matching across web query interfaces: A correlation mining approach. *TODS*, 31(1), 2006.

295. Bin He and Kevin Chen-Chuan Chang. Statistical schema integration across the deep web. In *Proc. of SIGMOD*, 2003.

296. Bin He, Kevin Chen-Chuan Chang, and Jiawei Han. Discovering complex matchings across web query interfaces: A correlation mining approach. In *KDD*, pages 148–157, 2004.

297. Bin He, Mitesh Patel, Zeng Zhang, and Kevin Chen-Chuan Chang. Accessing the deep Web: A survey. *Communications of the ACM*, 50(5):95–101, 2007.

298. Hao He, Haixun Wang, Jun Yang, and Philip S. Yu. Blinks: Ranked keyword searches on graphs. In *SIGMOD*, 2007.

299. Marti A. Hearst. Automatic acquisition of hyponyms from large text corpora. In *COLING*, pages 539–545, 1992.

300. M. A. Hernandez and S. J. Stolfo. The merge/purge problem for large databases. In *Proc. of SIGMOD*, 1995.

301. M. A. Hernández and S. J. Stolfo. Real-world data is dirty: Data cleansing and the merge/purge problem. *Data Mining and Knowledge Discovery*, 2:9–37, 1998.

302. Mauricio A. Hernandez, Renée J. Miller, and Laura M. Haas. Clio: A semi-automatic tool for schema mapping. In *SIGMOD*, 2001.

303. Raphael Hoffmann, Congle Zhang, and Daniel S. Weld. Learning 5000 relational extractors. In Hajic et al. [282], pages 286–295.

304. Vagelis Hristidis, Yannis Papakonstantinou, and Andrey Balmin. Keyword proximity search on XML graphs. In *ICDE*, 2003.

305. C. Hsu and M. Dung. Generating finite-state transducers for semi-structured data extraction from the web. *Inf. Syst.*, 23(8):521–538, 1998.

306. Wei Hu, Yuzhong Qu, and Gong Cheng. Matching large ontologies: A divide-and-conquer approach. *Data Knowl. Eng.*, 67(1):140–160, 2008.

307. Jiansheng Huang, Ting Chen, AnHai Doan, and Jeffrey F. Naughton. On the provenance of non-answers to queries over extracted data. *PVLDB*, 1(1), 2008.

308. G. Huck, P. Fankhauser, K. Aberer, and E. J. Neuhold. Jedi: Extracting and synthesizing information from the Web. In *CoopIS*, 1998.

309. Ryan Huebsch, Brent N. Chun, Joseph M. Hellerstein, Boon Thau Loo, Petros Maniatis, Timothy Roscoe, Scott Shenker, Ion Stoica, and Aydan R. Yumerefendi. The architecture of PIER: An Internet-scale query processor. In *CIDR*, 2005.

310. Ihab F. Ilyas, Walid G. Aref, and Ahmed K. Elmagarmid. Supporting top-k join queries in relational databases. In *VLDB*, 2003.

311. Ihab F. Ilyas, Walid G. Aref, Ahmed K. Elmagarmid, Hicham G. Elmongui, Rahul Shah, and Jeffrey Scott Vitter. Adaptive rank-aware query optimization in relational databases. *ACM Trans. Database Syst.*, 31(4), 2006.

312. Ihab F. Ilyas and Mohamed Soliman. *Probabilistic Ranking Techniques in Relational Databases*. Synthesis Lectures on Data Management, 2011.

313. Tomasz Imielinski and Witold Lipski. Incomplete information in relational databases. *JACM*, 31(4), 1984.

314. IBM Inc. IBM AlphaWorks QED Wiki. http://services.alphaworks.ibm.com/qedwiki/.

315. Microsoft Inc. Popfly. http://www.popfly.com/, 2008.

316. Yahoo Inc. Pipes. http://pipes.yahoo.com/pipes/.

317. Infochimps: Smart data for apps & analytics. http://www.infochimps.com/, 2011.

318. Yannis E. Ioannidis. Query optimization. *ACM Comput. Surv.*, 28(1), 1996.

319. Yannis E. Ioannidis, Raymond T. Ng, Kyuseok Shim, and Timos K. Sellis. Parametric query optimization. *VLDB J.*, 6(2), 1997.

320. Yannis E. Ioannidis and Raghu Ramakrishnan. Containment of conjunctive queries: Beyond relations as sets. *ACM Transactions on Database Systems*, 20(3):288–324, 1995.

321. Panagiotis G. Ipeirotis and Luis Gravano. Distributed search over the hidden web: Hierarchical database sampling and selection. In *VLDB*, pages 394–405, 2002.

322. U. Irmak and T. Suel. Interactive wrapper generation with minimal user effort. In *WWW*, 2006.

323. Zachary Ives, Daniela Florescu, Marc Friedman, Alon Levy, and Dan Weld. An adaptive query execution engine for data integration. In *Proceedings of the ACM SIGMOD Conference*, pages 299–310, 1999.

324. Zachary G. Ives, Todd J. Green, Grigoris Karvounarakis, Nicholas E. Taylor, Val Tannen, Partha Pratim Talukdar, Marie Jacob, and Fernando Pereira. The ORCHESTRA collaborative data sharing system. *SIGMOD Rec.*, 2008.

325. Zachary G. Ives, Alon Y. Halevy, and Daniel S. Weld. An XML query engine for network-bound data. *VLDB J.*, 11(4), December 2002.

326. Zachary G. Ives, Alon Y. Halevy, and Daniel S. Weld. Adapting to source properties in processing data integration queries. In *SIGMOD*, June 2004.

327. Zachary G. Ives, Craig A. Knoblock, Steven Minton, Mari Jacob, Partha Pratim Talukdar, Rattapoom Tuchindra, Jose Luis Ambite, Maria Muslea, and Cenk Gazen. Interactive data integration though smart copy & paste. In *Proceedings of the Conference on Innovative Data Systems Research (CIDR)*, 2009.

328. Zachary G. Ives and Nicholas E. Taylor. Sideways information passing for push query processing. In *ICDE*, 2008.

329. P. Jaccard. Étude comparative de la distribution florale dans une portion des Alpes et des Jura. *Bulletin de la Socit Vaudoise des Sciences Naturelles*, 37:547–579, 1901.

330. Ravi Jampani, Fei Xu, Mingxi Wu, Luis Leopoldo Perez, Chris Jermaine, and Peter J. Haas. The monte carlo database system: Stochastic analysis close to the data. *ACM Trans. Database Syst.*, 36(3), 2011.

331. M. A. Jaro. Unimatch: A record linkage system: User's manual. 1976. Technical Report, U.S. Bureau of the Census, Washington D.C.

332. T. S. Jayram, Phokion Kolaitis, and Erik Vee. The containment problem for real conjunctive queries with inequalities. In *Proc. of PODS*, pages 80–89, 2006.

333. S. Jeffery, M. Franklin, and A. Halevy. Pay-as-you-go user feedback for dataspace systems. In *Proc. of SIGMOD*, 2008.

334. Wen Jin and Jignesh M. Patel. Efficient and generic evaluation of ranked queries. In *SIGMOD Conference*, 2011.

335. Vanja Josifovski, Marcus Fontoura, and Attila Barta. Querying XML streams. *The VLDB Journal*, 14(2), 2005.

336. Navin Kabra and David J. DeWitt. Efficient mid-query re-optimization of sub-optimal query execution plans. In *SIGMOD*, 1998.

337. Varun Kacholia, Shashank Pandit, Soumen Chakrabarti, S. Sudarshan, Rushi Desai, and Hrishikesh Karambelkar. Bidirectional expansion for keyword search on graph databases. In *VLDB*, 2005.

338. D. V. Kalashnikov, S. Mehrotra, and Z. Chen. Exploiting relationships for domain-independent data cleaning. In *Proc. of the SDM Conf.*, 2005.

339. Jaewoo Kang and Jeffrey F. Naughton. On schema matching with opaque column names and data values. In *SIGMOD Conference*, pages 205–216, 2003.

340. Carl-Christian Kanne and Guido Moerkotte. Efficient storage of XML data. In *ICDE*, 2000.

341. Verena Kantere, Maher Manoubi, Iluju Kiringa, Timos K. Sellis, and John Mylopoulos. Peer coordination through distributed triggers. *PVLDB*, 3(2), 2010.

342. Grigoris Karvounarakis and Zachary G. Ives. Bidirectional mappings for data and update exchange. In *WebDB*, 2008.

343. Grigoris Karvounarakis and Zachary G. Ives. Querying data provenance. In *SIGMOD*, 2010.

344. Gjergji Kasneci, Maya Ramanath, Mauro Sozio, Fabian M. Suchanek, and Gerhard Weikum. Star: Steiner-tree approximation in relationship graphs. In *ICDE*, 2009.

345. Arthur M. Keller. Algorithms for translating view updates to database updates for views involving selections, projections, and joins. In *SIGMOD*, 1985.

346. Anastasios Kementsietsidis, Marcelo Arenas, and Renée J. Miller. Mapping data in peer-to-peer systems: Semantics and algorithmic issues. In *SIGMOD*, June 2003.

347. A. Klug. On conjunctive queries containing inequalities. *Journal of the ACM*, 35(1): pages 146–160, 1988.

348. D. Koller and N. Friedman. *Probabilistic Graphical Models*. The MIT Press, 2009.

349. George Konstantinidis and José Luis Ambite. Scalable query rewriting: A graph-based approach. In *SIGMOD Conference*, pages 97–108, 2011.

350. Donald Kossmann. The state of the artin distributed query procesing. *ACM Computing Surveys*, 32(4), 2000.

351. N. Koudas. Special issue on data quality. *IEEE Data Engineering Bulletin*, 29(2), 2006.

352. N. Koudas, A. Marathe, and D. Srivastava. Flexible string matching against large databases in practice. In *VLDB*, 2004.

353. N. Koudas, S. Sarawagi, and D. Srivastava. Record linkage: Similarity measures and algorithms. Tutorial, the ACM SIGMOD Conference, 2006.

354. Nick Koudas, Amit Marathe, and Divesh Srivastava. Flexible string matching against large databases in practice. In *VLDB*, pages 1078–1086, 2004.

355. Nick Koudas and Divesh Srivastava. Approximate joins: Concepts and techniques. In *VLDB*, page 1363, 2005.

356. Andries Kruger, C. Lee Giles, Frans Coetzee, Eric J. Glover, Gary William Flake, Steve Lawrence, and Christian W. Omlin. Deadliner: Building a new niche search engine. In *CIKM*, pages 272–281, 2000.

357. N. Kushmerick. Wrapper induction for information extraction, 1997. PhD thesis, University of Washington.

358. N. Kushmerick. Wrapper induction: Efficiency and expressiveness. *Artif. Intell.*, 118(1-2):15–68, 2000.

359. N. Kushmerick. Wrapper verification. *World Wide Web*, 3(2):79–94, 2000.

360. Nick Kushmerick, Robert Doorenbos, and Daniel Weld. Wrapper induction for information extraction. In *IJCAI*, 1997.

361. Chung T. Kwok and Daniel S. Weld. Planning to gather information. In *Proc. of the 13th National Conf. on Artificial Intelligence (AAAI)*, pages 32–39, 1996.

362. A. H. F. Laender, B. A. Ribeiro-Neto, A. S. da Silva, and J. S. Teixeira. A brief survey of web data extraction tools. *SIGMOD Record*, 31(2):84–93, 2002.

363. J. D. Lafferty, A. McCallum, and F. Pereira. Conditional random fields: Probabilistic models for segmenting and labeling sequence data. In *Proc. of the Int. Conf. on Machine Learning (ICML)*, pages 282–289, 2001.

364. Laks V. S. Lakshmanan, Nicola Leone, Robert Ross, and V. S. Subrahmanian. Probview: A flexible probabilistic database system. *ACM Trans. Database Syst.*, 22(3), 1997.

365. Eric Lambrecht, Subbarao Kambhampati, and Senthil Gnanaprakasam. Optimizing recursive information gathering plans. In *Proc. of the 16th Int. Joint Conf on Artificial Intelligence (IJCAI)*, pages 1204–1211, 1999.

366. T. Landers and R. Rosenberg. An overview of multibase. In *Proceedings of the Second International Symoposium on Distributed Databases*, pages 153–183. North Holland, Amsterdam, 1982.

367. Veronique Lattes and Marie-Christine Rousset. The use of the CARIN language and algorithms for information integration: The PICSEL project. In *Proceedings of the ECAI-98 Workshop on Intelligent Information Integration*, 1998.

368. Michael K. Lawrence, Rachel Pottinger, and Sheryl Staub-French. Data coordination: Supporting contingent updates. *PVLDB*, 4(11), 2011.

369. Amy J. Lee, Andreas Koeller, Anisoara Nica, and Elke A. Rundensteiner. Data warehouse evolution: Trade-offs between quality and cost of query rewritings. In *ICDE*, 1999.

370. Dongwon Lee. Weighted exact set similarity join. Tutorial Presentation. Available from http://pike.psu.edu/p2/wisc09-tech.ppt, 2009.

371. Y. Lee, M. Sayyadian, A. Doan, and A. Rosenthal. eTuner: Tuning schema matching software using synthetic scenarios. *VLDB J.*, 16(1):97–122, 2007.

372. Yoonkyong Lee, AnHai Doan, Robin Dhamankar, Alon Y. Halevy, and Pedro Domingos. imap: Discovering complex mappings between database schemas. In *Proc. of SIGMOD*, pages 383–394, 2004.

373. Maurizio Lenzerini. Data integration: A theoretical perspective. In *Proceedings of the ACM Symposium on Principles of Database Systems (PODS)*, 2002.

374. K. Lerman, L. Getoor, S. Minton, and C. A. Knoblock. Using the structure of Web sites for automatic segmentation of tables. In *SIGMOD*, 2004.

375. K. Lerman, S. Minton, and C. A. Knoblock. Wrapper maintenance: A machine learning approach. *J. Artif. Intell. Res. (JAIR)*, 18:149–181, 2003.

376. V. Levenshtein. Binay code capable of correcting deletions, insertions, and reversals. *Doklady Akademii Nauk SSSR*, 163(4):845–848, 1965. Original in Russian–translation in *Soviet Physics Doklady*, 10(8): 707–710, 1966.

377. Alon Levy and Marie-Christine Rousset. Combining Horn rules and description logics in CARIN. *Artificial Intelligence*, 104:165–209, September 1998.

378. Alon Y. Levy. Obtaining complete answers from incomplete databases. In *Proceedings of the International Conference on Very Large Databases (VLDB)*, pages 402–412, Bombay, India, 1996.

379. Alon Y. Levy. Logic-based techniques in data integration. In Jack Minker, editor, *Logic-Based Artificial Intelligence*, pages 575–595. Kluwer Academic Publishers, Dordrecht, 2000.

380. Alon Y. Levy, Anand Rajaraman, and Joann J. Ordille. Query answering algorithms for information agents. In *Proc. of the 13th National Conf. on Artificial Intelligence (AAAI)*, 1996.

381. Alon Y. Levy, Anand Rajaraman, and Joann J. Ordille. Querying heterogeneous information sources using source descriptions. In *VLDB*, 1996.

382. Alon Y. Levy and Yehoshua Sagiv. Queries independent of updates. In *Proceedings of the International Conference on Very Large Databases (VLDB)*, pages 171–181, Dublin, Ireland, 1993.

383. Chengkai Li, Kevin Chen-Chuan Chang, Ihab F. Ilyas, and Sumin Song. RankSQL: Query algebra and optimization for relational top-k queries. In *SIGMOD*, 2005.

384. W. Li and C. Clifton. Semantic integration in heterogeneous databases using neural networks. In *VLDB*, pages 1–12, 1994.

385. X. Li, P. Morie, and D. Roth. Robust reading: Identification and tracing of ambiguous names. In *Proc. of the HLT-NAACL Conf.*, pages 17–24, 2004.

386. X. Li, P. Morie, and D. Roth. Semantic integration in text: From ambiguous names to identifiable entities. *AI Magazine*, 26(1):45–58, 2005. A. Doan and N. Noy and A. Halevy (editors).

387. Xian Li, Timothy Lebo, and Deborah L. McGuinness. Provenance-based strategies to develop trust in semantic web applications. In *IPAW*, 2010.

388. Y. Li, A. Terrell, and J. M. Patel. WHAM: A high-throughput sequence alignment method. In *SIGMOD Conference*, pages 445–456, 2011.

389. Leonid Libkin. Incomplete information and certain answers in general data models. In *PODS*, pages 59–70, 2011.

390. E. P. Lim, J. Srivastava, S. Prabhakar, and J. Richardson. Entity identification in database integration. In *Proc. of the 5th Int. Conf. on Data Engineering (ICDE-93)*, pages 294–301, 1993.

391. Girija Limaye, Sunita Sarawagi, and Soumen Chakrabarti. Annotating and searching web tables using entities, types and relationships. *PVLDB* 3(1), pages 1338–1347, 2010.

392. B. Liu. *Web Data Mining: Exploring Hyperlinks, Contents, and Usage Data. Data-Centric Systems and Applications*. Springer, 2007.

393. B. Liu, R. L. Grossman, and Y. Zhai. Mining data records in Web pages. In *KDD*, 2003.

394. L. Liu, C. Pu, and W. Han. XWRAP: An XML-enabled wrapper construction system for Web information sources. In *Proc. of the IEEE Intl Conf. on Data Engineering (ICDE)*, 2000.

395. Mengmeng Liu, Nicholas E. Taylor, Wenchao Zhou, Zachary G. Ives, and Boon Thau Loo. Recursive computation of regions and connectivity in networks. In *ICDE*, 2009.

396. Xiufeng Liu, Christian Thomsen, and Torben Bach Pedersen. Etlmr: A highly scalable dimensional etl framework based on mapreduce. In *Proceedings of the 13th International Conference on Data Warehousing and Knowledge Discovery*, DaWaK'11, Berlin, Heidelberg, 2011.

397. Boon Thau Loo, Joseph M. Hellerstein, Ion Stoica, and Raghu Ramakrishnan. Declarative routing: Extensible routing with declarative queries. In *SIGCOMM*, 2005.

398. James J. Lu, Guido Moerkotte, Joachim Schue, and V.S. Subrahmanian. Efficient maintenance of materialized mediated views. In *SIGMOD*, 1995.

399. Meiyu Lu, Divyakant Agrawal, Bing Tian Dai, and Anthony K. H. Tung. Schema-as-you-go: On probabilistic tagging and querying of wide tables. In *SIGMOD Conference*, pages 181–192, 2011.

400. Bertram Ludäscher, Ilkay Altintas, Chad Berkley, Dan Higgins, Efrat Jaeger, Matthew Jones, Edward A. Lee, Jing Tao, and Yang Zhao. Scientific workflow management and the kepler system. *Concurrency and Computation: Practice and Experience*, 2006.

401. Bertram Ludäscher, Rainer Himmeröder, Georg Lausen, Wolfgang May, and Christian Schlepphorst. Managing semistructured data with *FLORID*: A deductive object-oriented perspective. *Information Systems*, 23(8), 1998.

402. Qiong Luo, Sailesh Krishnamurthy, C. Mohan, Hamid Pirahesh, Honguk Woo, Bruce G. Lindsay, and Jeffrey F. Naughton. Middle-tier database caching for e-business. In *SIGMOD*, 2002.

403. Yi Luo, Wei Wang, and Xuemin Lin. Spark: A keyword search engine on relational databases. In *ICDE*, 2008.

404. Lothar F. Mackert and Guy M. Lohman. R* optimizer validation and performance evaluation for distributed queries. In *VLDB*, 1986.

405. Lothar F. Mackert and Guy M. Lohman. R* optimizer validation and performance evaluation for local queries. In *SIGMOD*, 1986.

406. Jayant Madhavan, Philip A. Bernstein, AnHai Doan, and Alon Y. Halevy. Corpus-based schema matching. In *Proc. of ICDE*, pages 57–68, 2005.

407. Jayant Madhavan, Philip A. Bernstein, and Erhard Rahm. Generic schema matching with Cupid. In *VLDB*, 2001.

408. Jayant Madhavan and Alon Halevy. Composing mappings among data sources. In *Proc. of VLDB*, 2003.

409. Jayant Madhavan, Shawn Jeffery, Shirley Cohen, Xin Dong, David Ko, Cong Yu, and Alon Halevy. Web-scale data integration: You can only afford to pay as you go. In *CIDR*, 2007.

410. Jayant Madhavan, David Ko, Lucja Kot, Vignesh Ganapathy, Alex Rasmussen, and Alon Halevy. Google's deep-web crawl. In *Proc. of VLDB*, pages 1241–1252, 2008.

411. M. Magnani and D. Montesi. Uncertainty in data integration: Current approaches and open problems. In *VLDB Workshop on Management of Uncertain Data*, pages 18–32, 2007.

412. M. Magnani, N. Rizopoulos, P. Brien, and D. Montesi. Schema integration based on uncertain semantic mappings. *Lecture Notes in Computer Science*, pages 31–46, 2005.

413. Hatem A. Mahmoud and Ashraf Aboulnaga. Schema clustering and retrieval for multi-domain pay-as-you-go data integration systems. In *SIGMOD Conference*, pages 411–422, 2010.

414. C. D. Manning, P. Raghavan, and H. Schütze. *Introduction to Information Retrieval*. Cambridge University Press, 2008.

415. Amélie Marian, Nicolas Bruno, and Luis Gravano. Evaluating top-k queries over web-accessible databases. *ACM Trans. Database Syst.*, 29(2), 2004.

416. A. McCallum and B. Wellner. Conditional models of identity uncertainty with application to noun coreference. In *Proc. of the Conf. on Advances in Neural Information Processing Systems (NIPS)*, 2004.

417. Andrew McCallum, Kamal Nigam, Jason Rennie, and Kristie Seymore. A machine learning approach to building domain-specific search engines. In *IJCAI*, pages 662–667, 1999.

418. Andrew K. McCallum, Kamal Nigam, and Lyle H. Ungar. Efficient clustering of high-dimensional data sets with application to reference matching. In *KDD*, 2000.

419. R. McCann, B. K. AlShebli, Q. Le, H. Nguyen, L. Vu, and A. Doan. Mapping maintenance for data integration systems. In *VLDB*, 2005.

420. Robert McCann, AnHai Doan, Vanitha Varadarajan, Alexander Kramnik, and ChengXiang Zhai. Building data integration systems: A mass collaboration approach. In *WebDB*, pages 25–30, 2003.

421. Robert McCann, Warren Shen, and AnHai Doan. Matching schemas in online communities: A web 2.0 approach. In *ICDE*, pages 110–119, 2008.

422. Luke McDowell, Oren Etzioni, Alon Halevy, Henry Levy, Steven Gribble, William Pentney, Deepak Verma, and Stani Vlasseva. Enticing ordinary people onto the semantic web via instant gratification. In *Proceedings of the Second International Conference on the Semantic Web*, October 2003.

423. C. Meek, J. M. Patel, and S. Kasetty. OASIS: An online and accurate technique for local-alignment searches on biological sequences. In *VLDB*, pages 910–921, 2003.

424. Alexandra Meliou, Wolfgang Gatterbauer, Katherine F. Moore, and Dan Suciu. The complexity of causality and responsibility for query answers and non-answers. *PVLDB*, 4(1), 2010.

425. Alexandra Meliou, Wolfgang Gatterbauer, Suman Nath, and Dan Suciu. Tracing data errors with view-conditioned causality. In *SIGMOD*, 2011.

426. Sergey Melnik, Philip A. Bernstein, Alon Y. Halevy, and Erhard Rahm. Supporting executable mappings in model management. In *Proc. of SIGMOD*, pages 167–178, 2005.

427. Sergey Melnik, Hector Garcia-Molina, and Erhard Rahm. Similarity flooding: A versatile graph matching algorithm. In *Proceedings of the 18th International Conference on Data Engineering (ICDE)*, 2002.

428. Sergey Melnik, Erhard Rahm, and Phil Bernstein. Rondo: A programming platform for generic model management. In *Proc. of SIGMOD*, 2003.

429. X. Meng, D. Hu, and C. Li. Schema-guided wrapper maintenance for Web-data extraction. In *WIDM*, 2003.

430. Gerome Miklau and Dan Suciu. Containment and equivalence for a fragment of XPath. *J. ACM*, 51(1), 2004.

431. George A. Miller. Wordnet: A lexical database for English. In *HLT*, 1994.

432. Renée J. Miller, Laura M. Haas, and Mauricio Hernandez. Schema matching as query discovery. In *VLDB*, 2000.

433. Tova Milo, Serge Abiteboul, Bernd Amann, Omar Benjelloun, and Frederic Dang Ngoc. Exchanging intensional XML data. In *Proc. of SIGMOD*, pages 289–300, 2003.

434. Tova Milo and Sagit Zohar. Using schema matching to simplify heterogeneous data translation. In *Proceedings of the International Conference on Very Large Databases (VLDB)*, 1998.

435. Mike Mintz, Steven Bills, Rion Snow, and Daniel Jurafsky. Distant supervision for relation extraction without labeled data. In Keh-Yih Su, Jian Su, and Janyce Wiebe, editors, *ACL/AFNLP*, pages 1003–1011. The Association for Computer Linguistics, 2009.

436. Paolo Missier, Satya Sanket Sahoo, Jun Zhao, Carole A. Goble, and Amit P. Sheth. *Janus*: From workflows to semantic provenance and linked open data. In *IPAW*, 2010.

437. Hoshi Mistry, Prasan Roy, S. Sudarshan, and Krithi Ramamritham. Materialized view selection and maintenance using multi-query optimization. In *SIGMOD*, 2001.

438. Tom M. Mitchell. *Machine Learning*. McGraw Hill, 1997.

439. Prasenjit Mitra. An algorithm for answering queries efficiently using views. In *ADC*, pages 99–106, 2001.

440. Prasenjit Mitra, Natasha F. Noy, and Anuj R. Jaiswal. Omen: A probabilistic ontology mapping tool. In *International Semantic Web Conference*, pages 537–547, 2005.

441. R. Mohapatra, K. Rajaraman, and S. Y. Sung. Efficient wrapper reinduction from dynamic Web sources. In *Web Intelligence*, 2004.

442. A. E. Monge and C. Elkan. The field matching problem: Algorithms and applications. In *KDD*, 1996.

443. A. E. Monge and C. P. Elkan. An efficient domain-independent algorithm for detecting approximately duplicate database records. In *Proc. of the Second ACM SIGMOD Workshop on Research Issues in Data Mining and Knowledge Discovery (DMKD-97)*, pages 23–29, 1997.

444. Hyun Jin Moon, Carlo Curino, Alin Deutsch, Chien-Yi Hou, and Carlo Zaniolo. Managing and querying transaction-time databases under schema evolution. *PVLDB*, 1(1), 2008.

445. Peter Mork, Philip A. Bernstein, and Sergey Melnik. Teaching a schema translator to produce o/r views. In *Proceedings of Entity Relationship Conference*, pages 102–119, 2007.

446. Amihai Motro. Integrity = validity + completeness. *ACM Transactions on Database Systems*, 14(4):480–502, December 1989.

447. Inderpal Singh Mumick, Dallan Quass, and Barinderpal Singh Mumick. Maintenance of data cubes and summary tables in a warehouse. In *SIGMOD*, 1997.

448. Kiran-Kumar Muniswamy-Reddy, David A. Holland, Uri Braun, and Margo I. Seltzer. Provenance-aware storage systems. In *USENIX Annual Technical Conference, General Track*, 2006.

449. I. Muslea, S. Minton, and C. A. Knoblock. A hierarchical approach to wrapper induction. In *Agents*, 1999.

450. I. Muslea, S. Minton, and C. A. Knoblock. Hierarchical wrapper induction for semistructured information sources. *Autonomous Agents and Multi-Agent Systems*, 4(1/2):93–114, 2001.

451. I. Muslea, S. Minton, and C. A. Knoblock. Active learning with strong and weak views: A case study on wrapper induction. In *IJCAI*, 2003.

452. A. Nash, P. Bernstein, and S. Melnik. Composition of mappings given by embedded dependencies. *ACM Transactions on Database Systems*, 32(1), 2007.

453. F. Naumann and M. Herschel. *An Introduction to Duplicate Detection (Synthesis Lectures on Data Management)*. Morgan & Claypool, 2010. M. Tamer Ozsu (editor).

454. Felix Naumann, Johann Christoph Freytag, and Ulf Leser. Completeness of integrated information sources. *Inf. Syst.*, 29(7):583–615, 2004.

455. G. Navarro. A guided tour to approximate string matching. *ACM Comput. Surv.*, 33(1):31–88, 2001.

456. S. Needleman and C. Wunsch. A general method applicable to the search for similarities in the amino acid sequence of two proteins. *Journal of Molecular Biology*, 48(3):443–453, 1970.

457. Frank Neven and Thomas Schwentick. XPath containment in the presence of disjunction, DTDs, and variables. In *ICDT*, 2003.

458. H. B. Newcombe, J. M. Kennedy, S. Axford, and A. James. Automatic linkage of vital records. *Science*, 130(3381):954–959, 1959.

459. W. S. Ng, B. C. Ooi, K.-L. Tan, and A. Zhou. Peerdb: A p2p-based system for distributed data sharing. In *ICDE*, Bangalore, India, 2003.

460. Hoa Nguyen, Ariel Fuxman, Stelios Paparizos, Juliana Freire, and Rakesh Agrawal. Synthesizing products for online catalogs. *PVLDB*, 4(7):409–418, 2011.

461. Zaiqing Nie, Ji-Rong Wen, and Wei-Ying Ma. Object-level vertical search. In *CIDR*, pages 235–246, 2007.

462. H. Nottelmann and U. Straccia. Information retrieval and machine learning for probabilistic schema matching. *Information Processing and Management*, 43(3):552–576, 2007.

463. N. F. Noy, A. Doan, and A. Y. Halevy. Semantic integration. *AI Magazine*, 26(1):7–10, 2005.

464. Natalya F. Noy and Mark A. Musen. PROMPT: Algorithm and tool for automated ontology merging and alignment. In *Proceedings of the National Conference on Artificial Intelligence (AAAI)*, 2000.

465. Natalya Freidman Noy and Mark A. Musen. Smart: Automated support for ontology merging and alignment. In *Proceedings of the Knowledge Acquisition Workshop, Banff, Canada*, 1999.

466. Natalya Fridman Noy. Semantic integration: A survey of ontology-based approaches. *SIGMOD Record*, 33(4):65–70, 2004.

467. Alexandros Ntoulas, Petros Zerfos, and Junghoo Cho. Downloading textual hidden web content through keyword queries. In *JCDL*, pages 100–109, 2005.

468. T. Oinn, M. Greenwood, M. Addis, N. Alpdemir, J. Ferris, K. Glover, C. Goble, A. Goderis, D. Hull, D. Marvin, P. Li, P. Lord, M. Pocock, M. Senger, R. Stevens, A. Wipat, and C. Wroe. Taverna: Lessons in creating a workflow environment for the life sciences. *Concurrency and Computation: Practice and Experience*, 18(10), 2006.

469. B. On, N. Koudas, D. Lee, and D. Srivastava. Group linkage. In *ICDE*, 2007.

470. Open provenance model. http://twiki.ipaw.info/bin/view/Challenge/OPM, 2008.

471. M. Tamer Ozsu and Patrick Valduriez. *Principles of Distributed Database Systems*. Springer, 2011.

472. Luigi Palopoli, Domenico Sacc, G. Terracina, and Domenico Ursino. A unified graph-based framework for deriving nominal interscheme properties, type conflicts and object cluster similarities. In *Proceedings of CoopIS*, 1999.

473. Paolo Papotti, Valter Crescenzi, Paolo Merialdo, Mirko Bronzi, and Lorenzo Blanco. Redundancy-driven web data extraction and integration. In *WebDB*, 2010.

474. A. Parameswaran, N. Dalvi, H. Garcia-Molina, and R. Rastogi. Optimal schemes for robust web extraction. In *VLDB*, 2011.

475. H. Pasula, B. Marthi, B. Milch, S. Russell, and I. Shpitser. Identity uncertainty and citation matching. In *Proc. of the NIPS Conf.*, pages 1401–1408, 2002.

476. Feng Peng and Sudarshan S. Chawathe. Xsq: A streaming xpath engine. *ACM Trans. Database Syst.*, 30(2), 2005.

477. L. Philips. Hanging on the metaphone. *Computer Language Magazine*, 7(12):39–44, 1990.

478. L. Philips. The double metaphone search algorithm. *C/C++ Users Journal*, 18(5), 2000.

479. J. C. Pinheiro and D. X. Sun. Methods for linking and mining massive heterogeneous databases. In *Proc. of the ACM Int. Conf. on Knowledge Discovery and Data Mining (KDD)*, pages 309–313, 1998.

480. Lucian Popa and Val Tannen. An equational chase for path conjunctive queries, constraints and views. In *Proceedings of the International Conference on Database Theory (ICDT)*, 1999.

481. Rachel Pottinger and Philip A. Bernstein. Merging models based on given correspondences. In *Proc. of VLDB*, pages 826–873, 2003.

482. Rachel Pottinger and Alon Halevy. Minicon: A scalable algorithm for answering queries using views. *VLDB Journal*, 2001.

483. Jeffrey Pound, Ihab F. Ilyas, and Grant E. Weddell. Expressive and flexible access to web-extracted data: A keyword-based structured query language. In *SIGMOD Conference*, pages 423–434, 2010.

484. C. Pu. Key equivalence in heterogeneous databases. In *Proc. of the 1st Int. Workshop on Interoperability in Multidatabase Systems*, 1991.

485. Sven Puhlmann, Melanie Weis, and Felix Naumann. Xml duplicate detection using sorted neighborhoods. In *EDBT*, pages 773–791, 2006.

486. Dallan Quass and Jennifer Widom. On-line warehouse view maintenance. In *SIGMOD*.

487. Erhard Rahm and Philip A. Bernstein. A survey of approaches to automatic schema matching. *VLDB Journal*, 10(4):334–350, 2001.

488. Anand Rajaraman, Yehoshua Sagiv, and Jeffrey D. Ullman. Answering queries using templates with binding patterns. In *Proceedings of the ACM Symposium on Principles of Database Systems (PODS)*, pages 105–112, San Jose, CA, 1995.

489. Raghu Ramakrishnan and Johannes Gehrke. *Database Management Systems*. McGraw Hill, 2000.

490. Vijayshankar Raman, Amol Deshpande, and Joseph M. Hellerstein. Using state modules for adaptive query processing. In *ICDE*, 2003.

491. Vijayshankar Raman and Joseph M. Hellerstein. Potter's wheel: An interactive data cleaning system. In *VLDB*, pages 381–390, 2001.

492. Aditya Ramesh, S. Sudarshan, and Purva Joshi. Keyword search on form results. *PVLDB*, 4(11), 2011.

493. J. Raposo, A. Pan, M. Álvarez, and J. Hidalgo. Automatically maintaining wrappers for semi-structured Web sources. *Data Knowl. Eng.*, 61(2):331–358, 2007.

494. P. D. Ravikumar and W. Cohen. A hierarchical graphical model for record linkage. In *Proc. of the Conf. on Uncertainty in Artificial Intelligence (UAI)*, pages 454–461, 2004.

495. Simon Razniewski and Werner Nutt. Completeness of queries over incomplete databases. *PVLDB*, 4(11):749–760, 2011.

496. Christopher Re, Nilesh N. Dalvi, and Dan Suciu. Efficient top-k query evaluation on probabilistic data. In *ICDE*, 2007.

497. E. S. Ristad and P. N. Yianilos. Learning string-edit distance. *IEEE Trans. Pattern Anal. Mach. Intell.*, 20(5):522–532, 1998.

498. Mary Tork Roth, Fatma Ozcan, and Laura M. Haas. Cost models do matter: Providing cost information for diverse data sources in a federated system. In *VLDB*, 1999.

499. Elke A. Rundensteiner, Luping Ding, Timothy M. Sutherland, Yali Zhu, Bradford Pielech, and Nishant Mehta. Cape: Continuous query engine with heterogeneous-grained adaptivity. In *VLDB*, 2004.

500. R. C. Russell. 1918. U.S. Patent 1,261,167.

501. R. C. Russell. 1922. U.S. Patent 1,435,663.

502. Y. Sagiv and M. Yannakakis. Equivalence among relational expressions with the union and difference operators. *Journal of the ACM*, 27(4):633–655, 1981.

503. A. Sahuguet and F. Azavant. Web ecology: Recycling HTML pages as XML documents using W4F. In *WebDB (Informal Proceedings)*, 1999.

504. Marcos Antonio Vaz Salles, Jens-Peter Dittrich, Shant Kirakos Karakashian, Olivier René Girard, and Lukas Blunschi. iTrails: Pay-as-you-go information integration in dataspaces. In *VLDB*, 2007.

505. Yatin Saraiya. *Subtree-elimination algorithms in deductive databases*. PhD thesis, Stanford University, Stanford, California, 1991.

506. S. Sarawagi. Information extraction. *Foundations and Trends in Databases*, 1(3):261–377, 2008.

507. S. Sarawagi and A. Bhamidipaty. Interactive deduplication using active learning. In *Proc. of the ACM Int. Conf. on Knowledge Discovery and Data Mining (KDD)*, pages 269–278, 2002.

508. Sunita Sarawagi and Alok Kirpal. Efficient set joins on similarity predicates. In *SIGMOD Conference*, pages 743–754, 2004.

509. Nikos Sarkas, Stelios Paparizos, and Panayiotis Tsaparas. Structured annotations of web queries. In *SIGMOD Conference*, 2010.

510. Anish Das Sarma, Xin Dong, and Alon Y. Halevy. Bootstrapping pay-as-you-go data integration systems. In *SIGMOD Conference*, pages 861–874, 2008.

511. M. Sayyadian, Y. Lee, A. Doan, and A. Rosenthal. Tuning schema matching software using synthetic scenarios. In *VLDB*, pages 994–1005, 2005.

512. Mayssam Sayyadian, Hieu LeKhac, AnHai Doan, and Luis Gravano. Efficient keyword search across heterogeneous relational databases. In *ICDE*, 2007.

513. Carlos Eduardo Scheidegger, Huy T. Vo, David Koop, Juliana Freire, and Cláudio T. Silva. Querying and re-using workflows with vstrails. In *SIGMOD Conference*, 2008.

514. Karl Schnaitter and Neoklis Polyzotis. Evaluating rank joins with optimal cost. In *PODS*, 2008.

515. Karl Schnaitter, Joshua Spiegel, and Neoklis Polyzotis. Depth estimation for ranking query optimization. In *VLDB*, 2007.

516. Thomas Schwentick. XPath query containment. *SIGMOD Record*, 33(1), 2004.

517. Luc Segoufin and Victor Vianu. Validating streaming XML documents. In *PODS*, 2002.

518. Prithviraj Sen and Amol Deshpande. Representing and querying correlated tuples in probabilistic databases. In *ICDE*, 2007.

519. Warren Shen, Pedro DeRose, Robert McCann, AnHai Doan, and Raghu Ramakrishnan. Toward best-effort information extraction. In *SIGMOD*, 2008.

520. Warren Shen, Pedro DeRose, Long Vu, AnHai Doan, and Raghu Ramakrishnan. Source-aware entity matching: A compositional approach. In *ICDE*, pages 196–205, 2007.

521. Warren Shen, Xin Li, and AnHai Doan. Constraint-based entity matching. In *AAAI*, pages 862–867, 2005.

522. Cláudio T. Silva, Erik W. Anderson, Emanuele Santos, and Juliana Freire. Using vistrails and provenance for teaching scientific visualization. *Comput. Graph. Forum*, 30(1), 2011.

523. Alkis Simitsis, Georgia Koutrika, and Yannis Ioannidis. Précis: From unstructured keywords as queries to structured databases as answers. *The VLDB Journal*, 17, 2008. Available from http://dx.doi.org/10.1007/s00778-007-0075-9.

524. P. Singla and P. Domingos. Object identification with attribute-mediated dependences. In *Proc. of the PKDD Conf.*, pages 297–308, 2005.

525. John Miles Smith, Philip A. Bernstein, Umeshwar Dayal, Nathan Goodman, Terry Landers, Ken W.T. Lin, and Eugene Wong. MULTIBASE – Integrating heterogeneous distributed database systems. In *Proceedings of 1981 National Computer Conference*, 1981.

526. T. Smith and M. Waterman. Identification of common molecular subsequences. *Journal of Molecular Biology*, 147(1):195–197, 1981.

527. Socrata: The social data cloud company. http://www.socrata.com/, 2011.

528. S. Soderland. Learning information extraction rules for semi-structured and free text. *Machine Learning*, 34(1-3):233–272, 1999.

529. S. Soderland, D. Fisher, J. Aseltine, and W. G. Lehnert. Crystal: Inducing a conceptual dictionary. In *IJCAI*, 1995.

530. Michael Stonebraker. *The Design and Implementation of Distributed INGRES*. Boston, MA, USA, 1986.

531. Michael Stonebraker, Daniel J. Abadi, David J. DeWitt, Samuel Madden, Erik Paulson, Andrew Pavlo, and Alexander Rasin. MapReduce and parallel DBMSs: Friends or foes? *Commun. ACM*, 53(1), 2010.

532. Michael Stonebraker, Paul M. Aoki, Witold Litwin, Avi Pfeffer, Adam Sah, Jeff Sidell, Carl Staelin, and Andrew Yu. Mariposa: A wide-area distributed database system. *VLDB J.*, 5(1), 1996.

533. V.S. Subrahmanian, S. Adali, A. Brink, R. Emery, J. Lu, A. Rajput, T. Rogers, R. Ross, and C. Ward. HERMES: A heterogeneous reasoning and mediator system. Technical Report, University of Maryland, 1995.

534. Fabian M. Suchanek, Gjergji Kasneci, and Gerhard Weikum. Yago: A large ontology from wikipedia and wordnet. *J. Web Sem.*, 6(3), 2008.

535. Dan Suciu, Dan Olteanu, Christopher Ré, and Christoph Koch. *Probabilistic Databases*. Synthesis Lectures on Data Management, 2011.

536. Tableau software. http://www.tableausoftware.com/, 2011.

537. R. L. Taft. Name search techniques. 1970. Technical Report, special report no. 1, New York State Identification and Intelligence System, Albany, N.Y.

538. Partha Pratim Talukdar, Zachary G. Ives, and Fernando Pereira. Automatically incorporating new sources in keyword search-based data integration. In *SIGMOD*, 2010.

539. Partha Pratim Talukdar, Marie Jacob, Muhammad Salman Mehmood, Koby Crammer, Zachary G. Ives, Fernando Pereira, and Sudipto Guha. Learning to create data-integrating queries. In *VLDB*, 2008.

540. Sandeep Tata and Guy M. Lohman. Sqak: Doing more with keywords. In *Proceedings of the 2008 ACM SIGMOD International Conference on Management of Data*, SIGMOD '08, New York, NY, USA, 2008. Available from http://doi.acm.org/10.1145/1376616.1376705.

541. Igor Tatarinov and Alon Halevy. Efficient query reformulation in peer data management systems. In *Proc. of SIGMOD*, 2004.

542. Igor Tatarinov, Stratis Viglas, Kevin S. Beyer, Jayavel Shanmugasundaram, Eugene J. Shekita, and Chun Zhang. Storing and querying ordered XML using a relational database system. In *SIGMOD*, 2002.

543. Nesime Tatbul, Ugur Cetintemel, Stanley B. Zdonik, Mitch Cherniack, and Michael Stonebraker. Load shedding in a data stream manager. In *VLDB*, 2003.

544. Nicholas E. Taylor and Zachary G. Ives. Reconciling while tolerating disagreement in collaborative data sharing. In *SIGMOD*, 2006.

545. S. Tejada, C. A. Knoblock, and S. Minton. Learning object identification rules for information integration. *Inf. Syst.*, 26(8):607–633, 2001.

546. Andreas Thor and Erhard Rahm. MOMA – A mapping-based object matching system. In *CIDR*, pages 247–258, 2007.

547. Feng Tian and David J. DeWitt. Tuple routing strategies for distributed eddies. In *VLDB*, 2003.

548. Y. Tian, S. Tata, R. A. Hankins, and J. M. Patel. Practical methods for constructing suffix trees. *VLDB J.*, 14(3):281–299, 2005.

549. Kai-Ming Ting and Ian H. Witten. Issues in stacked generalization. *Journal of Artificial Intelligence Research*, 10:271–289, 1999.

550. Guilherme A. Toda, Eli Cortez, Altigran S. da Silva, and Edleno de Moura. A probabilistic approach for automatically filling form-based web interfaces. *PVLDB*, 4(3):151–160, 2011.

551. Odysseas G. Tsatalos, Marvin H. Solomon, and Yannis E. Ioannidis. The GMAP: A versatile tool for physical data independence. In *Proceedings of the International Conference on Very Large Databases (VLDB)*, pages 367–378, Santiago, Chile, 1994.

552. Yi-Cheng Tu, Song Liu, Sunil Prabhakar, Bin Yao, and William Schroeder. Using control theory for load shedding in data stream management. In *ICDE*, 2007.

553. Rattapoom Tuchindra, Pedro Szekely, and Craig Knoblock. Building mashups by example. In *Proceedings of CHI*, pages 139–148, 2008.

554. Jeffrey D. Ullman. *Principles of Database and Knowledge-Base Systems, Volumes I, II*. Computer Science Press, Rockville MD, 1989.

555. Jeffrey D. Ullman. Information Integration using Logical Views. In *Proceedings of the International Conference on Database Theory (ICDT)*, 1997.

556. Tolga Urhan, Michael J. Franklin, and Laurent Amsaleg. Cost based query scrambling for initial delays. In *SIGMOD*, 1998.

557. Ron van der Meyden. The complexity of querying indefinite data about linearly ordered domains. In *Proceedings of the ACM Symposium on Principles of Database Systems (PODS)*, pages 331–345, San Diego, CA, 1992.

558. Petros Venetis, Alon Y. Halevy, Jayant Madhavan, Marius Pasca, Warren Shen, Fei Wu, Gengxin Miao, and Chung Wu. Recovering semantics of tables on the web. *PVLDB*, 4(9):528–538, 2011.

559. Rares Vernica, Michael J. Carey, and Chen Li. Efficient parallel set-similarity joins using MapReduce. In *SIGMOD Conference*, pages 495–506, 2010.

560. Daisy Zhe Wang, Michael J. Franklin, Minos N. Garofalakis, Joseph M. Hellerstein, and Michael L. Wick. Hybrid in-database inference for declarative information extraction. In *SIGMOD Conference*, 2011.

561. Daisy Zhe Wang, Eirinaios Michelakis, Minos N. Garofalakis, and Joseph M. Hellerstein. BayesStore: Managing large, uncertain data repositories with probabilistic graphical models. *PVLDB*, 1(1), 2008.

562. J. Wang and F. H. Lochovsky. Data extraction and label assignment for Web databases. In *WWW*, 2003.

563. Wei Wang. Similarity join algorithms: An introduction. Tutorial Presentation. Available from http://www.cse.unsw.edu.au/ weiw/project/tutorial-simjoin-SEBD08.pdf, 2008.

564. Y. R. Wang and S. E. Madnick. The inter-database instance identification problem in integrating autonomous systems. In *Proc. of the 5th Int. Conf. on Data Engineering (ICDE-89)*, pages 46–55, 1989.

565. Yalin Wang and Jianying Hu. A machine learning based approach for table detection on the web. In *WWW*, pages 242–250, 2002.

566. M. Waterman, T. Smith, and W. Beyer. Some biological sequence metrics. *Advances in Math*, 20(4):367–387, 1976.

567. Melanie Weis and Felix Naumann. Detecting duplicates in complex XML data. In *ICDE*, page 109, 2006.

568. Steven Euijong Whang and Hector Garcia-Molina. Developments in generic entity resolution. *IEEE Data Eng. Bull.*, 34(3):51–59, 2011.

569. Michael L. Wick, Andrew McCallum, and Gerome Miklau. Scalable probabilistic databases with factor graphs and MCMC. *PVLDB*, 3(1), 2010.

570. Michael L. Wick, Khashayar Rohanimanesh, Karl Schultz, and Andrew McCallum. A unified approach for schema matching, coreference and canonicalization. In *KDD*, pages 722–730, 2008.

571. Gio Wiederhold. Mediators in the architecture of future information systems. *IEEE Computer*, pages 38–49, March 1992.

572. W. E. Winkler. Improved decision rules in the Fellegi-Sunter model of record linkage, 1993. Technical Report, Statistical Research Report Series RR93/12, U.S. Bureau of the Census.

573. W. E. Winkler. The state of record linkage and current research problems, 1999. Technical Report, Statistical Research Report Series RR99/04, U.S. Bureau of Census.

574. W. E. Winkler. Methods for record linkage and Bayesian networks, 2002. Technical Report, Statistical Research Report Series RRS2002/05, U.S. Bureau of the Census.

575. W. E. Winkler and Y. Thibaudeau. An application of the Fellegi-Sunter model of record linkage to the 1990 U.S. decennial census. 1991. Technical Report, Statistical Research Report Series RR91/09, U.S. Bureau of the Census, Washington, D.C.

576. David Wolpert. Stacked generalization. *Neural Networks*, 5:241–259, 1992.

577. Jeffrey Wong and Jason I. Hong. Making mashups with marmite: Towards end-user programming for the web. In *CHI*, pages 1435–1444, 2007.

578. Fei Wu and Daniel S. Weld. Autonomously semantifying wikipedia. In Mário J. Silva, Alberto H. F. Laender, Ricardo A. Baeza-Yates, Deborah L. McGuinness, Bjørn Olstad, Øystein Haug Olsen, and André O. Falcão, editors, *CIKM*, pages 41–50. ACM, 2007.

579. Fei Wu and Daniel S. Weld. Automatically refining the wikipedia infobox ontology. In Jinpeng Huai, Robin Chen, Hsiao-Wuen Hon, Yunhao Liu, Wei-Ying Ma, Andrew Tomkins, and Xiaodong Zhang, editors, *WWW*, pages 635–644. ACM, 2008.

580. Fei Wu and Daniel S. Weld. Open information extraction using wikipedia. In Hajic et al. [282], pages 118–127.

581. Wensheng Wu, Clement T. Yu, AnHai Doan, and Weiyi Meng. An interactive clustering-based approach to integrating source query interfaces on the deep web. In *SIGMOD Conference*, pages 95–106, 2004.

582. Chuan Xiao, Wei Wang, Xuemin Lin, and Jeffrey Xu Yu. Efficient similarity joins for near duplicate detection. In *WWW*, pages 131–140, 2008.

583. Dong Xin, Yeye He, and Venkatesh Ganti. Keyword++: A framework to improve keyword search over entity databases. *PVLDB*, 3(1), 2010.

584. Khaled Yagoub, Daniela Florescu, Valerie Issarny, and Patrick Valduriez. Caching strategies for data-intensive web sites. In *Proceedings of the International Conference on Very Large Databases (VLDB)*, pages 188–199, Cairo, Egypt, 2000.

585. Beverly Yang and Hector Garcia-Molina. Improving search in peer-to-peer networks. In *ICDCS*, pages 5–14, 2002.

586. H. Z. Yang and P. A. Larson. Query transformation for PSJ-queries. In *Proceedings of the International Conference on Very Large Databases (VLDB)*, pages 245–254, Brighton, England, 1987.

587. Jeffrey Xu Yu, Qin Lu, and Lijun Chang. *Keyword Search in Databases*. Synthesis Lectures on Data Management. 2010.

588. Markos Zaharioudakis, Roberta Cochrane, George Lapis, Hamid Pirahesh, and Monica Urata. Answering complex SQL queries using automatic summary tables. In *Proceedings of the ACM SIGMOD Conference*, pages 105–116, 2000.

589. Y. Zhai and B. Liu. Web data extraction based on partial tree alignment. In *WWW*, 2005.

590. Y. Zhang, N. Tang, and P. A. Boncz. Efficient distribution of full-fledged XQuery. In *Engineering*, pages 565–576, April 2009.

591. Jun Zhao, Satya Sanket Sahoo, Paolo Missier, Amit P. Sheth, and Carole A. Goble. Extending semantic provenance into the web of data. *IEEE Internet Computing*, 15(1), 2011.

592. Gang Zhou, Richard Hull, Roger King, and Jean-Claude Franchitti. Data integration and warehousing using h2o. *IEEE Data Eng. Bull.*, 18(2), 1995.

593. Wenchao Zhou, Qiong Fei, Arjun Narayan, Andreas Haeberlen, Boon Thau Loo, and Micah Sherr. Secure network provenance. In *SOSP*, 2011.

594. Wenchao Zhou, Qiong Fei, Shengzhi Sun, Tao Tao, Andreas Haeberlen, Zachary G. Ives, Boon Thau Loo, and Micah Sherr. NetTrails: A declarative platform for maintaining and querying provenance in distributed systems. In *SIGMOD Conference*, 2011.

595. Wenchao Zhou, Micah Sherr, Tao Tao, Xiaozhou Li, Boon Thau Loo, and Yun Mao. Efficient querying and maintenance of network provenance at internet-scale. In *SIGMOD*, 2010.

596. Yue Zhuge, Hector Garcia-Molina, and Janet L. Wiener. Multiple view consistency for data warehousing. In *ICDE*, 1997.

索 引

索引中的页码为英文原书页码，与书中页边标注的页码一致。"*f*"代表图，"*t*"代表表。

推荐阅读

数据挖掘：概念与技术（第3版）

作者：Jiawei Han 等　译者：范明 等　中文版：978-7-111-39140-1　定价：79.00元
英文版：978-7-111-37431-2　定价：118.00元

数据挖掘领域最具里程碑意义的经典著作
完整全面阐述该领域的重要知识和技术创新

我们生活在数据洪流的时代。本书向我们展示了从这样海量的数据中找到有用知识的方法和技术。最新的第3版显著扩充了数据预处理、挖掘频繁模式、分类和聚类这几个核心章节的内容，还全面讲述了OLAP和离群点检测，并研讨了挖掘网络、复杂数据类型以及重要应用领域。本书将是一本适用于数据分析、数据挖掘和知识发现课程的优秀教材。

—— Gregory Piatetsky-Shapiro, KDnuggets总裁

Jiawei、Micheline和Jian的教材全景式地讨论了数据挖掘的所有相关方法，从聚类和分类的经典主题，到数据库方法（关联规则、数据立方体），到更新和更高级的主题（SVD/PCA、小波、支持向量机），等等。总的说来，这是一本既讲述经典数据挖掘方法又涵盖大量当代数据挖掘技术的优秀著作，既是教学相长的优秀教材，又对专业人员具有很高的参考价值。

—— Christos Faloutsos教授，卡内基-梅隆大学

数据库系统概念（第6版）

作者：Abraham Silberschatz 等　译者：杨冬青 等　中文版：978-7-111-37529-6　定价：99.00元
中文精编版：978-7-111-40085-1　定价：59.00元
英文精编版：978-7-111-40086-8，定价：69.00元

数据库领域的殿堂级作品
夯实数据库理论基础，增强数据库技术内功的必备之选
对深入理解数据库，深入研究数据库，深入操作数据库都具有极强的指导作用！

本书是数据库系统方面的经典教材之一，其内容由浅入深，既包含数据库系统基本概念，又反映数据库技术新进展。它被国际上许多著名大学所采用，包括斯坦福大学、耶鲁大学、得克萨斯大学、康奈尔大学、伊利诺伊大学等。我国也有多所大学采用本书作为本科生和研究生数据库课程的教材和主要教学参考书，收到了良好的效果。

数据挖掘：实用机器学习工具与技术（原书第3版）

作者：Ian H. Witten 等 译者：李川 等 ISBN：978-7-111-45381-9 定价：79.00元

数据挖掘与R语言

作者：Luis Torgo 译者：李洪成 等 ISBN：978-7-111-40700-3 定价：49.00元

R语言与数据挖掘最佳实践和经典案例

作者：Yanchang Zhao 译者：陈健 等 ISBN：978-7-111-47541-5 定价：49.00元

数据仓库与数据挖掘

作者：李雄飞 等 ISBN：978-7-111-43675-1 定价：39.00元

大数据管理：数据集成的技术、方法与最佳实践

作者：April Reeve 译者：余水清 等 ISBN：978-7-111-45905-7 定价：59.00元

Splunk大数据分析

作者：Peter Zadrozny 等 译者：唐宏 等 ISBN：978-7-111-46429-7 定价：69.00元

Storm实时数据处理

作者：Quinton Anderson 译者：卢誉声 ISBN：978-7-111-46663-5 定价：49.00元

社交网站的数据挖掘与分析

作者：Matthew A. Russell 译者：师蓉 ISBN：978-7-111-36960-8 定价：59.00元